ORGANISCHE CHEMIE IN EINZELDARSTELLUNGEN

HERAUSGEGEBEN VON

HELLMUT BREDERECK UND EUGEN MÜLLER

═══════ 7 ═══════

DIE PHOTOCHEMIE DER ORGANISCHEN FARBSTOFFE

VON

HANS MEIER

DR. RER. NAT., DIPLOMCHEMIKER
STAATLICHES FORSCHUNGSINSTITUT FÜR GEOCHEMIE,
BAMBERG

MIT 168 ABBILDUNGEN

SPRINGER-VERLAG
BERLIN · GÖTTINGEN · HEIDELBERG
1963

ISBN-13: 978-3-642-86336-3   e-ISBN-13: 978-3-642-86335-6

DOI: 10.1007/978-3-642-86335-6

Softcover reprint of the hardcover 1st edition 1963

Library of Congress Catalog Card Number 63—12316

Meinem hochverehrten Lehrer
Herrn Prof. Dr. Walter Noddack †
in Dankbarkeit gewidmet

Vorwort

Die Anwendung der Quantentheorie auf photochemische Vorgänge, die mit den Namen EINSTEIN, NERNST, NODDACK und EGGERT eng verbunden ist, kann als Beginn der modernen photochemischen Forschung angesehen werden. Durch sie wurde nicht nur die wissenschaftliche, sondern auch die praktische Photochemie außerordentlich gefördert und eine Vielfalt technisch wichtiger Prozesse geklärt. Daneben führte die moderne Photochemie auch an die Deutung vieler für unser Dasein entscheidender organischer Lichtreaktionen heran.

Da wohl die meisten Photoreaktionen die Energie des Sonnenlichts nutzen, befaßt sich die moderne photochemische Forschung vor allem mit den von sichtbaren Strahlen eingeleiteten Prozessen, wobei für das Wirksamwerden dieser Strahlen fast ausschließlich organische Farbstoffe verantwortlich sind.

Die im Rahmen dieser Forschungen erarbeiteten Ergebnisse beanspruchen ein so großes wissenschaftliches und technisches Interesse, daß eine spezielle Darstellung der Photochemie der organischen Farbstoffe berechtigt erscheint. Diese Darstellung kann sich nun nicht auf die photochemischen Umsetzungen der Farbstoffmoleküle selbst beschränken, sondern muß vor allem auch die Wirkung der primär vom Farbstoff absorbierten Energie in der Farbstoffumgebung beschreiben, die bei der Vielfalt der erörterten Probleme zu einer Diskussion auf verschiedensten Gebieten — Physik, Biochemie, Biologie, Medizin, Physiologie u.a. — führt. Außerdem findet man einige der an belichteten Farbstoffen beobachteten Effekte an verschiedenen organischen und anorganischen Systemen wieder, so daß für diese Systeme analoge Mechanismen diskutierbar werden.

Mit diesem Buch soll eine allgemeine Übersicht der Photochemie der Farbstoffe unter Berücksichtigung einer möglichst großen Zahl von Einzelarbeiten gegeben werden. Daneben wird versucht, durch Auswertung der Literatur und eigener Arbeiten zur Klärung des Mechanismus einer Reihe photochemischer Reaktionen beizutragen.

Das Buch will dabei nicht nur die photochemischen Erscheinungen in Natur und Technik darstellen, sondern besonders auch zur Diskussion und zur weiteren Forschung anregen.

Abschließend möchte ich mich für die Möglichkeit fruchtbarer Diskussionen, die mit zum Entstehen dieses Buches beitrugen, bei Herrn Prof. O. BAYER (Leverkusen), Herrn Prof. J. EGGERT (Zürich), Herrn Prof. H. FRIESER (München), Herrn Prof. K. HAUFFE (Wiesbaden-Biebrich), Herrn Prof. E. MOLLWO (Erlangen), Herrn Prof. N. RIEHL (München), Herrn Prof. G. SCHEIBE (München), Herrn Prof. G. O. SCHENCK (Mülheim/Ruhr), Herrn Prof. J. W. WEIGL (Binghamton, N.Y.), Herrn

Priv.-Doz. Dr. F. Dörr (München) und Herrn Priv.-Doz. Dr. E. Klein (Leverkusen) bedanken. Ferner danke ich Herrn Prof. L. Holleck (Hamburg) für sein Interesse und die Unterstützung beim Entstehen dieses Buches.

Mein Dank gilt außerdem meinem Mitarbeiter Herrn Dr. A. Haus (Leverkusen) für die unermüdliche Hilfe bei zahlreichen Versuchen, Herrn Dr. W. Hecker für Anregungen und Diskussionen und besonders auch Herrn Dipl.-Chemiker W. Albrecht, der mich durch Abnahme verschiedener Arbeiten (Zeichen der Abbildungen, Aufstellung des Namenverzeichnisses usw.) sehr entlastete.

Dem Springer-Verlag bin ich für das freundliche Eingehen auf meine Wünsche dankbar.

Besonders herzliche Dankbarkeit bewahre ich meinem verstorbenen Lehrer, Herrn Prof. Walter Noddack, der mich auf das Gebiet der Photochemie führte. Seiner ständigen Förderung und seinem regen Interesse an meinen Arbeiten ist letztlich die Abfassung dieses Buches zu verdanken.

Bamberg, den 31. Oktober 1961

Hans Meier

Inhaltsverzeichnis

Inhaltsverzeichnis XI

Einleitung

Die Aufgabe der Photochemie besteht darin, die Wechselwirkungen zwischen Strahlung und Materie zu erforschen, die in der Natur ablaufenden Photoreaktionen aufzuklären und die zur praktischen Anwendung geeigneten photochemischen Reaktionen aufzufinden.

Das besondere Interesse gilt dabei den von sichtbaren Strahlen ausgelösten Reaktionen, die unter Ausnutzung des zur Erdoberfläche gelangenden Sonnenlichts ablaufen; denn die für unser Dasein entscheidende Assimilation der Pflanzen, der im Auge einsetzende Sehvorgang und viele präparativ und technisch bedeutende Prozesse werden gerade durch diese Strahlen hervorgerufen.

Für das Wirksamwerden der strahlenden Energie ist hierbei nach dem photochemischen Grundgesetz von GROTTHUS-DRAPER (1839) — vgl. PLOTNIKOW, EGGERT (*1, 2*) — entscheidend, daß nur der von einem System absorbierte Teil einer einfallenden Strahlung physikalische oder chemische Veränderungen auslösen kann. Da die reflektierten oder von einer Substanz unbeeinflußt durchgelassenen Strahlen ohne Wirkung bleiben, setzen die im sichtbaren Spektralgebiet stattfindenden Prozesse die Anwesenheit von Stoffen voraus, die Strahlen aus dem sichtbaren, von 400 bis 800 mμ reichenden Spektrum absorbieren.

Von den verschiedenen, im Sichtbaren absorbierenden Verbindungen zeichnen sich dabei die organischen Farbstoffe durch ein besonders starkes Absorptionsvermögen und somit durch die Fähigkeit zu einer erheblichen Energieaufnahme im langwelligen Spektralbereich aus. Diese Eigenschaft gibt den Farbstoffen von vornherein eine Sonderstellung auf dem Gebiete der Photochemie der sichtbaren Strahlen, die durch eine konstitutionsbedingte Neigung zur Umwandlung, Speicherung und Übertragung von Energie noch weiter ausgeprägt wird. Die photochemische Bedeutung der Farbstoffe liegt dabei weniger in direkten, zu irreversiblen strukturellen Änderungen der Farbstoffmoleküle führenden Photoreaktionen, sondern mehr in ihrer Fähigkeit, als eine Art photochemischer Katalysator auf die Umgebung zu wirken.

Eine eingehende Diskussion der Photochemie der organischen Farbstoffe darf sich deshalb nicht allein auf die chemischen Umsetzungen innerhalb der Farbstoffmoleküle und deren eventuelle Folgereaktionen beschränken, sondern muß auch die von den absorbierten Strahlen hervorgerufenen physikalischen Veränderungen der Moleküle und deren mögliche Auswirkungen erfassen. Vor allem ist dabei aufzuklären, in welcher Weise die vom Farbstoff aufgenommene Lichtenergie verbraucht wird, da sich die Transformation der Strahlungsenergie bestimmt nicht auf die alleinige Umwandlung in Wärmeenergie beschränkt.

Für die absorbierte Energie besteht beispielsweise die Möglichkeit, das Farbstoffmolekül wieder als Strahlung (Lumineszenz) zu verlassen.

Daneben kann die Energie auch für die Zerstörung des Farbstoffs (Ausbleichung) und der anliegenden Substratmoleküle, d. h. in Form chemischer Energie, aufgebraucht werden. Außerdem sind die Farbstoffe befähigt, die Strahlungsenergie in elektrische Energie umzuformen.

Es ergibt sich somit folgendes Schema:

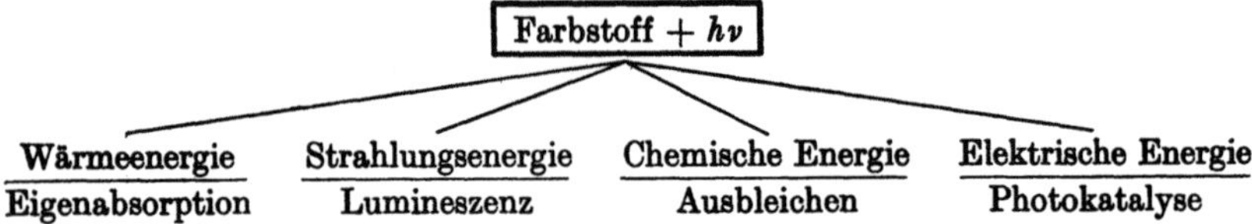

Die nachstehenden Ausführungen befassen sich im einzelnen mit den Vorgängen, die zur Absorption eines Lichtquants im Farbstoff führen und auf den Absorptionsprozeß folgen. Da die Eigenschaften der Farbstoffe, bei einer Belichtung elektrische Ladungen zu bilden, erst aus neuen Untersuchungen hervorging, sei dieser Erscheinung innerhalb der verschiedenen an den Farbstoffen ablaufenden Vorgängen ein größerer Abschnitt gewidmet. Diese eingehendere Behandlung des neuen Effekts erscheint hier auch deshalb wünschenswert, da gerade er möglicherweise dazu beitragen kann, eine Reihe wichtiger photochemischer Reaktionen dem Verständnis nahezubringen, bei denen der Farbstoff als photochemischer Katalysator wirkt, der Lichtenergie aufnimmt und, ohne selbst verändert zu werden, auf ein fremdes System überträgt.

Im Zusammenhang mit der Erörterung der verschiedenen photochemischen Erscheinungen soll auch geprüft werden, wie weit sich die Vielfalt der Photoreaktionen, an denen Farbstoffe entscheidend mitwirken und deren Bedeutung in der Technik und im Naturhaushalt unbestritten ist, von einem gemeinsamen Gesichtspunkt aus betrachten lassen.

A. Die Lichtabsorption der Farbstoffe

Erstes Kapitel

Grundlagen

I. Begriff der Farbe

Der organische Farbstoff erhält seine Farbe durch die Fähigkeit, das eingestrahlte sichtbare Licht selektiv zu absorbieren und die komplementäre Strahlung unverändert durchzulassen. Da das Auge nicht zur spektralen Zerlegung eines Farbengemisches geeignet ist und somit nur eine einzige Farbe erkennen kann, erscheint der Farbstoff in einem Farbton, der sich aus der Summe der nicht absorbierten Lichtstrahlen zusammensetzt.

Man bezeichnet dabei die Komplementär- oder Gegenfarbe zur Summe der absorbierten Lichtstrahlen als die *Eigenfarbe* der Substanz.

Zur übersichtlichen Darstellung der absorbierten Strahlung und der Eigenfarbe im gewöhnlichen Licht dient im allgemeinen der *Ostwaldsche*

Farbenkreis, der die physikalisch begründete Absorption und den physiologischen Effekt des Farbensehens erfaßt. Tabelle 1 ist diesem Kreis entnommen.

Tabelle 1

Eigenfarbe Komplementärfarbe zur absorbierten Strahlung	Absorbierte Strahlung	
	Komplementärfarbe zur Eigenfarbe	absorbierte Wellenlänge (Å)
gelb	violett	4000—4400
orange	blau	4400—4800
rot	blaugrün	4800—5000
purpur	gelbgrün	5000—5800
violett	gelb	5800—5950
blau	orange	5950—6100
blaugrün	rot	6100—8000

Aus dem Farbkreis erkennt man, daß beispielsweise ein roter Farbstoff verhältnismäßig kurzwellig zwischen 4800 und 5000 Å (blaugrün) absorbiert, ein Zusammenhang, der jedoch beim Vorliegen mehrerer Absorptionsbanden verwischt werden kann, da hierbei das Gewicht der einzelnen Banden eine Berücksichtigung finden muß.

Die Farbstoffe zeichnen sich durch die Fähigkeit aus, die Komplementärfarbe zur Eigenfarbe sichtbar werden zu lassen, und zwar als Reflexionsstrahlung. Das heißt, die stark absorbierten Lichtstrahlen werden von den festen Farbstoffen in Analogie zu den Metallen reflektiert. Eine dünne Farbstoffschicht weist somit in Durchsicht die Eigenfarbe auf, während sie bei einer Oberflächenbetrachtung in der absorbierten Komplementärfarbe glänzt. In diesem Verhalten zeigt sich bereits eine Parallelität zwischen Metall und Farbstoff, die gewisse Beziehungen zwischen diesen Stoffen andeutet.

Die genannte Verbindung zwischen den Absorptionsbanden des Farbstoffs und der eigentlichen Farbe macht es verständlich, daß Farbstoffe bei Bestrahlung mit künstlichem oder monochromatischem Licht ganz anders aussehen. Ein violetter Farbstoff, der gelbgrünes Licht absorbiert, erscheint beispielsweise bei Bestrahlung mit Licht der Wellenlänge 5600 bis 5800 Å schwarz, und bei Bestrahlung mit blauem Licht weiß. Dünne Schichten von UR-Sensibilisatoren sind aus diesem Grunde in der Durchsicht fast nicht wahrnehmbar, da das sichtbare Licht (4000 bis 8000 Å) praktisch ungehindert durch den Farbstoff geht.

II. Kennzeichen der Absorption

Wie der letzte Abschnitt lehrt, stellt nicht die dem Auge sichtbare Farbe, sondern das Absorptionsspektrum des Farbstoffs das charakteristische Kennzeichen der Substanz dar. Die Bestimmung des Spektrums erfolgt dabei meist mit Hilfe lichtelektrischer Spektralphotometer und Aufzeichnung der zu den einzelnen Wellenlängen gehörenden Absorptionsintensitäten.

Bei der Kennzeichnung der Spektren sind folgende Größen zu unterscheiden.

1. Die Bandenlage

Die Lage einer Absorptionsbande eines Spektrums stellt praktisch die wichtigste mit der Konstitution der Substanz verbundene Größe dar, da sie allein von der Energiedifferenz zwischen den einzelnen strukturbedingten Elektronenzuständen abhängt. Das Ziel jeder Farbstofftheorie ist deshalb auch gerade die Erfassung der Beziehung zwischen Bandenlage und chemischer Struktur.

Die Lage der Bandenmaxima wird durch die Wellenlänge in Å (λ_{max}) oder besser durch die Wellenzahl

$$\tilde{\nu} = \frac{1}{\lambda\,[\mathrm{cm}]} = \frac{\nu}{c}\ [\mathrm{cm}^{-1}], \qquad \tilde{\nu} = \frac{10^4}{\lambda\,[\mu]}\ [\mathrm{cm}^{-1}] \tag{1.1}$$

gekennzeichnet. Letztere ist dabei aufgrund der Beziehung

$$\varDelta E = h \cdot \nu \tag{1.2}$$

der Anregungsenergie $\varDelta E$ proportional:

$$\tilde{\nu} = \varDelta E \cdot \frac{1}{h\,c}. \tag{1.3}$$

Für die Umrechnung gilt: $1000\ \mathrm{cm}^{-1} \equiv 0{,}124\ \mathrm{eV} \equiv 2{,}858\ \mathrm{kcal/Mol}$. ($\nu =$ Frequenz [sec^{-1}]; $\tilde{\nu} =$ Wellenzahl [cm^{-1}]; $c =$ Lichtgeschwindigkeit: $2{,}997 \cdot 10^{10}$ [cm $\cdot$ sec^{-1}); $h =$ Plancksches Wirkungsquantum: $6{,}626 \cdot 10^{-27}$ [erg $\cdot$ sec].)

Je nach der Verschiebungsrichtung der Bandenlage durch eine Konstitutionsänderung unterscheidet man den *bathochromen* oder den *hypsochromen* Effekt. Im ersteren Fall erfolgt die Verschiebung von λ_{max} nach längeren (Farbvertiefung) und im zweiten nach kürzeren (Farberhöhung) Wellenlängen.

2. Absorptionsintensität

Naturgemäß unterscheiden sich die Verbindungen durch die Fähigkeit, die Lichtenergie in den einzelnen Banden mit verschiedener Stärke zu absorbieren. Zur Erfassung dieser Absorptionsintensität, die das Maß für die Absorptionsfähigkeit einer absorbierenden Substanz darstellt, wird der Extinktionskoeffizient ε und die Oszillatorenstärke f herangezogen.

a) Der molare dekadische Extinktionskoeffizient ε [cm^{-1}(Mol/l)$^{-1}$]

Unter dem molaren Extinktionskoeffizienten versteht man eine unabhängige Materialkonstante, die der Extinktion E_λ — d.h. dem Logarithmus der reziproken Durchlässigkeit

$$E_\lambda = \log \frac{1}{I_d/I_0} \equiv \log \frac{I_0}{I_d} \equiv \log \frac{\text{Intensität eingestrahltes Licht}}{\text{Intensität durchgelassenes Licht}} \tag{1.4}$$

— einer Lösung der Substanz von der Schichtdicke 1 cm und der Konzentration 1 (Mol/l) entspricht und die für beliebige Schichtdicken d und Konzentration c aufgrund des *Lambert-Beerschen Gesetzes*

$$E = \log \frac{I_0}{I_d} = \varepsilon_\lambda \cdot c \cdot d \tag{1.5}$$

errechenbar ist:

$$\varepsilon_\lambda = \frac{\log \dfrac{I_0}{I_d}}{c \cdot d} = \frac{E_\lambda}{c \cdot d}. \tag{1.6}$$

Die Kenntnis des Extinktionskoeffizienten ermöglicht unter Verwendung der Definitionsgleichung und Messung der Extinktion E eine einfache Konzentrationsbestimmung einer Substanz, solange die Gültigkeit des Lambert-Beerschen Gesetzes gesichert ist. Letzteres kann jedoch nicht ohne weiteres allgemein angenommen werden, da es nur ein Grenzgesetz für sehr verdünnte Lösungen darstellt und intermolekulare Wechselwirkungen, wie Assoziationen, Dissoziationseffekte u. a. die Anwendbarkeit einschränken. Umgekehrt dient unter Umständen gerade die Beobachtung von ε in Abhängigkeit von Konzentration oder Temperatur dazu, derartige Änderungen nachzuweisen.

Besonders bei festen Schichten definiert man neben dem dekadischen Extinktionskoeffizienten ε_λ noch den *dekadischen Extinktionsmodul* m_λ [cm^{-1}], der mit E aufgrund folgender Beziehung verknüpft ist:

$$\log \frac{I_0}{I_d} \equiv \begin{cases} E_{\lambda,\mathrm{fl}} = \varepsilon_\lambda \cdot c \cdot d \\ E_{\lambda,\mathrm{f.}} = m_\lambda \cdot d\,; \quad m_\lambda = \dfrac{E_\lambda}{d}, \end{cases} \tag{1.7}$$

$$\varepsilon_\lambda = \frac{m_\lambda}{c} = \frac{\text{Molmasse}\,[MG]}{1000 \cdot \text{Dichte}\,\varrho} \cdot m_\lambda. \tag{1.8}$$

Das heißt, zur Bestimmung der Extinktionskoeffizienten ε fester Schichten, muß die Dichte ϱ, die Molmasse MG und vor allem die oft schwer experimentell erfaßbare Schichtdicke d bekannt sein.

Da der Extinktionskoeffizient ε_λ stark in der Größenordnung schwankt — für Farbstoffe erreicht er Werte bis $10^5 \left[\dfrac{\text{liter}}{\text{Mol} \cdot \text{cm}}\right]$ — trägt man nicht ε selbst, sondern $\log \varepsilon$ im Diagramm gegen die Wellenzahl $\tilde{\nu}$ auf; vgl. SCHEIBE und PESTEMER (3). Hierdurch werden auch Maximas mit kleinen Extinktionskoeffizienten in einem Gebiet starker Absorption sichtbar und Schichtdicken- und Konzentrationsänderungen bewirken nur eine Parallelverschiebung unter Aufrechterhaltung der Kurvenform.

b) Die Oszillatorenstärke (Gesamtintensitätsfaktor) f

Wie aus dem Verlauf der Extinktionskoeffizienten in Abhängigkeit von der Wellenzahl hervorgeht, besteht das Absorptionsspektrum nicht aus einzelnen scharfen Linien, sondern aus verschieden breiten Absorptionsstreifen; denn die Absorptions*linien*, die dem eigentlichen Absorptionsvorgang entsprechen, gehen infolge der gegenseitigen Beeinflussung der Bindungselektronen in Absorptions*banden* über.

Zur exakten Angabe der Absorptionsintensität genügt somit nicht allein der Extinktionskoeffizient des Bandenmaximums ε_λ, sondern es muß die Gesamtintensität der Bande aus dem Produkt der Halbwertsbreite $\varDelta\tilde{\nu}_{\frac{1}{2}}$ (= Breite der Bande bei halber maximaler Intenistät $\varepsilon_{\mathrm{max}/2}$) und der maximalen Intensität $\varepsilon_{\mathrm{max}}$ errechnet werden:

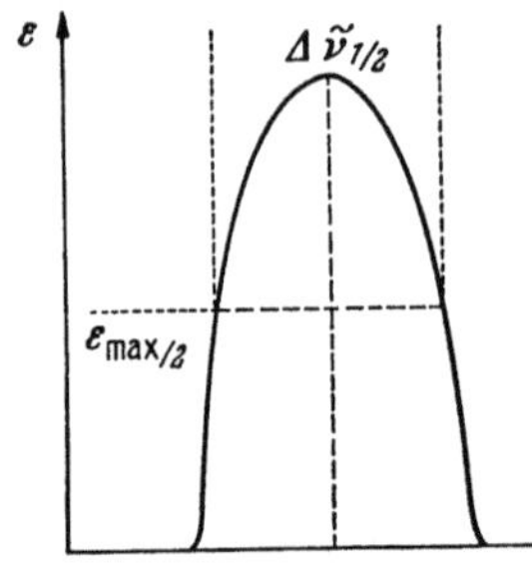

$$f = \int_{\tilde{\nu}_1}^{\tilde{\nu}_2} \varepsilon_{\tilde{\nu}}\, d\tilde{\nu} \equiv \varDelta\tilde{\nu}_{\frac{1}{2}} \cdot \varepsilon_{\mathrm{max}}, \qquad (1.9)$$

$$f = 1000 \log (m c^2 / N\, \pi^2 e^2) \int \gamma\, \varepsilon\, d\tilde{\nu}, \qquad (1.10)$$

$$f = 4{,}32 \cdot 10^{-9} \int \gamma\, \varepsilon\, d\tilde{\nu}. \qquad (1.11)$$

$\gamma\,(\leq 1)$ bedeutet den Lorentz-Lorenz-Faktor; vgl. (*4, 5*).

Die Größe des Gesamtintensitätsfaktors f ist im besten Fall 1.

Abb. 1. Zur Berechnung der Gesamtintensität einer Absorptionsbande

Man beachte noch, daß die oben definierten Begriffe der Farbvertiefung (Bathochromie) und der Farberhöhung (Hypsochromie) in keinem Zusammenhang mit $\varepsilon_{\mathrm{max}}$ bzw. f stehen, sondern nur die Verschiebungs*richtung* der Bandenlage angeben.

3. Polarisationsrichtung

Da das Licht für die Absorption eine Übereinstimmung des elektrischen Feldvektors mit dem Übergangsmoment voraussetzt, kommt der Beobachtung der optischen Anisotropie einer Absorptionsbande bei den Farbstoffen eine große Bedeutung zu. Man erhält dabei Einblick in die Anisotropie mittels einer Zwangsorientierung durch Einbettung in Kunststoffe, feste Lösungsmittel oder mit Hilfe von Strömungsversuchen, worauf noch näher eingegangen wird.

III. Absorptionsmessung

Zur Aufnahme der Absorptionsspektren werden Spektralphotometer benutzt, die aus einer Lichtquelle, Monochromator zur Zerlegung des Lichts und einer Meßeinrichtung (Photozelle und Verstärker) bestehen. Lichtquelle und Photozelle sind dabei für die Messung eines vom UR bis UV reichenden Spektralbereichs den einzelnen, für sie günstigsten Wellenlängenbereichen anzupassen und somit eventuell auszuwechseln.

In neuerer Zeit finden neben gewöhnlichen Photozellen für die Strahlungsmessung auch Sekundärelektronenvervielfacher (Multiplier) Verwendung, die die Empfindlichkeit der Anordnung außerordentlich steigern. Dies ist nötig, da die Monochromasie der Strahlung — die spektrale Breite — eine weitgehende Verengung des Austrittsspalts des Monochromators bedingt, der naturgemäß eine Verringerung der Strahlungsintensität parallel geht.

Es würde zu weit führen, auf die einzelnen Spektralphotometer hier einzugehen, die zum Teil vollautomatisch den Verlauf der Extinktionskurven als Funktion der Wellenlängen angeben. Oftmals arbeitet ein Gerät einfach in der Weise, daß man bei der jeweiligen Wellenlänge den Photostrom mit einer Vergleichsküvette auf einen bestimmten Wert einstellt (I_0) und nach Austausch der letzteren mit der zu messenden Substanz (fest, Lösung u. a.) die Extinktion E_λ am Anzeigegerät abliest. Bei Kenntnis der Schichtdicke d und der Konzentration c (bzw. MG und Dichte ϱ bei festen Schichten) ermöglicht eine Umrechnung in den Extinktionskoeffizienten ε die Angabe von $\log \varepsilon$ als Funktion von $\tilde{\nu}$, d.h. die Aufzeichnung des Absorptionsspektrums. Vgl. zu diesem Kapitel unter anderem die eingehende Darstellung bei KORTÜM (6).

Zweites Kapitel

Die Theorie der Lichtabsorption

Der Versuch, die Absorptionsbanden der Farbstoffe zu erklären, führte seit Mitte des vorigen Jahrhunderts zur Aufstellung einer Reihe von Theorien, die wohl viele Zusammenhänge erfassen konnten, aber nicht das Ziel, die Vorausberechnung der Bandenlage und Intensität der Farbstoffe erreichten. Dies ermöglicht erst die Anwendung der modernen Elektronentheorie auf das Problem der Farbigkeit dieser komplizierten Verbindungen.

Bemerkenswerterweise wurden bereits in den älteren Theorien eine Reihe von Gesetzmäßigkeiten aufgezeigt, die sich zum Teil nach entsprechender Übersetzung in die Sprache der modernen Elektronentheorie in der heutigen Mesomerie- und Elektronengastheorie wiederfinden. Zum Beispiel erkannten bereits GRAEBE und LIEBERMANN (7) die Bedeutung der Doppelbindungen für den Farbstoffcharakter und WITT (8) sah die Ursache der Farbe im Zusammenwirken zweier Atomgruppen, den chromophoren und auxochromen Gruppen, begründet:

$$\underbrace{\text{Substanz} + \text{Chromophor}}_{\text{Chromogen}} + \text{Auxochrom} = \text{Farbstoff}.$$

Während die einen Stoff zum Chromogen verwandelnden *Chromophore* oder farbentragenden Gruppen unpolare C=C-Doppelbindungen in Verbindung mit polaren C=O-, N=O-, C≡N-, NO_2-Gruppen (wie in Chinonen, Nitrobenzol), konjugierte C=C-Doppelbindungen (wie in Karotinoiden) und Azogruppen -N=N- (wie bei Azofarbstoffen) darstellen, werden zu den *Auxochromen* Atomgruppen gezählt, die ohne eigene Absorption im sichtbaren Gebiet eine Verstärkung der Farbwirkung von Chromogenen (d.h. Verschiebung von $\lambda_{\max}$ und Änderung von ε) hervorrufen. Betrachtet man diese auxochromen Gruppen $-\overline{\text{N}}\text{H}_2$, $-\overline{\text{O}}\text{H}$, $-\text{CH}_3$, $-\text{O}^\ominus$, $-\text{OR}$, $-\text{NHR}$, $-\text{NR}_2$ sowie die von WIZINGER (9) später zusätzlich definierten *antiauxochromen* Gruppen

$$-\text{NO}_2, \quad -\text{C}{\overset{\text{O}}{\underset{\text{H}}{\Big\langle}}}, \quad -\text{N}=\text{O}, \quad -\text{C}{\overset{\text{O}}{\underset{\text{CH}_3}{\Big\langle}}}, \quad -\text{C}{\overset{\text{O}}{\underset{\text{OH}}{\Big\langle}}}, \quad -\text{C}\equiv\text{N}, \quad -\text{C}{\overset{\text{O}}{\underset{\text{O}^\ominus}{\Big\langle}}}$$

vom modernen elektronentheoretischen Gesichtspunkt aus, so erkennt man, daß die Auxochrome Substituenten 1. Ordnung ($+M$, $+I$) sind, die das Bestreben haben, Elektronen an ein Konjugationssystem zu übertragen, während die Antiauxochrome als Substituenten 2. Ordnung

$(-M, -I)$ die Tendenz aufweisen, Elektronen aus einem Konjugationssystem herauszuziehen. Man beachte, daß die Vorzeichengebung $(\pm M, \pm I)$ in der Literatur nicht einheitlich ist; hier wird sie im Sinne von STAAB (*18*) angegeben.

Die frühere Annahme, die Salzbildung sei für die Lichtabsorption verantwortlich (Halochromietheorie), wird heute als Folge der besonders ausgeprägten Mesomerie (bzw. des hohen Bindungsausgleichs) von Farbstoffkationen und -anionen (Ladungsresonanz) erkannt. Nicht die Salzbildung selbst kann somit als Ursache der Farbvertiefung angesehen werden, sondern der durch sie induzierte mesomere Effekt, der auch für die Farbigkeit der neutralen Merocyaninfarbstoffe verantwortlich zeichnet. Von den übrigen Farbtheorien seien hier nur noch die Radikaltheorie von DILTHEY (*10*), das merichinoide Farbprinzip von WILLSTÄDTER, v. BAEYER u.a. (*11* bis *13*), welches die Farbigkeit auf den Austausch eines chinoiden und hydrochinoiden Bindungszustands zurückführt, und die als Vorläufer der Mesomerietheorie geltende Königsche Konjugationstheorie (*14*) erwähnt. Bezüglich der Einzelheiten sei auf die zusammenfassende Darstellung von KLAGES (*15*) verwiesen.

Die folgenden Ausführungen befassen sich nun eingehend mit der mesomeren Farbtheorie und der Elektronengastheorie, die das Problem der Farbigkeit organischer Verbindungen weitgehend qualitativ und quantitativ klärten.

I. Die mesomere Farbtheorie

1. Der Mesomeriebegriff

Unter Mesomerie versteht man allgemein den Effekt der Überlagerung verschiedener ähnlicher Elektronenstrukturen eines Systems unter Ausbildung einer neuen stabilen Elektronenanordnung. Der neuartige mesomere Zwischenzustand entsteht dabei durch Zusammenwirken der π-Elektronen (Doppelbindungselektronenpaare, Radikalelektronen, ungebundene einsame Elektronenpaare) unter Erhalt des σ-Elektronengerüsts (*16*).

Zur formelmäßigen Wiedergabe dieses „tatsächlichen Zustands" (*Grundzustands*) einer Verbindung ist es erforderlich, sämtliche miteinander in Wechselwirkung tretende Elektronenstrukturen, deren energieärmste man als *Grundstrukturen* und die restlichen als *Grenzstrukturen* bezeichnet, anzugeben. Die Zahl der Übergangsstrukturen kann sich dabei unter Umständen infolge Nichtbeteiligung besonders energiereicher Grenzstrukturen wesentlich verringern. Beispielsweise sind für den Grundzustand des Benzols in der Hauptsache nur die beiden Grundstrukturen Ia und Ib zu berücksichtigen, da die Grenzstrukturen IIa, IIb unter anderem aufgrund ihres Energiereichtums kaum am Grundzustand teilhaben:

Ia   Ib   IIa   IIb

Die Prozentzahl, mit der die einzelnen Grund- und Grenzstrukturen beim Aufbau des Grundzustands mitwirken, nennt man den *Grad des Valenzausgleichs*, eine Größe, die in starkem Maße von der Energiedifferenz der einzelnen Elektronenstrukturen beeinflußt wird. Im Fall des Benzols liegt z.B. zwischen den beiden energiegleichen Grundstrukturen (Ia, Ib) ein beinahe vollkommener Valenzausgleich vor, so daß jede Struktur zu fast 50% — genau 40%, da die Grenzstrukturen IIa, IIb neben anderen nicht völlig vernachlässigbar sind — am mesomeren Grundzustand beteiligt ist. Bei energetisch ungleichwertigen Elektronenstrukturen bleibt der Valenzausgleich naturgemäß viel geringer; man vergleiche hierzu Butadien, bei dem die energiearme Grundstruktur Ia (im Gegensatz zu Benzol) nur mit energiereichen Grenzstrukturen Ib, Ic und nicht mit einer zu Ia energiegleichen Grundstruktur in Wechselwirkung (Mesomerie) treten kann.

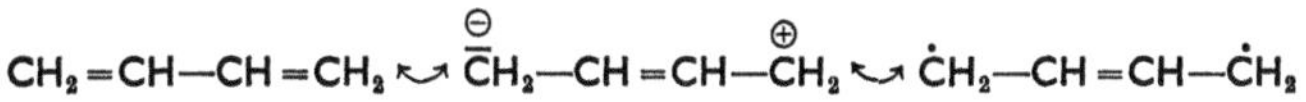

$$CH_2\!=\!CH\!-\!CH\!=\!CH_2 \;\rightsquigarrow\; \overset{\ominus}{C}H_2\!-\!CH\!=\!CH\!-\!\overset{\oplus}{C}H_2 \;\rightsquigarrow\; \overset{\cdot}{C}H_2\!-\!CH\!=\!CH\!-\!\overset{\cdot}{C}H_2$$

$$\text{Ia} \qquad\qquad\qquad \text{Ib} \qquad\qquad\qquad \text{Ic}$$

Da der mesomere Effekt die Isolierung der Einzel- und Doppelbindungen infolge Verteilung der π-Elektronen je nach dem Valenzausgleich (d.h. der Größe des Mesomerieeffekts) aufhebt, läßt sich der Grad des Valenzausgleichs exakt durch Angabe des prozentualen Doppelbindungscharakters einer bestimmten Bindung definieren und aus Atomabstandsmessungen berechnen; vgl. z.B. KLAGES (*17*).

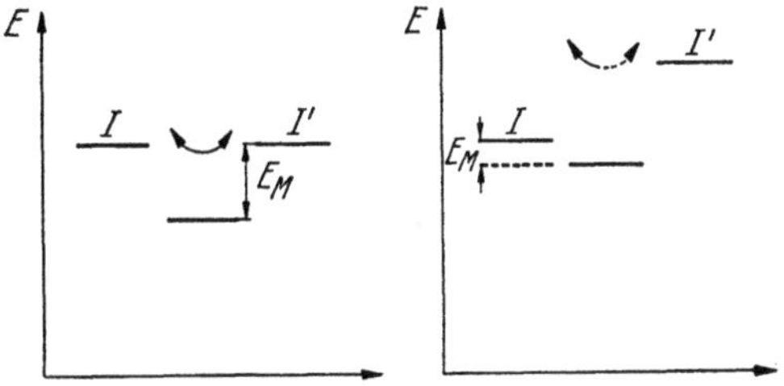

Besonders hervorgehoben sei, daß die resonanzartige Überlagerung der verschiedenen Elektronenstrukturen zu einer Stabilisierung des Systems unter Energieabgabe führt; der Energieunterschied zwischen Grundstruktur und mesomerem Grundzustand wird dabei als *Mesomerieenergie E_M* (früher: Sonderanteil der Energie) bezeichnet. Die Mesomerieenergie nimmt mit dem Grad des zwischen den einzelnen Elektronenstrukturen bestehenden Valenzausgleiches zu; sie erreicht somit einen maximalen Wert bei Energiegleichheit der in Mesomerie tretenden Strukturen und verringert sich bei Beteiligung energiereicher Strukturen, wie es Abb. 2 veranschaulicht.

Abb. 2. Schematische Erklärung der Mesomerieenergie E_M

Im Rahmen dieser kurzen Betrachtung des mesomeren Effekts — über Einzelheiten vgl. die übersichtlichen Darstellungen bei KLAGES, STAAB u.a. (*17* bis *22*) — sei noch hervorgehoben, daß auch die Elektronen eines an einem Doppelbindungssystem befindlichen Substituenten mit den π-Elektronen dieses Systems in Wechselwirkung (d.h. in Mesomerie) treten können. Je nach der Art des Substituenten, der als Folge der mesomeren Wechselwirkung entweder eine Elektronenanreicherung oder -verarmung erfährt, ändert sich die Ladungsverteilung des Doppelbindungssystems in charakteristischer Weise. Man teilt deshalb die Substituenten — etwa wie beim induktiven Effekt — in bezug auf die mesomere Wirkung in zwei Gruppen ein:

1. +M-Substituenten. Zu den einen +M-Effekt ausübenden Gruppen zählen diejenigen Substituenten, die das Gesamtmolekül im Sinne einer Negativierung — unter Positivierung des Substituenten: +M! — beeinflussen. Der mesomere Effekt dieser Substituenten wird dabei durch das Vorliegen eines einsamen (p_z)-Elektronenpaars möglich, das mit den π-Elektronen des Doppelbindungssystems in Wechselwirkung treten kann. Als wichtigste Substituenten dieser Gruppe (Auxochrome) sind zu nennen:

$$-O^{\ominus} > -NH_2 > -OCH_3 > -OH > -Cl.$$

Die Art der verschiedenen Grenzstrukturen zeigt im folgenden das Beispiel des Anilins.

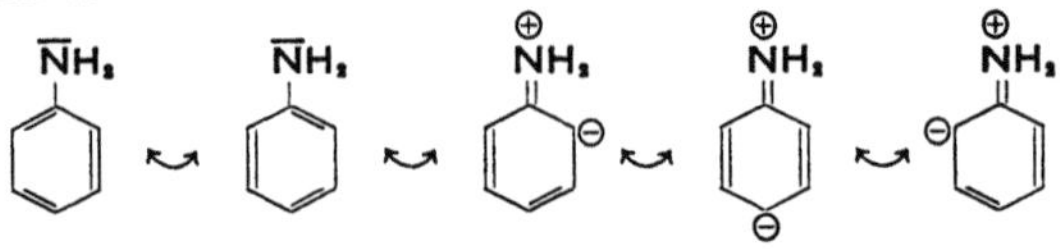

2. —M-Substituenten. Die hierzu gehörigen Substituenten wirken positivierend auf das Molekül, da sie die Fähigkeit besitzen, als Folge der mesomeren Wechselwirkung Elektronen aus dem Doppelbindungssystem heranzuziehen. Diese Substituenten (Antiauxochrome) besitzen meist Doppelbindungen und können leicht eine negative Partialladung annehmen. Beispielsweise zählen zu ihnen:

$$-NO_2 > -CHO > -COOH > -COO^{\ominus} > SO_2NH_2 > -\overset{\oplus}{N}H_3 \sim -\overset{\oplus}{N}R_3.$$

Im Fall der Nitroverbindungen sind die Grenzstrukturen wie folgt vorzustellen:

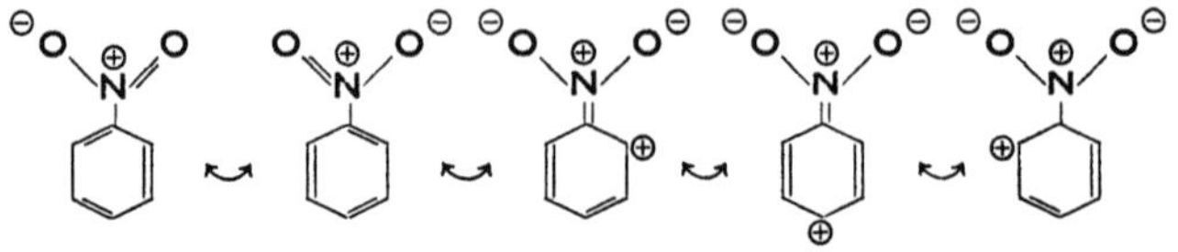

Verständlicherweise wird durch mehrere zur Mesomerie befähigte Substituenten die Ladungsverteilung der Doppelbindungssysteme entweder im Sinne einer gemeinsamen Verstärkung oder Minderung beeinflußt. Bei der Kombination zweier entgegengerichteter Substituenten vom +M- und —M-Typ erfährt der Mesomerieeffekt eine besonders ausgeprägte Förderung, so daß mit der Beteiligung zwitterionischer Grenzstrukturen am Grundzustand zu rechnen ist. Zwischen den beiden Gruppen liegende konjugierte Doppelbindungen oder Benzolkerne (o- und p-Stellung) ändern an dieser gegenseitigen Beeinflußbarkeit nichts.

2. Auswirkung der Mesomerie

Der Mesomerieeffekt, durch den die Eindeutigkeit der Elektronenverteilung eines Moleküls infolge der Wechselwirkung der π-Elektronen mehr oder weniger stark aufgehoben wird, ruft eine Änderung verschiedener Moleküleigenschaften im Vergleich zu den der mesomeriefreien, aus einfachen und isolierten Doppelbindungen bestehenden Verbindungen hervor. Einige dieser mesomerieabhängigen Eigenschaften seien im folgenden kurz angeführt:

Atomabstände. Zum Beispiel werden die Atomabstände in mesomeren Systemen größenordnungsmäßig bis 0,05 Å im Vergleich zur mesomeriefreien Verbindung verringert. Man benutzt diese Verkürzung des (reinen) Atomabstands isolierter Bindungen zur Berechnung des Grads des Valenzausgleiches, da die Kontraktion mit dem Valenzausgleich — gemessen durch den prozentualen Doppelbindungscharakter — zunimmt.

Elektrisches Dipolmoment. Durch den Mesomerieeffekt kann auch eine Erhöhung oder Erniedrigung des Dipolmoments eintreten, denn das Dipolmoment einer in der Grundstruktur vorliegenden Bindung (z.B. $\overset{(+\delta)}{C} \to \overset{(-\delta)}{Cl}$) erfährt naturgemäß bei Beteiligung ionaler Grenzstrukturen am mesomeren Grundzustand eine vom Dipolmoment der Grenzstruktur abhängige Verringerung oder Vergrößerung.

Bildungswärme. Die experimentell bestimmte Bildungswärme H_{exp} weist beim Vorliegen eines Mesomerieeffekts einen Unterschied zur berechneten Bildungsenergie H_{theor} der mesomeriefreien Verbindung auf, der mit der Mesomerieenergie E_M identisch ist: $E_M = H_{exp} - H_{theor}$. An Benzol beträgt dieser Unterschied z.B. 36 kcal.

Lichtabsorption. Durch den Mesomerieeffekt werden die *Absorptionsbanden* einer Verbindung in starkem Maße *verschoben*, da für die Lichtabsorption nicht die reinen Strukturen mit der definierten Elektronenverteilung, sondern das neue mesomere Bindungssystem verantwortlich ist. Die mesomeren Substituenteneffekte lassen sich so z.B. anhand der Absorptionsspektren gut verfolgen. Die mesomere Farbtheorie erklärt nun auf der Grundlage dieser Effekte die Farbigkeit eines Systems, worauf im nächsten Abschnitt näher eingegangen werden soll.

3. Zusammenhang zwischen Farbe und Mesomerie

a) Allgemeines

Die Bedeutung des Mesomeriebegriffs für den Farbeffekt ergibt sich aus der Überlegung, daß die Absorption des Lichts auf eine Wechselwirkung zwischen Bindungselektronen und Lichtstrahlen zurückgeht. Fest an den Kern gebundene Elektronen können dabei nur mit sehr energiereichen elektromagnetischen Strahlen in Wechselwirkung treten, während beweglichere Elektronen schon energieärmere, langwelligere Strahlen absorbieren. Während deshalb σ-Elektronen und in isolierten Doppelbindungen vorliegende π-Elektronen noch relativ kurzwellige Absorptionen aufweisen, muß eine größere Lockerung der π-Elektronen zu einer langwelligen Verschiebung führen. Speziell in den mesomeriefähigen Verbindungen liegen nun aber besonders gelockerte π-Elektronensysteme vor, da die Beteiligung der verschiedenen Strukturen eine große Beweglichkeit der π-Elektronen voraussetzt. Die Isolierung der Doppelbindungen wird ja gerade durch den Übergang der Doppelbindungs-π-Elektronen auf die benachbarten Einfachbindungen, die hierdurch einen Doppelbindungscharakter erhalten, aufgehoben und dies ist nur dadurch möglich, daß sich bei starkem Valenzausgleich die π-Elektronen weitgehend ungehindert im gesamten Doppelbindungssystem bewegen können. Diese qualitative Betrachtung macht bereits verständlich, daß parallel zur Vergrößerung des Mesomerieeffekts (bzw. des Grades des Valenzausgleiches) die Absorptionsfähigkeit eines Systems gegenüber energiearmen Strahlen zunimmt. Auch der Zusammenhang zwischen der π-Elektronenzahl und der langwelligen Verschiebung folgt hieraus, vgl. (*15*, *18*, *23* bis *25*).

b) Bedeutung der Mesomerie für das Farbstoffproblem

Die Mesomerievorstellung, welche die Farbigkeit einer Verbindung mit der Länge des konjugierten Doppelbindungssystems und dem Grad des Valenzausgleichs verknüpft, läßt die Deutung vieler Farbstoffprobleme zu.

α) Halochromieeffekt. Beispielsweise ergibt sich der Halochromieeffekt, d.h. die Farbvertiefung durch Ionenbildung, einfach durch Vergrößerung der Mesomerie des Systems infolge Ausbildung zweier *energiegleicher* Ionenstrukturen, die zum vollständigen Valenzausgleich befähigt sind. Während den Anhydrobasen (I) diese Fähigkeit völlig fehlt, liegt meist gerade nach Überführung in das Farbsalz (II) die für die lang-

$$R_2N—CH=CH—CH=NR \qquad R_2N—CH=CH—CH=\overset{\oplus}{N}R_2 \; \rightleftharpoons \; R_2\overset{\oplus}{N}=CH—CH=CH—NR_2$$

$$\text{I} \qquad\qquad\qquad\qquad\qquad \text{II}$$

wellige Absorption günstige π-Elektronen-Delokalisierung vor. Analoges gilt bei neutralen Farbsäuren.

Der Ladungszustand bleibt ohne Einfluß, da allein das Konjugationssystem ausschlaggebend ist. Farbgebende Kationen oder Anionen unterscheiden sich deshalb, wenn man von Substituenteneinflüssen absieht, bezüglich des Farbcharakters in keiner Weise.

Man spricht im Fall dieser durch Ionisation zur maximalen Mesomerie befähigten Strukturen auch von *Ladungsmesomerie*, wobei sich die Bezeichnung auf den unterschiedlichen Sitz der Ladung der mesomeren, energetisch weitgehend gleichwertigen Grenzstrukturen bezieht. Diese Ladungsresonanz liegt praktisch in allen ionoiden Farbstoffen vor.

β) Wirkung der Endgruppen. Die Wirkung der Auxochrome (Elektronendonatoren) und Antiauxochrome (Elektronenakzeptoren), d.h. also der Endgruppen, die einen $+M$- bzw. $-M$-Effekt auf ein konjugiertes Doppelbindungssystem ausüben, beruht ebenfalls letztlich auf der Fähigkeit dieser Gruppen, in einem System konjugierter Doppelbindungen den Valenzausgleich (bzw. den Mesomerieeffekt) maximal zu erhöhen.

Man beachte vor allem, daß bei den kationoiden Polymethin- und anderen Farbstoffen eine Imoniumgruppe $R_2\overset{\oplus}{N}=$ mit der Aminogruppe

R_2N- gekoppelt ist, wobei die erstere ein Antiauxochrom $(-M)$ und die letztere ein Auxochrom $(+M)$ darstellt. Es liegt hier somit ein symmetrisches Endgruppenpaar vor, das sich einmal durch entgegengerichtete $+M$-, $-M$-Effekte und zum anderen durch eine völlige Energiegleichheit auszeichnet. Beide Eigenschaften bedingen einen maximalen Mesomerieeffekt mit einem vollkommenen Valenzausgleich zwischen Doppel- und Einfachbindung.

$$\overset{\oplus}{\underset{\underset{R_2}{|}}{N}}\text{—}\overset{\overset{X}{|}}{C}(\text{—CH}=\text{CH})_n\text{—CH}=\overset{\overset{X}{|}}{\underset{\underset{R_2}{|}}{C}}\text{—N}| \;\;\rightleftharpoons\;\; |N\text{—}\overset{\overset{X}{|}}{\underset{\underset{R_2}{|}}{C}}=\text{CH}(\text{—CH}=\text{CH})_n\text{—}\overset{\overset{X}{|}}{C}\overset{\oplus}{\underset{\underset{R_2}{|}}{N}}$$

Zur einfachen Darstellung des Absorptionsverhaltens in Abhängigkeit von der konjugierten Kettenlänge werden nun sogenannte *ideale Farbsysteme* definiert, die konjugierte Doppelbindungssysteme in Verbindung mit symmetrischen auxochromen und antiauxochromen Endgruppen besitzen. Bei gleicher Kettenlänge zeichnen sich diese jeweils durch die gleiche längstwellige Bandenlage aus; man unterscheidet dabei ideale Systeme mit vollständigem Bindungsausgleich zwischen Doppel- und Einfachbindung (z.B. Polymethinfarbstoffe) und solche mit einem minimalen Valenzausgleich, wie er bei Polyenkohlenwasserstoffen gegeben ist. Bei einer Unsymmetrie der Endgruppen ändert sich naturgemäß der maximale Grad des Bindungsausgleichs, so daß Abweichungen vom idealen Absorptionsverhalten resultieren. Entscheidend für den maximalen Valenzausgleich (d.h. maximale Mesomerie) und damit für die Lage der langwelligen Absorptionsbande ist hiernach die Verbindung des konjugierten Doppelbindungssystems mit Paaren von auxochromen und antiauxochromen Gruppen, die eine maximale Wirkung aufgrund eines gegenseitigen Elektronenaustausches entfalten können. Derartige Gruppen sind z.B.:

$$\overline{\underline{O}}=\text{CH}\text{—} \qquad |\overset{\ominus}{\overline{\underline{O}}}\text{—CH}=; \qquad R_2\overline{N}\text{—CH}= \qquad R_2\overset{\oplus}{N}=\text{CH}\text{—}.$$

Man vgl. hierzu KLAGES u.a. (*15, 23*).

γ) Substituentenwirkung. Die Wirkung der verschiedenen Substituenten auf die Lage der Absorptionsbanden geht auf die von diesen Gruppen ausgeübte Beeinflussung des mesomeren Zustands, der letztlich für den Farbton verantwortlich ist, zurück. Je nach Art der Substituenten/Farbstoffkombination und Intensität des $+M$- bzw. $-M$-Effekts läßt sich eine bathochrome oder hypsochrome Verschiebung der Bandenlage ableiten. Substituenten, die durch quartäre Atome an das Molekül gebunden sind (quartäre Ammoniumgruppen u.a.) üben keinen Einfluß auf die Farbe aus.

δ) Überführung in Leukoverbindungen. Die bekannte, durch Anlagerungsreaktionen hervorgerufene Aufhebung der Farbigkeit, die man beispielsweise bei der Bildung des Leuko-Malachitgrüns infolge Wasserstoffanlagerung beobachtet, ist die Folge einer Unterbrechung des mesomeren Effekts. Bedingt wird diese Erscheinung durch die Wasserstoffanlagerung — OH-Gruppen wirken ähnlich — an das zentrale C-Atom, da dieses hierbei einen quartären Charakter annimmt und das mesomere Gesamtsystem infolge Hemmung der π-Elektronenbeweglichkeit in zwei kleine Teilsysteme trennt. Es sei noch bemerkt, daß eine Vergrößerung des π-Elektronensystems auch zu einer hypsochromen Verschiebung führen kann, wenn sich dadurch die Verbindung zwischen den $+M$- und $-M$-Endgruppen verringert. Dieser sogenannte Mesomeriekurzschluß wird z.B. durch Ringschluß eines konjugierten Systems verursacht. Vgl. E. Müller (25).

4. Berechnung der Absorptionsbanden nach der Mesomerietheorie

Die Mesomerietheorie erklärt ohne Zweifel eine Reihe wichtiger Farbeffekte, gibt aber über die Bandenlage selbst noch keine Auskunft. Man erkennt im Gegenteil, daß manche Verbindungen trotz eines stabilen mesomeren Grundzustands keine Absorption im Sichtbaren besitzen.

Zur Beseitigung dieser Diskrepanzen wird deshalb der Prozeß der Lichtabsorption unter Hinzuziehung der Bohrschen Quantentheorie betrachtet, nach der die Absorption eines Lichtquants $h\nu$ einen Elektronenübergang aus einem Zustand niederer Energie E_1 in einen Zustand höherer Energie E_2 entspricht.

$$h \cdot \nu = E_2 - E_1, \tag{2.1}$$

$$\nu = \frac{c}{\lambda}. \tag{2.2}$$

Die Lösung der Aufgabe verlangt somit eine Bestimmung dieser beiden stationären Zustände E_1 und E_2, deren Differenz ΔE die Farbe entscheidet. Man erkennt dabei in E_1 den durch Mesomerie entstandenen Grundzustand, dem die Überlagerung der weitgehend energiegleichen Elektronenstrukturen zugrunde liegt, und in E_2 den Anregungszustand, den die energiereicheren Grenzstrukturen durch Mesomerie bilden.

Diese Elektronenzustände werden wellenmechanisch als stehende Wellen, sogenannte Eigenfunktionen ψ, angesehen und nach bestimmten Näherungsverfahren berechnet:

a) Valenzstrukturmethode

Bei der sogenannten Valenzstrukturmethode — V.B.; valence bond; vgl. (18, 26 bis 29) — geht man von der Tatsache aus, daß sich der tatsächliche Elektronenzustand eines Moleküls durch Überlagerung verschiedener Grenzstrukturen — Mesomerie! —, die sich mit verschiedenem „Gewicht" an diesem Zustand beteiligen, entsteht. Mathematisch formuliert man dann die Eigenfunktion ψ dieses Zustands durch Linearkombination der Wellenfunktionen der *einzelnen Valenz- oder Grenzstrukturen* $\psi_1, \psi_2, \psi_3, \ldots$

$$\psi = c_1 \psi_1 + c_2 \psi_2 + c_3 \psi_3 + \cdots, \tag{2.3}$$

wobei die Strukturgewichte $c_1, c_2, \ldots$ (exakt $c_1^2, c_2^2, \ldots$, da eigentlich $\psi_1^2, \psi_2^2, \ldots$) nach der Variationsmethode derart zu variieren sind, daß die Energie E von ψ ein Minimum [kleiner $E_1(\psi_1), E_2(\psi_2)$] erreicht.

Naturgemäß sinkt die Energie E des Grundzustands — man spricht auch vom Resonanzhybrid — um so stärker ab, je mehr Valenzstrukturen $\psi_1, \psi_2, \ldots$ ähnlicher Energie kombiniert werden (Resonanzenergie = Energie der energieärmsten Struktur — Energie des Hybrids). Bei der Feststellung der am mesomeren Zustand beteiligten Strukturen ist vor allem zu beachten, daß in ihnen jeweils die Bindungselektronen zweier Atomrümpfe paarweise mit gleicher Multiplizität gekoppelt sein müssen und polare Strukturen deshalb fehlen. Dies führt beispielsweise beim Benzol zu den beiden sogenannten *Kekule-Grundstrukturen*.

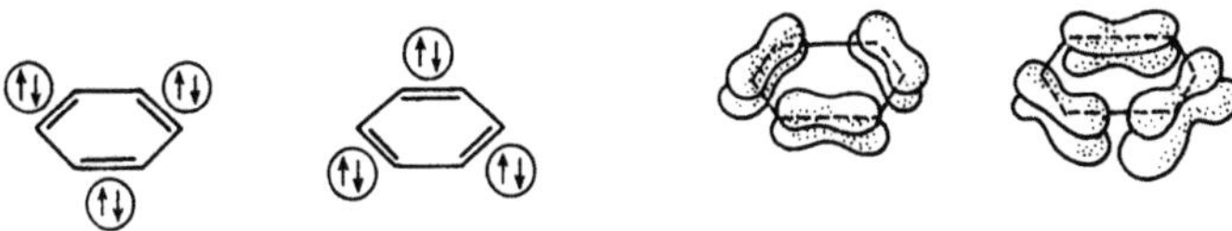

Die Berücksichtigung der Kopplungsmöglichkeit zweier in p-Stellung zueinander stehender p_z-Elektronen, deren Verknüpfung durch eine sogenannte Formalbindung vorstellbar ist, erhöht die Kekulestrukturen um drei sogenannte *Dewarstrukturen*. Diese sind jedoch aufgrund ihres Energiereichtums nur wenig am Grundzustand beteiligt. Für den Grundzustand des Benzols gilt dabei

unter Berücksichtigung der Gewichte der Kekule- und Dewarstrukturen $c_K(0{,}62)$, $c_D(0{,}27)$: $\psi_{Gr} = 0{,}62(\psi_1 + \psi_2) + 0{,}27(\psi_3 + \psi_4 + \psi_5)$.

Da $(c^2 \cdot 100) \cdot$ Strukturzahl = prozentuale Beteiligung der Strukturen K, D am Grundzustand, folgt hier für die Kekulestrukturen $\approx 80\%$ und für die Dewarstrukturen etwa 21% Beteiligung.

Man beachte, daß bei komplizierten Verbindungen nie eine Kreuzung der Formalbindungen zur Aufstellung der kanonischen Grenzstrukturen stattfinden darf. Die Zahl der im Grundzustand einer Verbindung zusammenwirkenden unabhängigen Kekule- und Dewarstrukturen, die sich aus den möglichen Kombinationen der π-Elektronen ergeben, nimmt naturgemäß mit der Atom- bzw. π-Elektronenzahl zu. Für den Zusammenhang zwischen Strukturzahl Z und π-Elektronenzahl $(2n)$ gilt dabei

$$Z = \frac{(2n)!}{n!(n+1)!}. \tag{2.4}$$

Nach der V.B.-Methode wird nun die Abnahme der Anregungsenergie ΔE und damit die langwellige Verschiebung bei Vergrößerung des Konjugationssystems verständlich; denn die alleinige Beteiligung der energiearmen Strukturen am Grundzustand läßt diesen nicht in der gleichen Art absinken wie den Anregungszustand, der durch die Mesomerie, d.h. Kombination der in viel größerer Zahl vorliegenden energiereichen (kanonischen) Valenzstrukturen entsteht. Die Energie des Anregungszustands sinkt deshalb bei Vergrößerung des Konjugationssystems viel stärker ab als die des Grundzustands, so daß ΔE mit der Größe des Konjugationssystems abnehmen muß.

Der Mesomeriekurzschluß durch Einbau eines Ringmoleküls ergibt sich z.B. so durch Aufhebung der im Vergleich zum Ring größeren Zahl energiereicher, mit einer Formalbindung gekennzeichneter Valenzstrukturen einer Konjugationskette, die den Anregungszustand stärker stabilisierte.

Die Methode gestattet auch die quantitative Bestimmung der gegenseitigen Beziehung zwischen den Absorptionsspektren einzelner aromatischer Kohlenwasserstoffe mit Hilfe der kanonischen Strukturen; vgl. hierzu FÖRSTER u.a. (*30* bis *32*). Eine Absolutbestimmung der Bandenlage gelingt unter Hinzuziehung empirischer Daten.

b) Methode der Molekularbahnen

Die Methode der Molekularbahnen (M.O.; molecular orbitals) nimmt an, daß sich im Molekül, etwa in Analogie zum Atom, nur ganz bestimmte Molekülzustände (Molekülbahnen) ausbilden, die von der Gesamtheit der Valenzelektronen nach dem Pauli-Prinzip von unten her mit je zwei Elektronen (je Quantenzahl) besetzt werden (*33* bis *35*).

Die Berechnung der Eigenfunktionen ψ dieser molecular-orbitals erfolgt unter dem Gesichtspunkt einer verhältnismäßig starken Mitwirkung der vorher ungebundenen Einzelatome beim Aufbau der M.O. Aus diesem Grund erhält man die Molekularbahnen einfach durch die Vorstellung einer Verschmelzung der ursprünglichen *atomaren Wellenfunktionen* — der atomic orbitals ψ^* — zur Molekularbahn; d.h. durch die Summation der einzelnen a.o., die sich naturgemäß mit verschiedenem Gewicht c an der tatsächlichen Struktur beteiligen:

$$\psi = c_1 \psi_1^* + c_2 \psi_2^* + c_3 \psi_3^* + \cdots. \tag{2.5}$$

Diese lineare Kombination der atomaren Wellenfunktionen wird auch als LCAO-Methode bezeichnet. ψ ergibt sich wie beim V.B.-Verfahren nach dem Variationsprinzip durch Bestimmung der Koeffizienten c_1, c_2, ..., die dem niedrigsten Energiewert entsprechen.

Bei π-Elektronensystemen vernachlässigt man eine Wechselwirkung der π- mit den σ-Elektronen und erhält so die tatsächlichen Molekularbahnen allein durch Summation der Wellenfunktionen der einzelnen π-Elektronen. Die exakte Durchführung dieses Verfahrens, das für N π-Elektronen N Lösungen — d.h. N Elektronenbahnen — gibt, die von unten her unter Berücksichtigung der Entartung mit je zwei π-Elektronen gefüllt werden, zeigt, daß mit wachsender Länge des Konjugationssystems ein Zusammenrücken der Bahnen und damit eine langwellige Verschiebung eintritt. Vgl. HÜCKEL u.a. (*4, 21, 36*).

Eine quantitative Bestimmung der Bandenlage λ_{max} gelingt aber auch mit dieser Methode nicht.

Zusammenfassend ist festzustellen, daß mit den genannten Näherungsverfahren keine exakte Deutung der Farbstoffabsorption möglich ist; vgl. noch (*37, 38*). Die quantitative Berechnung der Lage und Intensität der 1. Absorptionsbanden von Farbstoffen, die ein (weitgehend) maximaler Bindungsausgleich zwischen Doppel- und Einfachbindung, d.h. eine große Beweglichkeit der π-Elektronen kennzeichnet, erlaubt erst das von KUHN ausgearbeitete Elektronengasmodell.

II. Die Elektronengastheorie

In der Elektronengastheorie der Lichtabsorption werden die π-Elektronen des Konjugationssystems eines Moleküls wie die Valenzelektronen eines Metalls als frei beweglich angesehen und in Analogie zur Sommerfeldschen Elektronentheorie der Metalle (39) beschrieben. Das von KUHN u.a. (40 bis 42) entwickelte Modell ermöglicht nicht nur die Berechnung der 1. Absorptionsmaxima (λ_{max}) einfacher Farbstoffe und die quantitative Feststellung bestimmter konstitutionsbedingter Absorptionsänderungen, sondern auch eine quantenmechanische Bestimmung der Absorptionsintensität f.

1. Theoretische Grundlagen

a) Grundgleichungen

Zum Verständnis dieser Theorie ist die Kenntnis der dualistischen Natur eines Elektrons Voraussetzung, nach der dieses sowohl ein Teilchen der Masse m als auch eine Welle der Länge

$$\lambda = \frac{h}{m \cdot v} \qquad (\textit{Beziehung von } \text{DE BROGLIE}) \qquad (2.5\,\text{a})$$

darstellt; denn in derselben Weise wie diese Vorstellung die diskreten Energieniveaus eines *Atoms* ohne klassisch schwer verständliche Quantelung einfach als Folge von Interferenzerscheinungen der Elektronenwellen rein mathematisch als stehende räumliche Wellen ergibt

$$2\,r\,\pi = n \cdot \lambda, \qquad (2.6)$$

so lassen sich die diskreten Energieterme eines *Moleküls* ebenfalls in Form derartiger stehender Wellen erfassen.

Die Berechnung der möglichen Zustände ψ_n und der hierzu gehörigen Energiewerte E_n eines in einem beliebigen räumlichen Potentialfeld $U(x,y,z)$ schwingenden Elektrons gelingt dabei mit der *Schrödinger-Gleichung*

bzw.

$$\left.\begin{aligned} \frac{\partial^2\psi}{\partial x^2} + \frac{\partial^2\psi}{\partial y^2} + \frac{\partial^2\psi}{\partial z^2} + \frac{8\,\pi^2 \cdot m}{h^2}\,(E - U) \cdot \psi = 0 \\[2ex] \Delta\psi + \frac{8\,\pi^2\,m}{h^2}\,(E_{\mathrm{Gesamt}} - U_{\mathrm{Pot}})\,\psi = 0, \end{aligned}\right\} \qquad (2.7)$$

einer Differentialgleichung, die nach Festlegung von *Randbedingungen* (Randwertaufgaben!) eindeutige Lösungen, sogenannte *Eigenfunktionen* $\psi_n(x,y,z)$ nur bei ganz bestimmten diskreten Energiewerten E_n, den sogenannten *Eigenwerten*, liefert.

Die den Eigenwerten E_n zugehörigen Lösungen der Gleichung, die Eigenfunktionen $\psi_n(x,y,z)$, stellen praktisch als Amplitude die stehende de Broglie-Welle des betreffenden Elektronenzustands im Raum dar, zu deren Kennzeichnung, wie bei einer Saite, die nichtschwingenden Knotenpunkte Verwendung finden können. Letztere bilden dabei Knotenflächen in Form von Ebenen oder konzentrischen Kugelschalen.

Da diese die Elektronen„bahnen" beschreibenden Eigenfunktionen ψ meist komplexer Natur und dadurch physikalisch nicht anschaulich sind, ist es besser, die sogenannte Norm der Eigenfunktion

$$\psi \cdot \psi^* = |\psi^2| \tag{2.8}$$

zu bilden; denn aus dem Quadrat der de Broglieschen Wellenamplitude $|\psi^2|$, das praktisch der Intensität der Welle entspricht, kann die Wahrscheinlichkeit entnommen werden, mit der das Elektron an einem bestimmten Ort zwischen x und $x+dx$, y und $y+dy$, z und $z+dz$ anzutreffen ist: $e\,|\psi^2|\,dv$. Beachte $e \cdot \psi\psi^* \left[\dfrac{\text{Ladung}}{\text{Volumeinheiten}}\right]$. Die räumliche Darstellung dieser Aufenthaltswahrscheinlichkeit oder Dichteverteilung liefert somit das wichtige Bild des von einem Elektron bestimmter Energie eingenommenen Raumes und gibt eine Vorstellung über das *Aussehen* der den *Elektronenbahnen* ψ entsprechenden *Elektronenwolken*. Darüber hinaus erkennt man, daß diese Zustände stationär, d.h. strahlungslos sind, da das die $|\psi\,\psi^*|$-Größe enthaltende Dipolmoment zeitlich konstant ist. Eine Energieemission müßte ja mit einer zeitlichen Änderung des Dipolmoments verbunden sein.

$$\left. \begin{aligned} \psi_{(x,y,z,t)} &= \psi_{(x,y,z)} \cdot e^{-2\pi i\nu t}; \quad & \psi^*_{(x,y,z,t)} &= \psi_{(x,y,z)} \cdot e^{+2\pi i\nu t}; \\ \psi_{(x,y,z,t)} \cdot \psi^*_{(x,y,z,t)} &= \psi_{x,y,z}\,\psi^*_{xyz}, \quad & \text{da } e^{-2\pi i\nu t} \cdot e^{+2\pi i\nu t} &= 1. \end{aligned} \right\} \tag{2.9}$$

b) Die Energiezustände und Bahnen der Atome

α) Die Atombahnen. Zur Feststellung der möglichen Energiezustände E_n und der entsprechenden Elektronenbahnen ψ_n, bzw. der Schwingungsformen der Atome, geht man vom einfachen Modell eines um den positiven Kern kreisenden Elektrons aus. Dessen potentielle Energie ist $U = -e^2/r$. Die räumliche Grenze des Atoms, derzufolge im Unendlichen keine Schwingung vorliegt, läßt die Randbedingung $r \to \infty$, $\psi = 0$ werden.

Die Lösung der Schrödinger-Gleichung

$$\Delta\psi + \frac{8\pi^2 m}{h^2}\left(E + \frac{e^2}{r}\right)\psi = 0 \tag{2.10}$$

wird dann möglich für die diskreten Eigenwerte der Energie:

$$E_n = -\frac{2\pi^2 m e^4}{h^2 n^2} \quad (n = 1, 2, \ldots). \tag{2.11}$$

Das negative Vorzeichen dieser bestimmten diskreten Energiezustände E_n ergibt sich dabei aus dem Wert des dissoziierten Atoms ($E_n \to 0$; $n \to \infty$), da das im Grundzustand E_1 befindliche Elektron nach Abgabe der Bindungsenergie energieärmer ist.

Es zeigt sich nun, daß zu *einem* bestimmten Energieeigenwert E_n nicht nur eine einzige (ψ_n) sondern *mehrere* Eigenfunktionen (ψ_n', ψ_n'', ...) und damit auch verschiedene Elektronenschwingungsformen $e \cdot |\psi^2|\, dv$ gehören, die um so komplizierter und vielfältiger sind, je größer n ist.

Man charakterisiert diese atomic orbitals mit den Buchstaben $l = 0\,(s)$, $l = 1\,(p)$, $l = 2\,(d)$, ... , wobei die Elektronenwolke (die Wahrscheinlichkeitsdichte des Elektrons) folgende Gestalt besitzt:

$l = 0\,(s)$ kugelförmige Elektronenwolke,

$l = 1\,(p)$ hantelförmige Anordnung der Elektronenwolken in den drei Raumrichtungen p_x, p_y, p_z,

$l = 2\,(d)$ rosettenförmige Dichteverteilung mit 5 Formen (d_{xy}, d_{xz}, ...).

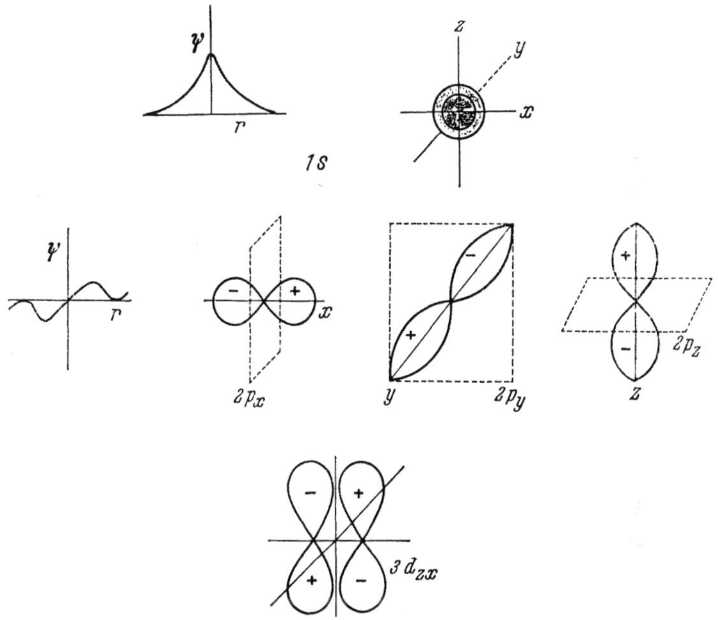

Abb. 3. Schematische Darstellung der Elektronendichteverteilung

Die Zahl und Art — vgl. hierzu noch die Abb. 3 — dieser Ladungsverteilungen wird durch die Beziehung

$$l \leqq n - 1 \tag{2.12}$$

begrenzt und es kommt ihnen für *stereochemische* Betrachtungen eine große Bedeutung zu. Man beachte auch, daß die einer Schwingungsklasse ($n = 2$) angehörenden verschiedenen Schwingungsformen ($2s$, $2p_x$, $2p_y$, $2p_z$) die gleiche Energie $E_{n=2}$ besitzen, oder, wie man sagt, miteinander *entartet* sind.

β) Die Atomstruktur. Die Struktur der Atomhülle aller Elemente erhält man in der Weise, daß entsprechend der Zunahme der Kernladung die energetisch höheren, durch verschiedene Schwingungsformen charakterisierte Bahnen mit Elektronen unter Berücksichtigung der Elektronenspinrichtung gefüllt werden. Zwei Regeln sind dabei zu beachten:

1. Das Pauli-Prinzip, das besagt, daß ein Zustand — gekennzeichnet durch ψ bzw. ψ^2 — mit zwei (aber nicht mit mehr!) Elektronen entgegengesetzten Spins besetzt werden kann.

2. Die Hundsche Regel, welche den Einbau in die energiegleichen Eigenfunktionen $(l=p, d, f)$ beschreibt. Nach dieser Vorschrift werden die miteinander entarteten Zustände $(p_x, p_y, p_z,$ u. a.) erst mit Elektronen parallelen Spins gefüllt und dann von vorne beginnend mit solchen antiparallelen Spins. Es sei noch bemerkt, daß sich die derart halbbesetzten Zustände — z. B. die d-Funktionen mit fünf Elektronen gleicher Spinrichtung — durch besondere Stabilität (Paramagnetismus) auszeichnen. (Vgl. Wertigkeitsprobleme bei Komplexen; Offenbandhalbleiter.)

Da die Aufenthaltswahrscheinlichkeitsräume $|\psi^2|\,\Delta v$ eines Elektrons vereinfacht als Kugel (s) — Hantel (p) — oder Rosettenräume (d) er-

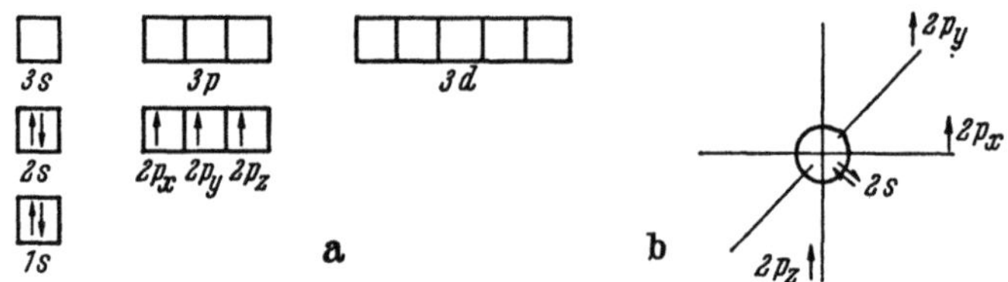

Abb. 4a u. b. Darstellung der Atomstruktur (Beispiel: Stickstoff). a Zellendarstellung. b Symbolische Darstellung der Elektronenkonfiguration (nach SCHEIBE)

scheinen, besteht die den Kern umgebende Hülle aus derartigen ineinandergestellten verschiedenartigen Elektronenwolken diskreter Energie. Die Elektronen können eben nur bestimmte stehende de Broglie-Wellen ψ (Eigenfunktionen der Energieeigenwerte) im Kernfeld ausbilden, die in einfachen Fällen durch ψ^2-Bildung oder Knotenflächen dem Verständnis nahegebracht werden. Symbolisch erfolgt diese wellenmechanische Atomdarstellung oft einfach in der Art von Elektronenzellen, wobei jede Zelle je nach ihrer Kennzeichnung $(3p_x$ u. a.) eine der Eigenfunktion entsprechende de Broglie-Welle bzw. Elektronenwolke vorstellt. Oder es wird die Elektronenkonfiguration eines Atoms symbolisch dadurch wiedergegeben (vgl. Abb. 4), daß ausgezeichnete Kreise s-Funktionen und gestrichelte, in die drei Raumrichtungen weisende Linien p-Funktionen andeuten. Kleine Pfeile zeigen dabei die jeweilige Besetzung der Funktionen an. Bemerkt sei, daß die letztgenannte Darstellung die Betrachtung von Bindungsverhältnissen in Molekülen stark vereinfacht.

Die Bezeichnung der Atome, beispielsweise des Stickstoffs, erfolgt nach folgendem Schema:

$$\text{Stickstoff:} \quad 1s^2, \quad 2s^2, \quad 2p^3.$$

Hier bedeutet: 1, 2 = Hauptquantenzahl n, entsprechend dem Energieeigenwert E_n; s, p = Schwingungsform (s=Kugel, p=Hantel); Exponent 2, 3 = Zahl der Elektronen in den betreffenden Zuständen.

γ) Das periodische System. Die Periodizität der Elemente folgt nach dem wellenmechanischen Bild der Atomhülle aus der Zusammenfassung der zu den einzelnen Energieeigenwerten E_n (n=1, 2, ...) gehörenden möglichen Eigenfunktionen ψ_n. Hierbei beträgt die Eigenfunktions-(zellen-)zahl Z in den zu E_n ($n = 1, 2, \ldots$) gehörenden *Schalen* ($n = 1$: K-, $n = 2$: L-, $n = 3$: M-Schale usw.)

$$Z = n^2 \tag{2.13}$$

und die Elektronenzahl je Schale

$$EZ = 2n^2. \tag{2.14}$$

Das heißt, in der K-Schale sind 2, in der L-Schale 8 und in der M-Schale 18 Elektronen, wobei mit der oben genannten Symbolik gilt:

$$\text{K: } 1s^2; \quad \text{L: } 2s^2, 2p^6; \quad \text{M: } 3s^2, 3p^6, 3d^{10}.$$

Die Verteilung der Elektronen im Periodensystem, die für viele Probleme sehr wichtig ist, läßt sich dabei leicht mit Hilfe des „Electron Locator" (nach WEIS und MECK) ermitteln [1].

c) Die Bindungseigenfunktionen (Hybridisierung u. a.)

α) **Valenzbastardisierung.** Da ein die Bindung zweier Atome bewirkendes Elektronenpaar aus zwei Elektronen entgegengesetzten Spins besteht, würden die im Grundzustand befindlichen Atome nur mit Partnern entgegengesetzter Spinorientierung zur Bindung gelangen. Man nimmt deshalb an, daß ein Atom vor dem Bindungsprozeß in den *Valenzzustand* unter Aufhebung der nach der Hundschen Regel geforderten Spinorientierung gelangt. Diese Eigenfunktionen der im Valenzzustand befindlichen Elektronen *(Valenzelektronen)* zeigen dabei die gleiche Dichteverteilung, d. h. die Kugel-, Hantel- und Doppelkegel-Form, wie die unangeregten Zustände. Es entstehen aber darüberhinaus auch noch neue, allein dem Valenzzustand zugehörige Eigenfunktionen charakteristischer Struktur. Diese letzteren, durch Überlagerung oder Linearkombination der s-p-d-Valenzzustände eines Atoms — d. h. durch *Valenzbastardisierung* oder Hybridisierung — gebildeten neuen Eigenfunktionen nennt man gemischte (*hybridisierte* oder q-) Bindungsfunktionen. Ihre Anzahl ist gleich der Zahl der miteinander kombinierten s, p, d-Valenzzustände, z. B. $1s + 3p = 4q$. Zu ihrer Kennzeichnung genügt die Angabe der Richtung, in der vom Atomkern aus die Elektronenwolke die größte Dichte aufweist.

Die Kenntnis der Struktur dieser s-, p-, d- und hybridisierten q- Zustände ist naturgemäß außerordentlich wichtig, da die Bindung zweier verschiedener Atome eine Überlappung der Valenzelektronen voraussetzt und aus der Richtung der Valenzelektronenwolken somit gleichzeitig die Art des räumlichen Aufbaus eines Moleküls folgt.

Ohne die Vorstellung der Hybridisierung wäre eine Deutung der wichtigen Tetraederstruktur des *C-Atoms* und der Gleichwertigkeit der vier Valenzzustände unmöglich. Die Annahme einer Trennung der beiden $2s$-Elektronen unter Übergang eines Elektrons in den $2p_z$-Zustand

$$\text{C-Atom:} \quad 1s^2\, 2s^{\uparrow\downarrow}\, 2p_x^{\uparrow}\, 2p_y^{\uparrow} \to 1s^2\, 2s^{\uparrow}\, 2p_x^{\uparrow}\, 2p_y^{\uparrow}\, 2p_z^{\uparrow}$$

---

[1] Zu beziehen vom Verlag Chemie, Weilheim a. d. Bergstraße.

erklärt wohl die 4-Wertigkeit des C-Atoms, aber nicht die Gleichwertigkeit aller vier Valenzzustände; denn $2s \neq 2p$. Letztere wird erst durch die Hybridisierung der $2s$- und $2p$-Elektronenwolken erreicht, da das entstehende Hybrid *vier* $- 2s + 2p_x + 2p_y + 2p_z = 4q -$ gleiche und tetraedrisch angeordnete sp^3-*Valenzhybride* aufweist.

$$sp^3$$

Neben dieser Vermischungsart besteht auch noch die Möglichkeit der Hybridisierung von nur drei Valenzelektronen $2s + 2p_x + 2p_y$ unter Ausbildung von drei gleichwertigen sp^2-*Valenzhybriden*, die in der Ebene trigonal liegen und die $2p_z$-Elektronenwolke senkrecht dazu stehen haben.

$$sp^2$$

Die Überlagerung der $2s$- und $2p\;\psi$-Funktionen führt zum sp-*Hybrid*, das eine hantelförmige Elektronenverteilung aufweist und die beiden restlichen $2p_y$- und $2p_z$-Elektronenwolken senkrecht dazu stehen hat.

$$\longleftrightarrow \quad sp$$

Diese Vorstellung der sp^3-, sp^2-, sp-Hybride gibt die Erklärung für die Elektronenanordnungen und Stabilität organischer Bindungen unter Beachtung der Regel, daß bei der σ-*Bindung*, die sehr fest ist, die Atomeigenfunktionen des Bindungspartners drehsymmetrisch um die Bindungsrichtung liegen (σ-Elektronen: $1s, 2s, \ldots$), während bei der π-*Bindung* die an der Bindung beteiligten Eigenfunktionen nur ganz bestimmte Verdrehungswinkel um die Bindungsrichtung einnehmen können und eine Verdrehung die zur Bindung nötige Überlappung (Überlappungsprinzip!) eventuell aufhebt. (π-Elektronen: $2p, 3p, 3d, \ldots$) Für die Ein- und Mehrfachbindungen beim Kohlenstoff gilt somit:

β) Einfachbindung. Überlappung zweier sp^3-Hybride durch σ-Bindung, die für die freie Drehbarkeit verantwortlich ist. Ein H-Atom wird, z.B. im —CH_3, ebenfalls durch σ-Bindung $[2sp^3 + 1s]$ gebunden. Vgl. hierzu (*18*).

γ) Doppelbindung. Diese Bindung erfolgt durch zwei sp^2-Hybride in der Weise, daß sich je eine der trigonalen sp^2-Valenzelektronen eines C-Atoms zu einer σ-Bindung überlagern und außerdem die senkrecht zur sp^2-Ebene liegenden hantelförmigen $2p_z$-Elektronenwolken zu einer π-Bindung zusammentreten. Die letztgenannten π-Elektronen, die sich in einer Elektronenwolke oberhalb und unterhalb der sp^2-Ebene ausdehnen, sind frei beweglich und für den ungesättigten Charakter des Moleküls verantwortlich. Sie bedingen aber auch die Starrheit des Moleküls.

Man beachte noch, daß diese sp^2-Bastardisierung dem Gerüst vieler organischer Verbindungen zugrunde liegt, wodurch einerseits die gewinkelte Struktur der in σ-Bindung aneinandergelagerten C-Atome hervorgeht, die z.B. den 6-Ring des Benzols bedingt, und andererseits die freie Beweglichkeit der in π-Bindung verknüpften $2p_z$-Elektronen die charakteristische Elektronenverteilung über das ganze Molekül hinweg erklärt. Die $2p_z$-Elektronen verschmelzen miteinander und man kann nicht mehr entscheiden, ob das $2p_z$-Elektron vom C_1 oder C_4 stammt; sie gehören praktisch dem gesamten Molekül gleichzeitig an und können auch als Einheit betrachtet werden. Vgl. noch die Abb. 5.

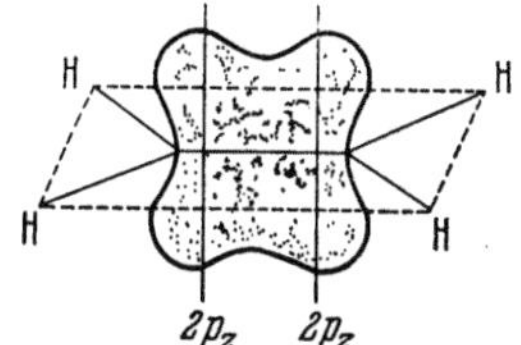

Abb. 5. Schema der C—C-Doppelbindung

δ) Dreifachbindung. Diese Bindung entsteht im Falle der Überlappung zweier sp-Hybride des C, wobei sich eine σ-Bindung ausbildet, während die senkrecht aufeinander stehenden $2p_y$- und $2p_z$-Elektronenwolken zu zwei π-Bindungen verschmelzen und den stark ungesättigten Charakter und die Starrheit (vgl. Acetylen) hervorrufen. Vgl. zu diesem Abschnitt (*2, 18, 22, 28, 43, 44*).

2. Die Energiezustände und Bahnen organischer linearer Moleküle

Wie schon erwähnt, kann man auch für konjugiert ungesättigte und aromatische Verbindungen bestimmte Energiezustände im Molekül errechnen, die mit den zur Verfügung stehenden π-Elektronen in Analogie zum Atom unter Beachtung des Pauli-Prinzips und der Hundschen Regel vom energieärmsten Zustand an gefüllt werden. Die Berechnung erfolgt dabei nach dem M.O.-Verfahren durch lineare Kombination der von den einzelnen Atomen des Moleküls zur Verfügung gestellten $2p_z$-Elektroneneigenfunktionen. Die zu einem bestimmten Energiewert E_n gehörenden Molekülbahnen ψ_n lassen sich durch ψ^2-Bildung auch räumlich darstellen und geben so einen Einblick in die Dichteverteilung der π-Elektronen.

Die Voraussetzung für diese Beschreibungsart definierter Elektronenzustände eines Moleküls bildet die Vorstellung einer über das ganze Molekül sich erstreckenden Verteilung der $2p_z$-π-Elektronen. Letztere sind eben praktisch nicht mehr auf bestimmte Atome fixiert, sondern können als völlig delokalisiert angesehen werden. Dieses Verhalten beobachtet man nicht nur an Kohlenwasserstoffen mit konjugierten Doppelbindungen. Auch bei Metallen und Legierungen können die Valenzelektronen nicht als zwischen den Atomen gebunden angesehen werden, sondern man muß sie praktisch über den ganzen Raum verteilt denken, wodurch bekanntlich die charakteristischen Metalleigenschaften entstehen: Die Metallelektronen bilden ein dreidimensionales *Elektronengas*.

Diese Vorstellung der freien Beweglichkeit der Valenzelektronen eines Metalls einerseits und das Vorliegen analoger Verhältnisse in konjugierten Systemen andererseits, führt nun dazu, die delokalisierten π-Elektronen der organischen Systeme (z.B. in linearen konjugierten Doppelbindungssystemen) als Elektronengas zu betrachten. Auf diese Weise gelingt eine einfache Beschreibung der Moleküleigenfunktionen ψ_n, d.h. der Dichteverteilung $e \cdot |\psi_n^2|\, dv$ bei den entsprechenden Energieeigenwerten E_n.

Man betrachtet dabei zur Berechnung der Wellenfunktionen ψ die $2p_z$-Elektronen des durch die Bindungswinkel der C-Atome $[sp^2]$ zickzackförmigen Molekülgerüsts als eindimensionales Elektronengas. Obwohl genau genommen die potentielle Energie eines Elektrons in der Nähe der einzelnen Atome jeweils abnimmt und erst an den Enden des Moleküls einen steilen Anstieg erfährt, ist es doch in guter Näherung möglich, diese Schwankungen zu vernachlässigen und die potentielle Energie V innerhalb des Moleküls als konstant und an den Enden als unendlich groß anzusetzen. Die Elektronen sind gleichsam in einem eindimensionalen Kasten eingeschlossen. Vgl. die folgende Abb. 6.

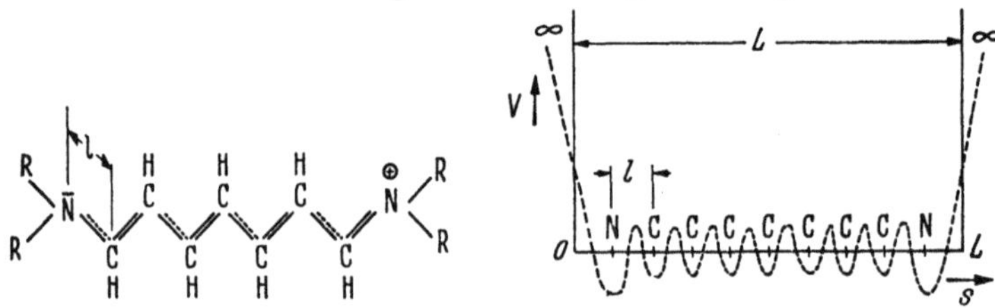

Abb. 6. Verlauf der potentiellen Energie eines Elektrons innerhalb eines Molekels

Der Vorteil dieses Modells liegt darin, daß sich die Eigenfunktionen eines in einem derartigen Potentialkasten eingeschlossenen π-Elektrons leicht mit der Schrödinger-Gleichung oder nach der Methode des Reflexionsoszillators berechnen lassen.

a) Beim Ansatz der *Schrödinger-Gleichung* gilt:

$$\frac{\partial^2 \psi}{\partial x^2} + \frac{8\pi^2 m}{h^2}\left[E - V(s)\right]\psi = 0 \qquad (2.15)$$

mit den Randbedingungen der potentiellen Energie

$$V = 0 \quad \text{für} \quad 0 < s < L,$$
$$V = \infty \quad \text{für} \quad s < 0 \quad \text{und} \quad s < L.$$

Diese Randbedingung besagt, daß die potentielle Energie innerhalb des linearen Kastens null und außerhalb unendlich ist. In der Gleichung bedeutet ψ die Wellenfunktion eines π-Elektrons, E die Gesamtenergie des Elektrons, $V(s)$ die potentielle Energie des Elektrons als Funktion der Abstandskoordinate, m die Masse des Elektrons, s die Abstandskoordinate und L die Länge der π-Elektronenkette. Für L gilt: $L = l \cdot N$; $N = \pi$-Elektronenzahl; $l = $ C—C-Abstand. Die Wellengleichung läßt sich nun für ganz bestimmte diskrete Eigenwerte der Gesamtenergie E, d.h. für

$$E_n = \frac{h^2}{8 \cdot m \cdot L^2} \cdot n^2 \qquad (n = 1, 2, \ldots) \qquad (2.16)$$

lösen. Dabei haben die zu diesen Energieeigenwerten E_n gehörenden Eigenfunktionen (Lösungen) ψ_n folgende Form:

$$\psi_n = \sqrt{\frac{2}{L}}\,\sin\frac{\pi \cdot s}{L} \cdot n \qquad (n = 1, 2, \ldots) \quad \text{für} \quad 0 < s < L. \qquad (2.17)$$

Das Modell des eindimensionalen Elektronengases liefert so die Lage der diskreten, im Molekül der Länge L möglichen Energiezustände und gibt auch durch Normierung, d.h. $\psi\psi^*$-Bildung, Auskunft über die Dichteverteilung der π-Elektronen in den einzelnen Zuständen der konjugierten Kette. Vgl. hierzu noch die Abb. 7.

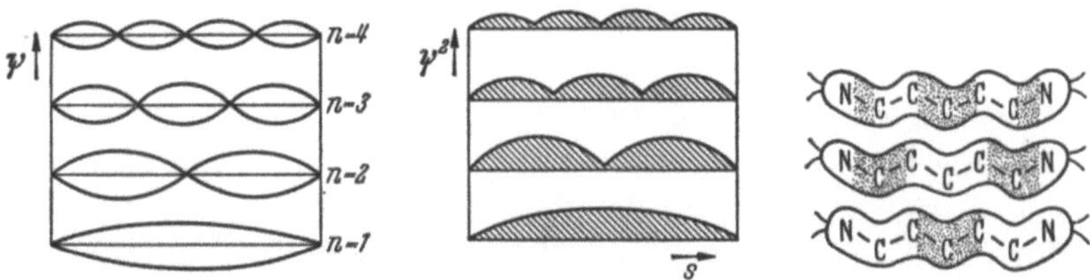

Abb. 7. Art der Eigenfunktionen und Elektronendichteverteilung eines linearen konjugierten Doppelbindungssystems

Man erhält rasch Auskunft über das Vorliegen eines Elektronendichtemaximums oder Minimums an einer bestimmten Stelle der π-Elektronenkette, wenn man für die Eigenfunktionen ψ_n setzt:

$$\psi_n = \sqrt{\frac{2}{l \cdot N}} \sin \frac{\pi \cdot s}{l \cdot N} \cdot n \qquad (n = 1, 2, \ldots), \tag{2.18}$$

$$\psi_n \sim \sin \pi \cdot \frac{s(N)}{N} \cdot n. \tag{2.19}$$

l stellt hier den Abstand zweier C-Atome, bzw. von C—N dar und N bedeutet die Zahl der π-Elektronen. N läßt sich in durch Stickstoffatome begrenzten Polymethinketten errechnen nach der Beziehung

$$\text{(Zahl der C-Atome)} \cdot 1 + 3 = N.$$

$s(N)$ stellt den Abstand des betrachteten Atoms vom Kettenende, ausgedrückt durch die bis dahin vorliegende π-Elektronenzahl, dar. Letztere ergibt sich leicht, wenn man pro Bindung und pro Stickstoffatom 1 π-Elektron zählt. Beispielsweise wäre $s(N) = 4$ für das mittlere C der Abb. 7. Man erkennt nun, daß je nach dem betrachteten Niveau, das durch n ($= 1, 2, \ldots$) gekennzeichnet wird, ψ_n entweder 1 oder 0 ist. Dies entspricht dann einem Dichtemaximum oder Dichteminimum an der betreffenden Stelle; z.B. gilt in Abb. 7 für das mittlere C-Atom:

$$\text{Dichtemaximum} \quad \psi_n = 1 \quad \text{für} \quad n = 1, 3, 5,$$

$$\text{Dichteminimum} \quad \psi_n = 0 \quad \text{für} \quad n = 2, 4, 6.$$

b) Bei der *Reflexionsoszillatormethode* erfolgt die Berechnung der diskreten Energieniveaus einfach in der Weise, daß das π-Elektronensystem gleichsam als schwingender Stab betrachtet wird. Nach den Gesetzen der Schwingungslehre läßt dieser stationäre Wellen nur dann entstehen, wenn an den Enden des Systems Schwingungsknoten liegen. Allgemein gilt somit für die möglichen Wellenlängen

$$\lambda_n = \frac{2L}{n}, \tag{2.20}$$

die als de Broglie-Wellen zu betrachten sind:

$$\lambda = \frac{h}{m\,u}.\tag{2.21}$$

Mit $E = \frac{m}{2}\,u^2$ ergibt sich dann für die diskreten Energieniveaus:

$$E_n = \frac{h^2}{8\,m\,L^2} \cdot n^2 \quad (n = 1, 2, \ldots),\tag{2.22}$$

ein Ergebnis, das mit dem obigen identisch ist.

Die Elektronenverteilung, entsprechend $e \cdot |\psi^2|\,dv$, läßt sich hier aus der Gestalt der Funktion des einfachen schwingenden Systems ableiten, die eine Sinusfunktion darstellt. Der n-te Elektronenzustand enthält $(n-1)$ innere Knoten.

3. Berechnung der Lichtabsorption nach der Elektronengastheorie

a) Berechnung der Bandenlage

Die Schrödinger-Gleichung bzw. die Methode des Reflexionsoszillators gibt Auskunft über die im Molekül möglichen diskreten Energiezustände unter der Voraussetzung einer freien Beweglichkeit der π-Elektronen des Systems. Letztere liegt im Falle eines vollkommenen Bindungsausgleichs — z.B. bei Ladungsresonanz — vor. Wie im Atom ist dabei über die tatsächliche Besetzung dieser Molekülbahnen (molecular orbitals) noch nichts ausgesagt. Sie erfolgt unter Beachtung des Pauli-Prinzips in der Weise, daß jeweils zwei π-Elektronen vom tiefsten Energiezustand ausgehend eine Bahn füllen. Beim Vorliegen von N π-Elektronen werden deshalb $n = N/2$ Zustände besetzt; während somit für den obersten, besetzten Zustand $E_{N/2}$ gilt, ist das erste freie Energieniveau durch $E_{(N/2)+1}$ gekennzeichnet (Abb. 8).

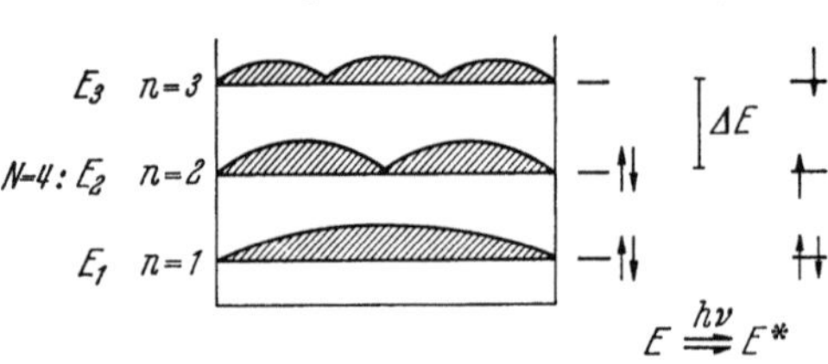

Abb. 8. Schema zur Berechnung der Anregungsenergie ΔE

Der Absorption eines Lichtquants entspricht, wie bereits erwähnt, ein Übergang eines Elektrons aus dem obersten besetzten Zustand $E_{N/2}$ zum nächsten freien Energieniveau $E_{(N/2)+1}$. Sie läßt sich deshalb leicht durch Angabe der Energiedifferenz dieser beiden Terme berechnen:

$$\Delta E = E_{(N/2)+1} - E_{N/2} = \frac{h^2}{8\,m\,L^2}\,(N+1).\tag{2.23}$$

Diese Anregungsenergie bestimmt gleichzeitig die Lage der 1.Absorptionsbande $\lambda_{\max}$, da

$$\Delta E = h\nu = h \cdot \frac{c}{\lambda},\tag{2.24}$$

$$\lambda_{\max} = \frac{h\,c}{\Delta E} = \frac{8\,m\,c}{h}\,\frac{L^2}{N+1}.\tag{2.25}$$

L gibt hier wieder die Länge des konjugierten Doppelbindungssystems an, die von der Zahl der π-Elektronen und dem Abstand der Atome l abhängt: $L = N \cdot l$; d.h.

$$\lambda_{\max} = \frac{8\,m\,c}{h} \cdot \frac{N^2 \cdot l^2}{N+1} \, . \tag{2.26}$$

Diese Beziehung stellt den quantitativen Ausdruck für den bekannten experimentell ermittelten Zusammenhang zwischen der Zahl der π-Elektronen und der langwelligen Absorptionsbande $\lambda_{\max}$ dar. Sie besagt, daß eine Vergrößerung des Doppelbindungssystems, entsprechend der Zunahme der π-Elektronenzahl N, das Absorptionsmaximum nach langen Wellen (bathochrom) verschiebt. Die Elektronengastheorie erlaubt somit für eine Reihe von Polymethinfarbstoffen ohne irgendwelche empirische Daten die Berechnung der langwelligsten Absorptionsbande.

Setzt man die Zahlenwerte für die Elektronenmasse $m = 9{,}107 \cdot 10^{28}\,$g, Lichtgeschwindigkeit $c = 2{,}998 \cdot 10^{10}\,$cm/sec, Plancksches Wirkungsquantum $h = 6{,}624 \cdot 10^{-27}\,erg\cdot$sec und den mittleren Bindungsabstand $l = 1{,}39 \cdot 10^{-8}\,$cm in die obige Beziehung ein, so gilt

$$\lambda_{\max} = 637 \cdot 10^{-8} \cdot \frac{N^2}{N+1} \, [\text{cm}], \tag{2.27}$$

bzw.

$$\boxed{\lambda_{\max} = 637 \cdot \frac{N^2}{N+1} \, [\text{Å}]} \, . \tag{2.28}$$

Hervorgehoben sei, daß diese Beziehung auch die wichtige *Regel* wiedergibt, nach der das Absorptionsspektrum der symmetrischen Polymethinfarbstoffe durch Einführung neuer Vinylengruppen (die jeweils zwei neuen

π-Elektronen entsprechen) etwa um 1000 Å (bzw. 100 mμ) pro Doppelbindung konstant nach längeren Wellen verschoben wird. Diese Leistungsfähigkeit der Theorie möge die folgende Tabelle für den Fall

Tabelle 2

N π-Elektronen	d Doppelbindungen	j	z Atomzahl	$\lambda_{\max}$ nach Theorie (Å)	$\lambda_{\max}$ nach Messung (45) (Å)
10	4	0	9	5765	5900
12	5	1	11	7060	7100
14	6	2	13	8340	8200
16	7	3	15	9590	9300

eines symmetrischen Carbocyanins durch Gegenüberstellung der experimentellen (45) und theoretischen ersten Absorptionsmaxima veranschaulichen. Weitere Beispiele vgl. H. KUHN (40).

Häufig gibt man nun λ_{max} als Funktion der Zahl d der in der Konjugationskette befindlichen Doppelbindungen an. Man beachte dabei jedoch, daß diese Doppelbindungen auf keinen Fall als fixiert anzusehen sind, da der vollkommene Bindungsausgleich zwischen den Doppel- und Einfachbindungen (maximale Mesomerie) Voraussetzung für die Behandlung der π-Elektronen als Elektronengas ist. Während sich die π-Elektronenzahl N bei Polymethinfarbstoffen aus der Zahl l der Kohlenstoff- und Stickstoffatome der konjugierten Kette nach

$$N = Z + 1$$

errechnen läßt, wird N aus der Zahl d der Doppelbindungen durch

$$N = (d + 1) \cdot 2 \qquad (2.29)$$

bestimmbar, denn die Stickstoffatome besitzen wie die Doppelbindungen zwei π-Elektronen. Somit folgt für λ_{max}:

$$\lambda_{\mathrm{max}} = 637 \cdot 10^{-8} \cdot \frac{(d+1)^2 \cdot 2^2}{(d+1) \cdot 2 + 1} = 1274 \cdot 10^{-8} \frac{(d+1)^2 \cdot 2}{2d+3} \ [\mathrm{cm}], \quad (2.30)$$

$$\boxed{\lambda_{\mathrm{max}} = 127 \cdot \frac{(d+1)^2}{d + \frac{3}{2}} \ [\mathrm{m\mu}]} . \qquad (2.31)$$

Führt man, wie es oft geschieht, anstelle von N oder d die Zahl der aus der Strukturformel ersichtlichen Vinylengruppen j in die Beziehung von λ_{max} ein, so wird beispielsweise im Fall des letztgenannten Carbocyanins

$$N \equiv (Z + 1) = (2j + 9) + 1, \qquad (2.32)$$

und damit:

$$\lambda_{\mathrm{max}} = 637 \cdot \frac{(2j + 10)^2}{2j + 11} \ [\mathrm{\mathring{A}}] . \qquad (2.33)$$

Bei anderen Polymethinfarbstoffen muß naturgemäß für $N(= f(j))$ ein anderer Wert in λ_{max} eingesetzt werden.

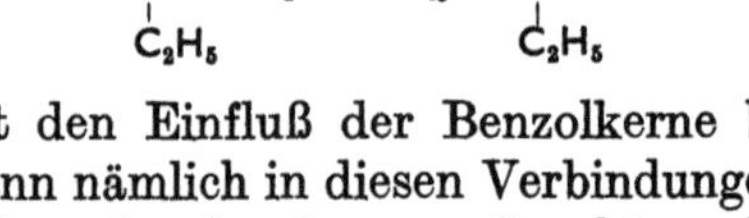

Das Elektronengasmodell verlangt beim Vorhandensein endständiger aromatischer Kerne, wie sie beispielsweise in den Cyaninen (Pinacyanol u.a.) vorliegen, eine Ergänzung, da die Theorie in der einfachen Form nicht den Einfluß der Benzolkerne berücksichtigt. Der Potentialverlauf kann nämlich in diesen Verbindungen keineswegs mehr an den Kettenenden durch einen senkrechten Anstieg vereinfacht wiedergegeben werden; denn die Polarisierbarkeit der π-Elektronen der aromatischen Kerne bedingt eine langsame Zunahme der potentiellen Energie am Ende des für die Lichtabsorption verantwortlichen Konjugationssystems, so daß die Vereinfachung $V \to \infty$ bei Kettenanfang $s = 0$ und Kettenende $s = L (\equiv N \cdot l)$ nicht mehr erlaubt ist. KUHN (40) berücksichtigt diesen Einfluß durch Verlängerung der Strecke, die das Elektronengas einnimmt, um $\frac{2}{3}$ eines Atomabstands l. Das heißt, die Länge des Potentialkastens beträgt

$$L = N \cdot l + \tfrac{2}{3} \cdot l = l \cdot (N + \tfrac{2}{3}), \tag{2.34}$$

so daß anstelle von $\lambda_{\max} = \dfrac{8m \cdot c}{h} \cdot \dfrac{L^2}{N+1}$ zu setzen ist:

$$\lambda_{\max} = \frac{8mc}{h} \cdot \frac{l^2 \cdot (N + \tfrac{2}{3})^2}{N+1}. \tag{2.35}$$

Während für den letztgenannten Cyaninfarbstoff der Zusammenhang zwischen $\lambda_{\max}$ und j ohne Berücksichtigung des Benzolkerneinflusses durch

$$\lambda_{\max} = 637 \cdot \frac{(2j+6)^2}{2j+7} \ [\text{Å}] \tag{2.36}$$

dargestellt wird und zu kurzwellige Absorptionsbanden $\lambda_{\max}$ gibt, erhält man durch die genannte Kettenverlängerung mit

$$\lambda_{\max} = 637 \, \frac{(N + \tfrac{2}{3})^2}{N+1} = 637 \cdot \frac{(2j+6+\tfrac{2}{3})^2}{2j+7} \ [\text{Å}] \tag{2.37}$$

eine dem Experiment entsprechende Beziehung.

Gegebenenfalls sind an manchen Verbindungen zur exakten Wiedergabe noch größere Verlängerungen der Kette — z.B. $L = l \cdot (N + \tfrac{2}{3} + \tfrac{1}{3})$ $= l \cdot (N+1)$ — erforderlich.

b) Bezeichnung der Übergänge

Es sei noch bemerkt, daß die den Energiezuständen E_n zugehörigen Wellenfunktionen bzw. Molekülbahnen ψ_n immer mit Elektronen entgegengesetzten Spins besetzt werden, und daß bei der Anregung, d.h.

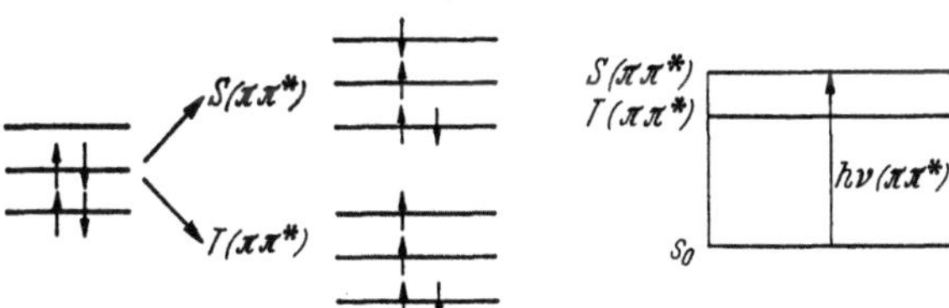

Abb. 9. Schematische Darstellung des Singulett- und Triplettanregungszustands $S(\pi\pi)$ bzw. $T(\pi\pi)$

beim Übergang von $E_{N/2}$ nach $E_{(N/2)+1}$, keine Spinentkopplung stattfindet. Diese vom höchsten besetzten Molekülniveau aus zu den niedrigsten Anregungs-Singulettzuständen führenden Elektronenübergänge nennt man π-π^*- oder N-V-Übergänge.

Bei einer Spinentkopplung entstehen Triplettzustände $T(\pi\pi^*)$. Vgl. Abb. 9.

Im Gegensatz hierzu werden Übergänge von nichtbindenden bzw. einsamen Elektronenbahnen auf angeregte π-Niveaus als n-π^*-Übergänge bezeichnet. Sie liegen unter anderem bei N=O-, C=O-Bindungen vor und bestehen im Fall der C=O-Gruppe in der Anregung des nichtbindenden $(n, 2p)$-Elektrons des Sauerstoffs zum antibindenden π-Zustand, wobei die CO-π-Bindung aufgespalten wird.

$$\mathrm{{>}C\overset{\pi}{\underset{2p}{=\!=}}\underline{O}\,|\,2s} \xrightarrow{\;h\nu\,(n\,\pi)\;} \mathrm{{>}\overset{\times}{C}-\overset{}{\underset{\times}{\overline{O}}}\,|\,2s}$$

c) Wellenmechanisches Bild der Lichtabsorption

Während im letzten Abschnitt die Lichtabsorption in Analogie zum Bohrschen Modell durch einen „Übergang" aus einer energieärmeren in eine energiereichere „Bahn" erklärt wird, läßt sich nach dem wellenmechanischen Modell die Absorption und Emission aus dem de Broglie-Wellencharakter der Energiezustände E_n ableiten.

Der Frequenzunterschied der den beiden Energieeigenwerten zugehörigen Eigenfunktionen — die stehende Wellen darstellen! — $\psi_{N/2}$, $\psi_{(N/2)+1}$ ist nämlich nicht groß, so daß sie nach einer Überlagerung zu *Schwebungen* Anlaß geben können. Unter einer Schwebung versteht man dabei die von der Experimentalphysik her bekannte Erscheinung, daß bei Überlagerung zweier verschiedener Schwingungen eine einzige neue Schwingung entsteht, deren Amplitude (Stärke) periodisch größer und kleiner wird. Wenn auch die de Brogliesche Raumwelle komplizierter Natur ist, so gilt doch prinzipiell:

$$\left.\begin{aligned} \psi_s &= \psi_1 + \psi_2 = \psi_0 \cdot \sin 2\pi\,\nu_2\,t + \psi_0 \sin 2\pi\,\nu_1\,t, \qquad \nu_2 > \nu_1 \\[4pt] \psi_s &= \underbrace{2\psi_0 \cos 2\pi\,\frac{\nu_2-\nu_1}{2}\,t}_{\psi_0'} \cdot \sin 2\pi\,\frac{\nu_2+\nu_1}{2}\cdot t \\[4pt] & \cdot \sin 2\pi\,\frac{\nu_2+\nu_1}{2}\cdot t. \end{aligned}\right\} \qquad (2.38)$$

Das heißt, die Überlagerungsschwingung ψ_s schwingt mit der Frequenz $\left(\frac{\nu_2+\nu_1}{2}\approx\nu_{1,\,2}\right)$ und zeichnet sich durch eine periodische Amplitude $\psi_0' = 2\psi_0 \cos 2\pi\,\frac{\nu_2-\nu_1}{2}\cdot t$ aus, die zwischen $2\psi_0$ und 0 schwankt und die Schwebungsfrequenz $\nu_s = \nu_2 - \nu_1$ besitzt.

Da das Quadrat der Amplitude (d.h. die Eigenfunktion) ψ als Ladungsdichte $e \cdot |\psi^2|\,dv$ gedeutet werden kann, ist ersichtlich, daß bei Anregung des Zustandes $E_1(\nu_1)$ und $E_2(\nu_2)$ die den beiden entsprechenden Ladungsdichten nicht mehr fixiert und getrennt sind, sondern sich überlagern und nach einer Kosinusfunktion mit der Frequenz $\nu_s = \nu_2 - \nu_1$ schwanken. Einer *schwingenden Ladungsdichte* wird aber nach der klassischen Elektrodynamik eine Strahlungsemission zugeschrieben; denn die sich mit der Frequenz $\nu_s = \nu_2 - \nu_1$ ändernde Dichte der Elektronenwolke $e \cdot |\psi^2|\,dv$ bildet einen elektrischen Dipol (Sender), der Licht gleicher Frequenz aussendet.

Die von BOHR postulierte Frequenzbedingung $E_2 - E_1 = h(\nu_2 - \nu_1) = h\nu$ wird somit wellenmechanisch bestätigt, da das bei Anregung der

Energiezustände E_2 und E_1 (denen die Eigenfunktionen ψ_2 und ψ_1 zugehören) ausgesandte Lichtquant die gleiche Frequenz $\nu_2 - \nu_1$ besitzt.

In der Wellenmechanik entspricht somit dem Energieübergang nach Bohr die gleichzeitige Anregung der den Energieeigenwerten zugeschriebenen Eigenfunktionen ψ_2, ψ_1. Naturgemäß können deshalb auch nur Strahlen absorbiert bzw. emittiert werden, die diese aus ψ_2 und ψ_1 entstandene Schwebungsfrequenz besitzen.

d) Bestimmung der Absorptionsintensität

Die Absorptionsintensität einer Absorptionsbande wird durch die Oszillatorenstärke f gekennzeichnet, für die empirisch gilt:

$$f = 14{,}4 \cdot 10^{-20} \int \varepsilon \, d\tilde{\nu}. \qquad (2.39)$$

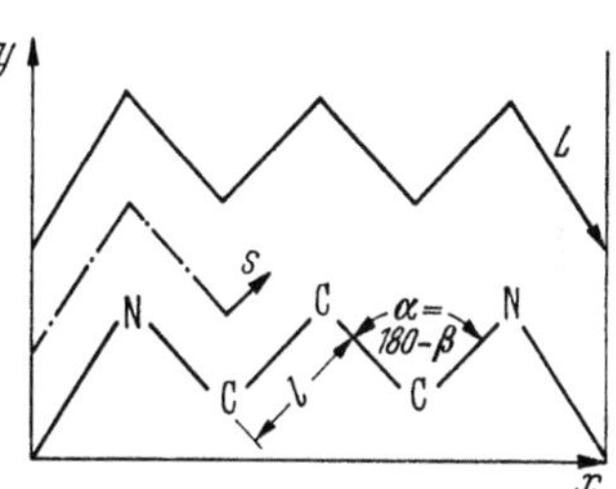

Abb. 10. Zur Berechnung der Absorptionsintensität f

Die quantenmechanische Betrachtung der Farbstoffmoleküle ermöglicht nun nicht nur die Bestimmung von λ_{max} als alleinige Funktion der Farbstoffkonstitution, sondern auch die Berechnung dieser Absorptionsintensität; denn nach der Quantentheorie ist die Wahrscheinlichkeit eines Übergangs vom Zustand 1 nach 2 eng mit der Absorptionsintensität bzw. dem f-Wert einer Bande verbunden (*46*).

Nach Kuhn (*47*) läßt sich im Fall der reellen Eigenfunktionen ψ_1, ψ_2 zur Berechnung von f die Beziehung ansetzen:

$$f_{1 \to 2} = \frac{8\,m\,\pi^2}{3\,h^2}\,\Delta E_{1 \to 2}\left(\int_\Omega \psi_1 \psi_2\, x\, d\tau + \int_\Omega \psi_1 \psi_2\, y\, d\tau + \int_\Omega \psi_1 \psi_2\, z\, d\tau\right), \qquad (2.40)$$

in der $\Delta E_{1 \to 2}$ die oben definierte Differenz der Energieeigenwerte $(E_1 - E_2) = \Delta E$ und $d\tau$ das Raumelement dx, dy, dz darstellt; $\int_\Omega$ bedeutet Integration über den ganzen Raum. An idealen Farbsystemen (s. oben), wie sie bei den Polymethinfarbstoffen vorliegen, vereinfacht sich dieser Ausdruck für $f_{1 \to 2}$ durch Beschränkung auf das eindimensionale Elektronengas der Polymethin-Zickzack-Kette:

$$f_{N/2 \to [(N/2)+1]} = \frac{8\,m\,\pi^2}{3\,h^2} \cdot \Delta E_{N/2 \to (N/2)+1}\left(\int_{s=0}^{s=L} \psi_{N/2}\,\psi_{(N/2)+1} \cdot x \cdot ds\right). \qquad (2.41)$$

Für die entsprechenden Eigenfunktionen gilt mittels der Schrödinger-Gleichung (s. oben):

$$\psi_{N/2} = \sqrt{\frac{2}{L}}\,\sin\left(\frac{\pi \cdot s}{L} \cdot \frac{N}{2}\right); \quad \psi_{(N/2)+1} = \sqrt{\frac{2}{L}}\,\sin\left(\frac{\pi \cdot s}{L}\left[\frac{N}{2}+1\right]\right). \qquad (2.42)$$

Die All-Trans-Konstellation ergibt infolge des Valenzwinkels $\alpha = 180 - \beta$ ($\approx 120°$) für x: $x = s \cdot \left(\cos\dfrac{\beta}{2}\right)$.

Somit wird:

$$
\begin{aligned}
f_{N/2 \to (N/2)+1} &= \frac{8\,m\,\pi^2}{3\,h^2} \cdot \Delta E_{N/2 \to (N/2)+1} \times \\
&\quad \frac{2}{L} \cos \frac{\beta}{2} \int_0^L \sin\left(\frac{\pi s}{L} \cdot \frac{N}{2}\right) \sin\left(\frac{\pi s}{L}\left[\frac{N}{2}+1\right]\right) s\, ds \\
&= \frac{8\,m\,\pi^2}{3\,h^2} \cdot \frac{h^2}{8\,m} \cdot \frac{(N+1)}{L^2} \cdot \left[-\frac{2L}{\pi^2}\left(\cos\frac{\beta}{2}\right) \cdot \frac{N(N+2)}{(N+1)^2}\right] \\
&= \frac{4}{3\,\pi^2}\left(\cos\frac{\beta}{2}\right)^2 \cdot \frac{N^2(N+2)^2}{(N+1)^3},
\end{aligned}
\tag{2.43}
$$

bzw., da zwei Elektronen übergehen:

$$
\boxed{\,f_{N/2 \to (N/2)+1} = \frac{8}{3\,\pi^2}\left(\cos\frac{\beta}{2}\right)^2 \frac{N^2(N+2)^2}{(N+1)^3}\,}\;.
$$

Diese Beziehung zeigt an, daß die Absorptionsintensität nicht von der Länge L des Systems, sondern von der Zahl N der π-Elektronen abhängt. Für $N=6$ (8, 10, 12) erhält man hieraus f-Werte in der Größe von $f=1{,}4$ (1,8; 2,2; 2,6), die gut mit dem Experiment übereinstimmen. Vereinfacht gilt für den Fall der Cyaninfarbstoffe:

$$
\boxed{\,f = 0{,}134\,(N+1)\,}\;.
\tag{2.44}
$$

4. Die Lichtabsorption komplizierter Systeme

Die angegebenen Beziehungen gelten nur für symmetrische ebene Cyanine, da allein bei diesen die π-Elektronen als ungestörtes Elektronengas infolge eines vollkommenen Bindungsausgleichs anzusehen sind. Den Typus derartiger Polymethine kennzeichnen dabei die folgenden Strukturen:

$$
R_2N(-CH=CH)_j-CH=\overset{\oplus}{N}R_2 \;\rightleftharpoons\; R_2\overset{\oplus}{N}=CH(-CH=CH)_j-NR_2\,,
$$

zu denen auch saure Farbstoffe des Typs:

$$
\overset{\ominus}{} O-CH=CH-CH=CH-CH=O \;\rightleftharpoons\; O=CH-CH=CH-CH=CH-O\overset{\ominus}{}
$$

zählen.

Sobald die π-Elektronen dieser Systeme durch irgendwelche strukturelle Veränderungen in ihrer freien Beweglichkeit beeinflußt werden — mit anderen Worten: sobald sich der Grad des Valenzausgleichs zwischen den angegebenen Grenzstrukturen, entsprechend einer abnehmenden Mesomerie, verringert — muß eine Korrektur des obigen Elektronengasmodells erfolgen.

Diese Beeinflussung der ungehinderten π-Elektronenbeweglichkeit können verschiedene Faktoren bewirken.

a) Unsymmetrie der Endgruppen

Die Delokalisierung der π-Elektronen hängt naturgemäß von der Gleichwertigkeit der mesomeren Grundstrukturen und damit von der Symmetrie der Elektronenaffinitäten der endständigen Gruppen, der Auxochrome und Antiauxochrome, ab. Eine Unsymmetrie dieser Gruppen läßt sich dabei je nach ihrer Natur bei der Berechnung ausgleichen.

α) Gleiche Elektroaffinitäten. Die Gleichheit der Elektroaffinität ist nicht nur auf identische Endgruppen beschränkt, sondern kann auch bei einer Abweichung derselben vorliegen. Es besteht deshalb die Möglichkeit, daß bei unsymmetrischen Cyaninen, deren Stickstoffatome abweichenden Ringen angehören, die π-Elektronen frei beweglich bleiben.

Man muß jedoch zur Berechnung die unterschiedliche Zahl der π-Elektronen der selbst nicht an der Mesomerie beteiligten Ringe durch eine Verlängerung des Konjugationssystems miteinbeziehen. Für die langwellige Bande gilt somit:

$$\left.\begin{aligned}
\lambda_{\max} &= \frac{8\,m\,c\,l^2}{h} \cdot \frac{N^2}{N+1} \\[2mm]
\lambda_{\max} &= \frac{8\,m\,c\,l^2}{h} \cdot \frac{(2\,d + x)^2}{(N+1)} \cdot
\end{aligned}\right\} \tag{2.45}$$

d bedeutet die Doppelbindungszahl und x eine charakteristische Zusatzgröße; d.h. $N = [(2\,d + 2) + x']$.

Bei den symmetrischen Cyaninen berücksichtigt man in dieser Größe x, wie oben näher ausgeführt wurde, bereits den Einfluß endständiger Phenylgruppen durch eine Verlängerung der Kette um $x' = \frac{2}{3}l$, da die potentielle Energie U nicht exakt bei $s = 0$ und $s = L \rightarrow \infty$. Einer p-ständigen NO_2-Gruppe entspricht aufgrund des $-M$-Effekts eine Kettenlänge $L = (2\,d + 2 + 1) \cdot l$; d.h. $x' = 1\,l$.

β) Verschiedene Elektroaffinität. Wird die Konjugationskette von unsymmetrischen auxochromen bzw. antiauxochromen Gruppen besetzt — nichtideales Farbsystem —, so können die π-Elektronen nicht mehr ungestört im System schwingen; denn die Grundstrukturen beteiligen sich nicht mehr mit demselben Gewicht am Zustandekommen des mesomeren Grundzustands und die hierdurch bedingte Verminderung des Valenzausgleichs läßt die ursprünglichen Einzel- und Doppelbindungen und deren charakteristische Bindungsabstände wieder hervortreten.

Naturgemäß nimmt diese Ausbildung der Einfach- und Doppelbindungen, die bei symmetrischen Endgruppen nicht unterscheidbar waren, mit der Unsymmetrie der Endgruppen zu.

Als Folge dieses verminderten Valenzausgleichs und der abweichenden Atomabstände müssen Potentialwälle unterschiedlicher Größe zwischen den C-Atomen angenommen werden, die nicht mehr durch ein konstantes Potential ($V = 0$) wie beim ungestörten Elektronengas anzunähern sind; denn die Anziehungskraft auf ein Elektron ist in der Nähe der kürzeren Bindung größer als zwischen der längeren, den Doppelbindungscharakter tragenden Bindung, und damit nimmt die potentielle Energie zwischen den Einfachbindungen stärker ab als zwischen den Doppelbindungen.

Es gelingt nun, diesen Potentialverlauf durch eine sinusförmige Schwankung der potentiellen Energie anzugleichen, die je ein Minimum zwischen den kurzen und je ein Maximum zwischen den größeren Atomabständen aufweist. Die Amplitude dieser sinusförmigen Potentialkurve V_0 stellt das sogenannte Störungspotential dar, das mit zunehmender Störung zunimmt und in der symmetrischen Anordnung dem Wert Null zustrebt. Man vergleiche hierzu noch die nächste Abbildung.

Die Berechnung der möglichen Energieeigenwerte eines in einem derartigen Potentialkasten schwingenden Elektronengases und deren Füllung mit den zur Verfügung stehenden π-Elektronen gibt wie oben die

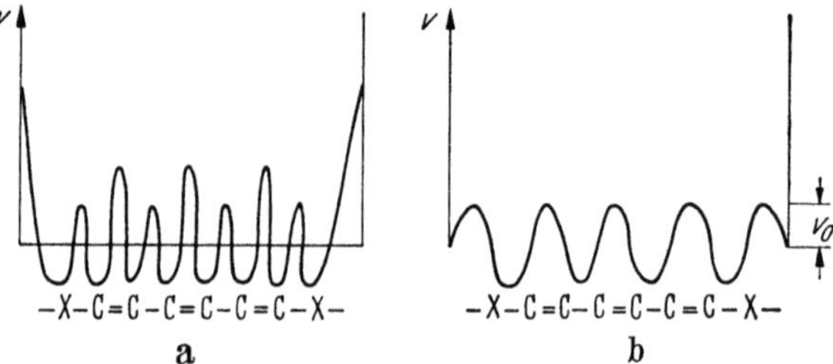

Abb. 11a u. b. Potentialkurve eines Konjugationssystems mit vermindertem Valenzausgleich. a Wirklicher Verlauf. b Vereinfachte Form zur Angabe des Störungspotentials

Energiedifferenz zwischen oberstem besetzten und erstem freien Niveau an. Es zeigt sich aber, daß ΔE durch die genannte Störung um die Größe

$$V_0 \cdot \left(1 - \frac{1}{N}\right)$$

anwächst.

Es gilt dann:

$$\Delta E = \frac{h^2}{8\,m\,L^2}\,(N + 1) + V_0\left(1 - \frac{1}{N}\right), \qquad (2.46)$$

entsprechend einer von V_0 abhängigen kurzwelligen Verschiebung im Vergleich zum symmetrischen System:

$$\lambda_{\max} = \cfrac{1}{\cfrac{h}{8\,m\,c\,l^2} \cdot \cfrac{N+1}{N^2} + \cfrac{V_0}{h \cdot c}\left(1 - \cfrac{1}{N}\right)} . \qquad (2.47)$$

Das Störungspotential V_0 hängt somit von der Symmetrie der Endgruppen ab und umfaßt den Bereich von $V = 0$ — bei idealen Farbsystemen mit völlig symmetrischen Auxochromen bzw. Antiauxochromen — bis $V_0 = 2$ eV. Der letztgenannte Wert liegt bei nichtidealen Farbsystemen, beispielsweise den Polyenen, die keine auxochromen und antiauxochromen Endgruppen haben $CH_2 = CH(-CH = CH)_j - CH = CH_2$, vor. Die Störungspotentiale anderer unsymmetrischer Farbstoffe lassen sich mit dazwischenliegenden Werten erfassen.

Es sei noch darauf hingewiesen, daß die Absorptionsmaxima λ_{max} bei nichtidealen Systemen mit zunehmender Zahl der π-Elektronen bzw. der Doppelbindungen nach einer bestimmten Wellenlänge konvergieren, während beim ungestörten Farbstoffsystem keine Konvergenz auftritt und λ_{max} proportional mit N zunimmt. Die Konvergenz eines vinylogen Systems — d.h. $\lambda_{max} = f(N$ bzw. $j)$ — hängt dabei allein vom Störungspotential ab und gibt somit einen Hinweis auf den Störungsgrad (Unsymmetrie) der betreffenden Farbstoffreihe. Man erkennt diesen Zusammenhang leicht aus der obigen Beziehung, derzufolge für $V_0 \rightarrow 0$ λ_{max} den Wert des idealen Farbsystems annimmt.

Die *Berechnung des Störungspotentials* V_0 einer Farbstoffreihe gelingt durch Messung des langwelligen Absorptionsmaximums λ_{max} eines Farbstoffs der betreffenden Reihe und Einsetzen dieses Werts in obige Störungsgleichung unter Berücksichtigung der π-Elektronenzahl.

b) Substitution in der konjugierten Kette

Die Beweglichkeit der π-Elektronen erfährt auch eine Störung bei Ersatz einer der Methingruppen durch ein N-Atom, vgl. KUHN (*48*); denn das N-Atom besitzt eine größere Elektronenaffinität als die Methingruppe und übt dadurch einen Elektronensog auf das in der Konjugationskette schwingende Elektronengas aus. Die Zahl der dem Elektronengas zur Verfügung gestellten π-Elektronen (C-Atom: $2p_z$, N-Atom: $2p_z$, da $2p_x$, $2p_z$ beim N durch σ-Bindung und $2s$ als einsames Elektronenpaar fixiert sind) bleibt jedoch in beiden Ketten gleich.

Dieses Bestreben, Elektronen anzuziehen, macht sich vor allem dann bemerkbar, wenn die Dichteverteilung am Substitutionsort der Kette eine Anhäufungsstelle aufweist. Das System wird einen derartigen Zustand aufgrund seiner Stabilität bevorzugt einnehmen und es ist verständlich, daß der zugehörige Energieeigenwert eine Erniedrigung im Vergleich zur reinen Methinkette erfährt.

Diese Eigenart, ein Energieniveau beim Zusammentreffen des N-Atoms mit einer Elektronenhäufungsstelle zu senken, gibt die Erklärung für substitutionsbedingte kurzwellige und langwellige Verschiebungen. Man betrachtet hierzu die beiden für die Absorption verantwortlichen Zustände — Grund- und Anregungsniveau — und die Lage der in ihnen vorliegenden Anhäufungsstellen. Trifft nun gerade ein Dichtemaximum mit dem Heteroatom im Anregungsterm zusammen, so wird dieser Zustand bevorzugt ausgebildet, und da eine Beeinflussung des Grundzustands durch den — bereits aus der Beziehung $\psi = \sqrt{\dfrac{2}{L}} \sin \dfrac{\pi \cdot s}{L} \cdot n$ ableitbaren — Elektronenmangel beim elektroaffinen Substituenten fehlt, verringert sich die Übergangsenergie ΔE. Umgekehrt folgt eine Stabilisierung und Senkung des Grundzustands beim Zusammentreffen des N-Atoms mit einer Anhäufungsstelle dieses Niveaus und aufgrund des unbeeinflußten Anregungszustands resultiert eine Vergrößerung von ΔE.

Der Zusammenhang der Energiezustände mit der π-Elektronenzahl bzw. mit der Zahl der Doppelbindungen führt zur Aufstellung bestimmter Regeln für die Absorptionsverschiebungen durch Substitution.

1. Eine *langwellige Verschiebung* tritt ein, wenn die Anzahl der *Doppelbindungen* der konjugierten Kette *ungerade*, bzw. die Zahl der *C-Atome* zwischen Heteroatom und Auxochrom *gerade* ist.

2. Eine *kurzwellige Verschiebung* entsteht bei einer *geraden* Anzahl der Doppelbindungen, bzw. einer *ungeraden* C-Atomzahl zwischen Heteroatom und Endgruppe.

Diese Regeln lassen sich leicht aus den Eigenfunktionen ψ *ableiten*, die durch ψ^2-Bildung Aufschluß über die Dichteverteilungen der einzelnen Zustände als Funktion des Abstands vom Kettenende geben. Die im System vorhandenen π-Elektronen N bestimmen dabei die durch n $(=1, 2, \ldots)$ gekennzeichnete Lage des Grundniveaus E_n, da $n = N/2$, und auch die des Anregungsniveaus E_{n+1} mit $n = \left(\frac{N}{2} + 1\right)$. Wie oben gezeigt wurde, läßt sich über das Vorliegen eines Dichtemaximums oder -minimums in der Mitte des Systems aufgrund der Beziehung Auskunft geben:

$$\left.\begin{aligned}
\psi &\sim \sin \pi \cdot \frac{s(N)}{N} \cdot n \\
\psi_{\text{Mitte}} &\sim \sin \pi \cdot \frac{1}{2} \cdot n,
\end{aligned}\right\} \tag{2.48}$$

woraus hervorgeht, daß ψ in der Mitte der konjugierten Kette allein davon abhängt, ob n gerade oder ungerade ist, denn für n (gerade) wird $\psi = 0$ und für n (ungerade) gilt $\psi = 1$.

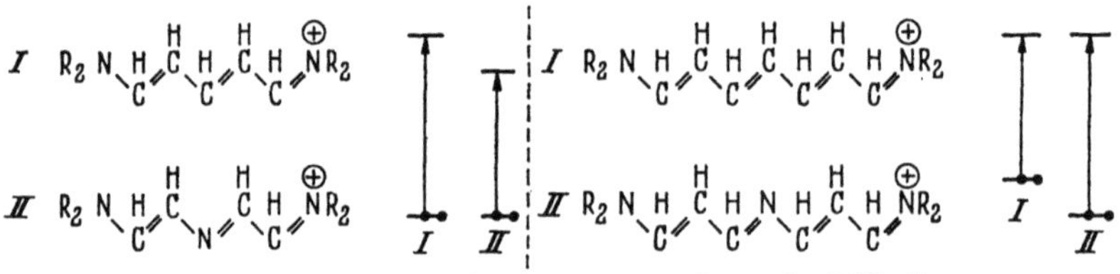

Abb. 12. Zur Abhängigkeit der Anregungsenergie von der Wellenlänge

Ein Dichtemaximum entsteht somit im Grundzustand, wenn für die π-Elektronenzahl gilt: $N/2 = ungerade$. Dies bedeutet eine Senkung des Grundzustands und damit eine kurzwellige Verschiebung von $\lambda_{\max}$ bei der Substitution des mittleren CH durch ein elektroaffineres Atom oder eine elektroaffinere Gruppe. Die Zahl der Doppelbindungen d der mesomeren Kette ist in diesem Fall gerade, da $N = (2d + 2)$.

Ein Dichteminimum bildet sich dagegen im Grundzustand an der Stelle des mittleren C-Atoms, wenn die π-Elektronenzahl $N/2 = gerade$. Für den Anregungszustand $n = \frac{N}{2} + 1$ folgt dann ein ungerader Wert und damit nach obigem ein Dichtemaximum in der Mitte der konjugierten Kette. Durch Substitution des mittleren CH durch ein elektroaffineres Atom wird deshalb der Anregungszustand im Gegensatz zum Grundzustand gesenkt und damit $\lambda_{\max}$ langwellig verschoben. Vgl. noch Abb. 12.

Quantitativ errechnet sich nach dem Elektronengasmodell (48) diese Verschiebung durch Erniedrigung der potentiellen Energie um V_1 (erg) in einem Bereich von $2a$ (cm) an der Stelle des mittleren N-Atoms (d.h. bei $L/2$) mittels der Beziehung:

$$\frac{1}{\lambda_N} = \frac{1}{\lambda_{CH}} \pm \frac{4 \cdot V_1 \cdot a}{h \cdot c \cdot L}. \qquad (2.49)$$

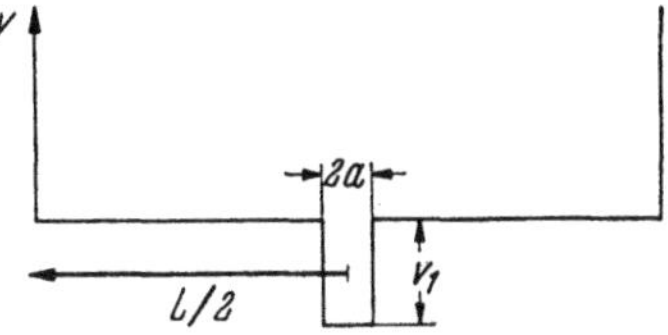

Abb. 13. Zur Berechnung der Wellenlängenverschiebung

$+$ zeigt die kurzwellige Verschiebung (für $N/2$ ungerade bzw. eine gerade Doppelbindungszahl) an und $-$ die langwellige Verschiebung (für $N/2$ gerade bzw. ungerade Doppelbindung). Mit $V_1 = 5{,}6 \cdot 10^{-12}$ erg und $a = 0{,}7 \cdot 10^{-8}$ cm ($=$ halber C—N-Bindungsabstand) ergibt sich eine Verschiebung in der Größenordnung von 1000 Å. Vgl. auch (21).

c) Verzweigung des Molekülgerüsts

α) Eindimensionales Modell. *Methode.* Es ist verständlich, daß die π-Elektronen genau genommen nicht mehr in der oben angegebenen einfachen Weise betrachtet werden können, wenn das Molekülgerüst eine Verzweigung aufweist. Während dabei eine Verzweigung, die ein Cyanin in einen Diphenylmethanfarbstoff verwandelt, ohne Änderung auf das Absorptionsspektrum bleibt, übt die Einführung einer heterogenen Brücke (N, O, S) in die Diphenylmethananordnung eine stark kurzwellige Verschiebung aus. Beispielsweise stellt man diesen hypsochromen Effekt zwischen Michlers Hydrolblau I und Acridinorange II fest.

$(CH_3)_2\overset{\oplus}{N}$ — ⟨⟩ — CH — ⟨⟩ — $\bar{N}(CH_3)_2$ $(CH_3)_2\overset{\oplus}{N}$ — ⟨⟩ — N(CH₃), CH — ⟨⟩ — $\bar{N}(CH_3)_2$

I   II

Die Absorption des Michlers Hydrolblau und anderer Diphenylmethanfarbstoffe ist somit noch wie die eines Cyanins mit Hilfe der oben besprochenen Gleichungen berechenbar, da die geringfügigen Verzweigungen praktisch ohne größeren Einfluß bleiben und das System den Charakter eines unverzweigten Systems beibehält. Es gilt dann

$$\lambda_{max} = 127 \cdot \frac{(d+1)^2}{(d+\frac{3}{2})} \, [\text{m}\mu], \qquad (2.50)$$

wobei für d die Doppelbindungsanzahl des Konjugationssystems eingesetzt werden kann ($d = 5$).

Diese Betrachtungsweise erfährt jedoch durch Einführung des ringschließenden Heteroatoms beim Übergang zum Acridinorange eine Änderung, da zur Erfassung der Energiezustände die stationären Schwingungszustände betrachtet werden müssen, die eine dem *verzweigten* Molekülgerüst folgende Saite ausbildet. Nach KUHN (49, 50) ist es möglich, diese verschiedenen Zustände der π-Elektronen durch ein mechanisches Modell in Form stehender Transversalschwingungen, die in einer dem Molekülgerüst nachgeformten Saite durch Anregung mit verschiedenen Frequenzen entstehen, darzustellen.

Die nach dieser Methode erhaltenen stehenden Schwingungen zeigen einmal die Form der zu den verschiedenen stationären Zuständen gehörenden Elektronenwolken und zum anderen geben sie auch Auskunft über die Energie der einzelnen Zustände; denn die stehenden Schwingungen bilden sich nur bei definierten Frequenzen bzw. Wellenlängen, die aufgrund der Beziehung

$$E_n = \frac{h^2}{2m\,\lambda_n^2} \tag{2.51}$$

mit der Energie des Zustands verknüpft sind.

Bei Angabe dieser einzelnen Energieterme, deren Differenz zwischen oberstem besetztem und dem nächsten unbesetzten Zustand die Anregungsenergie bestimmt, muß jedoch noch der Einfluß der elektronegativen Natur des Brückenheteroatoms Berücksichtigung finden; denn das Zusammentreffen eines Schwingungsbauchs, bzw. Dichtemaximums der Elektronenwolke, mit diesem Heteroatom führt, wie schon ausgeführt, zu einer Erniedrigung des Energieniveaus des betreffenden Zustands. E_n wird deshalb um einen bestimmten Betrag verringert. Das Vorliegen eines Knotens am Heteroatom läßt dagegen die Lage des Energieniveaus weitgehend unverändert.

Die Berechnung gibt auf diese Weise nach KUHN für die Anregung eines Elektrons vom obersten, mit $14\,\pi$-Elektronen besetzten Grundniveau $(n=7)$ zum unbesetzten Anregungsniveau $(n=8)$ eine Absorptionsbande bei 4710 Å, während $\lambda_{\max}=4910$ Å beobachtet wird.

Das verzweigte Elektronengasmodell erlaubt auch die Deutung des bathochromen Effekts, der bei Ersatz des C-6 durch ein Heteroatom eintritt. Im ersten Anregungszustand befindet sich gerade an dieser Stelle ein Schwingungsbauch, also eine Stelle größter Elektronendichte, und die Folge der Einführung eines im Vergleich zum C-Atom elektronegativeren Atoms muß eine Erniedrigung des Energieniveaus sein.

Während so Acridinorange bei 4910 Å absorbiert, liegt die langwelligste Bande des Amethystviolett bei 5900 Å. Die Größenordnung dieses Verschiebungseffektes beträgt somit etwa 1000 Å. Vgl. hierzu noch H. KUHN (*51, 52*).

Der Kuhnsche Analogrechner. Um eine exakte Berechnung der genannten Elektronenzustände durchführen zu können, wurde von KUHN u.a. (*52, 53*) eine mechanische und eine elektrische Analogievorrichtung angewandt, die auf der Tatsache beruht, daß sich die durch die Schrödinger-Gleichung erfaßbaren Elektronenzustände des Moleküls durch mechanische oder elektrische Systeme erfassen lassen. Vgl. hierzu KRON u.a. (*54, 55*).

Im Prinzip wird beim elektrischen Analogrechner das verzweigte oder auch unverzweigte Molekülgerüst durch eine große Zahl von aus Kapazitäten C und Selbstinduktionen I bestehenden Schwingungskreisen nachgebildet, die durch bestimmte konstante Kopplungskapazitäten

K im Abstand δ (klein gegen Wellenlänge der stehenden Welle; $^1/_4$ bis $^1/_{10}$ des Bindungsabstands) verbunden sind. Die veränderlichen Kapazitäten C werden dabei in den einzelnen Molekülen jeweils proportional zur potentiellen Energie V eines Elektrons an einer Stelle des Moleküls gesetzt. V ist beispielsweise am Ende einer Kette sehr groß, während sie in der Nähe eines Atoms sehr kleine Werte einnimmt. V muß somit an den verschiedenen Stellen des Moleküls bekannt sein — die Bestimmung erfolgt z.B. einfach durch Zusammensetzen der Potentialanteile der Atome —, da dann die Einstellung der wichtigen Kapazitäten C der Schwingkreise erfolgen kann nach der Beziehung:

$$C = \frac{8\,m\,\pi^2}{h^2} \cdot \delta^2 \cdot K \cdot V(s)\,. \tag{2.52}$$

Bringt man nun eine derartige, dem Molekül nachgebildete elektrische Vorrichtung durch ein äußeres Wechselfeld zur Schwingung, so bilden sich bei bestimmten Frequenzen v_n stehende elektrische Spannungswellen im System aus, die die Energie E_n der stationären Elektronenzustände errechnen lassen:

$$E_n = \frac{h^2}{32 \cdot \pi^4 \cdot m} \cdot \frac{1}{\delta^2 \cdot K \cdot I} \cdot \frac{1}{v_n^2}\,. \tag{2.53}$$

Die Größe der Spannung an den einzelnen Stellen gibt Auskunft über die Wellenfunktion ψ an den einzelnen Molekülpunkten und damit über die Maxima und Minima der Elektronendichte. Vgl. hierzu noch die Abb. 14.

Während die Schwingungskreise (C, I) im unverzweigten System linear angeordnet sind, nehmen sie in den verzweigten Molekülen die Gestalt des verzweigten Molekülgerüsts an. Die Festlegung der Kapazitäten C als Funktion der potentiellen Energie $[C = f(V)]$ erlaubt dann auch für ein derartiges System die

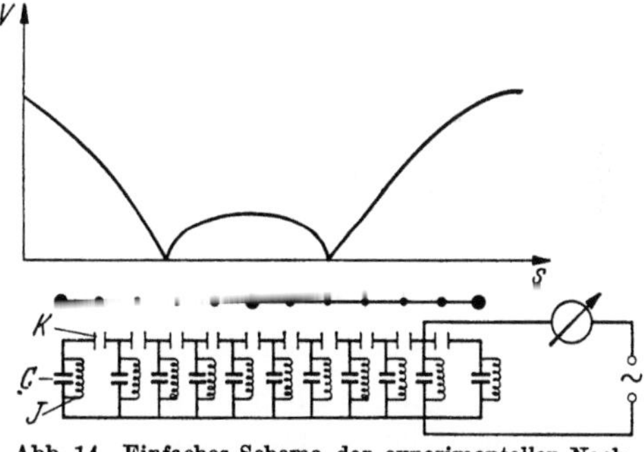

Abb. 14. Einfaches Schema der experimentellen Nachbildung des Verlaufs der potentiellen Energie $V = f(s) \sim C$. K Kopplungskapazitäten, C Kapazitäten, J Selbstinduktion

Bestimmung der Energieeigenwerte E_n und der Eigenfunktionen ψ bzw. der Dichteverteilungen $e \cdot \int |\psi^2|\, dv$.

β) Zweidimensionales Elektronengasmodell. Für die Bestimmung von E_n und ψ_n mit Hilfe der genannten elektrischen Analogievorrichtung ist vor allem die Kenntnis der potentiellen Energie V von Bedeutung. Wie schon erwähnt, erhält man sie im eindimensionalen Modell einfach durch Überlagerung der Potentialkurven der Einzelatome, wobei die an der Stelle des Atoms befindlichen Potentialminima durch Potentialberge voneinander getrennt sind.

Während diese Betrachtung im Falle einer Konjugationskette noch gut den tatsächlichen Verhältnissen entspricht, bleibt sie in verzweigten Systemen doch nur eine Annäherung; denn die π-Elektronen befinden sich exakt in einem durch die Gestalt des mesomeren Systems bestimmten Potentialfeld, das sich parallel zur *gesamten Molekülebene* ausbreitet. Die von den Atomen hervorgerufenen potentiellen Energieanteile überlagern sich so zu einem zweidimensionalen Potentialfeld, das man wie die Tiefe eines Sees durch Linien gleicher Tiefe durch Linien gleicher potentieller Energie in einem Diagramm darstellen kann. Diese Äquipotentiallinien eines beliebigen Moleküls lassen sich dabei nach KUHN (*56*) leicht mit Hilfe eines optischen Verfahrens ableiten, bei dem die Bereiche konstanter Energie der Atome durch verschieden große Cellophanscheiben nachgebildet werden. Diese ermöglichen durch Übereinanderlegen, entsprechend der Anordnung der Atome im Molekül, über eine Beobachtung der zwischen gekreuzten Polarisationsfiltern wahrnehmbaren Farben die Angabe der Bereiche konstanter potentieller Energie.

Es ist somit nicht mehr die Aufgabe gegeben, die Wellenfunktionen entlang der verzweigten Atomkette, sondern im zweidimensionalen, parallel zur Molekülebene liegenden Potentialfeld zu ermitteln; denn es liegt ein zweidimensionales Elektronengas vor, dessen mögliche Energieeigenwerte räumliche, durch Schichtlinien darstellbare Wellenfunktionen ψ bilden. Die Berechnung der dem Elektronengas zugehörigen Größen E_n und ψ_n erfolgt wieder mit dem Kuhnschen Analogrechner, dessen Schwingkreise jedoch hier flächenartig angeordnet sind. Die Schwingkreiskapazitäten C werden dabei den nach obigem Verfahren ermittelten Äquipotentialflächen mittels der Beziehung $C = f(V)$ angepaßt, so daß den Flächen niedrigen Potentials sehr geringe Kapazitäten (z. B. über den Atomen) gleichkommen, während sich die Randbereiche durch große Kapazitäten auszeichnen.

Ein derartiges Schwingkreisanalogon des Moleküls stellt dann praktisch nach Einstellen der Kapazitäten $C \sim V$ ein Abbild des Potentialfelds dar, in dem die π-Elektronen des betreffenden Moleküls schwingen.

Bei Erregung können auf diese Weise die bei bestimmten Frequenzen ν_n sich einstellenden stationären Zustände — Stromfluß 0 — und damit die möglichen Energieeigenwerte E_n dieses zweidimensionalen Elektronengases festgestellt werden, während die Spannung an den einzelnen Stellen Aufschluß über die Wellenfunktion ψ_n des betreffenden Energieeigenwerts gibt.

Nach dem genannten Verfahren lassen sich die Verhältnisse auch der kompliziertesten Farbstoffe weitgehend nachbilden und der Berechnung zugänglich machen. Es sei noch bemerkt, daß man mit diesem der Wirklichkeit weitgehend angepaßten Modell zu Ergebnissen kommt, die an einer Reihe von Farbstoffen mit denen des einfachen eindimensionalen in guter Übereinstimmung stehen; dies beweist, daß das eindimensionale Modell bei einfacheren Farbstoffen in guter Näherung zur Berechnung benutzt werden kann. Vgl. auch (*57*).

d) Ringsysteme

Nach dem eben beschriebenen Verfahren gelingt auch die Berechnung der Energieniveaus und Elektronendichteverteilungen komplizierter, ringförmiger Farbstoffmoleküle von der Art des Phthalocyanins u.a. Man bestimmt hierzu das Potentialfeld des Moleküls, konstruiert das entsprechende elektrische Schwingungssystem und ermittelt nach dessen Erregung E_n und ψ_n.

Abschließend sei noch kurz auf die Berechnung der Energieniveaus einfacher, kondensierter, aromatischer Kohlenwasserstoffe eingegangen, die ebenfalls eine langwellige Verschiebung der charakteristischen Banden bei Vergrößerung des Konjugationssystems, d.h. bei Zunahme der Zahl der kondensierten Ringe z, aufweisen: Benzol ($z=1$): λ_{max} 2083 Å [^1L_a], Hexacen ($z=6$): $\lambda_{max}=6860$ Å.

Man benutzt auch hier zur Bestimmung von λ_{max} (und sogar zur Ermittlung der verschiedenen charakteristischen Banden ^1L_b, ^1L_a, ^1B_b, ^1B_a) die Vorstellung des Elektronengases unter der Voraussetzung, daß die $2p_z$-Elektronen des gesamten Rings beweglich sind und somit — da Einfach- und Doppelbindung weitgehend ununterscheidbar sind — ein konstantes Potential einnehmen. Es fehlen hier jedoch die bei der Kette vorliegenden Potentialwände und man nimmt deshalb ein Zurücklaufen und Überlagern der Elektronenwellen an. Diese führen nur dann zur Ausbildung stehender Wellen, wenn die Bedingung erfüllt ist:

$$n\,\lambda = L = 2\,r\,\pi. \tag{2.54}$$

Mit $\lambda = \dfrac{h}{m\,v}$ und $E = \dfrac{m}{2}\,v^2$ folgt:

$$E_n = \frac{m}{2}\,\frac{h^2}{m_e^2}\,\frac{n^2}{L^2}; \quad E_n = \frac{h^2}{2\,m_e \cdot L^2} \cdot n^2 \qquad (n = 0, \pm 1, \pm 2, \dots). \tag{2.55}$$

Dieses *Plattsche Perimetermodell* (58, 59) erfaßt die möglichen Energieeigenwerte E_n eines Ringsystems mit dem Umfang $L = N \cdot l$ ($l = 1{,}39$ Å) für die einzelnen Bahn-Ring-Quantenzahlen n. Da ein Umlaufen des Elektrons erfolgt, gilt auch $n=0$. Außerdem führt die Proportionalität mit dem Drehimpuls zur zweifachen Entartung der Zustände, so daß die Quantenzahlen $n=0$, ± 1, ± 2, ... werden. Während für $n=0$ keine Knoten vorliegen und somit die π-Elektronen gleichmäßig oberhalb und unterhalb des Kerns verteilt sind, bestehen für $n=\pm 1$, ± 2 ... jeweils zwei Knotenanordnungen entsprechend der Entartung der Energieniveaus.

Die Anlagerung der zur Verfügung stehenden π-Elektronen erfolgt wieder nach dem Pauli-Prinzip. Beim Benzol besetzen so die sechs π-Elektronen die Zustände $n=0$, $n=+1$, $n=-1$ mit je zwei Elektronen und die Anregung führt von $n=1$ nach $n=2$. Bei der Annellierung kommen jeweils vier π-Elektronen pro Kern zu den neu entstandenen Zuständen, so daß bei z Kernen $n=z$ Eigenfunktionen besetzt sind.

Für die Anregung $\Delta E = E_{(N/2)+1} - E_{N/2}$ erhält man einen Ausdruck, der die Abnahme von ΔE mit zunehmender Zahl der π-Elektronen quantitativ erfaßt.

Drittes Kapitel

Die Absorption der Farbstoffe in verschiedenen Aggregatzuständen

I. Gaszustand

Zur Feststellung des Absorptionsverhaltens der organischen Farbstoffe wird vor allem deren Lösungsspektrum bestimmt, denn die Aufnahme des eigentlichen, dem Molekül zugehörigen Spektrums ist praktisch nur schwer zu realisieren, da die Überführung in den Gaszustand bei niederen Drucken und hohen Temperaturen häufig von einer Zersetzung des Farbstoffs begleitet wird. Als Ausnahme sind nur Merocyanine, Indigo und verschiedene Rhodamine bekannt, die infolge intramolekularer Neutralisation eine zersetzungsfreie Sublimation ermöglichen.

Trotz der Sublimierbarkeit einiger Verbindungen liegen bisher nur wenige Messungen organischer Gasspektren vor. Beispielsweise wurden Indigo (und Alizarin) von KÖNIGSBERGER und KÜPFERER (60) und einige Merocyanine von SHEPPARD u.a. (61) untersucht. Die experimentellen Schwierigkeiten sind dabei außerordentlich groß, denn der geringe Druck des Farbstoffdampfes erfordert einen sehr langen optischen Weg, so daß die Feststellung des Extinktionskoeffizienten ε und damit der Extinktionskurve problematisch wird.

Die Messungen — vgl. auch FERGUSON (62) — zeigen deutlich die Lage der Hauptbande der im Gaszustand befindlichen organischen Moleküle an und geben damit die Möglichkeit, die beim Übergang in den Lösungszustand von den Lösungsmittelmolekülen bewirkten Verschiebungen der Farbstoffbanden zu kennzeichnen.

Interessanterweise lassen sich diese Gasspektren der organischen Moleküle durch ein Termschema erfassen, das dem der Atome ähnlich ist; denn die Anregungszustände der Moleküle stimmen nach SCHEIBE u.a. (63) in derselben Weise mit denen des Wasserstoffs überein wie die der einfachen Atome, so daß die Möglichkeit naheliegt, die Farbstoffterme mit Hilfe der Rydberg-Formel

$$E_n = R \cdot \frac{1}{n^{*2}} = \frac{R}{(n+x)^2} \qquad (n = 2, 3, \ldots) \qquad (3.1)$$

$n^* =$ effektive Quantenzahl, $n =$ Quantenzahl, $x =$ Rydberg-Korrektur, $R =$ Rydberg-Konstante [für H: 109 678 cm^{-1}]

zu berechnen. Da die Grundzustände der Moleküle (E_1) dieser Regel nicht folgen, bedingen allein deren Schwankungen aufgrund des unterschiedlichen Abstands vom 1. Anregungsniveau (E_2) die charakteristische langwelligste Absorptionsbande.

Für die Rydberg-Konstante — Abstand des Wasserstoff-Grundzustands E_1 von der Ionisierungsgrenze E_∞ — gilt $R = 13{,}53$ eV, so daß das an den Molekülen übereinstimmende 1. Anregungsniveau $E_2 = 13{,}53 \cdot 1/2^2 = 3{,}38$ eV von der Ionisierungsgrenze entfernt angenommen werden kann.

Scheibe u. Mitarb. (63) beweisen diese *Wasserstoffregel* durch Auffindung einer Proportionalität zwischen Anregungsenergie $\Delta E = E_2 - E_1$ verschieden substituierter, symmetrischer Cyanine und der maximalen Arbeit A, die für die Anlagerung von Protonen an diese einfachen Farbstoffe maßgebend ist. Die verschiedenen Substituenten besitzen nämlich eine abweichende Neigung Elektronen an das Konjugationssystem abzugeben und ändern hierdurch nicht nur die Absorptionsbande (von 390 mµ bis 590 mµ), sondern auch die Protonenaffinität.

Da bei Änderung der Substituenten jeweils die Summe aus der Anregungsarbeit

$$E = E_{1.\,\text{Anregungszustand}} - E_{\text{Grundzustand}} = N_L \cdot h \cdot \nu_{\max}$$

und Protonenbeladungsarbeit

$$A = R \cdot T \cdot \ln \frac{[\text{F}^+] \cdot [\text{H}^+]}{[\text{FH}^{2+}]}$$

(bei Vernachlässigung der Entropie) nach Scheibe und Brück (64) konstant ist

$$N_L \cdot h \cdot \nu_{\max} + R \cdot T \cdot \ln \frac{[\text{F}^+] \cdot [\text{H}^+]}{[\text{FH}^{2+}]} = \text{konstant} = 60\,\text{kcal}, \qquad (3.2)$$

kann für die Farbstoffe (und die übrigen einfachen organischen Verbindungen) mit verschieden hohem Grundzustand eine übereinstim-

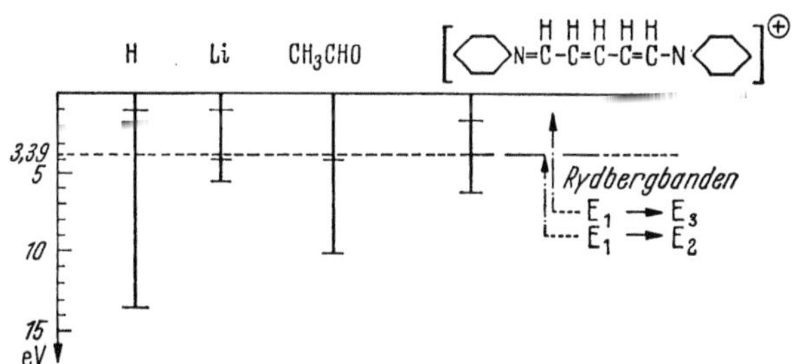

Abb. 15. Termlage einiger Atome und organischer Moleküle (Scheibesche Regel)

mende Lage des ersten angeregten Zustands angenommen werden. Diese Annahme einer energetisch gleichen Lage des 1. Anregungszustands der Farbstoffe in bezug auf den ionisierten Zustand wird auch durch die Absorptionsspektren einfacher Cyanine nahegelegt, die ab der zweiten Absorptionsbande eine kontinuierliche Absorption (Ionisation) bei weitgehend gleichem Abstand zur 1. Absorptionsbande erkennen lassen (63). Zur Veranschaulichung der Wasserstoffregel sind in Abb. 15 noch die Höhen der Terme einiger Moleküle und Atome (Wasserstoff) angegeben.

Zur Deutung des dem Wasserstoffatom entsprechenden Energieabstands zwischen 1. Anregungszustand und Ionisierung (3,38 eV) wird angenommen, daß sich das „Leuchtelektron" infolge eines relativ großen Abstands vom Rumpf praktisch in einem Coulombfeld bewegt. Man beachte noch, daß sich die Ionisierungsenergie an gelösten oder adsorbierten Molekülen infolge des Einflusses äußerer Felder erniedrigen kann.

Auf die Bedeutung dieser Regel, die das 1. Anregungsniveau der organischen Farbstoffe in einem Abstand von 3,4 eV von der Ionisierungsgrenze festlegt, wird später, beispielsweise bei der spektralen Sensibilisierung, noch näher eingegangen. Man beachte, daß durch diese Regel das oben erhaltene Bild der π-Elektronenzustände durch Angabe der absoluten Lage des 1. Anregungszustands eine wichtige Ergänzung erfährt.

Abschließend sei noch auf die Möglichkeit des direkten Nachweises der genannten Rydberg-Banden $E_1 \to E_2$; $E_1 \to E_3$ in Farbstofflösungen — sogenannten x'-Banden — hingewiesen; vgl. KUMLER (65), LEWIS u.a. (66, 67).

II. Lösungen

Während das Spektrum eines gasförmigen Farbstoffs das Absorptionsverhalten des Einzelmoleküls beschreibt, muß bei der Analyse von Lösungsspektren immer eine mehr oder weniger große Störung durch Lösungsmittelmoleküle Berücksichtigung finden; denn zwischen den Molekülen des Lösungsmittels und des Farbstoffs treten zwischenmolekulare Kräfte auf, die Änderungen der Bandenlage (λ_{max}) und der Absorptionsintensitäten (ε_{max}) bewirken können.

Die Verschiedenartigkeit der Kräfte und deren Abhängigkeit von der Natur des Lösungsmittels einerseits und von der Konstitution des Farbstoffs andererseits sind dabei für eine Vielfalt von Erscheinungen verantwortlich. Darüber hinaus führt die Wechselwirkung der Farbstoffe untereinander in konzentrierten Lösungen zu zusätzlichen Effekten.

1. Wechselwirkung mit dem Lösungsmittel

a) Unpolare Lösungsmittel

Aus einem Vergleich mit den Gasspektren folgt — SHEPPARD u.a. (61) —, daß bereits die Auflösung in unpolaren Lösungsmitteln (CS_2, CCl_4, KW) eine Verschiebung der Absorptionsbande nach langen Wellen bewirkt. Als Ursache dieses bathochromen Effekts muß man dabei Wechselwirkungskräfte ansehen, die auf den sogenannten *Dispersionseffekt* — d.h., auf „elektrokinetische" Wechselwirkungen der Elektronensysteme der Farbstoff- und Lösungsmittelmolekel — zurückgehen. Die von der Nullpunktsbewegung der Elektronen bewirkte Ladungsfluktuation führt, ohne makroskopisch bemerkbar zu sein, immer kurzzeitig zur Ausbildung von Dipolen, die ihrerseits wieder in einem anderen Elektronensystem entsprechende Dipolmomente induzieren können. Als Folge dieses elektrokinetischen Induktionseffekts resultiert dann eine Anziehung zwischen den Systemen, obwohl ein makroskopisches elektrisches Moment fehlt.

Naturgemäß stehen diese Londonschen Dispersionskräfte — LonDON (*68*); SLATER und KIRKWOOD (*69*) — in enger Verbindung zur Polarisierbarkeit und damit zum Brechungsindex n bzw. der Dielektrizitätskonstante ε [$\varepsilon = n^2$] einer Verbindung. Die leichtere Deformierbarkeit, die sich in einer größeren Polarisierbarkeit α ausdrückt, führt ja aufgrund der genannten Vorstellung zu einer stärkeren Wechselwirkung. Vgl. (*61*, *70*). Es wird so auch verständlich, daß eine auf diese Kräfte zurückgehende Wechselwirkung beim Vorhandensein von π-Elektronensystemen eine besondere Begünstigung erfahren muß.

Während nun bei den Merocyaninen die Verschiebung der Absorptionsbande mit zunehmendem Brechungsindex des unpolaren Lösungsmittels nur zum Teil auf diese Dispersionskräfte zurückgehen dürfte, da bei ihnen eine innermolekular ionoide — also polare — Struktur vorliegt, wird der bathochrome Effekt der ionisierten Farbstoffe (Cyanine) vor allem durch sie hervorgerufen. Vgl. SHEPPARD (*61*, *71*). Denn die Ladungsresonanz erlaubt keine Einführung eines Dipols in das Elektronensystem, der einen makroskopischen Induktionseffekt bewirken könnte. Die langwellige Verschiebung der Cyaninbanden wird somit durch eine Resonanz zwischen den beweglichen π-Elektronen des Farbstoffs und des Lösungsmittels verursacht, die eine Senkung des Anregungszustands bedingt. Die Änderung der Polarität des Lösungsmittels übt dabei naturgemäß keine zusätzliche langwellige Verschiebung aus, wohingegen der Brechungsindex und die Dielektrizitätskonstante verschiedener unpolarer Lösungsmittel bei einer Vergrößerung im Sinne einer Erniedrigung von ΔE wirken.

b) Polare Lösungsmittel

Polare Lösungsmittel wirken vor allem mittels elektrostatischer Kräfte auf die gelösten organischen Moleküle ein; vgl. hierzu BAYLISS u.a. (*72* bis *75*).

Einmal besteht die Möglichkeit einer Wechselwirkung zwischen den Dipolen des Lösungsmittels und denen des Farbstoffs, also einer sogenannten Orientierungspolarisation (*76*). Dieser *Dipoleffekt* läßt dabei aufgrund der Abhängigkeit der elektrostatischen Kräfte von der gegenseitigen Einstellung der Dipole einen Einfluß der Temperatur erkennen.

Zum anderen kommt auch eine Wechselwirkung in der Weise zustande, daß durch ein permanentes Dipolmoment μ_F in einem polarisierbaren — Polarisierbarkeit α_L — Molekül ein elektrisches Moment μ_L induziert wird ($\mu_L = \alpha_L \cdot \mu_F$) und dann sowohl der permanente μ_F als auch der induzierte Dipol μ_L aufeinander einwirken. Die auf diese Verschiebungspolarisation — vgl. DEBYE (*77*) — bzw. diesen *Induktionseffekt* zurückgehenden Wechselwirkungskräfte werden naturgemäß mit zunehmender Polarisierbarkeit α_L des Lösungsmittels größer, woraus eine dem Brechungsindex n proportionale Beeinflussung der Absorption bei

Auflösung in stark polarisierbaren Lösungsmitteln resultieren muß. Messungen von KUNDT u. a. (*78* bis *80*) bestätigen dies. Der Induktionseffekt setzt kein polares Lösungsmittel voraus, da ein polarer Farbstoff auch in einem unpolaren Stoff bei genügender Polarisierbarkeit ein Dipolmoment induzieren kann.

Der Induktionseffekt (Verschiebungspolarisation) und der Dipoleffekt (Orientierungspolarisation) können sowohl den Anregungszustand eines Moleküls als auch dessen Grundzustand beeinflussen, wenn an diesen eine innermolekulare, ionoide Resonanzstruktur beteiligt ist. Die Art der Einwirkung hängt dabei vom „Gewicht" ab, mit denen der ionale Anteil die einzelnen Strukturen aufbaut. Bei den innermolekular ionoiden organischen Verbindungen setzt sich das Konjugationssystem aus einer unpolaren und einer polaren, zwitterionischen Struktur zusammen und im Idealfall, z.B. bei den Merocyaninen, besteht aufgrund einer energetischen Gleichwertigkeit dieser Strukturen völlige Symmetrie [vgl. BROOKER (*81, 82*)]:

$$>\!N(-C\!=\!C)_n-C\!=\!O \;\leftrightarrow\; >\!\overset{\oplus}{N}(=\!C\!-\!C)_n\!=\!C\!-\!\overset{\ominus}{O},$$
$$\qquad\quad \text{I} \qquad\qquad\qquad\qquad \text{II}$$

$$D\text{----Konj.----}A \;\leftrightarrow\; \overset{\oplus}{D}\text{----Konj.----}\overset{\ominus}{A}.$$

Es ist leicht einzusehen, daß eine Änderung der basischen und sauren Endgruppen, der Auxochrome (D) und Antiauxochrome (A), zur Bildung eines unsymmetrischen Konjugationssystems führen kann, bei dem entweder die unpolare Struktur oder die polare Struktur im Grundzustand überwiegt. Im ersteren Fall liegt dann im Anregungszustand vor allem die polare Zwitterionen-Resonanzstruktur (II) vor, während bei der anderen Klasse der Anregungszustand praktisch keinen polaren Charakter trägt.

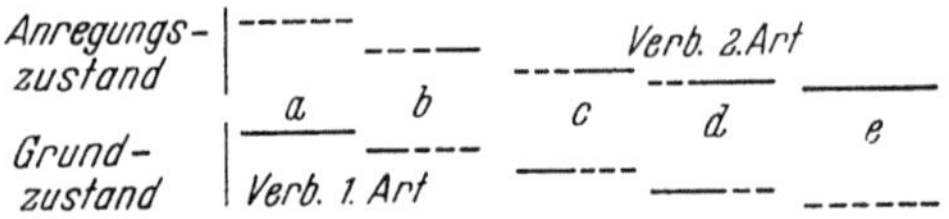

Abb. 16. Förstersches Energieschema der Verteilung der polaren und unpolaren Resonanzstrukturen am Grund- und Anregungszustand. —— Unpolar, --- polar

FÖRSTER (*83*) stellt diese unterschiedliche Verteilung der polaren und unpolaren Resonanzstrukturen am Grund- und Anregungszustand erstmals in einem Energieschema für die innermolekular ionoiden Verbindungen dar und weist damit den Weg zur Erfassung der verschiedenen Lösungsmitteleinflüsse. Man vergleiche hierzu die Arbeiten von LIPPERT (*84*), LEWIS (*85*), ROBERTS u. a. (*86*).

Während in der Abb. 16 das Teilbild c anzeigt, daß sich polare und unpolare Struktur zu gleichen Teilen am mesomeren Grundzustand beteiligen, überwiegt von b nach a immer mehr der unpolare und von d nach e der polare Anteil am Grundzustand. Der Anregungszustand setzt sich dabei in umgekehrter Weise aus polaren und unpolaren Anteilen zusammen. Nur bei c liegen somit energetisch gleichwertige Niveaus vor, die zum maximalen Valenzausgleich führen, und es ist verständlich, daß dieser Energieausgleich gleichzeitig die langwelligste Absorption eines derartigen Systems bedingt.

Jegliche Änderung der Polarität beim Vorliegen der energetisch gleichwertigen Strukturen muß dann einen hypsochromen Effekt bewirken, während umgekehrt durch eine Verringerung der Polarität der Anregungsstruktur im Falle a eine Mitbeteiligung des polaren Anteils am Grundzustand und damit eine bathochrome Verschiebung folgt.

Diese Änderungen, die man durch Variieren der auxochromen und antiauxochromen Endgruppen erreicht, können nun auch die permanenten und die induzierten Dipole eines Lösungsmittels in den innermolekular-ionoiden Verbindungen hervorrufen; denn es ist verständlich, daß bei Verbindungen mit überwiegend *unpolarem Grundzustand* und entsprechendem stark polarem Anregungszustand (vgl. Abb. 16b) die Lösungsmitteldipole (μ_I, μ_P) den stark polaren Anteil des Anregungszustands erniedrigen und den geringen polaren Strukturanteil des überwiegend unpolaren Grundzustands erhöhen können. Hierdurch wächst die Symmetrie des Konjugationssystems und ΔE nimmt, wie die Abbildung von a nach c andeutet, ab, da der Anregungszustand viel stärker als der Grundzustand sinkt. Als Folge dieser Einwirkung des Lösungsmittels resultiert dann eine bathochrome Verschiebung, eine sogenannte *positive Solvatochromie*. Vgl. BAYLISS (*87*) und DIMROTH (*88*).

Verbindungen, an deren *Grundzustand* in der Hauptsache eine *polare* Struktur beteiligt ist — vgl. Abb. 16d, e; meist enthalten sie einen Pyridinring mit stark sauren und basischen Gruppen —

$$R-\overset{\oplus}{N} \big\langle \ \big\rangle (-CH=CH)_n - \big\langle \ \big\rangle -\overset{\ominus}{O}$$

erfahren durch die Dipole des Lösungsmittels dagegen eine hypsochrome Verschiebung, denn das polare Lösungsmittel beeinflußt den Grundzustand im Sinne einer Erhöhung der Polarität und erniedrigt ihn mehr als den weitgehend unpolaren Anregungszustand. Man spricht von einer *negativen Solvatochromie*; s. BROOKER (*89*).

Es wird nach diesen Überlegungen verständlich, daß durch Zugabe eines polaren Lösungsmittels zu einer Verbindung der Art b (nach dem Försterschen Schema), bei der die polare zwitterionische Struktur im Anregungszustand überwiegt, auf einen bathochromen Effekt nach Erreichen einer maximalen Rotverschiebung im sogenannten *isoenergetischen Punkt* — entsprechend c — eine hypsochrome Verlagerung der Absorptionsbanden folgen kann. Das starke Dipolmoment des Lösungsmittels wirkt wie der Einbau einer stark basischen und sauren Endgruppe in Richtung einer Erhöhung der Polarität des Systems, die schließlich zum Überwiegen des polaren Charakters am Grundzustand (c → d → e) führt.

Da der Einfluß eines Lösungsmittels bei bathochromer Wirkung auch im Sinne einer Erhöhung der Symmetrie des Konjugationssystems liegt und die Übergangswahrscheinlichkeit in derartig ausgeglichenen Systemen einem Maximum zustrebt, geht dem bathochromen Effekt unter Umständen eine Zunahme der Absorptionsintensität, d.h. der Extinktion, parallel.

c) Sonstige Lösungsmitteleinflüsse

α) Wasserstoffbrücken. Neben diesen auf Dispersionseffekten und Dipolwirkung beruhenden Absorptionsverschiebungen können auch noch Änderungen der Absorption durch die Acidität s- bzw. Basizitätseigenart — Protonenabgabe und Protonenaufnahme nach BRÖNSTEDT (*90*) — des Lösungsmittels entstehen; denn ein als Protonenakzeptor fungierendes Lösungsmittel wird möglicherweise imstande sein, mit einer NH-Bindung eines Farbstoffs eine Wasserstoffbrücke (*91*) zu bilden und damit die polare Resonanzstruktur der Verbindung zu beeinflussen (*61, 92*).

Im Grunde genommen beruht diese Wasserstoffbrücke zwischen einem nichtmethylierten Amin und einem Sauerstoff oder Stickstoff enthaltenden Lösungsmittel auf einer elektrostatischen Wechselwirkung — vgl. (*93*) — zwischen dem Dipol des $-\overset{(-\delta)}{N}\blacktriangleright\overset{(+\delta)}{H}$ und einem Dipol, dessen negative Seite das einsame Elektronenpaar des O bzw. N des Lösungsmittels darstellt: N—H ··· O; N—H ··· N. Es wird deshalb verständlich, daß die Bildung einer Wasserstoffbrücke den polaren Anteil der Resonanzstruktur beeinflußt — s. (*65, 94, 95*) — und zu analogen Verschiebungen der Absorptionsbande Anlaß gibt, wie sie ein polares Lösungsmittel allein durch die ihm zugehörige Polarität hervorbringt.

Meropolare Farbstoffe, deren Anregungszustand überwiegend polar ist, erfahren deshalb eine bathochrome Verschiebung; s. (*75, 96, 97*). Beim Vorliegen eines überwiegend polaren Grundzustands beobachtet man dagegen einen hypsochromen Effekt (*87*).

β) Protonenanlagerung. Eine der Wasserstoffbrückenbindung entgegengesetzte Wirkung entsteht durch Zugabe von Protonen H^+ (Säuren), da sich diese an das einsame Elektronenpaar einer Aminogruppe $-\overline{N}\diagdown_{\overset{\textstyle H}{H}}$ fest anlagern und so dessen Anteiligwerden an der polaren Resonanzstruktur verhindern; denn je leichter das Elektronenpaar zur Elektronenakzeptorgruppe des Moleküls gelangen kann, um so größer wird die Polarität der Resonanzstruktur, während umgekehrt das Festhalten des Elektronenpaars durch ein Proton den polaren Anteil weitgehend aufhebt. Die Absorptionsbande verschiebt sich aus diesem Grund nach kurzen Wellen (*98*).

In dem genannten Zusammenhang sei noch auf die Möglichkeit der Verwendung von Farbstoffen als p_H-Indikatoren hingewiesen, die unter anderem auf die Blockierung eines Elektronenpaars durch die Protonen zurückgeht.

γ) Einfluß auf n-π^*-Übergänge. Es muß noch besonders darauf hingewiesen werden, daß die oben genannten Lösungsmitteleinflüsse allein durch Veränderungen der π-π^*-Niveaus entstehen. Auch im letztgenannten Fall der Protonenanlagerung an ein einsames Elektronenpaar wurde das gesamte Konjugationssystem betroffen.

Neben diesen π-π^*-Übergängen beobachtet man unter Umständen auch den Übergang eines einem einsamen Elektronenpaar zugehörigen Elektrons auf eine nichtbindende π^*-Elektronenbahn des

Moleküls. Diese sogenannte n-π^*-Übergänge, die beim Vorhandensein von Elektronenpaaren heteronuklearer Doppelbindungen $-\overline{\mathrm{N}}=\mathrm{O}$, $>\mathrm{C}=\overline{\mathrm{O}}$, $>\mathrm{C}=\overline{\mathrm{N}}-$ stattfinden können, zeigen sich dabei meist als eine der π-π^*-Hauptbande vorgelagerte schwache langwellige Bande. Beispielsweise liegt dem schwach grünen Nitrosobenzol ($\lambda_{\mathrm{max}}=745$ mμ; $\varepsilon=50$) ein derartiger Übergang vom einsamen Elektronenpaar des N auf die π^*-Bahn zugrunde. Vgl. HOLLECK u. a. (*99* bis *101*).

Durch Lösungsmittel werden derartige n-π^*-Übergänge in umgekehrtem Sinne wie π-π^*-Übergänge beeinflußt, ein Verhalten, das oftmals zum Nachweis des n-π^*-Übergangs dient. Die einsamen Elektronenpaare treten nämlich mit den polaren Lösungsmitteln, die leicht Wasserstoffbrücken ausbilden, in enge, noch durch Dipolwirkung verstärkte Wechselwirkung und rufen dadurch eine Verfestigung bzw. Senkung des n-Niveaus hervor. Da die π^*-Molekularbahn nicht in dem gleichen Maße verändert wird, resultiert eine Erhöhung der Anregungsenergie, entsprechend einer hypsochromen Verschiebung der n-π^*-Bande. Vgl. noch (*102*).

2. Gegenseitige Wechselwirkung der Farbstoffmoleküle (Konzentrationseffekte)

Neben den vom Lösungsmittel hervorgerufenen Bandenverschiebungen, werden an den Farbstoffen auch eine Reihe von Absorptionsänderungen wahrgenommen, die allein auf eine Wechselwirkung der Farbstoffmoleküle selbst zurückgehen. Man beobachtet diese Effekte vor allem an den in wäßrigen Lösungen vorliegenden ionoiden Farbstoffen und sieht in ihnen die Folge einer charakteristischen, konzentrationsabhängigen Assoziation der Farbstoffmoleküle, die im organischen Lösungsmittel jedoch weitgehend unterbleibt. Es sei hier auf die Arbeiten von SCHEIBE u. Mitarb. (*103* bis *105*) an den Polymethinfarbstoffen; FÖRSTER und KÖNIG (*106*) an Eosin, Fluorescein, Rhodamin B; RABINOVITCH (*107*) an Thionin, Methylenblau; ZANKER (*108*) an Acridinorange und auf Untersuchungen am Neutralrot (*100*) u. a. hingewiesen.

Während eine Reihe von Farbstoffen beim Auflösen in den verschiedenen Lösungsmitteln mit diesen in Wechselwirkung treten und dadurch Bandenverschiebungen im Vergleich zum Gasspektrum erfahren, üben somit im wäßrigen Medium die Farbstoffmoleküle selbst aufeinander Kräfte aus. Die Art dieser Kräfte geht dabei aus den Verschiebungseffekten der Polymethinfarbstoffe in unpolaren Lösungsmitteln hervor (*61*), für die Wechselwirkungskräfte verantwortlich zeichnen, die durch kurzzeitig induzierte Dipole der inneren Elektronenbahnen entstehen. Das heißt, die Aneinanderlagerung der Farbstoffe zu den verschiedenen Assoziaten erfolgt in besonderem Maße durch die Dispersionskräfte.

Im einzelnen unterscheidet man folgende Aggregatformen:

a) Die verschiedenen Farbstoffaggregate

α) **Dimere.** Eine Erhöhung der Konzentration einer verdünnten wäßrigen Lösung der oben genannten ionalen Farbstoffe (Eosin, Fluorescein u. a.; $< 10^{-5}$ Mol/l) bedingt eine charakteristische Erniedrigung der dem monomeren Farbstoff [F] in Alkohol zugehörigen Absorptionsbande. Gleichzeitig tritt auf der kurzwelligen Seite eine eventuell bereits vorher angedeutete Bande immer stärker hervor, die auf die Bildung einer neuen Absorptionseinheit hinweist: [F′].

Die Existenz eines echten Gleichgewichts zwischen [F] und [F′]— [F] $\rightleftarrows$ [F′]— zeigt sich darin an, daß sich die den einzelnen Einheiten zugehörigen Extinktionskurven in einem Punkt gemeinsamer Extinktion, dem sogenannten *isosbestischen Punkt*, schneiden. Man vergleiche hierzu das in der Abb. 17 angegebene Schema.

Es ist naheliegend, in F′ ein durch Assoziation der monomeren Farbstoffmoleküle entstandenes Farbstoffaggregat zu sehen, und FÖRSTER u. a. (*106, 107*) beweisen unter Anwendung des MWG die Existenz von *Dimeren*, die mit dem Monomeren im Gleichgewicht stehen:

$$2\,[F] \rightleftarrows [F_2], \quad F^2/F_2 = K.$$

Naturgemäß weist dieses Gleichgewicht auch eine Temperaturabhängigkeit auf und ermöglicht so mit Hilfe der van't Hoffschen Beziehung

$$\frac{d \ln K}{dT} = \frac{\Delta H}{R \cdot T^2} \tag{3.3}$$

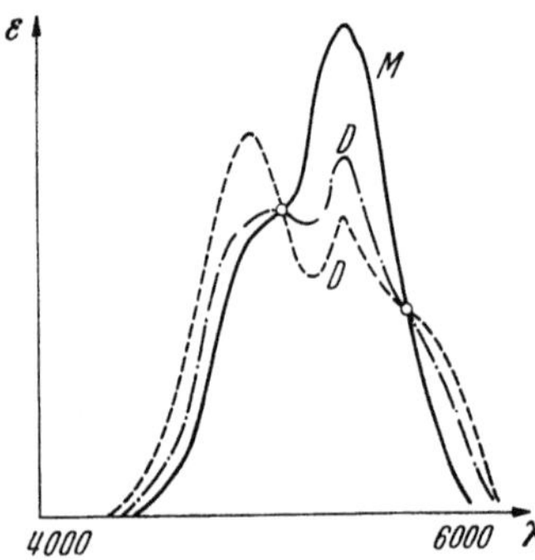

Abb. 17. Schematische Darstellung der Extinktionskurven im Falle des Gleichgewichts zwischen monomeren und dimeren Farbstoffmolekülen. *M* Monomere, *D* Dimere, *O* Isobestischer Punkt

die Bestimmung einer molaren Dimerisierungsenthalpie von etwa 7 kcal/Mol; vgl. SCHEIBE (*110*). Es wird dadurch verständlich, daß mit zunehmender Temperatur die Absorptionsbande des Dimeren in die des Monomeren übergeht. Die Dissoziationskonstante der Farbstoffdoppelmoleküle liegt in der Größenordnung von 10^{-5} bis 10^{-3} (*107, 111*).

Die Form der Absorptionsbande des Dimeren läßt nun bei den einzelnen Farbstoffgruppen charakteristische Unterschiede erkennen:

Einmal weisen die Dimeren der Fluoresceine (Eosin, Fluorescein) zwei Absorptionsgebiete gleicher Intensität auf, die zu beiden Seiten der Monomeren-Bande liegen. Drei bzw. zwei isosbestische Punkte stehen dabei mit dem genannten Assoziationsgleichgewicht in Einklang.

Zum anderen erscheint am Rhodamin B die langwellige Dimerenbande nur mit schwacher Intensität und fehlt bei Acridinorange, Thionin, Methylenblau und Cyaninen (Pinacyanol) völlig. Die durch die Konzentrationserhöhung bedingte reversible Dimerisierung zeigt sich bei diesen Farbstoffen somit allein durch die zur monomeren kurzwellig liegenden D-Absorptionsbande an.

Interessanterweise bilden sich diese dimeren Farbstoffassoziate auch bei einer Adsorption der genannten Farbstoffe an Kolloide, beispielsweise am Zelleiweiß. Die hierdurch bedingten Farbänderungen, die unter anderem bei der histologischen Färbung bestimmter Gewebeschnitte beobachtet werden, sind als *metachromatischer Effekt* bekannt.

Scheibe, Zanker u. a. (*112* bis *115*) untersuchen diesen metachromatischen Effekt eingehend durch Vergleich der Farbänderungen, die bei Zugabe von Heparin (*113*) — eine hochpolymere Substanz mit negativen SO_3-Gruppen — zu verdünnten wäßrigen Farbstofflösungen [Acridinorange (*112*), Pseudoisocyanin (*115*)] eintreten, mit den Farbänderungen an Geweben. Aufgrund dieser Beobachtungen dürfte der Metachromasieeffekt auf eine elektrostatische Wechselwirkung zwischen dem chromotropen Substrat (Heparin u. a.) und Farbstoff zurückgehen, als deren Folge primär eine enge Aneinanderlagerung der Farbstoffe resultiert. Durch dieses Aneinanderlagern können die Elektronen der Einzelfarbstoffe unter den Einfluß ähnlicher gegenseitiger Wechselwirkungskräfte wie in den konzentrierten Lösungen gelangen und die Bildung analoger Absorptionseinheiten verursachen.

β) Polymere. Es zeigt sich, daß die Assoziationsmöglichkeit der Farbstoffe nicht auf die Bildung von Dimeren beschränkt bleibt; denn eine weitere Erhöhung der Konzentration läßt, wie die eingehenden Untersuchungen von Scheibe u. a. (*103, 111, 116, 117*) ergaben, eine Reihe von Effekten erkennen, die auf die Bildung größerer Farbstoffaggregate zurückgehen.

Einmal kann sich an bestimmten Farbstoffen bei der Konzentrierung unter Rückgang der *Dimerenbande D* eine kürzerwellige, dritte Bande ausbilden, deren Ursache in der Entstehung größerer Farbstoffaggregate liegen dürfte. Vor allem an Pinacyanolchloridlösungen läßt sich diese sogenannte *H-Bande* gut feststellen, so daß sich das Absorptionsspektrum dieses Farbstoffs aus folgenden konzentrationsabhängigen Banden zusammensetzt:

M: 6050 Å $(10^{-6}\,\text{m})$;   D: 5480 Å $(10^{-5}\,\text{m})$;   H: 5100 Å $(10^{-4}\,\text{m})$.

Zum anderen entsteht statt dieser kurzwelligen H-Bande nach dem Rückgang der Dimerenabsorption bei einer Konzentrationserhöhung auch eine von der monomeren aus langwellig liegende Bande — die sogenannte *I-Bande* —, die durch eine sehr große Absorptionsintensität ($\varepsilon_{\text{max}} = 180000$) und eine geringe Halbwertsbreite ($\Delta\tilde{\nu}_{1/2} = 180\ \text{cm}^{-1}$) charakterisiert ist. Die Ausbildung dieser schmalen Bande geht dabei ebenfalls auf hochpolymere Farbstoffaggregate zurück. Für Pseudoisocyanin gilt beispielsweise:

M: 5300 Å;   D: 4900 Å;   I: 5725 Å $(10^{-2}\,\text{m})$.

Außerdem besteht auch die Möglichkeit, daß sämtliche der genannten Absorptionsänderungen an einem Farbstoff nacheinander bei der Konzentrationserhöhung auftreten, wofür als Beispiel das 1,1'-Diäthyl-5,6,6'-trimethyl-pseudoisocyaninchlorid — vgl. Scheibe (*110*) — angeführt sei. Die dem Monomeren zugehörige Bande geht dabei erst in die kürzerwellige D-Bande über, auf deren Rückgang bei weiterer Konzentrierung die noch kürzerwelligere H-Bande und dann die langwellige scharfe I-Bande folgt.

Es sei noch bemerkt, daß durch geringe Temperaturerhöhung einer die I-Aggregate enthaltenden Lösung eine weitere, etwas kürzerwelliger (etwa 100 Å) liegende scharfe *Bande I'* gebildet werden kann, die mit I im Gleichgewicht steht. Am Pseudoisocyaninchlorid werden deshalb folgende Banden beobachtet:

$$\text{M}: 5350\,\text{Å}; \quad \text{D}: 4900\,\text{Å}; \quad \text{H}: 4650\,\text{Å}; \quad \text{I}: 5900\,\text{Å}; \quad \text{I}': 5800\,\text{Å}.$$

Die gegenseitige Überführbarkeit dieser Farbstoffassoziate (D, H, I, I') läßt sich durch eine Verdünnung der Lösung oder eine Temperaturerhöhung nachweisen, da diese Behandlung die einzelnen Banden in umgekehrter Reihenfolge reversibel ineinander überführt. Darüberhinaus zeigen auch die isosbestischen Punkte die Existenz eines Gleichgewichts zwischen den verschieden aggregierten Farbstoffmolekülen an:

$$n\,[\underset{\text{M}}{2\text{F}}] \; \rightleftarrows \; n\,[\underset{\text{D}}{\text{F}_2}] \; \rightleftarrows \; n - x\,[\underset{\text{H}}{\text{F}_{2(n-x)}}] \; \rightleftarrows \; [\underset{\text{I}}{\text{F}_{2n}}].$$

Während die I-Aggregate bei Zimmertemperatur nur im wäßrigen Medium auftreten, können sie bei tiefen Temperaturen auch in eingefrorenen alkoholischen Lösungen entstehen; vgl. (*118, 119*).

Man beachte, daß derartige, auf Assoziate hoher Gliederzahl zurückgehende Absorptionsbanden nicht nur an den Cyaninen zur Beobachtung gelangen. FÖRSTER (*106*) stellt beispielsweise in übersättigten Lösungen des Rhodamin B, dessen Monomere eine Bande bei 5540 Å und dessen Dimere Banden bei 5240 Å und 5590 Å besitzen, nach Rückgang des Dimeren eine scharfe I-Bande bei 5930 Å mit einer Halbwertsbreite $\Delta \tilde{\nu}_{1/2}$ von 60 Å fest. Auch an anderen Farbstoffen, wie Thionin, zeigt sich bereits eine gewisse Tendenz zur Bildung derartiger Hochpolymerer, wenngleich der exakte Nachweis noch aussteht. Vor allem die Adsorption an festen Oberflächen dürfte dabei die Entstehung der genannten Polymeren sehr begünstigen. Man vergleiche hierzu die Arbeiten von LEVKOJEFF u. a. (*120*), in denen die Bildung von H- und I-Banden einer Reihe sensibilisierender Farbstoffe bei der Adsorption an der Oberfläche des Halogensilbers untersucht wird.

b) Struktur der Farbstoff-I-Polymeren

Die den I-Banden zugrunde liegenden Farbstoffpolymerisate bedingen auch eine Viskositätszunahme der wäßrigen Lösung, die unter Umständen bis zur Gelatinierung reichen kann. Man führt diese Erscheinung auf die Bildung langer fadenförmiger Molekülassoziate zurück, die sich auch bei einer Bewegung der Farbstofflösung durch die Ausrichtbarkeit zur Strömungsrichtung anzeigen. Die Anisotropie der Lichtabsorption und eine der I-Bande zugehörige anisotrope Fluoreszenz ergänzen dieses Bild der Fadenmoleküle; vgl. SCHEIBE (*121*).

Wie bereits angedeutet, können die Farbstoffpolymerisate aus verdünnter Lösung auch bei der Adsorption an einer festen Oberfläche gebildet und untersucht werden. Es gelang nun mit Hilfe derartiger Polymerisatuntersuchungen an Glimmeroberflächen, die durch Röntgenfeinstrukturanalysen eingetrockneter Polymerisate ergänzt waren, einen

Einblick in die Struktur dieser Fadenaggregate zu erhalten; vgl. hierzu (*122* bis *126*).

In den Polymerisaten dürften dabei die Farbstoffionen, z.B. des Pseudoisocyanins

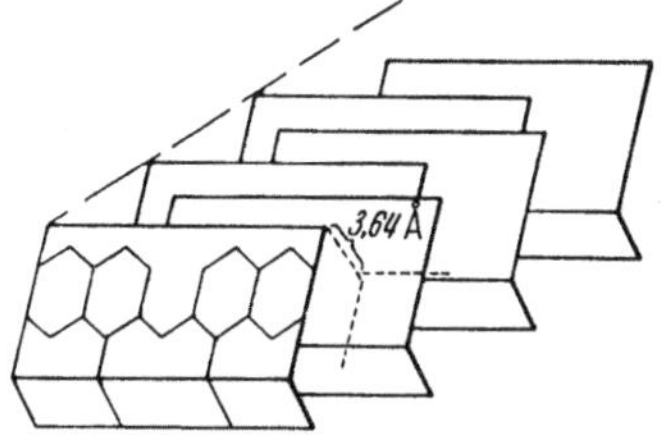

unter Parallelstellung der Ebenen des konjugierten Systems in der Weise (geldrollenartig) aneinandergelagert sein, daß die Farbstoffebene mit der Unterlage bzw. mit der Faserrichtung einen Winkel von 59° — s. (*122*) — bildet und jeweils das neunte C-Atom der Methinbrücke des oberen Farbstoffions über dem N-Atom des Nachbarmoleküls liegt (*123*, *124*). Der Abstand dieser zickzackförmig nebeneinander angeordneten Farbstoffplättchen beträgt 3,6 Å (*122*); vgl. Abb. 18. Diese Struktur macht es verständlich, daß die positiven N-Atome in einer Richtung fixiert sind, was sich unter anderem in der Bildung hydrophober Eigenschaften einer von Natur aus hydrophilen Glimmeroberfläche nach der Farbstoffadsorption bemerkbar macht.

Abb. 18. Struktur der Scheibeschen Farbstoffpolymere

Es sei noch darauf hingewiesen, daß die Polymerisate bereits mit drei Farbstoffmolekülen zu realisieren sind (*123*, *126*). Eine Erhöhung des Polymerisationsgrades bedingt jedoch eine geringe Verschiebung der I-Bande nach langen Wellen.

c) Deutung der Bildung und Absorption der Farbstoffaggregate

α) Ursache der Farbstoffassoziation. Für die Assoziationen der gleichsinnig geladenen Farbstoffionen dürften von den van der Waalsschen Kräften in der Hauptsache die Londonschen Dispersionskräfte verantwortlich sein — vgl. KORTÜM (*127*) —, die auch die Anlagerung unpolarer Lösungsmittel an bestimmte Farbstoffe unter Absorptionsverschiebungen bewirken. Diese Anziehungskräfte beruhen dabei, wie bereits erwähnt, auf der Tatsache, daß jedem Elektronensystem infolge der Elektronenbewegung ein Dipolmoment zugehört, das sich wohl im zeitlichen Mittel aufhebt und deshalb nicht wie ein permanenter Dipol nachweisbar ist, aber doch in einem anderen System einen Dipol induzieren kann.

Als Folge dieser Wechselwirkung entsteht dann eine Anziehungskraft zwischen induzierendem und induziertem Dipol, die von der Verschiebbarkeit der Elektronen, d. h. von der Polarisierbarkeit (bzw. Brechungsindex n) und vom Abstand der Elektronensysteme r abhängt:

$$K \sim \frac{\alpha^2}{r^7}. \tag{3.4}$$

Man vergleiche hierzu STUART (*128*). Naturgemäß werden diese Kräfte von der chemischen Struktur nicht beeinflußt; jedoch ist zu erwarten, daß in großen Konjugationssystemen die genannte Wechselwirkung durch die Beweglichkeit der π-Elektronen eine besondere Begünstigung erfährt. Die diesen Kräften entgegengerichtete Coulombsche Abstoßung

$$K' \sim \frac{e_1 \cdot e_2}{\varepsilon \cdot r^2} \qquad (3.5)$$

läßt naturgemäß eine Zusammenlagerung der gleichsinnig geladenen Farbstoffionen untereinander gewöhnlich nicht zu, so daß der Dispersionseffekt auf das wäßrige Medium beschränkt ist; denn die hohe Dielektrizitätskonstante des Wassers ($\varepsilon = 80$) senkt die Coulombsche Abstoßungskraft K_{Coul} auf den $1/\varepsilon$-ten Teil und erlaubt dadurch das Wirksamwerden der Dispersionskraft zwischen den Molekülen, die zur Aggregatbildung Anlaß gibt.

β) Theorien der Absorptionsänderungen. Die gegenseitige Beeinflussung der π-Elektronen durch Dispersionskräfte, die zur Assoziation der Einzelmoleküle führt, bedingt gleichzeitig eine Änderung des Absorptionsverhaltens des Farbstoffs im Vergleich zum isolierten Einzelmolekül. Entweder beruhen die oben bereits eingehend beschriebenen spektralen Effekte dabei auf einer Verschiebung der Potentialkurven des Grund- und Anregungszustands oder auf einer Aufspaltung der Energieniveaus des Anregungszustands. Beide Theorien stehen gegenwärtig noch zur Diskussion.

Verschiebung der Potentialkurven. Die erste Theorie — vgl. ZANKER, SCHEIBE (*59, 108, 129* bis *131*) — folgt aus der Tatsache, daß bereits beim monomer vorliegenden Farbstoffmolekül die den Assoziaten zugehörigen Banden angedeutet sein können. Dies geht einmal aus der Beobachtung dieser Aggregatbanden in verdünnten alkoholischen Pinacyanollösungen hervor und zum anderen aus der Wahrnehmung derartiger Banden an einem gasförmigen Farbstoff (*61*); denn die genannten Bedingungen lassen ja eine Assoziation des Farbstoffs von vornherein unwahrscheinlich werden.

Da somit bereits im Einzelmolekül die dem Assoziat zugehörigen Übergänge in geringem Maße unter Umständen stattfinden können, scheint die Folge der Dimerisation bzw. Polymerisation allein in einer Vergrößerung der relativen Wahrscheinlichkeit dieser Übergänge im Vergleich zum ursprünglichen Anregungsvorgang zu liegen.

Diese Intensitätsänderungen sind möglicherweise darauf zurückzuführen, daß die zwischen den Molekülen wirkenden Kräfte eine Verschiebung der — infolge der Konjugationssystemgröße — senkrecht übereinanderstehenden Potentialkurven des Grund- und Anregungszustands hervorrufen; denn die gegenseitige Beeinflussung lockert die Bindungsfestigkeit und bedingt eine Änderung der Atomschwingungen im Elektronengrund- und Anregungszustand. Aus diesem Grund kann dann nicht mehr der dem Monomeren entsprechende langwellige sogenannte O—O-Übergang der wahrscheinlichste und intensivste sein, der aus dem Schwingungsgrundzustand des Elektronengrundniveaus in den Schwingungsgrundzustand des Elektronenanregungsniveaus führt.

Durch die Verschiebung der Potentialkurven müssen dagegen nach dem Frank-Condon-Prinzip (*132*) bei gleichbleibender Lage der Elektronenniveaus kurzwelligere Kernschwingungsübergänge in den Vordergrund treten und so Anlaß zu Bildung der kurzwelligen Assoziatbanden geben. Diese Banden können auch mit schwacher Intensität bereits im Monomeren vorliegen, da bekanntlich Übergänge in höhere Schwingungszustände des Elektronenanregungsniveaus in geringem Maße möglich sind.

Das nächste Bild möge zur Veranschaulichung dieser Überlegungen dienen, die jedoch nicht zur Erklärung der langwelligen Absorptionsänderungen im Falle der I-Aggregate ausreichen, so daß hier der folgenden Theorie der Vorzug gegeben wird.

Aufspaltung der Energieniveaus. Im Gegensatz zur letztgenannten Theorie nimmt FÖRSTER (*133*) — vgl. auch (*110*) — eine Änderung der energetischen Lage der Elektronenzustände als Ursache der Absorptionsverschiebungen bei der Assoziation an.

Betrachtet man die Farbstoffmoleküle als mit scharfer Frequenz schwingende Elektronenoszillatoren, so wird verständlich, daß die beim Aneinanderlagern eintretende Kopplung der Elektronensysteme einmal die Energie des Grundzustands infolge der Stabilisierung des Aggregats

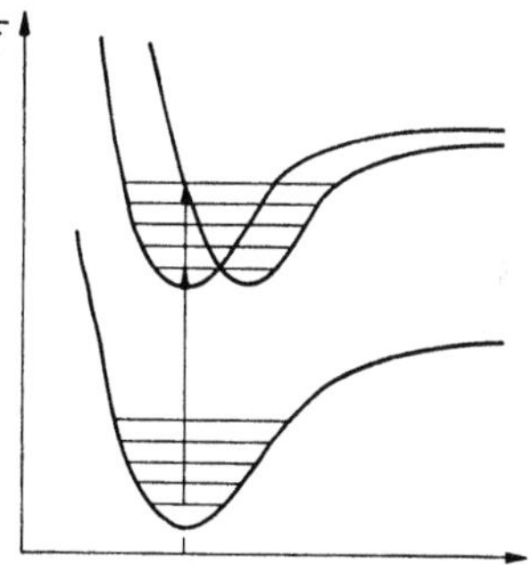

Abb. 19. Schema zur Erklärung der Absorptionsänderung bei der Assoziatbildung mittels des Frank-Condon-Prinzips

etwas verringern und zum anderen eine Aufspaltung des Anregungszustands verursachen kann, die von der unterschiedlichen Anlagerungsmöglichkeit der elektrischen Momente (symmetrisch, unsymmetrisch) abhängt.

Beim Dimeren resultiert auf diese Weise eine Spaltung des ursprünglichen Anregungszustands in ein höheres und tieferes Niveau und damit eine kurzwellig und langwellig zum Monomeren liegende Absorptionsbande. Die langwellige Bande wird jedoch bei einer *symmetrischen* Anordnung der Moleküle zueinander nicht wahrnehmbar, da hier die Ionenladungen nach beiden Seiten sehen und dadurch die gekoppelten Elektronenoszillatoren des tieferen Niveaus die Phasendifferenz 180°, entsprechend einem resultierenden Moment 0, haben. Das resultierende Moment ist aber für die Möglichkeit einer Absorption bzw. Emission des Lichts entscheidend und der Wert Null besagt, daß zwischen dem Grundzustand und dem der symmetrischen Anordnung entsprechenden Anregungszustand ein strahlender Übergang nicht stattfinden kann.

Die unsymmetrische Kopplung der Farbmoleküle bedingt einen größeren Abstand der ungleichnamigen Pole des Moments — entsprechend einer höheren Lage des Anregungsniveaus als bei symmetrischer Anordnung — und vor allem eine Verknüpfung der Momente mit der Phasendifferenz 0. Diese gleichphasige Kopplung führt dann zu einem endlichen Wert der Resultierenden der Elektronenoszillatorenmomente, so daß strahlende Energie zwischen Grund- und höherem Anregungsniveau ausgetauscht werden kann. Als Folge der Aneinanderlagerung zu Dimeren zeigt sich somit eine neue Bande, die zu der des Monomeren kurzwellig verschoben ist. Man vergleiche hierzu noch die nächste Abbildung.

Möglicherweise kann die Existenz zweier Absorptionsmaxima des Eosin- und Fluoresceindimeren auf die geringere Symmetrie dieser Moleküle zurückgeführt werden, da diese fehlende Symmetrie eine symmetrische Anlagerung mit einem resultierenden Moment 0 im tieferen Anregungszustand erlaubt. Es müßte somit in beiden Anregungszuständen ein endliches Moment und hieraus eine lang- und kurzwellige Absorption folgen.

Die kurzwelligen H-Banden der höheren Farbstoffpolymerisate lassen sich völlig analog deuten, vgl. SCHEIBE (*110*); denn die elektrodynamische Kopplung vieler Farbstoffmoleküle würde eine Aufspaltung in viele Anregungszustände bedingen, von denen jedoch aus den angegebenen Gründen nur die obersten, unsymmetrischen Niveaus strahlend erreicht werden können.

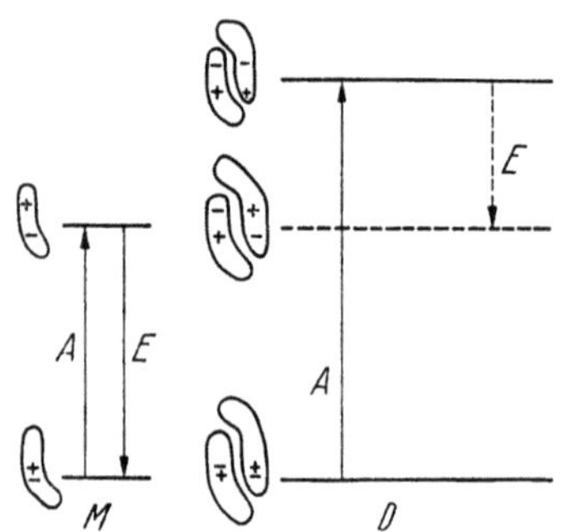

Abb. 20. Zur Erklärung der Absorptionsverschiebung zwischen monomeren und dimeren Farbstoffmolekülen (nach SCHEIBE). *M* Einzelmolekül, *D* Doppelmolekül, *A* Absorption, *E* Emission

Im Gegensatz hierzu verursacht die Schrägstellung der Farbstoffmoleküle eines I-Polymerisats und die genannte Festlegung der Ladungen ein in Richtung der Aggregationsachse großes elektrisches Mo-

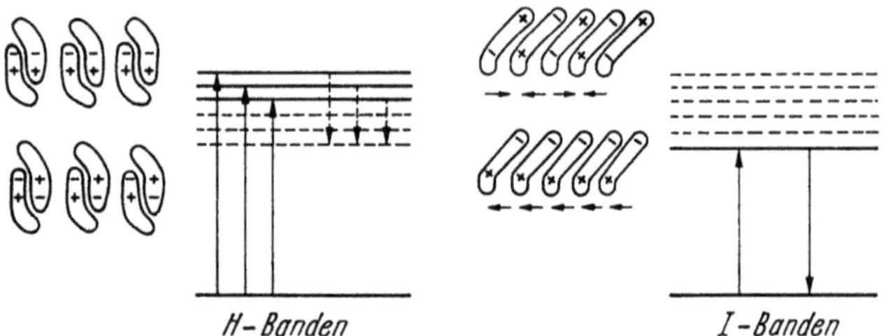

Abb. 21. Zur Erklärung der H- und I-Banden (nach SCHEIBE)

ment — s. Abb. 21 — im unteren Anregungsniveau, während im höher gelegenen Term das resultierende Moment in Fadenrichtung den Wert 0 besitzt. Die Folge ist eine charakteristische, zur Richtung des Fadens polarisierte langwellige Absorption dieses Polymerisats. Durch die Anregung in Richtung des zur Polymerisationsachse — und nicht in der Molekülebene — liegenden Übergangsmoments bleiben die Atomschwingungen unangeregt, so daß die I-Bande sehr schmal erscheint (*119*).

III. Der feste Zustand

1. Untersuchungsmethode

Während das Verhalten der Farbstoffe im gelösten Zustand schon
gut erforscht ist, sind die Kenntnisse über den organischen Festkörper
noch außerordentlich gering. Dies geht vor allem auf die Schwierigkeiten zurück, die der Bestimmung von Festkörperspektren der Farbstoffe entgegenstehen; denn zur Absorptionsmessung können die Farbstoffe aufgrund ihrer großen Extinktion nicht in der Form eines Kristalls
untersucht werden, wie beispielsweise Naphthalin (*134*), Anthracen (*135,
136*) oder Tetracen (*135*), sondern es besteht nur die Möglichkeit einer
Untersuchung in Form einer dünnen *Schicht*.

Die Anwendbarkeit dieses Verfahrens für die Festkörperspektroskopie
der organischen Stoffe bewies PERKAMPUS (*137, 138*) bereits durch Absorptionsmessungen an Naphthalin- und Anthracenschichten. Während
die Bildung gleichmäßiger dünner Schichten an den letztgenannten Verbindungen durch deren Sublimationsfähigkeit außerordentlich begünstigt
wird, kann diese Eigenschaft jedoch nur an wenigen Farbstoffen ausge-
nutzt werden; denn ein Teil der Farbstoffe zersetzt sich bei der Sublimation im Vakuum mehr oder weniger stark, was sich unter anderem
durch ein Fehlen der metallischen Reflexion oder eine Inkonstanz der
Dunkelleitfähigkeit anzeigt. Nur intermolekular ionoide Farbstoffe, beispielsweise Merocyanine und auch einige Rhodamine (Rhodamin B)
stellen dabei eine Ausnahme dar, so daß gerade diese Stoffe für weitere
Untersuchungen Verwendung finden dürften.

Die Herstellung der Schichten nichtsublimierbarer Farbstoffe geschieht durch Eindunstenlassen einer Lösung bestimmter Konzentration, wobei die Gleichmäßigkeit der dünnen Farbstoffhaut durch
eine Vergrößerung der Abscheidungsgeschwindigkeit (Temperaturerhöhung, Vakuum) verbessert werden kann. Meist enthalten diese Farbstoffschichten im Gegensatz zu den im Hochvakuum durch Sublimation
hergestellten noch Lösungsmittelreste gebunden, deren Entfernung sehr
schwierig ist. Besonders bei der Bildung von Farbstoffpolymerisaten
kann häufig mit der festen Anlagerung von Wasserspuren — s. (*139,
140*) — gerechnet werden. Oft befindet sich die Farbstoffschicht auch
erst nach längerer Zeit in Ruhe, da die Moleküle der frisch hergestellten
Filme wahrscheinlich einen zeitabhängigen Aggregationsprozeß durchlaufen, wie Beobachtungen am Brillantgrün (*141*) nahelegen.

Die durch Vakuumsublimation erhaltenen Anthracenschichten scheinen eine homogene und isotrope Struktur zu besitzen, wohingegen Pina-
cyanol- und Rhodaminfilme eine polykristalline Struktur aufweisen
dürften, wie aus dem Auftreten scharfer Linien bei einer Röntgenstrahl-
untersuchung zu schließen ist; vgl. WEIGL (*142*). Die Linien lassen dabei
keinen Unterschied zu denen kristalliner Farbstoffe erkennen, wobei die
Größenordnung der Mikrokristalle 1000 Å und mehr betragen dürfte
(*143*). In diesem Zusammenhang sei auch noch auf elektronenmikroskopische Untersuchungen des Indigo und Benzopurpurin (*144*) hingewiesen, aus denen auf die Existenz von Kolloidteilchen von 100 bis

200 mμ Größe geschlossen wurde. WARTANJAN (*145*) berichtet über ähnliche Befunde am Kristallviolett.

Für die Aufnahme der Festkörperspektren $\big(\log \varepsilon = f(\tilde{\nu})\big)$ wird die Extinktion E der Farbstoffschichten in Abhängigkeit von der Wellenlänge mit einem Spektralphotometer gemessen und in den Extinktionskoeffizienten nach der Beziehung

$$\varepsilon = \frac{\log (J_0/J_D)}{c \cdot d} = \frac{\log E \cdot [\text{MG}]}{d \cdot 1000 \cdot \varrho} \quad \left[\frac{\text{Liter}}{\text{Mol} \cdot \text{cm}^3}\right] \quad c = \frac{\varrho \cdot 1000}{M} \qquad (3.6)$$

umgerechnet. Dabei verlangt die Angabe der Schichtdicke d eine besondere Bestimmung. Sie gelingt entweder auf optischem Weg (*146*) oder nach der Beziehung $d =$ Gewicht/Dichte · Fläche durch Auflösen des auf einer definierten Fläche liegenden Farbstoffs und anschließender spektralphotometrischer Konzentrationsbestimmung zur Angabe des Farbstoffgewichts. Naturgemäß stehen der letztgenannten Schichtdickenmessung bei einer Schwerlöslichkeit des Farbstoffs (Merocyanin) ziemliche Schwierigkeiten entgegen.

Die gemessene Extinktion E_g bedarf nach PERKAMPUS (*137*) einer Korrektur, da sich der konsumptiven oder wahren Absorption (A_w) der Moleküle im festen Zustand noch eine sogenannte konservative oder Scheinabsorption (A_s) überlagert, die zum großen Teil auf eine diffuse, strukturunabhängige Streuung (*147*, *148*) zurückgeht und wie bei Hochpolymeren behandelt werden kann:

$$A_g = A_w + A_s \quad \text{bzw.} \quad E_g = E_w + E_s. \qquad (3.7)$$

Man ermittelt diese Scheinabsorption durch Messung der Extinktion außerhalb der langwelligsten Bande, also in einem Gebiet, das praktisch nur die konservative Absorption aufweist $E_g = E_s$. Das Streuungsgesetz

$$E_s = \text{const} \cdot (\tilde{\nu})^n \qquad (3.8)$$

ermöglicht dann durch Extrapolation über den gesamten Spektralbereich

$$\log E_s = n \cdot \log \tilde{\nu} + C \qquad (3.9)$$

die für die Korrektur $E_w = E_g - E_s$ nötige Bestimmung von E_s bei den einzelnen Wellenlängen.

Neben den genannten Extinktionskurven beansprucht bei den Farbstoffen auch der spektrale Verlauf der Reflexion ein besonderes Interesse; denn die starke Absorption steht naturgemäß mit einer starken Reflexion (5 bis 40%) in enger Verbindung, was sich an Farbstoffschichten unter anderem in dem bekannten metallähnlichen Glanz äußert. Die Aufnahme einer Reflexionskurve kann somit als gute Ergänzung zur Absorptionsmessung angesehen werden.

Über ein Verfahren zur Bestimmung derartiger Farbstoff-Reflexionsspektren, die bisher nur wenig beschrieben wurden (*149*, *150*), berichten WEIGL u. a. (*151*, *152*).

2. Absorption der Farbstoffschichten

Aus den Absorptionsmessungen fester Farbstoffilme von Holmes und Peterson (*141, 153*), Wartanjan (*154, 155*), Weigl (*151*), Sheppard u. a. (*140, 156* bis *159*) kann bereits ersehen werden, daß der Übergang des Farbstoffs aus der Lösung zum festen Zustand von einer *Verbreiterung* der langwelligsten Absorptionsbande begleitet wird. Dieser Verbreiterungseffekt der längstwelligen Lösungsabsorptionsbande ist dabei nicht auf bestimmte Farbstoffe begrenzt, sondern zeigt sich gleichermaßen an Triphenylmethan-, Acridin-, Rhodaminfarbstoffen, Pinacyanol u. a., wobei die Bildungsart — Sublimation oder Abscheidung aus Lösungen — ohne Einfluß bleibt. Im einzelnen kann den bisherigen Messungen folgendes entnommen werden:

a) Struktur der Absorptionsbande

Die dem Farbstoff zugehörige Lösungsabsorptionsbande erscheint im Festkörperabsorptionsspektrum meist um das Doppelte verbreitert und erlaubt unter Umständen eine Aufteilung in zwei mehr oder weniger symmetrisch zu ihr liegende Absorptionsgebiete mit annähernd gleicher, aber die Lösungsbandbreite überschreitenden Halbwertsbreite und Absorptionsintensität. Man vergleiche hierzu das Schema der nächsten Abbildung.

Der Abstand der beiden abgespaltenen kurz- und langwelligen Absorptionskomponenten liegt dabei in der Größenordnung von beispielsweise 1200 cm^{-1} beim Rhodamin B und 1600 cm^{-1} beim Malachitgrün. Da die längerwellige Komponente meist die größere Intensität besitzt und deshalb die Absorptionsspitze des unaufgelösten Festkörperspektrums darstellt, scheint der Übergang in den festen Zustand mit einem bathochromen Effekt verbunden zu sein.

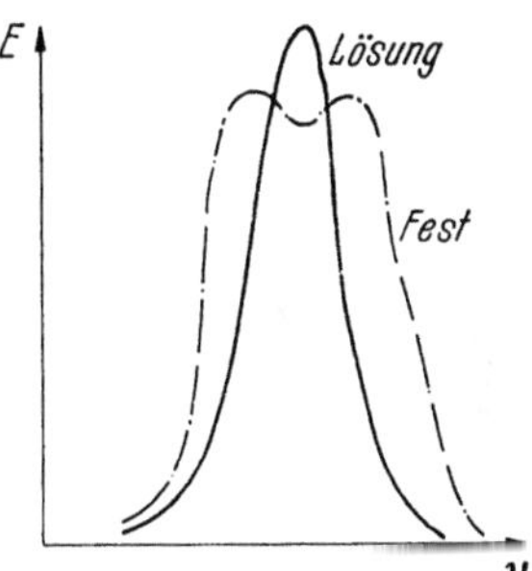

Abb. 22. Schema der Extinktionskurvenänderung beim Übergang des gelösten zum festen Farbstoff

Es zeigt sich außerdem, daß die den verschiedenen Übergangsmomenten entsprechenden Banden im festen Zustand erhalten bleiben und ebenfalls eine Verbreiterung erfahren. Dies ist nicht weiter überraschend; denn die, beispielsweise am Malachitgrün, wahrnehmbaren x-y-Banden führen als π-π^*-Übergänge gleichermaßen vom Grundzustand in den Anregungssingulettzustand. Der Unterschied zwischen beiden Banden geht allein auf die Tatsache zurück, daß eine Absorption jeweils bei einer Schwingung des elektrischen Feldvektors in Richtung des Konjugationssystems erfolgt und so bei mehrdimensionalen Systemen eine Anregung durch Licht in mehreren Richtungen möglich wird (*160, 161*). Beim Malachitgrün stellt dabei einmal das zwischen zwei Phenylkernen mit endständigen Dimethylaminogruppen befindliche Konjugationssystem die optische Hauptachse, entsprechend der x-Bande, dar und zum anderen das senkrecht zum unsubstituierten Phenylkern liegende Konjugationssystem, das die schwach absorbierende y-Bande bedingt. Man beachte noch, daß der x'-Bande ein Übergang in das zweite Anregungssingulettniveau durch Anregung in der großen Konjugationsrichtung zugrunde liegt.

Ähnliche Banden kennt man auch an den kondensierten aromatischen Kohlenwasserstoffen, die als intensivste β-Bande (^1B_b) entsprechend der Längspolarisation und als schwächere p-Bande (^1L_a) mit senkrecht dazu stehender Schwingungsachse bezeichnet werden. Zusätzlich ist noch eine langwellige $\alpha\,(^1L_b)$- und kurzwellige $\beta'(^1B_a)$-Bande — vgl. (58, 162) — zu nennen. Auch diese Banden bleiben im festen Zustand erhalten, wobei jedoch eine vom Naphthalin zum Anthracen zunehmende bathochrome Verschiebung der p-Bande und eine Intensitätserniedrigung und Verbreiterung der β-Bande im Vergleich zur Lösung eintritt (137).

b) Temperatureinfluß

Die Beobachtung der Temperaturabhängigkeit der festen Farbstoffspektren ergab bis $77°$ K — s. (142, 156) — keinerlei Änderung der Extinktion. Dies beweist, daß die Verbreiterung bzw. Aufspaltung der langwelligen Absorptionsbanden auf eine Beeinflussung der Elektronenzustände und nicht auf eine Änderung der Schwingungsstruktur des Grund- und Anregungszustands zurückgeht.

Messungen bis zur Temperatur des flüssigen Wasserstoffs erscheinen jedoch zur weiteren Prüfung dieser Frage noch von Bedeutung.

c) Anionenwirkung

Nach WEIGL (142) ändert der Austausch des zu den kationischen Farbstoffen gehörenden Anions (F^-, Cl^-, J^-, SO_4^{--}, $C_2O_4^{--}$) das Festkörperspektrum in keiner Weise.

d) Absorptionsintensität

Der Übergang des Farbstoffs aus dem gelösten in den festen Zustand ist mit einer Abnahme des Extinktionskoeffizienten des Bandenmaximums (ε_{max}) verbunden und auch die die Verbreiterung berücksichtigende, durch die Oszillatorenstärke f ausgedrückte Absorptionsintensität

$$f = \int_{\nu_1}^{\nu_2} \varepsilon_\nu \, d\tilde{\nu} \qquad (3.10)$$

nimmt im Vergleich zur Lösung um 20 bis 70% ab. Am besten kennzeichnet man diese Abnahme durch Angabe einer sogenannten

Oszillatorendepression $f^* = \dfrac{f_{\text{Fest}}}{f_{\text{Lösung}}} < 1$, die bei bestimmten Farbstoffen immer den gleichen Wert haben sollte.

Beispielsweise beträgt f^* nach Messungen von WEIGL (142) an Rhodamin 0,33 bis 0,36, am Malachitgrün 0,55 bis 0,70 und am Pinacyanol 0,57. Oft ergeben sich bei den einzelnen Proben des gleichen Farbstoffs große Streuungen dieser f^*-Werte, die auf Abweichungen in der Schichtstruktur zurückgehen. Eine Konstanz der Oszillatorendepressionswerte verschiedener Schichten eines Farbstoffs kann somit als Kriterium für eine einwandfreie Messung des Festkörperspektrums dieser Verbindung angesehen werden. Die Streueffekte werden dabei unter anderem durch eine Unregelmäßigkeit der Schichtdicke (*163*) oder eine vorzugsweise Orientierung der Moleküle (*164*) verursacht.

Große Unterschiede in der Oszillatorenstärke zeigen sich vor allem zwischen sublimierten und aus Lösungen direkt hergestellten Schichten. Während dabei sublimierte Filme infolge ihrer Homogenität einen von der Filmdicke unabhängigen Extinktionskoeffizienten aufweisen und auch keinen Dichroismus der Durchlässigkeit oder Reflexion erkennen lassen, wird die Extinktion der abgeschiedenen Schichten durch die von großen Mikrokristallen (1 bis 50 μ) vorgetäuschte übermäßige Durchlässigkeit verfälscht und somit f_{Fest} verringert, bzw. f^* großen Schwankungen unterworfen. Zum Ausschalten der genannten Fehler ist es deshalb erforderlich, die festen Farbstoffschichten vor der Extinktionsmessung auf ihre Homogenität zu prüfen, was leicht mit einem Polarisationsmikroskop geschehen kann.

Es sei noch darauf hingewiesen, daß an Naphthalin beim Übergang in den festen Zustand neben den genannten Verschiebungseffekten auch eine Verringerung der Absorptionsintensität der β-Bande beobachtbar ist. Dieses Verhalten deutet auf die Analogie hin, die zwischen dem festen Zustand der aromatischen Kohlenwasserstoffe einerseits und dem der Farbstoffe andererseits besteht und die auf die Gleichheit der allgemein zwischen den Molekülen eines organischen Festkörpers aktiven Wechselwirkungskräfte zurückzuführen sein dürfte.

3. Theorie

Die organischen Verbindungen bilden im kristallisierten Zustand hauptsächlich Molekülgitter, in denen die einzelnen Moleküle selbst die Gitterbausteine darstellen. Es ist verständlich, daß die den Zusammenhalt der Gittermoleküle bewirkenden van der Waalsschen Kräfte viel geringer sind als die zwischen den Atomen der Einzelmoleküle bestehenden Bindungskräfte. Dies zeigt sich deutlich im Unterschied der großen Bildungswärme und der geringen Sublimationswärme und in der Sublimationsfähigkeit bestimmter Farbstoffe.

Die genannte Erhaltung des Molekülverbands im festen Zustand legt die Annahme nahe, daß die Elektronenzustände eines Moleküls im Vergleich zur Gasphase unverändert bleiben müßten. Die durch Übergänge zwischen diesen Niveaus bewirkte Absorption sollte somit auch im festen Zustand mit der der isolierten Moleküle übereinstimmen, ein Verhalten, das jedoch nur in grober Näherung vorliegt.

Die obigen Untersuchungen lassen erkennen, daß die Absorptionsbanden Verschiebungen und Aufspaltungen beim Übergang zur festen Phase erfahren, die von den kondensierten aromatischen Kohlenwasserstoffen — $\Delta\tilde{\nu}\sim 100\ \mathrm{cm}^{-1}$ — zu den Farbstoffsystemen — $\Delta\tilde{\nu}\sim 1500\ \mathrm{cm}^{-1}$ — zunehmen. Wie ein Vergleich von Absorptionsmessungen an Kristallen und Filmen zeigt, geben die organischen Filme

die gleichen Verschiebungseffekte wie große Kristalle, so daß die an
Schichten wahrgenommene Aufspaltung der Absorptionsbanden nicht
einem speziellen Schichteffekt zuzuschreiben ist. Die Änderungen der
Absorptionsbanden können somit als die sichtbare Auswirkung von
Kräften angesehen werden, die nach dem Übergang in den Gitterverband zwischen den organischen Molekülen wirksam sind.

Folgende Modelle geben nun Möglichkeiten an, die zur Absorptionsänderung zwischen den im isolierten Zustand und im kristallisierten
Verband vorliegenden Molekülen führen können. Es muß jedoch bemerkt
werden, daß das bisherige Versuchsmaterial zu einer endgültigen Klärung noch nicht ausreicht. Weitere Messungen von Festkörperspektren
organischer Farbstoffe sind hierzu erforderlich.

a) Bethe-Effekt

Es sei dahingestellt, ob die Aufspaltung der Niveaus durch Kristallfelder nach diesem Modell erklärbar ist, das vor allem für den Fall
der Seltenen Erden diskutiert wird, deren Absorption auf die Anregung
der inneren Elektronen der Ionen in Analogie zu den Molekülspektren
zurückgeht — vgl. (*165, 166*). Man nimmt dabei unter anderem an, daß
die Wirkung der Kristallfelder geeigneter Symmetrie in einer Aufhebung
des Übergangsverbots für im Dampfzustand verbotene Übergänge besteht.

b) Davydov-Effekt

Diese Theorie (*167*) führt die Bandenaufspaltung bei den aromatischen
Kohlenwasserstoffen auf die Wechselwirkungskräfte zwischen den benachbarten Molekülen zurück, die beim Anthracen etwa $\Delta E = 100\ \mathrm{cm^{-1}}$
betragen. Sie leitet sich von der Excitonenvorstellung, die FRENKEL (*168*)
und PEIERLS (*169*) entwickelten, ab, derzufolge in einem Kristall Energiebänder entstehen können, die einem bei der Anregung gebildeten
spinlosen Partikel — dem Exciton — zugehören und die eng mit den
Anregungsniveaus der isolierten Moleküle verbunden sind.

Nach dieser Theorie bilden sich somit bei der Anregung Excitonen,
die eine von der Übergangswahrscheinlichkeit zwischen den Einzelmolekülen abhängige Aufspaltung hervorrufen; vgl. (*170, 171*). Denn
besteht nur eine derart schwache Kopplung zwischen den Molekülen,
daß der Übergang der Anregungsenergie, d.h. des Excitons, länger als
eine Gitterschwingungsperiode von 10^{-13} bis 10^{-14} sec dauern würde,
so müßte sich die Excitonen- bzw. Anregungsenergie vollständig in
Gitterschwingungen umwandeln, ohne einen Wechselwirkungseffekt mit
den Nachbarmolekülen zu veranlassen. Bei einer starken Kopplung ist
dagegen die Möglichkeit einer Übertragung der Anregungsenergie zu den
Nachbarmolekülen gegeben und infolge dieser intramolekularen Resonanz die beobachtete Beeinflussung des optischen Übergangs erklärbar.

Die gemessenen großen Aufspaltungen in der Größenordnung von
$\Delta E \sim 1000$ bis $1500\ \mathrm{cm^{-1}}$ legen nach WEIGL an den Farbstoffen einen
derartigen Excitonenübergang nahe, da die Anregung nur $\dfrac{h/2\pi}{\Delta E} \approx 5 \cdot$
10^{-15} sec am absorbierenden Molekül fixiert zu bleiben scheint und somit

innerhalb einer Gitterschwingung das von vielen Molekülen gebildete Excitonenband durchwandern kann. Neuere Messungen der Photoleitfähigkeit fester Farbstoffe (s. achtes bis zehntes Kapitel) sprechen jedoch gegen diese Annahme.

c) Wasserstoff-Brückenbildung

Im Gegensatz zu den Aufspaltungen und Verschiebungen infolge der zwischenmolekularen (Excitonen-)Resonanz werden an einigen Farbstoffen bathochrome Verschiebungen beobachtet, die auf einem grundlegend anderen Effekt beruhen.

Als Beispiel sei Indigo angeführt, dessen langwellige Bande beim Übergang vom Dampfzustand in den kristallinen Zustand eine bathochrome Verschiebung von über 2300 Å erfährt. Aus der Elektronenstruktur läßt sich dabei ersehen, daß die Möglichkeit zur Bildung von intermolekularen Wasserstoffbrücken besteht, die zur Stabilisierung eines polaren Zwitterionenzustands führen können. Es liegt somit beim Übergang in die feste Phase ein Effekt vor, wie er auch durch polare Lösungsmittel hervorgerufen wird (*172, 173*). Die Wechselwirkung der Moleküle mit den Nachbarmolekülen ist hier deshalb nicht die Ursache der starken Aufspaltung.

Wie schon erwähnt, kann die Diskussion über die an den Farbstoffen beobachteten Bandenverschiebungen und Aufspaltungen noch lange nicht als abgeschlossen gelten. Vor allem sind weitere spektralphotometrische Untersuchungen an dünnen Farbstoffschichten nötig.

IV. Die Anisotropie der Lichtabsorption

Es wurde schon darauf hingewiesen, daß an bestimmt strukturierten Farbstoffen eine Anisotropie der Lichtabsorption vorliegen kann; denn für den Absorptionsvorgang ist die Existenz einer Komponente des elektrischen Feldvektors der Lichtwelle in Richtung des Konjugationssystems Voraussetzung, da nur so die Anregung der Wellenfunktion gelingt. Als erster bewies SCHEIBE (*121*) diese Anisotropie an Hexamethylbenzol und am p-Chinon. Vgl. auch (*128*).

Naturgemäß verlangt der Nachweis der Anisotropie eine Ausrichtung des absorbierenden Stoffes, was durch Herstellung von Einkristallen (dreidimensional) oder durch eine künstliche Orientierung gelingt.

Beispielsweise kann man die Farbstoffe (Diphenylmethanfarben u.a.) in feste Lösungsmittel (*174*) oder in Kunststoffolien (Cyanine u.a.) einbauen (*175*) und die Absorptionsspektren mit verschieden polarisiertem Licht aufnehmen. Man stellt so unschwer die Richtung der absorbierenden Konjugationssysteme fest, die beispielsweise an Polymethinfarbstoffen eindimensional entlang der Polymethinkette verläuft und bei den Triphenylmethanfarbstoffen die bereits genannte Polarisation der x- und (schwachen) y-Bande bewirkt.

Die Anisotropie der Lichtabsorption gibt auch einen Einblick in die Struktur der hochpolymeren Farbstoffe, die in den konzentrierten wäßrigen Farbstofflösungen entstehen; denn häufig gelingt die Ausrichtung der fadenförmigen Aggregate bereits durch eine Adsorption an einer festen Oberfläche, z.B. Glimmer, AgBr oder, wie im Falle des Pseudo-isocyanins, durch eine Strömungsausrichtung (*121*). Bei dem letztgenannten Verfahren preßt man einfach die Lösung durch eine breitgedrückte Kapillare, wobei die Strömung die Polymerisate in der Fadenachse orientiert. Auf diese Weise gelingt an den langwelligen Absorptionsbanden die Feststellung der in der Faserachse liegenden Polarisationsrichtung des erregenden Lichts, die sich also senkrecht zur Molekülebene befindet.

Die derart beobachtete Anisotropie des Farbstoffpolymerisats steht dabei in Übereinstimmung zur Struktur dieser Systeme. Es sei hierzu noch bemerkt, daß Theorien zur Erklärung von Absorptionsverschiebungen, beispielsweise auf der Grundlage einer Verlängerung des absorbierenden π-Elektronensystems durch Bildung von I-Aggregaten (*176*), eine Prüfung durch Beobachtung der Anisotropie der Lichtabsorption erlauben. Liegt die Polarisationsrichtung senkrecht zur Molekülebene, so würde dies eindeutig die Absorption durch die aggregierten Moleküle anzeigen.

Zur Vervollständigung sei noch die Orientierung im elektrischen oder magnetischen Feld genannt, die naturgemäß auf dipolartige bzw. paramagnetische Moleküle beschränkt bleibt.

B. Die Lumineszenz der Farbstoffe

Wie bereits in der Einleitung dargelegt wurde, besitzt ein Teil der organischen Farbstoffe die Fähigkeit, die absorbierte Lichtenergie als Lumineszenzlicht wieder auszustrahlen. Man hat hier bereits ein sichtbares Anzeichen für die Eigenart der Farbstoffe, die aufgenommene Lichtenergie unter Umständen auch in einer anderen Weise als in einer Wärmeumwandlung verwerten zu können.

Die Lumineszenzstrahlung — vgl. hierzu die ausführlichen Abhandlungen von FÖRSTER (*1*), RIEHL (*2*), PRINGSHEIM u.a. (*3* bis *5*) — läßt sich dabei wie bei den anorganischen Kristallphosphoren in zwei Anteile zerlegen:

Die *Fluoreszenz*, die direkt nach der Anregung ohne zusätzliche Aktivierungsenergie einsetzt und in monomolekularer temperaturunabhängiger Reaktion innerhalb kürzester Zeit [$\tau = 10^{-5}$ bzw. 10^{-7} sec — (*6, 7*) —] abklingt.

Die *Phosphoreszenz*, die erst eine gewisse Zeit nach der Lichteinstrahlung als ein mit einer Aktivierungsenergie versehener, temperaturabhängiger Nachleuchteffekt entsteht.

Als wichtiges Grundgesetz steht der Lumineszenzstrahlung allgemein die *Stokessche Regel* voran, derzufolge die Wellenlänge des ausgestrahlten Lichts größer ist als die des absorbierten.

Man charakterisiert die Fluoreszenz einer Verbindung durch die Energieausbeute Φ und die Quantenausbeute φ. Erstere stellt das Verhältnis der Energie des lumineszierenden Lichts (in Erg oder Wattsec) zu der in den lumineszierenden Stoff eingestrahlten Energie dar, wobei der reflektierte oder durchgelassene Teil keine Berücksichtigung findet. Die Quantenausbeute φ gibt dagegen das Verhältnis der emittierten zur absorbierten Photonenzahl an, die im besten Fall 1 beträgt.

Da das emittierte Licht nach längeren Wellen verschoben liegt und deshalb energieärmer ist, gilt allgemein: $\varphi > \Phi$.

Es würde sicher zu weit führen, auf experimentelle Einzelheiten der Lumineszenzforschung hier näher einzugehen. Man vergleiche hierzu die bereits genannten zusammenfassenden Darstellungen von FÖRSTER, RIEHL, PRINGSHEIM u. a.

Im Prinzip erstreckt sich die Aufgabe in der Hauptsache auf die Messung der Lumineszenzspektren und deren Intensitätsverteilung, was mit Hilfe einer aus Spektrograph, Photomultiplier und Verstärker bestehenden Anordnung mit großer Empfindlichkeit gelingt. Zur Bestimmung der wichtigen Abklingzeiten des Fluoreszenz- und Phosphoreszenzlichts erfolgt eine Kopplung mit einem Kathodenstrahloszillographen, wodurch eine Registrierung der Vorgänge bis 10^{-8} sec möglich wird. Es sei noch erwähnt, daß für die Aufklärung des Lumineszenzmechanismus an anorganischen Leuchtphosphoren photoelektrische Untersuchungen und DK-Messungen im Licht mit herangezogen werden können — vgl. (8) —, da diese Effekte im Zusammenhang mit dem Lumineszenzprozeß dieser Stoffe stehen. Über die spezielle Meßmethode des Fluoreszenzverhaltens von an Textilfasern adsorbierten optischen Aufhellern vgl. (9).

Es sei noch erwähnt, daß neben der hier beschriebenen *spontanen* Strahlungsemission unter gewissen Bedingungen auch eine *induzierte* Emission von Strahlung möglich ist, die im Laser[1] technische Anwendung (z. B. zum Bohren von Diamanten, optisches Radar usw.) findet. Wie weit lumineszierende organische Verbindungen diesen Lasereffekt (Lichtverstärkung durch angeregte Strahlenemission) zeigen können, steht noch dahin.

Viertes Kapitel

Fluoreszenz

I. Zusammenhang mit der Struktur

Bei der Betrachtung der Fluoreszenzerscheinungen organischer Stoffe ergibt sich naturgemäß die Frage nach den für die Lumineszenz erforderlichen strukturellen Bedingungen; denn es zeigt sich, daß die Farbstoffe wohl die Fähigkeit besitzen, sichtbares Licht stark zu absorbieren, aber daß nur ein geringer Teil der Farbstoffe die derart gespeicherte Anregungsenergie als Lumineszenzlicht abstrahlen kann. Häufig findet statt der Photoemission eine Umwandlung in Wärme statt, wobei jedoch bisher nur empirische Regeln Aufschluß darüber geben, welcher der beiden Vorgänge bei einer bestimmten Struktur möglicherweise ablaufen wird.

Eine dieser *Regeln* besagt, daß eine Konstitution mit *geschlossenen Ringen* das Auftreten einer Fluoreszenz in Lösung begünstigt (10). Dies

---

[1] Vgl. R. A. SMITH: Endeavour **21**, Nr. 82, 108—117 (1962).

ist vor allem gut am Beispiel der Di- und Triphenylmethanfarbstoffe sichtbar, bei denen die Überbrückung zweier Phenylkerne durch Heteroatome Fluoreszenz hervorruft. Während Phenolphthalein nicht fluoresziert, ist das nur durch ein Sauerstoffatom geschlossene Fluorescein stark fluoreszenzfähig, ein Verhalten, das der Vergleich von Malachitgrün, Bindschedlersgrün u. a. mit den fluoreszierenden Acridin-, Thiazin- und Oxazinfarbstoffen bestätigt.

Substituenten wie $-NO_2$, $-COO^\ominus$, $-NH_3^\oplus$, $-J$ wirken häufig fluoreszenzmindernd, wobei jedoch eine Vergrößerung des Konjugationssystems diesem Effekt entgegenwirkt.

Azofarbstoffe ($-N=N-$) fluoreszieren nicht. Man erkennt jedoch, daß der Ersatz der N-Atome durch $-CH=$ Fluoreszenz hervorruft, denn Stilbene gehören zu den stark fluoreszierenden Verbindungen.

Wenn die Annahme auch nicht richtig ist, daß die Fluoreszenz einer organischen Verbindung einen *ionisierten Zustand* voraussetzt — man vergleiche das fluoreszenzfähige Anthracen u. a. —, so dürfte die Ionisation die Lumineszenzfähigkeit doch zu einem gewissen Grad positiv beeinflussen.

Über weitere Regeln, die den Zusammenhang zwischen Struktur und Fluoreszenz beschreiben, wird von WEST (*11*) berichtet.

Wichtig ist, daß die genannten Regeln nur für alkoholische oder wäßrige Lösungen gelten, da eine Adsorption an einen festen Stoff (Baumwolle, Seide, Al_2O_3) oder eine Auflösung in einem festen Lösungsmittel (Borax) eine nichtfluoreszierende Substanz fluoreszenzfähig machen kann (*12*). Neben Malachitgrün u. a. wurde dies auch an Azofarbstoffen festgestellt.

II. Theorie der Fluoreszenz

1. Entstehung der Fluoreszenz

Die Emission der Fluoreszenzstrahlung stellt praktisch den der Absorption entgegengesetzt verlaufenden Vorgang dar. Während bei der Absorption des Lichts ein Elektron von der obersten Molekülbahn in den nächsten freien Term gehoben wird, entsteht die Fluoreszenzstrahlung umgekehrt durch den Übergang des Elektrons vom Anregungsterm in das Grundniveau.

Es ist leicht einzusehen, daß eine enge Verbindung dieser Emission mit der Verweilzeit des im Anregungszustand befindlichen Elektrons besteht; denn ein relativ langes Verweilen im Anregungszustand zieht eine starke Verzögerung der Ausstrahlung nach sich, wodurch auch die Möglichkeit einer strahlungslosen Desaktivierung infolge einer Wechselwirkung mit der Umgebung gefördert wird. Die in der Größenordnung von 10^{-8} sec liegende Lebensdauer des Anregungszustands hängt dabei eng von der Übergangswahrscheinlichkeit zwischen Grund- und Anregungsterm ab, da eine geringe Übergangsmöglichkeit sowohl den Vorgang der Absorption als auch den umgekehrten Prozeß beeinflußt. Ein Elektron, das eventuell über einen derartigen verbotenen Übergang

angeregt wurde, befindet sich dann praktisch auf einem metastabilen
Term, den es erst am Ende einer relativ langen Verweilzeit verlassen
kann.

2. Das Fluoreszenzspektrum

Nach dem genannten einfachen Bild der Fluoreszenz

$$F \underset{\text{Emission } (h\nu)}{\overset{\text{Absorption } (h\nu)}{\rightleftarrows}} F^*$$

müßte naturgemäß die Wellenlänge des absorbierten und emittierten
Lichts miteinander übereinstimmen. Dieser Fall, den man *Resonanz-
fluoreszenz* nennt, wird aber außerordentlich selten beobachtet. Als
Beispiel seien die I-Polymerisate des Pseudo-
isocyanins angeführt, deren langwellige, in
der Faserachse polarisierte schmale Absorption mit einer identischen Fluoreszenz gekoppelt ist. Vgl. SCHEIBE (*13, 14*).

In den meisten Fällen weist das Fluoreszenzspektrum eine vom Absorptionsspektrum
abweichende Struktur auf:

a) Das Fluoreszenzspektrum stellt das
Spiegelbild des Absorptionsspektrums dar,
wobei die langwelligste Absorptionsbande mit
der kurzwelligsten Fluoreszenzbande übereinstimmt. Vgl. das Schema der Abb. 23.

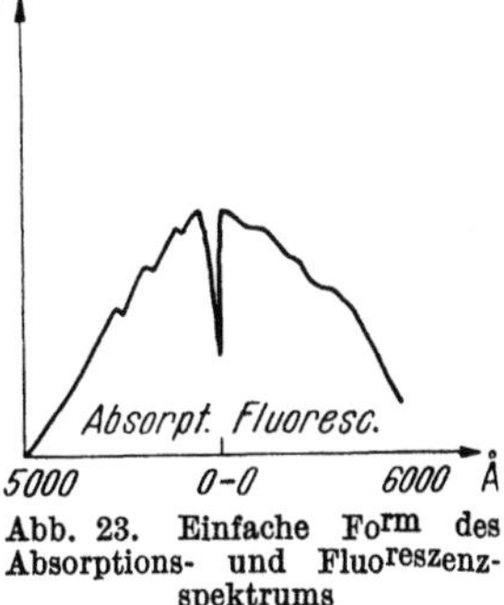

Abb. 23. Einfache Form des
Absorptions- und Fluoreszenzspektrums

Die charakteristische Symmetrie dieser Spektren folgt aus der Tatsache, daß jeder Elektronenzustand mit der Schwingung der Atome
verbunden ist und dadurch selbst eine Struktur aufweist. Man muß
deshalb bei einer Diskussion des Absorptions- und Emissionsübergangs
nicht nur zwei Terme, den Elektronengrundterm und den Elektronen-
anregungsterm, betrachten, sondern auch die mit diesen verbundenen
Schwingungsniveaus, die man am besten im Potentialkurvenschema
darstellt. Unterbleibt bei der Anregung eine Lockerung der Bindung, so
stehen diese Potentialkurven senkrecht übereinander und nach dem
Frank-Condon-Prinzip führt eine Anregung mit größter Wahrscheinlichkeit aus dem Schwingungsgrundzustand des Elektronengrundterms
in den tiefsten Schwingungszustand des Anregungsterms — man spricht
vom 0—0-*Übergang* —, und nur mit geringerer Wahrschinlichkeit in die
höheren Schwingungsniveaus des Anregungsterms. Im Absorptionsspektrum zeigt sich diese Mitwirkung der Atomschwingungen in einer langwelligen intensiven Bande — 0—0-Bande — an, die kurzwellig von
schwächeren Schwingungsbanden begleitet wird.

Da nun die höheren Schwingungsterme des Elektronenanregungszustands nicht bis zur Wiederausstrahlung erhalten bleiben, sondern
durch Einstellung des thermischen Gleichgewichts strahlungslos innerhalb von 10^{-11} sec bis zum Schwingungsgrundterm des Anregungszustands desaktiviert werden, geht die Lumineszenzstrahlung allein auf
einen Übergang vom Schwingungsgrundterm des Anregungszustands zu

den möglichen Schwingungsniveaus des Elektronengrundzustands zurück. Hieraus folgen die beobachteten langwelligen Fluoreszenzschwingungsbanden und die Übereinstimmung der O—O-Bande in Absorption und Emission.

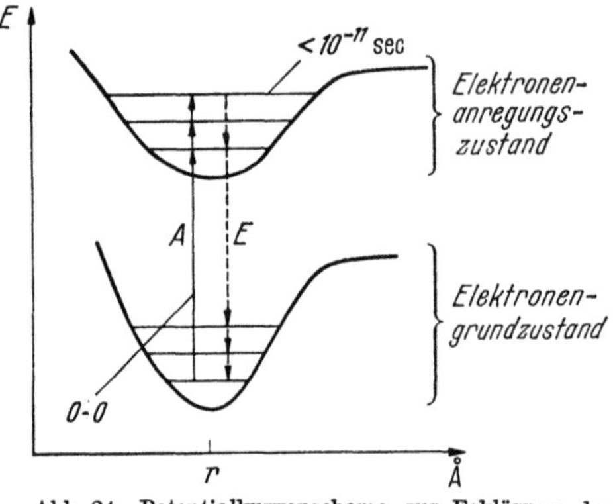

Abb. 24. Potentialkurvenschema zur Erklärung der Symmetrie des Absorptions- und Emissionsspektrums

Die Abb. 24 möge noch zur Veranschaulichung dieser Vorgänge dienen.

Unter bestimmten Bedingungen, wie hohe Temperatur oder Verhinderung der strahlungslosen Desaktivierung der Schwingungsanregung im Elektronenanregungszustand bei verdünnten Gasen, kann die Fluoreszenz auch von höheren Schwingungstermen aus erfolgen und damit *kurzwelliger* als der O—O-Übergang liegen.

b) Manche Absorptions-Fluoreszenzspektren sind dadurch gekennzeichnet, daß das Maximum der Fluoreszenz und damit das gesamte Spektrum nicht mit dem der Absorption übereinstimmt, sondern *langwellig* (bis 50 mμ) verschoben ist.

Dies geht vor allem auf die Änderung der Konfiguration des Anregungszustands im Vergleich zum Grundzustand zurück; denn die Berechnung der Eigenfunktionen ψ und damit der Elektronendichtever-

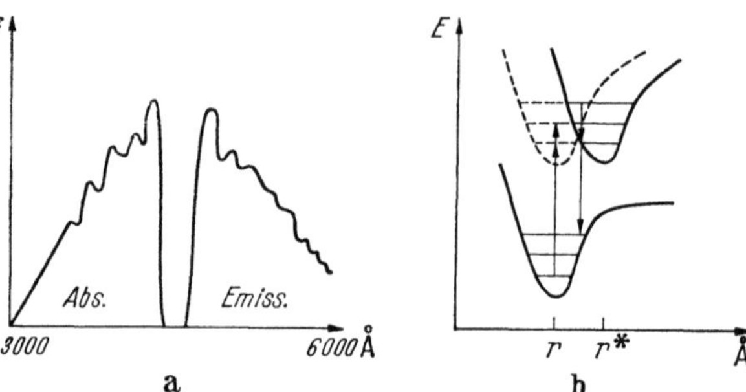

Abb. 25a u. b. Zur langwelligen Verschiebung des Emissionsspektrums. a Form des Absorptions-, Emissionsspektrums. b Potentialkurvenschema

teilung $e\,|\,\psi^2|\,dv$ läßt einen Wechsel der Dichteverteilung in den einzelnen Energietermen erkennen, wobei an Stellen mit einem Dichtemaximum im nächsten höheren Zustand ein Minimum liegen kann und umgekehrt. Dieses Verhalten beeinflußt naturgemäß das gesamte Kerngerüst und führt unter Umständen zu einer geringen Vergrößerung der Atomabstände bei der Lichtabsorption.

Die Schwingungsenergie der Kerne im Elektronenanregungszustand geht nun wohl durch Wärmeaustausch mit der Umgebung verloren, so daß praktisch etwa 10^{-11} sec nach der Anregung nur der Schwingungsgrundzustand des Elektronenanregungsterms vorliegt (Thermalisierung), aber der Mittelpunkt dieser Schwingung ist entsprechend der Kernabstandsvergrößerung im Vergleich zum Elektronengrundzustand verschoben. Da aus diesen Gründen der zur $O-O$-Absorption umgekehrt ablaufende Emissionsprozeß unmöglich wird, kann die Fluoreszenz nur durch einen Übergang in einen angeregten Schwingungsterm des Elektronenzustands zustande kommen. Das heißt, die langwelligste Anregungsbande erscheint im Emissionsspektrum nach langen Wellen zu verschoben. Vgl. Abb. 25.

Zum Teil trägt zu dieser Lückenbildung zwischen Absorptions- und Fluoreszenzmaximum auch noch die Absorption der Fluoreszenzstrahlung durch den Farbstoff selbst bei.

3. Strahlungslose Desaktivierung

Als Voraussetzung für das Auftreten der mehr oder weniger langwellig verschobenen Fluoreszenz muß auf jeden Fall der strahlende Übergang zwischen den Anregungs- und Elektronengrundniveaus angesehen werden. Bei den nichtfluoreszierenden Verbindungen konkurriert mit diesem Vorgang eine strahlungslose Desaktivierung, die entweder auf einen Energieaustausch mit den umgebenden Molekülen zurückgeht oder innerhalb der angeregten Farbstoffmolekel abläuft.

Die letztgenannte strahlungslose Vernichtung der Anregungsenergie kann dabei ein Übergang in ein metastabiles Niveau verursachen oder durch einen energieaufnehmenden Vorgang innerhalb der Moleküle zustandekommen:

Beispielsweise besteht die Möglichkeit zur Spaltung einer schwachen Bindung, einer sogenannten *Prädissoziation*, die unter anderem in Nitroverbindungen angenommen wird; denn die eingestrahlte Energie reicht aus, entweder

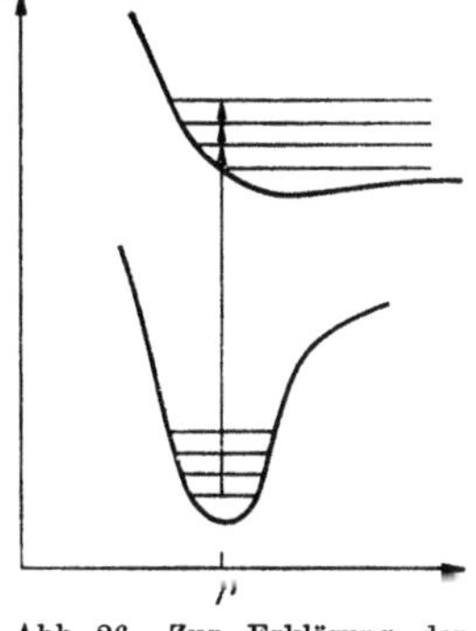

Abb. 26. Zur Erklärung der Prädissoziation

die NO_2-Gruppe vom Molekülrest abzuspalten (60 kcal/Mol) — vgl. (*1, 15*) — oder in $NO + O$ zu dissoziieren (70,8 kcal/Mol) — vgl. (*16, 17*) —, Vorgänge, die man im Potentialkurvenschema in der Art der Abb. 26 darstellt.

Eine Anregung führt wohl zu den einzelnen Schwingungsniveaus des Elektronenanregungszustands, aber durch den Dissoziationsvorgang verkürzt sich die Lebensdauer derart, daß nur eine verbreiterte Absorptionsbande ohne Schwingungsstruktur erscheint. Da das Ergebnis der Anregung somit eine Zersetzung ist, kann eine Fluoreszenz natürlich nicht mehr entstehen. Häufig beobachtet man als Folge dieser Prädissoziation auch eine Verfärbung. Das Fehlen einer derartigen sichtbaren Zersetzung in bestimmten Lösungsmitteln spricht aber nicht gegen diese Überlegungen, da sich die abgespaltenen Molekülteile möglicherweise wieder rasch vereinigen können (*18*).

Allgemein lassen sich diese Zusammenhänge zwischen Fluoreszenz und Prädissoziation nach FÖRSTER (*1*) in der *Regel* zusammenfassen, daß die Fluoreszenz von der Dissoziationsenergie der schwächsten Bindung im Molekül abhängt; denn eine die Spaltungsenergie um einen gewissen Betrag übersteigende Anregungsenergie des niedrigsten Anregungssingulett-Terms bedingt eine Prädissoziation der Bindung und damit die Unmöglichkeit einer Fluoreszenzausstrahlung.

Ein weiterer die absorbierte Energie verbrauchender Prozeß besteht in einer Anregung von *Torsionsschwingungen*, an der größere Molekülteile beteiligt sind. Verhindert man derartige Schwingungen innerhalb des Moleküls durch eine Stabilisierung, wie sie beispielsweise durch einen Ringschluß mittels Heteroatomen oder eine Einebnung des Konjugationssystems gelingt, so geht dieser — auch im Fehlen einer Schwingungsstruktur der Absorptionsbande wahrnehmbare (*19*) — Desaktivierungsprozeß zurück und die Energieabgabe kann durch den strahlenden Übergang in den Elektronengrundzustand erfolgen.

III. Beeinflussung des Fluoreszenzspektrums

Da die Fluoreszenzstrahlung auf einem Übergang zwischen Elektronenanregungs- und Grundzustand beruht, müssen sich eventuell durch äußere Kräfte hervorgerufene Änderungen der Elektronenzustände wie bei den Absorptionsspektren im Fluoreszenzspektrum anzeigen. Darüberhinaus kann auch unter Umständen eine Beeinflussung im Sinne einer strahlungslosen Desaktivierung oder in umgekehrter Richtung erfolgen.

1. Lösungsmitteleinflüsse

a) Organische Lösungsmittel

Das Fluoreszenzspektrum wird aufgrund der Orientierungspolarisation bzw. des Dipoleffekts (*1, 20, 21*) vor allem durch polare Lösungsmittel stark beeinflußt. Abgesehen von einer mehr oder weniger großen Abnahme der Fluoreszenzintensität beobachtet man dabei eine Verschiebung des Fluoreszenzmaximums nach langen Wellen bis in die Größenordnung von $7000 \, \text{cm}^{-1}$, die die langwellige Verschiebung der Absorptionsbande — bis $2000 \, \text{cm}^{-1}$ — bei weitem übertreffen kann. Ein Zusammenhang zwischen Änderung der Bandenlage und Lösungsmitteldipolmoment ist dabei deutlich erkennbar.

Als Ursache dieser relativ starken Fluoreszenzverschiebung kann der polare Charakter des Elektronenanregungszustands eines Moleküls angesehen werden, der beim Fluoreszenzprozeß einer stärkeren Beeinflussung durch das Dipolmoment des Lösungsmittels zugänglich ist als bei der Absorption; denn der Übergang aus dem Elektronengrundzustand in die Schwingungsterme des Anregungszustands erfolgt außerordentlich rasch, so daß der polare Anteil des Elektronenanregungsterms — und damit dessen (durch die Resonanz zwischen unpolarer und polarer Struktur bedingte) energetische Lage — nur geringfügig im oben genannten Sinn geändert wird. Innerhalb der relativ langen Lebensdauer dieses Anregungszustands ($\tau \approx 10^{-8}$ sec) kann aber durchaus eine Wechselwirkung zwischen den Lösungsmitteldipolen und dem polaren Anregungszustand erfolgen, da die Einstellung der Dipole zueinander nur 10^{-12} sec beansprucht. Der Anregungszustand wird deshalb durch die Orientierungspolarisation bis zum Emissionsprozeß stark beeinflußt, so daß der Fluoreszenzübergang von einem erniedrigten Anregungsterm aus stattfindet. Hieraus resultiert die stark langwellige Verschiebung des Fluoreszenzmaximums im Vergleich zum Absorptionsmaximum durch das polare Lösungsmittel.

Diese Theorie erklärt gleichzeitig die Abhängigkeit des Verschiebungseffekts vom Dipolmoment des Lösungsmittels und von der Polarität des Anregungszustands eines fluoreszierenden Moleküls. Da letztere bei bestimmten Merocyaninen besonders groß ist, beobachtet man an diesen Verbindungen besonders starke Verschiebungen.

b) Abhängigkeit vom p_H-Wert

Bekanntlich findet die Abhängigkeit der Fluoreszenz einer Verbindung vom p_H-Wert eine analytische Anwendung in Form der Fluoreszenzindikatoren. Während beispielsweise Fluorescein im alkalischen Medium stark gelblichgrün fluoresziert, wird im sauren Gebiet (p_H=4) ein Fluoreszenzumschlag nach Blaugrün beobachtet. Das Zwischengebiet zeichnet sich dabei durch einen weitgehenden Rückgang der Fluoreszenz aus; vgl. (*22*).

Naturgemäß hängt die Eignung eines Farbstoffs als Fluoreszenzindikator von der Art ab, mit der sich Farbe und Intensität des Fluoreszenzlichts mit dem p_H-Wert ändern. Eine p_H-Bestimmung mit nur einem Fehler von 0,1 ist dabei durchaus realisierbar (*23*).

Bei der Deutung dieser p_H-Effekte muß man folgende beiden Fälle unterscheiden:

α) **p_H-abhängige Fluoreszenzänderungen, die von einer Änderung des Absorptionsspektrums begleitet sind** und damit den gewöhnlichen spiegelbildlichen Zusammenhang zwischen Absorption und Fluoreszenz aufweisen. Dieser Fall, der eine der Änderung der Säurestärke parallele Verschiebung der möglichen Ionisationsstufen des Farbstoffs bewirkt, liegt meist vor. Er geht auf die Tatsache zurück, daß für den Absorptionsübergang — und damit auch für die Fluoreszenz — nicht der Ladungszustand des Farbmoleküls entscheidend ist, sondern die Symmetrie des kationischen oder anionischen Konjugationssystems. Gelingt beispielsweise durch H^+-Zugabe die Umwandlung eines im alkalischen Medium vorliegenden anionischen Konjugationssystems in eine kationische Struktur, so muß sich dies naturgemäß in einer p_H-abhängigen Farbänderung anzeigen. Zwischen der kationischen und anionischen Struktur bildet sich dabei ein unsymmetrisches System aus, das farblos erscheint.

Da die Fluoreszenzemission eng mit der Absorption verbunden ist, wird die p_H-abhängige Farbänderung der Farbstofflösung von einer entsprechenden Änderung des Fluoreszenzspektrums begleitet.

β) p_H-abhängige Fluoreszenzverschiebung ohne Absorptionsänderung.
Es ist leicht einzusehen, daß bei dieser von der Wasserstoffionenkonzentration abhängigen Fluoreszenzänderung, die keinen entsprechenden Effekt im Absorptionsspektrum aufweist, der spiegelsymmetrische
Charakter der beiden Banden verlorengeht. Man beobachtet ein derartiges Verhalten am Acridin, Aminopyren, Hydroxopyren u. a. und diskutiert als Ursache dieses Effekts eine im Vergleich zum Grundzustand
veränderte Basizität bzw. Azidität der organischen Verbindung im Anregungszustand. Vgl. hierzu FÖRSTER, WELLER u. a. (*24* bis *28*).

Zum Verständnis dieses Effekts sei an die Säure-Base-Definition von
LOWRY-BRØNSTEDT (*29, 30*) erinnert, derzufolge eine Säure als Protonendonator wirkt — Lewis-Säure: Elektronenakzeptor! —, während
eine Base einen Protonenakzeptor — Lewis-Base: Elektronendonator! —
darstellt. Letztlich ist hiernach für den Grad der Basizität bzw. Azidität
die Affinität des an der basischen oder sauren Gruppe befindlichen
Elektronenpaars zum Proton H^+ maßgeblich; denn eine Zunahme der
Elektronendichte, beispielsweise am N-Atom einer Aminogruppe, erhöht die Protonenaffinität und bedingt so eine Basizitätszunahme, wie
es zwischen Ammoniak und Methylamin beobachtet wird. In umgekehrtem Sinn ist die Basizität eines aromatischen Amins, bei dem das
Elektronenpaar der Aminogruppe mit dem π-Elektronensystem des
Benzols in Wechselwirkung tritt und so eine Stabilisierung erfährt,
geringer als die eines aliphatischen Amins. Die Delokalisierung des
Elektronenpaars über den aromatischen Kern verringert die Elektronendichte am N-Atom und damit die Protonenaffinität:

$$\left.\begin{array}{l} CH_3NH_2 \ (pK_b = 3{,}37); \qquad NH_3 \ (pK_b = 5{,}1); \\[2mm] C_6H_5NH_2 \ (pK_b = 9{,}3); \qquad R_3N| + HOH \rightleftharpoons R_3\overset{\oplus}{N}H + OH^{\ominus}; \\[2mm] pK_b = -\log K_b, \quad K_b = \dfrac{[R_3NH^{\oplus}] \cdot [OH^{\ominus}]}{[R_3N]}. \end{array}\right\} \quad (4.1)$$

In diesen Überlegungen liegt der Schlüssel zum Verständnis der unterschiedlichen Basizität bzw. Azidität des Anregungszustands:

Denn da im allgemeinen die polaren Strukturen am mesomeren
Grundzustand noch wenig beteiligt sind, kommen diese polaren Grenzformen vor allem erst bei der Anregung zur Geltung. Hieraus folgt
zwanglos — vgl. Anilin, Phenol u. a. — die stärkere Delokalisierung des
protonenaffinen Elektronenpaars der Substituentengruppe (—OH,
—NH₂) und die dadurch bedingte Verringerung der Elektronendichte
am N, O oder anderen Atomen bei der Anregung: Eine basische Verbindung vermindert, wie das Beispiel des Anilins zeigt, die Basizität
bei Einstrahlung in der Absorptionsbande.

Beim Vorhandensein einer OH-Gruppe dagegen läßt sich in analoger Weise die Zunahme der Azidität im Anregungszustand ableiten.

An organischen Basen, z.B. den N-heterocyclischen Verbindungen Chinolin und Acridin, nimmt bei der Anregung die Basizität in entsprechender Weise zu (*26, 27*). Aromatische Carbonyl- und Carboxylverbindungen können im angeregten Zustand bis zu 6 bis 8 p$_\text{H}$-Einheiten basischer werden (*31*). Verständlicherweise lassen auch manche Farbstoffe aufgrund einer bei Belichtung eventuell eintretenden Änderung der Elektronenstruktur eine Verschiebung des p$_\text{H}$-Werts der wäßrigen Lösung erwarten.

Die genannte Abnahme bzw. Zunahme der Basizität und Azidität aromatischer Säuren bzw. Basen bei der Anregung, die auf Änderungen der Elektronenstruktur des Anregungszustands zurückgehen, machen nun die beobachteten Fluoreszenzänderungen verständlich; denn es ändert sich während der Anregung des Moleküls das Protonenanlagerungs- bzw. Protonenabspaltungsgleichgewicht, so daß im angeregten Zustand ein anderer Ionisationszustand als im Grundzustand vorliegen muß.Eine bei der Anregung basischere Verbindung wird beispielsweise leichter Protonen anlagern als im Grundzustand.

Am Absorptionsprozeß ändert sich primär nichts: Er führt rasch zum gewöhnlichen Anregungszustand, dessen Lebensdauer bis zur Ausstrahlung der Fluoreszenz 10^{-8} sec beträgt. Da sich aber innerhalb dieser Zeitspanne die geänderte Elektronenstruktur des Anregungszustands ausbildet, deren Basizität bzw. Azidität von der des Grundzustands abweicht, und mit der H$^+$-Ionenkonzentration der Lösung ins Gleichgewicht kommt, erfolgt der die Fluoreszenz bewirkende Elektronenübergang von der Schwingungsgrundstruktur des Anregungszustands dieser *veränderten* ionalen Molekülform aus. Das heißt, es entsteht neben der eventuell noch wahrnehmbaren Fluoreszenz des angeregten ungeänderten Moleküls ein neues Fluoreszenzspektrum des angeregten veränderten Elektronenzustands, der aufgrund seiner im Vergleich zum Grundzustand abweichenden Basizität bzw. Azidität mit den umgebenden H$^+$(H$_3$O$^+$)-Ionen bei Belichtung reagierte.

Naturgemäß hängt die Intensität der neuen Fluoreszenzstrahlung, bzw. das Verhältnis zwischen Molekül- und Ionenfluoreszenz, infolge der H$^+$-beeinflußten Hin- und Rückreaktion vom p$_\text{H}$-Wert ab. Je nach Art der fluoreszierenden Verbindung (Säure, Base) unterscheidet man folgende Gleichgewichte:

$$\text{1. ROH}^* + \text{H}_2\text{O} \rightleftharpoons \text{RO}^{-*} + \text{H}_3\text{O}^+,$$
$$\text{2.} \quad \text{R}^* + \text{H}_3\text{O}^+ \rightleftharpoons \text{RH}^{+*} + \text{H}_2\text{O}.$$

Beim ersten Typ wird die Fluoreszenz der angeregten Ionenform im alkalischen Gebiet bevorzugt ausgebildet und beim zweiten Typ im sauren Bereich.

Die Verschiebung der spektralen Lage der Fluoreszenz beim Übergang vom sauren zum alkalischen Medium (bzw. umgekehrt) ist von der Art der Änderung der sauren bzw. basischen Eigenschaften bei der Anregung abhängig. Aromatische Oxy- und Aminoverbindungen, die nach obigem im Anregungszustand stärker sauer (schwächer basisch) als im Grundzustand sind, zeigen eine Rotverschiebung von Absorption und Fluoreszenz bei der (im alkalischen Medium geförderten) Säuredissoziation (24, 25). β-Naphthol fluoresziert beispielsweise im alkalischen Gebiet (RO$^-$*) blau, während im stark sauren Bereich die ultraviolette Fluoreszenz des undissoziierten β-Naphthols (ROH*) vorliegt (25). Beim Pyridin beobachtet man aufgrund ungeänderter Basizität des Anregungszustands keine Verschiebung der Fluoreszenz. Dagegen erfahren aromatische Carbonyl- und Carboxylverbindungen, sowie Acridin (31) und auch Acridon (31), die eine Basizitätszunahme bzw. Azidilitätsabnahme bei der Anregung kennzeichnet und die deshalb leichter zur Protonenanlagerung bei Belichtung als im Grundzustand befähigt sind, im Gegensatz zu den Amino- und Oxyverbindungen eine hypsochrome (Blau-)Verschiebung bei der Säuredissoziation, d.h. beim Übergang vom sauren zum alkalischen Medium.

WELLER (31) stellt diesen Zusammenhang zwischen den spektralen Verschiebungen der Absorptions- und Fluoreszenzspektren und den Änderungen der sauren bzw. basischen Eigenschaften einer Verbindung beim Übergang in den angeregten Elektronenzustand schematisch durch Angabe der Energieterme der Säure RH, RH*$^{(+)}$ (z.B. Naphthol, Acridiniumkation in stark saurem Medium) und der korrespondierenden Base R, R*$^{(-)}$ dar. Da die Differenz der O—O-Übergänge der Säure ΔE_{RH} und der korrespondierenden Base ΔE_{R} aus den Schnittpunkten der Absorptions- und Fluoreszenzspektren meßbar ist, und darüberhinaus die Reaktionsenthalpien der Säuredissoziation im Grundzustand ΔH und Anregungszustand ΔH^* mit dieser Differenz nach

$$\Delta H - \Delta H^* = \Delta E_{\mathrm{RH}} - \Delta E_{\mathrm{R}} \qquad (4.2)$$

zusammenhängt, läßt sich (bei näherungsweiser Gleichheit der Reaktionsentropien) der pK$_s^*$-Wert der (im Vergleich zur unbelichteten Verbindung veränderten) angeregten Säure ermitteln. Hieraus folgt dann auch der p$_{\mathrm{H}}$-Wert des Fluoreszenzumschlags

$$\mathrm{pK}_s^* = \mathrm{pK}_s + \frac{\Delta E_{\mathrm{RH}} - \Delta E_{\mathrm{R}}}{2,3 \cdot RT}. \qquad (4.3)$$

Das Wellersche Schema zeigt die folgende Abb. 27.

Die grüne Fluoreszenz des im sauren Gebiet vorliegenden Acridiniumkations geht in Übereinstimmung zu diesen Überlegungen im alkalischen Gebiet (bei p$_{\mathrm{H}}>9$) in die blaue Fluoreszenz der korrespondierenden Base, d.h. in die des Acridinmoleküls, über. In gepufferten Lösungen ist es dabei möglich, infolge der protolytischen Reaktion mit der Puffersäure HB^{n+1} und der korrespondierenden Pufferbase B^n sowohl die grüne als auch die blaue Fluoreszenz über einem größeren p$_{\mathrm{H}}$-Bereich nebeneinander nachzuweisen:

$$\mathrm{R^*} + \mathrm{HB}^{n+1} \underset{k_2}{\overset{k_1}{\rightleftarrows}} \mathrm{RH^+{}^*} + \mathrm{B}^n. \qquad (4.4)$$

Beim Acridon (32) und anderen fluoreszierenden Verbindungen wird beispielsweise die Abhängigkeit der Quantenausbeute der verschiedenen Fluoreszenzspektren, die der angeregten Ionenform $\mathrm{RH^+{}^*}$ (blau) bzw. dem Molekül $\mathrm{R^*}$ (violett) zugehören, vom pH-Wert durch folgende allgemein gültige Gleichungen beschrieben:

$$\mathrm{R^*} + \mathrm{H_3O^+} \underset{k_2}{\overset{k_1}{\rightleftarrows}} \mathrm{RH^+{}^*} + \mathrm{H_2O}$$

$$\swarrow \searrow \qquad\qquad \swarrow \searrow$$

$$\mathrm{R} + h\nu \quad \mathrm{R} \qquad \mathrm{RH^+} + h\nu' \ \ \mathrm{RH^+}$$

Für die Abhängigkeit der relativen Quantenausbeuten der Fluoreszenz des angeregten Moleküls $\mathrm{R^*}$ (φ) und Ions $\mathrm{RH^+{}^*}$ (φ') von der Wasserstoffionenkonzentration $\mathrm{H_3O^+}$ gilt dabei:

$$\varphi = \varphi_0 \frac{1 + k_2\tau}{1 + k_2\tau' + k_1\tau[\mathrm{H_3O}]^+}; \quad \varphi' = \varphi_0' \cdot \frac{k_1\tau[\mathrm{H_3O}]^+}{1 + k_2\tau' + k_1\tau[\mathrm{H_3O}]^+}. \quad (4.5)$$

Es bedeuten: n_e, n_l Übergangshäufigkeit für Lichtemission bzw. strahlungslose Desaktivierung. k_1, k_2 Geschwindigkeitskonstanten für die Reaktionen des angeregten Moleküls vor bzw. nach Übergang in die Ionenform. (') weist auf die Ionenform hin. φ_0 Quantenausbeute

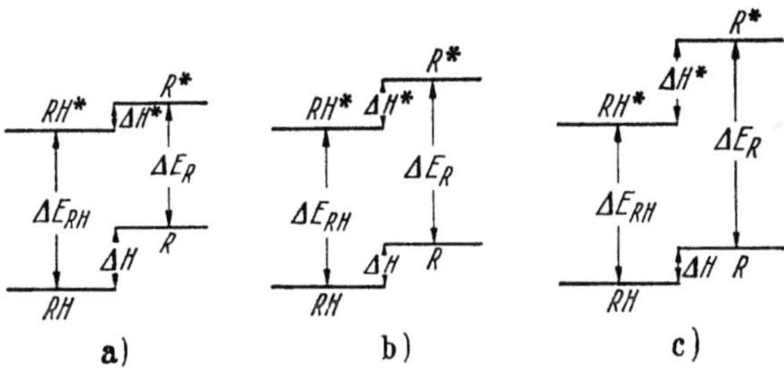

Abb. 27 a—c. Termschema zur Erklärung der Verschiebung des Absorptions- und Fluoreszenzspektrums und des Reaktionsenthalpieunterschieds der Säuredissoziation von Grund- und Anregungszustand (nach WELLER). a Rotverschiebung. b Keine Änderung bei der Säuredissoziation. c Blauverschiebung

der (beim Acridon violetten) Fluoreszenz, wenn keine Fluoreszenzumwandlung erfolgt; sie gilt für das Molekül $\mathrm{R^*}$ $\varphi_0 = \dfrac{n_e}{n_e + n_l} \cdot \varphi_0'$ desgl., nur für die (beim Acridonkation blaue) Fluoreszenz der Ionenstruktur $\mathrm{RH^+{}^*}$ $\varphi_0' = \dfrac{n_e'}{n_e' + n_l'}$.

Man beachte, daß sich im stark sauren Gebiet auch die Absorption aufgrund der Anlagerung der Protonen an die Elektronengrundstruktur ändern kann:

$$\mathrm{R} + \mathrm{H_3O^+} = \mathrm{RH^+} + \mathrm{H_2O},$$

$$\mathrm{RH^+} + h\nu = \mathrm{RH^+{}^*}.$$

Das angegebene einfache Schema verlangt in diesem Fall eine entsprechende Korrektur, um auch bei geringen p_H-Werten seine Gültigkeit beizubehalten.

Es würde im Rahmen dieser Übersicht sicher zu weit führen, auf Einzelheiten dieser interessanten Effekte, die unter anderem die Messung der Geschwindigkeiten der schnell verlaufenden protolytischen Reaktionen erlauben, hier näher einzugehen; man vergleiche hierzu die bereits erwähnten ausführlichen Arbeiten von FÖRSTER, WELLER u. a. (*24, 25, 31, 32*).

$p_H = 2$, grüne Fluoreszenz $p_H > 12$, blaue Fluoreszenz
Acridin   Acridon [vgl. (*31*)]

c) Abhängigkeit der Fluoreszenz von der Konzentration

α) Aufhebung der Fluoreszenz. Die Fluoreszenz einer Verbindung nimmt in den meisten Fällen bei einer Erhöhung der Konzentration ab. Häufig beruht dieser Effekt einfach auf einer Abführung der Anregungsenergie beim Zusammenstoß mit unangeregten Molekülen, ein Vorgang, den eine Temperaturerhöhung noch verstärkt.

Bei einer Reihe ionaler Farbstoffe — Eosin, Rhodamin B, Methylenblau u. a. — kann dieser einfache Löschmechanismus jedoch nicht angenommen werden, da sich zwischen den Farbstoffen bei einer Konzentrationserhöhung Dimere ausbilden, wie aus dem Absorptionsspektrum hervorgeht. Es ist naheliegend gerade diese Dimerenbildung mit der Fluoreszenzabnahme in Verbindung zu bringen.

Auf diesen Zusammenhang weist vor allem die Tatsache hin, daß das Fluoreszenzspektrum bei der Konzentrationserhöhung entsprechend der alleinigen Fluoreszenzfähigkeit des Monomeren unverändert bleibt. Das Dimere fluoresziert somit nicht, entzieht aber einen Teil der Anregungsenergie bereits dem Monomeren. Darüberhinaus vermindert noch ein strahlungsloser Übergang vom Monomeren zum Dimeren wesentlich die Fluoreszenz, wie an Thionin (*107/A*) und Rhodamin B (*106/A*) durch Beobachtung der Fluoreszenzausbeute mit wachsender Konzentration abgeleitet werden konnte.

Die Verantwortlichkeit der Dimerenbildung für den Effekt der Fluoreszenzabnahme bei der Konzentrationserhöhung läßt sich auch aus der Temperaturabhängigkeit des Fluoreszenzabnahmeprozesses ersehen; denn durch eine Temperaturerhöhung kann die Fluoreszenz wieder zurückgebildet werden, da zunehmende Temperatur das Gleichgewicht vom Dimeren zum Monomeren hin verschiebt.

β) Änderung des Fluoreszenzspektrums. *Fluoreszenzumschlag.* In Ergänzung zur genannten Fluoreszenzabnahme der ionalen Farbstoffe als Folge einer Dimerenbildung zwischen den angeregten Farbstoffmolekülen sei noch eine Erscheinung angeführt, die hiermit eng verknüpft ist: Der Umschlag der Fluoreszenz von einer strukturierten violetten zu einer blauen strukturlosen Bande des Pyrens (3-Chlorpyren und 3,4-Benzpyren) bei Konzentrationserhöhung; vgl. FÖRSTER u.a. (*33*).

Da sich diese Fluoreszenzänderung in keiner Weise im Absorptionsspektrum anzeigt, nimmt FÖRSTER die Bildung eines Dimeren aus je einem angeregten (A*) und einem unangeregten Molekül (A) an. Die Bindung zwischen A und A* dürfte dabei durch eine Resonanz des Anregungszustands innerhalb der beiden Moleküle zustandekommen,

$$A*A \rightleftharpoons AA*,$$

ein Vorgang, der zu zwei Anregungszuständen mit im Vergleich zum Einzelmolekül höherer und niedrigerer Energie führt. Die Besetzung des niedrigsten Zustands läßt somit eine langwellige Fluoreszenz im Vergleich zur Lichtemission des Einzelmoleküls entstehen.

Da sich dieses Assoziat erst nach der Anregung bildet, bleibt das Absorptionsspektrum des Monomeren erhalten und die Existenz eines Assoziats AA* deutet sich allein im Fluoreszenzumschlag an. Es ist verständlich, daß ein die Reaktion A+A*=[AA*] verlangsamender Prozeß, beispielsweise durch Erhöhung der Lösungsmittelzähigkeit, den Konzentrationseffekt verringern wird. Die Zugabe von Sauerstoff vermindert die Fluoreszenz in der Gesamtheit, da dieses Gas sowohl A* als auch bereits entstandenes [AA*] desaktiviert.

Fluoreszenzbildung. Der zuletzt genannte Fluoreszenzumschlag konnte bisher an Farbstoffen nicht nachgewiesen werden. Es zeigt sich aber, daß die Konzentrationserhöhung einer Farbstofflösung nicht an allen Farbstoffen unbedingt zum Fluoreszenzrückgang führen muß. An Pseudoisocyaninen wird beispielsweise gerade in einer konzentrierten Lösung das Auftreten einer neuen schmalen Fluoreszenzbande beobachtet.

In Analogie zur konzentrationsbedingten Fluoreszenzlöschung oder zum Fluoreszenzumschlag geht auch diese Erscheinung auf eine Aggregation der Farbstoffe zurück, da die Fluoreszenzbande genau mit der scharfen, dem hochpolymeren Farbstoffaggregat zugehörigen I-Absorptionsbande übereinstimmt — vgl. SCHEIBE (*103/A*; *110* bis *111/A*) — und auch die Polarisationsrichtung dieser Resonanzfluoreszenzstrahlung mit der Faser-Aggregationsrichtung zusammenfällt. Im Gegensatz zu den Dimeren zeichnen sich aber gerade diese Polymerisate durch Fluoreszenzfähigkeit aus.

Man beachte noch, daß diese Fluoreszenzstrahlung des Farbstoffaggregats auch dann erscheint, wenn die Bildung des Polymerisats statt durch Konzentrierung der wäßrigen Lösung durch eine Anlagerung an ein polares, hochpolymeres Präparat (z.B. Heparin) erreicht wird (*115/A*). Man spricht in diesem Fall von *metachromatischer Fluoreszenz*.

2. Löschung der Fluoreszenz
a) Löschmechanismus

Unter Löschung versteht man allgemein die Minderung der Fluoreszenzintensität eines gelösten Stoffs durch Zusatz einer anderen Substanz, die weder das erregende noch das Fluoreszenzlicht absorbiert; vgl. (*1*, *34*) u.a.

α) Der innere Löschmechanismus geht dabei auf eine strahlungslose Desaktivierung der Anregungsenergie des absorbierenden Moleküls infolge eines zwischen diesen und dem Löschmolekül ablaufenden chemischen Vorgangs zurück. Meist dürfte dieser Art von Löschung ein Redoxprozeß zugrunde liegen, bei dem die Löschsubstanz entweder als Elektronendonator gegenüber dem angeregten Molekül — reduzierende Löschung — oder als Elektronenakzeptor — oxydierende Löschung — wirkt. Man vergleiche hierzu FÖRSTER (*1*), WEISS u. a. (*35, 36*).

Maßgeblich für die Art des Löschprozesses ist die gegenseitige Lage der Energieniveaus der Löschsubstanz und des Fluoreszenzstoffs, wie aus einem von FÖRSTER (*1*) angegebenen Termschema hervorgeht: Liegt die mit zwei Elektronen gefüllte Bahn des Löschmoleküls über dem nach der Anregung nur mit einem Elektron besetzten Grundterm des Fluoreszenzstoffs, so besteht die Möglichkeit zur Auffüllung des letztgenannten Terms durch ein Elektron des Löschstoffs, also zur reduzierenden Löschung:

$$F^* + L = F^- + L^+.$$

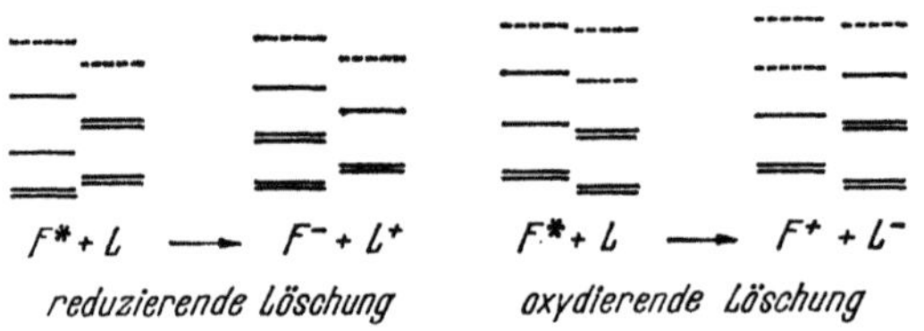

Abb. 28. Förstersches Termschema der Fluoreszenzlöschung

Bei einer tieferen Lage erfolgt dagegen ein Übergang des im angeregten Zustand des Fluoreszenzmoleküls befindlichen Elektrons in eine noch freie Bahn des Löschstoffs, d. h. eine oxydierende Löschung.

$$F^* + L = F^+ + L^-.$$

Die Abb. 28 erläutert diese Vorgänge nach dem Försterschen Schema (*1*).

Ein völliger Elektronenübergang, der praktisch zur Bildung von Radikalionen F^-, L^- usw. führt, ist für den Löschprozeß nicht unbedingt erforderlich. Es genügt die Bildung kurzlebiger Anlagerungsprodukte [F◄L] oder [F►L], bei denen das angeregte und für die Fluoreszenz verantwortliche Elektron zum Löschstoff gezogen wird und so für die Fluoreszenz ausfällt. Nach einer gewissen Zeit geht [F◄L] bzw. [F►L] wieder in die stabileren Moleküle $F + L$ über und auch die Radikalionen $[F^+ + L^-]$ und $[F^- + L^+]$ setzen sich aufgrund ihres höheren Energieinhalts, der aber unter dem des $[F^* + L]$ liegt, in die gewöhnlichen Fluoreszenz- und Löschmoleküle um.

β) Beim äußeren Löschmechanismus, der die formale Kinetik der Löschung angibt, unterscheidet man zwei Arten:

I. Die *dynamische Löschung*, bei der die Löschmoleküle mit den *angeregten* Fluoreszenzstoffen durch Stoß in Wechselwirkung treten, und

II. die *statische Löschung*, die auf die Bildung eines fluoreszenzunfähigen Assoziats aus Löschstoff und *unangeregten* Fluoreszenzmolekülen (Anlagerungskomplex) zurückgeht.

Im erstgenannten Fall der *dynamischen* Löschung tritt keine Änderung des Absorptionsspektrums auf. Die Löschwirkung nimmt jedoch mit wachsender Temperatur zu (*37*), da dem Effekt ein Stoß des Löschmoleküls mit dem Fluoreszenzstoff zugrunde liegt. Durch Unterbrechung des natürlichen Abklingvorgangs verkürzt sich außerdem die mittlere Fluoreszenzabklingdauer τ_0, so daß die Abklingdauer τ der teilweise gelöschten Fluoreszenz proportional zur schwächer werdenden Fluoreszenzintensität I bei Vergrößerung der Löschstoffkonzentration abnimmt. Es gilt somit (*38*):

$$\tau = \frac{\tau_0}{I_0} \cdot I. \tag{4.6}$$

Zur Messung der Abklingdauer vgl. HANLE, FÖRSTER u.a. (*34, 39*).

Der dynamische Löschprozeß wird darüberhinaus noch von einer Zunahme des Polarisationsgrades der geschwächten Fluoreszenzstrahlung gekennzeichnet; denn die Verringerung der Abklingdauer bewirkt, daß die anisotrope Richtungsverteilung der mit linear polarisiertem Licht angeregten Moleküle im Augenblick der Emission des geschwächten (polarisierten) Fluoreszenzlichts weniger durch die thermische Molekülbewegung zerstört ist als bei dem längere Zeit in Anspruch nehmenden (ungelöschten) Abklingprozeß. Der Polarisationsgrad der Fluoreszenzstrahlung wird deshalb durch Beifügung der Löschsubstanz, die die Fluoreszenzintensität dynamisch mindert, vergrößert. Zwischen dem reziproken Polarisationsgrad $1/p$ und der Fluoreszenzintensität I besteht deshalb ein proportionaler Zusammenhang:

$$\frac{1}{p} \approx I. \tag{4.7}$$

Bei der *statischen* Löschung bildet sich im Gegensatz zum dynamischen Prozeß ein Komplex oder Assoziat, dem die Fluoreszenzfähigkeit fehlt, zwischen Löschstoff und unangeregtem fluoreszenzfähigem Molekül. Hierauf wies zuerst EISENBRAND (*42*) hin. In Analogie zum Fall der Konzentrationslöschung durch Dimerenbildung zeigt sich diese Art der Löschung im Absorptionsspektrum an, da dem Dimeren ein im Vergleich zum Monomeren abweichender Elektronenübergang zukommt. Es sei in diesem Zusammenhang auf die im dritten Kapitel beschriebenen Aufspaltungen und Verschiebungen der Absorptionsbanden bei Konzentrationserhöhung von Farbstofflösungen (z.B. Eosin) erinnert, die auf einen entsprechenden Effekt zurückgehen. Da bei dieser Aggregation nur die Zahl der fluoreszenzfähigen Moleküle verringert wird, aber der Emissionsvorgang der Einzelmoleküle selbst keine Änderung erfährt, bleibt die Fluoreszenzabklingdauer erhalten; d.h.

$$\frac{\tau}{\tau_0} = 1. \tag{4.8}$$

Auch der Polarisationsgrad der Fluoreszenz, den man (in Übereinstimmung zur statischen Löschung) durch Einstrahlung eines parallelen und linear polarisierten monochromatischen Lichtbündels und senkrechter Beobachtung mittels einer Savartschen Platte oder auf andere Weise bestimmen kann, wird nicht geändert; denn die Anisotropie der polarisiert angeregten Moleküle, die nicht mit dem Löschstoff verbunden und deshalb fluoreszenzfähig sind, nimmt ohne einen Einfluß der Löschmoleküle allein durch thermische Stöße ab.

Infolge der Dissoziationsmöglichkeit des reversiblen Assoziats gelingt es, durch Temperaturerhöhung die Löschwirkung zu vermindern. Man beachte dabei jedoch, daß sich aufgrund des Stoßmechanismus zwischen Löschmolekülen und Fluoreszenzstoff bei höheren Temperaturen eine dynamische Löschung mit ausbilden kann; nach anfänglichem Rückgang des Löscheffekts beobachtet man deshalb unter Umständen eine erneute Zunahme der Löschwirkung im Bereich höherer Temperaturen.

Zusammenfassend erkennt man, daß sich die Art des äußeren Löschmechanismus durch Messung verschiedener Eigenschaften der fluoreszierenden Lösung feststellen läßt: Durch Messung der Absorptionsspektren, der Temperaturabhängigkeit, der Abklingdauer und des Polarisationsgrades. Die dynamische Löschung unterscheidet sich somit grundlegend von dem statischen Löschvorgang. Man vergleiche hierzu noch die Arbeiten von FÖRSTER u. a. (*34, 43*) und das Übersichtsschema.

	Statische Löschung	Dynamische Löschung
1. Absorptionsspektrum	Änderung	Keine Änderung
2. Temperaturabhängigkeit	Abnahme des Löscheffekts mit der Temperatur	Zunahme der Löschwirkung mit der Temperatur
3. Abklingdauer	Keine Änderung	Verkürzung bei Erhöhung der Löschkonzentration
4. Polarisationsgrad	Keine Änderung	Zunahme bei Erhöhung der Löschkonzentration

Oftmals liegen beide Löschmechanismen nebeneinander vor (*41, 44*) und man hat die Aufgabe, die verschiedenen Anteile der dynamischen und statischen Löschung voneinander zu trennen. Diese Analyse gelingt dabei durch eine Messung der Änderungen von Abklingzeit und Polarisationsgrad der Fluoreszenzstrahlung, die bei einer Erhöhung der Löschstoffkonzentration eintreten. Vgl. beispielsweise FÖRSTER und EPPLE (*34*).

Folgende Beziehungen (*40, 41*) beschreiben nun den Löscheffekt beim Vorhandensein eines statischen und dynamischen Löschanteils:

$$\frac{I_0}{I} = \frac{\tau_0}{\tau}\left[1 + C\left(\frac{\tau_0}{\tau} - 1\right)\right]; \quad \frac{1}{p} = \frac{1}{p_\infty} + \frac{\tau}{\tau_0}\left(\frac{1}{p_0} - \frac{1}{p_\infty}\right). \quad (4.9)$$

Es bedeuten hier: p den Polarisationsgrad, τ die Abklingdauer bei bestimmter Löschkonzentration, p_0 den Polarisationsgrad, τ_0 die Abklingdauer bei ungelöschter Fluoreszenz, p_∞ den Polarisationsgrad bei völliger Löschung.

Beide Gleichungen enthalten die reinen Löschmechanismen als Grenzfälle: Denn gibt die Konstante C das Verhältnis von statischem zu dynamischem Löschanteil an, so beschreibt $C = \infty$ die reine statische

Löschung und $C=0$ die reine dynamische Löschung; bei der statischen Löschung ist außerdem

$$\frac{\tau}{\tau_0} = 1, \quad p_0 = p_\infty \quad \text{und somit} \quad \frac{1}{p} = \text{const}. \quad (4.10)$$

Aus den charakteristischen Merkmalen der dynamischen und statischen Löschung geht hervor, daß sich durch Vergleich der Löschstoffkonzentrationsabhängigkeit der relativen Fluoreszenzintensitäten I/I_0 mit der des relativen reziproken Polarisationsgrads p_0/p unschwer der Löschtypus feststellen läßt. Da sich nämlich der Polarisationsgrad bei der statischen Löschung nicht ändert, deutet ein übereinstimmender Konzentrationsverlauf von I/I_0 und p_0/p einen dynamischen Löschmechanismus an, während eine Abweichung zwischen I/I_0 und p_0/p als f (Löschkonzentration) auf eine statische Löschung hinweist.

Die Unterscheidung beider Löschmechanismen oder die Trennung der Anteile beim gleichzeitigen Zusammenwirken der Löscheffekte gelingt einfach durch Aufzeichnung der Polarisationskurven, in denen die bei bestimmter Löschkonzentration gemessenen Werte p_0/p (als Ordinate) gegen I/I_0 (als Abszisse)

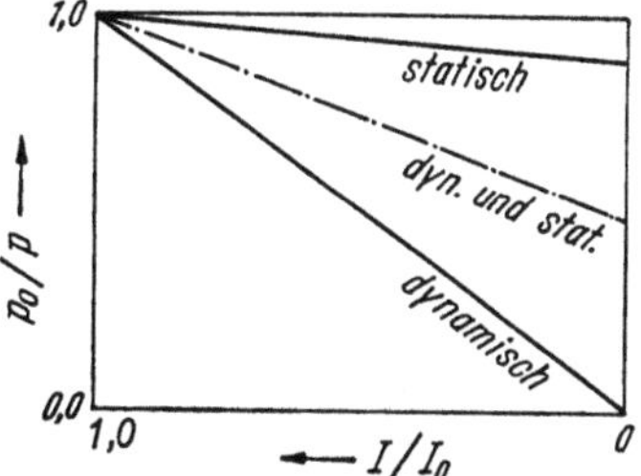

Abb. 29. Meßschema zur Bestimmung des dynamischen und statischen Löschmechanismus

aufgetragen sind. Eine unter dem Winkel von 45° zwischen $p_0/p = 1,0$ und $I/I_0 = 0$ verlaufende Gerade deutet auf einen rein dynamischen Löschtyp hin, während eine Waagrechte aufgrund der Unveränderlichkeit von p_0/p bei Abnahme der (mit einem lichtelektrischen Fluoreszenzphotometer meßbaren) Fluoreszenzintensität I den statischen Löschtyp beweist. Dazwischenliegende Polarisationskurven geben einen Hinweis auf das Zusammenwirken beider Löschmechanismen und hängen von der oben definierten Verhältniskonstante C ab. Vgl. hierzu noch die Abb. 29.

b) Löschstoffe

Es zeigt sich, daß sowohl anorganische Stoffe als auch organische Verbindungen eine Löschwirkung hervorbringen können. Beispielsweise vermindern Halogenionen ($F^- \rightarrow J^-$), Thiosulfat ($S_2O_3^{--}$), NO, SO_2, Sauerstoff, Chlor, Schwermetallionen und dann vor allem aromatische Verbindungen, wie Anilin, Nitrobenzol, Jodbenzol, Phenol, Brenzkatechin u. a. die Fluoreszenz einer gelösten Substanz. Vgl. hierzu auch (42).

Man beachte noch, daß ein Teil der Löschstoffe auch die Wirkung eines Inhibitors bei einer Radikalkettenreaktion haben kann (45).

Die Beobachtung der relativen Fluoreszenzintensität I/I_0 und des reziproken Polarisationsgrads p_0/p läßt nun erkennen, daß z.B. die Löschung der Rhodamin G-Fluoreszenz durch Anilin auf einem dynamischen Mechanismus beruht (34) und die des Eosin durch N-Methylchinolin rein statischer Natur ist, was auch Messungen des Absorptionsspektrums bestätigen (46).

Die Konzentration der Löschstoffe kann oftmals außerordentlich gering sein; so wirkt 1 Molekül Brenzkatechin auf 10^3 bis 10^6 Einzelmoleküle des Scheibeschen Pseudoisocyanin-Polymeren löschend.

c) Löschung durch sensibilisierte Fluoreszenz

Neben den obengenannten Löschmechanismen, die auf die Bildung eines fluoreszenzunfähigen Assoziats aus unangeregtem (oder angeregtem) Fluoreszenzstoff und Löschmolekel oder eine strahlungslose Desaktivierung des Anregungszustands zurückgehen, ist noch der Fall einer Übertragung der Anregungsenergie auf den Löschstoff unter Aussendung von Fluoreszenzstrahlung desselben zu nennen.

Die Löschung der Fluoreszenz der Hauptsubstanz wird somit beim Vorliegen dieses Löschtyps vom Auftreten einer neuen, dem in Spuren ($1:10^4$) vorhandenen Löschstoff zugehörigen Fluoreszenz begleitet. Diese sogenannte *sensibilisierte Fluoreszenz* — vgl. FÖRSTER (*47*) — entsteht sowohl in verdünnten Lösungen als auch in kristallisierten aromatischen Verbindungen, wie Anthracen, Pentacen, Tetracen (*48, 49*). Sie kann als Kriterium dafür angesehen werden, daß die eingestrahlte Energie die Fähigkeit besitzt, vom Absorptionsort aus über viele Moleküle hinweg zu wandern, ehe sie auf ein anderes Molekül übergeht und dieses zur Strahlung anregt. FÖRSTER (*50*) führt diesen Vorgang auf eine elektrodynamische Kopplung der Elektronensysteme (induktive Resonanz) zurück.

Auf diese Frage der Energiewanderung in einer organischen Substanz soll an anderer Stelle noch eingegangen werden.

3. Fluoreszenz im festen Zustand

Die Fluoreszenz der Farbstoffe geht bei einer Konzentrierung der Lösung aus den oben angegebenen Gründen zurück und verschwindet im festen kristallisierten Zustand meist völlig. Eine Ausnahme stellen Trypaflavin und einige gelbe Farbstoffe dar, die auch eine Fluoreszenz in Pulverform beibehalten (*51*).

Dieser Lumineszenzrückgang ist nicht allen organischen Verbindungen eigen, denn beispielsweise zeigt gerade kristallines Anthracen im Gegensatz zum in Benzol gelösten eine außerordentlich hohe Fluoreszenzausbeute. Daß auch an Farbstoffen, wenn man von obigen Ausnahmen absieht, durchaus nicht immer die Fluoreszenz mit der Konzentrierung abnehmen muß, kann aus der Eigenart des Pseudoisocyanins entnommen werden, das gerade in polymerer Form eine neue scharfe Fluoreszenzbande bildet. Für das Auftreten dieser Fluoreszenz besteht dabei kein Unterschied, ob die Konzentrierung direkt in wäßriger Lösung oder durch Adsorption an ein polares, hochpolymeres Substrat erreicht wird.

Interessanterweise lassen sich auch viele, als nichtfluoreszierend geltende Farbstoffe zur Fluoreszenz anregen, wenn man sie an feste Adsorptionsmittel, wie Al_2O_3, adsorbiert, an Wolle, Kunstseide anlagert oder in einem festen Lösungsmittel (Zucker, Gelatine u.a.) auflöst. Vgl. hierzu (*9, 52, 53*). Die Fluoreszenzfarbe muß dabei nicht immer gleich sein; sie ändert sich beispielsweise mit der Art des Webstoffes, an den der Farbstoff gebracht wird. Man beobachtet durch Anlagerung sogar Fluoreszenz an den Triphenylmethanfarbstoffen und an Azofarbstoffen.

In dem genannten Zusammenhang sei auch noch auf die Fluoreszenzerscheinungen hingewiesen, die beim Anfärben von Zellen mit Acridinorange, Trypaflavin und anderen Farbstoffen auftreten. Die einzelnen Zellbestandteile fluoreszieren dabei nicht gleich, sondern weisen Verschiedenheiten, vor allem rot fluoreszierende Einlagerungen auf, wie STOCKINGER u.a. (54 bis 56) feststellten.

Sicher gehen diese metachromatischen Fluoreszenzeffekte und auch die Entstehung der Fluoreszenz von in Lösung nichtfluoreszierenden Farbstoffen bei der Adsorption an einen festen Stoff auf ähnliche Ursachen zurück, wie sie bereits bei Betrachtung der Absorptionsspektren von adsorbierten Farbstoffen besprochen wurden. Die Farbstoffe lagern sich wahrscheinlich an irgendwelche polare Stellen, die naturgemäß von Substrat zu Substrat verschieden sind, spezifisch an, ordnen hierdurch die Farbstoffmoleküle eng aneinander unter eventueller Ausschaltung von desaktivierenden Torsionsschwingungen oder sonstigen Löscheffekten und begünstigen außerdem durch die gegenseitige Beeinflussungsmöglichkeit der π-Elektronenwolken die Änderung der Elektronenzustände und damit die Bildung neuer Banden.

Fünftes Kapitel

Phosphoreszenz

I. Entstehung

In Analogie zu den anorganischen Kristallphosphoren beobachtet man an organischen Verbindungen neben der rasch abklingenden ($\tau \approx 10^{-8}$ sec) Fluoreszenz häufig auch ein charakteristisches Nachleuchten.

Während jedoch diese Phosphoreszenz bei anorganischen Substanzen an den kristallisierten Zustand gebunden ist, setzt ihr Nachweis an organischen Verbindungen besondere Bedingungen voraus; denn sowohl Fluoreszenz als auch Phosphoreszenz sind im organischen Stoff nicht Eigenarten des Kristalls — anorganischer „Kristall"-Phosphor —, sondern des abgeschlossenen Moleküls, was sich unter anderem bereits aus den Löscheffekten bei der Konzentrierung einer Lösung ergibt. Im Gegensatz zum Kristallphosphor führt gerade der Übergang zur festen Phase zur Begünstigung der zwischenmolekularen Desaktivierungsprozesse, so daß die absorbierte Energie bevorzugt in Wärme umgewandelt wird. Dies gilt sowohl für die Erscheinung der Fluoreszenz als auch die der Phosphoreszenz. Da aber der Nachleuchteffekt auf einen Zustand mit einer relativ langen Lebensdauer, also einer geringen Emissionswahrscheinlichkeit, zurückgeht, spricht die Phosphoreszenz bevorzugt auf strahlungslose Desaktivierungsvorgänge an. Der Nachweis der Phosphoreszenz verlangt somit zur Ausschaltung der gegenseitigen löschenden Beeinflussung eine weitgehende Trennung der Moleküle voneinander; dies gelingt z.B. durch Einbettung in ein festes Lösungsmittel.

Aus den genannten Gründen beobachtet man die Phosphoreszenz eines Farbstoffs in der Hauptsache in einer festen Lösung; man vergleiche hierzu WIEDEMANN (57), KAUTSKY u.a. (58 bis 61). Beispielsweise entsteht der Nachleuchteffekt an den verschiedensten Farbstoffen, wie Fluorescein, Phenolphthalein u.a., durch Verteilung in einer erstarrten Borsäureschmelze. Früher wurden diese „Borsäurephosphore" — s. TIEDE u.a. (62 bis 64) — aufgrund ihrer intensiven Nachleuchtfähigkeit sogar zu den anorganischen Lumineszenzstoffen gerechnet. Gegen diese Einteilung sprechen jedoch deutlich eine Reihe von Abweichungen, z.B. das Fehlen einer Aufspeicherung von Lichtsummen bei tiefen Temperaturen — das sogenannte Einfrieren — oder die Unmöglichkeit einer Erregung durch Kathoden- und Röntgenstrahlen. Man vergleiche noch CHOMSE (65).

Der Nachleuchteffekt bildet sich ebenfalls durch Einbau der Farbstoffe in bestimmte Zemente aus, wobei die Grundsubstanzen dieser „Zementphosphore" (66) MgO, ZnO, BeO (Cl^-, NO_3^-, SO_4^{--}) oder Aluminiumhydrogensulfid darstellen.

Als Einbettungsmittel sei noch Gelatine genannt — über Gelatine-Farbstoffphosphore vgl. (67, 68) — und die Möglichkeit angeführt, die Phosphoreszenz auch in organischen Lösungsmitteln bei tiefen Temperaturen im unterkühlten Zustand beobachten zu können. MARTIN (69) stellt so an einer Polymethinverbindung (Oxazol) in einer Mischung von Äther, Isopentan, Alkohol bei der Temperatur der flüssigen Luft neben der Fluoreszenz eine 10 sec lang abklingende Phosphoreszenz fest. Bei Zimmertemperatur entsteht dagegen in Lösungsmitteln genauso wenig eine Phosphoreszenz wie im Gaszustand.

II. Das Phosphoreszenzspektrum

Einteilung

Die Phosphoreszenzstrahlung läßt sich in zwei Typen unterteilen:

a) Die α- oder Hochtemperaturphosphoreszenz

Diese bei gewöhnlicher Temperatur wahrnehmbare Phosphoreszenzstrahlung stimmt in ihrer spektralen Lage mit dem Fluoreszenzspektrum überein. Bei tiefen Temperaturen geht sie immer stärker zurück und verschwindet völlig unterhalb der Temperatur der flüssigen Luft.

b) Die β- oder Tieftemperaturphosphoreszenz

Diese Art der Phosphoreszenzstrahlung bildet sich in zunehmendem Maße bei tiefen Temperaturen aus und ist durch eine im Vergleich zur α-Phosphoreszenz langwelligere Lage der Emissionsbande gekennzeichnet. Während sie bei Temperaturen unterhalb —180° praktisch allein vorliegt, wird sie bei mittleren Temperaturen noch von der α-Phosphoreszenz begleitet.

c) Das Jablonski-Termschema

Beide Arten der Phosphoreszenz beschreibt ein von JABLONSKI (*70, 71*) angegebenes Energietermschema, in dem die durch Absorption erreichbaren Zustände S, S', S'', ... noch durch zusätzliche, für die Phosphoreszenz verantwortliche Terme T, T', T'', ... ergänzt sind. Da für den Übergang von S nach T ein Übergangsverbot besteht, muß sich ein in diesen Term gebrachtes Elektron im Vergleich zum S-Zustand durch eine relativ lange Lebensdauer auszeichnen. Vgl. hierzu Abb. 30.

Nach dem genannten Schema läßt sich folgendes Bild für das Zustandekommen des α- und β-Phosphoreszenzvorgangs ableiten:

Die durch optische Anregung nach S' gebrachten Elektronen können nicht nur unter Aussendung von Fluoreszenz innerhalb der kurzen Lebensdauer in den Grundzustand S zurückgehen, sondern es besteht auch die Möglichkeit eines strahlungslosen Übergangs in den tieferliegenden metastabilen Term T. Ein von diesem phosphoreszenzfähigen Anregungszustand aus nach S gelangendes Elektron ruft die β-Phosphoreszenz hervor, die aufgrund der geringen Übergangswahrscheinlichkeit nur eine geringe Intensität aufweist und infolge der energieärmeren Lage von T langwelliger als die Fluoreszenz liegt.

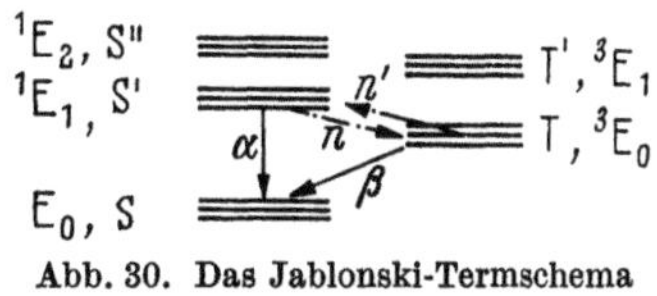

Abb. 30. Das Jablonski-Termschema

Anstelle dieses Übergangs von T nach S kann das Elektron auch durch thermische Energie wieder nach S' gehoben werden und von dort aus nach S unter Aussendung der α-Phosphoreszenz zurückgehen. Zunehmende Temperatur wirkt auf diesen Übergang aktivierend ein, so daß der α-Typ der Phosphoreszenzstrahlung bevorzugt bei höherer Temperatur wahrnehmbar ist. Man erkennt hier eine gewisse Analogie zu den anorganischen Kristallphosphoren, bei denen auch thermische Energie eine zunehmende Leerung der sogenannten Haftstellen, entsprechend einer Zunahme der Phosphoreszenz, bewirkt. Während sich jedoch die Kristallphosphore durch die Einfrierbarkeit des Phosphoreszenzzustands durch Temperaturerniedrigung auszeichnen, findet im organischen Stoff bei tiefer Temperatur eine direkte strahlende Desaktivierung als β-Phosphoreszenz statt.

Der der α-Phosphoreszenz zugrunde liegende Übergang $T \rightarrow S'$ läßt sich mit der Arrheniusschen Gleichung aus der Temperaturabhängigkeit der Übergangswahrscheinlichkeit n' berechnen (*1*):

$$\frac{d\ln n'}{dT} = -\frac{\Delta E}{RT^2} \quad \text{bzw.} \quad \Delta E = -R\,\frac{d\ln n'}{d\dfrac{1}{T}}, \qquad (5.1)$$

und somit die Temperaturabhängigkeit der α-Phosphoreszenz zur Bestimmung des Termabstands $(S' - T) = {}^1E - {}^3E = \Delta E$ verwenden. Beim Fluorescein beträgt $\Delta E \sim 8$ kcal/Mol.

Dieser Termabstand ergibt sich auch aus der Wellenlängendifferenz der α- und β-Phosphoreszenz, bzw. der Fluoreszenz und der β-Phosphoreszenz. Man erkennt, daß ΔE auch Größenordnungen von 20 bis 30 kcal/Mol ($\approx 1{,}3$ eV) erreichen kann.

III. Der phosphoreszenzfähige Anregungszustand

1. Definition des Triplettzustands

Der phosphoreszenzfähige Anregungszustand T stellt nach Lewis, Kasha u. a. (*20, 71* bis *73*) einen Triplettzustand dar, den im Gegensatz zum Singulettniveau zwei Elektronen mit parallelem Spin ↑↑ kenn-

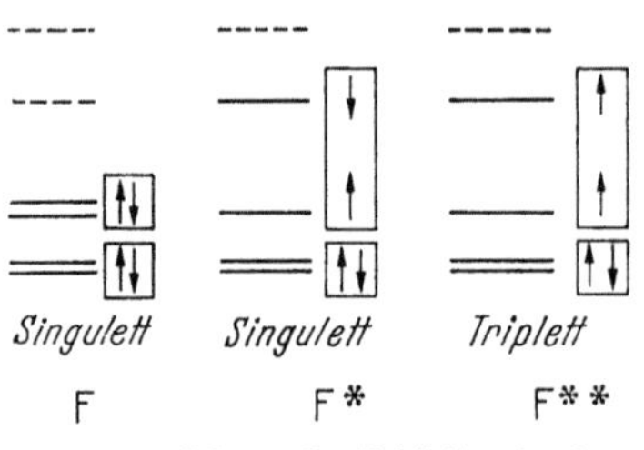

Abb. 31. Schema des Triplettzustands

zeichnen. Die abweichende Multiplizität der Singulett- ^1E und Triplettzustände ^3E bildet dabei die Ursache der geringen Übergangswahrscheinlichkeit zwischen den Termen S und T, die letztlich auch für den verzögerten Abklingvorgang verantwortlich ist.

Förster (*1*) gibt für diese unterschiedliche Besetzung nebenstehendes Schema an.

2. Nachweis des Triplettzustands

Die Existenz der für die Phosphoreszenz verantwortlichen Triplettniveaus wird durch verschiedene Verfahren sichergestellt.

a) Magnetischer Nachweis

Da die Spinmomente der Elektronen im Triplettzustand parallel eingestellt sind, muß das angeregte Molekül mehr oder weniger paramagnetisch erscheinen (Photomagnetismus) und am Belichtungsende proportional zur Phosphoreszenzabnahme diese Eigenschaft verlieren. Aufgrund dieses Verhaltens konnte von Lewis und Calvin (*73*) an in Borsäureglas eingeschmolzenem Fluorescein und auch an anderen Verbindungen (*74*), teils unter Verwendung der Elektronenresonanzmethode (*75*) — vgl. hierzu (*76*) —, die Existenz von Triplettzuständen nachgewiesen werden. Auch die von Wilk (*77*) an kristallpulverförmigem Rubren bei Belichtung beobachtete Abnahme der diamagnetischen Suszeptibilität, die auf die Bildung diamagnetischer Anteile zurückgehen dürfte, deutet die Entstehung von Triplettzuständen im bestrahlten organischen Festkörper an.

b) Spektroskopische Methode

Der spektroskopische Nachweis beruht auf der Feststellung einer direkten Singulett-Triplett-Anregung durch Beobachtung der symmetrisch zur β-Phosphoreszenz liegenden Absorptionsbande. Der genannte Übergang ist wohl sehr intensitätsschwach, läßt sich aber durch Verringerung des Interkombinationsverbots (*78*) — Zugabe paramagnetischer Moleküle (O_2, NO) (*79*); Erhöhung der Spin-Bahn-Kopplung zur Erleichterung der Elektronenspinumkehr mittels schwerer Atome als Substituent des Lösungsmittels (z. B. C_2H_5J) (*80*) — vergrößern.

Neben dieser Beobachtung des tiefsten Triplettzustands T gelingt es auch, die höhergelegenen Triplettniveaus (T', T'', ...) von T aus anzuregen und auf diese Weise die angeregten Triplettniveaus im Absorptionsspektrum nachzuweisen. Im Gegensatz zum $S \to T$-Übergang zeichnen sich derartige $T \to T'$, T'', ...-Absorptionen aufgrund des fehlenden Übergangsverbots durch eine große Intensität aus, wobei jedoch die Aufnahme des Triplettspektrums die primäre Bildung eines Triplettzustands voraussetzt; dies gelingt mit Hilfe eines Lichtblitzes starker Intensität, eines sogenannten Photoflash. Nach einer derartigen Einstrahlung wird die Absorptionsmessung der Triplettübergänge durch Belichtung mit kurzen, schwachen Lichtblitzen (msec) — Spectroflash — möglich.

Mit diesem *Norrish-Porterschen Verfahren* der Blitzabsorptionsspektroskopie (*81, 82*) konnten Triplettzustände in festen und flüssigen Lösungen (*83, 84*) und auch im Dampfzustand (*85*) festgestellt werden.

c) Photoelektrische Methode

Die an den organischen Farbstoffen wahrnehmbaren Photoströme führt man, wie die späteren Ausführungen noch näher erläutern, auf die Wanderung von Photoelektronen in einem dem Anregungssingulettzustand zugehörigen Leitfähigkeitsband zurück. Es ist dabei verständlich, daß beim Vorliegen von Triplettzuständen ein Teil der Photoelektronen in die tiefer liegenden metastabilen Niveaus übergehen kann und von ihnen aus entweder ins Grundband zurückfällt oder — analog zur α-Phosphoreszenz — eine thermische Anregung ins Leitfähigkeitsband erfährt.

Als Folge dieses thermischen Übergangs müßte sich dann eine Erhöhung des Photostroms mit der Temperatur, etwa in der Art der α-Phosphoreszenzzunahme, ergeben. Dies wird auch tatsächlich beobachtet (*86*), so daß sich aus dem exponentiellen Temperaturanstieg des Photostroms die Energiedifferenz zwischen Leitungsband und metastabilen Termen berechnen läßt. In beiden Fällen gilt:

$$n'_T = n' \cdot e^{-\frac{\Delta E}{RT}}. \tag{5.2}$$

Da bei organischen Verbindungen die Existenz der Triplettzustände im Dampfzustand, in flüssigen und festen Lösungen feststeht, kann in Ergänzung hierzu die Temperaturabhängigkeit des Farbstoffphotostroms möglicherweise als Anzeichen für das Bestehen derartiger Zustände in dünnen Farbstoffschichten angesehen werden.

3. Quantenmechanische Deutung der Triplettniveaus

Die Lage der Triplettniveaus läßt sich quantenmechanisch (*87*) und nach Kuhn (*88*) mit Hilfe des Elektronengasmodells berechnen, wie im folgenden näher ausgeführt wird.

Man betrachtet dabei zur Bestimmung des langlebigen Triplettanregungszustands $^3E_1$ und des kurzlebigen Singulettanregungszustands

$^1E_1'$ allein die der Anregung ausgesetzten beiden π-Elektronen des obersten besetzten Niveaus, deren Elektronenwolken sich aufgrund ihres p_z-Charakters oberhalb und unterhalb des Molekülgerüsts verteilen. Die potentielle Energie jedes dieser beiden Elektronen würde bei einer Vernachlässigung der gegenseitigen Wechselwirkung innerhalb des Gerüsts — abgesehen von den geringen Schwankungen über den Atomen — ein Minimum und am Rand einen steilen Anstieg aufweisen. Diese Vernachlässigung kann jedoch nicht vorgenommen werden, da die beiden Elektronen starke Coulombsche Abstoßungskräfte

$$K \sim \frac{e_1 \cdot e_2}{r^2} \tag{5.3}$$

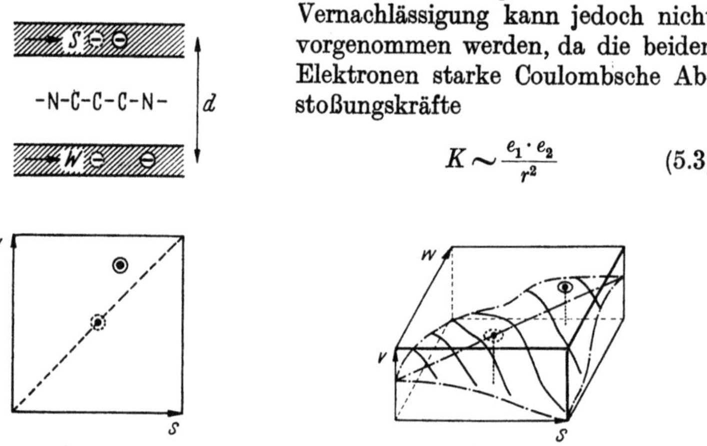

Abb. 32a u. b. Zur Berechnung des räumlichen Potentialfeldes zweier angeregter π-Elektronen (nach KUHN). a Konfiguration des Zweielektronensystems im rechtwinkligen Koordinatensystem. b Potentielle Energie des Zweielektronensystems

aufeinander ausüben, die stark von ihrer gegenseitigen Lage abhängen. Man stellt deshalb die potentielle Energie der beiden Elektronen nicht mehr mit dem einfachen linearen Kastenmodell (s. oben), sondern räumlich in der Weise dar, daß die nach der Beziehung

$$V = \frac{e_0^2}{\varepsilon \cdot r} = \frac{e_0^2}{\varepsilon \sqrt{(s-w)^2 + d^2}} \tag{5.4}$$

(r: Abstand der Elektronen $= s - w$; $d = 1,2\,\text{Å}$; ε: DK $\approx 2,5$)

berechnete potentielle Energie V als Funktion der Abstandskoordinaten s und w, die den Abstand der Elektronen beschreiben, aufgetragen wird; s. Abb. 32. In diesem räumlichen Potentialfeld bewegen sich die Elektronen und man hat die Möglichkeit, die Wellenfunktionen ψ eines einzelnen Elektrons mit Hilfe der Schrödinger-Gleichung bzw. mit dem Kuhnschen Analogrechner in der oben beschriebenen Weise zu bestimmen.

Es zeigt sich nun, daß die derart erhaltenen Wellenfunktionen weitgehend den Schwingungszuständen einer quadratischen Membran ähnlich sind (s. Abb. 33) und im Anregungszustand zwei voneinander abweichende Funktionen bilden: Während die eine Funktion ψ_T eine mit dem Potentialmaximum — das aufgrund der größten Nähe der Elektronen im Koordinatensystem als Diagonale erscheint — übereinstimmende Knotenlinie ($\psi = 0$) aufweist und damit andeutet, daß das Elektron bevorzugt im Gebiet geringer potentieller Energie ist, zeigen die von

Null abweichenden Werte der zweiten Anregungsfunktion ψ_S im Gebiet der hohen potentiellen Energie die energetisch höhere Lage dieser Funktion an.

Im Anregungszustand bilden sich somit zwei Wellenfunktionen ψ_S und ψ_T abweichender Energie aus, von denen die Funktion mit geringerer potentieller Energie dem Triplettzustand entspricht, da sie die Eigen-

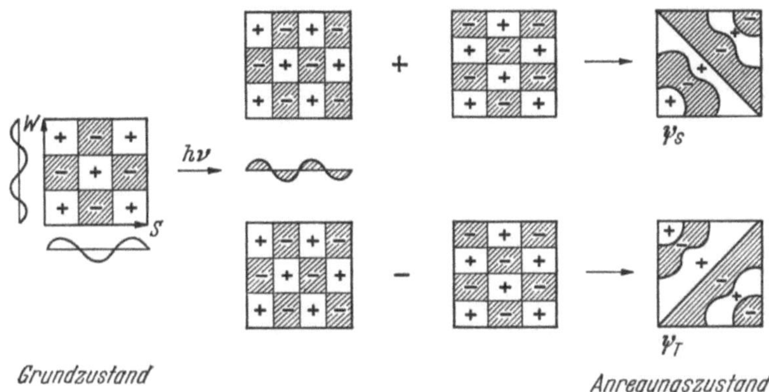

Abb. 33. Schwingungszustände einer quadratischen Membran

schaft der Antisymmetrie bei einer koordinativen Vertauschung zeigt. Ändert man nämlich die Elektronenanordnung in der Weise, daß im Koordinatensystem ein symmetrischer Lageaustausch von I nach II zustandekommt, so bleibt wohl der Betrag der Wellenfunktion, aber

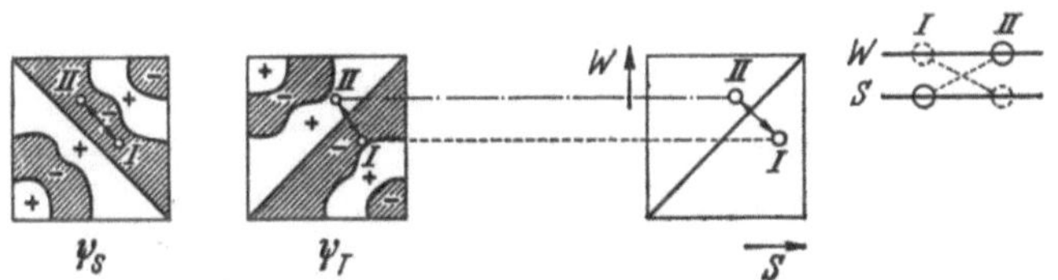

Abb. 34. Zur Erklärung der Symmetrie der Anregungsfunktionen des Zweielektronensystems

nicht das Vorzeichen $[- \rightarrow +]$, erhalten. Beim energetisch höheren Zustand ψ_S ändert sich dagegen auch nicht das Vorzeichen. Vgl. die Abb. 34.

Da der Grundzustand symmetrisch ist, kann ein Übergang eines Elektrons bei der Anregung nur in den energetisch höheren, ebenfalls symmetrischen Zustand ψ_S stattfinden, während für den Übergang aus dem Grund-Singulettniveau in den Anregungs-Triplett-Term ein Übergangsverbot besteht und diesem so gleichzeitig die Langlebigkeit aufprägt.

Die genannte wellenmechanische Zweielektronendarstellung gibt somit die Erklärung für die Existenz der unterhalb der Anregungssingulettniveaus liegenden langlebigen Triplettzustände. Sie erlaubt auch gleichzeitig die Berechnung des energetischen Abstands dieser Zustände. Über Einzelheiten vgl. H. KUHN (88).

C. Die photochemischen Umsetzungen an organischen Farbstoffen

Ein Teil der organischen Farbstoffe zeichnet sich durch die Eigenschaft aus, bei einer Bestrahlung die Farbe mehr oder weniger rasch zu verlieren. Die im Farbstoff aufgespeicherte Lichtenergie wird somit nicht allein in Wärme verwandelt oder in einer Strahlung nutzbar gemacht, sondern zur Zerstörung des Moleküls aufgebraucht. Wenn dieser Vorgang auch bei einer Reihe synthetischer Farbstoffe — Indanthrenfarbstoffe, Phthalocyanine u.a. — weitgehend ausgeschaltet ist, so kommt ihm doch bei vielen Reaktionen, an denen weniger lichtechte Farbstoffe beteiligt sind, eine große Bedeutung zu.

Zum Teil versuchte man auch, gerade das Ausbleichen eines Farbstoffs technisch zu nutzen, beispielsweise zur Entwicklung eines photographischen Ausbleichverfahrens (1).

Eine besondere Beachtung muß vor allem dem Mechanismus geschenkt werden, der den komplizierten Ausbleichvorgängen zugrunde liegt und den eine Reihe äußerer Faktoren charakteristisch beeinflussen. Die Kenntnis dieses Mechanismus läßt nicht nur Aussagen über die Natur des angeregten Farbstoffmoleküls zu, sondern zeigt auch die Art der Reaktionsfähigkeit dieser Moleküle an. Dies führt dann auch unter anderem zur Beantwortung der Frage, wie weit eine vom Farbstoffmolekül eingeleitete photochemische Reaktion auf einen Ausbleichvorgang des Farbstoffs zurückgehen kann.

Sechstes Kapitel

Chemische Wirkung des Lichts auf Farbstoffe

I. Der Primärvorgang

Man unterscheidet an den Farbstoffen zwei voneinander abweichende Typen der Ausbleichreaktionen: Eine reduktive und eine oxydative Ausbleichung. Die primäre Anregungsreaktion ist naturgemäß in beiden Fällen identisch, denn durch sie wird das Farbstoffmolekül aus dem Singulett-Grundzustand in den Anregungszustand gebracht.

Es zeigt sich nun, daß das angeregte Farbstoffmolekül nicht in der Singulettform weiterreagiert, sondern vor der Reaktion eine mehr oder weniger ausgeprägte Umwandlung in einen metastabilen Triplettzustand erfährt; denn das im Singulettanregungsniveau befindliche Elektron hat die Eigenschaft, rasch in den Grundzustand — eventuell unter Aussendung einer Fluoreszenzstrahlung — zurückzugehen, während der Triplettzustand eine gewisse Langlebigkeit aufweist und so bevorzugt zur chemischen Reaktion befähigt sein dürfte.

Die Bedeutung dieser Triplettzustände für den Ablauf photochemischer Reaktionen stellte vor allem SCHENCK (2, 3) heraus, der für die in diese Anregungszustände gebrachten Moleküle den Begriff der phototrop-isomeren Diradikale (Sens^{rad}) prägte. Einem Farbstoffmolekül F^{rad} entspricht dabei ein angeregtes, im Triplettzustand befindliches Molekül, das zwei Elektronen parallelen Spins besitzt und das sich durch eine gewisse Langlebigkeit, Fluoreszenzunfähigkeit und die Möglichkeit zur Photoreaktion auszeichnet.

Zum Nachweis dieser phototrop-isomeren Diradikale, die aufgrund ihrer Triplettnatur mit den für die Phosphoreszenz verantwortlichen Zuständen in enger Verbindung stehen, kann die bereits erwähnte Norrish-Portersche Blitzabsorptionsspektroskopie Verwendung finden; vgl. (*81, 82/B*) und (*4*). Diese Methode läßt beispielsweise die Triplettnatur — vgl. SCHENCK (*5*) — der angeregten Chlorophylle a und b bei Abwesenheit von Sauerstoff (in Methanol oder Benzol) (*6*) mit einer Lebensdauer bis in die Größenordnung von 0,5 msec erkennen.

Der Primärvorgang, der einer Photoreduktion oder Photooxydation vorausgeht, verläuft somit nach dem in der Abb. 35 angegebenen Schema:

Man erkennt, daß als Konkurrenzreaktion eine Desaktivierung des Anregungssingulettzustands in Form einer Fluoreszenzstrahlung möglich ist ($h\nu'$) und daß auch eine Abführung der Energie durch

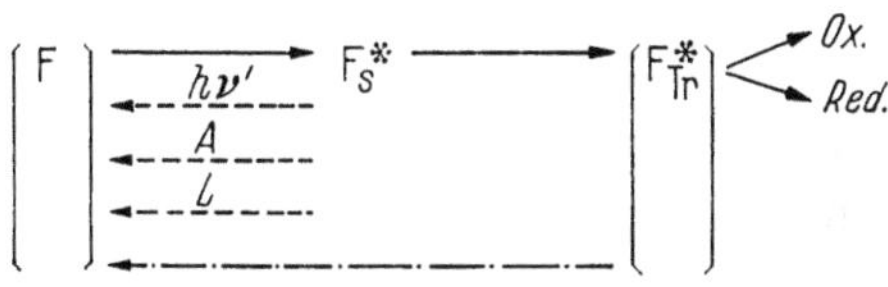

Abb. 35. Schema des Primärvorgangs photochemischer Reaktionen

Stöße mit den Lösungsmittelmolekülen (*L*) eintreten kann. Eventuell zugesetzte Stoffe (*A*) bedingen ebenfalls die Desaktivierung des Anregungszustands.

II. Die reduktive Ausbleichung

Die reduktive Ausbleichung geht auf einen Elektronenübergang vom photochemischen Reduktionsmittel (Elektronendonator) zum angeregten Farbstoff (Elektronenakzeptor) zurück.

Je nach der gegenseitigen Lage der Redoxpotentiale des Farbstoff-Leukofarbstoff-Redoxsystems einerseits und des photochemischen Reduktionsmittels andererseits unterscheidet man dabei — vgl. PIETSCH (*7*) — zwei Reaktionstypen:

Beim *ersten Typ* ist das Redoxpotential des Farbstoff-Leukofarbstoff-Systems negativer als das des Reduktionsmittels, so daß eine Reduktion des Farbstoffs im Dunkeln unmöglich wird. Das positivere Redoxpotential des photochemischen Reduktionsmittels deutet im Dunkeln eher auf die Möglichkeit einer oxydativen Umsetzung des Farbstoffs hin. Da nun aber durch die Strahlungsenergieaufnahme das Redoxpotential des Farbstoffsystems häufig über das Potential des photochemischen Reduktionsmittels gehoben werden kann, ist bei der Belichtung eine Verschiebung des Dunkelgleichgewichts und somit eine Reduktion des Farbstoffs energetisch möglich. An der endgültigen Einstellung des photostationären Zustands beteiligt sich neben dieser Photoreduktion auch als Dunkelreaktion die Rückoxydation des Leukofarbstoffs zum Farbstoff durch das photochemische Reduktionsmittel. Als Beispiel dieses Reaktionstyps sei auf die Photoreduktion des Methylenblau durch Ferro-Ionen, Hydrochinon usw. hingewiesen.

Beim *zweiten Reaktionstyp* ist das Redoxpotential des Farbstoff-Leukofarbstoff-Redoxsystems positiver als das des Reduktionsmittels, und energetisch gesehen kann deshalb bereits im Dunkeln eine Reduktion des Farbstoffs erfolgen. Das Gleichgewicht bleibt jedoch oftmals aufgrund der Aktivierungsenergie des Reduktionsprozesses mehr oder weniger stark auf der Seite der unveränderten Farbstoffmoleküle liegen, so daß erst durch die Absorption der Lichtenergie diese Aktivierungsenergie aufgebracht werden muß, damit die Reduktion ablaufen kann. Beispiel: Photoreduktion des Thionin durch Aldehyd, Anethol, Sulfit usw. (*7, 8*).

Abgesehen von der letztgenannten energetischen Klassifizierung der Reduktionsprozesse dürfte es vor allem auch nützlich sein, die Photoreduktionen aufgrund der verschiedenen Möglichkeiten einer Wechselwirkung zwischen dem Elektronendonator D und dem Farbstoff F in zwei Gruppen einzuteilen: In dynamische und statische Photoreduktionen.

Beide Arten dieser reduktiven Ausbleichung lehnen sich eng an die Mechanismen der äußeren Fluoreszenzlöschung an und weisen auch eine Reihe übereinstimmender Merkmale auf; denn in Analogie zur unterschiedlichen Anlagerung des Fluoreszenzstoffs an die Löschsubstanz geht auch eine abweichende Wechselwirkung zwischen Farbstoff und Reduktionsmittel dem eigentlichen Reduktionsprozeß voraus.

Bei der *statischen Photoreduktion* entsteht bereits zwischen dem Reduktionsmittel D und dem unangeregten Farbstoff F eine Anlagerungsverbindung

$$F + D \rightleftarrows [FD],$$

deren Bildung naturgemäß eine zunehmende Konzentrierung des Reduktionsmittels D fördert. Man hat somit völlig analoge Verhältnisse wie bei der statischen Fluoreszenzlöschung, die ebenfalls auf einer Assoziatbildung zwischen Löscher und unangeregtem Fluoreszenzstoff beruht. Dies führt auch zu einer dem Löscheffekt ähnlichen Beeinflußbarkeit des Reduktionsvorgangs durch Temperaturerhöhung in der Weise, daß eine Temperatursteigerung die Assoziate trennt und damit den Ausbleichvorgang mindert bzw. die Löschwirkung entsprechend einer Fluoreszenzzunahme verringert.

Im Gegensatz hierzu steht die *dynamische Photoreduktion*, bei der die Wechselwirkung nur zwischen angeregtem Farbstoff und Reduktionsmittel zustandekommt. In gewisser Beziehung liegt hier eine Analogie zur dynamischen Fluoreszenzlöschung vor, die ebenfalls auf eine Stoßreaktion des Löschstoffs mit den angeregten Fluoreszenzmolekülen zurückgeht. Beide Vorgänge erfahren auch durch Temperaturerhöhung eine Steigerung; denn durch zunehmende Temperatur wird sowohl die Löschwirkung als auch die Ausbleichgeschwindigkeit vergrößert. Während jedoch die Fluoreszenzlöschung direkt den Anregungssingulettzustand beeinflußt, scheint bei der dynamischen Photoreduktion die Reaktion des Elektronendonators erst mit dem im Triplettzustand befindlichen Farbstoff stattzufinden. Folgende Einzelheiten sind zu diesen Photoreduktionen noch anzuführen:

1. Die dynamische Photoreduktion

a) Berechnung der Quantenausbeute

Die dynamische Photoreduktion zeichnet sich durch das Fehlen einer Dunkelreaktion aus, da erst das angeregte Farbstoffmolekül mit dem Reduktionsmittel — dem photochemischen Akzeptor bzw. dem Elektronendonator — in Wechselwirkung tritt. Dies bedingt naturgemäß eine Proportionalität zwischen der absorbierten Lichtmenge und der Zahl der ausgebleichten Farbstoffmoleküle; d.h., es muß für die Abnahme der Farbstoffkonzentration F (mol/l) — vgl. PESTEMER u.a. (*1/A, 9, 10*) — gelten:

$$- \frac{d[\mathrm{F}]}{dt} = I_{\mathrm{abs}} \cdot \varphi; \tag{6.1}$$

t Zeit in Minuten; I_{abs} absorbierte Mole Lichtquanten je Liter; φ Quantenausbeute.

Die Gültigkeit des genannten dynamischen Mechanismus und die Quantenausbeute der Ausbleichreaktion läßt sich durch Beobachtung der Extinktion $E = \log [I_0/I_d]$ als Funktion der Zeit (Minuten) feststellen; denn durch die Ausbleichung nimmt die Absorption der Farbstofflösung ab, bzw. die Durchlässigkeit gegenüber einer monochromatischen Strahlung derart zu, daß

$$\log \left(\frac{I_0}{I_d} - 1 \right) = f \quad \text{(Belichtungszeit)} \tag{6.2}$$

eine Gerade ergibt.

Dies läßt sich aufgrund folgender Beziehung ableiten:

$$I_0 = I_{\mathrm{abs}} + I_d + I_r; \tag{6.3}$$

Intensität des eingestrahlten (I_0), durchgelassenen (I_d) und reflektierten (I_r = sehr klein) Lichts.

$$I_{\mathrm{abs}} = I_0 - I_d \quad \text{bzw.} \quad \frac{I_{\mathrm{abs}}}{I_0} = 1 - \frac{I_d}{I_0}. \tag{6.4}$$

Nach dem Lambert-Beerschen Gesetz gilt:

$$I_d = I_0 \cdot e^{-\varkappa \cdot c \cdot d} \tag{6.5}$$

($\varkappa$ natürlicher Extinktionskoeffizient; $c = [\mathrm{F}]$ Farbstoffkonzentration).

$$\left. \begin{aligned} I_{\mathrm{abs}} &= I_0 \cdot (1 - e^{-\varkappa \cdot [\mathrm{F}]d}), \\ - \frac{d[\mathrm{F}]}{dt} &= I_0 \cdot (1 - e^{-\varkappa [\mathrm{F}]d}) \cdot \varphi. \end{aligned} \right\} \tag{6.6}$$

Bei Bestrahlung mit konstanter Intensität I_0 und unter der Annahme einer Konstanz der Quantenausbeute φ läßt sich diese Gleichung integrieren:

$$- I_0 \cdot \varphi \cdot t = \frac{1}{\varkappa \cdot d} \ln (e^{\varkappa [\mathrm{F}]d} - 1) + C. \tag{6.7}$$

Nach einer Integration zwischen $t = t_0$ und t_1 folgt:

$$I_0 \cdot \varphi = \frac{2{,}3}{\varkappa \cdot d} \; \frac{\log(e^{\varkappa d \cdot [\mathrm{F}]} - 1)_0 - \log(e^{\varkappa d \cdot [\mathrm{F}]} - 1)_1}{t_1 - t_0} \tag{6.8}$$

bzw. in dekadischen Logarithmen mit dem dekadischen Extinktionskoeffizient $\varepsilon = \varkappa/2{,}3$:

$$I_0 \cdot \varphi = \frac{1}{\varepsilon \cdot d} \; \frac{\log\left(\frac{I_0}{I_d} - 1\right)_0 - \log\left(\frac{I_0}{I_d} - 1\right)_1}{t_1 - t_0} . \tag{6.9}$$

Aus der Neigung dieser Geradengleichung (tg α) kann leicht die Quantenausbeute φ, d.h. die Zahl der pro absorbiertem Lichtquant ausgebleichten Farbstoffmoleküle berechnet werden; denn:

$$\mathrm{tg}\,\alpha = \frac{\left[\log\left(\frac{I_0}{I_d} - 1\right)_0 - \log\left(\frac{I_0}{I_d} - 1\right)_1\right]}{t_1 - t_0} = \varepsilon \cdot d \cdot I_0 \cdot \varphi, \quad \varphi = \frac{\mathrm{tg}\,[\alpha]}{\varepsilon \cdot d \cdot I_0} . \tag{6.10}$$

Von PESTEMER (*9*) wurde nach diesem Verfahren die Quantenausbeute der Thioninausbleichung bei Gegenwart von Anethol ($2 \cdot 10^{-4}$ Mol/l) und anderen Elektronendonatoren in einer Stickstoffatmosphäre in der Größenordnung von 0,1 bis 0,27 gefunden und auch die Geradlinigkeit der Beziehung $\log\left(\frac{I_0}{I_d} - 1\right) = f(t)$ festgestellt.

Es zeigt sich dabei, daß φ mit der Konzentration des Reduktionsmittels und mit der H^+-Ionenkonzentration zunimmt, aber den Wert 0,27 nicht übersteigen kann, da wahrscheinlich die Rückreaktionen in Konkurrenz zur Ausbleichung treten.

Als weitere Tatsache, die den genannten dynamischen Mechanismus bestätigt, sei noch die von WEBER (*11*) beobachtete Zunahme der Ausbleichgeschwindigkeit mit der Temperatur angeführt.

Durch das Fehlen einer Fluoreszenzlöschung des Farbstoffs durch den zugesetzten photochemischen Akzeptor (Reduktor) wird darüber hinaus die bereits erwähnte Eigenart der Photoreduktion bestätigt, derzufolge der angeregte Farbstoff vor der Weiterreaktion mit dem Elektronendonator in den fluoreszenzunfähigen Triplettzustand übergeht.

b) Reduktionsschema

Die bei Abwesenheit von Sauerstoff unter dem Einfluß eines wirksamen Reduktionsmittels (D) stattfindende Photoreduktion des Farbstoffs und die Beeinflussung dieses Vorgangs kann man in der Weise erklären, daß der Elektronendonator ein Elektron zum angeregten Farbstoff [$\mathrm{F}^{\mathrm{rad}}$] überträgt. Die Reduktion besteht somit nicht in einem primären Übergang eines H-Atoms vom Reduktionsmittel zum Farbstoff, wie es manchmal diskutiert wurde, sondern in einem Elektronenübergang, an den sich der Anlagerungsprozeß eines Wasserstoffions anschließt.

Für den Mechanismus dieser Ausbleichreaktion stellte PESTEMER (9) folgendes Schema auf, das gleichzeitig die der Reduktion entgegenlaufenden Desaktivierungsvorgänge berücksichtigt:

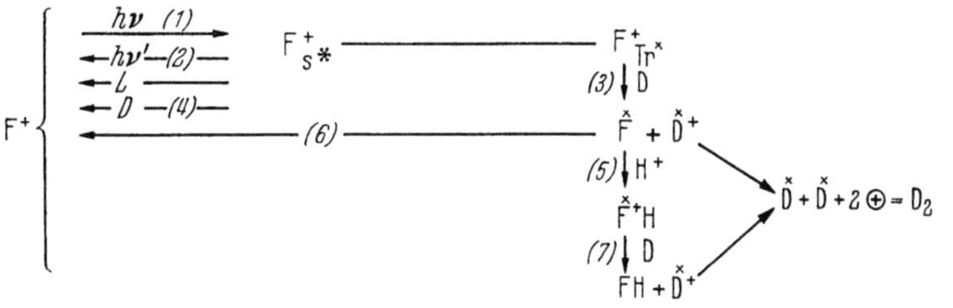

Abb. 36. Schema zur Photoreduktion von Farbstoffen (nach PESTEMER)

F^+ bedeutet dabei den farbtragenden, kationoiden Teil eines Farbstoffmoleküls, wie er beispielsweise im Methylenblau, Thionin u.a. vorliegt. D stellt den reduzierenden Stoff, d.h. den Elektronendonator dar, der auch eine auf den Anregungszustand desaktivierende Wirkung bei höherer Konzentration — Rkt. (4) — aufweist — vgl. (11) —, wie sich aus der Abhängigkeit der Ausbleichgeschwindigkeit von der Konzentration des Reduktionsmittels ergibt. Letztere verringert sich ab einer bestimmten Konzentration.

Die nach diesem Schema verlaufende dynamische Photoreduktion, die vor allem an Thionin und Methylenblau eingehend untersucht wurde, — vgl. (9, 10 bis 13) — wird durch Sauerstoffspuren stark gestört, was für manche Abweichungen der Meßergebnisse verantwortlich sein dürfte. Während beispielsweise eine mit einem Reduktionsmittel versetzte Thioninlösung bei O_2-Anwesenheit nur eine geringe Ausbleichung — nach 15 min etwa 10% — zeigt, erfolgt die Ausbleichung nach Entfernung des Sauerstoffs innerhalb einer Minute völlig.

PESTEMER (9) vermeidet diese Fehler und beweist so die Richtigkeit des angeführten Schemas für den Ausbleichvorgang des Thionins bei Anwesenheit von H^+ und verschiedener Reduktionsmittel, wie Anethol $H_3C\text{—}O\text{—}\langle\!=\!\rangle\text{—}CH\!=\!CH\text{—}CH_3$, Allylthioharnstoff und Diäthylallylthioharnstoff $R_2N\text{—}CS\text{—}NH\text{—}CH_2\text{—}CH\!=\!CH_2$. Die Aufgabe dieser „photochemischen Akzeptoren" (hier Elektronendonatoren) besteht allein darin, auf das angeregte Farbstoffmolekül Elektronen zu übertragen und damit die Photoreduktion einzuleiten. Naturgemäß muß dieser Vorgang mit wachsender Konzentration des Donators zunehmen und auch eine Steigerung bei Temperaturerhöhung erfahren. Nach dem Elektronenabgabeprozeß (aus der Doppelbindung) findet wahrscheinlich eine Umlagerung unter Protonenabgabe in ein Radikalmolekül statt, das sich zu einem Dimeren der Form

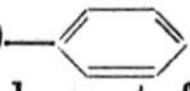

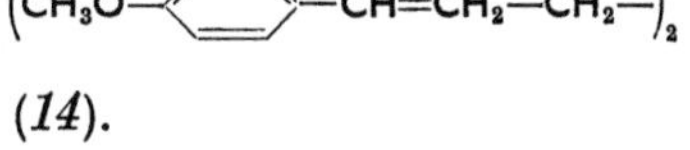

$$\left(CH_3O\text{—}\langle\!=\!\rangle\text{—}CH\!=\!CH_2\text{—}CH_2\text{—}\right)_2$$

umsetzt; vgl. hierzu (14).

Das nach der Elektronenaufnahme aus dem Farbstoffkation $\overset{*}{F}{}^+$ gebildete Farbstoffsemichinon

$$\overset{*}{F}{}^+ + \ominus \rightarrow \overset{\times}{F}$$

ist sehr unbeständig und geht leicht in den Grundzustand über:

$$\overset{\times}{F} = F^+ + \ominus.$$

Dieser Übergang wird nun von den anwesenden Wasserstoffionen H^+ durch Bildung eines Semichinon-Ions $\overset{\times}{F}{}^+H$ verhindert, das — abgesehen von der Stabilität bei hohen H^+-Konzentrationen (15) — mit noch freiem Semichinon $\overset{\times}{F}$ weiterreagiert und so die Farbstoffleukoverbindung FH entstehen läßt.

Praktisch liegt hier eine unter Wirkung von H^+ ablaufende Disproportionierung vor, die in der H^+-Ionenabhängigkeit der Quantenausbeute ihren Niederschlag findet, denn φ wächst mit H^+ an.

Für diese Reaktion gilt:

$$
\begin{aligned}
F + h\nu &= F^*; \quad F^* + \ominus = \overset{\times}{F} \\
\overset{\times}{F} + H^+ &= \overset{\times}{F}{}^+H \\
\overset{\times}{F} + \overset{\times}{F}{}^+H &= F^+ + FH \\
\hline
2\ \overset{\times}{F}{}^+H &= F^+ + FH + H^+,
\end{aligned}
$$

wobei F^+, $\overset{\times}{F}$, $\overset{\times}{F}{}^+H$ und FH im Formelbild folgendermaßen darstellbar sind:

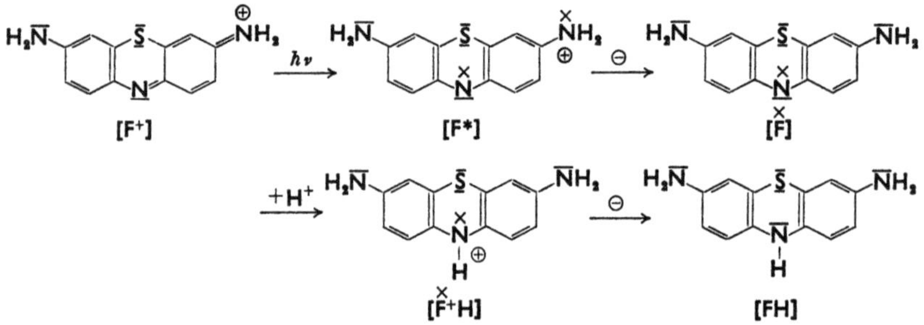

[F⁺] → (hν) → [F*] → (⊖) → [F]

[F*] → (+H⁺) → [F⁺H] → (⊖) → [FH]

Die Gültigkeit des genannten Schemas kann durch Prüfung der Quantenausbeute φ als Funktion der Donatoren- und der H^+-Ionenkonzentration erfolgen, für die die nachstehende Beziehung gilt:

$$\varphi = \frac{k_3\,k_5\,[D]\,[H^+]}{(k_2 + k_4\,[D] + k_3\,[D])\cdot(k_6 + k_5\,[H^+])}, \tag{6.11}$$

k_2 bis k_6 stellen dabei die im Schema der Abb. 36 angegebenen Geschwindigkeitskonstanten dar. Vgl. (9).

Über die Photoreduktion von Azoverbindungen zu Hydrazoverbindungen (und Aminen) in organischen Lösungsmitteln (Isopropylalkohol, Isooktan) vgl. (16).

2. Die statische Photoreduktion

a) Mechanismus

Bei der statischen Photoreduktion hat man im Gegensatz zum dynamischen Mechanismus bereits zwischen dem unangeregten Farbstoff und dem Elektronendonator eine Wechselwirkung anzunehmen. Es entsteht bereits ohne Belichtung eine Anlagerungsverbindung Farbstoff-Elektronendonator.

Als Beispiel für diese Art der Ausgleichung sei die photochemische Reduktion des Thionins und Methylenblau durch Ferroionen angeführt, die in neuerer Zeit vor allem von HAVEMANN u. Mitarb. (*17* bis *20*) — vgl. auch (*11, 21*) — untersucht wurde. Die Autoren beweisen, daß die Existenz eines Thionin-Ferroionen-Komplexes eine Voraussetzung für den Ablauf der Photoreduktion darstellt, da nur bei Belichtung des in diese Anlagerungsverbindung eingebauten Farbstoffs ein Elektronenübergang vom Ferroion zum angeregten Farbstoff stattfinden kann. Das Elektron des Ferroions füllt dabei das nach der Anregung freie Grundniveau des Farbstoffs auf, so daß aus dem Farbstoffkation in Analogie zur dynamischen Reduktion ein halbreduziertes Farbstoffradikal bzw. ein Farbstoffsemichinon entsteht:

$$F^+ \cdots Fe^{++} \rightarrow \overset{\times}{F} \cdots Fe^{+++}.$$

Dieses Semithionin ist sehr reaktionsfähig und kann entweder durch Elektronenabgabe ins ursprüngliche Farbstoffkation zurückgehen oder nach Übergang in einen Semithionininonen-Komplex $\overset{\times}{F}{}^+H$ von einem weiteren Fe^{++}-Ion zum Leukofarbstoff FH reduziert werden.

Eine Komplizierung dieser Vorgänge entsteht dadurch, daß sich der Photoreduktion eine Dunkelreaktion überlagert, durch die eine Rückoxydation des Leukofarbstoffs unter der Wirkung der Ferriionen zum gefärbten Thioninkation eintritt, denn das Redoxnormalpotential des Fe^{+++}/Fe^{++}-Systems ($E_0 = +0,370$ V) ist über 300 mV größer als das entsprechende Potential des Thionin/Leukothionin-Systems ($E_0 = + 0,060$ V). Gebildetes Fe^{+++} muß somit auf das Leukothionin oxydierend wirken. Diese Dunkelreaktion wird vor allem noch durch eine Komplexbildung zwischen dem Leukofarbstoff FH bzw. auch dem Semithionin $\overset{\times}{F}$ und den Ferriionen gefördert, denn innerhalb des primär bei der Reduktion gebildeten Leukothionin-Ferriionen-Komplexes kann bevorzugt ein Elektronenaustausch vom Leukothionin zum Ferriion unter Bildung eines Semithionin-Ferroionen-Komplexes stattfinden, der zum ursprünglichen Thionin-Ferroionen-Komplex zurückführt.

Man vergleiche hierzu folgendes Schema (*19*), bei dem nach HAVEMANN und REIMER anstelle des Thioninkations F^+ $Th_{ox}H^+$, und statt der Leukoverbindung FH ein zweiwertiges Leukothioninkation $Th_{red} {<}^H_H {<}^{H^+}_{H^+}$ geschrieben wird:

$$Th_{red} {<}^H_H {<}^{H^+}_{H^+} \cdot Fe^{3+} \rightarrow Th_{sem} {<}^H {<}^{H^+}_{H^+} \cdot Fe^{2+} + H^+,$$

$$Th_{sem} {<}^H {<}^{H^+}_{H^+} \cdot Fe^{2+} + Fe^{3+} \rightarrow Th_{ox} H^+ \cdot Fe^{2+} + Fe^{2+} + 2 H^+.$$

Die hemmende Wirkung der Fe^{3+}-Ionen läßt sich auch aus der Tatsache ersehen, daß die Ausbleichgeschwindigkeit umgekehrt proportional zur Fe^{3+}-Ionenkonzentration ist (*21*). Während dabei durch die erst während der Lichtreaktion gebildeten Fe^{3+}-Ionen ein stationärer Zustand zwischen einer schneller verlaufenden Photoreduktion und einer langsameren Dunkelreaktion entsteht, die zur quantitativen Ausbleichung führt, können Fe^{3+}-Verunreinigungen ein Überwiegen der Dunkelrückoxydation bedingen und so das Ausbleichen verhindern. Umgekehrt gelingt durch Fluoridzusatz infolge der Bindung der Ferriionen als Ferrifluor-Komplex — $[FeF_6]^{3-}$ u. a. — ein Zurückdrängen der Dunkelreaktion entsprechend einer Förderung der Ausbleichung (*18*).

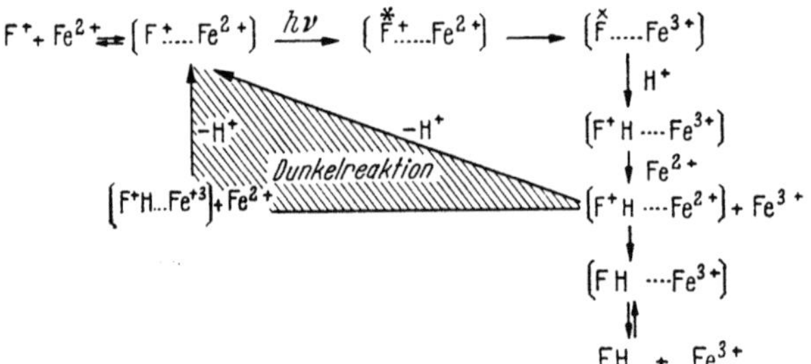

Abb. 37. Schema der statischen Photoreduktion

Für den Mechanismus des Ausbleichvorgangs läßt sich somit obiges Schema angeben, wobei im Semithionin- bzw. Leukothioninkomplex noch zusätzliche H^+-Ionen gebunden sein können; etwa in der Art:

$$[FH \cdot Fe^{3+}] : FH{<}{}^{H^+}_{H^+} \cdot Fe^{3+} \quad bzw. \quad FH{\diagup}^{H^+} \cdot Fe^{3+}.$$

Dieser Reaktionsmechanismus erfaßt die Abhängigkeit der Ausbleichung von der Lichtintensität, der H^+-Ionenkonzentration ($p_H = 1$ bis 4) und die hemmende Wirkung der Fe^{3+}-Ionen. Man erkennt auch die Proportionalität zur Fe^{2+}-Ionenkonzentration, da sie die Bildung des für die Photoreduktion nötigen $[F^+ \cdot Fe^{2+}]$-Komplexes bewirkt.

$$\frac{[F^+] \cdot [Fe^{2+}]}{[F^+ \cdot Fe^{2+}]} = K. \tag{6.12}$$

Die Existenz dieses Komplexes zeigt sich dabei unter anderem in der Abnahme der Ausbleichwirkung mit zunehmender Temperatur, entsprechend der Tatsache, daß die Temperaturerhöhung die Dissoziation dieses für den Ausbleichvorgang primär nötigen Farbstoff-Ferroionen-Komplexes fördert und so den Beginn der Reduktion verhindert. Interessanterweise geht diesem Temperatureffekt eine Zunahme der Fluoreszenzstrahlung parallel, die ebenfalls ihre Ursache in dem Zerfall des für die Fluoreszenzlöschung verantwortlichen Farbstoff-Ferrokomplexes hat.

Durch Beobachtung der Fluoreszenzlöschung in Abhängigkeit von der Fe^{2+}-Konzentration gelingt Havemann u. a. (*17*) die Bestimmung der Dissoziationskonstante dieses Thionin-Ferroionen-Komplexes: $K =$

$3{,}2 \cdot 10^{-2}$ mol/l. Die Autoren können auch den Komplex präparativ darstellen und nachweisen, daß Methanol, Äthanol und vor allem Azetonzugabe den Ausbleicheffekt im Gegensatz zur wäßrigen Lösung stark erhöht, da die Abnahme der Polarität des Lösungsmittels die Dissoziation dieses Komplexes zurückdrängt. Es sei noch bemerkt, daß bei Zugabe der Fe^{2+}-Ionen Änderungen im Spektrum des Thionins auftreten, die aufgrund zweier isosbestischer Punkte das bestehende Gleichgewicht zwischen der (bei verdünnter Lösung vorliegenden monomeren) Thioninform und dem Farbstoff-Ferroionen-Assoziat anzeigen.

Abgesehen von diesen, den Mechanismus der Thionin-Photoreduktion beweisenden experimentellen Ergebnissen, können diese Reaktionen als Beispiel für das Ineinandergreifen der allgemeinen photochemischen Gesetzmäßigkeiten der Farbstoffe, die in den früheren Kapiteln besprochen wurden, — vgl. Absorption; Fluoreszenz — angesehen werden.

Als weitere, wahrscheinlich nach einem ähnlichen Mechanismus ablaufende Ausbleichreaktionen seien noch die Photoreduktionen des Janusgrün B (22) und die des Chlorophyll a (23) durch Sn^{++}-Ionen, die primär mit den Farbstoffmolekülen stöchiometrische Anlagerungsverbindungen bilden, angeführt.

b) Messung der Protonen- und Anlagerungsgleichgewichte

Für die Aufklärung des Mechanismus der Photoreduktionsprozesse ist verständlicherweise eine Kenntnis des in verschiedenen p_H-Bereichen vorliegenden Protonengleichgewichts zwischen Farbstoff und Reduktionsprodukten, und im Fall der Komplexbildung die Feststellung des Anlagerungsgleichgewichts zwischen Farbstoff und Elektronendonator von großem Interesse. Da die Protonenanlagerung oftmals das Absorptionsspektrum und damit die Extinktion verändert, besteht in solchen Fällen die Möglichkeit, durch Messung der p_H-Abhängigkeit der Extinktion $E = \log \dfrac{I_0}{I_d}$ (gemessen im monochromatischen Licht) die Dissoziationskonstanten der Protonengleichgewichte zu bestimmen. Die Gleichgewichtskonstante der Anlagerungsreaktion ermittelt man in entsprechender Weise durch Beobachtung der von der Reduktionsmittelkonzentration abhängigen Änderung der Zersetzungsgeschwindigkeit $\left[-\dfrac{dc_F}{dt} \right]$; vgl. hierzu HAVEMANN u.a. (22). In beiden Fällen werden diese Änderungen durch S-förmige Kurven wiedergegeben, deren Wendepunkte den pK- bzw. pK_{Anl}-Werten entsprechen. Die folgende Abb. 38 zeigt schematisch diese Kurven und die Art der dc/dt-Bestimmung.

Die Möglichkeit der pK- bzw. pK_{Anl}-Bestimmung folgt nun einmal aus dem Massenwirkungsgesetz, das ja den Gleichgewichtszustand der chemischen Reaktionen beschreibt:

$$\left. \begin{array}{ll} F + H^+ \rightleftarrows FH^+, & F + Red \rightleftarrows F \cdot Red \\[2mm] \dfrac{[F] \cdot [H^+]}{[FH^+]} = K, & \dfrac{[F] \cdot [Red]}{[F \cdot Red]} = K_{Anl} \end{array} \right\} \quad (6.13)$$

und zum anderen aus der vom Lambert-Beerschen Gesetz bedingten Konzentrationsabhängigkeit der Extinktion bzw. der der Farbstoffabnahme entsprechenden Reaktionsgeschwindigkeit $-\dfrac{dc_F}{dt}$. Denn der durch die Beziehung

$$\alpha = \frac{[F]}{c_{\text{Gesamt}}}: \quad \alpha = \frac{[F]}{[FH^+] + [F]} \quad \text{und} \quad \alpha = \frac{[F]}{[F \cdot Red] + [F]}$$

definierte Dissoziationsgrad α läßt sich aus der gemessenen Extinktions-p_H (bzw. $dc/dt - p_{Red}$)-Funktion errechnen, wenn E die Extinktion des

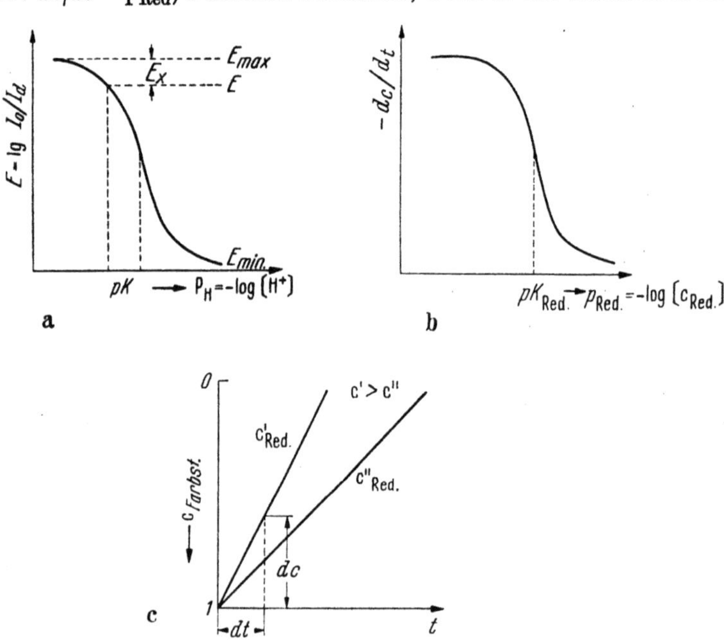

Abb. 38a—c. Zur Messung des Protonen- und Anlagerungsgleichgewichts. a Extinktion $E = f$ (H$^+$-Konzentration). b Zersetzungsgeschwindigkeit $\left(-\dfrac{dc}{dt}\right) = f$ (Reduktionsmittelkonzentration). c Bestimmung der Zersetzungsgeschwindigkeit: $-\dfrac{dc}{dt}$

gerade betrachteten p_H-Werts, $E_{\max}$ ($E_{\min}$) die größte (kleinste) Extinktion darstellt und $E_x = E_{\max} - E$ ist.

$$\alpha = \frac{E_x}{E_{\max} - E_{\min}} \quad \text{und} \quad \alpha = \frac{(dc/dt)_x}{(dc/dt)_{\max} - (dc/dt)_{\min}}. \tag{6.14}$$

Zur Berechnung des Gleichgewichts formt man wie folgt um:

$$\frac{[F] \cdot [H^+]}{[FH^+]} = K; \quad [F] = \alpha \cdot c_{\text{Gesamt}}, \quad [FH^+] = (1 - \alpha) \cdot c_{\text{Gesamt}},$$

$$\frac{\alpha}{1 - \alpha} \cdot [H^+] = K,$$

$$[H^+] = K \cdot \left(\frac{1}{\alpha} - 1\right), \quad \underbrace{- \log [H^+]}_{p_H} = \underbrace{- \log K}_{pK} - \log\left(\frac{1}{\alpha} - 1\right);$$

d.h.

$$\boxed{p_H = pK - \log\left(\frac{1}{\alpha} - 1\right)} \quad \text{und} \quad \boxed{\log c_{Red} = \log\left(\frac{1}{\alpha} - 1\right) - pK_{Anl}}. \quad (6.15)$$

Zur Bestimmung der Gleichgewichtskonstante des Protonengleichgewichts, d.h. des pK-Wertes, und der des Anlagerungsgleichgewichts, d.h. des pK_{Anl}-Werts, wird $\log\left(\frac{1}{\alpha} - 1\right)$ gegen p_H bzw. $-\log c_{Red}$ (p_{Red}) aufgetragen und der Schnittpunkt dieser Geraden (tg $\gamma = 1$) mit der Abszisse (p_H) abgelesen. Da am Schnittpunkt

$$\log\left(\frac{1}{\alpha} - 1\right) = 0 \quad \text{bzw.} \quad pK - p_H = 0 \quad \text{und} \quad \alpha = 0{,}5, \quad (6.16)$$

entspricht dieser p_H-(oder p_{Red}-)Wert der gesuchten pK- bzw. pK_{Anl}-Konstante:

Protonengleichgewicht: $p_H = pK$; Anlagerungsgewicht: $p_{Red} = pK_{Anl}$

(Red weist auf das reduzierende angelagerte Ion usw. hin).

Von HAVEMANN u. Mitarb. (22) werden nach diesem Verfahren für Janusgrün B pK-Werte von 11,78 ($F + H^+ \rightleftarrows FH^+$) und 1,76 ($FH^+ + H^+ \rightleftarrows FH_2^{++}$) gemessen und für pK_{Anl} der $Sn^{++} \cdot$ Janusgrün-B-Anlagerungsverbindung ein Wert von 2,2 angegeben. Naturgemäß bleibt diese Art der pK-Bestimmung nicht auf Photoreduktionsprobleme beschränkt; es sei nur an die Feststellung des für die Fluoreszenzänderungen verantwortlichen geänderten Dissoziationsgleichgewichts erinnert, die z.B. eine pK-Messung für die pK*-Berechnung verlangt: $pK^* = pK + \Delta I_F(\tilde{\nu}) I_A(\tilde{\nu})$.

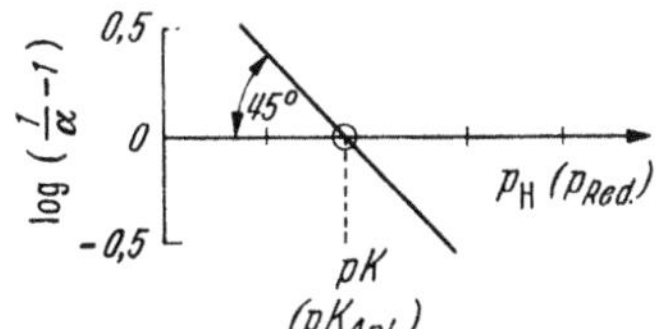

Abb. 39. Allgemeine Form der Beziehung $\log\left(\frac{1}{\alpha} - 1\right) = f$ (p_H, bzw. P Reduktionsmittel)

In der Abb. 39 ist noch schematisch die $\log\left(\frac{1}{\alpha} - 1\right)$-Gerade gezeigt, die zu pK führt.

III. Die oxydative Ausbleichung

Im Gegensatz zur reduktiven Ausbleichung eines Farbstoffs unter der Wirkung eines Elektronendonators und H^+-Ionen erfolgt die oft störende oxydative Ausbleichung der Farbe in der Hauptsache unter dem Einfluß des Sauerstoffs. Obgleich die Kinetik dieses Ausbleicheffekts schon lange an den verschiedensten Farbstoffen untersucht wurde — vgl. LASAREFF (24), WEIGERT (25) u. a. — und auch eine Reihe charakteristischer Merkmale zur Kenntnis gelangten, stößt eine Deutung des Reaktionsmechanismus doch auf außerordentliche Schwierigkeiten.

LASAREFF u. a. stellten bereits die Übereinstimmung des an Luft unter Wirkung von O_2 ablaufenden Ausbleicheffekts mit dem Absorptionsspektrum an verschiedenen Farbstoffen (Cyanin, Pinachrom u. a.) fest und beobachteten eine Quantenausbeute in der Größenordnung von

10^{-2} bis 10^{-3} (*26, 27*). Es ergab sich auch eine Abhängigkeit der Ausbleichreaktion vom Sauerstoffdruck, die der Beziehung

$$-\frac{d\,[\mathrm{F}]}{dt} = \frac{K \cdot \mathrm{Int} \cdot [\mathrm{O_2}]}{d} \left[1 - e^{-\varkappa d\,[\mathrm{F}]}\right] \tag{6.17}$$

bei geringen Druckunterschieden folgte. Bei höheren Drucken strebt die Ausbleichgeschwindigkeit einem Grenzwert bei etwa 150 Atm zu, den man auf die vollständige Reaktion der angeregten Moleküle mit dem Sauerstoff zurückführte.

Als wesentlicher Unterschied zur reversiblen reduktiven Ausbleichung muß vor allem die weitgehende Irreversibilität dieses Vorgangs herausgestellt werden, die auf eine chemische Umlagerung oder Zersetzung des gesamten Farbstoffsystems als Folge der Ausbleichung hinweist. Oftmals ist der Ausbleicheffekt nicht direkt wahrnehmbar, da im Dunkeln eine erneute Färbung durch $\mathrm{O_2}$ eintritt und zu einem neuen, eventuell ähnlich gefärbten Oxydationsprodukt führt. Der verwickelte Mechanismus der Photooxydation geht auch aus einer Reihe von Effekten hervor, die beispielsweise auf die Mitwirkung des Kollodiums, Glycerins oder der Feuchtigkeit beim Ausbleichen hinweisen.

Als eine der Ursachen des Ausbleichens wird z.B. bei Fluoresceinfarbstoffen (*28*) eine Oxydation des $\mathrm{H_2O}$ durch den Farbstoff unter Wirkung des $\mathrm{O_2}$ in $\mathrm{H_2O_2}$ angenommen, das dann den Farbstoff oxydierend zersetzt. Wahrscheinlich liegt ein derartiger Mechanismus häufig vor, demzufolge der angeregte Farbstoff mit Peroxyden, Hydroperoxyden oder $\mathrm{H_2O_2}$ reagiert, also mit Verbindungen, die erst durch Übertragung von Sauerstoff mit Hilfe des angeregten Farbstoffs entstanden. Dies zeigt aber auch, daß eine oxydative Ausbleichung des Farbstoffs die Anwesenheit einer dritten Komponente erfordert, deren Funktion beispielsweise $\mathrm{H_2O}$, Kollodium oder eventuell manchmal auch der unangeregte Farbstoff selbst übernehmen kann.

Die Bildung freier Radikale des Farbstoffs (*29*) und die Tatsache der Elektronenarmut wäßriger Lösungen führt auch zur Diskussion eines über Radikale verlaufenden oxydativen Ausbleichmechanismus (*30*). Nach ihm verbinden sich die Farbstoffradikale mit aus $\mathrm{H_2O}$ entstandenen OH-Radikalen unter Rücklassung von H-Atomen, die an polarisierbaren Elektroden — Becquerel-Effekt 1. und 2. Art — nachweisbar sind.

$$\mathrm{F} + h\nu = \mathrm{F^*}$$

$$\mathrm{F^*} + \mathrm{H_2O} = \mathrm{F\,OH} + \mathrm{H}.$$

In diesem Zusammenhang sei auch auf die Bedeutung des photochemischen Becquerel-Effekts 1. und 2. Art (s. dort) für die Untersuchung von Ausbleichreaktionen hingewiesen.

Während ein auf Quarz aufgebrachter reiner Farbstoff in trockenem Sauerstoff möglicherweise eine außerordentliche Lichtechtheit aufweist, kann sich diese Eigenschaft unter Umständen grundlegend bei Anwesenheit anderer Verbindungen ändern; z.B. durch Einbettung in eine Kollodiumschicht, durch Auflösung in verschiedene Lösungsmittel oder bei Adsorption an Papier, Wolle u.a. (*31, 32*). Es wird so verständlich, daß die Kinetik der Ausbleichung von verschiedensten Faktoren beeinflußt wird, die bei einer Betrachtung der Lichtechtheit eines Farbstoffs Berücksichtigung finden müssen. Auch Verunreinigungen der Farbstoffe, beispielsweise schwefelhaltige Verbindungen, wirken auf den Ausbleichprozeß beschleunigend.

Da die Ausbleichreaktion somit unter Beteiligung der mit dem Farbstoff in Berührung stehenden Substanz abläuft, treten naturgemäß auch eventuell Veränderungen in dieser selbst nicht absorbierenden Komponente auf. Hieraus ergeben sich dann z. B. die bekannten Schädigungen der mit Farbstoffen gefärbten Textilfasern im Licht und andere Erscheinungen, auf die im siebenten Kapitel noch näher eingegangen wird.

Die Annahme einer direkten oxydativen Umwandlung durch feste Anlagerung von Sauerstoff an ein angeregtes Farbstoffmolekül entspricht jedenfalls nicht den tatsächlichen Vorgängen bei der oxydativen Ausbleichung. SCHENCK u. a. (33) erklären dies damit, daß sich bei Belichtung des Farbstoffs bei Anwesenheit von O_2 phototropisomere O_2-Diradikale $F^{rad}\cdots O_2$ bilden, die aufgrund einer abweichenden Multiplizität der Elektronenterme nicht in den Grundzustand, d. h. in die Verbindung $F_{norm}\cdots O_2$, übergehen können.

Die irreversible Photooxydation steht praktisch im engen Zusammenhang mit den von SCHENCK aufgeklärten *photosensibilisierten Reaktionen*, die im folgenden Abschnitt noch eingehend besprochen werden. Man erkennt diesen Zusammenhang auch daran, daß bei der photosensibilisierten O_2-Übertragung auf einen Akzeptor eine Ausbleichung des Farbstoffs als Nebenreaktion mit abläuft. Der Farbstoffbleichprozeß erfolgt dabei rascher an Luft als in einer reinen O_2-Atmosphäre, da die Möglichkeit zur Reaktion mit den Nebenprodukten (H_2O_2 u. a.) an Luft größer ist als im reinen Sauerstoff, denn O_2 lagert sich an den angeregten Farbstoff an und schützt ihn so vor der Umsetzung mit den „bleichenden" Nebenprodukten; vgl. (33).

IV. Die photosensibilisierten Reaktionen

Eine photosensibiliserte Reaktion stellt eine indirekte photochemische Reaktion dar, bei der durch eine Lichtabsorption im Photosensibilisator (Farbstoff) eine Umsetzung in selbst nicht absorbierenden Stoffen ohne Veränderung des Sensibilisators erfolgt. Die Aufklärung dieses theoretisch und praktisch außerordentlich wichtigen Reaktionstyps, nach dessen Mechanismus die photochemische Sauerstoffübertragung auf geeignete Akzeptoren verläuft und der die Synthese komplizierter Verbindungen ermöglicht, gelang SCHENCK ($45/B$, 2, 3, 33 bis 35) und SCHÖNBERG (36, 37).

Je nach Art des photosensibilisierten Prozesses unterscheidet man zwei komplementäre Haupttypen: Typ I entspricht einem rein biradikalischen Mechanismus der O_2-Übertragung (G. O. SCHENCK seit 1948) und Typ II läuft gemischt biradikalisch-monoradikalisch als primär dehydrierende, photosensibilisierte Autoxydation ab (BÄCKSTRÖM 1934).

1. Mechanismus

a) Reaktionstyp I

Bei der photosensibilisierten O_2-Übertragung findet praktisch eine Photooxydation bestimmter Sauerstoff-Akzeptoren mittels belichteter Farbstoffe statt.

Als Primärvorgang ist dabei eine Anregung des Farbstoffs über den Anregungssingulettzustand in das Anregungstriplettniveau anzunehmen, d.h. die Bildung reaktionsfähiger phototrop-isomerer Diradikale F^{rad}:

$$F_{norm} + h \cdot \nu = \overset{*}{F}_s,$$

$$\overset{*}{F}_s \rightarrow F^{rad}.$$

Vgl. hierzu auch SCHÖNBERG (36).

Gerade die im Triplettanregungszustand F^{rad} befindlichen Farbstoffe, deren Lebensdauer etwa 10^{-5} bis 10^{-7} sec beträgt (2), zeichnen sich nun aufgrund ihres Diradikalcharakters durch eine große Affinität gegenüber Sauerstoff aus, was zur Entstehung eines kurzlebigen — τ etwa 10^{-7} bis 10^{-8} sec — Radikalperoxyds $F^{rad} \cdots O_2$ führt. Dieses kurzlebige O_2-Anlagerungsprodukt stellt in ähnlicher Weise wie das phototrop-isomere Diradikal F^{rad} eine Art Diradikal dar, das ebenfalls keine gepaarten Elektronen $\uparrow\downarrow$, sondern Elektronenterme verschiedener Multiplizität $\uparrow\uparrow$ besitzt.

In dieser Eigenschaft sieht man die eigentliche Ursache der Unmöglichkeit einer direkten Photooxydation durch Sauerstoff (s. oben), da Übergänge zwischen den Termen verschiedener Multiplizität verboten sind. Das heißt, zwischen $F^{rad} \cdots O_2$ und $F_{norm} \cdots O_2$ kann kein Übergang, dem ein Umklappen der Spins vorausgehen müßte, stattfinden. $F^{rad} \cdots O_2$ zerfällt aus diesem Grund rasch in $F^{rad} + O_2$ unter irreversibler Desaktivierung des F^{rad} zum unangeregten Farbstoff F_{norm}. SCHENCK (33, 35) sieht in diesem Verhalten mit eine der Ursachen der relativ hohen Lichtbeständigkeit der organischen Verbindungen.

Naturgemäß besitzt ein primär gebildetes phototrop-isomeres Diradikal infolge der zwei Radikalstellen, d.h. der an zwei Atomen (C, N, O) vorliegenden ungepaarten Elektronen, je nach Radikalstelle auch die Fähigkeit zur Anlagerung anderer Verbindungen als Sauerstoff. Die letztgenannte O_2-Anlagerung erfolgt bevorzugt an den C-Radikalstellen, etwa in der folgenden Weise:

$$>C=C-C=C< \xrightarrow{h\nu} >\overset{\times}{C}-C=C-\overset{\times}{C}< \xrightarrow{O_2} >C-C=C-\overset{\times}{C}<$$

O-Radikalstellen zeichnen sich durch die Additionsfähigkeit von SO_2 aus und O- und N-Radikale (z.B. $Eosin^{rad}$, $Methylenblau^{rad}$) sind gegenüber Cyclooctatetraen (38) affin. C-Radikalstellen ($Eosin^{rad}$, $Rubren^{rad}$, $Chlorophyll^{rad}$ u.a.) besitzen neben der schon erwähnten O_2-Affinität — vgl. noch (39) — auch die Fähigkeit zur labilen Addition von Chinon;

s. (*40, 41*). Liegt deshalb Chinon neben O_2 vor, so werden beide Additionen zueinander in Konkurrenz treten und eine Hemmung der $F^{rad}\cdots$ O_2-Bildung bewirken.

Die Anlagerungsneigung der angeregten Farbstoffe läßt jedenfalls Schlüsse auf ihren Radikalcharakter (N, O oder C) zu und man benutzt diesen Effekt auch zur Kennzeichnung dieser Stellen. Formelmäßig wird diese Eigenschaft durch verschieden mesomere Strukturen erfaßt, wie das Beispiel des Thionin mit N- und C-Radikalstellen im folgenden erläutert.

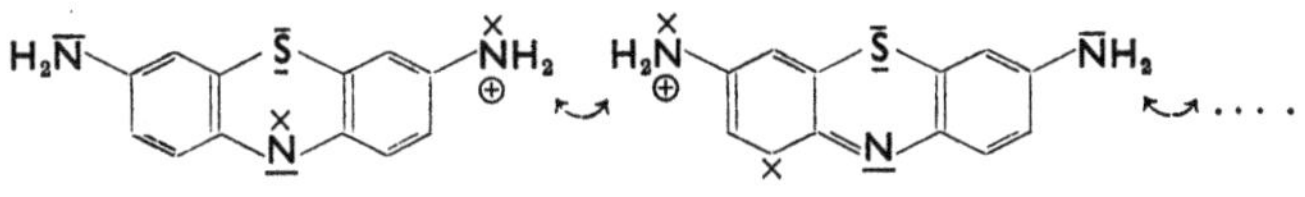

Die Bedeutung des kurzzeitig gebildeten phototrop-isomeren Farbstoffdiradikal$\cdots O_2$-Addukts liegt vor allem in seiner Fähigkeit, mit einem geeigneten Akzeptor in Wechselwirkung treten zu können und auf diesen O_2 zu übertragen. Durch diesen Reaktionsschritt entsteht dann ein Oxydationsprodukt des Akzeptors A — d.h. AO_2 —, während das angeregte Farbstoffmolekül unverändert in den Grundzustand zurückkehrt und erneut zur O_2-Übertragung bereit ist.

Als O_2-Akzeptoren können dabei verschiedenste Verbindungen wirken; z.B. Amine, Diene der Olefinreihe (*42*), Ergosterin (*43*), Furane, Fulvene, Aldehyde, Semikarbazone (*2*) u.a. Für manche Verbindungen, wie Anthrazen, Rubren (*35*), besteht sogar die Möglichkeit einer Doppelfunktion, d.h. einer Wirkung als Photosensibilisator und Akzeptor.

SCHENCK bewies in einer Reihe kinetischer Untersuchungen — vgl. die oben zitierten Arbeiten und vor allem die Zusammenfassung (*45/B, 2*) — die einzelnen Reaktionsstufen dieser Zwischenreaktionskatalyse:

$$1.\ \text{Sens}_{norm} + h\nu \quad \rightarrow \text{Sens}^{rad} \qquad v_1 = k_1 \cdot \text{Intens}_{abs}$$

$$2.\ \text{Sens}^{rad} + O_2 \quad \rightarrow \text{Sens}^{rad}\cdots O_2 \qquad v_2 = k_2 \cdot [\text{Sens}^{rad}]\,[O_2]$$

$$3.\ \text{Sens}^{rad}\cdots O_2 + A \rightarrow AO_2 + \text{Sens}_{norm} \quad v_3 = k_3 \cdot [\text{Sens}^{rad}\cdots O_2] \cdot [A]$$

$$4.\ \text{Sens}^{rad} \quad \rightarrow \text{Sens}_{norm} \qquad v_4 = k_4 \cdot [\text{Sens}^{rad}]$$

$$5.\ \text{Sens}^{rad}\cdots O_2 \quad \rightarrow \text{Sens}_{norm} + O_2 \quad v_5 = k_5 \cdot [\text{Sens}^{rad}\cdots O_2]$$

Die Reaktion 1 gibt dabei die von der Zahl der eingestrahlten Lichtquanten (absorbierte Energie) und der Umwandelbarkeit des Farbstoffs in den Anregungszustand abhängige wichtige Bildung des phototrop-isomeren Diradikals an und die Reaktionen 2 und 3 beschreiben die AO_2-Bildung über das kurzlebige O_2-Anlagerungsprodukt $\text{Sens}^{rad}\cdots O_2$. Diese drei Reaktionen faßt man als Sensibilisatorzyklus zusammen, dem die Reaktionen 4 und 5 entgegenwirken. Reaktion 4 entspricht als Gegenpol zur 2. Reaktion einer strahlungslosen exothermen Umwandlung von Sens^{rad} in Sens_{norm}, während Reaktion 5 gegenläufig zu Reaktion 3 den exothermen Zerfall von $\text{Sens}^{rad}\cdots O_2$ in Sens_{norm} und O_2 bedingt. Naturgemäß hängt gerade vom Verhältnis der Geschwindigkeiten

dieser hemmenden Reaktionen zu den bildenden Reaktionsschritten —
4:2 bzw. 5:3 — der Ablauf der gesamten Zwischenreaktionskatalyse
ab. Und man bezeichnet deshalb das aus

$$\frac{v_5}{v_3} = \frac{k_5 \,[\mathrm{Sens^{rad} \cdots O_2}]}{k_3 \,[\mathrm{Sens^{rad} \cdots O_2}] \cdot [\mathrm{A}]} \tag{6.18}$$

folgende Verhältnis $\beta_q = k_5/k_3$ nach SCHENCK als die Halbwertskonzentration der AO_2-Bildung aus $\mathrm{Sens^{rad} \cdots O_2}$ und entsprechend $\beta_p = k_4/k_2$
als die Halbwertskonzentration der $\mathrm{Sens^{rad} \cdots O_2}$-Bildung aus $\mathrm{Sens^{rad}}$;
denn im Falle $[\mathrm{A}] = \beta_q$ wird gerade die Hälfte der gebildeten $\mathrm{Sens^{rad} \cdots}$
O_2-Addukte in AO_2 umgewandelt, da

$$q = \frac{1}{1 + \dfrac{k_5}{k_3\,[\mathrm{A}]}}, \quad \text{d.h.} \quad q = 0{,}5. \tag{6.19}$$

Man erkennt, daß eine Vergrößerung von $[\mathrm{A}]$ den Einfluß der Rückreaktion 5 verringert und die Umwandelbarkeit in AO_2 fördert. Analog
kann durch O_2-Erhöhung die Desaktivierung des $\mathrm{Sens^{rad}}$ nach Reaktion 4
an Einfluß verlieren. Zur Erreichung der maximalen Ausbeute ist es
deshalb günstig, sowohl q als auch

$$p = \frac{1}{1 + \dfrac{k_4}{k_2\,[\mathrm{O_2}]}} \tag{6.20}$$

1 werden zu lassen. In diesem Idealfall würde für die AO_2-Bildung
gelten:

$$\frac{d\,[\mathrm{AO_2}]}{dt} = k_1 \cdot \mathrm{Int_{abs}}, \tag{6.21}$$

während im allgemeinen hierfür zu setzen ist:

$$\frac{d\,[\mathrm{AO_2}]}{dt} = k_1 \cdot \mathrm{Int_{abs}} \cdot \varphi. \tag{6.22}$$

φ stellt dabei die durch das Produkt $p \cdot q$ erfaßbare Quantenausbeute
dar, d.h.:

$$\frac{d\,[\mathrm{AO_2}]}{dt} = k_1 \cdot \mathrm{Int_{abs}} \cdot \frac{1}{1 + \dfrac{k_5}{k_3\,[\mathrm{A}]}} \cdot \frac{1}{1 + \dfrac{k_4}{k_2\,[\mathrm{O_2}]}}, \tag{6.23}$$

bzw.

$$\boxed{\frac{d\,[\mathrm{AO_2}]}{dt} = k_1 \cdot \mathrm{Int_{abs}} \cdot \frac{k_2\,[\mathrm{O_2}] \cdot k_3\,[\mathrm{A}]}{(k_2\,[\mathrm{O_2}] + k_4) \cdot (k_3\,[\mathrm{A}] + k_5)}} \,. \tag{6.24}$$

Mit Hilfe einer Blitzmethode konnte die Dauer eines Sensibilisatorzyklus
bestimmt und in der Größenordnung von $5 \cdot 10^{-7}$ bis 10^{-8} sec liegend
wahrgenommen werden (45/B). Man erkennt außerdem, daß jede Sen-
sibilisatormolekel innerhalb einer Sekunde mehrere Hundertmale die
Reaktion zur Synthese von AO_2 durchlaufen kann (44).

Schematisch läßt sich der Reaktionsverlauf folgendermaßen darstellen:

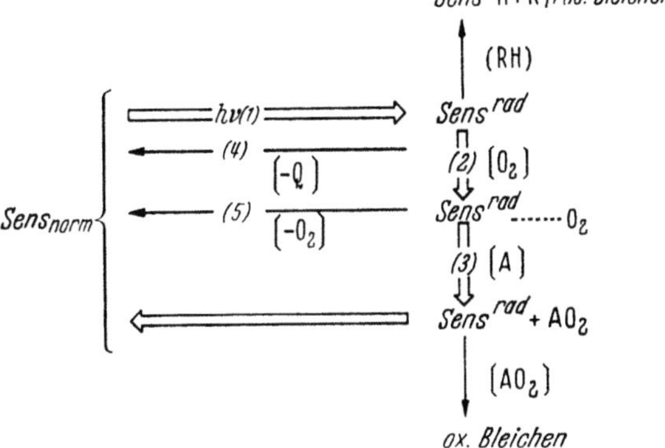

Abb. 40. Schema der photosensibilisierten Reaktion des Typs I (nach SCHENCK)

Es sei noch auf den Spezialfall hingewiesen, bei dem der Photosensibilisator gleichzeitig die Rolle des Akzeptors übernimmt. Sens^{rad} ... O$_2$ setzt sich hier nach Reaktion 3 nicht mit einem fremden Akzeptor A, sondern mit Sens$_{norm}$ zu Sens ... O$_2$ um, ein Fall, der beim Anthracen (45)

in einfacher Weise zum Photoperoxyd führt — im Dunkeln ist Anthracen gegenüber O$_2$ völlig stabil (46) — oder bei der Diensynthese des 1,4-Diphenyl-1,4-peroxydo-cyclopentan-2 (47) vorliegt.

b) Reaktionstyp II

Neben der eben beschriebenen Zwischenreaktionskatalyse über das phototrop-isomere O$_2$-Diradikal Sens^{rad} ... O$_2$ besteht auch die Möglichkeit eines grundsätzlich anderen Verlaufs der photosensibilisierten Reaktion mit dem Sauerstoff. Auf diese primär dehydrierenden photosensibilisierten Reaktionen mit O$_2$ wies erstmals BÄCKSTRÖM (48) hin.

Manche Photosensibilisatoren, die N- oder O-Radikalstellen besitzen (Chinone, Ketone, Aldehyde u. a.), lagern nämlich im angeregten Zustand nicht O$_2$ an unter Bildung von Sens^{rad} ... O$_2$, sondern wirken primär auf die zugesetzten Akzeptoren dehydrierend (3). Es entstehen somit Semichinone und Radikale — etwa in ähnlicher Art wie es bei den Photoreduktionen angegeben wurde —, die dann erst mit O$_2$ weiterreagieren. Letztlich bilden sich also ebenfalls O$_2$-Anlagerungsprodukte unter Rückbildung des Photosensibilisators, der dann erneut in die Katalyse eingreift. Der abweichende Reaktionsschritt, den die andersgeartete Radikalstelle bedingt, besteht in der primären Photodehydrierung durch Sens^{rad} anstelle der O$_2$-Anlagerung an Sens^{rad}.

Die Quantenausbeute dieser photosensibilisierten Reaktion liegt hier oft sehr hoch (>1) und als Akzeptoren kommen Verbindungen in Frage (Toluol, Xylol u. a.), die bei der normalen O$_2$-Photosensibilisierung keine Verwendung finden können (49).

Schenck gibt für diesen Reaktionstyp folgendes Schema an:

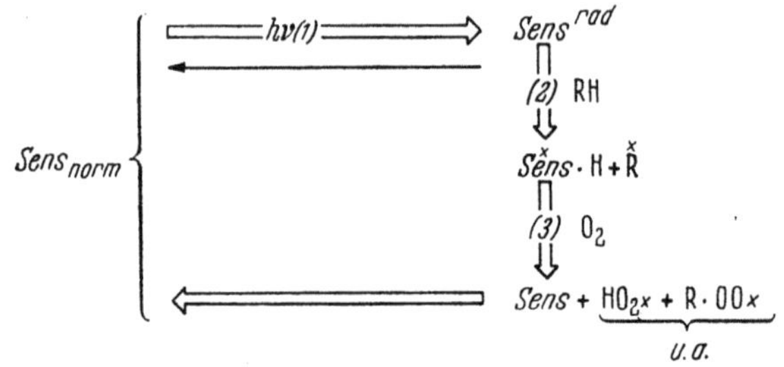

Abb. 41. Schema der photosensibilisierten Reaktion des Typs II (nach Bäckström)

Bei Abwesenheit von O_2 geht diese Reaktion in eine reine photochemische Dehydrierung über, die nicht mehr als Sensibilisierungszyklus angesprochen werden kann, da sich der Farbstoff in die Leukoform verwandelt und für die weitere Reaktion ausfällt. Als Beispiel sei die photochemische Dehydro-Dimerisierung des Ergosterins bei Anwesenheit von Eosin oder Erythrosin angeführt (50); es bildet sich im Licht aus dem Ergosterin unter Zerstörung des Farbstoffs das 7,7′-Bisdehydroergosterin (51):

$$2\,C_{28}H_{44}O = C_{56}H_{86}O_2 + 2\,H,$$

$$2\,Sens^{rad} + 2\,H = 2\,Sens \cdot H.$$

2. Bedeutung der photosensibilisierten Reaktionen

Die photosensibilisierten Reaktionen, die man nach ihrem Entdecker als Schencksche Reaktionen bezeichnet, stellen einen wichtigen Reaktionstyp der präparativen organischen Photochemie dar — vgl. Schönberg (37)—, denn sie ermöglichen eine verhältnismäßig einfache Bildung organischer O_2-Anlagerungsverbindungen verschiedenster Strukturen. Die Zuführung der Aktivierungsenergie in Form von Strahlungs- statt thermischer Energie läßt dabei auch die Synthese von Verbindungen zu, die infolge ihrer Unbeständigkeit bei höheren Temperaturen auf anderem Wege nicht erhalten werden können.

Zur präparativen Durchführung dieser Reaktionen sei auf die diesbezüglichen Darstellungen von Schenck (52, 53) und Schönberg (37) verwiesen.

Als charakteristische Beispiele für die unterschiedlichen Reaktionsmöglichkeiten sind folgende Synthesen zu nennen:

a) Photosensibilisierte Hydroperoxyd-Synthese

Der vom Sensibilisator übertragene Sauerstoff lagert sich hier an ein C-Atom einer angegriffenen Doppelbindung an. In der Folge tritt dann ein Übergang eines H-Atoms aus der Allylstellung an diesen Sauerstoff ein unter gleichzeitiger Umklappung der Doppelbindung von C 3 nach C 4.

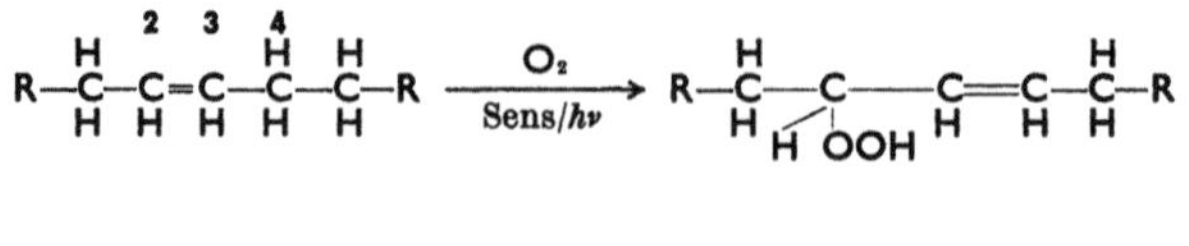

Man spricht von einer indirekten substituierenden Addition in der Allyl-stellung.

Beispielsweise bildet sich so aus α-Pinen das trans-Pinocarvenyl-hydroperoxyd (*54*) oder das Δ^{39}-Oktalyl-10-hydroperoxyd aus Oktalin. Vitamin D läßt sich ebenfalls in ein Hydroperoxyd umwandeln. Aus β-Pinen (*52*) — 217 g — entsteht mit Methylenblau — 1 g — in Iso-propanol — 2800 cm³ — und O_2 Mirtenyl-Hydroperoxyd.

b) Diensynthesen mit O_2

Photosensibilisierte Reaktionen mit zyklischen 1,3-Dienen führen zur Bildung transanellarer Peroxyde — vgl. (*54* bis *57*) —, eine Reaktion,

die eine gewisse Analogie zu den Additionsreaktionen zwischen zykli-schen 1,3-Dienen und Philodienen aufweist (*58*).

Diese Reaktionsart wurde erstmalig in technischem Maße im Kriege, da Oleum chenopodii fehlte, zur Ascaridol-Synthese aus α-Terpinen an-gewandt (*59*), wobei Methylenblau und weitere Farbstoffe als Sensibili-satoren Verwendung fanden.

Aus Ergosterin und anderen Sterinen können ebenfalls durch Zu-gabe geringer Mengen eines Farbstoffs (Eosin u.a.) im Sonnenlicht oder auch durch Glühlampenbestrahlung Photoperoxyde dargestellt werden (*43, 60*).

Unter anderem gelingt auf diese Weise die Herstellung eines wichtigen Zwischenprodukts in der Laubachschen Synthese von Verbindungen — Einführung von Sauerstoff am C 11 des Steroids —, die mit dem zur Behandlung von Polyarthritis wichtigen Nebennierenrindenhormon Cortison verwandt sind (*61*).

c) Sulfinsäuresynthesen

Bei Thiocarbamiden und Thiosemicarbazonen lagert sich O_2 unter der Wirkung eines Photosensibilisators im Licht an S-Atome der C=S-Doppelbindungen an, ein Vorgang, der durch H-Wanderung und Umklappen einer Doppelbindung zu Sulfinsäuren führt (*62*).

$$R-NH-\underset{\underset{S}{\|}}{C}-NH_2 \xrightarrow[O_2]{h\nu/\text{Sens}} R-N=\underset{\underset{SOOH}{|}}{C}-NH_2$$

Nach diesem Mechanismus gelingt beispielsweise die Bildung der Aminoimino-methan-sulfinsäure (60% d. Th.) durch Belichtung des in Äthanol gelösten Thioharnstoffs bei Anwesenheit von Rose bengale:

$$H_2N-\underset{\underset{S}{\|}}{C}-NH_2 \rightleftarrows HN=\underset{\underset{SH}{|}}{C}-NH_2 \xrightarrow[O_2]{h\nu/\text{Rose bengale}} HN=\underset{\underset{SOOH}{|}}{C}-NH_2$$

$$O_2 \downarrow h\nu \text{ ohne Sens}$$

$$N\equiv C-NH_2 + H_2SO_4$$

Ohne Farbstoff würde sich im Licht dagegen Cyanamid und Schwefelsäure bilden.

d) Zusammenhang zwischen Photosensibilisierung und Lichtkrebs

Aus den genannten Beispielen kann bereits die Bedeutung der photosensibilisierten Reaktionen für die präparative organische Chemie ersehen werden.

Darüberhinaus läßt dieser Reaktionstyp auch Zusammenhänge mit der Lichtkrebsgenese erkennen, auf die bereits Schenck u.a. hinwiesen (*45/B, 63, 64*). Einmal sensibilisiert eine Reihe von Farbstoffen nicht nur die oben beschriebene AO_2-Bildung, sondern wirkt auch als Erreger verschiedener gefährlicher Lichtkrankheiten; vgl. den photodynamischen Effekt. Zum anderen können cancerogene Kohlenwasserstoffe, wie 3,4-Benzpyren, 20-Methylcholantren usw., ebenfalls als Photosensibilisatoren, eventuell sogar im Röntgenlicht, Verwendung finden (*65—67*).

Der Zusammenhang zwischen dem photosensibilisierenden Mechanismus (oder einem ähnlichen Reaktionstyp) und der durch Licht bedingten Krebserzeugung wird dabei vor allem durch Versuche nahegelegt, die eine erhöhte Bildung von Krebsgeschwüren an mit 3,4-Benzpyren infizierten Mäusen beim Aufenthalt in belichteten Räumen (*68*) oder bei Röntgenbestrahlung (*69*) im Vergleich zum Dunkeleffekt beweisen.

Man beachte außerdem, daß durch eine derartige photosensibilisierte Reaktion aus Cholesterin ein Cholesterinperoxyd erhalten werden kann

(*70*), und daß sich auch Δ^5-Cholestenon-(3) auf dem gleichen Wege in
ein Δ^4-Cholestenon-(3)-hydroperoxyd-(6β) überführen läßt, das stark
krebserregend wirkt. Interessanterweise zeichnen sich nämlich gerade
manche Photooxyde der cancerogenen Kohlenwasserstoffe durch eine
stärkere zerstörende Wirkung auf Proteine aus als die unoxydierte
Form (*71*).

Sicher stellen Licht oder Röntgenstrahlen keine unumgängliche Voraussetzung für den Beginn des Krebswachstums dar. Man beachte jedoch,
daß derartige Cancerogene nicht nur durch Strahlung, sondern auch auf
dem Wege eines anomalen Stoffwechsels aus einem im Organismus vorkommenden Steroid u. a. entstehen können. Es sei in diesem Zusammenhang auch die Möglichkeit der Bildung des Δ^4-Cholestenon-(3)-hydro-
peroxyds-(6β) in einer Dunkelreaktion erwähnt (*72*). Durch den Effekt
der Sensibilisierung kann somit sehr wahrscheinlich eine zusätzliche Erhöhung der krebserregenden Wirkung einer cancerogenen Substanz im
Licht eintreten.

Hierauf deuten vor allem auch Versuche hin (*73*), die das Wachstum
von Krebsgeschwüren in der Haut von Mäusen durch Sensibilisierung
mit nichtcancerogenen Farbstoffen — Eosin, Hämatoporphyrin u. a. —
bei Belichtung beweisen. Eine systematische Untersuchung dieser Fragen — Wellenlängenabhängigkeit u. a. — dürfte wahrscheinlich einen
interessanten Einblick in noch manche ungeklärte Probleme der Krebsbildung geben.

Siebentes Kapitel
Photochemische Reaktionen gefärbter Substrate

Der mit der photochemischen Zersetzung eines Farbstoffs verbundene Ausbleicheffekt ist naturgemäß von großem praktischen Interesse,
da er — wenn man von der speziellen Eignung zur Textilfaserfärbung
u. a. absieht — letztlich die technische Anwendbarkeit bestimmt; denn
obgleich die Quantenausbeute der photochemischen Bleichung licht-
unechter Farbstoffe bei sehr geringen Werten liegt, so macht sich dieser
Prozeß im Laufe der Zeit doch außerordentlich störend bemerkbar. Vor
allem bleibt der Zersetzungsprozeß, wie oben bereits erwähnt wurde,
nicht auf den Farbstoff allein beschränkt, sondern erfaßt in vielen Fällen
auch das Substrat und führt zu dessen mehr oder weniger ausgeprägter
Zerstörung. Der Wunsch zur Vermeidung dieses Effekts durch Verwendung möglichst lichtechter Farbstoffe, die bei starken Bestrahlungen
ihre Färbekraft beibehalten und außerdem das Substrat unbeschädigt
lassen, ist deshalb verständlicherweise sehr groß.

Beim Versuch einer Lösung dieses Problems muß besonders auch
dem Mechanismus der am gefärbten Substrat ablaufenden photo-

chemischen Reaktion ein Augenmerk geschenkt werden; denn es zeigt sich, daß die photochemische Zersetzung eines in reiner Form durchaus haltbaren Farbstoffs gerade nach der Adsorption an das Substrat eine ausgeprägte Förderung erfahren kann. Obwohl die Bedeutung der Faktoren Licht, Sauerstoff und Feuchtigkeit schon im Jahre 1894 für den Ausbleichprozeß von DUFTON erkannt wurde und bald darauf durch die Feststellung einer Wechselwirkung zwischen Farbstoff und Substrat (74) eine Ergänzung fand, blieb die theoretische Erfassung der photochemischen Zersetzungsreaktion lange Zeit unbefriedigend; vgl. z.B. (75). Die Untersuchungen der letzten Jahre lassen nun jedoch Gesetzmäßigkeiten erkennen, die den (beispielsweise an gefärbten Wollfasern) ablaufenden Ausbleichprozeß weitgehend dem Verständnis nahebringen.

I. Prüfmethoden

Die wichtigsten Methoden, die für die Prüfung des dem Ausbleichvorgang zugrunde liegenden Mechanismus Anwendung finden, dienen der Feststellung eines Oxydations- oder Reduktionscharakters der photochemischen Farbstoffumsetzung; denn gerade aus diesen Reaktionsarten können unter Umständen bereits wichtige Schlüsse auf die Richtung des Elektronenaustausches und auf Veränderungen der Farbstoff- und Substratmoleküle gezogen werden.

Nach CUMMING u. Mitarb. (76) kommen dabei in der Hauptsache folgende Verfahren zur Anwendung:

1. Spektroskopisches Verfahren

Bei dieser Methode werden die Absorptionsspektren der durch Belichtung gefärbter Systeme entstandenen Zersetzungsprodukte mit den Spektren der auf chemischem Wege erhaltenen Oxydations- bzw. Reduktionsstufen des Farbstoffs verglichen. Obgleich die Feststellung einer völligen Identität der photochemischen und chemischen Zersetzungssubstanzen auf diese Weise sehr schwierig ist, geben die Untersuchungen doch in vielen Fällen wichtige Hinweise auf die Reaktionsrichtung.

2. Chromatographische Methode

Dieses Verfahren besteht in der chromatographischen Prüfung der aus dem photochemischen Prozeß hervorgegangenen Produkte; vgl. (77).

3. Die Hammett-(σ)-Ausbleich-Beziehung

Ein Einblick in den Mechanismus des Ausbleichvorgangs gelingt vor allem durch Beobachtung verschiedener, die Zersetzungsgeschwindigkeit des adsorbierten Farbstoffs beeinflussender struktureller Effekte, die sich im Fall einer Oxydation entgegengesetzt zu denen einer Reduktion auswirken. Die Änderung der Reaktionsgeschwindigkeit ist dabei unter anderem auf die Eigenart der Substituenten zurückzuführen, bei entsprechender Orientierung durch induktive und mesomere Effekte eine

Erhöhung oder Erniedrigung der Elektronendichte am Reaktionszentrum hervorzurufen. Mit der Erhöhung der Elektronendichte wächst die Fähigkeit zum oxydativen Umsatz, während sich eine geringe Elektronendichte einer reduktiven Beeinflussung gegenüber günstig auswirkt.

Da sich die relative Elektronendichte eines in m- oder p-Stellung zum Substituenten befindlichen Reaktionsortes durch die σ-Konstanten der Hammett-Gleichung (78)

$$\log k - \log k_0 = \varrho \cdot \sigma \quad \text{bzw.} \quad \log K - \log K_0 = \varrho \cdot \sigma \qquad (7.1)$$

[k (k_0) Geschwindigkeitskonstaten der substituierten (unsubstituierten) Verbindung; K (K_0) entsprechende Gleichgewichtskonstante; ϱ Reaktionskonstante, abhängig vom Reaktionstyp]

angeben läßt, besteht die Möglichkeit, den Zusammenhang zwischen der Ausbleichgeschwindigkeit einer Farbstoffreihe und der Elektronendichte als Funktion

$$\log k_{\text{Zers}} = f(\sigma) \qquad (7.2)$$

darzustellen. Die ursprünglich aus dem Dissoziationsgleichgewicht der substituierten Benzoesäure ermittelte Beziehung zwischen Substituentenwirkung und Gleichgewicht (bzw. Reaktionsgeschwindigkeit) erfaßt ja nicht nur die spezielle Benzoesäuredissoziation, sondern viele Reaktionstypen (79), wobei die die Ladungsverteilung am Reaktionszentrum beschreibenden σ-Werte jeweils weitgehend übereinstimmen. Daß die den Substituenten zukommenden Hammett-Konstanten σ, die bei Elektronenakzeptoren (z.B. —NO$_2$) definitionsgemäß ein positives, bei Elektronendonatoren (z.B. —NH$_2$) ein negatives Vorzeichen haben, tatsächlich die Elektronendichte an der Reaktionsstelle kennzeichnen, kann — abgesehen von den genannten Bestimmungen der Gleichgewichts- und Geschwindigkeitskonstante — vor allem auch aus Messungen der kernmagnetischen Resonanzabsorption (80) und aus Ultrarotuntersuchungen (81) ersehen werden. Im letztgenannten Fall verschiebt sich z.B. die Valenzschwingung einer Reaktionsgruppe beim Übergang von negativen zu positiven Hammett-Konstanten nach kürzeren Wellen. Einige der Hammett-Konstanten sind aus der folgenden Tabelle ersichtlich.

Tabelle 3

Substituent	σ-Konstante	Substituent	σ-Konstante
p-NH$_2$	$-0{,}66$	p-Cl	$+0{,}23$
m-NH$_2$	$-0{,}161$	m-Cl	$+0{,}37$
p-OH	$-0{,}357$	p-NO$_2$	$+0{,}778$
m-OH	$-0{,}002$	m-NO$_2$	$+0{,}71$
p-OCH$_3$	$-0{,}27$		
p-OC$_2$H$_5$	$-0{,}25$		
p-CH$_3$	$-0{,}17$		

Für das Problem der Farbstoffausbleichung ist von Bedeutung, daß die Hammett-Gleichung Hinweise auf den Mechanismus eines Reaktionstyps gibt; denn das Vorzeichen der Reaktionskonstante ϱ dieser

Gleichung hängt davon ab, ob die Reaktion durch Verminderung der Elektronendichte am Reaktionszentrum ($\varrho = +$) oder durch eine Erhöhung der Dichte ($\varrho = -$) gefördert wird. Durch Aufzeichnung der Reaktionsgeschwindigkeit in Abhängigkeit von σ der entsprechenden Substituenten und Feststellung der Geradenneigung $\log k - \sigma$ erhält man somit Auskunft über den Reaktionsmechanismus. Für Redoxreaktionen sind folgende Regeln gültig:

Eine *Reduktion* liegt vor, wenn die Geschwindigkeit des Umsatzes (z.B. die Ausbleichung) mit positiveren Hammett-Konstanten σ der Substituenten (entsprechend einer Abnahme der Elektronendichte am Reaktionsort) *zunimmt*, d.h. ϱ der $\log k/k_0$-Gerade positiv ist.

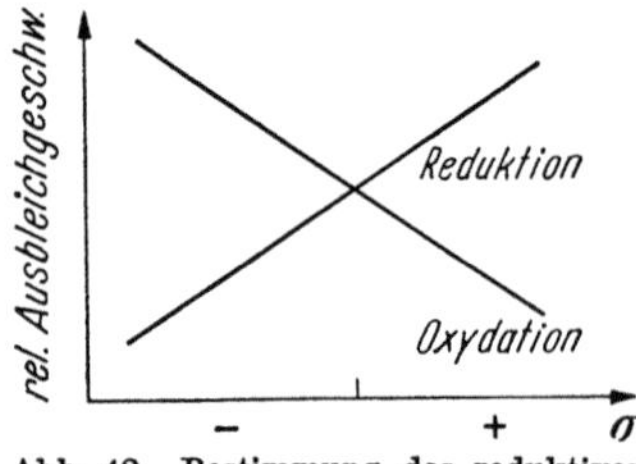

Abb. 42. Bestimmung des reduktiven oder oxydativen Charakters einer Ausbleichreaktion aus der Beziehung $\log k_{\text{Ausbleichung}} = f(\sigma)$

Mit einer *Oxydation* ist dagegen in den Fällen zu rechnen, bei denen die Reaktionsgeschwindigkeit mit positiveren Hammett-Konstanten σ (entsprechend einer Elektronendichteabnahme) *abnimmt*, d.h. ϱ der $\log k/k_0$-Gerade einen negativen Wert hat. Vgl. noch die Abb. 42.

Die genannten Regeln erlauben eine einfache und rasche Bestimmung des Ausbleichmechanismus. Es ist nur nötig, die relativen Ausbleichgeschwindigkeiten der verschieden substituierten Derivate eines Farbstoffs zu messen und gegen die einzelnen Hammett-Konstanten aufzuzeichnen. Die Neigung dieser Geraden gibt dann Auskunft über den oxydativen oder reduktiven Charakter des Zersetzungsprozesses. Vgl. (*76, 82*).

4. Becquerel-Effekt

Unter bestimmten Voraussetzungen kann auch mittels des lichtelektrischen Becquerel-Effekts — Änderung des Potentials einer mit Farbstoffen bedeckten Elektrode — ein Hinweis auf den Ausbleichmechanismus des Farbstoffs erhalten werden. Man vergleiche hierzu das achte Kapitel.

II. Ausbleichmechanismus der Farbstoff/Substrat-Systeme

Die Art der photochemischen Zersetzungsreaktion hängt nicht nur vom Farbstofftyp, sondern besonders auch von der Substratstruktur (Protein bzw. Nichtprotein) ab.

1. Nichtproteinisches Substrat

a) Oxydative Zersetzung

Die photochemische Ausbleichung der auf nichtproteinischen Substraten (Baumwolle, Methyläthylzellulose) befindlichen Farbstoffe geht in den meisten Fällen auf eine oxydative Zerstörung des Farbstoffs zurück. Zum Reaktionsablauf ist dabei nicht nur eine intensive Lichteinstrahlung in den Bereich der Farbstoffabsorptionsbande erforderlich, sondern vor allem auch die Anwesenheit von Wasser und Sauerstoff. Das nichtproteinische Substrat greift wahrscheinlich nicht in den Farbstoffoxydationsprozeß mit ein, so daß die Substratänderung mehr die Folge einer sekundären Umsetzung darstellt.

Möglicherweise spielt bei diesen Reaktionen die Wasserstoffperoxydbildung, die nachweislich bei Belichtung wäßriger Farbstofflösungen (z.B. der Fluoresceine) eintritt — vgl. (28, 83) —, eine entscheidende Rolle; denn es liegt nahe, daß dieses photochemisch (aus H_2O und O_2) entstandene H_2O_2 neben der oxydativen Ausbleichung des belichteten Farbstoffs auch eine Veränderung des Substrats hervorrufen kann.

Der oxydative Charakter der hier genannten Ausbleichreaktionen läßt sich vor allem durch Bestimmung des zwischen der relativen Ausbleichgeschwindigkeit und den Hammett-Konstanten (verschieden substituierter Farbstoffe) bestehenden Zusammenhangs ermitteln. Die Messungen CUMMINGs u.a. (76, 82) beweisen nämlich, daß beispielsweise die Zersetzungsgeschwindigkeit der in Methyläthylzellulose gelagerten Azofarbstoffe mit zunehmender Positivität der den m- und p-Substituenten zugehörigen Hammett-Konstanten σ in Übereinstimmung zur Theorie (Geradenneigung ϱ negativ bei Oxydationen) abnimmt.

b) Reduktive Ausbleichung

Es kann als Regel gelten, daß die photochemische Bleichung der Farbstoffe an nichtproteinischen Fasern im allgemeinen oxydativer Natur ist. Eine reduktive Zerstörung, die man an einigen speziellen Farbstoffklassen beobachtet, muß somit (bei Anwesenheit nichtproteinischer Substrate) als Ausnahme angesehen werden. Als Beispiel für den letztgenannten Fall seien die gelben Anthrachinonfarbstoffe (Indanthrengelb GF u.a.) angeführt, die bei Belichtung unter gleichzeitiger (wahrscheinlich) dehydrierender Schädigung der Baumwollfaser reduziert werden.

Bemerkenswerterweise ist die faserschädigende Wirkung in der Hauptsache auf die gelben und orange gefärbten (also kurzwellig absorbierenden) Farbstoffe dieser Klasse beschränkt und fehlt an den grünen oder blauen Anthrachinonfarbstoffen fast völlig. DÖRR (84) sieht die Ursache dieser Abstufung in einer strukturbedingten Änderung der Elektronenübergangsart, die bei den gelben Anthrachinonfarbstoffen zur Bildung dehydrierender Sauerstoffradikale und im Fall der tiefer gefärbten Farbstoffe zur Entstehung O_2-übertragender Kohlenstoffradikale führt. Diese Änderung der Elektronenanregung geht dabei wahrscheinlich darauf zurück, daß die in den Anthrachinonfarbstoffen bestehende Möglichkeit der Anregung eines nichtbindenden, also einsamen (n, 2p) Elektrons des Sauerstoffs unter Aufspaltung der CO-π-Bindung in einen antibindenden π-Zustand, d.h. eine n-π-Anregung, von einem π-π-Übergang abgelöst wird.

Wie das folgende Bild veranschaulicht — vgl. DÖRR (84) — entstehen als Folge der n-π-Anregung, die einem Elektronenübergang vom Grundzustand S_0 in den angeregten Singulett- $S(n\pi)$ oder Triplettzustand $T(n\pi)$ entspricht, am Sauerstoff- und am Kohlenstoffatom der CO-

Gruppe radikale Elektronen. Während im Anthrachinon die radikalen C-Elektronen unter Abgabe der Resonanzenergie mit den π-Elektronen des C-Rings verschmelzen können, bleiben die radikalen O-Elektronen erhalten und geben so dem belichteten Farbstoff den Charakter eines

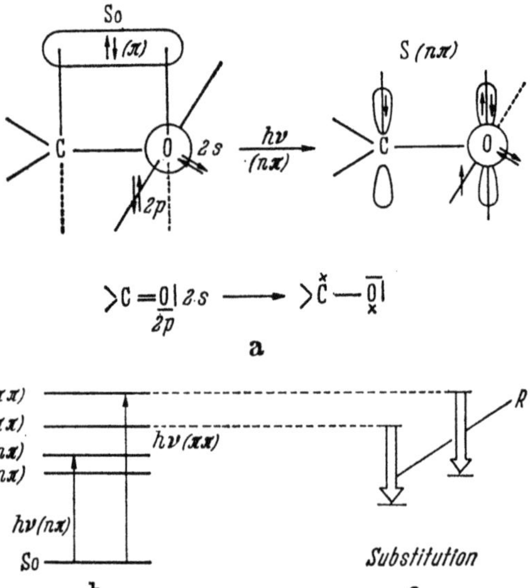

Abb. 43a—c. Der n-π-Übergang bei den Anthrachinonfarbstoffen. a Elektronische Schreibweise des Übergangs. b Termschema (ohne wirksamen Substituenten). c Termschema (nach Einbau auxochromer Gruppen)

Sauerstoffradikals bzw. Diradikals, die nach SCHENCK (3) stark dehydrierende Eigenschaften besitzen.

Die Ablösung der n-π-Anregung durch einen die π-Elektronengesamtheit erfassenden π-π-Übergang kommt unter der Wirkung auxochromer Gruppen zustande; denn die im Fall unsubstituierter Anthra-

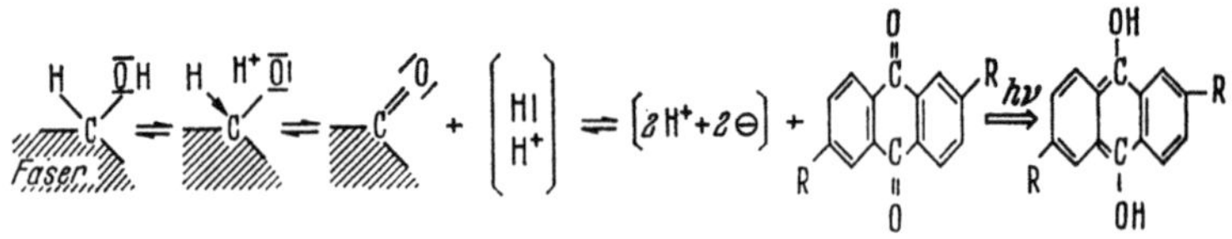

Abb. 44. Die dehydrierende Wirkung kurzwellig absorbierender Anthrachinonfarbstoffe

chinone über den $(n\pi)$-Zuständen liegenden $(\pi\pi)$-Terme werden durch Substituenten in stärkerem Maße als die $(n\pi)$-Zustände beeinflußt, so daß sich schließlich der Singulett- $S(\pi\pi)$ und der Tripletterm $T(\pi\pi)$ unter den $S(n\pi)$- bzw. $T(n\pi)$-Term verlagert. Der im Licht gebildete Zustand $T(\pi\pi)$ bzw. $S(\pi\pi)$ besitzt nun keine Ähnlichkeit mit den bei Anregung einsamer Elektronen entstandenen Zuständen $T(n\pi)$ oder $S(n\pi)$, da die Elektronen nicht mehr am Sauerstoff fixiert sind, sondern sich über das gesamte Kohlenstoffgerüst verteilen. Im Fall des entkoppelten Triplettzustands $T(\pi\pi)$ reagiert der Farbstoff somit als Kohlenstoffradikal, d.h. als O_2-Überträger; bei den langwellig absorbierenden Anthrachinonfarbstoffen fehlt deshalb die dehydrierende Wirkung gegenüber dem Substrat. Vgl. hierzu noch Abb. 44.

2. Proteinisches Substrat

Während das photochemische Ausbleichen eines Farbstoffs an nichtproteinischen Substraten (Baumwolle u.a.) in der Regel auf einer oxydativen Zerstörung des Farbstoffs beruht — die reduktive Umwandlung ist auf wenige Farbstoffklassen beschränkt —, verläuft der analoge Prozeß an proteinischen Substraten (tierische Wolle, Gelatine) im allgemeinen nach einem Reduktionsmechanismus.

Auf diese Gesetzmäßigkeit wiesen besonders CUMMING u. Mitarb. (76) hin, die den Ausbleichmechanismus durch Beobachtung der Zersetzungsgeschwindigkeit von in Gelatine eingebetteten verschieden substituierten Farbstoffreihen — Azofarben, Triphenylmethanfarbstoffe u.a. — bestimmten. Als Beispiel der untersuchten Azofarbstoffe sei Orange R angeführt:

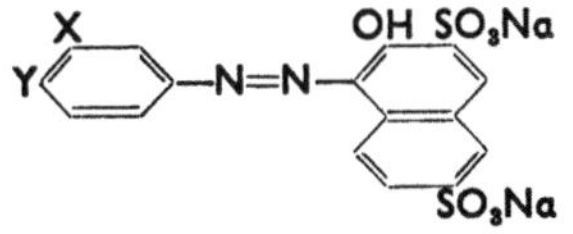

Derivate: X und Y bedeuten —H, —CH₃, —OCH₃, —OC₂H₅, —Cl, —NO₂

Die Messungen ließen nämlich erkennen, daß die relative Zersetzungsgeschwindigkeit der Farbstoffe in Übereinstimmung zu Reduktionsprozessen linear mit positiver werdenden Hammett-Konstanten der Substituenten zunimmt.

Möglicherweise liegt dieser photochemischen Reduktion der Farbstoffmoleküle ein direkter Elektronenübergang vom Substrat zum adsorbierten Farbstoff zugrunde, wobei die Rolle des Elektronendonators auf bestimmte Bestandteile des Proteins beschränkt zu sein scheint; denn einmal wird an einfachen Polypeptidketten oder synthetischen Proteinfasern (z.B. dem Polyamid der ε-Aminocapronsäure, Nylon) kein reduktives Bleichen beobachtet, und zum anderen erfährt auch der oxydative Zersetzungsprozeß an Äthylmethylzellulose durch Einbau einfacher Amine u.a. keine Änderung. Allein Histidin ist imstande — ab etwa 5% —, den Zersetzungscharakter der in Methyläthylzellulose eingebetteten Farbstoffe umzuwandeln, so daß es naheliegt, diese Aminosäure für die vom Eiweiß auf den belichteten Farbstoff ausgeübte Reduktionswirkung verantwortlich zu machen. Auch Tryptophan dürfte in entsprechender Weise wirken. In Übereinstimmung hierzu stehen noch Beobachtungen, die eine photochemische Oxydation dieser Aminosäuren in Lösung bei Anwesenheit verschiedener organischer Farbstoffe beweisen (85).

Man beachte, daß sich auch bei der reduktiven Farbstoffbleichung an Eiweißsubstraten Feuchtigkeit und Sauerstoff mitbeteiligen. Die reduktive und oxydative Ausbleichgeschwindigkeit der Farbstoffe nimmt außerdem an den verschiedenen Substraten durch eine Temperaturerhöhung zu (86).

III. Bedeutung der Ausbleichregeln

1. Farbstoffauswahl

Die Kenntnis der verschiedenen, für den Ausbleichprozeß gültigen Gesetzmäßigkeiten erlaubt bereits eine Auswahl geeigneter Farbstoffe für bestimmte Färbeprogramme vom Gesichtspunkt der Lichtechtheit aus zu treffen; denn es ist verständlich, daß man eine Faser im Fall der oxydativen Zersetzung eines Farbstoffs bevorzugt mit Derivaten der Farbstoffklasse anzufärben versucht, die an der Faser möglichst langsam bleichen, also mit Derivaten, deren (m- und p-) Substituenten besonders positive Hammett-Konstanten besitzen. Bei einer reduktiven Zerstörung des Farbstoffs wird man die Wahl gerade umgekehrt treffen.

Durch Feststellung des für ein Substrat jeweils gültigen Ausbleichmechanismus — wozu schon die Beobachtung der Ausbleichgeschwindigkeit weniger Derivate einer Farbstoffreihe genügen — lassen sich außerdem unter Umständen viele Messungen ersparen, da man das Verhalten der Farbstoffderivate häufig schon aus der $\log k_{\mathrm{Ausbl}} = f(\sigma)$-Geraden vorhersagen kann.

Wie die oben erwähnten Beispiele zeigen, erfassen die genannten Regeln nicht nur Baumwolle oder tierische Fasern, sondern auch andere Substrate, so daß sie auch den Bleichvorgang verschiedener, in der Lackindustrie verwendeter organischer Pigmentfarbstoffe beschreiben. Die bevorzugte Anwendbarkeit der mit Nitrogruppen versehenen Azofarbstoffe (Helioechtrot R u. a.) geht möglicherweise auf die dem (eventuell) oxydativen Ausbleichvorgang entgegengerichtete Wirkung der Nitrogruppen ($\sigma = +$) zurück.

2. Optisches Bleichen

Unter der optischen Bleichung versteht man die Beseitigung der gelben Tönung verschiedener Textilien durch Zugabe „farbloser", blaufluoreszierender Farbstoffe. Der Effekt ist darauf zurückzuführen, daß sich die blaue Fluoreszenzstrahlung des Farbstoffs zur Reflexionsstrahlung des an sich gelbstichigen (d.h. selbst blau absorbierenden) Körpers addiert und so den Eindruck eines „reinen Weiß" bei entsprechender Dosierung bewirkt. Als Beispiele derartiger optischer Aufheller seien 4-Methylumbelliferon (I) und 4,4'-Diaminostilben-2,2'-disulfonsäure (II) angegeben:

Die Bedeutung des genannten Bleichverfahrens, das man gewöhnlich mit einer chemischen Bleichung (durch H_2O_2 u.a.) koppelt, wird unter Umständen durch bestimmte Nebenerscheinungen stark eingeschränkt; denn an mit optischen Aufhellern behandelten Materialien kann eine intensive Sonnenbestrahlung, besonders in einer feuchten Atmosphäre, schon in 1 bis 2 Stdn. eine gelbbraune Verfärbung der Textilien hervorrufen (*87*, *88*), die ohne Farbstoffe erst nach mehreren Tagen Belichtung eintreten würde.

Es liegt nun nahe, diesen Verfärbungseffekt mit den oben beschriebenen photochemischen Reaktionen der Farbstoff/Substrat-Systeme in Zusammenhang zu bringen und für beide einen anlogen Mechanismus zu postulieren. Sowohl die Farbstoffzersetzung am Protein als auch die Verfärbung der optisch gebleichten Textilien müßte hiernach auf eine Reduktion des Farbstoffs unter gleichzeitiger Oxydation der Wollbestandteile zurückgehen. Während die oxydative Verfärbung der Wolle bei Anwesenheit der Textilfarbstoffe naturgemäß von deren Farbe überdeckt wird, macht sie sich an den weißen Materialien deutlich bemerkbar. Die Untersuchungen von GRAHEM, STATHAM u.a. (*88*) zeigen dabei, daß die Oxydation — in Übereinstimmung zur Farbstoffzersetzung an Eiweißfasern — einzelne Aminosäuren der Seitenketten, nämlich Histidin und Tryptophan, angreift; die Oxydationsprodukte dieser Verbindungen — eventuell Tryptochrom u.a. (*89*) — sind braun gefärbt.

In Übereinstimmung zu diesem Mechanismus ist die Möglichkeit anzusehen, durch vorherige Bisulfitbehandlung der Wolle den Verfärbungseffekt optisch gebleichter Textilien im Sonnenlicht zu vermindern. An Nylon und anderen Kunstfasern fehlt verständlicherweise — aufgrund der fehlenden speziellen Aminosäuren — von vornherein der genannte störende Effekt.

3. Bildwiedergabe an Farbstoff/Gelatine-Schichten

Abschließend sei noch auf die Möglichkeit einer Bildwiedergabe mittels Farbstoff/Gelatine-Platten hingewiesen, die KÖGEL und STEIGMAN (*90*) erstmals beobachteten. Belichtet man nämlich eine mit Methylenblau (oder Dizyanin, Eosin, Rhodamin, Erythrosin, Thioflavin, Phenosafranin u.a.) versehenes Gelatinepapier kurzzeitig (>1 sec), so entsteht ein latentes Farbstoff-Gelatine-Bild, das aus einer Silbernitratlösung ein latentes Silbermetallbild niederschlägt.

Letzteres läßt sich ohne Schwierigkeit mit einem physikalischen Entwickler, der aus einer Silbernitratlösung, Metol und Zitronensäure besteht — Vorschrift z.B.: I: 500 cm³ H_2O, 10 g Metol, 150 g Zitronensäure; II: 20 cm³ H_2O, 2 g $AgNO_3$ —, sichtbar machen, da sich das Silber der Entwicklerlösung gerade an den latenten Silberkeimen abscheidet. Die Empfindlichkeit ist bei den einzelnen Farbstoffen verschieden; bei Methylenblaugelatinepapier genügt bereits eine Belichtungsdauer von 1 bis 2 sec.

Man führte früher diesen Effekt — vgl. z.B. (*1/A*) — auf die Bildung von nascierendem Wasserstoff zurück. Neuere Untersuchungen legen nun unter anderem eine elektronische Deutung nahe: Denn man könnte einmal die Entstehung von Triplettzuständen in den Farbstoffaggregaten postulieren, an denen die Reduktion der Ag^+-Ionen einsetzt; die Lebensdauer der Triplettzustände erscheint hierzu jedoch zu gering. Zum anderen ließe sich auch ein Übergang der primär zum Singulettniveau angeregten Elektronen des Farbstoffs in die berührende proteinische Substanz und eine anschließende Fixierung des Elektrons an einer Proteinstörstelle, an der dann die Silberkeime entstehen, diskutieren.

Wahrscheinlich hat man aber mit einem Prozeß im Sinne der photochemischen Farbstoff/Protein-Reaktionen zu rechnen, bei dem als Folge der Farbstoffbelichtung eine Reduktion des Farbstoffs durch einen Elektronenübergang vom Protein her eintritt. Der Farbstoff könnte hierdurch zum Reduktionskeim den Ag^+-Ionen gegenüber werden, so daß sich an ihm die Silberkeime abscheiden. Die Gültigkeit dieses Mechanismus müßte wahrscheinlich dadurch feststellbar sein, daß zwischen der Schwärzung $S[= \log (I_0/I_D)]$ des (unter analogen Bedingungen physikalisch) entwickelten Farbstoff/Gelatine-Bildes und den Hammett-Konstanten σ der Substituenten einer Farbstoffreihe eine dem primären Farbstoffreduktionsprozeß entsprechende Beziehung $S \sim \varrho \cdot \sigma$ ($\varrho = +$) bestünde.

Die Untersuchung einer praktischen Anwendbarkeit dieses Prozesses für die Bildwiedergabe — Auffindung geeigneter Farbstoffe u.a. — könnte möglicherweise auf der Grundlage dieser letztgenannten Theorie erfolgen.

IV. Abhängigkeit des Bleicheffekts vom physikalischen Zustand der Farbstoffe

1. Ideale photochemische Reaktionsordnungen

Die an idealen Systemen ablaufenden photochemischen Reaktionen (Umsetzungen, Ausbleicheffekte usw.) folgen bei einer schwachen Strahlungsabsorption einem Zeitgesetz erster Ordnung und gehen mit zunehmender Absorption stetig in eine Reaktion der 0. Ordnung über. Im letztgenannten Fall wird praktisch das gesamte einfallende Licht absorbiert.

Diese allgemeine Gesetzmäßigkeit der photochemischen Reaktionen läßt sich nach PLOTNIKOW (1/A) aus dem photochemischen Grundgesetz ableiten, nach dem die pro Zeiteinheit umgesetzte Substanzmenge [F] der absorbierten Lichtmenge $I_{abs} = I_0 - I_d$ proportional ist:

$$- \frac{d[F]}{dt} = k \cdot I_{abs}. \tag{7.3}$$

Bei der Ausbleichung wird die Substanz in einem rechtwinkligen Reaktionsgefäß angenommen, dessen Volumen V ($= d \cdot O$), Schichtdicke d und die dem Licht zugewandte Oberfläche O ist. Die Konzentration des Farbstoffs, die sich aus der Farbstoffmenge [F] nach $[F] = V \cdot c$ errechnet, beträgt zu Beginn der Ausbleichreaktion c_0 und nach der Zeit t nur noch c. Somit gilt:

$$- \frac{d[V(c_0 - c)]}{dt} = k \cdot I_{abs}. \tag{7.4}$$

Da $I_{abs} = O \cdot (I_0 - I_d)$ und $I_d = I_0 \cdot e^{-\varkappa d \cdot (c_0 - c)}$: $I_{abs} = I_0 \cdot (1 - e^{-\varkappa d \cdot (c_0 - c)})$,

$$- \frac{d(c_0 - c)}{dt} = k \cdot \frac{I_0}{d} (1 - e^{-\varkappa d \cdot (c_0 - c)}). \tag{7.5}$$

Die Integration dieser wichtigen, die Reaktionsgeschwindigkeit der photochemischen Reaktionen beschreibenden Differentialgleichung ergibt:

$$\varkappa \cdot I_0 \cdot k = \frac{\varkappa \cdot d \cdot [c_0 - (c_0 - c)] + \ln \dfrac{1 - e^{-\varkappa d \cdot c_0}}{1 - e^{-\varkappa d \cdot (c_0 - c)}}}{t} . \qquad (7.6)$$

Diese Gleichung enthält nun die beiden voneinander abweichenden Reaktionsordnungen als Grenzfälle:

Bei *starker* Lichtabsorption ($\varkappa \cdot d =$ sehr groß) vereinfacht sich diese Gleichung nämlich, da $e^{-\varkappa d \cdot c_0} \rightarrow 0$, und geht in die Beziehung

$$c = -\left(\frac{I_0}{d} \cdot k\right) \cdot t \qquad (7.7)$$

über. Das heißt, die Farbstoffkonzentration nimmt bei Einstrahlung der Lichtintensität I_0 proportional mit der Zeit t ab. Einem derartigen Zusammenhang zwischen c und t entspricht aber eine Reaktion 0. Ordnung.

Im Fall der sehr *schwachen* Lichtabsorption ($\varkappa \cdot d =$ sehr gering), wie er bei dünnen Schichten realisiert ist, läßt sich die Gleichung durch Entwicklung des im logarithmischen Glied stehenden Ausdrucks e^{-z} in die Reihe

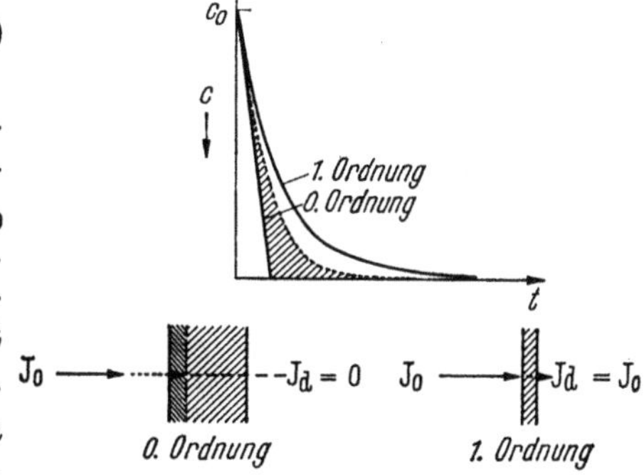

Abb. 45. Die Reaktionsordnungen des photochemischen Ausbleichvorgangs

$$e^{-z} = 1 - z + \frac{z^2}{1 \cdot 2} - \frac{z^3}{1 \cdot 2 \cdot 3} \quad \text{bzw.} \quad e^{-\varkappa \cdot d \cdot c_0} = 1 - \varkappa d \cdot c_0 + \frac{(\varkappa \cdot d \cdot c_0)^2}{1 \cdot 2}$$

und deren Abbruch nach dem 1. Glied vereinfacht wie folgt wiedergeben:

$$\left. \begin{aligned} \ln \frac{c_0}{(c_0 - c)} &= (\varkappa \cdot I_0 \cdot k) \cdot t, \\ \ln \frac{c_0}{(c_0 - c)} &= k' \cdot t, \quad \left[k'' = \frac{k'}{2{,}303} : \log \frac{c_0}{c_0 - c_0} = k'' \cdot t\right]. \end{aligned} \right\} \qquad (7.8)$$

Da $\varkappa \cdot I_0 \cdot k = k'$ konstant ist, stellt diese Gleichung eine Reaktionsgleichung 1. Ordnung dar. Die Ausbleichreaktion folgt also an dünnen, schwach absorbierenden Schichten dieser Reaktionsordnung.

Verständlicherweise wird der Ausbleichvorgang zwischen den beiden Grenzfällen einer zwischen der 0. und der 1. Ordnung liegenden Reaktionsordnung folgen. Abb. 45 enthält noch zur Veranschaulichung die nach verschiedenen Reaktionsordnungen erfolgende Abnahme der Farbstoffkonzentration c als Funktion der Zeit (Reaktionsgeschwindigkeit).

2. Die Ausbleich-Ordnungs-Kurven

Es liegt nun die Frage nahe, wie weit diese allgemeinen Regeln auch die Ausbleichreaktionen der an Fasern usw. adsorbierten Farbstoffe erfassen; denn die Übertragbarkeit dieser Regeln auf die Farbstoff/Substrat-Systeme würde ja auf ein ideales photochemisches Verhalten der adsorbierten Farbstoffschichten hinweisen und damit eine ideale Verteilung der Farbstoffmoleküle (gleichsam wie Gasmoleküle) in der hochpolymeren Phase des Substrats anzeigen.

Die Prüfung dieser Frage gelingt an den verschiedensten Farbstoff/Substrat-Systemen in einfacher Weise durch Bestimmung der sogenannten charakteristischen Ausbleich-Ordnungs-Kurven (CFO: characteristic fading order curve). Diese Kurven geben den Zusammenhang zwischen dem Logarithmus der Zeit t_A, die bis zum Ausbleichen der anfänglichen Farbstoffmenge auf einen bestimmten Betrag (z.B. auf 10 oder 50% von c_0) verstreicht, und dem Logarithmus der Anfangskonzentration des Farbstoffs c_0 an. t_A nimmt verständlicherweise mit einer Vergrößerung der Lichtbeständigkeit des Farbstoffs zu, so daß sich eine eventuelle Verbesserung der Lichtechtheit als Folge der Vergrößerung der Anfangskonzentration in einem Anstieg der $\log t_A - \log c_0$-Kurven anzeigt, während eine durch äußere Einflüsse (Nachbehandlung der Farbstoff/Substrat-Systeme usw.) bedingte Erhöhung der Lichtwiderstandsfähigkeit eine Verschiebung der CFO-Kurven nach oben hervorruft.

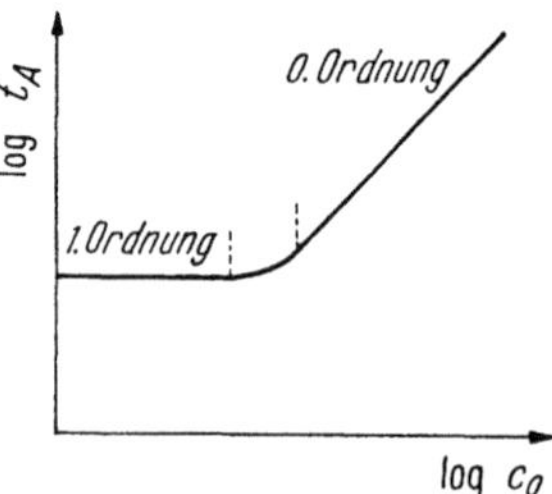

Abb. 46. Theoretischer Verlauf der CFO-Kurven $\log t_A = f(\lg c_0)$ bei idealen photochemischen Systemen

Für die Berechnung der CFO-Kurven ist eine spektralphotometrische Bestimmung (Extinktion, Reflexion) der Abnahme der Farbstoffkonzentration als Funktion der Belichtungszeit t erforderlich. t_A entspricht dabei der Ausbleichzeit t, innerhalb der die bei verschiedenen Anfangskonzentrationen aufgenommenen Ausbleichkurven jeweils eine Verringerung der Anfangskonzentration um einen bestimmten Betrag erfahren.

Bei idealen photochemischen Systemen läßt sich der Verlauf dieser CFO-Kurven unschwer vorhersagen: Denn beim Vorliegen geringer Farbstoffmengen wird die Lichtabsorption sehr schwach, so daß die Ausbleichgeschwindigkeit des adsorbierten Farbstoffs in Übereinstimmung zur oben besprochenen Regel der 1. Ordnung folgt. Da Reaktionen 1. Ordnung durch die Eigenart gekennzeichnet sind, in einer bestimmten Zeit t_A, beispielsweise der Halbwertszeit $\tau = (1/k) \cdot \ln 2$, die zu Reaktionsbeginn vorhandene Substanzmenge unabhängig von der Anfangskonzentration c_0 jeweils um einen bestimmten Betrag — bei τ gerade um 50% — zu verringern, muß t_A mit zunehmender Anfangskonzentration konstant bleiben. Beim Vergrößern der Anfangskonzentration ändert sich jedoch aufgrund der stärkeren Absorption die Ordnung der Ausbleichgeschwindigkeit und strebt der 0. Ordnung zu, so daß die charakteristische Zeit t_A mit c_0 ansteigt. Für die CFO-Kurve folgt deshalb der in der Abb. 46 wiedergegebene Verlauf.

BAXTER u.a. *(91)* beobachteten diese Art der $\log t_A/\log c_0$-Kurven in Übereinstimmung zu einer idealen molekularen Einlagerung an einigen in Kollodium eingebetteten Merocyaninfarbstoffen. In den meisten Fällen wurden jedoch Abweichungen vom theoretischen CFO-Verlauf gefunden, die auf den „realen" Einbau des Farbstoffs in Form von Aggregaten usw. zurückzuführen sind.

3. Bedeutung der Ausbleich-Ordnungs-Kurven

Die Bedeutung der CFO-Kurven liegt vor allem darin, daß einmal aus den Abweichungen vom theoretischen Verlauf auf die Art des physikalischen Zustands des eingelagerten Farbstoffs geschlossen werden kann, und daß zum anderen Änderungen (Verschiebungen usw.) der CFO-Kurven eines Farbstoff/Substrat-Systems, die durch bestimmte Behandlungsmethoden eintreten können, einen Hinweis auf die Möglichkeit einer Verbesserung der Lichtbeständigkeit der auf bestimmten Substraten (Fasern) befindlichen Farbstoffe geben können.

a) Physikalischer Zustand

Die Abweichungen der realen CFO-Kurven vom theoretischen Verlauf erklären sich aus der Tatsache, daß für den photochemischen Zersetzungsprozeß, sei er nun oxydativer oder reduktiver Natur, nicht nur die Lichtabsorption, sondern auch die Mitwirkung von atmosphärischem Sauerstoff und Feuchtigkeit von Bedeutung ist. Eine Vergrößerung der Angriffsfläche, die sich durch das Verhältnis der Oberfläche zum Gewicht des adsorbierten Farbstoffs charakterisieren läßt, wird deshalb eine erhöhte Ausbleichgeschwindigkeit bedingen, während eine Verringerung des Oberflächen/Gewichts-Verhältnisses die Lichtbeständigkeit des adsorbierten Farbstoffs erhöht — Effekte, die sich naturgemäß in der $\log t_A - \log c_0$-Darstellung auswirken. Die Kurven zeigen hierdurch nicht mehr den theoretischen Verlauf, den der Übergang von der 1. zur 0. Ordnung kennzeichnet, sondern stellen verschieden geneigte Gerade dar.

Je nach den Änderungen, die beim Wachsen (Vergrößerung von c_0) der körnigen Farbstoffschicht im Oberflächen/Gewichts-Verhältnis eintreten, sind nach BAXTER *(91)* drei Typen der realen CFO-Geraden zu unterscheiden:

1. Unveränderte Kornverteilung. Diesen Typ kennzeichnet eine Verteilung von Farbstoffkörnern verschiedenster Größe und Gestalt, die bei der Konzentrationserhöhung des Farbstoffs ohne Bevorzugung der einen oder anderen Kornart gleichmäßig zunehmen. Da das Oberflächen/Gewichts-Verhältnis konstant bleibt, ändert sich die beim realen System (im Gegensatz zur idealen monomolekularen Verteilung) vor allem von der aktiven, den Feuchtigkeits- und Gasmolekülen zugänglichen Kornoberfläche abhängige charakteristische Ausbleichzeit t_A bei

Erhöhung von c_0 nicht. Die Ausbleichgeschwindigkeit folgt über dem gesamten c_0-Bereich der 1. Ordnung, so daß $\log t_A$ gegen $\log c_0$ eine Gerade mit der Neigung $\mathrm{tg}\,\gamma = 0$ darstellt.

2. Unveränderte Kornzahl. Im Fall dieses Typs bewirkt die Erhöhung der Farbstoffkonzentration allein ein Anwachsen der Farbstoffkorngröße ohne Änderung der Gestalt und Kornzahl. Da hierbei die Gesamtoberfläche der Körner mit der Zweidrittelpotenz des Gesamtgewichts zunimmt, verbessert sich die Lichtbeständigkeit des adsor-

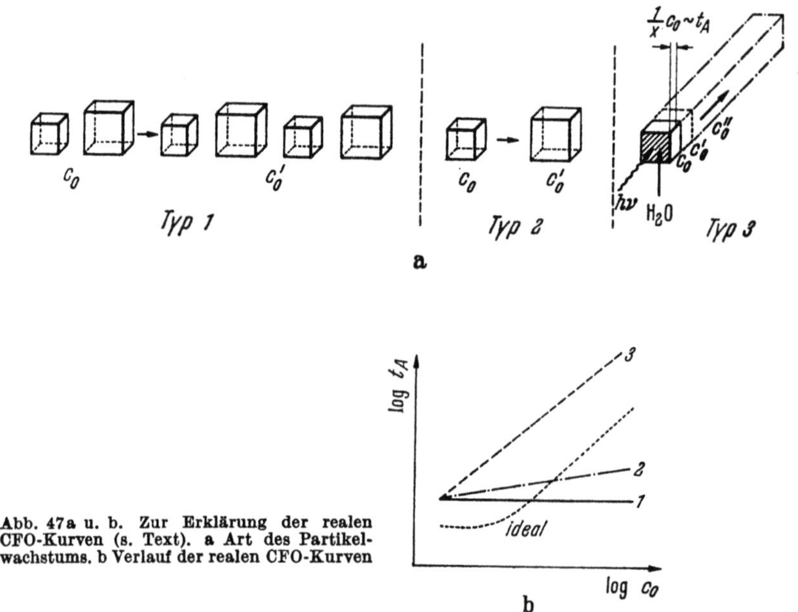

Abb. 47a u. b. Zur Erklärung der realen CFO-Kurven (s. Text). a Art des Partikelwachstums. b Verlauf der realen CFO-Kurven

bierten Farbstoffs bei größeren Anfangskonzentrationen. In der realen CFO-Geraden zeigt sich dies durch eine positive Neigung ($\mathrm{tg}\,\gamma = 0{,}12$) an.

Man beachte, daß die meisten der realen Farbstoffsysteme zwischen dem 1. und 2. Typ liegen.

3. Unsymmetrisches Kornwachstum. Ein Kornwachstum durch Aggregation der Farbstoffpartikel in einer bevorzugten Richtung, kann bei gerichteter Einstrahlung zu einer besonders ausgeprägten Verbesserung der Lichtbeständigkeit des Farbstoffs führen; denn die aktive Oberfläche bleibt, wenn Licht auf die größenmäßig unveränderte und eventuell allein dem Gas und der Feuchtigkeit zugängliche Fläche fällt, trotz zunehmender Farbstoffkonzentration konstant. Die zum Ausbleichen eines bestimmten Bruchteils von c_0 erforderliche Zeit t_A nimmt deshalb proportional zu c_0, entsprechend der 0. Reaktionsordnung, zu und die CFO-Gerade steigt mit der Neigung $\mathrm{tg}\,\gamma = 1{,}4$ an.

In der Abb. 47 sind diese Gesetzmäßigkeiten noch schematisch dargestellt.

Die Möglichkeit einer Feststellung des physikalischen Zustands eines angelagerten Farbstoffs aufgrund des Zusammenhangs zwischen den

CFO-Typen und der Einlagerungsart wird von BAXTER u. a. *(91)* durch Prüfung zahlreicher, in verschiedene Substrate (Gelatine, Methylzellulose, Kollodium) gebrachte Farbstoffe, deren physikalischer Zustand unter den gegebenen Verhältnissen definierbar war, bewiesen.

b) Beeinflussung der Lichtechtheit

Aus den Änderungen der CFO-Kurven, die an Farbstoff/Substrat-Systemen als Folge bestimmter Nachbehandlungen eintreten, läßt sich der Nutzen derartiger Verfahren für die Verbesserung der Lichtbeständigkeit in einfacher Weise ableiten. Als allgemeine *Regel* gilt dabei, daß eine das Kornwachstum positiv beeinflussende Nachbehandlung meist die Lichtechtheit erhöht, da der Widerstand gegen eine photochemische Zersetzung mit der Korngröße zunimmt. In der $\log t_A/\log c_0$-Darstellung zeigt sich dies als Gesamtverschiebung der CFO-Kurven nach oben, d. h. zu positiveren t_A-Werten, an.

Die Tatsache, daß die zur Färbung von Nylon verwendeten Küpenfarbstoffe an diesen Fasern weniger beständig sind als auf Cellulose *(92)*, dürfte mit der letztgenannten Regel zusammenhängen und auf eine geringere Größe der an Nylon haftenden Farbstoffpartikel zurückgehen. Es wird somit verständlich, warum durch Verfahren, die ein Aufquellen der Faser bewirken — z. B. Kochen in wäßrigen Lösungen einer Polyhydroxylverbindung, Quellung durch Dampfbehandlung usw. *(91, 93)* — die Lichtbeständigkeit des Farbstoffs zunimmt; denn die geweitete Faser ermöglicht eine Vergrößerung der eingelagerten Farbstoffkörner, ein Effekt, der sich erwartungsgemäß in den CFO-Geraden in einer Verschiebung nach oben ausdrückt. Eventuelle Verschiebungen der Geradenneigung beruhen dabei auf einer Änderung der Aggregationsart während des Kristallwachstums.

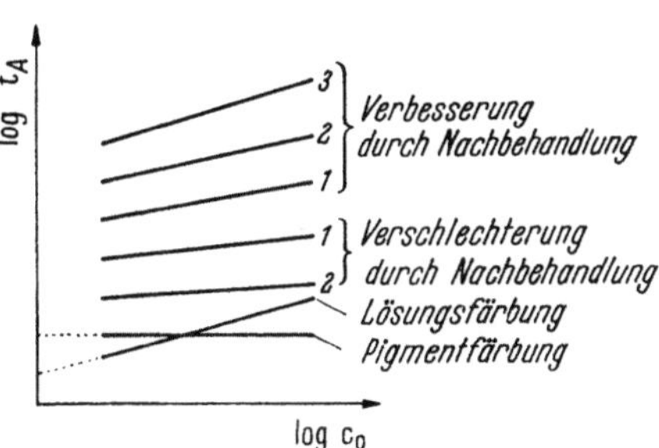

Abb. 48. Änderungen der CFO-Kurven beim Färbeprozeß (s. Text)

Verständlicherweise kann eine Nachbehandlung unter Umständen auch eine Vergrößerung des Oberflächen/Gewichts-Verhältnisses und damit eine Abnahme der Lichtechtheit des Farbstoffs verursachen. Die auf Cellulose gelagerten Küpenfarbstoffe lassen beispielsweise nach einer Behandlung eine derartige Minderung der Lichtbeständigkeit erkennen. Die CFO-Kurven sinken als Folge der Alterung nach unten.

Man beachte außerdem, daß eine durch Pigmente bewirkte Färbung eine größere photochemische Widerstandsfähigkeit hat als eine aus Lösungen (Küpenfarbstoffe) gewonnene. Dies erklärt sich aus der gleichmäßigen Korngrößenverteilung der Pigmente (Typ 1), die, entsprechend der horizontalen CFO-Geraden, bis zu geringster Konzentration bestehen bleibt. Die bei Lösungsfärbungen erhaltenen positiv geneigten CFO-Geraden (Typ 2 oder 3) weisen auf ein von Pigmenten abweichendes

Verhalten hin, da die Vergrößerung des Oberflächen/Gewichts-Verhältnisses der Körner bei der c_0-Abnahme im Fall geringer Farbstoffkonzentrationen einen den Einzelfarbstoffmolekülen entsprechenden (geringen) photochemischen Widerstand erwarten lassen.

In Abb. 48 sind die genannten Beispiele noch anhand der CFO-Kurven schematisch veranschaulicht.

c) Definition der Ausbleich-Reaktionsordnungen

Die an Farbstoff/Substrat-Systemen beobachteten Reaktionsordnungen (0., 1. Ordnung) gehen meist auf das Zusammenwirken mehrerer Faktoren (Lichtabsorption, Möglichkeit zur Bildung der Gas-Feuchtigkeits-Grenzschicht) zurück und können deshalb nicht mehr mit der idealen photochemischen Umsetzung identifiziert werden. Man unterscheidet aus diesen Gründen folgende Arten der Reaktionsordnungen:

1. Die *ideale* Reaktionsordnung, welche den Ausbleichprozeß bei einer idealen molekularen Verteilung des Farbstoffs und gleichmäßiger Bestrahlung kennzeichnet. Auf diese beziehen sich die am Anfang des Abschnitts abgeleiteten Gesetzmäßigkeiten.

2. Die *scheinbare* Reaktionsordnung der Farbstoff/Substrat-Systeme, die vom physikalischen Zustand des Farbstoffs (Korngröße, Verteilung usw.) abhängt und aus den $\log t_A/\log c_0$-Kurven folgt.

3. Die *reale* Reaktionsordnung. Während die scheinbare Reaktionsordnung den Ausbleichprozeß eines Farbstoffsystems im gesamten verwendeten Konzentrationsbereich erfaßt, gilt die reale Reaktionsordnung jeweils nur für die bei einer bestimmten Farbstoffkonzentration gemessene Zersetzungsgeschwindigkeit. Da bei der photochemischen Reaktion zuerst die kleinen Körner, entsprechend einer gleichzeitigen Verminderung des Oberflächen/Gewichts-Verhältnisses, zersetzt werden, geht die Ausbleichgeschwindigkeit im Laufe des Prozesses von der anfangs vorhandenen annähernd 1. Ordnung zur 0. Ordnung, die den großen Körnern zugehört, über.

Zusammenfassend sei hervorgehoben, daß eine Reihe empirischer Regeln, die die Ausbleichprozesse gefärbter Substrate erfassen, theoretisch erklärt werden können. Daß die Bedeutung derartiger Hypothesen besonders auch für die praktische Färbetechnik von großem Interesse ist, dürfte außer Zweifel stehen. Man erinnere sich nur an die vom Ausbleichmechanismus (Reduktion, Oxydation) abhängige Farbstoffauswahl, an die verschiedenen Folgen einer Nachbehandlung für das Problem der Lichtechtheit und andere Fragen. Eine weitere quantitative Festigung und Ausbau dieses Gebiets scheint deshalb sehr wünschenswert.

V. Sensibilisierte Photopolymerisation

Abschließend sei noch darauf hingewiesen, daß die (gewöhnlich durch UV-Bestrahlung ausgelöste) Photopolymerisation hochmolekularer Verbindungen durch den sensibilisierenden Einfluß organischer Farbstoffe in den sichtbaren Spektralbereich verlegt werden kann.

Zum Beispiel erfolgt die Photopolymerisation des Methylacrylats mit Chlorophyll als Sensibilisator (*94*) oder die des Styrols bei Anwesenheit von Neutralrot, Gentianaviolett, Viktoriablau, Chinolingelb usw. (*95*). Die Wirksamkeit der einzelnen Farbstoffe, die sich beispielsweise mittels einer von ÜBERREITER und SORGE (*95*) ausgearbeiteten Schnellmethode bestimmen läßt, hängt von der Farbstoffkonstitution ab. Farbstoffe der gleichen Gruppen üben jedoch einen weitgehend ähnlichen Sensibilisierungseffekt aus, wie die an der Styrolpolymerisation erhaltene Abstufung zeigt:

Azinfarbstoffe (Neutralrot) > Triphenylmethanfarben > Chinolinfarbstoffe.

Bemerkt sei außerdem, daß man die sensibilisierende Wirkung bestimmter Farbstoffe (Methylenblau, Rose bengale) auch zur Photovernetzung des Polyäthylens, die im UV besonders von Acetophenon aktiviert wird, nutzen kann (*96*).

Wahrscheinlich spielt bei diesen, die Vernetzungs- und Polymerisationsreaktionen sensibilisierenden Farbstoffeffekten, die Bildung radikalischer Strukturen (phototrop-isomere Diradikale) an den belichteten Farbstoffen eine entscheidende Rolle.

D. Der lichtelektrische Effekt der organischen Farbstoffe

Während die lichtelektrische Empfindlichkeit anorganischer Systeme aufgrund ihrer mannigfaltigen technischen Anwendung heute allgemein bekannt ist — vgl. z.B. GUDDEN, POHL, SIMON, SUHRMANN, MOLLWO u.a. (*1 bis 5*) —, war diese Erscheinung an den organischen Farbstoffen bis vor kurzer Zeit ein umstrittenes Problem.

Es lagen wohl Untersuchungen von ZCODRO, WARTANJAN u.a. (*6 bis 9, 145/A*) über diese Frage vor, doch ließen sie nur sehr geringe, träge und erst nach minutenlanger Belichtung unter bestimmten Bedingungen — Einfluß von Feuchtigkeit und Gasen, Beschränkung auf basische Farbstoffe u.a. — meßbare Photoströme erkennen, die man mehr auf eine Ausbleichung des Farbstoffs, eine Erwärmung der Schicht oder sonstige Nebeneffekte zurückführte als auf einen wirklichen Photoeffekt. Hieran änderten auch ausführliche Versuche über die Photoleitfähigkeit von mit Farbstoffen angefärbten Silber- und Thalliumhalogenidpulvern wenig, da sie keine Entscheidung darüber geben konnten, ob als Träger der Photoaktivität allein die anorganische Substanz oder der Farbstoff anzusehen war. Negative Ergebnisse mancher Autoren machten das Problem noch umstrittener, da sie die Meinung aufkommen ließen, organische Farbstoffe seien im Grunde genommen photoelektrisch inaktiv.

Der Anlaß, der zur eingehenden Prüfung dieser Frage und nun auch zum Beweis einer wirklichen Photoleitfähigkeit der Farbstoffe führte, war in der Tatsache zu sehen, daß gerade die organischen Farbstoffe bei einer Reihe wichtiger photochemischer Reaktionen eine entscheidende

Stellung einnehmen; denn die Photoleitung der Farbstoffe schien Aufschluß über den Mechanismus geben zu können, durch den Farbstoffe die Fähigkeit erlangen, das in ihre Absorptionsbande eingestrahlte Licht auf ein nicht selbst im Sichtbaren absorbierendes Reaktionssystem zu übertragen und in diesem eine Reaktion auszulösen. Es sei hier beispielsweise die Farbstoffsensibilisierung der photographischen Schicht angeführt, durch die der Ablauf des photographischen Prozesses im sichtbaren und UR-Spektralbereich erst möglich wird.

Die folgenden Ausführungen geben eine Zusammenfassung dieser Arbeiten, die nicht nur als sicherer Beweis für die lichtelektrische Empfindlichkeit der organischen Farbstoffe gelten können, sondern die auch einen Einblick in bisher unbekannte physikalisch-chemische Eigenschaften dieser Stoffklasse liefern.

Achtes Kapitel

Die verschiedenen Farbstoff-Photoeffekte

In Übereinstimmung zu anorganischen Systemen kann die Photoleitfähigkeit der organischen Farbstoffe mit Hilfe verschiedener Meßanordnungen wahrgenommen werden. Dies zeigt, daß sich die Farbstoffe ähnlich wie anorganische Halbleiter und Isolatoren verhalten und daß auch gewisse Übereinstimmungen im Leitungsmechanismus vorhanden sind.

I. Der Becquerel-Effekt

Unter dem von BECQUEREL im Jahre 1839 entdeckten Effekt versteht man die Änderung des natürlichen Potentials einer in einem Elektrolyten befindlichen photoaktiven Elektrode bei Belichtung.

Da der die Potentialverschiebung bewirkende Vorgang nicht in der Lösung, sondern allein an der belichteten Elektrode erfolgt — Becquerel-Effekt 1. Art (*10*) — bleibt dessen Untersuchung naturgemäß auf wasserunlösliche Farbstoffe beschränkt. In Übereinstimmung zu den anfänglichen Deutungen dieses Effekts an anorganischen Systemen führte man die Potentialänderungen des Farbstoffs erst auch auf rein chemische Reaktionen zurück, bis es NODDACK und ECKERT (*11*, *12*) gelang, die lichtelektrische Natur dieses Farbstoffeffekts aufzuklären.

1. Der photochemische Farbstoff-Becquerel-Effekt

Die in der Becquerel-Anordnung wahrgenommenen Potentialänderungen eines organischen Farbstoffs bei der Belichtung können praktisch als erste Hinweise einer Photoaktivität organischer Verbindungen angesehen werden. Man beobachtete so bereits im Jahre 1887 (*13*, *14*) eine Potentialänderung belichteter Cu/Cu_2O- bzw. $Ag/AgHal$.-Systeme durch Anfärben und auch bald ein Ansprechen von Metallelektroden auf sichtbares Licht beim Bedecken mit Farbstoffen (*15*, *16*).

Die eingehenderen Untersuchungen der späteren Jahre führten dann zur Annahme, daß die Photoaktivität auf Farbstoffe mit Aminogruppen beschränkt sei (*17*) und auf einen Oxydations- bzw. Reduktionsvorgang der chromophoren Gruppen zurückginge (*18*). Gerade die letztgenannte Hypothese, die die Erscheinung eng mit Ausbleichvorgängen verknüpft, wurde dabei häufig diskutiert und als gültig angesehen. Vgl. hierzu die Arbeiten von TERENIN (*19*), HILLSON u. a. (*30/C, 20, 21*), bei denen der Farbstoff entweder direkt (*19*) oder in einer Kollodiumhaut (*18, 30/C*) eingebettet auf der Elektrode liegend untersucht wurde.

Zweifellos handelt es sich bei einer Reihe der meist im sauren bzw. alkalischen Medium beobachteten Potentialänderungen [HILLSON u. a. (*30/C*)] um eine Photoreduktion bzw. Photooxydation der Farbstoffe — z.B. Triphenylmethanfarbstoffe: Fuchsin, Malachitgrün, Viktoriablau B, Methylviolett 2 B; Azofarbstoffe: Bordeaux, Sudanorange —, da die äußeren Bedingungen die Überführung in die Leukobase oder Carbinolform durchaus begünstigen. Die aus der spektralen Abhängigkeit beweisbare primäre Lichtabsorption im Farbstoff, die Größenordnung der Ströme und die Reproduzierbarkeit legt es deshalb sogar nahe, die reduktiven bzw. oxydativen Ausbleichvorgänge mit Hilfe der Becquerel-Anordnung zu verfolgen. Eine im sauren Medium wahrnehmbare Positivierung der mit einem Farbstoff bedeckten Elektrode deutet dabei eine Photoreduktion an

$$F + h\nu = F^*,$$

$$F^* + H^+ + \ominus = F - H$$

und eine im alkalischen und neutralen Medium erfolgende Negativierung eine Photooxydation.

$$F + h\nu = F^*,$$

$$F^* + HOH = F - OH + H.$$

Während die Photoreduktion einen direkten Kontakt des Farbstoffs mit der Elektrode voraussetzt und ihre Geschwindigkeit mit abnehmendem p_H-Wert erhöht, kann die Photooxydation und die hierdurch bedingte negative Potentialänderung nicht nur durch Anregung des an der Elektrode liegenden Farbstoffs, sondern auch durch Belichtung der in der Lösung befindlichen Moleküle (Becquerel-Effekt 2. Art) erfolgen. Man führt dies darauf zurück, daß die Photooxydation eine Reaktion des angeregten Farbstoffs mit H_2O darstellt, aus der der oxydierte Farbstoff und H-Atome resultieren, die zur — polarisierbaren, also keiner reversiblen (z.B. Cu); (*16*) — Elektrode diffundieren und diese durch Depolarisation (bei Sauerstoffbedeckung) bzw. Polarisation (bei Wasserstoffbedeckung) negativ laden. Die eigentliche Wirkung des H_2O läßt diesen Oxydationseffekt weitgehend p_H-unabhängig werden; in saurem Medium tritt jedoch eine Überlagerung durch die Photoreduktion ein, die zur völligen Aufhebung führen kann. Vgl. das Schema der Abb. 49.

Der Becquerel-Effekt 1. Art, der die Effekte des mit einer Elektrode in engem Kontakt befindlichen Farbstoffs erfaßt, kann, wie aus dem vorhergehenden ersichtlich ist, sowohl eine positive als auch eine negative Ladung der Elektrode — entsprechend einer Photoreduktion bzw. Oxydation des Farbstoffs — bei Belichtung verursachen. Im Gegensatz hierzu bleibt der durch Bestrahlung des Lösungsvolumens hervorgerufene Becquerel-Effekt 2. Art in der Hauptsache auf negative Potentialänderungen der Elektrode, d.h., eine Photooxydation der Lösungsmoleküle, beschränkt. Die Wahrnehmung dieses Volumeffekts setzt dabei die alleinige Bestrahlung der Lösung bei verdunkelten Elektroden voraus, da ein möglicherweise an der Elektrode angelagerter Farbstoff durch Photoreduktion den negativen Lösungseffekt überdecken kann. Es seien

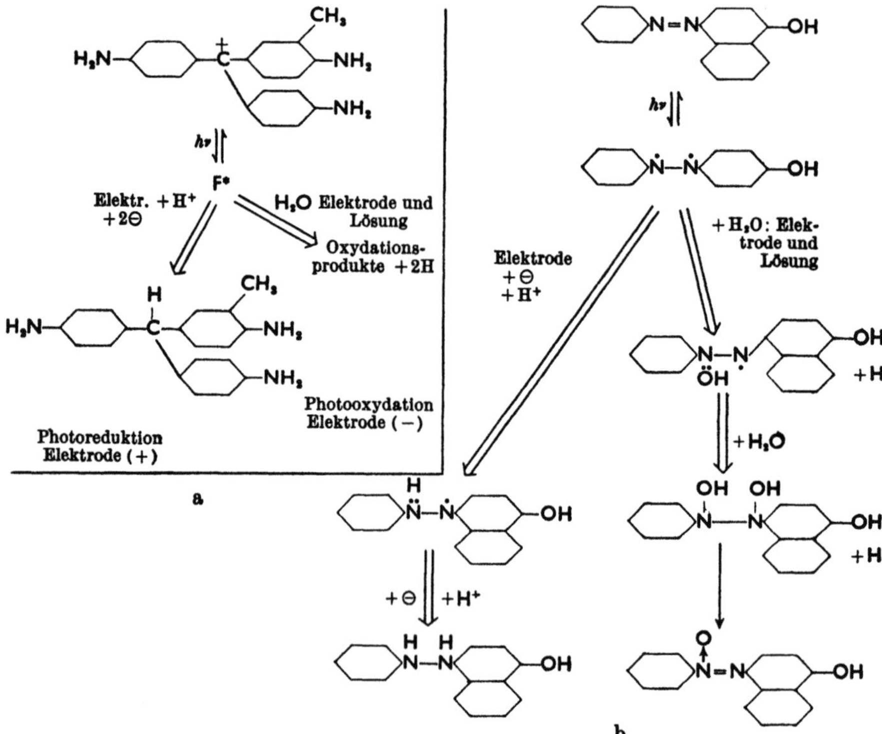

Abb. 49a u. b. Schema des Zusammenhangs zwischen Photoreduktion bzw. Photooxydation und Becquerel-Effekt. a Triphenylmethanfarbstoffe. b Azofarbstoffe

hierzu nur Beobachtungen von Fuchsin- und Malachitgrünlösungen (22) angeführt, die ein Verschwinden des negativen Becquerel-Effekts bei Mitbelichtung der Platinelektrode erkennen lassen.

Zum Becquerel-Effekt 2. Art können auch die in Farbstofflösungen beim Belichten mit hohen Lichtintensitäten wahrnehmbaren p_H-Wertänderungen — vgl. z. B. MATEJEC (23) — beitragen, die teils als Zunahme — Pinacyanol, Pinacyanolblau — teils als Abnahme — Thiazolpurpur, Methylenblau — erscheinen, einen Temperaturgang aufweisen und auf die durch Reaktion des angeregten Farbstoffs mit H_2O entstandenen H^+- und OH^--Ionen zurückgeführt werden:

$$F + h\nu = F^*,$$

$$F^* + H_2O = FH^+ + OH^- \quad \text{bzw.} \quad F^* + H_2O = FOH^- + H^+.$$

In diesem Zusammenhang sei auf die von FÖRSTER u.a. (*24, 24/B, 28/B*) beobachtete Acidität- bzw. Basizitätszunahme bei Anregung von Farbstoffen hingewiesen.

Obgleich die zum Nachweis von photochemisch kurzlebigen Primärprodukten benutzte blitzlichtelektrische Leitung (*25, 26*) nicht als Becquerel-Effekt 2. Art aufgefaßt werden kann, soll diese hier eine kurze Erwähnung finden, denn man bestrahlt wie beim Becquerel-Effekt 2. Art die gesamte, in einem photochemisch indifferenten Lösungsmittel (z.B. Hexan) befindliche Substanz. Nur werden zur Messung nicht die Potentialänderungen beobachtet, sondern die im Blitzlicht gebildeten Ladungsträger durch ein hohes elektrisches Feld E (etwa 1000 V/cm) während ihrer Lebensdauer τ zu den Elektroden gezogen (innere lichtelektrische Leitfähigkeit) und als Stromstoß $q = e \cdot N \cdot \tau \cdot (\mu_+ + \mu_-) \cdot \dfrac{E}{d}$ mittels Impulsverstärker und Oszillograph registriert. N bedeutet die Zahl der pro Lichtblitz entstandenen Ladungsträgerpaare, e die Elementarladung, μ die Beweglichkeit, d den Elektrodenabstand und $i = q/\tau$ die Stromstärke. Voraussetzung ist, daß $(\mu_+ + \mu_-) \cdot E \cdot \tau \ll d$, d.h. $\tau \ll 1$.

Bei einer Lebensdauer von 10^{-12} (10^{-1}) Sekunden lassen sich noch photochemische Ionenkonzentrationen (Radikalionen usw.) von 10^{-7} (10^{-18}) Mol/l nachweisen.

Die Feststellung des *photochemischen Charakters* der genannten Potentialänderungen darf nun nicht dazu führen, die im Licht beobachtbaren Änderungen des elektrischen Verhaltens organischer Farbstoffe *in jedem Fall* auf diese Effekte zurückführen zu wollen; denn durch Änderung und Anpassung der Versuchsbedingungen lassen sich diese photochemischen Reaktionen völlig ausschalten, so daß nur ein reiner photoelektrischer Effekt zur Beobachtung gelangt. Sicher ist dies beim Becquerel-Effekt noch am schwierigsten, da die vorhandene Lösung mindestens sekundär am belichteten Farbstoff angreifen und diesen photochemisch verändern kann. Doch dürfte bei den Messungen von NODDACK u.a. auch in der Becquerel-Anordnung ein wirklicher Farbstoffphotoeffekt vorliegen.

2. Der photoelektrische Farbstoff-Becquerel-Effekt

Bei diesem Effekt kommen unter weitgehender Ausschaltung photochemischer Reaktionen in der Hauptsache nur die Potentialänderungen zur Beobachtung, die auf eine lichtelektrische Änderung des Farbstoffs zurückgehen.

a) Meßanordnung

Die Untersuchung des Becquerel-Effekts beschränkt sich hier auf wasserunlösliche Farbstoffe, die man vor der Messung durch Abziehen des organischen Lösungsmittels in dünner Schicht auf Elektrodenbleche bringt. Die Registrierung der Photoaktivität erfolgt dabei nach zwei Verfahren:

1. Bei der Methode der direkten Photostrommessung wird die mit dem Farbstoff bedeckte (Silber-) Elektrode über ein Galvanometer an

eine zweite im gleichen Elektrolyten (2% KBr) befindliche Ag-Elektrode angeschlossen und der Stromausschlag im Licht bestimmt.

Dieses Verfahren erlaubt naturgemäß eine rasche Untersuchung der verschiedenen Farbstoffe und ermöglicht vor allem auch die Beobachtung des Stromeinsatzes. Als Beispiel sei eine Meßreihe von Cyanin (*27*) angeführt (Abb. 50), die eine weitgehende Trägheitslosigkeit des Photoeffekts erkennen läßt. Nach Belichtungsende geht der Photostrom rasch auf den ursprünglichen Dunkelwert zurück, was die Reversibilität und den photoelektrischen Charakter der Erscheinung beweist.

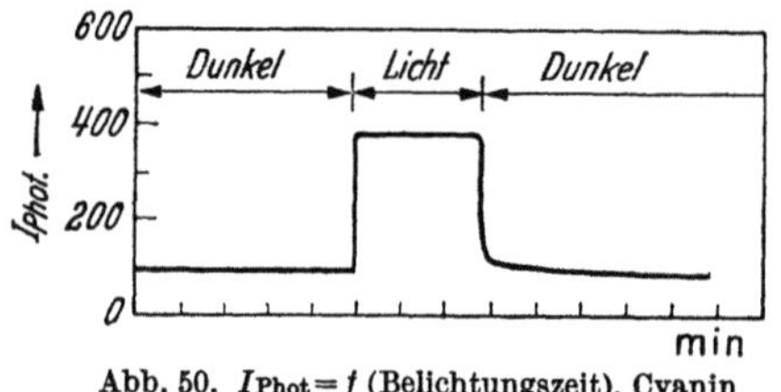

Abb. 50. $I_{\text{Phot}} = f$ (Belichtungszeit), Cyanin

2. Das zweite Verfahren berücksichtigt die an Selen- und Cu_2O-Elektroden erstmals (*28, 29*) festgestellte Abhängigkeit des Becquerel-Photostroms vom Polarisationszustand der Elektrode und gestaltet sich deshalb etwas komplizierter. Im Prinzip wird hierbei die Lichtelektrode (*LE*) unter Berücksichtigung des natürlichen Potentials auf ein bestimmtes Versuchspotential — durch Einstellung von U_2 mit der Walzenbrücke und Variieren des polarisierenden Stroms mit U_1 ($R_1 - R_3$) bis zur

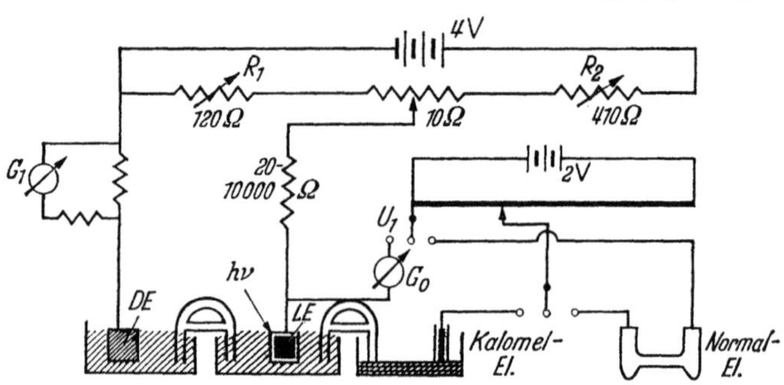

Abb. 51. Schaltung zur Messung des Becquerel-Effekts (s. Text)

Stromlosigkeit des Nullinstruments G_0 — gebracht, und die im Licht eintretende Potentialverschiebung mittels Änderung des polarisierenden Stroms ΔI — gemessen an G_1, wenn $G_0 = 0$ — bestimmt. Diese Photostrommessung ist möglich, da zur Einstellung des ursprünglichen Dunkelpotentials durch Veränderung des polarisierenden Stroms der Elektrode gerade so viel Ladungen zuzuführen sind, wie im Licht abgelöst wurden. Vgl. hierzu das Schaltschema der Abb. 51.

Als Lichtelektrode *LE* fand ein Silberblech (1 cm²) Verwendung, das in eine $n/5$ KBr-Lösung tauchte — bemerkenswerterweise ist das Elektrodenpotential unabhängig vom Elektrolyten; z.B. Na_2SO_4, KNO_3, NaCl — und mit einer unpolarisierbaren Dunkelelektrode *DE*, einer Bleiplatte [in $Pb(NO_3)_2$], in Verbindung stand. Die Belichtung des in dünner Schicht (10^{-7} bis 10^{-5} cm) auf *LE* liegenden, schwerlöslichen Farbstoffs erfolgt in dessen Absorptionsbande.

b) Versuchsergebnisse

Die genannte Anordnung erlaubt an einer Reihe von Farbstoffen — Cyanin, Pinacyanol, Chlorophyll — die Beobachtung eines weitgehend trägheitslosen Photostroms, der mit zunehmender Lichtintensität ansteigt und eine Quantenausbeute in der Größenordnung von 10^{-2} besitzt. In allen Fällen nimmt dabei die Elektrode ein positiveres Potential an.

Eine äußere Polarisation beeinflußt den Photostrom je nach der Richtung zum natürlichen Elektrodenpotential in charakteristischer Weise: Einmal verringert eine zunehmende positive Aufladung die Photoaktivität durch Erschwerung des Elektronenaustritts, und zum anderen vergrößert eine negative Polarisierung infolge der erleichterten Elektronenabgabe den Photostrom bis zu einem Maximalwert. Nach Erreichen dieser maximalen Photoleitung beobachtet man bei weiterer negativer Polarisierung allein eine Photostromabnahme, die wahrscheinlich auf eine durch die starke Polarisation bewirkte Ausbleichung des Farbstoffs, also auf einen Nebeneffekt, der mit der Erzeugung des Photostroms nicht zusammenhängt, zurückgeht. Die vom Polarisationszustand ab-

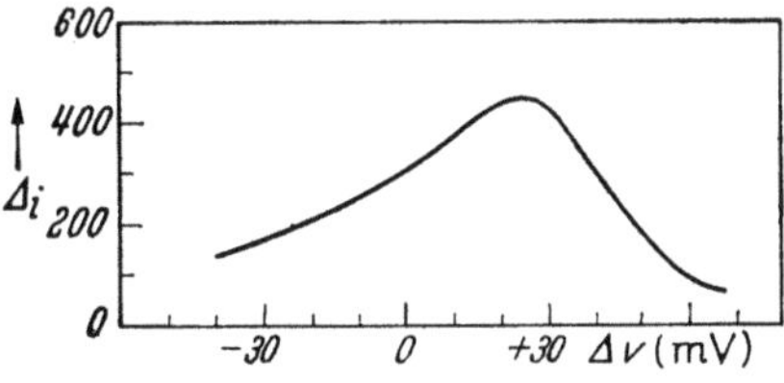

Abb. 52. $\Delta i = f$ (Elektrodenpotential), Cyanin

hängige Ausbleichung läßt sich dabei direkt beobachten; in gewisser Beziehung liegen hierbei Effekte vor, wie sie auch während der polarographischen Reduktion beobachtbar sind (*30*). Vgl. die Abb. 52.

Bemerkenswerterweise nimmt die Quantenausbeute des Photostroms mit abnehmender Schichtdicke zu, ein Effekt, auf den im Zusammenhang mit der spektralen Sensibilisierung noch eingegangen wird.

II. Der Kristallphotoeffekt

Als Kristallphotoeffekt bezeichnet man die durch Licht bewirkte Bildung einer selbständigen EMK an grenzschichtfrei angeordneten Kristallen.

Dieser Effekt, den Bose (*31*) entdeckte und Dember u.a. (*32*) an einer Reihe anorganischer Einkristalle (Cu_2O, PbS, Ag_2S, ZnS) untersuchten, wird häufig zur lichtelektrischen Prüfung von Kristallpulvern — in der jüngsten Zeit vor allem an Farbstoffen von Terenin u.a. — in einer von Bergmann u.a. (*33, 34*) beschriebenen Anordnung verwendet.

1. Meßanordnung

Bei der Bergmannschen Methode befindet sich die photoaktive Verbindung zwischen zwei teildurchlässigen und isoliert — Luftspalt, einseitig verspiegeltes Deckglas — aufliegenden Platten eines Kondensators, die bei intermittierender Belichtung durch die im gleichen Rhythmus freigesetzten und dem von der Lichtabsorption bewirkten Konzentrationsgefälle folgenden Ladungsträgern aufgeladen werden. Naturgemäß kann der Nachweis dieser Photospannung durch eine geeignete Verstärkereinrichtung außerordentlich empfindlich gestaltet werden, so daß auch Substanzen mit geringer photoelektrischer Aktivität überprüfbar sind.

Die Übereinstimmung der Spektralabhängigkeit des Kristallphotoeffekts mit der des inneren Photoeffekts gibt einen Hinweis auf die Analogie beider Vorgänge, d.h. auf den in beiden Prozessen identischen Elektronenanregungsprozeß im Belichtungsaugenblick. Nachteilig wirkt sich bei dieser Anordnung vor allem die Isolation zwischen Kristall und Elektrode aus, da sie wohl die Feststellung einer durch Influenz erzeugten Photoaktivität ermöglicht, aber keinen Nachweis eines wirklichen Stromflusses liefert. Es sei jedoch erwähnt, daß eine Feststellung — z.B. durch Gegeneinanderschalten von Zellen (34) — des aufgrund der abweichenden Lichtabsorption bedingten Konzentrationsgefälles der Ladungsträger einen Hinweis auf den Leitungstyp (p, n) unter Umständen geben kann.

2. Untersuchungsergebnisse

Im Gegensatz zu anorganischen Verbindungen konnte BERGMANN (34) an einigen organischen Farbstoffen — Kristallviolett, Malachitgrün, Fuchsin — nur sehr geringe Photospannungen wahrnehmen. Durch Verbesserung des Bergmannschen Verfahrens, vor allem der Verstärkereinrichtungen, gelang es jedoch PUTZEIKO, TERENIN u.a. (35 bis 38) die Existenz des Intermittenzeffekts an einer größeren Zahl von Farbstoffen zu beweisen und vor allem auch die Übereinstimmung des Aktionsspektrums mit dem Absorptionsspektrum herauszustellen.

Ein besonderes Interesse kommt hierbei den Messungen von DÖRR u.a. (39) zu, die eine den (von SCHEIBE entdeckten) polymeren Farbstoffassoziatbanden entsprechende spektrale Verteilung des Photoeffekts an Diäthylpseudoisocyanin und N,N′-Diäthyl-2,2′-α-naphthothiazolcarbocyanin ergaben. Dies deutet darauf hin, daß das eingestrahlte Licht auch einen Ladungsträgertransport in Richtung der Farbstoffketten bewirkt.

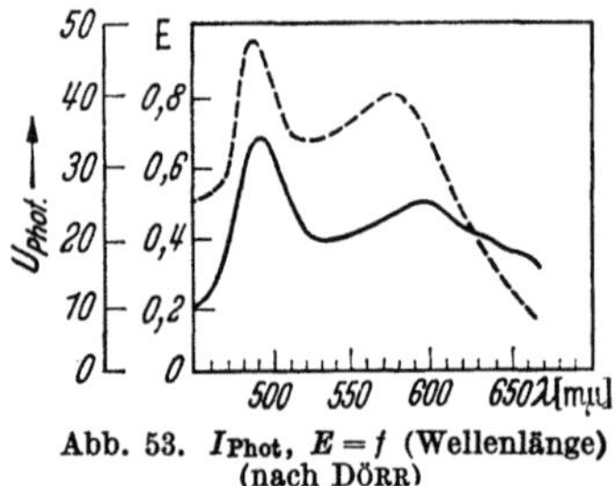

Abb. 53. I_{Phot}, $E = 1$ (Wellenlänge) (nach DÖRR)

Die Kondensatormethode findet nicht nur zum Nachweis der Photoaktivität der pulverförmigen Farbstoffe Verwendung, sondern auch zur Feststellung des Vorzeichens der Ladungsträger: Einmal durch Anlagerung eines konstanten elektrischen Feldes an den Kondensator (40) und zum anderen durch Analyse der Oszillogramme (41).

Es gelang so — vgl. (42) — bei den verschiedenen Farbstoffen die Feststellung eines n- oder eines p-Leitungstyps, entsprechend einer überwiegenden Elektronen- bzw. Defektelektronenleitung. Bemerkens-

werterweise steht dieses Ergebnis in guter Übereinstimmung zu den aus
direkten Leitfähigkeitsmessungen erhaltenen Ergebnissen (43); beispielsweise zeigen beide Verfahren für den photographischen Sensibilisator
Pinacyanol eine überwiegende Elektronenleitung an.

In Übereinstimmung zu den Beobachtungen WARTANJANS u. a. (6, 7,
17, 145/A) schien den sauren Farbstoffen Eosin, Erythrosin u. a. jedoch
jegliche Photoaktivität zu fehlen. Auch Chlorophyll wies keine Photospannung auf. Vgl. (39, 42) und die späteren Ausführungen, die dieses
Ergebnis eindeutig widerlegen.

Wenn auch den genannten Kristallphotoeffektuntersuchungen lange
Zeit keine die wirkliche Photoelektrizität der Farbstoffe beweisende
Funktion zugeschrieben werden konnte — vgl. z.B. (44) —, so darf
deren Bedeutung jedoch heute nicht mehr
unterschätzt werden. Der Kristallphoto-
effekt erlaubt eine rasche Prüfung der
Farbstoffpulver, Feststellung der spek-
tralen Verteilung und auch des möglichen
Leitungstyps. Vor allem in Verbindung
mit anorganischen Grundmaterialien
(ZnO u.a.) stellt er ein ausgezeichnetes
Verfahren zum Studium bestimmter
Halbleiterphotoeffekte dar.

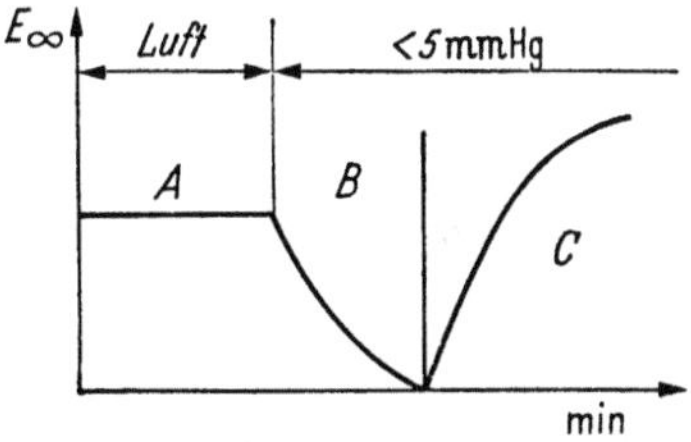

Abb. 54. Schema der die Umwandlung
des Sperrschicht- in den Kristallphotoeffekt anzeigenden Messungen. A Sperrschichtphotoeffekt, B Abbau der Grenzschicht, C Kristallphotoeffekt

Bemerkenswerterweise läßt sich auch
eine Verbindung dieses Kristallphoto-
effekts mit einem Farbstoff-Grenzschicht-Photoeffekt herstellen, die
mit dazu beiträgt, diesen Effekt auf eine wirkliche Ladungsträgerbildung im Farbstoffmolekül und nicht auf Polarisationserscheinungen (39) oder ähnliche Nebeneffekte zurückzuführen; denn es besteht
die Möglichkeit, den unter Wirkung einer eventuell gleichrichten-
den Gasgrenzschicht arbeitenden Sperrschichtphotoeffekt, der einen
direkten Stromfluß (auch bei unzerhacktem Licht) in einem äußeren
Kreis aufweist, durch Entfernung der Grenzschicht in einen Kristallphotoeffekt umzuwandeln. Dies geht beispielsweise aus dem Rückgang des Lichtfrequenzeffekts und einer Zunahme der Leerlaufspannung nach deren anfänglichem Verschwinden beim Evakuieren hervor;
vgl. (45).

Die Abb. 54 zeigt diese Umbildung des Sperrschichtphotoeffekts in
den Kristallphotoeffekt schematisch. Sie ist dadurch bedingt, daß
einerseits Sauerstoff bei der Bildung einer Grenzschicht mit beteiligt ist
und die im Farbstoff ausgelösten Elektronen zur Metallelektrode „treibt",
während andererseits dieses Gas an einer Reihe von Farbstoffen — z.B.
Triphenylmethanfarbstoffen — den eigentlichen Photoeffekt hemmt.
Eine Entfernung des Gases hebt wohl die Grenzschichtwirkung auf,
läßt aber auch den im „Kristall" gebildeten „Photoeffekt" ungehindert
anwachsen. Dieser Übergang kann sicher als Beweis für die Zusammen-
gehörigkeit der beiden Photoeffekte — die letztlich wieder eng mit dem
inneren Effekt verknüpft sind — angesehen werden.

III. Der Grenzschichtphotoeffekt

Als Grenzschichtphotoeffekt des Farbstoffs werden im folgenden die Erscheinungen angesprochen, die an der photoaktiven Substanz unter entscheidender Mitwirkung einer „Grenzschicht" im Licht zur Bildung einer Photo-EMK bzw. eines Photostroms führen.

Je nach der Natur der Grenzschicht, die *entweder* von einer Gashaut (welche der Zelle bereits im Dunkeln eine geringe Gleichrichtereigenschaft aufprägt) mitgebildet wird, *oder* beim Zusammenbringen zweier verschiedener Farbstoffschichten zwischen diesen im Vakuum entsteht, unterscheidet man zwei Farbstoff-Photoelement-Typen: Die Sperrschichtphotozellen und die Farbstoffphotodioden.

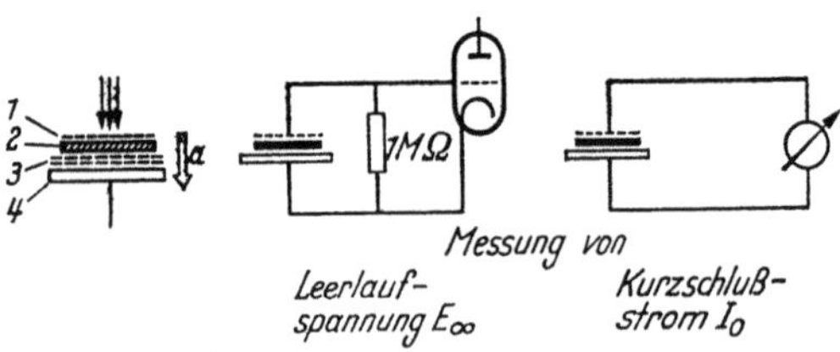

Abb. 55. Schema der zur Messung des Grenzschichtphotoeffekts verwendeten Anordnung. *1* Halbdurchläss. Rh-El., *2* Farbstoffschicht, *3* „Grenzschicht", *4* Metallunterlage (Zn, Ag), *a* Laufrichtung der Photoelektronen

Gemeinsames Merkmal beider Anordnungen ist, daß sie analog zu den bekannten Selen- oder Cu_2O-Zellen u.a. — vgl. z.B. LANGE u.a. (*3, 46*) — ohne Anlegen einer Hilfsspannung Photoströme und Photospannungen liefern. Die Stelle der lichtelektrisch aktiven Verbindung übernimmt hier der organische Farbstoff.

Das Schema der Meßmethode, bei der man zwischen Messung der Leerlaufspannung E_∞ und des Kurzschlußstromes I_0 unterscheidet, zeigt die Abb. 55.

1. Die Farbstoff-Sperrschicht-Photoelemente

a) Meßeinrichtung

Im Prinzip besteht die Meßzelle aus zwei Metallelektroden und einer dazwischenliegenden dünnen Farbstoffschicht. Die Untersuchung einer großen Zahl von Farbstoffen unter gleichen Bedingungen wird dadurch möglich, daß die Zellen durch entsprechende Konstruktion — vgl. (*47, 48*) — das Auswechseln der auf den Elektroden liegenden Farbstoffschichten erlauben.

Die Messung des Kurzschlußstroms I_0 erfolgt einfach durch Anschluß des Farbstoffphotoelements an ein Galvanometer, dessen Widerstand möglichst gering zu halten ist, da der Photostrom stark vom Außenwiderstand abhängt. Zur Registrierung der Leerlaufspannung wird die Zelle mit einem Widerstandsverstärker verbunden, der naturgemäß die Erzeugung einer Wechselspannung in der Farbstoffzelle durch Belichtung mit Wechsellicht voraussetzt.

b) Untersuchungsergebnisse

Die genannte Anordnung erlaubte es erstmals, eine große Zahl von Farbstoffen unter einfachen Bedingungen lichtelektrisch zu untersuchen und deren wirkliche Photoaktivität, die sich als Photostrom bzw. Photospannung bei direkter oder Wechselbelichtung ergab, zu beweisen. Den Effekt, den auch AMSLER (*49*) beschreibt, charakterisieren dabei folgende Eigenschaften:

α) Gleichrichtereigenschaft. Beim Anlegen einer äußeren Spannung an das System Metall/Farbstoff/Grenzschicht/Metall beobachtet man eine Richtungsabhängigkeit des Dunkelstroms, die auf das Vorhandensein einer Sperrschicht hinweist. Der Gleichrichtungsfaktor ist jedoch außerordentlich gering, so daß ihm keine praktische Bedeutung zukommt.

Die Gleichrichtungstendenz macht sich auch an der belichteten Zelle, der man eine äußere Spannung überlagert, bemerkbar: Je nach Richtung der Hilfsspannung wird der Photostrom vergrößert oder verkleinert. Vgl. (*48*).

β) Grenzschichtnatur (Gasabhängigkeit). Der Sperrschichtphotoeffekt nimmt bei Druckminderung ab, so daß es naheliegt, die „aktive Grenzschicht" mit einer Gashaut zu identifizieren. In gewisser Beziehung liegt hier eine ähnliche Erscheinung wie an Selen- und Cu_2O-Zellen vor (*50, 51*), die ebenfalls eine Empfindlichkeitsverminderung des lichtelektrischen Verhaltens bei Verringerung des äußeren Gasdruckes aufweisen.

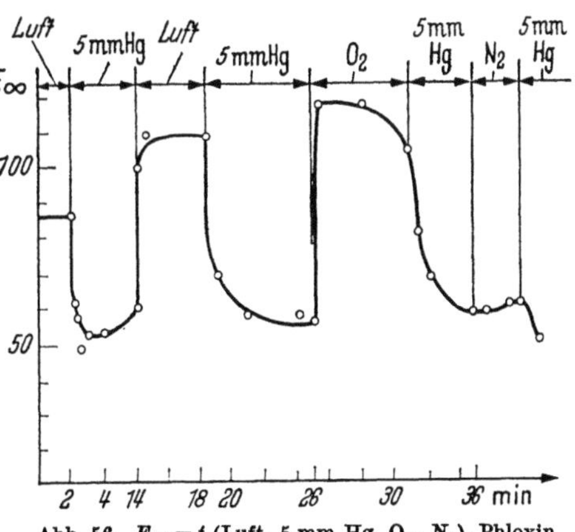

Abb. 56. $E_\infty = f$ (Luft, 5 mm Hg, O_2, N_2), Phloxin

Während die Prüfung des Gaseffekts an den anorganischen Photoelementen aufgrund der Versuchslänge sehr erschwert ist, zeichnen sich die Farbstoffzellen dadurch aus, daß die Abnahme des Photostroms im Augenblick der Druckminderung einsetzt und bei Druckerhöhung die lichtelektrische Empfindlichkeit wieder reversibel zunimmt. Diese Reversibilität ermöglicht die Feststellung des für die Bildung der aktiven Grenzschicht verantwortlichen Gases durch Beobachtung der Fähigkeit der verschiedenen Gase, die beim Evakuieren verringerte Photospannung wieder auszubilden. Die Abb. 56 zeigt beispielsweise die Wirkung von Sauerstoff, Stickstoff und Luft beim Phloxin, die in ähnlicher Weise auch an Photozellen mit Pinachrom, Rose bengale, Safranin T, Pinacyanol, Orthochrom T u.a. wahrnehmbar ist (*45*).

Aus einer Vielzahl von Messungen folgt so, daß die für den Sperrschichtphotoeffekt an den organischen Farbstoffen nötige Grenzschicht vor allem durch Sauerstoff gebildet wird. Bemerkenswerterweise besitzt auch Wasserstoff die Fähigkeit zur Bildung einer aktiven Grenzschicht, die jedoch mit einer zur O_2-Schicht entgegengesetzten Laufrichtung der im Farbstoff abgelösten Photoelektronen gekoppelt ist. Die Änderung der Richtung der ausgelösten Elektronen (Defektelektronen) kann dabei sowohl mit dem Verstärker bei Wechsellichtbestrahlung als auch mit dem Galvanometer bei unzerhackter Belichtung beobachtet werden. Der Übergang des gewöhnlichen an Luft (O_2) vorliegenden Photoeffekts in den umgekehrten H_2-Effekt findet reversibel statt. Die Einwirkungsgeschwindigkeit des H_2 ist dabei größer als die von O_2 und die aus dem Wasserstoff gebildete Grenzschicht wird beim Evakuieren langsamer entfernt als die Sauerstoffschicht. Vgl. die Abb. 57.

Unter der Annahme einer Einlagerung beider Gase (O_2 bzw. H_2) in die Farbstoffschicht nach Art von Störstellen — Elektronen-Akzeptoren bzw. Donatoren —, die dieser unter bestimmten Bedingungen — der Effekt tritt nicht an allen Farbstoffen auf! — einen abweichenden Leitungsmechanismus aufprägen können (p bzw. n), läßt sich die Laufrichtungsumkehr möglicherweise erklären; denn diese Änderung würde eine Umkehrung des in der Grenzschicht liegenden elektrischen Feldes bedingen, das den Fluß der verschiedenen im Licht abgelösten Ladungsträger bewirkt.

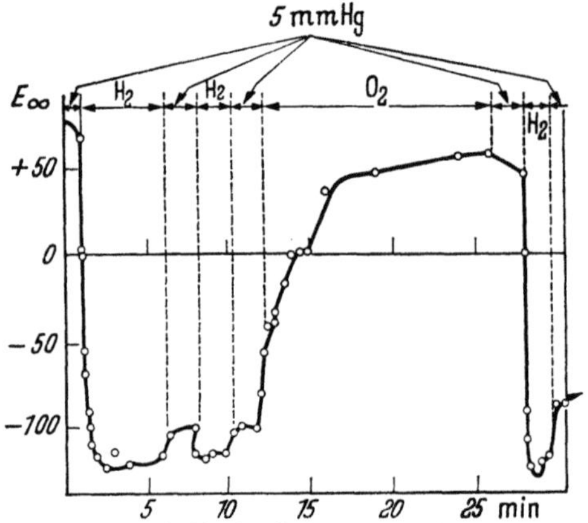

Abb. 57. $E_\infty = f$ (H_2, O_2, Luft, 5 mm Hg), Pinachrom

Diese Überlegungen bringen naturgemäß das gesamte Problem der organischen Zellen in engen Zusammenhang mit den an anorganischen Halbleitern erarbeiteten Gesetzmäßigkeiten. Sowohl an den anorganischen Systemen als auch an den organischen Verbindungen bilden sich hiernach durch Anlagerung eines neutralen Moleküls an der Oberfläche zusätzliche Terme, deren Wirkung von der Tendenz zur Elektronenabgabe bzw. Elektronenaufnahme und von der Lage in bezug auf das Fermi-Niveau abhängt. Ein über dem Fermi-Niveau befindlicher Term des zur Elektronenabgabe befähigten Moleküls kann beispielsweise Elektronen zur Einstellung des thermischen Gleichgewichts an den Farbstoff abgeben und diesem so eine negative Raumladungszone aufprägen. Umgekehrt erhält der Farbstoff bzw. Halbleiter in der Randschicht eine positive Ladung durch Adsorption eines Elektronenakzeptors, dessen Niveau unter dem Fermi-Niveau liegt. Die adsorbierten Moleküle tragen in beiden Fällen die entgegengesetzte Ladung. Je nach einer Zunahme oder Abnahme von Ladungsträgern in der Randschicht spricht man von Anreicherungs- oder Verarmungsrandschichten. Man vergleiche hierzu die folgende Abb. 58 und die das System Gasphase/Halbleiter bzw. Metall/Halbleiter behandelnden Bücher und Berichte von SCHOTTKY, HAUFFE, SPENKE, JOFFE u.a. (52 bis 57).

Die Dicke der Randschicht liegt in der Größenordnung von 10^{-4} bis 10^{-5} cm, also in einer der Farbstoffschichtdicke entsprechenden

Größe. Dies bedeutet, daß sich der Grenzschichteinfluß weitgehend über die gesamte Farbstoffschicht erstreckt und somit die im Licht abgelösten Ladungsträger in starkem Maße beeinflussen wird. Vgl. noch (58, 59).

Es sei noch darauf hingewiesen, daß an anorganischen Verbindungen [Cu_2O, ZnO; vgl. (60) und Literatur in (45)] die den Sperrschichtphotoeffekt bewirkende Grenzschicht auch von organischen, isolierenden Stoffen gebildet werden kann. Beispielsweise führt die Bedeckung des Halbleiters mit Schellack, Naphthalin, Nitrozellulose oder Kunstharzen zu einer derartigen „aktiven Schicht". Dieser Effekt, dem wahrscheinlich eine Wechselwirkung zwischen anorganischem und organischem Stoff zugrunde liegt, dürfte aufgrund der Erkenntnisse über elektronische Eigenschaften organischer Substanzen ein erneutes Interesse finden.

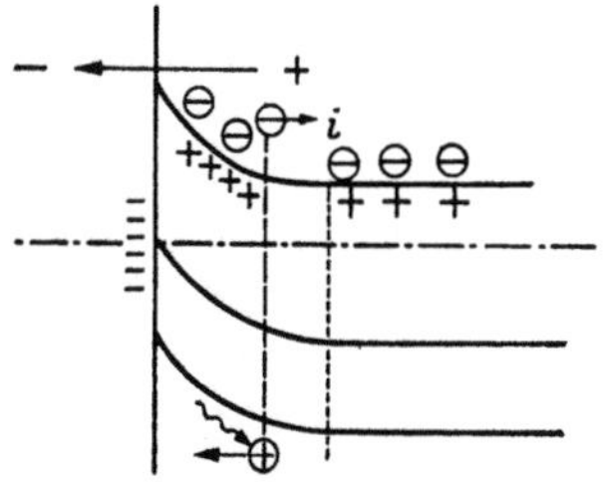

Abb. 58. Termschema des Systems Metall/Halbleiter

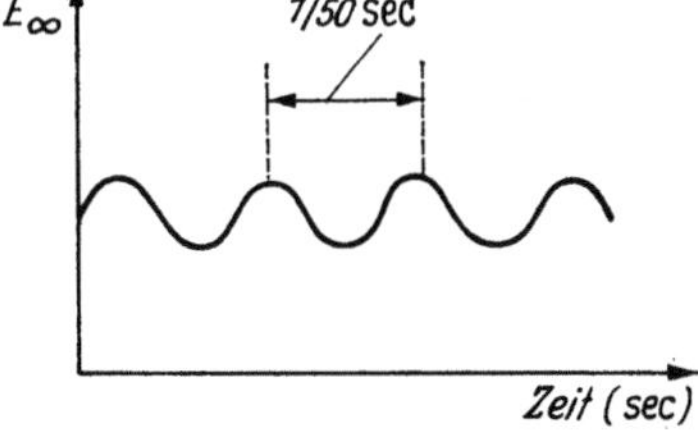

Abb. 59. $E_\infty = f$ (Wechselbelichtung, 50 Hz), Cu-Phthalocyanin (umgezeichnetes Oszillogramm)

γ) **Stromeinsatz.** Messungen mit einer aus Verstärker und Elektronenstrahloszillographen bestehenden Anordnung ließen einen Stromeinsatz nach Belichtungsbeginn unterhalb von 10^{-3} sec erkennen (61). Der Photostrom bzw. die Photospannung erreicht rasch den maximalen Wert und nimmt auch im Dunkeln mit großer Geschwindigkeit wieder ab. Die Abb. 59 gibt als Beispiel ein Oszillogramm des Cu-Phthalocyanins bei Wechselbelichtung an.

Wenn auch beispielsweise die Frage der Verschmelzungsfrequenz, die im Zusammenhang mit den am Auge gemessenen Photowechselströmen von Bedeutung ist, noch auf eine Klärung wartet, so kann doch jetzt die Annahme als widerlegt gelten, die Farbstoffphotoelektrizität sei mit einer großen Trägheit behaftet. Bei den früheren Untersuchungen von WARTANJAN u. a. wurde nämlich ein geringer Photostrom erst nach sehr langen Belichtungszeiten wahrgenommen und man sah hierin einen Hinweis auf einen dem Photoeffekt zugrunde liegenden Ausbleichmechanismus.

δ) **Belichtungszeitabhängigkeit.** Im zuletzt genannten Zusammenhang sei noch die Abhängigkeit der Photo-EMK von der Belichtungszeit angeführt, denn eine Ausbleichreaktion müßte im Laufe der Belichtung zu einer Zerstörung des Farbstoffs und damit zu einer Abnahme der Photoaktivität führen. Das Beispiel des Cu-Phthalocyanins möge zeigen, daß dies durchaus nicht der Fall zu sein braucht. Bei einer Belichtungszeit von über einer Stunde bleibt die Photo-EMK unverändert bestehen, eine Tatsache, die nicht verwundert, da dieser Stoff außerordentlich lichtecht ist (Abb. 60).

Naturgemäß werden lichtunechte Farbstoffe keine derartige Beständigkeit aufweisen. Bei ihnen beobachtet man deshalb auch im Laufe der Belichtung eine Verminderung der Photoaktivität, die auf eine Zerstörung des Farbstoffs hinweist und die möglicherweise als Nachweis zur Beobachtung der Ausbleichreaktion mit herangezogen werden kann. Eigenartigerweise beobachtet man an anderen Farbstoffen (z.B. Pinakryptolgrün) eine Art Formiervorgang, der eine Steigerung der Aktivität mit der Belichtungszeit hervorruft.

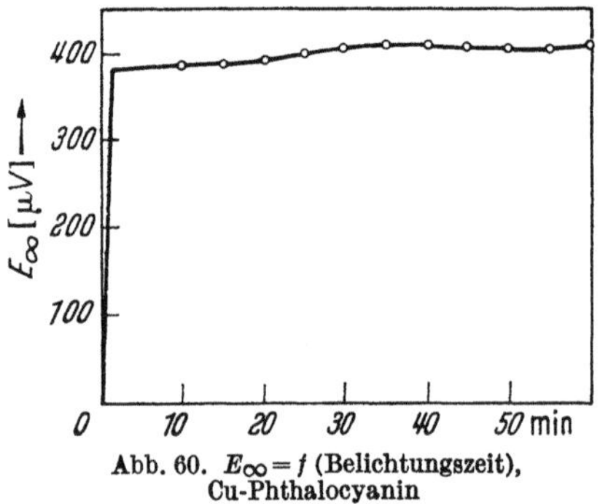

Abb. 60. $E_\infty = f$ (Belichtungszeit), Cu-Phthalocyanin

ε) **Intensitäts- und Spektralabhängigkeit.** Der Photostrom und die Photo-EMK stimmen im spektralen Verlauf weitgehend mit dem Absorptionsspektrum der festen Farbstoffschicht überein. Die im festen Zustand an den Farbstoffen beobachtete Verbreiterung der Absorptionsbanden zeigt sich dabei auch im Aktionsspektrum, eine Tatsache, die mit den starken, zwischen den Molekülen herrschenden Wechselwirkungskräften (Austauschkräfte!) in Zusammenhang stehen dürfte. Es sei hier auch an die Übereinstimmung mit der I-Bande, die DÖRR am Kristallphotoeffekt beschrieb, erinnert.

Eine Vergrößerung der Lichtintensität erhöht die Leerlaufspannung und den Kurzschlußstrom. Vgl. (48).

ζ) **Farbstoffarten.** Die Photospannung dieser Farbstoffphotoelemente beträgt maximal (z.B. am Pinacyanol) 10 mV und die Photoströme liegen in der Größenordnung von 10^{-8} bis 10^{-9} A, die Quantenausbeute bei $\varphi \sim 10^{-5}$.

Die Photoaktivität ist dabei nicht auf eine bestimmte Farbstoffklasse beschränkt; man beobachtet sie an Cyaninen (Pinacyanol, Orthochrom T u.a.), Oxazin-, Phenazin-, Thiazin-, Pinakryptolfarbstoffen, Phthalocyaninen, Triphenylmethanfarbstoffen (z.B. Malachitgrün) und Fluoresceinen (Erythrosin, Rose bengale u.a.). Mit der genannten Anordnung gelang so erstmals der Beweis, daß auch saure Farbstoffe, wie Eosin u.a., photoaktiv sein können. Vgl. noch (62).

2. Die Farbstoffphotodioden

In Analogie zu den photoelektrischen Erscheinungen anorganischer Halbleiter bleibt auch bei Farbstoffen die Bildung der Photoaktivität eines Systems nicht an die Sperrschicht Farbstoff(Halbleiter)/Metall bzw. Farbstoff/Gas/Metall beschränkt; denn ein zwischen zwei verschiedenen Farbstoffen liegender Kontakt führt ebenfalls zur Erzeugung einer Photo-EMK und eines Photostroms.

Während jedoch die erstgenannten Photoelemente eine gewisse Gleichrichtereigenschaft aufweisen, scheint diese nach den bisherigen Untersuchungen an den Farbstoffkombinationen zu fehlen, so daß allgemein zur Bildung der Farbstoffphotoeffekte nicht die Sperrwirkung, sondern nur eine die Photoladungsträger beeinflussende Grenzschicht maßgeblich ist. Man bezeichnet diese Erscheinungen deshalb hier gemeinsam als Grenzschicht-Photoeffekte.

Bei den Farbstoffphotodioden wird nun diese Grenzschicht an der Berührungsstelle zweier, durch verschiedenen Leitungsmechanismus (p- bzw. n-Typ) gekennzeichneter Farbstoffe gebildet; d.h., es liegt eine Art p-n-Photoeffekt vor (*63*).

a) Meßeinrichtung

Das Schema der Meßzelle, die aus einer (Silber-) Elektrode, den Farbstoffen I und II und einer zweiten aufgedampften, halbdurchlässigen Elektrode besteht, zeigt die Abb. 61.

Während man den Farbstoff I entweder aus der Lösung durch Verdampfen des Lösungsmittels im Vakuum oder durch eine Hochvakuumsublimation in dünner gleichmäßiger Schicht auf die Elektrode bringen kann, läßt sich der zweite Farbstoff nur durch ein Sublimationsverfahren mit dem ersten kontaktieren. Naturgemäß schränkt die letztgenannte Bedingung die Zahl der verwendbaren Farbstoffe ein, da nur Farbstoffe bestimmter Klassen zersetzungsfrei sublimierbar sind: Beispielsweise die innermolekular ionoiden Merocyanine, das Rhodamin B oder Cu-Phthalocyanin (*64*).

Erwähnt sei, daß durch Sublimation in einfacher Weise die Bildung gleichmäßiger, großer Farbstoffflächen (über 5 cm²) möglich ist.

In Analogie zu anorganischen Systemen bildet sich eine Photo-EMK nur durch Kombination zweier im Leitungsverhalten verschiedener Farbstoffe. Es werden deshalb in

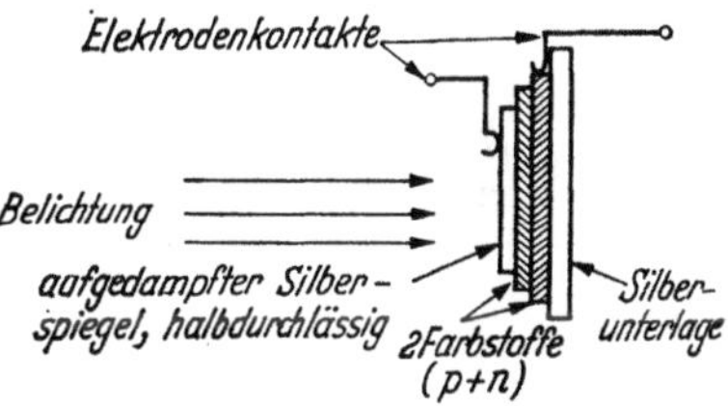

Abb. 61. Schema der p-n-Farbstoffzelle

den Photodioden Farbstoffe der sogenannten Vakuumgruppe mit denen der Sauerstoffgruppe gekoppelt, d.h. organische Verbindungen, die man als n-Leiter bzw. p-Leiter einstuft. Vgl. (*43*). Die an den organischen Farbstoffen aufgrund des lichtelektrischen Verhaltens durchgeführte Klassifizierung — vgl. die späteren Ausführungen — erweist sich somit als wertvoll; denn sie gibt den ersten Hinweis auf das Bestehen zweier Leitungsarten in organischen Verbindungen und auf die Art der in den organischen Photodioden zu koppelnden Substanzen. Als Beispiel seien die Systeme Rhodamin B (n-)/Merocyanin (p-) oder Malachitgrün/Merocyanin angeführt.

Die Suche nach derartigen wirksamen Kombinationen dürfte eine erfolgversprechende Aufgabe sein. Naturgemäß bleibt man hierbei nicht auf Farbstoffe begrenzt, da die Photoleitung auch eine Eigenschaft anderer organischer Verbindungen darstellt. Es sei hier nur an die Photoleitung des Stilbens (65) oder Anthracens (66) erinnert und auf die Möglichkeit hingewiesen, daß die genannte Klassifizierung allgemein für organische Photoleiter gültig ist.

Die elektrische Meßeinrichtung — Verstärker zur Leerlaufspannungsmessung und Galvanometer für den Kurzschlußstrom — entspricht vollständig der zur Untersuchung des Sperrschichtphotoeffekts angewandten, so daß hier nicht weiter darauf eingegangen werden muß.

b) Meßergebnisse

α) Größenordnung. Bei Belichtung der etwa 1 cm² großen Farbstoffphotodioden entstehen Kurzschlußströme in der *Größenordnung* von 10^{-8} bis 10^{-9} A und Leerlaufspannungen bis etwa 5 mV. Es sei hierzu jedoch bemerkt, daß bisher nur wenige Farbstoffkombinationen auf diesen Effekt hin untersucht wurden und eine Vergrößerung sowohl durch Veränderung der Art der organischen Photoleiter als auch der Zellenkonstruktion noch möglich erscheint.

Tabelle 4

Farbstoff I	Typ	Farbstoff II	Typ	Stromrichtung
Rhodamin B	n	Phloxin	p	←
Rhodamin B	n	Merocyanin FX 79	p	←
Parafuchsin	n	Merocyanin FX 79	p	←
Malachitgrün	n	Merocyanin FX 79	p	←
Kristallviolett	n	Merocyanin FX 79	p	←-
Malachitgrün	n	Merocyanin Agfa 10	p	←

β) Stromrichtung. In der Tabelle 4 sind einige dieser Kombinationen zusammengefaßt und gleichzeitig ist die Flußrichtung der elektrischen Ladungsträger mit angeführt. Man erkennt, daß letztere unabhängig von der Belichtungsrichtung ist und im Innern der Zelle von dem als p-Leiter eingestuften Farbstoff zu der n-leitenden Verbindung zeigt. Dies läßt von vornherein Überlegungen unwahrscheinlich werden, die in der beobachteten Photoaktivität einen Konzentrationseffekt sehen.

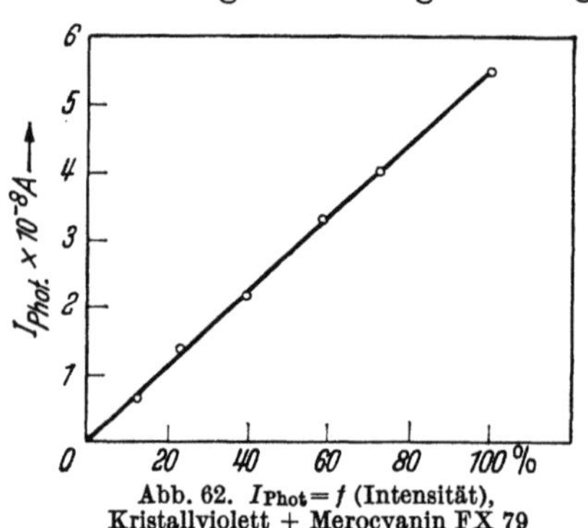
Abb. 62. $I_{\text{Phot}} = f$ (Intensität), Kristallviolett + Merocyanin FX 79

γ) Intensitätsabhängigkeit. Der im Außenkreis dieser Photoelemente meßbare Kurzschlußstrom und die Leerlaufspannung nehmen mit wachsender Lichtintensität aufgrund der größeren Ladungsträgererzeugung zu, wie als Beispiel die Abb. 62 zeigt.

δ) Reversibilität. Der Stromeinsatz bei Belichtungsbeginn und die Stromabnahme bei deren Ende erfolgen in Übereinstimmung zu den

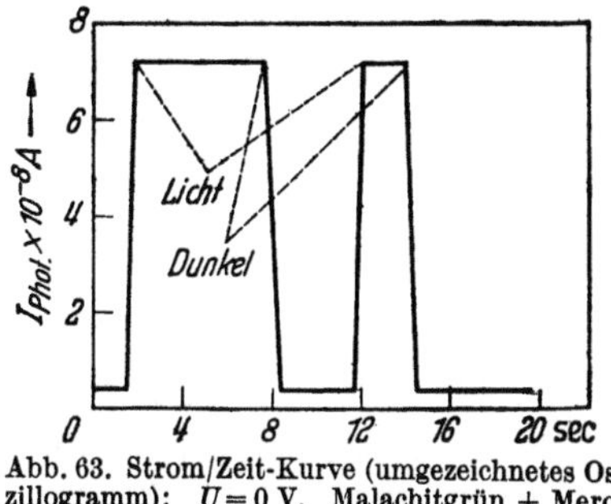

Abb. 63. Strom/Zeit-Kurve (umgezeichnetes Oszillogramm); $U = 0$ V, Malachitgrün + Merocyanin FX 79

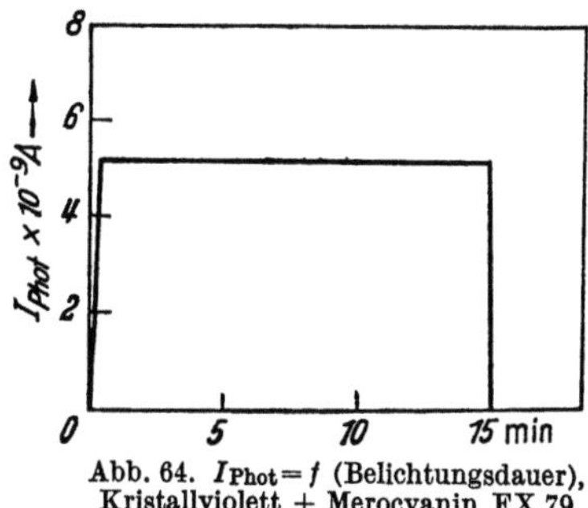

Abb. 64. $I_{Phot} = f$ (Belichtungsdauer),
Kristallviolett + Merocyanin FX 79

Sperrschicht-Photoelementen weitgehend trägheitslos (nach bisherigen Messungen bestimmt unter 10^{-2} sec). Diese Eigenschaft der Reversibilität (Abb. 63) und die Konstanz des Photostroms auch bei längeren Belichtungen (Abb. 64) sprechen deutlich gegen einen Ausbleicheffekt als Ursache der Photoaktivität dieser Systeme.

ε) Gaseinfluß. Darüberhinaus bilden sich an den Photodioden Photoströme und EMK nur unter Bedingungen aus, die eine photochemische Zersetzung der Farbstoffe ausschließen. Beispielsweise verlangen die Photozellen ein weitgehendes Fernhalten von Gasen (Abb. 65), da diese

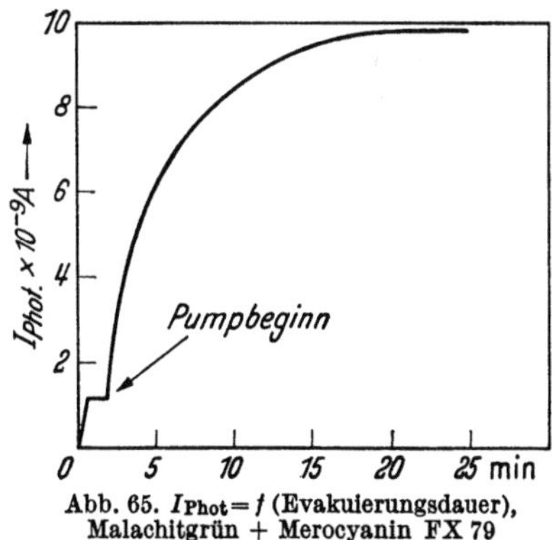

Abb. 65. $I_{Phot} = f$ (Evakuierungsdauer),
Malachitgrün + Merocyanin FX 79

zur Bildung zusätzlicher Sperrschichten Anlaß geben und die zwischen den beiden Farbstoffen im Hochvakuum entstandene aktive Grenzschicht überdecken können.

Naturgemäß begünstigt gerade diese Vakuumbedingung die Haltbarkeit der Farbstoffphotodioden, die bei den Farbstoff-Sperrschichtphotozellen aufgrund der Sauerstoffgrenzschicht von vornherein begrenzt war.

ζ) Hilfsspannung. Bemerkt sei noch, daß eine äußere an die Zelle gelegte geringe Hilfsspannung den Photostrom je nach Richtung entweder vergrößert oder verringert (Abb. 66).

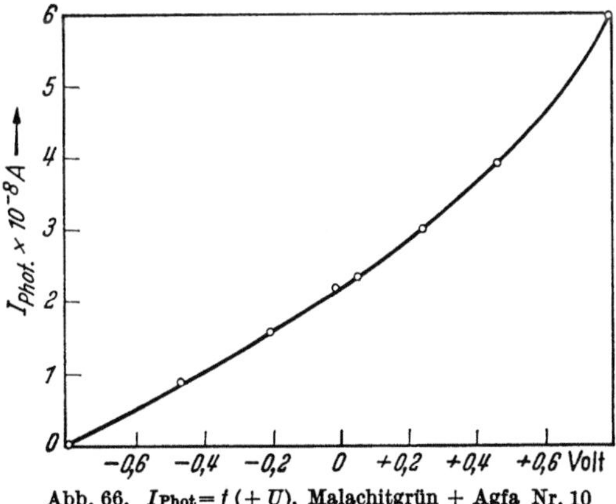

Abb. 66. $I_{Phot} = f(\pm U)$, Malachitgrün + Agfa Nr. 10

Es liegt hier eine den Sperrschicht-Photozellen analoge Erscheinung vor, die auf die Existenz eines inneren elektrischen Feldes hinweist, dem sich die äußere Spannung überlagert. Ob sich dieses Feld durch Zusammenbringen dickerer Schichten organischer Verbindungen auch im Sinne einer Dunkelgleichrichtung ausnutzen läßt — organische Transistoren — muß noch geprüft werden.

c) Deutung des Photodiodeneffekts

Die Deutung des beim Zusammenbringen zweier Farbstoffe wahrnehmbaren Photoeffekts gelingt unter Verwendung des für den organischen festen Stoff entwickelten Leitungsmodells, das die Grundzustände der aneinandergelagerten Farbstoffmoleküle als Grundband und die Anregungszustände als Leitungsband zusammenfaßt. Hierauf soll im zehnten Kapitel noch näher eingegangen werden. Untersuchungen der Gasabhängigkeit (H_2, O_2-Effekt), des Dunkel- und Photostroms (*43*, *67*), thermoelektrische Effekte (*68*) und der im elektrischen Feld beobachtete Kristallphotoeffekt (*42*) zeigen dabei, daß in Übereinstimmung zu anorganischen Halbleitern auch bei den organischen photoleitenden Farbstoffen zwei Leitungstypen vorliegen können: Der n-Typ, dessen Majoritätsträger Elektronen darstellen, und der p-Typ, dessen Leitfähigkeit in der Hauptsache auf Defektelektronen zurückgeht. Zur n-Leitung dürften hierbei als Donatoren wirkende Störstellen beitragen — z.B. fehlgeordnete Anionen u.a. —, die im Dunkelzustand thermisch Elektronen an das Leitungsband abgeben können,

$$D = D^+ + \ominus,$$

während der in organischen Festkörpern häufiger angetroffene p-Typ — z.B. Anthracen (*69*) — über dem Grundzustand liegende Elektronenakzeptoren enthält. Letztere nehmen Elektronen aus dem Grundzustand auf unter Zurücklassung positiver Lücken bzw. von Defektelektronen:

$$A = A^- + \oplus \quad \text{bzw.} \quad A + \ominus = A^-.$$

Auf derartige Störstellen deuten auch Untersuchungen der Temperaturabhängigkeit des Dunkelstroms hin (*70*), dessen $\log I - 1/T$-Gerade unterhalb der Zimmertemperatur einen Knick, entsprechend dem Übergang von einer Stör- zur Eigenleitung, aufweist.

Die Existenz einer p- oder n-Leitung in organischen Verbindungen macht es verständlich, daß an der Berührungszone zweier, durch den Leitungscharakter voneinander abweichender Farbstoffe in Analogie zu einer anorganischen p-n-Struktur eine Raumladung und ein innerer Potentialunterschied entstehen kann; denn während den p- bzw. n-leitenden Stoff ein Ladungsgleichgewicht, d.h. Neutralität, kennzeichnet, bleibt dieses Gleichgewicht in der Grenzschicht nicht mehr erhalten: Die Elektronen bzw. Defektelektronen folgen aufgrund ihrer Wärmebewegung dem Konzentrationsgefälle und diffundieren so in das p- bzw. n-leitende Gebiet. Je nach Diffusionslänge der Ladungsträger bildet sich hierdurch eine mehr oder weniger breite Grenzschicht aus, in der das p-Gebiet einen negativen und die n-Zone einen positiven Ladungsüberschuß erhält. Diese Raumladung stellt dann ein inneres elektrisches Feld mit einer Potentialstufe, der sogenannten inneren Diffusionsspannung V_D dar, deren positiver Pol im negativen und deren negativer Pol im positiven Gebiet liegt. Sicher versucht dieses elektrische Feld die Elektronen und Defektelektronen entgegengesetzt zur Diffusionsrichtung zu bewegen, doch stellt sich zwischen Diffusions- und Feldstrom ein Gleichgewichtszustand ein, in dem beide gerade entgegengesetzt gleich sind:

$$\text{Diffusionsstrom:}\ I_D = - D\, e\, \frac{dn}{dx}\,; \quad \text{Feldstrom:}\ I_F = - n\, e\, b\, \frac{dV_D}{dx}\,;$$

$$\left.\begin{aligned} I_D + I_F &= 0,\\ \frac{dn}{n} &= - \frac{b}{D} \cdot dV_D,\\ n &= n_0 \cdot e^{-\frac{V_D \cdot e}{k \cdot T}} \end{aligned}\right\} \quad (D = b \cdot kT/e)\,. \tag{8.1}$$

Die letztgenannte Beziehung verbindet dabei die Trägerdichten (Elektronen oder Defektelektronen in beiden Zonen) mit dem Diffusionspotential, wobei zu beachten ist, daß neben den jeweiligen Majoritätsträgern auch Minoritätsträger vorliegen. Es gilt für diese jeweils:

$$n_\ominus \cdot n_\oplus = n_i^2 \qquad n_i\text{: Eigenleitungsdichte;} \qquad \text{Ge: } 2{,}5 \cdot 10^{13}\ \text{cm}^{-3}.$$

Schematisch sind die Verhältnisse zwischen dem Farbstoff I (p-Typ) und Farbstoff II (n-Typ) in Abb. 67 dargestellt.

Nach außen macht sich die innere Diffusionsspannung V_D infolge einer von der jeweiligen Berührungsspannung zwischen Farbstoff und Elektrode hervorgerufenen Kompensation nicht bemerkbar, so daß die Photodiode im Dunkeln keine EMK zeigt. Vgl. die Abb. 68.

Die beschriebene Grenzschicht läßt sich an anorganischen Halbleitern zur Gleichrichtung technisch nutzen (p-n-Transistoren), da eine äußere, parallel zum inneren Feld liegende Spannung — im Gegensatz zur entgegengesetzten Polung, die die Flußrichtung darstellt — Elektronen aus der Grenzzone herauszieht und diese so zur „Sperrschicht" macht. An den bisher untersuchten Farbstoffkombinationen kann eine Gleichrichterwirkung aufgrund der geringen Schichtdicke aber nicht beobachtet werden. Prinzipiell ist sie jedoch auch an den organischen Verbindungen zu erwarten.

Die zwischen den beiden Farbstoffen gebildete Potentialdifferenz V_D, die auf einen p-n-Übergang zurückgeführt wird, stellt nun wahrscheinlich die eigentliche Ursache des Kurzschlußstroms und der Leerlaufspannung dar; denn dieses Feld ist befähigt, die durch Strahlungsabsorption innerhalb der Farbstoffgrenzschicht erzeugten Elektronen-Defektelektronen-Paare zu trennen, indem es die Elektronen in das n-Gebiet und die Defektelektronen in die p-Zone treibt. Von dort aus können die Ladungsträger in den äußeren Kreis übertreten und zum Kurzschlußstrom beitragen, der mit zunehmender Lichtintensität entsprechend der vergrößerten Zahl der gebildeten Ladungsträgerpaare anwächst.

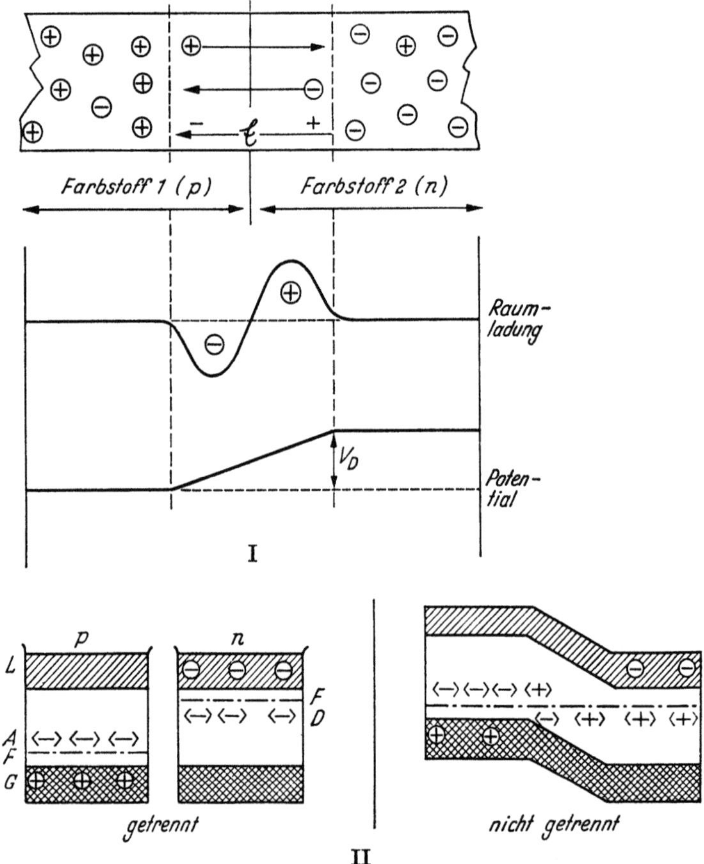

Abb. 67. Raumladungsverhältnisse an der Grenzschicht zwischen p- und n-Farbstoff. Schema I: Elektronische Darstellung. Schema II: Bändermodell-Darstellung

Verhindert man den Abfluß der Elektronen und Defektelektronen durch Anschluß eines hochohmigen Außenwiderstandes — Elektrometer, Verstärker —, so werden diese negativen bzw. positiven Ladungsträger die Raumladung abbauen und dadurch die Diffusionsspannung V_D senken. Dies entspricht gleichsam dem Anlegen einer äußeren Gegenspannung. Da die Berührungsspannungen konstant bleiben, bildet sich an den Elektroden diese Gegenspannung als Photo-EMK der

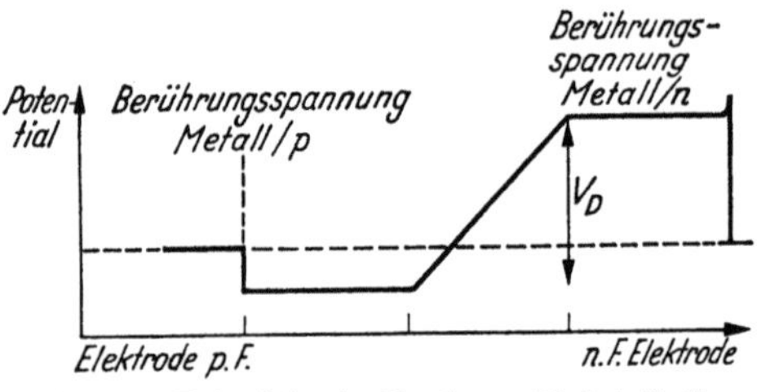

Abb. 68. Potentialverlauf in der p-n-Farbstoffzelle

Zelle, d.h. als Leerlaufspannung E_∞, aus. Bei starker Belichtungsintensität kann sie maximal die Größenordnung der Diffusionsspannung erreichen, so daß diese für E_∞ maßgeblich ist.

Betrachtet man die enge Verknüpfung zwischen der an den Farbstoffzellen gemessenen Leerlaufspannung E_∞ und der Diffusionsspannung V_D, die letztlich von den Unterschieden der Ladungsträgerdichte innerhalb der gekoppelten Farbstoffe abhängt, so werden die relativ geringen Leerlaufspannungen verständlich:

$$V_D = -\frac{kT}{e_\ominus}\ln\frac{n_\ominus\,(\text{im }n\text{-Fst.})}{n_\ominus\,(\text{im }p\text{-Fst.})}\,;\quad\text{bzw.}\quad V_D = -\frac{kT}{e_\oplus}\ln\frac{n_\oplus\,(\text{im }p\text{-Fst.})}{n_\oplus\,(\text{im }n\text{-Fst.})}\,. \tag{8.2}$$

Der geringe Konzentrationsquotient $n_{\ominus n}/n_{\ominus p}$ bedingt an den Farbstoffen nur eine Photo-EMK von wenigen Mikrovolt, während an p-n-dotiertem Germanium aufgrund der großen Unterschiede $n_{\ominus n} \gg n_{\ominus p}$ Leerlaufspannungen in der Größenordnung von 100 bis 300 mV möglich sind. Vgl. die zusammenfassenden Darstellungen über anorganische Photodioden (*56, 71* bis *74*), die zum Teil mit dem Ziel einer Umwandlung von Sonnenenergie in elektrische Energie entwickelt werden (*75*): n-p-Si, n-p-Ge, $A^{III}B^{V}$-p-n-Elemente (*76*) u. a.

Eine Kopplung von Farbstoffen gleicher Klassen läßt weder eine Photo-EMK noch einen merklichen Photostrom entstehen. Andererseits zeigt der in Gl. (8.2) genannte Zusammenhang den Weg an, der möglicherweise zur Vergrößerung von E_∞ bzw. I_0 führen kann: Synthese von organischen Verbindungen (Polymerisate u.a.) mit ausgeprägtem n- bzw. p-Charakter.

Besonders hervorgehoben sei noch, daß diese Hypothese nicht nur das Auftreten einer Photo-EMK und eines Kurzschlußstromes an Farbstoffpaaren, sowie deren Größenordnung und Intensitätsabhängigkeit erklärt, sondern auch die charakteristische Richtung der im Licht ausgelösten Ladungsträger angibt; denn es war von vornherein nicht einzusehen, warum z.B. bei Kopplung des Malachitgrüns mit Phloxin die im Licht ausgelösten elektronischen Ladungsträger unabhängig von der Belichtungsrichtung immer zum Malachitgrün und im System Rhodamin B/Merocyanin zum Rhodamin B fließen.

Allein die Hypothese des p-n-Übergangs ist imstande, die experimentellen Befunde zu erklären, und man erhält so eine Bestätigung des für den organischen Stoff postulierten elektronischen Leitungsmechanismus.

IV. Der innere lichtelektrische Effekt

Unter dem inneren lichtelektrischen Effekt (Photoleitung) versteht man die an festen Substanzen bei Belichtung wahrnehmbare reversible Erhöhung der Leitfähigkeit bzw. des Stromes. Effekte, die als Abnahme der Leitfähigkeit erscheinen — sogenannte negative Photoleitung; vgl. (*77*) — werden hier nicht weiter erörtert.

Während die Dunkelleitfähigkeit auf einer thermischen Erzeugung von Ladungsträgern — Dissoziation von Störstellen, Anregung von Elektronen und Defektelektronen bei Eigen-(intrinsic-)Leitern — beruht, muß die Erhöhung der Leitfähigkeit durch Lichteinstrahlung im Fall der echten lichtelektrischen Leitung auf eine rein optische Bildung von Elektronen oder Defektelektronen rückführbar sein. Das erfordert jeweils eine genaue Analyse der gemessenen Leitwertserhöhungen, auf die im neunten Kapitel näher eingegangen wird.

Der Photostrom $I_{\text{Phot}} = I_{\text{Hell}} - I_{\text{Dunkel}}$, der bei bekannter angelegter Spannung durch die Schicht fließt, läßt sich unter Berücksichtigung der Schichtabmessungen in die entsprechende Leitwertserhöhung umrechnen, wenn einmal eine Homogenität der Leitfähigkeit in der gesamten Schicht angenommen werden kann, und zum anderen Kontakt- und Korngrenzwiderstände vernachlässigbar sind. Die erste Bedingung dürfte bei den hier gebrauchten dünnen Schichten und geringen Elektrodenabständen annähernd erreicht sein, und die zweite aus der Gültigkeit des Ohmschen Gesetzes folgen. Es gilt dann

$$\sigma_{\text{Phot}} = e \cdot n_{\text{opt}} \cdot \mu, \tag{8.3}$$

wobei n_{opt} die Photoladungsträgerkonzentration, μ deren Beweglichkeit und e die Elektronenladung bedeutet.

Umgekehrt kann aus dem Auftreten eines Photostroms bzw. einer Widerstandsabnahme auf die Bildung elektronischer Ladungsträger — d.h. Elektronen und Defektelektronen — bei Bestrahlung einer Substanz geschlossen werden. Diese Folgerung setzt jedoch die Konstanz der Beweglichkeit der Ladungsträger in der belichteten Substanz voraus, die bis auf wenige Ausnahmen — z.B. beim PbS, das möglicherweise einen Abbau von Raumladungsbarrieren im Licht erfährt; vgl. (*78, 79*) — gegeben sein dürfte. Selbstverständlich sind bei den Untersuchungen Nebeneffekte, die beispielsweise durch Erwärmung der Probe oder durch Zersetzungsreaktionen die Bildung optischer Ladungsträger vortäuschen, peinlichst auszuschalten.

Während dieser innere Photoeffekt an vielen anorganischen Substanzen — Selen, CdS usw. — schon lange bekannt ist und technisch genutzt wird — vgl. (*1* bis *5, 56, 73, 80* bis *82*) — hielt man die Photoleitung organischer Verbindungen nur für eine wenig definierte Nebenerscheinung, die mit dem inneren lichtelektrischen Effekt der Halbleiter in keinem Zusammenhang zu stehen schien. Zcodro (*6*) sah in der von ihm gemessenen Widerstandsänderung einer Farbstoffschicht die Folge eines Ausbleichprozesses, eine Annahme, die sich aufgrund der auch in späteren Untersuchungen erneut wahrgenommenen (angeblichen) Kennzeichen der Farbstoffphotoelektrizität — Trägheit, lange Belichtungszeiten, geringe Quantenausbeute u.a. — bis in die jüngste Zeit hielt. Zum Teil blieb der wirkliche innere Farbstoffphotoeffekt wohl auch deshalb verborgen, weil man die Versuchsmethodik anorganischer Substanzen übernahm, ohne darauf zu achten, daß der organische Stoff eine etwas abgewandelte Methodik verlangt.

Im folgenden wird nun gezeigt, daß die organischen Farbstoffe bei Verwendung einer besonderen Versuchsanordnung und Einhaltung bestimmter Bedingungen im Gegensatz zu den früheren Anschauungen einen reproduzierbaren, den anorganischen Halbleitern völlig analogen Widerstandsphotoeffekt aufweisen: Bei kurzzeitigen (< 1 sec) Belichtungen sind Photoströme in der Größenordnung von 10^{-9} *bis maximal* 10^{-4} *A* (Belichtungsfläche etwa 1 cm²) zu erhalten, die im Belichtungsaugenblick einsetzen und im Dunkeln sofort auf den Dunkelwert abfallen. Es liegt hier mit Bestimmtheit ein wirklicher innerer lichtelektrischer Effekt vor, der auf die Bildung von elektronischen Ladungsträgern n_{opt} im belichteten festen organischen Farbstoff zurückgeht.

Es sei in diesem Zusammenhang auf die in den letzten Jahren zunehmende Zahl der Arbeiten über organische Photoleiter hingewiesen, die nicht nur als Bestätigung dieser seit 1951 erhaltenen Ergebnisse angesehen werden können, sondern auch eine zunehmende Bedeutung der organischen, photoleitenden Substanzen erwarten lassen.

Zur Beobachtung der Leitfähigkeitsänderungen des belichteten Farbstoffs werden (in Analogie zu anorganischen Systemen) zwei Versuchsanordnungen benutzt, die sich durch eine abweichende Richtung des elektrischen Feldes zur Lichtrichtung unterscheiden: Einmal die Methode der Querfeldbelichtung und zum anderen die der Längsfeldbelichtung.

Da die Züchtung gut ausgebildeter Farbstoffkristalle sehr schwierig und außerdem das Absorptionsvermögen dieser Stoffe sehr groß ist, wurden für die lichtelektrischen Untersuchungen in beiden Anordnungen dünne Farbstoffschichten in der Größenordnung von 10^{-4} bis 10^{-7} cm verwendet. Zur Herstellung dieser Schichten (83) läßt man dabei den Farbstoff rasch aus einem leicht verdampfenden Lösungsmittel (ohne Bindemittel wie beispielsweise Kollodium) auskristallisieren. Von Bedeutung ist eine möglichst große Abscheidungsgeschwindigkeit, da nur hierdurch ein Niederschlagen des Farbstoffs in einer dünnen, gleichmäßigen Haut erreicht wird, die eine Voraussetzung für die Bildung der Photoleitung darstellt. Die Abscheidung geschieht deshalb in der Wärme oder besser bei vermindertem Druck. Aus der Konzentration der Farbstofflösungen, der Dichte der festen Farbstoffe und der bedeckten Fläche ist dann die Dicke der Farbstoffschicht berechenbar.

In neueren Versuchen wurde auch die Hochvakuumsublimation für die Bildung gleichmäßiger photoleitender Schichten bei den Farbstoffen, die den Sublimationsprozeß unzersetzt überstanden, mit Erfolg angewandt, z.B. bei Merocyaninen, Rhodamin B u.a.

1. Die Methode der Querfeldbelichtung
a) Meßzellen

Die Querfeldmethode zeichnet sich durch große Einfachheit aus, da sie die Ausbildung störender Grenzschichten von vornherein weitgehend ausschaltet und die Prüfung der Farbstoffe unter besonders klaren, übersichtlichen Verhältnissen ermöglicht. Im Prinzip befindet sich hier die dünne Farbstoffschicht zwischen zwei auf Quarz aufgedampften Rhodiumelektroden, die nach Entfernung der lichtelektrisch geprüften Schicht erhalten bleiben, chemisch völlig unangreifbar sind und so eine rasche reproduzierbare Messung der Farbstoffe unter analogen Bedingungen gestatten. Vgl. die Abb. 69 und 70.

Zum Zwecke der photoelektrischen Nutzung einer möglichst großen Farbstofffläche sind die Elektroden dabei am besten in Rasterform angeordnet.

Es sei bemerkt, daß gerade die Querfeldanordnung bei den lichtelektrischen Untersuchungen der Farbstoffe häufig angewandt wurde und zu den genannten negativen Ergebnissen führte. Dies lag vor allem in der Schwierigkeit der Zellenherstellung begründet, denn die mechanisch mit einem Diamanten in die Rhodium-Quarzflächen eingeritzten Elektrodentrennungslinien wiesen Vertiefungen und Sprünge auf, über die sich die dünne Farbstoffschicht nicht mehr gleichmäßig ausbreiten konnte. Der Farbstoff bettet sich in die Furchen ein, reißt und verliert den Kontakt, so daß die

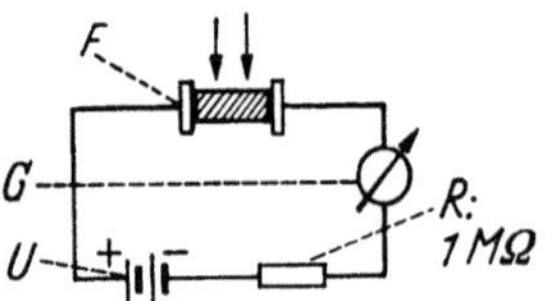

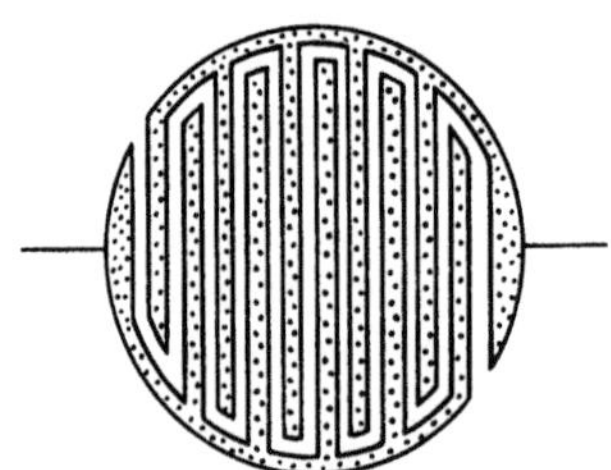

Abb. 69. Schema des inneren Photoeffekts bei Querfeldbelichtung. *F* Farbstoff, *G* Galvanometer, *U* Spannung ab 0,01 Volt

Abb. 70. Rasterphotozelle. Elektroden: Abstand 0,02 mm, Zahl 120—140, Zelldurchmesser 23 mm

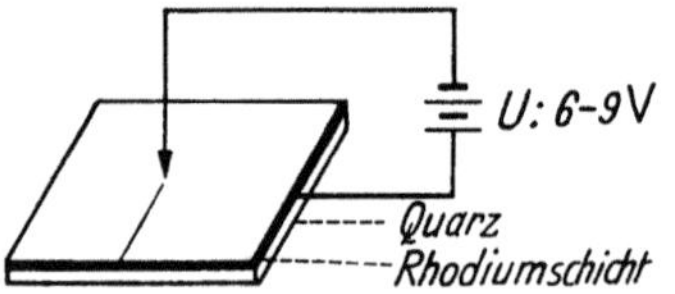

Voraussetzungen für eine lichtelektrische Prüfung nicht mehr gegeben sind. Darüber hinaus ist der geritzte Elektrodenzwischenraum häufig stark ausgefranst und ungleichmäßig verengt; hieraus ergeben sich ein unruhiger Stromfluß und eine Neigung zu plötzlichen Überschlägen, die die Messung in Frage stellen.

Zur Vermeidung dieser Störungen arbeiteten manche Autoren meist mit zwei Silberelektroden, die im Abstand von etwa 1 mm voneinander entfernt lagen. Diese Anordnung, die bei anorganischen Photoleitern häufig angewandt wird, vermied wohl Überschläge, erwies sich aber infolge des großen Elektrodenabstands für die photoelektrischen Untersuchungen der hochohmigen Farbstoffe als weitgehend ungeeignet.

Abb. 71. Schema der Elektrodenrasterherstellung

Diese Schwierigkeiten liegen jedoch nicht bei Photozellen vor, deren Elektrodentrennungslinie auf elektrischem Wege — vgl. (*43*) — eingeritzt wird. Im Prinzip besteht dieses Verfahren darin, die auf einer positiven oder negativen Spannung befindliche Rhodiumfläche mit einer entgegengesetzt geladenen Spitze zu berühren, wodurch das Rhodium sofort quantitativ an der getroffenen Stelle verdampft. Die Abb. 71 zeigt das Schema der einfachen Versuchsanordnung. Je nach Regulierung der Spannung (z.B. 6 bis 9 V-Akkumulator), Ausführung der Schneidespitze (z.B. Wolfram in Flamme „zugespitzt") und Schneidegeschwindigkeit kann ein beliebig dünner Trennungsstrich (bis 0,03 mm) in die fest haftende Rhodiumfläche ohne Beschädigung der Glas- oder Quarzunterlage gezogen werden. Bei Verwendung von Stahlnadeln empfiehlt sich das Ritzen in einer N_2-Atmosphäre.

Das genannte Verfahren gestattet das rasche Anbringen von 100 bis 200 Rhodiumelektroden auf einer Fläche von etwa 20 mm Durchmesser ohne Teilungsmaschine und ermöglicht so die Herstellung von Rasterphotozellen, die für die Farbstoffuntersuchungen geeignet sind. Bemerkt sei hierzu noch, daß die Rhodium-Quarz-Raster auch für anorganische Schichten Verwendung finden können, deren Photoaktivität eine „Formierung" bei erhöhten Temperaturen verlangt; z.B. bei CdS-Filmen (*84, 85*).

b) Elektrische Meßeinrichtung

Da die Größenordnung des im Belichtungsaugenblick einsetzenden Photostroms mit den Rasterelektroden je nach deren Zahl und Größe bei 10^{-6} bis 10^{-10} A bei Spannungen von 1 bis 100 V liegt, kann die Strommessung einfach mit einem Galvanometer ohne Verstärker erfolgen. Die elektrische Meßeinrichtung besteht deshalb im Prinzip aus einer Spannungsquelle, einem Schutzwiderstand (1 MΩ), dem Galvanometer (eventuell mit Registriereinrichtung) und dem an eine Quecksilber-Diffusionspumpe angeschlossenen Meßgefäß, das die Rasterzelle enthält. Der Dunkelstrom wird gegebenenfalls kompensiert.

c) Optische Einrichtung

Für die Belichtung der Zelle mit bestimmten im Sichtbaren liegenden Spektralbereichen kann ein Monochromator Verwendung finden oder bei Anwendung intensiveren Lichts eine mit einem Christiansen-Filter arbeitende Anordnung.

Die letztgenannte Anordnung enthält als Hauptteil das in einem Thermostaten befindliche Dispersionsfilter nach CHRISTIANSEN (vgl. *86* bis *88*), das aus einem mit Benzoesäuremethylester und Glasgrieß gefüllten zylindrischen Glasgefäß (Durchmesser 12 cm) besteht. Da die beiden brechenden Medien in ihren Dispersionskurven einen temperaturabhängigen Schnittpunkt besitzen, geht bei einer bestimmten Temperatur nur das Licht der entsprechenden Wellenlänge ungebrochen und weitgehend ungeschwächt durch das Filter, während alle übrigen Wellenlängen diffus gestreut werden. Man erhält so durch Temperaturänderung monochromatische Strahlung zwischen 400 bis 800 mμ mit einer Breite von 5 (440) bis 15 mμ (800 mμ) (*88*).

d) Meßergebnisse

Mit den genannten Rasterphotozellen gelingt an den Farbstoffen der Nachweis eines wirklichen inneren lichtelektrischen Effekts, der in vielen Eigenschaften mit dem der anorganischen Photoleiter übereinstimmt.

Zur Bestätigung mögen die nächsten beiden Abbildungen dienen, die einmal den Typ der mit einfachen Zellen von WARTANJAN u.a. [vgl. auch (*23*)] erhaltenen Meßreihen zeigen (Abb. 72) und zum anderen die umgezeichnete Meßkurve einer Rhodiumrasterzelle (Abb. 73). Man erkennt den Unterschied sofort: Mit den einen Zellen (Abb. 72) bildet sich erst nach minutenlanger Belichtung ein geringer ($< 10^{-10}$ A), nur mit empfindlichen Instrumenten wahrnehmbarer Photostrom aus, der

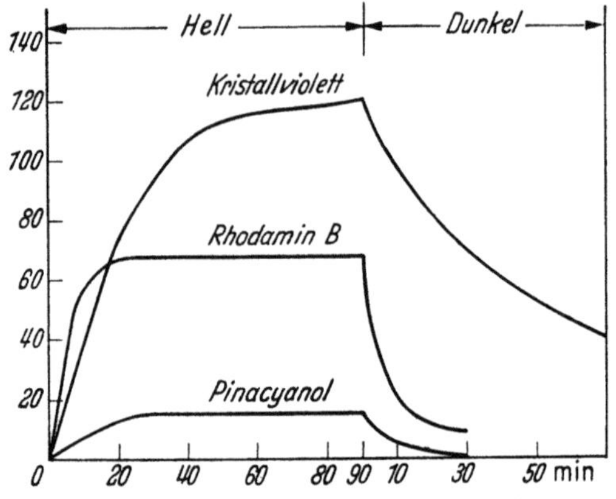

Abb. 72. Photostrom $= f$ (Belichtungszeit) (nach WARTANJAN)

entsprechend einer photochemischen Reaktion langsam ansteigt, während bei den Rasterzellen der Photostrom sofort gut beobachtbar einsetzt und je nach Farbstoff und Schichtdicke eventuell innerhalb von Sekunden den maximalen Wert erreicht.

Bei Belichtung in der Absorptionsbande des Farbstoffs sind mit Intensitäten kleiner 1 HK Photoströme in der Größenordnung von 10^{-8} bis 10^{-9} A (Rastergröße 1 cm²) zu erhalten. Sie nehmen mit der Lichtintensität und der Spannung zu, wofür in den Abb. 74 und 75 einige Beispiele aus einer großen Zahl von Messungen angeführt seien.

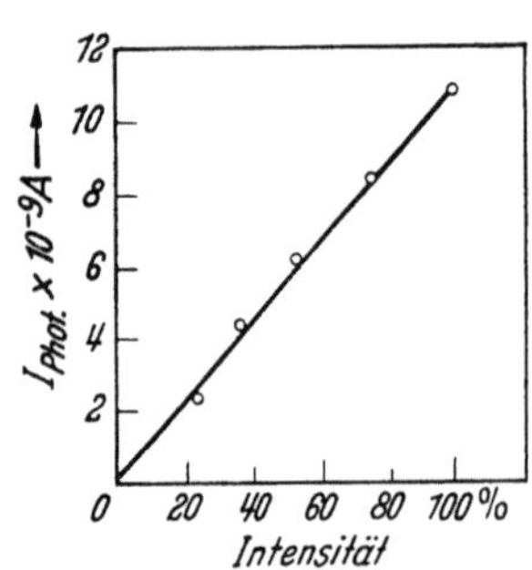

Abb. 73. Photostrom $= f$ (Belichtungszeit), Ultrarot-Sensibilisator S 916/Hoechst

Weitere Einzelheiten dieses Effekts werden noch im neunten Kapitel näher behandelt; vgl. auch (43, 67, 89).

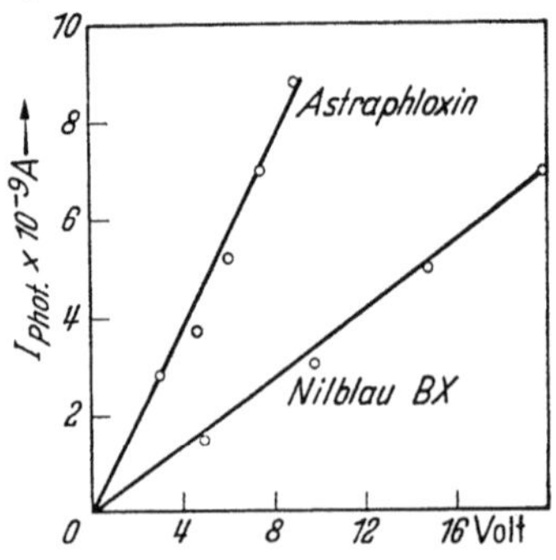

Abb. 74. $I_{\text{Phot}} = f$ (Intensität), Nilblau BX

Abb. 75. $I_{\text{Phot}} = f$ (Spannung), Astraphloxin, Nilblau BX

2. Die Methode der Längsfeldbelichtung

Die Prüfung der Farbstoffe in der Querfeldanordnung ließ unter anderem erkennen, daß — wie das neunte Kapitel noch näher ausführt — die Quantenausbeute einmal mit abnehmender Schichtdicke zunimmt und zum anderen mit einer Verringerung des Elektrodenabstands bei konstanter Feldstärke größer wird. Diese Regel wies den Weg, der zur weitgehenden Erfassung der im belichteten Farbstoff ausgelösten elektronischen Ladungsträger einzuschlagen war, und führte zur eingehenden Untersuchung der Farbstoffe nach der Methode der Längsfeldbelichtung.

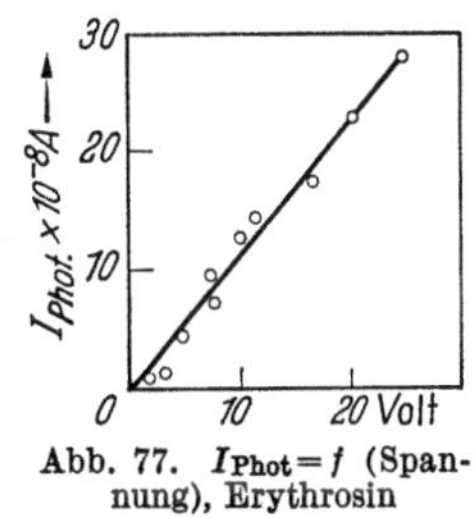

Abb. 76. Schema des inneren Photoeffektes bei Längsfeldbelichtung

Bei dieser Methode befindet sich die dünne Farbstoffschicht zwischen einer Metallunterlage und einer halbdurchlässigen zweiten Elektrode. Vgl. das Schema der Abb. 76 (Sandwich-Typ).

Die elektrische und optische Einrichtung entspricht dabei völlig der bei der Querfeldbelichtung benutzten.

a) Meßzellen

Bei den Meßzellen kann die zweite halbdurchlässige Elektrode entweder durch einfaches Anpressen oder durch Aufdampfen angebracht werden.

Angepreßte Elektrode. Durch das Aufpressen der Elektrode wurde wohl von vornherein nur ein schlechter Kontakt mit der Farbstoffschicht erreicht, doch konnten trotz dieses Nachteils an den Farbstoffen in einfacher Weise Photoströme in der Größenordnung von 10^{-7} A beobachtet werden; vgl. (83). Außerdem läßt sich die Zelle derart konstruieren, daß sie das Auswechseln der Farbstoffe erlaubt und so die Untersuchung einer großen Farbstoffzahl unter einfachen, reproduzierbaren Bedingungen ermöglicht. Die Messungen erfolgen bei vermindertem Druck zur Ausschaltung eventuell ohne Hilfsspannung auftretender Sperrschicht-Photoströme.

Abb. 77. $I_{Phot} = f$ (Spannung), Erythrosin

Mit dieser einfachen Methode konnte der innere lichtelektrische Effekt das erstemal auch an sauren Farbstoffen (Erythrosin, Eosin u.a.) festgestellt werden, wie das Beispiel der Abb. 77 zeigt. Vgl. (83).

Außerdem gelang hiermit erstmals der Nachweis einer wirklichen lichtelektrischen Leitfähigkeit des Cu-Phthalocyanins, die WARTANJAN (6, 90) verneinte und als Widerstandserniedrigung unter dem Einfluß von Wärme ansah. Spätere Untersuchungen von KLEITMAN u.a. (91, 92), die auch an Kristallen durchgeführt wurden, bestätigen diese Photoaktivität des Cu-Phthalocyanins (Abb. 78).

Die Photoströme setzen weitgehend trägheitslos (unter $^1/_{50}$ sec) ein, nehmen proportional mit der Lichtintensität zu und wachsen auch mit zunehmender Spannung (bis maximal 10^{-6} A). An einigen Farbstoffen, beispielsweise Orthochrom T, deutet sich bei höheren Spannungen (etwa 50 V) eine Sättigung des lichtelektrischen Stroms an.

Aufgedampfte Elektroden. Durch Aufdampfen angebrachte Elektroden schienen naturgemäß viel geeigneter zur Erreichung der maximalen Photostromausbeute zu sein. Das Anbringen derartiger Aufdampf-schichten war jedoch bei Farbstof-fen experimentell so schwierig — vgl. z.B. (*49*) —, daß manche Auto-ren zu dem Schluß kamen, ein Be-dampfen von Farbstoffschichten sei nicht möglich. In den meisten Fäl-len führte nämlich der Bedampf-ungsvorgang zu einer sichtbaren Zerstörung der Farbstoffschicht oder zu einem Kurzschluß in der Photozelle, da der Verspiegelungs-prozeß mit einer starken Wärme-

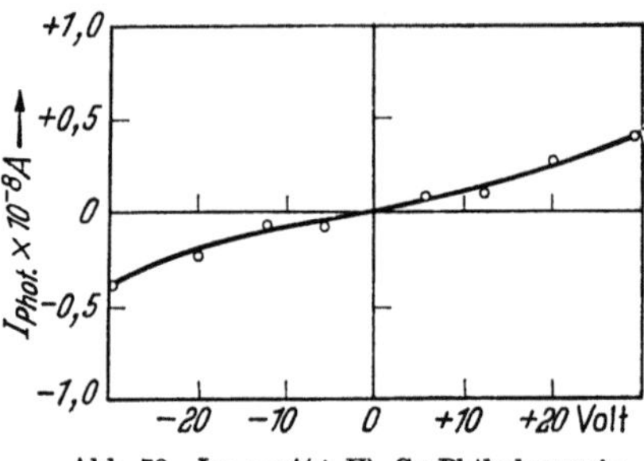

Abb. 78. $I_{\text{Phot}} = f(\pm U)$, Cu-Phthalocyanin

entwicklung verbunden war; denn in den allgemein benutzten Verdampf-ungsgeräten — vgl. (*93*) — wird das Silber gewöhnlich aus einem Molyb-dänschiffchen heraus verdampft, wozu Belastungen in der Größenordnung von 110 A bei 2 V und bis zu 20 sec erforderlich sind. Durch eine Kühlung

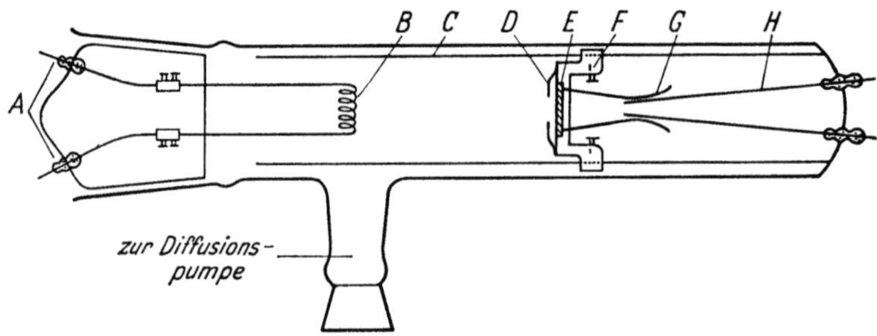

Abb. 79. Hochvakuum-Bedampfungsgefäß. *A* Stromzuführungen, *B* Spirale, *C* Halterung für *F*, *D* Blende, *E* zu bedampfende Fläche, *F* verschiebbarer Tisch, *G* Kontaktfedern, *H* Kontrollstifte

des Farbstoffs läßt sich dessen Wärmezerstörung nicht umgehen; meist treten in der Schicht Sprünge auf, die die Zelle bevorzugt kurzschließen. Das Verdampfen des Silbers ohne große Belastungen und Wärmeentwick-lung gelingt nun in einfacher Weise mit dem in der Abb. 79 gezeigten Gefäß, das die zu verdampfende geringe Silber- (oder Gold-)menge als elektrolytischen Niederschlag auf einer unangreifbaren Heizspirale ent-hält. Durch einen kurzen Stromfluß (9 A, 150 V, 2 sec) läßt sich die Spirale im Hochvakuum (10^{-4} mm Hg) vom Silber befreien, das sich dann auf der in geringem Abstand befindlichen Farbstoffschicht als dünne Elektrode abscheidet.

Die Wärmeentwicklung ist derart gering, daß eine Zerstörung des Farbstoffs vermieden und die Herstellung kurzschlußfreier Farbstoff-längsfeldzellen (Sandwich-Typ) möglich wird. Vgl. (*94, 64*). Zusätzliche

Elektroden erlauben die gleichzeitige Messung des Photostroms im Aufdampfgefäß.

Das genannte Aufdampfverfahren findet auch für die Herstellung der Photodioden Verwendung.

b) Meßergebnisse

Durch den verbesserten Kontakt der Elektroden mit der Farbstoffschicht läßt sich die lichtelektrische Leitfähigkeit der Farbstoffe weiter erhöhen. Man hat hier einen Hinweis, wie durch eine systematische Änderung der Meßeinrichtung die anfangs kaum wahrnehmbare und zum Teil als unreal angesehene Photoaktivität gewisser organischer Verbindungen verbessert werden konnte. Naturgemäß machen diese Messungen die theoretischen Überlegungen hinfällig, die man zur Erklärung der scheinbar charakteristisch den Farbstoffen zugehörigen trägen und geringen Photoströme ausarbeitete: Denn diese Effekte stellten keine Eigenart der Farbstoffe sondern der gerade benutzten Meßanordnung dar.

Einige Meßreihen des Längsfeldtyps (Aufdampfelektrode) mögen zur Bestätigung angeführt sein:

α) Größenordnung. Die mit bedampften Elektroden hergestellten Längsfeldzellen zeigen eine im Vergleich zur Querfeldanordnung stark erhöhte lichtelektrische Empfindlichkeit. An diesen Photozellen können bei einer Belichtungsfläche von etwa $^1/_2$ cm^2 und Belichtungsintensi-

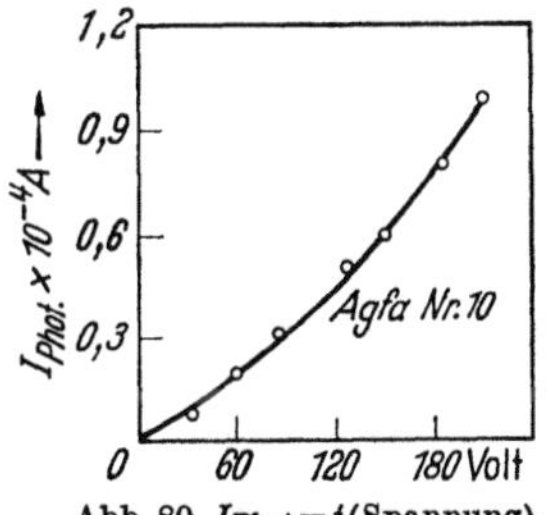

Abb. 80. $I_{Phot} = f$(Spannung), Merocyaninfarbstoff Agfa 10

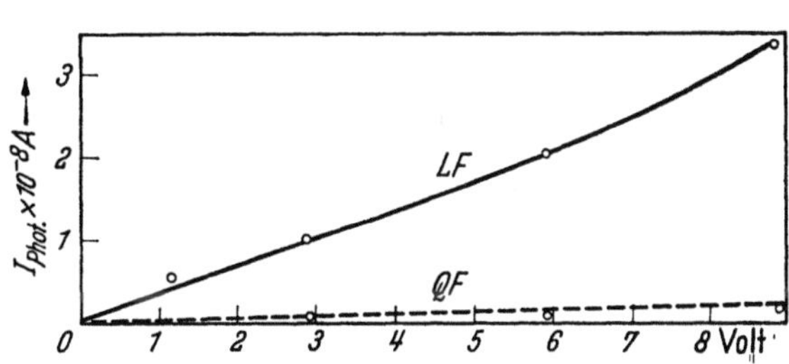

Abb. 81. Vergleich von Quer- und Längsfeldanordnung $I_{Phot} = f(U)$, Merocyaninfarbstoff FX 78

täten kleiner 1 HK im Absorptionsmaximum Photoströme bis in die *Größenordnung* von 10^{-4} bis 10^{-5} A bei kurzzeitiger Belichtung (1 sec) und Zellspannungen von 100 bis 200 V erhalten werden. Vgl. die Meßreihe einer Merocyaninzelle in der Abb. 80 (*94*).

Zum Vergleich mit der Querfeldmethode stellt die Abb. 81 noch Meßreihen eines Merocyaninfarbstoffs einander gegenüber, die mit der Rasterphotozelle und der bedampften Längsfeldzelle aufgenommen wurden und die deutlich die Steigerung der Photoaktivität durch Verbesserung der Meßanordnung erkennen lassen.

β) Einsatz und Abnahme des Photostroms. Während den Querfeldzellen in Analogie zu den Selenwiderstands-Photozellen eine von der Farbstoffart und Schichtdicke mehr oder weniger große Belichtungs-

und Verdunklungsträgheit anhaften kann, zeichnen sich die Längsfeldzellen durch ein weitgehendes *Fehlen* dieser *Trägheit* aus. Man hat es hier mit einem rasch ansprechenden Zellentyp zu tun, der im Dunkeln innerhalb von Sekunden den anfänglichen Dunkelstrom zurückbildet.

Die häufig diskutierte Annahme, der Farbstoffphotoeffekt sei mit einer Trägheit behaftet und könne deshalb nicht von Photoelektronen hervorgerufen sein, entspricht somit auch nach Messungen in dieser Anordnung — vgl. auch den Grenzschichtphotoeffekt — nicht der Wirklichkeit. Vgl. die Abb. 82.

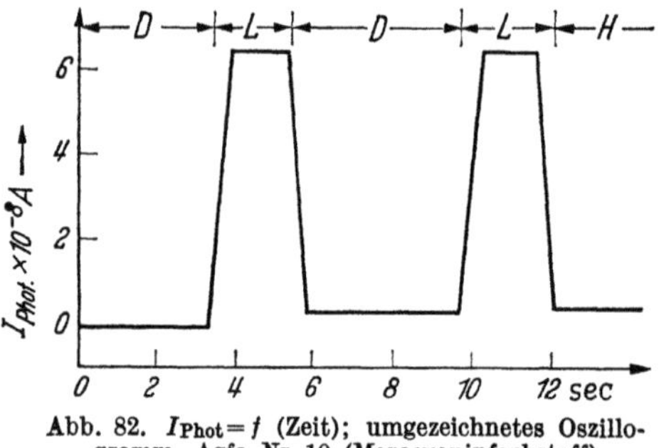

Abb. 82. $I_{\text{Phot}} = f$ (Zeit); umgezeichnetes Oszillogramm, Agfa Nr. 10 (Merocyaninfarbstoff)

γ) Spannungs- und Intensitätsabhängigkeit. Die Photoströme nehmen in Analogie zur Querfeldanordnung mit Vergrößerung der *Spannung* — Erhöhung von E — und *Lichtintensität*, entsprechend der Vergrößerung von n_{opt}, zu. Das heißt, es gilt wahrscheinlich in Übereinstimmung zur Konzentrationstheorie:

$$I_{\text{Phot}} = n_{\text{opt}} \cdot e \cdot \mu \cdot E .$$

Man erkennt — s. die Abb. 83 und 84 —, daß die Photoströme schon mit wenigen Mikrovolt äußerer Spannung und durch Einstrahlung von Intensitäten weit unter $^1/_{10}$ HK nachweisbar sind.

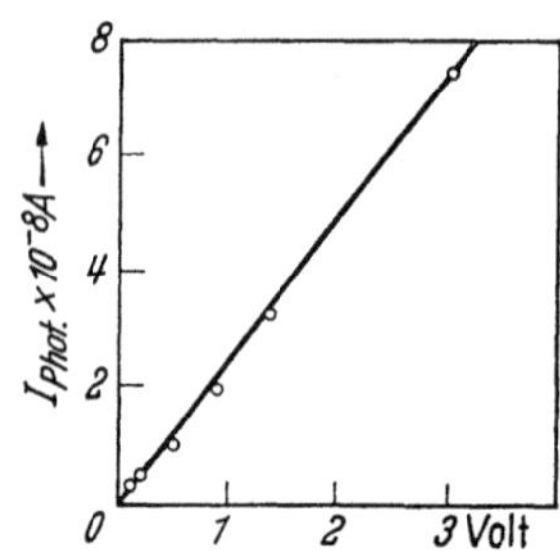

Abb. 83. $I_{\text{Phot}} = f(U)$, Agfa Nr. 10 (Merocyaninfarbstoff)

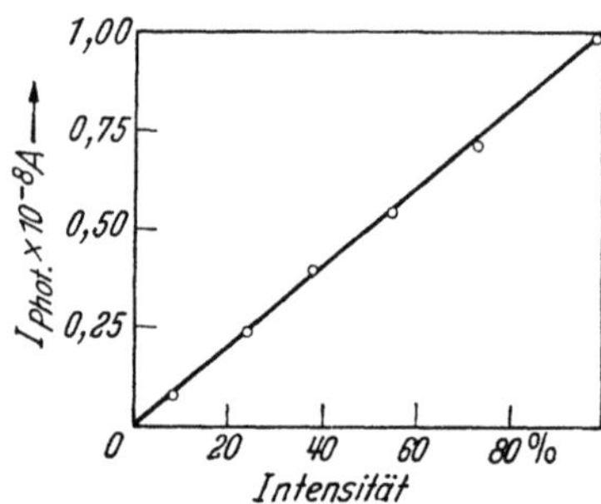

Abb. 84. $I_{\text{Phot}} = f$ (Intensität); $U = 40$ Volt, Rhodamin S

Die Größenordnung der Photoströme, deren Trägheitslosigkeit, Reversibilität und Reproduzierbarkeit beweist, daß man es hier im Gegensatz zu der in der Literatur früher diskutierten Ansicht mit einem wirklichen inneren lichtelektrischen Effekt der organischen Farbstoffe zu tun hat. Zu den übrigen Eigenschaften der Farbstoffe kommt somit als neue physikalisch-chemische Eigenschaft dieser Stoffklasse die Photoleitfähigkeit hinzu.

3. Die Vidikonmethode

Im Zusammenhang mit der lichtelektrischen Untersuchung der isolierenden Farbstoffe in der Sandwich- bzw. Längsfeldanordnung sei noch auf eine abgewandelte Methode hingewiesen, bei der ein abtastender Elektronenstrahl die aufgedampfte Elektrode ersetzt. Diese Anordnung hat nicht nur die Vorteile des Längsfeldtyps, der infolge des engen Elektrodenabstands die den Stromfluß hemmenden Raumladungen ausschaltet und so einen beständigen Photostrom entstehen läßt, sondern ermöglicht auch eine Prüfung der photoleitenden Substanzen auf ihre Verwendbarkeit in Vidikon-(Fernseh-)röhren.

Im Prinzip stellt das für die Elektronenstrahl-Methode verwendete Meßgefäß eine Vidikonröhre dar, die das Auswechseln der verschiedenen Photoleiter erlaubt. Vgl. (95, 96). Hierbei bringt ein Elektronenstrahl, dessen Strahlenelektronen eine geringe Geschwindigkeit besitzen — Beschleunigung durch 30 oder 300 V —, die auf einem durchsichtigen Metallfilm befindliche Photoleitungsschicht durch Abtasten auf das Potential der Strahlsystemkathode. Lädt man die Metallelektrode gegen dieses Potential auf etwa $+10\,\mathrm{V}$ auf, so kann sich bei Belichtung ein photoelektrischer Strom in Analogie zur Längsfeld-

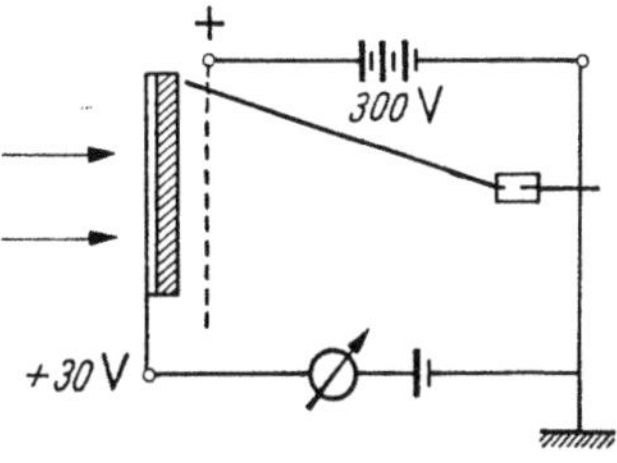

Abb. 85. Schema der Vidikonanordnung

zelle in der im Dunkeln isolierenden Schicht ausbilden. Dieser Photostrom läßt sich im äußeren Kreis nachweisen oder aufgrund der Bildpunktabtastung nach entsprechender Schaltung auf einem Fernsehschirm beobachten. Die belichtete Stelle erscheint dort als heller Punkt; auch geringe Poren in der Photoschicht, die beim Bedampfen zu einem Kurzschluß führen, würden sich nur als Lichtblitz an dieser Stelle bemerkbar machen. Man vergleiche das Schema der Abb. 85.

Vorversuche, die im Hinblick auf diese Methode mit den isolierenden Farbstoffen unternommen wurden, lassen deren Verwendbarkeit als photoleitende Schicht in einer derartigen Anordnung nicht unmöglich erscheinen. Einmal führt die Sublimierbarkeit bestimmter Farbstoffe zu völlig gleichmäßigen und isolierenden Schichten, die nur geringe Dunkelströme aufweisen, deren Größenordnung eine langsame Elektronenbestrahlung nach den bisherigen Beobachtungen nicht merklich ändert; vgl. hierzu auch (97). Außerdem werden an den Längsfeldzellen Photoströme in einer Größenordnung registriert, die von denen des für Vidikonmessungen geeigneten Selens (98) nicht allzusehr abweichen: Selen [nach (95)]: Photostrom von $1 \cdot 10^{-6}$ A/cm^2 bei 30 V; Merocyanin: $1 \cdot 10^{-7}$ A, 0,5 cm^2 und 45 V; Orthochrom T: $1 \cdot 10^{-7}$ A, 1 cm^2 und 18 V. Auch bildet sich der ursprüngliche Leitungszustand nach Belichtungsende rasch zurück.

Die Prüfung des lichtelektrischen Verhaltens der organischen Photoleiter, insbesondere der UR-sensibilisierenden Farbstoffe, in der Vidikonanordnung erscheint auf jeden Fall wünschenswert; denn derartige mit UR-Sensibilisatoren arbeitende Zellen könnten beispielsweise in der Art von UR-Photoplatten als Empfänger für diese Strahlen dienen, ohne mit den Nachteilen der Ultrarotphotographie behaftet zu sein. Es sei hier an die vielfältige Anwendbarkeit dieser ungefährlichen, etwa im Bereich um 1 μ liegenden Strahlen für Probleme der Medizin, Biologie, Geologie und andere Gebiete erinnert, die auf deren Durchlässigkeit für hochmolekulare organische Stoffe beruht. Man vgl. PLOTNIKOW (1/A). Die Existenz einer lichtelektrischen Empfindlichkeit von UR-

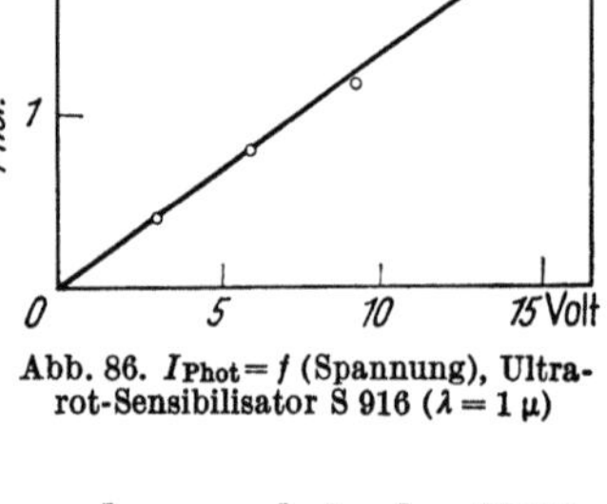

Abb. 86. $I_{Phot} = f$ (Spannung), Ultrarot-Sensibilisator S 916 ($\lambda = 1\,\mu$)

Sensibilisatoren geht aus der als Beispiel angeführten Meßreihe der Abb. 86 deutlich hervor.

Möglicherweise läßt sich die lichtelektrische UR-Aktivität dieser Farbstoffe auch in der Art einer Sensibilisierung von bereits im Vidikon erprobten anorganischen Photoleitern verwenden; denn die bewiesene Verschiebung des photoelektrischen Aktionsspektrums eines anorganischen Photoleiters — z.B. CdS, AgBr, ZnO u.a. — bis zur Farbstoffabsorptionsbande dürfte nicht nur in der Querfeld- oder Längsfeldzelle, sondern auch in der Vidikonanordnung, die eine abgewandelte Längsfeldzelle darstellt, eintreten. Sicher werden hierbei die für den Vidikoneffekt besonders geeigneten Photoleiter — z.B. Mischungen aus ZnSe/CdSe — (96) — in derselben Weise sensibilisiert wie CdS oder ZnO.

4. Die elektrostatische Methode

Durch eine gleichmäßige elektrostatische Aufladung der Oberfläche eines Photoleiters kann dessen lichtelektrisches Verhalten ebenfalls nach dem Prinzip der Längsfeldanordnung ohne feste Zweitelektrode geprüft werden. Das durch eine Koronaentladung oder ähnliche Verfahren

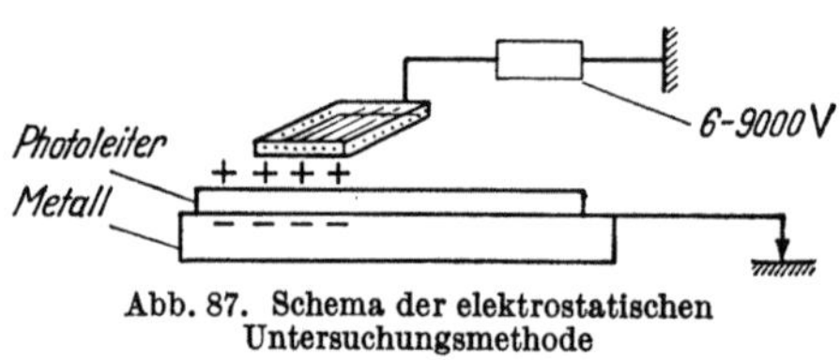

Abb. 87. Schema der elektrostatischen Untersuchungsmethode

auf dem Isolator erzeugte Oberflächenpotential vermindert sich im Dunkeln nur sehr langsam, so daß der Photoleiter gleichsam zwischen einer durchlässigen positiven und einer negativen Grundelektrode liegt. Vgl. Abb. 87.

Die bei Belichtung in der photoaktiven Schicht gebildeten Ladungsträger werden dann durch das elektrische Feld wie in einer Sandwichzelle beschleunigt und führen zu einer Verminderung des Potentials. Mit Hilfe eines Elektrometers — Vibrations-Kapazitäts-Elektrometer — läßt sich dieser Vorgang genau verfolgen und so die Photoaktivität der geladenen Schicht messen. Vgl. z.B. die Untersuchungen an Phthalocyaninen (92).

Der genannte Effekt — elektrostatische Aufladung, Photoleitung — stellt praktisch die Grundlage der elektrostatischen Photographie, d.h.

der Xerographie, dar, die interessanterweise in ihren Anfängen unter anderem mit Anthrazenplatten, also mit einem organischen Photoleiter, arbeiteten. Vgl. (*99, 100*). Dies legt die Annahme nahe, daß die organischen Farbstoffe ebenfalls einen elektrostatischen Photoleitungseffekt aufweisen.

V. Der äußere lichtelektrische Effekt

Der von HALLWACHS im Jahre 1887 entdeckte äußere lichtelektrische Effekt besteht in einer durch Lichteinstrahlung bewirkten Elektronenablösung aus einer photoaktiven Substanz.

Der hierbei dem Einsteinschen photoelektrischen Grundgesetz (*101*)

$$h \cdot v = \tfrac{1}{2} m v^2 + P \quad \text{bzw.} \quad h \cdot v = e \cdot V + P \tag{8.4}$$

folgende Elektronenstrom — $\tfrac{1}{2} m v^2$ (eV) = kinetische Energie des austretenden Elektrons; $P =$ vom Elektron zum Austritt aus der Oberfläche aufzubringende Arbeit (Austrittsarbeit) — läßt sich entweder direkt mit einem empfindlichen Galvanometer, das man mit der lichtelektrisch aktiven Schicht und einer Drahtnetz-Gegenelektrode verbindet, nachweisen, oder unter Verwendung einer Spannungsquelle, die die Elektronen von der belichteten Kathode her ansaugt. In der letztgenannten Anordnung kann die Auslösung der Elektronen an der positiven Aufladung eines an die Photokathode angeschlossenen (und vor der Messung geerdeten) Elektrometers gemessen werden; die von der positiven Gegenelektrode angezogenen Elektronen fließen dabei über die Batterie zur Erde ab. Die Abb. 88 gibt als Beispiel eine derartige Meßanordnung an; vgl. (*11, 12*).

Die Untersuchung dieses äußeren Photoeffekts erfolgt meist im Vakuum, da ihn Nebeneffekte leicht beeinflussen.

In älteren Arbeiten (*102* bis *104*) wird nun an einer Reihe von

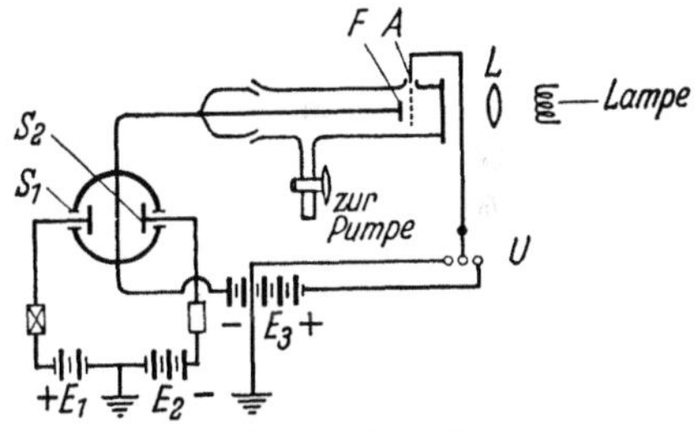

Abb. 88. Meßanordnung des äußeren lichtelektrischen Effekts

Farbstoffen — z.B. Parafuchsin, Brillantgrün u.a. — das Auftreten eines äußeren lichtelektrischen Effekts beschrieben, der nach HLUCKA u.a. (*105* bis *107*) bis in den sichtbaren Spektralbereich (6000 Å) reichen soll. Der Effekt weist dabei eine charakteristische Schichtdickenabhängigkeit in der Weise auf, daß eine Schichtdickenverringerung die Zahl der auslösbaren Photoelektronen vergrößert.

Im Gegensatz zu diesen Arbeiten stehen Untersuchungen von PAULI u.a. (*108, 109*), die den äußeren Photoeffekt an Farbstoffen nur auf den UV-Spektralbereich beschränkt sehen. Das Fehlen des Effekts im Sichtbaren wird dabei auf die zu hohe Austrittsarbeit der Elektronen zurückgeführt, die bei Farbstoffen über 5 V betragen soll. Zum Aufbringen dieser Arbeit P müßte dann das Photon nach der Einsteinschen

Beziehung mindestens die Wellenlänge — aus $h \cdot \nu = h \cdot \dfrac{c}{\lambda}$ — $\lambda < 2300\,\text{Å}$ besitzen. Neuere Messungen von ECKERT (*11, 12*) bestätigen das Fehlen der äußeren Photoleitung an den organischen Farbstoffen im sichtbaren Gebiet.

Neuntes Kapitel

Gesetzmäßigkeiten der Farbstoffphotoleitfähigkeit

Aus dem achten Kapitel ist bereits ersichtlich, daß organische Farbstoffe in gleicher Weise wie bestimmte anorganische Verbindungen (CdS, ZnO usw.) bei Belichtung photoleitend werden. Um diese Tatsache noch weiter zu festigen, sollen im folgenden — vor allem anhand der übersichtlichen Querfeldversuchsanordnung — einige wichtige Gesetzmäßigkeiten der Farbstoffphotoleitfähigkeit angeführt werden, die bei der Deutung des Leitungsmechanismus zu beachten sind.

I. Die Wirkung von Verunreinigungen

Für die Entstehung der lichtelektrischen Leitfähigkeit können auf keinen Fall Verunreinigungen, die bei Halbleitern eine große Rolle spielen, verantwortlich gemacht werden; denn das photoelektrische Verhalten der Farbstoffe erfährt weder durch chromatographische Reinigung noch durch eine Hochvakuumsublimation eine Änderung.

1. Chromatographische Reinigung

a) Methodik

Eine Reinigung nach dem Verfahren der Adsorptionschromatographie kann wohl das wirksamste Mittel zur Entfernung von Verunreinigungen aus Farbstoffen gelten — vgl. (*110* bis *113*) —, da der meist größere Unterschied der Adsorptionsaffinitäten im Vergleich zur Differenz der Löslichkeiten dieser Methode den Vorzug vor der der fraktionierten Kristallisation gibt. Die Einheitlichkeit in einer Adsorptionssäule beweist darüber hinaus noch eher die chemische Reinheit als beispielsweise die Bestimmung des Schmelzpunkts oder Aufnahme des Spektrums (*111*).

Die Reinigung wird eventuell dadurch erschwert, daß der Farbstoff mit dem pulverförmigen Adsorbens oder dem zur Entwicklung benutzten Lösungsmittel reagiert. Die Gefahr einer hydrolytischen Reaktion, die sich beispielsweise an den Triphenylmethanfarbstoffen durch eine Aufhellung in einer Al_2O_3-Säule andeutet (*114*), läßt sich dabei durch Verwendung organischer Lösungsmittel vermeiden. Ein für eine wirkungsvolle Trennung nicht ausreichender Unterschied der Adsorptionsaffinitäten kann durch Verwendung verschiedener Lösungsmittel oder eine Veränderung des Adsorbens (z.B. Al_2O_3 der Aktivitätsstufen 1 und 4) ausgeglichen werden, da die Adsorptionsisothermen auch sehr verwandter Stoffe derartigen Änderungen kaum in der gleichen Weise folgen.

Über den Reinigungsvorgang (Unterdruckapparatur) vgl. z.B. (*89*); über Polyamid als chromatographisches Adsorbens (*115*).

b) Ergebnis

Als wichtiges Ergebnis der Untersuchungen an gereinigten und ungereinigten Farbstoffen wurde festgestellt, daß durch die extreme chromatographische Reinigung *keine* Beeinflussung des photoelektrischen Verhaltens eintritt: Die Spannungs- und Intensitätsabhängigkeit des Photostroms sowie dessen Größenordnung bleiben erhalten, ebenso eine bei einer bestimmten Versuchsanordnung eventuell vorhandene Belichtungs- und Verdunklungsträgheit und die charakteristische Einstufung des Farbstoffs, beispielsweise in die Klasse der Vakuumleiter. Vgl. (*89, 116*) und die Meßreihe der Abb. 89.

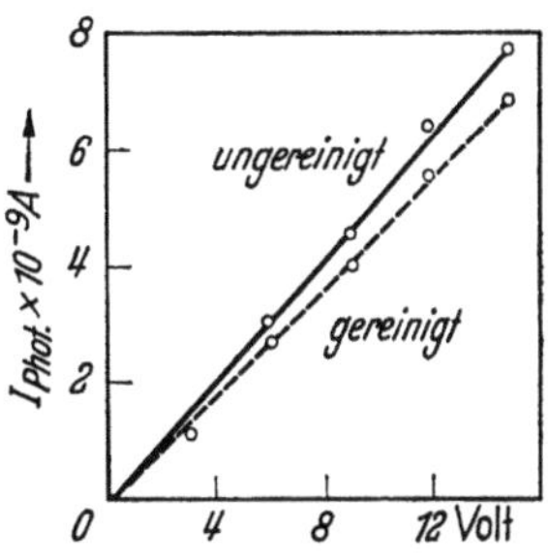

Abb. 89. Photostrom = f (chromatographische Reinigung). Messung: $I_{Phot} = f(U)$, $\lambda = 5300$ Å; Hofmannsviolett

Dieses Ergebnis bestätigt die Beobachtungen, daß allein die in der Schicht liegenden Farbstoffmoleküle für die Entstehung des Photostroms verantwortlich sind und daß auch ein großer Teil der handelsüblich gereinigten Farbstoffe (Sensibilisatoren u.a.) für die lichtelektrischen Versuche Verwendung finden kann.

2. Reinigung durch Sublimation

a) Methode

Die Sublimationsfähigkeit der organischen Verbindungen erlaubt ebenfalls deren wirksame Reinigung. Bei ionalen Farbstoffen ist aber die Sublimation mit der Bildung von Zersetzungsprodukten verbunden, die ein starkes Anwachsen des Dunkelstroms und den Rückgang der Photoaktivität verursachen. Für intermolekular ionoide Verbindungen, wie Merocyanine, oder Komplexe (Cu-Phthalocyanin) u.a. läßt sich dieses Verfahren jedoch gut zur Reinigung verwenden. Gleichzeitig erhält man auf diese Weise außerordentlich gleichmäßige Schichten, die aufgrund ihrer Porenfreiheit eine besondere Eignung für die Kontaktierung mit Aufdampfelektroden besitzen.

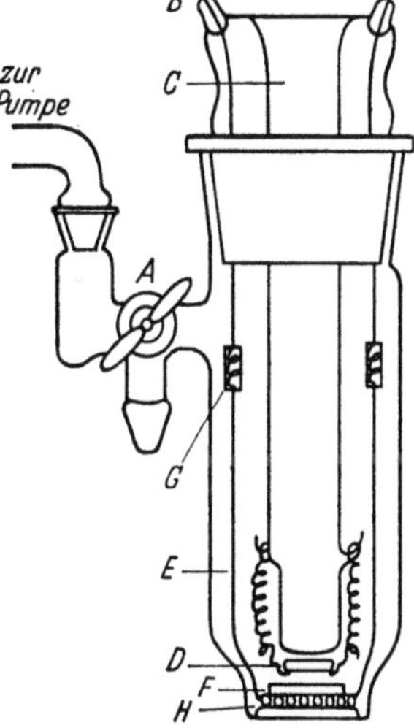

Abb. 90. Sublimationsgefäß. *A* Dreiweghahn, *B* Einschmelzungen, *C* Kühlfinger für flüssige Luft, *D* Rasterzelle, *E* Haltevorrichtung, *F* Glasplättchen mit Farbstoff, *G* Kontaktklemmen, *H* elektrischer Heizofen, Durchmesser 2 cm

Die Abb. 90 zeigt ein für Farbstoffe geeignetes Sublimationsgefäß, das die gleichzeitige Messung der Dunkelleitfähigkeit und des Photostroms erlaubt. Als Heiztisch kann unter anderem ein von STÜRMER (*117*) konstruierter Objektträger Verwendung finden, der aus einem mit einer Leitschicht (aufgedampfte dünne Oxydschicht) bedeckten Quarzplättchen besteht. Die Sublimationstemperatur, Vakuum

(10^{-2} bis 10^{-5} Torr) wird für die einzelnen Verbindungen leicht in Vorversuchen ermittelt. Vgl. auch (*64*).

Ein für die Herstellung sublimierter Schichten des Anthrazen u.a. erprobte Apparatur, die auch die spektralphotometrische Untersuchung erlaubt, beschreibt PERKAMPUS (*137/A, 138/A*).

b) Ergebnis

Eine Reinigung durch Sublimation bleibt auf das lichtelektrische Verhalten eines Farbstoffs bzw. eines organischen Photoleiters ohne Einfluß, solange dieser ohne Zersetzung sublimierbar ist, ein Verhalten, das in Übereinstimmung zu Messungen von WEIGL u.a. (*118* bis *120*) steht. Die Gleichmäßigkeit der Schicht bedingt jedoch im Vergleich zu den aus der Lösung hergestellten Farbstoffschichten in der Querfeldanordnung eine Zunahme der Photoaktivität; auch die Reproduzierbarkeit ist viel größer, da sich der Sublimationsprozeß durch die Einstellung konstanter Bedingungen — Vakuum, Heiztemperatur, Heizzeit — besser lenken läßt als das Verdampfen eines Lösungsmittels.

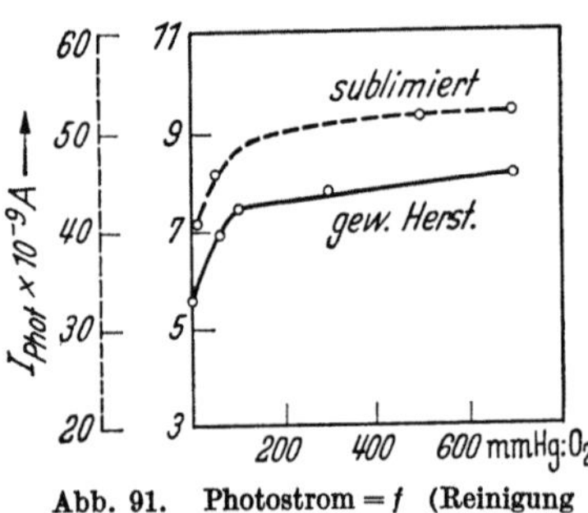

Abb. 91. Photostrom $= f$ (Reinigung durch Sublimation). Messung: $I_{Phot} = f$ (O_2); Merocyanin Agfa 10

Die Abb. 91 gibt als Beispiel die Messung der Sauerstoffabhängigkeit eines Merocyaninfarbstoffs an, die deutlich das analoge Verhalten der sublimierten und durch Verdampfen aus einer Lösung erhaltenen Farbstoffschicht zeigt.

II. Der Einfluß von Feuchtigkeit

Nach den ersten Untersuchungen von ZCODRO (*6*) schien die Leitfähigkeitserhöhung der Farbstoffe bei der Belichtung die Folge eines unter der Wirkung von Feuchtigkeit ablaufenden Ausbleichprozesses zu sein. Die Annahme, die Menge des anwesenden Wassers bestimme die Größe der Farbstoffphotoleitfähigkeit — vgl. (*23*) — wurde dabei bis in jüngster Zeit vertreten. Sicher spielen Wasser- und Gasspuren, wie ein anderes Kapitel näher ausführt, für den Ausbleichprozeß eines Farbstoffs eine entscheidende Rolle, aber für die Bildung der Photoleitung sind sie *auf keinen Fall eine Voraussetzung*. Im Gegenteil stört gerade die Anwesenheit eines Feuchtigkeitsfilms den Nachweis der Lichtelektrizität in starkem Maße, da er zu unerwünschten Nebeneffekten, einen unruhigen und großen Dunkelstrom — vgl. (*83*) — und unter Umständen zur völligen Unterdrückung des Photostroms (*121*) führt. Zusätzlich wird Feuchtigkeit die Ausbleichung des Farbstoffs verursachen, d.h. den Farbstoff zerstören, und hierbei den unabhängig vom Ausbleichprozeß ablaufenden Photoleitungsvorgang, der naturgemäß an unzersetzte organische Moleküle gebunden ist, aufheben.

Jede Untersuchung, die sich mit Fragen der Photoleitung der Farbstoffe befaßt, setzt die Abwesenheit von Feuchtigkeit — Wasser, Lösungsmittelreste — voraus, um die genannten Nebenerscheinungen auszuschließen. Hypothesen, die gerade eine Wasserhaut als Ursache der Photoleitung mit verantwortlich machen, können somit nicht als richtig angesehen werden.

An einer Reihe von Farbstoffen, besonders bei den zur Bildung von Hochpolymeren neigenden, ist die Entfernung von Wasserspuren sicher sehr erschwert, da Wassermolekeln bei der Verknüpfung der Farbionen in den Aggregaten mit beteiligt sein können (122). Aber das Verfahren der Hochvakuumsublimation dürfte doch an den hierzu geeigneten Farbstoffen die Entfernung der Feuchtigkeit gewährleisten. Darüberhinaus müßte man erwarten, daß bei Gültigkeit der photochemischen Theorie mit zunehmender Feuchtigkeitsmenge die Photoaktivität immer größer und bei der Verminderung immer kleiner werden sollte. Das Gegenteil ist aber der Fall: Der Querfeldphotostrom wird an einer Reihe von Farbstoffen, den sogenannten Vakuum-Photoleitern, wie Phe

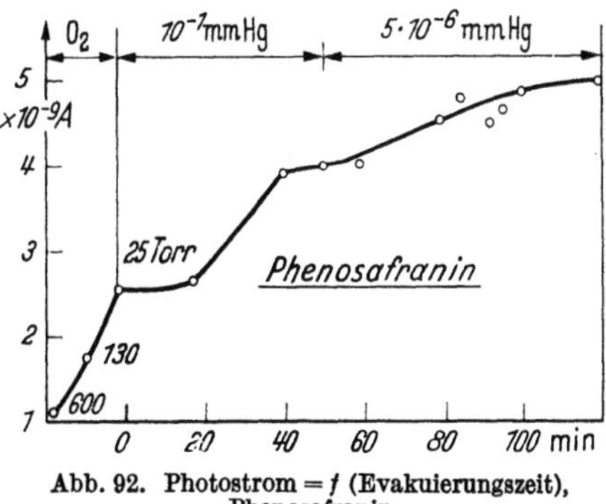

Abb. 92. Photostrom = f (Evakuierungszeit), Phenosafranin

nosafranin, Malachitgrün u.a., bei langer Evakuierung unter $4 \cdot 10^{-6}$ Torr nicht nur *nicht* vermindert, sondern gerade vergrößert und stabilisiert.

Die Abb. 92 zeigt dieses Verhalten am Beispiel einer Phenosafranin-Widerstandsphotozelle, die den maximalen Wert der lichtelektrischen Leitfähigkeit erst unter Bedingungen erreicht, die gerade den Ausbleichprozeß ausschließen. Vgl. hierzu auch (43, 89).

III. Reversibilität

Die lichtelektrische Leitfähigkeit der Farbstoffe ist eine reversible Erscheinung und auch bei häufigen Belichtungen und Verdunklungen ändert sich an der Größenordnung der Leitfähigkeitsänderungen nichts. Dieses Verhalten spricht ebenfalls deutlich gegen eine photochemische Zersetzungstheorie, nach der die Photoleitung proportional zur irreversiblen Zersetzung sein sollte.

Als Beispiel sei auf die Abbildungen verwiesen — z.B. Abb. 82 —, die diese Eigenschaft der Reversibilität deutlich erkennen lassen. Die lichtelektrischen Ströme setzen im Augenblick der Belichtung ein, erreichen je nach Farbstoff mehr oder weniger rasch ihren Sättigungswert und nehmen im Dunkeln wieder ab. Dieser Vorgang ist dabei häufig wiederholbar.

IV. Belichtungs- und Verdunklungsträgheit

Die Trägheit des Photostromeinsatzes ist kein Charakteristikum der lichtelektrischen Leitfähigkeit der Farbstoffe, denn die Eigenschaft, daß sich der zu einer bestimmten Beleuchtungsstärke gehörende Widerstandswert erst nach einer bestimmten Zeit einstellt, wird auch an anorganischen Widerstandsphotozellen (z. B. Selen) wahrgenommen. In Analogie zu den anorganischen Widerstandsphotozellen unterscheidet man somit bei den Farbstoffen auch sogenannte weiche und harte Photozellentypen. Vgl. (*3*, *80*). Während beim erstgenannten Typ der Photostrom träge einsetzt und langsam im Dunkeln abfällt, stellt sich an den anderen Zellen der Photostrom sofort ein und geht rasch zurück.

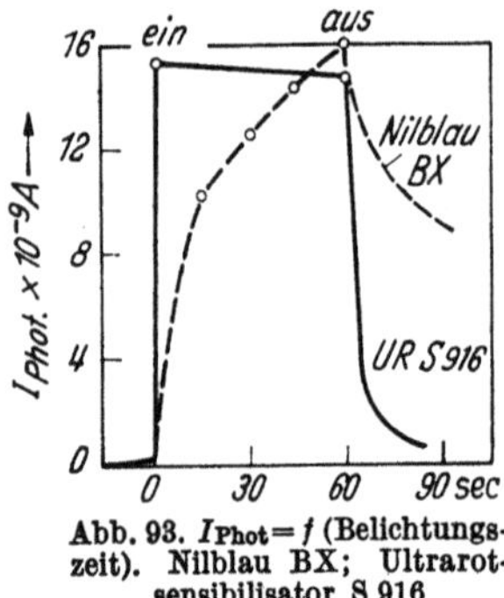

Abb. 93. $I_{\text{Phot}} = f$ (Belichtungszeit). Nilblau BX; Ultrarotsensibilisator S 916

Als Beispiel einer harten Photozelle seien Kryptocyanin oder der UR-Sensibilisator S 916 angeführt (*123*), die nach raschem Einsatz einen konstanten Photostrom bilden, der am Belichtungsende augenblicklich auf den Dunkelwert zurückfällt. Im Gegensatz hierzu ist beispielsweise den Triphenylmethanfarbstoffen eine gewisse Einsatz- oder Verdunklungsträgheit nicht abzusprechen. Als Haftstellen wirkende Verunreinigungen können hierfür nicht verantwortlich gemacht werden, da eine chromatographische Reinigung dieses Verhalten in keiner Weise ändert (*89*). Es bleibt dahingestellt, ob man hierfür allein Ungleichmäßigkeiten im Gitterbau und ähnliche Störungen oder bestimmte, an die Struktur der Farbstoffe gebundene Terme — möglicherweise Triplettzustände — diskutieren darf. Vgl. Abb. 93.

Bemerkenswerterweise wird die Trägheit der organischen Zellen durch ähnliche Faktoren beeinflußt wie die der anorganischen: Zum Beispiel hängt sie von der Schichtdicke oder von adsorbierten Gas- und Feuchtigkeitsspuren ab. Auch der Übergang zum Sandwich-Typ verringert bei beiden Zellen gleichermaßen diese Störung.

In dem genannten Zusammenhang sei auf die Möglichkeit der *Energiespeicherung* durch Ausnutzung der Verdunklungsträgheit an geeigneten Farbstoffen bei Vergrößerung des Elektrodenabstands hingewiesen; denn die im Licht gebildeten Ladungsträger können in dem schlecht leitenden Material vom elektrischen Feld nicht bis zu den weit entfernten Elektroden ungehindert bewegt werden, nach einer gewissen Wegstrecke gelangen die Träger an Haftstellen und bleiben dort eine Zeitlang lokalisiert. Als Folge dieser Erscheinung entsteht bei Bestrahlung des im elektrischen Gleichfeld befindlichen organischen Photoleiters eine innere Polarisation (*Photoelektrete*), die sich nach Abschalten des Felds im Dunkeln je nach Verbindung unter Umständen einige Stunden — an Anthracen, Chrysen, trans-Stilben mehrere Tage in der Größenordnung von 10000 V/cm (*124*) — halten kann. Durch Temperaturerhöhung (*86/B*) und Bestrahlung (*124*) — photoempfindliche Elektrete — lassen sich die Polarisationserscheinungen mehr oder weniger rasch beseitigen.

V. Temperatureinfluß

Die bei kurzen Belichtungen wahrnehmbare lichtelektrische Leitfähigkeit der organischen Farbstoffe erfährt bei Temperaturzunahme eine Erhöhung. Vgl. (*86*/B). Dieses Verhalten steht in Übereinstimmung zu dem anorganischer Kristallphosphore, deren Photostrom oberhalb der Zimmertemperatur ebenfalls ansteigt (*125* bis *127*). An Selenzellen wird über ein analoges Verhalten von WEIMER (*95*) berichtet, aber auch an anderem Ort eine Abnahme der Empfindlichkeit bei höheren Temperaturen angegeben (*80*); über den positiven Temperatureffekt des TlBr s. (*128*).

Als typisches Beispiel des positiven Temperatureffekts der Farbstoffe möge die Abb. 94 dienen.

Man erkennt, daß der Photostrom in den meisten Fällen mit zunehmender Temperatur exponentiell anwächst und die Beziehung erfüllt:

$$I_{\text{Phot}} = A \cdot \exp\left(-\,\Delta E_H/kT\right). \qquad (9.1)$$

Denn $\log I_{\text{Phot}}$ gegen die reziproke Temperatur (°K) aufgetragen, ergibt eine Gerade, deren Neigung ΔE bestimmt.

Zur Deutung dieses Temperatureffekts zieht man vor allem das analoge Verhalten der Kristallphosphore — vgl. RIEHL u. a.

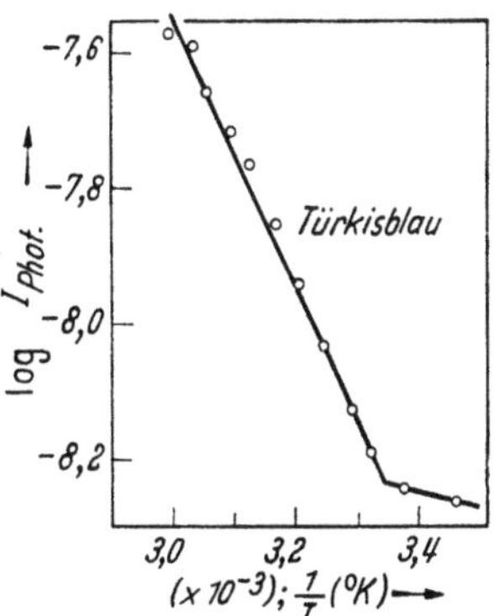

Abb. 94. $\log I_{\text{Phot}} = f\left(\frac{1}{T}\right)$, Türkisblau

(*2*/B, *8*/B) — heran, für das man vor allem die den Phosphoreszenzvorgang (langsames Abklingen) bewirkenden Haftstellen (Traps) verantwortlich macht. Das heißt, man diskutiert bei den photoleitenden Farbstoffschichten ebenfalls die Existenz von Haftstellen, die sich im Bändermodell der Farbstoffschichten — s. Kapitel 10 — zwischen dem Grund- und Leitungsband als diskrete, zur Elektronen- bzw. Defektelektronenaufnahme befähigte Terme anordnen.

Die Wirkung dieser Haftstellen liegt dann vor allem darin, daß bei Anregung ins Leitungsband gelangende Elektronen teilweise zu ihnen übergehen und für den Leitungsvorgang verloren bleiben. Nimmt man nun bei Zimmertemperatur ein Auffüllen der Haftstellen über das Leitungsband durch stark absorbiertes Licht an, so muß zunehmende Temperatur diese Traps leeren, wie es von Leuchtphosphoren (glow-Kurven) her bekannt ist, und die lichtelektrische Leitfähigkeit vergrößern. Der Abstand der Haftstellenterme ΔE_H vom Bandrand — bei Defektelektronenhaftstellen vom Grundband; z. B. Anthracen (*69*) — ergibt sich hierbei aus der Neigung der $\log I_{\text{Phot}} - 1/T$-Gerade. Beispielsweise beträgt dieser Wert an Rhodamin B 0,62 eV, was in guter Übereinstimmung mit dem von NELSON (*119*) nach einem anderen Verfahren bestimmten Wert (ΔE: 0,54 eV) steht.

Weitere in dieser Größenordnung liegende Werte sind in der Arbeit (*86*/B) angeführt, die auch eine Diskussion über die energetische Verteilung der Haftstellenterme und deren Folgerung für den Temperatureffekt — vgl. auch ROSE (*129*) — enthält.

Der wahrscheinlich auf die Haftstellen zurückgehende Temperatureinfluß beschränkt sich nicht allein auf die genannte Zunahme der lichtelektrischen Leitfähigkeit. Man beobachtet noch folgende Effekte [Zusammenfassung in (*86/B*); s. noch (*68, 130*)]:

1. Änderung des Photostromanstiegs länger belichteter Schichten mit der Temperatur, ein Effekt, der ebenfalls die Berechnung der Haftstellentiefe ΔE_H erlaubt:

$$\log \Delta_{\text{Phot}} = \log A - \frac{\Delta E_H}{k} \log e \cdot \frac{1}{T}. \tag{9.2}$$

Vgl. hierzu auch NELSON (*119*).

2. Temperaturabhängigkeit der Geschwindigkeitskonstanten der Dunkelstromabnahme nach Belichtung. Diese Erscheinung äußert sich an den trägen Photowiderständen in einer rascheren Rückbildung der ursprünglichen Dunkelleitfähigkeit bei höheren Temperaturen, die nach einem Vorgang 2. Ordnung (*6*) verläuft:

$$\left.\begin{aligned} \frac{1}{I_t} &= \frac{1}{I_0} + \gamma\, t, \\ \gamma &= f(T). \end{aligned}\right\} \tag{9.3}$$

3. Änderung der Reaktionsordnung des Dunkelstromabfalls. Dieses Verhalten folgt aus der stärkeren Entleerung der Haftstellen mit zunehmender Temperatur, die dahin führen kann, daß die angeregten Elektronen nach Belichtungsende zum großen Teil sofort ins Grundband zurückfallen. Die Schicht verhält sich so, als ob ihr Haftstellen fehlen würden.

4. Unterbrechung der Stromabnahme vorbelichteter Schichten bei plötzlicher Temperaturerhöhung.

5. Übergang des positiven in den negativen lichtelektrischen Effekt an einigen O_2-Photoleitern; vgl. (*77*).

VI. Spannungsabhängigkeit

Entsprechend dem Ohmschen Gesetz ist die lichtelektrische Leitfähigkeit der Farbstoffe im Bereich eines schwachen elektrischen Feldes unabhängig von der Feldstärke. Das heißt, der Photostrom der Farbstoffzellen wächst mit zunehmender Spannung linear an, wie es das Beispiel der Abb. 95 zeigt.

Bei höheren Feldstärken können jedoch an verschiedenen Farbstoffen Abweichungen vom Ohmschen Gesetz auftreten:

1. Einmal besteht die Möglichkeit, daß bei höheren Feldstärken sämtliche vom Licht erzeugten Ladungsträger zu den Elektroden gelangen und so eine Sättigung des Photostroms bewirken. Diesem Sättigungsstrom kommt vor allem für die Bestimmung der Quantenausbeute Bedeutung zu, da er die Zahl der auslösbaren Photoelektronen angibt.

2. Zum anderen beobachtet man an einigen Farbstoffen nach anfänglicher Gültigkeit des Ohmschen Gesetzes im Bereich starker Felder einen Anstieg der Photoleitfähigkeit σ_L, dem gewöhnlich eine analoge Erhöhung der Dunkelleitfähigkeit σ_D parallel geht. Der Photostrom nimmt dabei nach Anlegen höherer Spannungen nicht mehr linear, sondern exponentiell mit der Spannung zu. Vgl. die Abb. 96.

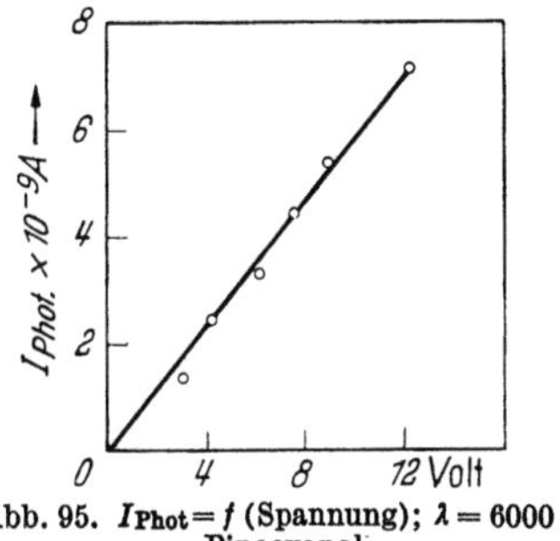

Abb. 95. $I_{\text{Phot}} = f$ (Spannung); $\lambda = 6000$ Å, Pinacyanol

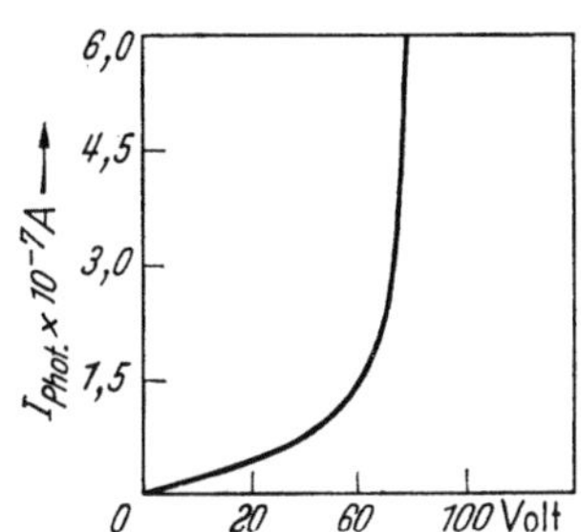

Abb. 96. $I_{\text{Phot}} = f$ (Spannung); Pinacyanolblau

Diese als *Wien-Poole-Effekt* bekannte Erscheinung — vgl. (56) — wird auch an anorganischen Halbleitern und festen organischen Kohlenwasserstoffen (Naphthalin, Anthracen) (131) wahrgenommen. Wie weit der Effekt in anorganischen und organischen Substanzen auf eine ähnliche Ursache zurückgeht, kann noch nicht gesagt werden; nach RIEHL (131) steht fest, daß er nicht auf einer kalten Emission der Elektroden oder einer Stoßionisation beruht. Es bleibt somit allein die Möglichkeit einer Zunahme der Beweglichkeit μ oder der Konzentration n der Ladungsträger, da $\sigma = e \cdot n \cdot \mu$. Durch Beobachtungen von JOFFE (56) an anorganischen Photoleitern scheint dabei nahezuliegen, daß den Wien-Poole-Effekt nicht eine Änderung der Beweglichkeit sondern der Ladungsträgerkonzentration verursacht.

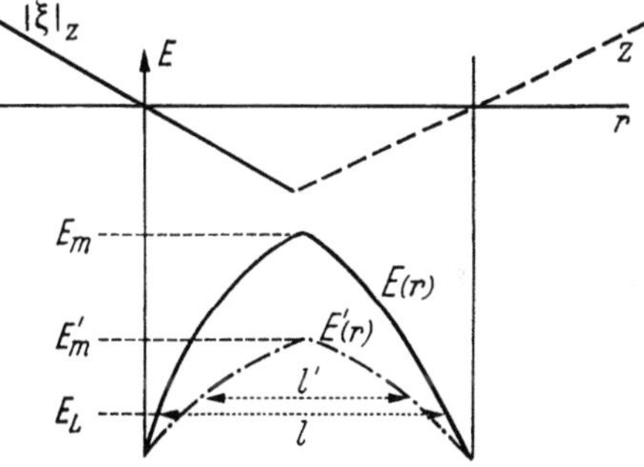

Abb. 97. Zur Deutung des Wien-Poole-Effekts

In dem genannten Zusammenhang sei noch auf ein von WILK (77/B) diskutiertes Modell hingewiesen, das die vom Ohmschen Gesetz abweichende Vergrößerung der Ladungsträgerzahl auf eine vom äußeren Feld bedingte Minderung der zwischenmolekularen Potentialschwellen zurückführt. Durch ein äußeres Feld der Stärke $\mathfrak{E}$ in Richtung der z-Achse sinkt nämlich die potentielle Energie eines Elektrons von $E(r)$ auf

$$E'(r) = E(r) + e \cdot |\mathfrak{E}| \cdot z, \qquad (9.4)$$

so daß (132) bereits nach der klassischen Mechanik ein leichterer Übergang — vor allem wenn $E'_m < E_L$ — infolge Minderung der Aktivierungsenergie verständlich wird. Vgl. die Abb. 97.

Auch quantenmechanisch läßt sich eine zunehmende Wahrscheinlichkeit W des Elektronenübergangs von einem zum anderen Molekül ableiten. Man benutzt hierzu die Theorie des Tunneleffekts, der allgemein den Durchtritt von Elektronen durch Potentialschwellen beschreibt, und der die Übergangswahrscheinlichkeit W durch das Produkt aus Stoßzahl z eines Elektrons gegen die Innenwand einer (rechteckig gedachten) Potentialschwelle und dem Durchlässigkeitskoeffizienten D ausdrückt:

$$W = z \cdot D. \tag{9.5}$$

Im einzelnen gilt dabei — vgl. (*132*) — für die Stoßzahl z:

$$z \approx \frac{v}{2r} = \frac{\sqrt{2 \cdot |E|}}{m \cdot 2r} \approx 10^{14} - 10^{16} \, [\text{sec}^{-1}]$$

und für den Durchlässigkeitskoeffizienten D:

$$D = D_0 \cdot e^{-\frac{2}{h} \cdot \sqrt{2m(E_m - E_L)} \cdot l}, \tag{9.6}$$

v Elektronengeschwindigkeit, r Schwellenhalbmesser, m Elektronenmasse ($\approx 10^{-27}$ g), E Energie des Elektrons, l Dicke der Schwelle, $D_0 \approx 4$, h Plancksches Wirkungsquantum.

Man erkennt aus Abb. 97 in Verbindung mit der Gleichung für den Durchlässigkeitskoeffizienten D, daß das äußere Feld $\mathfrak{E}$ durch Verminderung der Energiedifferenz ($E_m - E_L$) und der Schwellenbreite l die Übergangswahrscheinlichkeit W vergrößert. Da dieser erhöhten Übergangswahrscheinlichkeit W gleichsam eine zunehmende Beweglichkeit der ins Niveau E_L gehobenen Elektronen entspricht, wird die Leitfähigkeitszunahme bei hohen Feldstärken verständlich. Möglicherweise trägt zum Leitfähigkeitssprung auch das Wirksamwerden von Elektronenübergängen bei, die im Bereich geringer Feldstärken infolge einer zu großen Schwellenbreite l und einer zu großen Potentialhöhe $E_m - E_L$ nichts zur Leitfähigkeit beitrugen. Es sei hierbei auf die charakteristische Anordnung der (flachen) Moleküle im festen Zustand hingewiesen, die (in Analogie zum Graphit) eine Richtungsabhängigkeit der Leitfähigkeit aufgrund verschiedener Abstände der π-Elektronenwolken bedingen. Eine Untersuchung der Richtungsabhängigkeit des Wien-Poole-Effekts organischer Einkristalle (Cu-Phthalocyanin u.a.) erscheint deshalb zur weiteren Klärung des Effekts wünschenswert.

Man beachte, daß sich die Erscheinung bei den Farbstoffuntersuchungen dann leicht störend bemerkbar machen kann, wenn der Elektrodenzwischenraum aufgrund einer fehlerhaften Entfernung des Elektrodenmaterials ungleichmäßige und zum Teil sehr enge Abstände aufweist; denn an diesen Stellen herrscht ein starkes elektrisches Feld, das bei Anwesenheit des Farbstoffs dessen kritische Feldstärke E_0 — die den Poole-Effekt auslöst — übersteigen und dessen Leitfähigkeit stark erhöhen wird. Eine scheinbar einwandfreie Rasterzelle bildet in diesen Fällen nach Zugabe des Farbstoffs sogenannte metallische Brücken aus, da an den „Pooleschen Stellen" der Widerstand des Isolators zusammenbricht und eine Messung unmöglich macht. Auch an bedampften Sandwichzellen muß mit dieser Störung beim Eindringen des Silbers in die Farbstoffporen gerechnet werden.

VII. Intensitäts- und Wellenlängenabhängigkeit

Mit Vergrößerung der Lichtintensität nimmt der Photostrom zu, wie viele Messungen beweisen; s. das Beispiel der Abb. 98.

Außerdem stimmt — vgl. hierzu auch die Messungen von NELSON, WEIGL u. a. (*118, 133*) — der Photostrom im Spektralverlauf mit dem Absorptionsspektrum der Farbstoffschichten überein (Abb. 99). Naturgemäß prägt sich dabei auch die Verbreiterung der Absorptionsbanden,

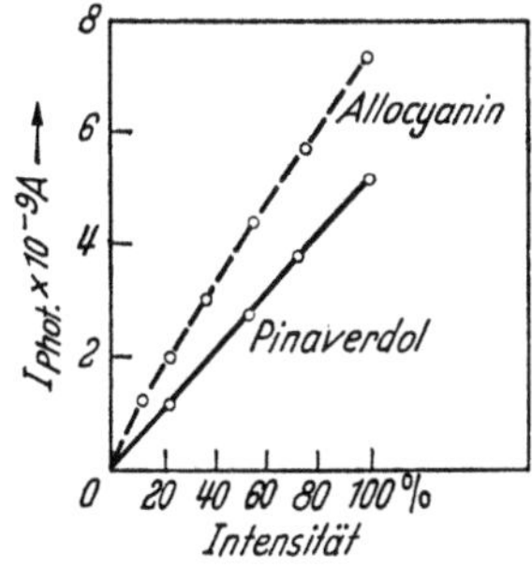

Abb. 98. $I_{\text{Phot}} = f$ (Intensität), Allocyanin, Pinaverdol

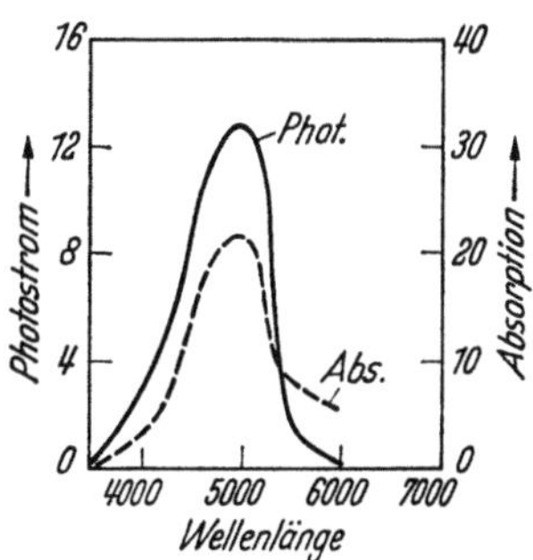

Abb. 99. $I_{\text{Phot}} = f(\lambda)$ (nach WEIGL), Trypaflavin

die auf die Wechselwirkung der Farbstoffmoleküle im festen Zustand zurückgeht, im Aktionsspektrum aus. Die Art des Photoeffekts bleibt hierbei ohne Belang, da der Primärvorgang in allen genannten Fällen in der Anregung des Elektrons vom Grund- in den betreffenden Anregungszustand besteht.

Bemerkenswerterweise wird dieses Verhalten auch an den Einzelkristallen der photoleitenden aromatischen Verbindungen beobachtet, und man benutzt diese Tatsache zur Bestimmung des Absorptionsspektrums (*134*) dieser Festkörper. Die Methode ist dabei einfacher und schneller als das gewöhnliche Verfahren der Kristallspektroskopie und quantitativ in bezug auf Frequenz und Intensität. Zum Beispiel lassen sich leicht die Intensitäten zweier verschiedener Polarisationsrichtungen vergleichen. Vgl. hierzu auch (*135, 136*).

VIII. Gaseinfluß

Die lichtelektrische Leitfähigkeit organischer Farbstoffe und auch deren geringe Dunkelleitfähigkeit wird durch Einwirkung verschiedener Gase in ähnlicher Weise beeinflußt wie die der anorganischen Systeme. Es handelt sich dabei nicht, wie man bis in jüngster Zeit diskutierte (*23*), um eine Auswirkung von Nebeneffekten, die beispielsweise durch Temperaturänderungen beim Einströmen der Gase (*90*) oder als Folge von Ausbleichreaktionen (*137*) eintreten können, sondern um eine direkte

Beeinflussung der im Dunkeln vorhandenen oder im Licht gebildeten Ladungsträger. Freilich lassen die Messungen von PETRIKALN (8) über die Abhängigkeit der Photoelektrizität verschiedener Triphenylmethanfarbstoffe von der umliegenden Gasatmosphäre diesen Schluß nicht ohne weiteres zu, da die geringen Farbstoffphotoströme erst nach langen Belichtungszeiten beobachtet wurden. Doch weisen die Versuche an den Farbstoff-Sperrschichtphotozellen — vgl. achtes Kapitel und (83) — ebenfalls in diese Richtung. Der Nachteil der letztgenannten Meßanordnung liegt aber darin, daß sich mehrere Effekte — z.B. der Einfluß der Grenzschicht und des Kristallphotoeffekts — überlagern. Man kann diese Störung dadurch umgehen, daß man die Farbstoffe in der übersichtlichen Querfeldanordnung untersucht, das heißt, die Änderung der lichtelektrischen Leitfähigkeit der zwischen den rasterförmigen Elektroden liegenden Farbstoffschicht bei Zugabe von Gasen bestimmt. Abkühlungseffekte beim Einströmen der Gase oder Ausbleichreaktionen bleiben dadurch ausgeschaltet, daß die Photozelle nach dem Gaseinlaß jeweils einige Minuten im Dunkeln verblieb und die lichtelektrische Leitfähigkeit nur bei kurzzeitiger Belichtung und Belichtungsintensitäten kleiner 1 HK zur Bestimmung gelangte.

Naturgemäß geht der Feststellung des Gaseffekts eine Entfernung von Lösungsmittelresten und Gasspuren durch eine langdauernde Evakuierung der Meßzelle (bei mindestens $5 \cdot 10^{-6}$ Torr) voraus; auch können nur gereinigte und getrocknete Gase Verwendung finden.

1. Wirkung der verschiedenen Gase

a) Sauerstoff

Bei Überprüfung der Abhängigkeit des Farbstoffphotostroms von der Gasart ergibt sich vor allem eine starke Beeinflussung durch Sauerstoff: Entweder vermindert dieses Gas den im Vakuum wahrnehmbaren

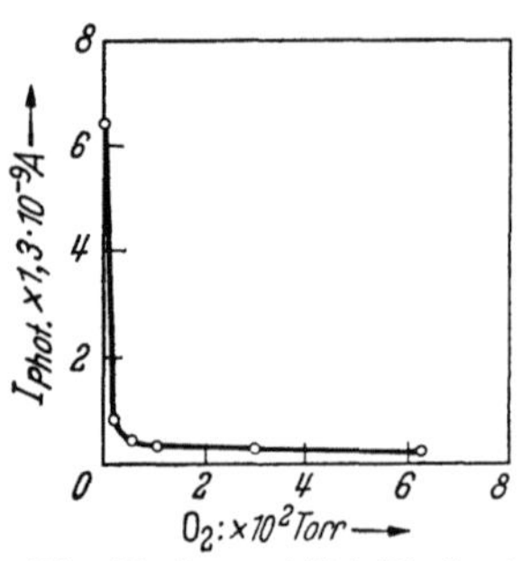

Abb. 100. $I_{Phot} = f\,(O_2)$, Rhodamin S (Vakuum-Photoleiter)

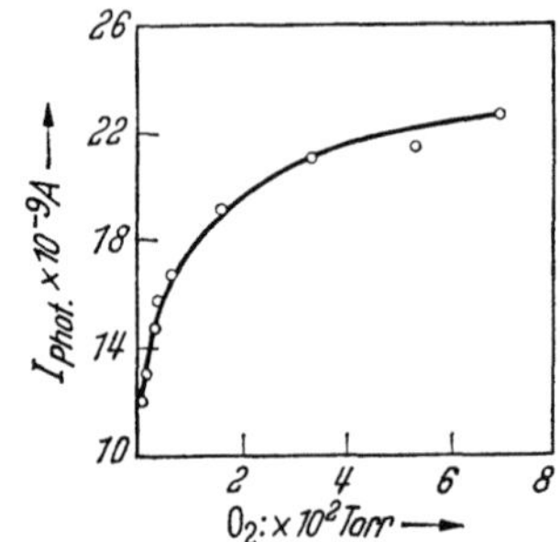

Abb. 101. $I_{Phot} = f\,(O_2)$, Sensibilisator S 935 (O_2-Photoleiter)

lichtelektrischen Strom oder erhöht ihn. Als Beispiele seien in den Abb. 100 und 101 einige Meßreihen angeführt.

Man definiert aufgrund dieses Verhaltens sogenannte *Vakuum-Photoleiter* und *Sauerstoff-Photoleiter* und klassifiziert die Farbstoffe — vgl. (43, 138) — nach der jeweiligen Zugehörigkeit zur 1. oder 2. Gruppe.

Eine chromatographische Reinigung oder eine Reinigung durch Sublimation ändert an der Sauerstoffwirkung nichts, wie die Abb. 91 erkennen läßt.

Zu beachten ist vor allem auch die Reversibilität des Gaseffekts, die sich beispielsweise an den Vakuumleitern in einer Wiederausbildung des Photostroms beim Abpumpen des Sauerstoffs andeutet. Dabei bildet sich der ursprüngliche Photostrom nicht sofort, sondern je nach Farbstoff erst bei verschieden langem Abpumpen zurück. Dieses Verhalten zeigt bereits deutlich, daß der Effekt nicht auf eine strukturelle Veränderung des Farbstoffs zurückgeht, sondern auf eine lockere Anlagerung des Sauerstoffs, wahrscheinlich in der Art einer kovalenten Bindung.

b) Wasserstoff

Wasserstoff beeinflußt den Photostrom umgekehrt wie Sauerstoff und ruft somit an den vakuumleitenden Farbstoffen eine Förderung und an den O_2-Photoleitern eine Verminderung der lichtelektrischen Leitfähigkeit hervor. Vgl. (67).

Zur Beobachtung dieser Wasserstoffwirkung muß die Farbstoffschicht unbedingt längere Zeit bei mindestens $5 \cdot 10^{-6}$ Torr gehalten werden; denn bei einer geringeren Evakuierung (etwa 10^{-2} Torr) verursacht Wasserstoff infolge der Anwesenheit von Sauerstoffspuren allein eine Hemmung der Photoleitung (6, 7).

Die folgenden Abbildungen zeigen den Wasserstoffeffekt einmal am Parafuchsin, das als Vakuumleiter eine Förderung der lichtelektrischen

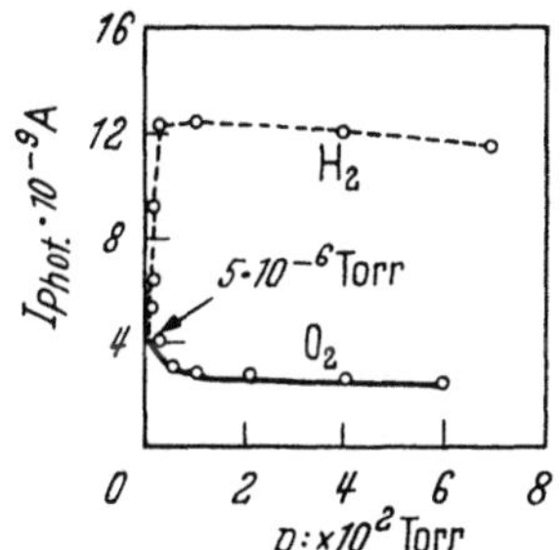

Abb. 102. $I_{Phot} = f$ (H₂; O₂), Parafuchsin

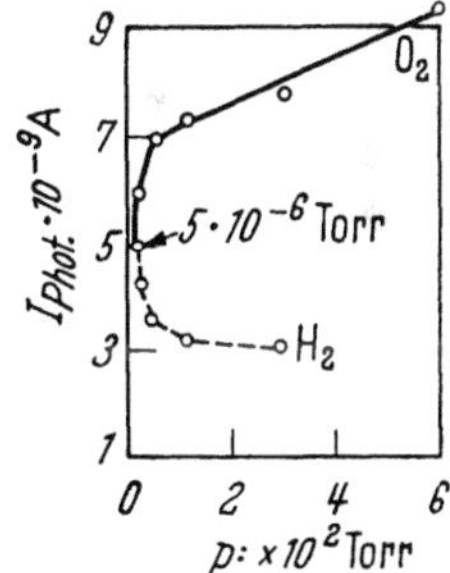

Abb. 103. $I_{Phot} = f$ (O₂, H₂), Merocyaninfarbstoff Agfa Nr. 10

Leitfähigkeit erfährt (Abb. 102), und zum anderen am O_2-photoleitenden Merocyanin AS 10, dessen Photostrom in H_2 abnimmt (Abb. 103). Zur Veranschaulichung sind auch die umgekehrten, vom O_2 hervorgerufenen Änderungen der Photoaktivität mit eingetragen.

Die an Vakuumleitern beobachtete Förderung der Photoleitfähigkeit in H_2 kann durch Evakuieren wieder weitgehend rückgängig gemacht werden, doch bleibt an einigen Farbstoffen auch nach mehreren Stunden Pumpzeit eine H_2-Nachwirkung zurück, die erst Sauerstoff völlig entfernt. Eine erneute Zugabe von Wasserstoff erhöht den Photostrom wieder, so daß auch der H_2-Effekt reversibel ist.

Aus den Versuchen ist eine verschiedene Größenordnung des Wasserstoffeinflusses ersichtlich. Während der Photostrom an manchen Farbstoffen durch Wasserstoff nur wenig vergrößert wurde, zeichnen sich andere durch eine besonders starke Erhöhung der Photoleitfähigkeit durch Wasserstoff aus. Verunreinigungen täuschen diese Strukturabhängigkeit nicht vor, da sich ungereinigte und chromatographisch gereinigte Farbstoffe völlig analog verhielten. Bei der Wasserstofförderung oder -hemmung hat man somit eine ähnliche, charakteristisch einem Farbstoff zugehörige Eigenschaft, wie beispielsweise die Größenordnung der Quantenausbeute, die Neigung zur Belichtungsträgheit oder die Sauerstoffwirkung; denn auch Sauerstoff wirkt nicht bei allen Vakuumleitern in gleichem Maße auf den Photostrom hemmend und bei den O_2-Leitern in derselben Größenordnung fördernd ein. Interessanterweise besteht dabei ein Zusammenhang zwischen der H_2-Förderung und der O_2-Minderung in der Weise, daß einer geringen Minderung der Photoleitung im Sauerstoff eine große Steigerung der lichtelektrischen Leitfähigkeit im Wasserstoff gegenübersteht und umgekehrt (67).

Bemerkt sei noch, daß bei Wasserstoffdrucken über 10 Torr eine gewisse Neigung zur Verringerung der durch Wasserstoff bewirkten Leitfähigkeitserhöhung besteht. Über Einzelheiten vgl. (67).

c) Stickstoff

Läßt man in die auf 10^{-5} bis 10^{-6} Torr evakuierte Querfeldzelle gereinigten Stickstoff einströmen, so wird im Vergleich zur charakteristischen O_2- und H_2-Wirkung keine Änderung der lichtelektrischen Leitfähigkeit wahrgenommen. N_2 gilt somit im obigen Sinn als „photoelektrisch inaktiv" — d.h. es tritt keine elektronische Wechselwirkung des N_2 mit dem Photoleiter ein —, eine Tatsache, die jedoch eine zu geringe Evakuierung des Gefäßes oder Überlagerungseffekte manchmal stören können (6).

2. Beeinflussung der Dunkelleitfähigkeit

Der geringe Dunkelstrom fand bei den Photostrommessungen meist keine Beachtung. Man darf jedoch nicht übersehen, daß auch er gewissen Gesetzmäßigkeiten folgt, die mit den Photostromänderungen mehr oder weniger verknüpft sind. An den Farbstoffen beobachtet man dabei zum Teil ähnliche Zusammenhänge, wie sie auch an anorganischen, photoleitenden Substanzen — z.B. ZnO (139) — vorliegen. Der hohe spezifische Widerstand der Farbstoffe erschwert naturgemäß die Messung der Dunkelleitfähigkeit, doch erlauben die Raster aufgrund der geringen Elektrodenabstände und der großen Elektrodenzahl eine reproduzierbare Messung der Farbstoffschichten.

Es sei in diesem Zusammenhang an die Bestimmung der Temperaturabhängigkeit der Farbstoff-Dunkelleitfähigkeit erinnert; vgl. (70).

Man beobachtet nun an den O_2-Photoleitern neben einer mit dem Sauerstoffdruck zunehmenden Photoleitung auch eine geringe Erhöhung der Dunkelleitfähigkeit. Umgekehrt bringt dieses Gas den außerordentlich geringen Dunkelstrom der Vakuumleiter unter die Nachweisgrenze.

Wasserstoff ruft eine dem Sauerstoff entgegengerichtete Wirkung hervor: Beispielsweise erhöht er erwartungsgemäß an den Vakuumleitern die Dunkelleitfähigkeit in Analogie zur Photoleitung.

Diese Zunahme in Anwesenheit von Wasserstoff ist an einigen Farbstoffen ziemlich groß und erreicht manchmal erst nach Minuten eine Sättigung. Dabei haftet der Wasserstoff teilweise sehr fest, da manche Schichten noch nach stundenlanger Evakuierung bei $5 \cdot 10^{-6}$ Torr eine Nachwirkung in Form eines hohen Dunkelstroms aufweisen. Die Reversibilität des Effekts steht jedoch fest, so daß chemische Umwandlungen des Farbstoffs ausgeschlossen sind; vgl. Abb. 104.

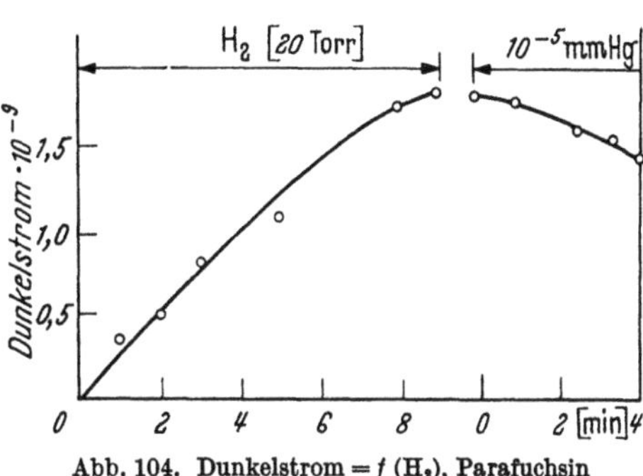

Abb. 104. Dunkelstrom $= f$ (H_2), Parafuchsin

3. Die lichtelektrische Farbstoffklassifizierung

Aus der Gasabhängigkeit der lichtelektrischen Leitfähigkeit der organischen Farbstoffe folgt die Existenz zweier organischer Leitungsgruppen: I. Gruppe Vakuumleiter; II. Gruppe O_2-Leiter.

Es ergibt sich nun zwangsläufig die Frage, ob diese Klassifizierung die Farbstoffe willkürlich trennt oder im Zusammenhang mit der Struktur steht; denn eine systemlose Einteilung in Vakuum- und O_2-Photoleiter würde mehr unkontrollierbare Verunreinigungen für die Lichtelektrizität verantwortlich machen, während eine strukturelle Beziehung die Primärwirkung der Farbstoffe beweist.

Zur Prüfung dieser Frage wurden bisher über 60 Farbstoffe auf das genannte Verhalten hin untersucht und festgestellt, daß ein Zusammenhang zwischen Struktur und Zugehörigkeit zur I. oder II. Gruppe der organischen Photoleiter besteht; vgl. (*43, 138*). Man erkennt, daß zu den Vakuumleitern, die den Photostrom beim Evakuieren mehr oder weniger stark vergrößern, folgende Farbstoffe zählen: Die Triphenylmethanfarbstoffe (Fuchsin, Kristallviolett, Viktoriablau, Malachitgrün, Brillantgrün, Patentblau u.a.), Rhodamine (Rhodamin B u.a.), Phenoxazine (Nilblau), Phenylphenazonium (Phenosafranin u.a.) und weitere. Zu den O_2-Photoleitern gehören dagegen in der Hauptsache die Fluoresceinfarbstoffe (Eosin, Fluorescein, Rose bengale, Phloxin u.a.), Acridine (Acridinorange u.a.), Azofarbstoffe (Bordeaux extra u.a.), Karbocyanine (Pinacyanolblau, Karbocyanin u.a.), Merocyanine, moderne Sensibilisierungsfarbstoffe (UR-S 916 u.a.) und (Cu-, Mg-, Zn-, Co-) Phthalocyanine (*140, 141*).

Dieses Ergebnis erlaubt bereits bei bestimmten Farbstoffgruppen, deren Einstufung feststeht, in gewissem Grade vorauszubestimmen, wie sich ein Farbstoff lichtelektrisch verhalten wird. Beispielsweise können noch nicht geprüfte Triphenylmethanfarbstoffe von vornherein zu den

Vakuumleitern gezählt werden, deren Photostrom bei einer Evakuierung zunimmt; Merocyanine erfahren dagegen durch eine Evakuierung eine Verringerung der Photoleitfähigkeit und bei Zugabe von Sauerstoff eine mehr oder weniger ausgeprägte Vergrößerung; vgl. noch Tabelle 5.

Tabelle 5. *Übersicht der Vakuum- und O_2-Photoleiter*

Nr.	Vakuum-Photoleiter		Nr.	Sauerstoff-Photoleiter	
	Farbstoff	Klasse		Farbstoff	Klasse
1	Fuchsin	Triphenylmeth.	1	Fluorescein	Fluorescein
2	Kristallviolett	Triphenylmeth.	2	Eosin	Fluorescein
3	Hofmannsviolett	Triphenylmeth.	3	Erythrosin	Fluorescein
4	Viktoriablau	Triphenylmeth.	4	Rose bengale	Fluorescein
5	Methylviolett 2 B	Triphenylmeth.	5	Phloxin BBN	Fluorescein
6	Anilinblau	Triphenylmeth.	6	Pinacyanolblau	Karbocyanin
7	Türkisblau	Triphenylmeth.	7	Dicyanin	Karbocyanin
8	Methylgrün	Triphenylmeth.	8	Acridinorange	Acridinfarbstoff
9	Malachitgrün	Triphenylmeth.	9	Acridingelb	Acridinfarbstoff
10	Brillantgrün	Triphenylmeth.	10	Kongorot	Azofarbstoff
11	Patentblau	Triphenylmeth.	11	Vesuvin	Azofarbstoff
12	Auramin	Triphenylmeth.	12	Naphtholorange	Azofarbstoff
13	Rhodamin B	Phenkarb-oxonium	13	Metanilgelb	Azofarbstoff
			14	Chrisoidin	Azofarbstoff
14	Rhodamin S	Phenkarb-oxonium	15	Echtrot A	Azofarbstoff
			16	Biebricher Scharlach	Azofarbstoff
15	Methylenblau	Phenthiazin			
16	Methylengrün	Phenthiazin	17	Bordeaux extra	Azofarbstoff
17	Nilblau BX	Phenoxazin	18	Benzopurpurin	Azofarbstoff
18	Pinacyanol	Pinacyanol	19	Thioflavin	Azofarbstoff
19	Orthochrom T	Isocyanin	20	Azokarmin G	Phenylnaphto-phenazonium
20	Pinachrom	Isocyanin			
21	Astraphloxin	Indocarbo-cyanin	21	Naphtolgelb	Nitrophenol
			22	Alizarin-cyaningrün	Aminoanthra-chinon
22	Phenosafranin	Phenylphen-azonium	23	Flavin	Isoalloxazin
23	Safranin T	Phenylphen-azonium	24	Sensibilisator S 939	
			25	Sensibilisator S 935	
			26	Sensibilisator S 280	
			27	Sensibilisator S 1256	
			28	UR-Sensibilisator S 916	
			29	Merocyanine	
			30	Cu-, Mg-, Co-, Zn-Phthalocyanin	

Als Träger der Photoleitung kommen aufgrund dieses Ergebnisses keine Verunreinigungen in Frage, sondern die Farbstoffmoleküle selbst, da die Systematik allein von der Molekülstruktur bestimmt wird. In diesem Zusammenhang sei darauf hingewiesen, daß die genannte Klassifizierung durch Messungen sowohl an den handelsüblich gereinigten als auch nach einer extremen Reinigung durch Sublimation oder Adsorptionschromatographie erhaltenen Farbstoffen gerechtfertigt erscheint.

Es würde zu weit führen, bereits aus den bisherigen Messungen auf die strukturellen Bedingungen zu schließen, welche die Einstufung der Farbstoffe in die einzelnen Gruppen leiten. Beispielsweise bewirkt bei den Phenkarboxoniumverbindungen einfach der Ersatz der basischen

Aminogruppe, wie sie bei den vakuumleitenden Rhodaminen vorliegt, durch eine saure Oxygruppe (Fluoresceine) eine Umwandlung in einen O_2-Leiter. Wohl liegt es auch nahe, für die O_2-Leitung den anionoiden Charakter des Farbstoffs heranzuziehen; doch sprechen eine Reihe O_2-leitender basischer Farbstoffe gegen diese Annahme.

Für die Einstufung ist naturgemäß auch das Verhalten von Farbstoffmischungen von Bedeutung. Beispielsweise ergibt die Zugabe eines Farbstoffs der O_2-Klasse (z.B. Phloxin) zu einem Vakuumleiter wie Malachitgrün eine Mischung, die eine Vakuumleitung aufweist. Malachitgrün überdeckt somit den lichtelektrischen Charakter des Phloxins (bei Mischung 1:1) und es dürfte die Feststellung interessieren, ob es gelingt, durch Variation des Mischungsverhältnisses eine Photozelle zu konstruieren, die unabhängig vom Gasdruck arbeitet.

4. Deutung der Gaswirkung

Wie kann man das charakteristische Verhalten der organischen Festkörper bei Zugabe der verschiedenen Gase erklären? Warum verringert Sauerstoff bei der einen Gruppe die Photo- und die Dunkelleitfähigkeit, während er bei der anderen Gruppe eine Förderung der Leitfähigkeit hervorruft; warum verhält sich Wasserstoff gerade umgekehrt?

a) Grundlagen

Eine photochemische Reaktion, nach der die beobachtete Gaswirkung die Folge einer oxydativen oder reduktiven Ausbleichung darstellen sollte, scheidet von vornherein aus, da neben der Photoleitung auch die Dunkelleitfähigkeit eine entsprechende Beeinflussung erfährt. Es ist deshalb naheliegend, statt einer chemischen Umsetzung des Farbstoffs eine elektronische Wechselwirkung zwischen dem Gas und dem organischen Stoff zu diskutieren, als deren Folge die Leitfähigkeitsänderungen eintreten. Man erhält so durch die Untersuchung von organischen festen Stoffen eine Ergänzung der im Zusammenhang mit Fragen der Katalyse über die Chemisorption von Gasen an Metallen und anorganischen Halbleitern entwickelten Vorstellungen.

α) **Chemisorption.** Die Aufklärung des Zustands der chemisobierten Moleküle an der Oberfläche der Halbleiter und Metalle und deren Art der chemischen Bindung verdankt man den eingehenden Untersuchungen von HAUFFE, SCHWAB, SUHRMANN u.a. — vgl. aus der großen Zahl der Arbeiten z.B. (*142* bis *147*) und die zusammenfassenden Darstellungen (*148* bis *152*) —, in denen durch Messungen der Elektronenaustrittsarbeit (*153*), des magnetischen Moments (*154*), des Kontaktpotentials (*155*), sowie durch Beobachtungen mit dem Feldelektronenmikroskop (*156*) und vor allem der elektrischen Leitfähigkeit (*153, 157* bis *160*) die elektronische Wechselwirkung zwischen Gas und Substrat nachgewiesen wurde.

Eine Erhöhung der Leitfähigkeit eines dünnen Metallfilms deutet beispielsweise auf einen Elektronenübergang vom adsorbierten Medium zum Metall hin, während eine Verminderung der Leitung den Übergang zum Adsorbens beweist. Der erste Fall, bei dem sich die adsorbierten Gase als Elektronendonatoren verhalten, ist bei solchen Molekülen möglich, die nicht unmittelbar an einer Bindung beteiligte Elektronen enthalten; z.B. H_2O, CO_2, NH_3 und auch Verbindungen mit π-Elektronen. Der zweite Fall liegt bei elektronenaffinen Atomen und Molekülen vor, die das Bestreben haben, Elektronen aus dem Substrat an sich zu ziehen. Als ein derartiger Elektronenakzeptor fungiert dabei unter anderem Sauerstoff oder Stickstoff; vgl. die Abb. 105.

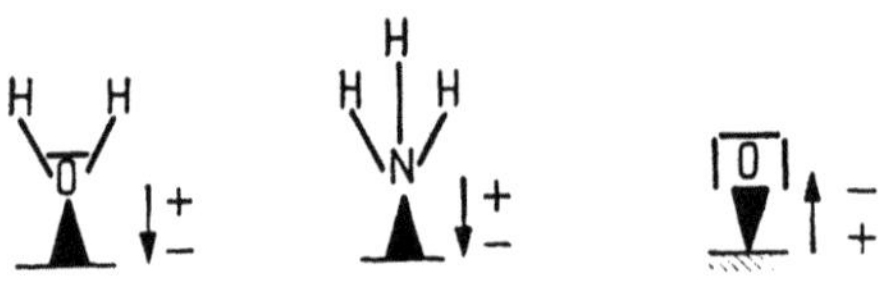

Abb. 105. Elektronenverschiebung zwischen adsorbiertem Gas und Substrat

β) *n*- und *p*-Leitung. Während die elektronische Wechselwirkung an den Schichten der Übergangsmetalle je nach Gasart eine Leitfähigkeitszunahme oder -abnahme durch Erhöhung oder Verminderung der Elektronenzahl hervorruft, müssen die Leitfähigkeitsänderungen am Halbleiter im engen Zusammenhang mit dessen charakteristischen Leitungsmechanismus gesehen werden; denn eine Elektronenabgabe vom chemisorbierten Gas kann die Leitfähigkeit verschiedener Halbleiter sowohl erhöhen als auch verringern. Dies hängt damit zusammen, daß die Ladungsträger eines Halbleiters in der Hauptsache entweder Elektronen oder Defektelektronen sein können. Beim Elektronenleiter wirken die vom Gas abgegebenen Elektronen im Sinne einer Erhöhung der Ladungsträgerzahl, während sie beim Defektelektronenleiter die positiven Ladungsträger neutralisieren und so vermindern.

Das Zustandekommen der Elektronenleitung (auch Überschuß- oder *n*-Leitung) erklärt man sich durch Einbau von zusätzlichen, mit Elektronen besetzten Niveaus in die zwischen dem Grundband, das völlig mit Elektronen gefüllt ist, und dem leeren Leitfähigkeitsband liegende verbotene

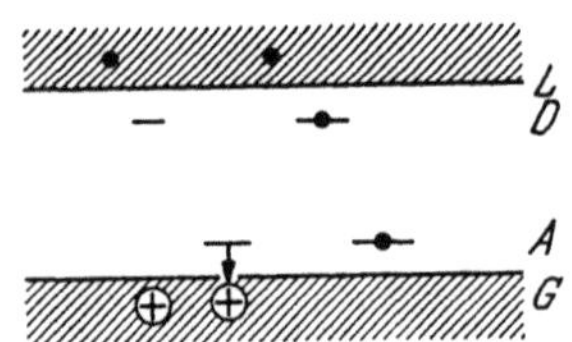

Abb. 106. Bändermodell eines Halbleiters. *L* Leitungsband, *D* Donatoren, *A* Akzeptoren, *G* Grundband, ·· Elektronen, ⊕ Defektelektronen

Zone. Diese Donatoren befinden sich dabei derart nahe am Leitfähigkeitsband, daß die geringe thermische Energie ausreicht, die Elektronen ins Leitungsband zu heben und so dem Halbleiter eine *n*-Leitung aufzuprägen.

Umgekehrt besitzen die Defektelektronenleiter (auch Defektleiter oder *p*-Leiter) zur Elektronenaufnahme befähigte Niveaus (Akzeptoren) unmittelbar über dem Grundband. Sobald die geringe thermische Energie ein Elektron aus dem Grundband zu diesem Akzeptor hebt, bleibt eine positive Lücke im Grundband zurück, die sich wie ein positiver Ladungsträger (Defektelektron, Hole) verhält — man erkennt dies z.B. am Vorzeichen des Hall-Effekts — und als solche die Leitfähigkeit hervorruft; vgl. SPENKE (*54*), SHOCKLEY (*55*) u.a.

Die obige Abb. 106 möge diese Verhältnisse noch veranschaulichen. Man beachte, daß bei Germanium der Einbau von As oder Sb und bei anderen Halbleitern der Zusatz von Oxyden höherwertiger Elemente n-Leitung bewirkt, während niederwertige Elemente p-Leitung hervorrufen. Beim Fehlen einer elektronischen Fehlordnung liegt der Fall des Eigenhalbleiters oder Isolators vor.

Man beachte noch, daß neben den Majoritätsträgern (n oder p) immer mit der Anwesenheit von Minoritätsträgern zu rechnen ist, die miteinander durch die Beziehung verknüpft sind:

$$n \cdot p = n_i^2. \tag{9.7}$$

γ) Anreicherungs- und Verarmungsrandschicht. Erfolgt bei der Adsorption eines Gases eine Anreicherung an Elektronen oder Defektelektronen in der Randschicht, so spricht man von der Bildung einer *Anreicherungsrandschicht.* Dieser Fall ist gegeben, wenn am n-Leiter das chemisorbierte Gas einen Elektronendonator darstellt, und am p-Leiter ein Elektronenakzeptor chemisorbiert wird. Nach der Hauffeschen Symbolik (*149*), in der elektronisch besetzte chemisorbierte Moleküle — z. B. $O_2^{-(\sigma)}$ — durch ● und unbesetzte

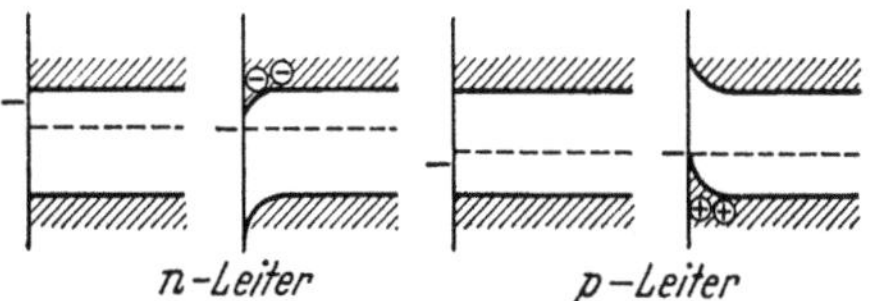

Abb. 107. Schema der Bildung einer Anreicherungs-randschicht am n- und p-Leiter

als ○ bezeichnet werden, beschreibt man die Bildung von Elektronen ⊖ bzw. Defektelektronen ⊕ durch die Chemisorption eines Gases kurz wie folgt:

1. ● ⇌ ○ + ⊖   (am n-Leiter),
2. ○ ⇌ ● + ⊕   (am p-Leiter).

In der Bändermodelldarstellung bedeutet dies, daß die zur Elektronenabgabe befähigten adsorbierten Moleküle Elektronenniveaus oberhalb des Fermi-Niveaus des Halbleiters besitzen und deshalb zur Einstellung des thermischen Gleichgewichts Elektronen von den Oberflächenniveaus in das Leitungsband übergehen. Die Anreicherung der Elektronen in der Randschicht zeigt sich als eine Potentialwölbung nach unten an, deren Grenze dann erreicht ist, wenn die Oberflächenniveaus mit dem chemischen Potential der Halbleiterelektronen (Fermi-Niveau) übereinstimmen.

Beim p-Leiter setzt die Bildung der Anreicherungsrandschicht die Adsorption von zur Elektronenaufnahme bereiten Molekülen voraus, deren Energieniveaus unterhalb des Fermi-Niveaus liegen; denn in diesem Fall werden Elektronen vom Halbleiter, und zwar aus dem Valenzband, so lange zu den Oberflächentermen übergehen, bis eine Angleichung mit dem Fermi-Niveau eintritt. Als Folge dieses Elektronenübergangs reichern sich Defektelektronen in der Randschicht an; letzteres erkennt man auch als Aufwölbung des Potentials; vgl. die Abb. 107.

Eine *Verarmungsrandschicht* liegt vor, wenn die Chemisorption des Gases eine Verringerung der Ladungsträgerdichte in der Randschicht im Vergleich zum Halbleiterinnern bewirkt. Am n-Leiter kann diese Verarmung durch einen chemisorbierten Elektronenakzeptor und am

p-Leiter durch einen Elektronendonator verursacht werden, ein Verhalten, das man in folgender Weise formuliert:

$$3. \quad \circ + \ominus \rightleftarrows \bullet \qquad \text{(am } n\text{-Leiter),}$$

$$4. \quad \bullet + \oplus \rightleftarrows \circ \qquad \text{(am } p\text{-Leiter).}$$

Die an der Oberfläche angelagerten Moleküle sind in diesem Fall die Quelle neuer für Elektronen erlaubter Energieniveaus, die am n-Leiter unterhalb des Fermi-Niveaus liegen und deshalb zum Niveauausgleich einen Elektronenübergang vom Halbleiter zum Gas verursachen. Der Elektronenaustausch ist dann zu Ende, wenn die Oberflächenniveaus bis zum Fermi-Niveau hochgewandert sind. Dieser Vorgang ist dabei mit einer Potentialaufwölbung verbunden.

Beim p-Leiter befinden sich die Energieniveaus der zur Elektronenabgabe befähigten adsorbierten Moleküle über dem Fermi-Niveau, so

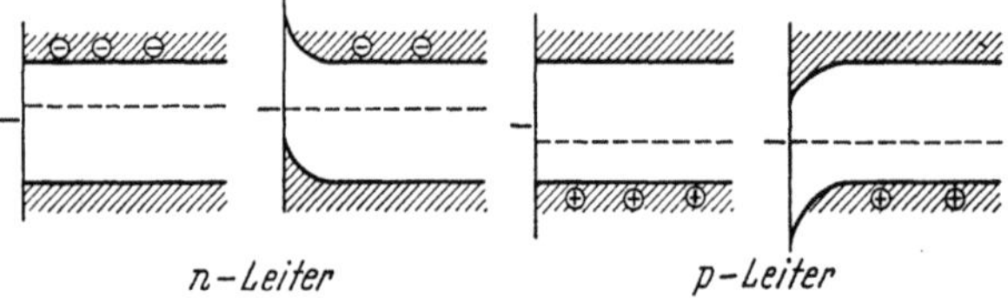

Abb. 108. Schema der Bildung einer Verarmungsrandschicht am n- und p-Leiter

daß Elektronen vom Gas zum Halbleiter übergehen. Der Austausch findet dabei mit den Lücken des Valenzbandes, d.h. den Defektelektronen, statt, deren Dichte auf diese Weise abnimmt. Die Verschiebung der Oberflächenterme nach tieferen Niveaus führt im Bändermodell eine Abwölbung nach unten herbei und die Randschicht erscheint als negative Raumladungszone.

Die Abb. 108 stellt diese Verhältnisse schematisch dar.

b) Randschichtleitfähigkeit

α) Theorie. Es ist nun leicht einzusehen, wie durch Bildung der Anreicherungs- oder Verarmungsrandschicht infolge einer Chemisorption eine Änderung der Austrittsarbeit entsteht, die die Differenz zwischen der Energie eines dicht außerhalb der Oberfläche befindlichen Elektrons und dem Fermi-Niveau darstellt. Man erkennt aber außerdem, daß die Zunahme der Ladungsträgerkonzentration (Elektronen bzw. Defektelektronen) in einer Anreicherungsrandschicht zu einer Erhöhung, und die Abnahme der Ladungsträgerdichte in einer Verarmungsrandschicht zu einer Verringerung der Oberflächenleitfähigkeit beim n- bzw. p-Leiter führt. Dieses Verhalten läßt sich vor allem an dünnen Schichten einfach nachweisen, wenn die Randschichtleitfähigkeit die Innenleitfähigkeit überwiegt.

Die Bestimmung der Leitfähigkeitsänderung einer dünnen Halbleiterschicht bei Zugabe eines Gases gibt deshalb einen Einblick in die Richtung des durch die Chemisorption hervorgerufenen Elektronenaustausches. Diese Leitfähigkeitsänderung ist dabei wie folgt festgelegt:

1. n-Leiter $+$ Elektronendonator: Leitfähigkeitszunahme (Anreicherungsrandschicht)

$$\frac{1}{\nu} \cdot A_\nu^{(g)} \rightleftarrows A^{+(\sigma)} + \ominus^{(R)}.$$

$A_\nu^{(g)}$ bedeutet das in der Gasphase befindliche Atom oder Molekül, ν die Atomzahl gleichartig chemisorbierter Bausteine $A^{+(\sigma)}$, (σ) die Chemisorptionsschicht oder σ-Phase und (R) weist auf die oberflächennahe Randschicht hin; d.h. $\ominus^{(R)}$ stellt ein Elektron im Leitungsband und entsprechend $\oplus^{(R)}$ ein Defektelektron im Valenzband innerhalb der Raumladungsrandschicht dar; vgl. (159).

2. n-Leiter $+$ Elektronenakzeptor: Leitfähigkeitsabnahme (Verarmungsrandschicht)

$$\frac{1}{\nu} \cdot A_\nu^{(g)} + \ominus^{(R)} \rightleftarrows A^{-(\sigma)}.$$

3. p-Leiter $+$ Elektronendonator: Leitfähigkeitsabnahme (Verarmungsrandschicht)

$$\frac{1}{\nu} \cdot A_\nu^{(g)} + \oplus^{(R)} \rightleftarrows A^{+(\sigma)}.$$

4. p-Leiter $+$ Elektronenakzeptor: Leitfähigkeitszunahme (Anreicherungsrandschicht)

$$\frac{1}{\nu} \cdot A_\nu^{(g)} \rightleftarrows A^{-(\sigma)} + \oplus^{(R)}.$$

5. Inversionsrandschicht.

Neben den genannten Leitfähigkeitsänderungen, die ein an einen p- oder n-Leiter chemisorbiertes Gas hervorrufen kann, besteht auch die Möglichkeit einer Umkehrung des Leitfähigkeitscharakters, beispielsweise von einer n-Leitung in eine p-Leitung. Mit diesem Fall kann man bei einer Chemisorption rechnen, die mit einem sehr starken Elektronenübertritt verbunden ist.

Denn ein n-Leiter wird nach einer Elektronenabgabe an einen Akzeptor erst die Leitfähigkeit unter Ausbildung einer Verarmungsrandschicht so lange verringern, bis die Zahl der Elektronen in der Randschicht mit der der Defektelektronen übereinstimmt (Eigenleitung, Fermi-Niveau durch Mitte der verbotenen Zone). Eine weitere Abgabe von Elektronen kann somit nur noch aus dem Valenzband unter Zunahme der ursprünglich geringfügig vorhandenen Defektelektronen erfolgen. Nach einer Leitfähigkeitsabnahme muß dann nach einer minimalen Leitfähigkeit eine Zunahme der Randschichtleitfähigkeit als Folge der Chemisorption eintreten.

Im Bändermodell stellt sich dieser Übergang von der überschuß- in die defektleitende Oberfläche (Inversionsrandschicht) als eine starke Bänderaufwölbung dar. Naturgemäß kann bei Chemisorption eines Elektronendonators auch eine ursprünglich defektleitende Oberfläche nach einer Leitfähigkeitsabnahme in eine n-leitende Inversionsrandschicht übergehen.

Über den quantitativen Zusammenhang zwischen Randschichtleitfähigkeit und Chemisorption sei auf die zusammenfassende Darstellung von HAUFFE u.a. (*159*) verwiesen.

Da an dünnen Schichten, wie sie beispielsweise bei Farbstoffen vorliegen, praktisch die Gesamtleitfähigkeit (Randschichtleitfähigkeit + Innenleitfähigkeit) mit der Randschichtleitfähigkeit identisch ist — denn die Schicht von etwa 10^{-5} bis 10^{-6} cm stellt mehr oder weniger eine Randschicht dar; Dicke 10^{-4} bis 10^{-5} cm —, werden die durch chemisorbierte Atome oder Moleküle bewirkten Änderungen der Ladungsträgerdichte $n_{\mathrm{Maj}}^{(R)} - n_{\mathrm{Maj}}^{(H)} = \Delta n_{\mathrm{Maj}}^{(R)}$ leicht meßbar:

$$\Delta \sigma^{(R)} = e \cdot \mu_{\mathrm{Maj}} \cdot \Delta n_{\mathrm{Maj}}^{(R)}. \tag{9.8}$$

Die Bildung einer Anreicherungsrandschicht entsprechend einer Zunahme der Majoritätsträgerdichte (Elektronen oder Defektelektronen) $\Delta n_{\mathrm{Maj}}^{(R)}$ zeigt sich in der Leitfähigkeitszunahme $\Delta \sigma^{(R)}$ an, und eine Verarmungsrandschicht in einer Abnahme von $\Delta \sigma^{(R)}$.

Es ist verständlich, daß diese Überlegungen nicht auf die im Dunkeln vorhandenen Ladungsträger beschränkt bleiben, sondern auch die im Licht gebildeten Ladungsträger erfassen. Sicher entstehen bei der Belichtung primär sowohl Elektronen als auch Defektelektronen, die mit dem chemisorbierten Gas entgegengesetzt reagieren würden, so daß nach außen keine Änderung der lichtelektrischen Leitfähigkeit feststellbar wäre. Aber in vielen Fällen trägt den Hauptteil des Photostroms doch nur eine Ladungsträgerart, die mit den Majoritätsträgern des Dunkelstroms übereinstimmt und auch deren Beweglichkeit besitzen dürfte; vgl. JOFFE (*56*).

$$\sigma_{\mathrm{Phot}} = e \cdot \mu_{\mathrm{Maj}} \cdot n_{\mathrm{Phot}}. \tag{9.9}$$

Das heißt, das chemisorbierte Gas beeinflußt die lichtelektrische Leitfähigkeit in derselben Richtung wie die Dunkelleitfähigkeit und man kann auch aus der Änderung der Photoleitung bei Zugabe eines Gases Rückschlüsse auf die elektronische Wechselwirkung zwischen Gas und Halbleiter ziehen.

$$\Delta \sigma_{\mathrm{Phot}}^{(R)} = e \cdot \mu_{\mathrm{Maj}} \cdot \Delta n_{\mathrm{Phot}}^{(R)}. \tag{9.10}$$

Wie im folgenden anhand der in der Literatur beschriebenen Ergebnisse gezeigt wird, ist diese Parallelität zwischen der durch Chemisorption bedingten Photo- und Dunkelstromänderung in den meisten Fällen gegeben. Es sei jedoch auch auf Beobachtungen eines entgegengesetzten Verhaltens hingewiesen, bei dem beispielsweise am PbTe eine Sauerstoffbeladung den elektronischen Dunkelstrom infolge Bildung einer Verarmungsrandschicht anfangs — Inversionsrandschichtbildung bei stärkerem O_2-Druck — verringerte, aber bei gleichbleibender Ladungsträgererzeugung im Licht die Photoleitungsempfindlichkeit

$$\frac{I_1 - I_0}{I_0} = \alpha \qquad (I_1 = \text{Photostrom}; \ I_0 = \text{Dunkelstrom}) \tag{9.11}$$

vergrößerte (*161*). Bei einer größeren O_2-Adsorption nimmt α aber auch ab.

β) Experimentelle Befunde. *Sauerstoff.* Die oben theoretisch abgeleiteten Leitfähigkeitsänderungen, die durch Chemisorption eines Gases an n- oder p-Leitern eintreten können, sind aufgrund zahlreicher Untersuchungen heute weitgehend gesichert. Beispielsweise vermindert Sauerstoff an n-Leitern den Dunkelstrom — z. B. an ZnO (*53, 162*) — und den Photostrom, da die Chemisorption zu einer Verarmungsrandschicht führt. Hierbei gilt:

$$\tfrac{1}{2} O_2^{(g)} + \ominus^{(R)} \rightleftarrows O^{-(\sigma)}.$$

Umgekehrt nimmt die Dunkelleitfähigkeit — z. B. am NiO (*159*) — und die Photoleitung an p-Leitern infolge einer Anreicherungsrandschichtbildung zu. Die Chemisorption des Sauerstoffs beschreibt dabei folgende Gleichung:

$$\tfrac{1}{2} O_2^{(g)} \rightleftarrows O^{-(\sigma)} + \oplus^{(R)},$$

oder auch

$$O_2^{(g)} \rightleftarrows O_2^{-(\sigma)} + \oplus^{(R)}.$$

Die letztgenannte Chemisorption dürfte vor allem in höheren Druckbereichen vorliegen und auf die Tatsache zurückgehen, daß das O_2-Molekül noch zwei freie Plätze (Paramagnetismus) besitzt.

In der folgenden Tabelle 6 sind die Arbeiten zusammenfassend dargestellt, die die genannte Beziehung zwischen der O_2-Abhängigkeit des Photostroms und dem Leitungsmechanismus (n- und p-Typ) bestätigen.

Tabelle 6

Nr.	Verbindung	Typ	Photoleitung + O_2 Zunahme: +; Abnahme: −		Literatur
			Theorie	Experiment	
1	PbS	p	+	+	(*163* bis *168*)
2	CdS	n	−	−	(*169, 170*)
3	ZnO	n	−	−	(*171* bis *175*)
4	BaO	n	−	−	(*176*)
5	Cu_2O	p	+	+	(*177*)
6	CdSe	n	−	−	(*161, 178*)
7	PbTe	$n \rightarrow p$	$-\rightarrow+$	$-\rightarrow+$	(*161*)
8	PbSe	$n \rightarrow p$	$-\rightarrow+$	$-\rightarrow+$	(*179*)
9	Tl_2S	p	+	+	(*180*)
10	Ge	n	−	−	(*150, 181*)
		p	+	+	(*150, 181*)

Wasserstoff. Durch Wasserstoff wird die Dunkelleitfähigkeit der p- und n-Leiter entgegengesetzt wie bei der Adsorption von Sauerstoff beeinflußt. Da Wasserstoff erst bei höheren Temperaturen mit merkbarer Geschwindigkeit auf einen Halbleiter reduzierend wirkt — beispielsweise am ZnO oberhalb 450° C —, kommen auch für dieses Verhalten keine chemischen Reaktionen in Frage.

Man nimmt deshalb an, daß Wasserstoff bei Berührung mit dem Halbleiter eine Dissoziation und Ionisation — Chemisorption — erfährt, die folgende Gleichung beschreibt:

$$\tfrac{1}{2} H_2^{(g)} \rightleftarrows H^{+(\sigma)} + \ominus^{(R)}.$$

Es bildet sich somit am n-Leiter bei H_2-Zugabe eine Anreicherungsrandschicht mit Protonen $H^{+(\sigma)}$ an der Oberfläche und zusätzlichen Elektronen $\ominus^{(R)}$ in der Randschicht, ein Effekt, der sich als Leitfähigkeitszunahme der dünnen Schicht anzeigt. Auch an dünnen Metallschichten lassen sich entsprechende Widerstandsänderungen feststellen, deren eingehende Untersuchung man SUHRMANN u.a. (*148, 153, 158, 182*) verdankt. Die beim Zerfall in Atome und anschließender Dissoziation in Protonen und Elektronen gebildeten Elektronen werden hierbei an das Metallelektronengas abgegeben — z.B. Ni — und verringern so den Widerstand der dünnen Metallschicht; Sauerstoff wirkt erwartungsgemäß umgekehrt im Sinne einer Widerstandszunahme. Die Chemisorption des Wasserstoffs am p-leitenden Halbleiter ist, wie aus den obigen Überlegungen folgt, mit einer Leitfähigkeitsabnahme verbunden; denn die beim Kontakt der H_2-Moleküle mit dem Halbleiter gebildeten Elektronen neutralisieren die Defektelektronen, die als Majoritätsträger den Hauptteil der Leitfähigkeit übernehmen:

$$\tfrac{1}{2}\,H_2^{(g)} + \oplus^{(R)} \rightleftharpoons H^{+(\sigma)}.$$

Die folgende Tabelle möge zur Bestätigung dieser Effekte dienen:

Tabelle 7

Nr.	Verbindung	Typ	Leitfähigkeit + H_2 Zunahme: +; Abnahme: −		Literatur
			Theorie	Experiment	
1	PbS (Pb-Überschuß)	n	+	+	(*183*)
2	ZnO	n	+	+	(*184, 185*)
3	NiO	p	−	−	(*186*)
4	Cr_2O_3	p	−	−	(*186*)
5	TiO_2	n	+	+	(*186*)
6	SnS	p	−	−	(*186*)
7	ZnS	n	+	+	(*186*)

Vgl. ergänzend noch (*187*). Bemerkt sei, daß unter extremen Vakuumbedingungen (10^{-8} Torr) der Wasserstoff auch als Elektronenakzeptor aufgrund seiner Elektronegativität wirken und die Leitfähigkeit eines n-Leiters in Analogie zum Sauerstoff verringern kann (*154, 188*).

Stickstoff. Während bei Zimmertemperatur eine elektronische Wechselwirkung zwischen einem leitenden Film und Stickstoffmolekülen erwartungsgemäß ausbleibt, deutet die von SUHRMANN u.a. (*189*) an Nickelfilmen bei Temperaturen unter 90° K wahrgenommene Widerstandszunahme auf eine Beanspruchung des Metallelektronengases in Richtung der adsorbierten N_2-Moleküle hin. Möglicherweise ist für diesen Elektronenakzeptorcharakter des N_2 die dreifache Lücke der p-Schale eines N-Atoms verantwortlich, die durch die Abstandsvergrößerung der N-Atome (Prädissoziation) — also keine N_2-Dissoziation — wirksam wird, ein Vorgang, den Wärme stört.

Wasser, Methanol u. a. Es liegt nahe, daß auch die Adsorption von H_2O, CH_3OH u. ä. Verbindungen, die als Elektronendonatoren wirken, einen der obigen Regel entsprechenden Einfluß auf die Leitfähigkeit einer n- oder p-leitenden Schicht ausübt. Am p-leitenden Cu_2O tritt so beispielsweise infolge der durch H_2O, CH_3OH Anwesenheit hervorgerufenen Bildung einer p-Verarmungsrandschicht eine Stromabnahme ein (*190*), da die Elektronen des adsorbierten Stoffs die Schichtdefektelektronen auffüllen. Vgl. hierzu (*150, 160, 191* bis *193*).

Von Bedeutung ist naturgemäß auch der Fall einer gleichzeitigen Chemisorption von Sauerstoff und H_2O (CH_3OH) (*194, 195*), den Morrison (*150, 193*) an n- und p-Germanium durch Messung des elektrischen Widerstands und des Kontaktpotentials bei Belichtung prüfte. H_2O wird dabei unter anderem besonders stark am p-Leiter adsorbiert.

Zusätzlich muß noch berücksichtigt werden, daß die an einer Oberfläche adsorbierten Gasmoleküle die Funktion von Rekombinationszentren (*57*) übernehmen können, wobei vor allem feuchter Sauerstoff die Geschwindigkeit der Oberflächenrekombination in starkem Maße (am p-Leiter) erhöht (*170, 196, 197*).

Die wechselseitige Wirkung der chemisorbierten O_2,- CH_3OH- und H_2O-Moleküle dürfte wahrscheinlich einer der Gründe für die Ausbildung negativer Photoeffekte an nicht einwandfrei getrockneten und evakuierten Farbstoffschichten sein; vgl. (*77*).

Abschließend sei noch darauf hingewiesen, daß auch die Chemisorption anderer Gase durch Leitfähigkeitsänderungen nachgewiesen wurde — vgl. z. B. (*159*) —, die mit der Theorie in Einklang stehen: Zum Beispiel SO_2 an NiO (p-Typ) Abnahme von $\varkappa$; NH_3 an NiO, Abnahme, dann Zunahme von σ (Inversion); Br_2 an $AgBr$ (p-Typ), Zunahme von σ (*198*); J_2 auf AgJ (p-Typ), TlJ (p-Typ) vergrößert die Photoleitfähigkeit (*199*).

c) Chemisorptionstheorie des Farbstoff-Gaseffekts

Die an anorganischen Systemen in den letzten Jahren erarbeiteten Zusammenhänge zwischen den Leitfähigkeitsänderungen eines Halbleiters (bzw. Metalls), dessen Leitungsmechanismus und der Art eines chemisorbierten Gases, geben den Schlüssel zum Verständnis der an Farbstoffen durch Zugabe von Sauerstoff oder Wasserstoff beobachteten Änderungen der Photo- und der Dunkelleitfähigkeit. Darüberhinaus lassen diese charakteristischen Farbstoff-Gaseffekte einen Rückschluß auf den Leitungsmechanismus der organischen Farbstoffe selbst zu.

α) Bestimmung des Leitungsmechanismus. Wie die oben angegebenen zahlreichen Messungen beweisen, sind die durch Wasserstoff oder Sauerstoff hervorgerufenen Änderungen der Oberflächenleitfähigkeit im Grunde genommen bei dünnen Schichten allein vom Leitungsmechanismus der jeweiligen Substanz abhängig: O_2 (H_2) vergrößert (verkleinert) die Leitfähigkeit der p-Leiter, bzw. verringert (erhöht) O_2 (H_2) die Leitfähigkeit der n-Leiter.

Da diese Gesetzmäßigkeit durch Hall-Effekt-Messungen der n- und p-leitenden Substanzen gesichert ist, liegt es nahe, diese Regel zur qualitativen Bestimmung des Leitungstyps von Stoffen zu benutzen, an denen Hall-Effekt- und thermoelektrische Messungen nur mit Schwierigkeiten (Pulversubstanzen) durchführbar sind.

Das heißt, eine Leitfähigkeitszunahme bei Zugabe von Wasserstoff auf die vorher unter 10^{-5} Torr evakuierte Halbleiterschicht wird als Hinweis auf einen n-Leitungscharakter der Probe angesehen, während eine Abnahme für einen p-Leitungstyp spricht. Eine Bestätigung dieser Einstufung läßt sich durch Zuführung von getrocknetem Sauerstoff erhalten, da die Leitungsminderung den n-Typ anzeigt und die Erhöhung der Leitfähigkeit den p-Leitungscharakter feststellt.

Es sei bemerkt, daß die Verwendbarkeit dieses Verfahrens der Ladungsträgerfeststellung an einer Reihe pulverförmiger Substanzen des p- und n-Typs von HECKELSBERG u. a. (*186*) bewiesen wurde. Nach diesen Untersuchungen genügt bereits die Messung der Leitfähigkeitsänderung des Dunkelstroms nach Einströmen von Wasserstoff zur Bestimmung der Ladungsträgerart.

Naturgemäß läßt sich die Methode durch zusätzliche Beobachtungen einer von Sauerstoff bedingten Änderung der Dunkelleitfähigkeit und der Photoleitung, sowie durch Feststellung einer eventuell von H_2 hervorgerufenen Photoleitfähigkeitszu- oder -abnahme im Sinne des folgenden Schemas ergänzen:

$\frac{\Delta\varkappa}{n-p}$	Dunkelleitfähigkeit		Photoleitfähigkeit	
	Änderungen in:			
	H_2	O_2	H_2	O_2
n-Typ	$+$	$-$	$+$	$-$
p-Typ	$-$	$+$	$-$	$+$

Die genannte Prüfung kann unter Umständen von der einen oder anderen Störung beeinflußt werden. Beispielsweise besteht in einer Sauerstoffatmosphäre die Möglichkeit zur Bildung einer Inversionsrandschicht, die andere Majoritätsträger als das Halbleiterinnere besitzt; manchmal nimmt auch, wie oben erwähnt, die Photoempfindlichkeit eines n-Leiters anfangs im Sauerstoff zu statt ab.

Trotzdem sind derartige Messungen, wenn sie aufgrund einer in H_2 bzw. O_2 registrierten Leitfähigkeitsänderung unter Verwendung des Leitfähigkeits-Chemisorptions-Schemas auf den n- oder p-Typ hinweisen, als qualitative Angabe der in einer Substanz vorhandenen Majoritätsträger anzusehen.

β) Der Ladungsträgercharakter der festen organischen Farbstoffe. Es liegt nahe, die letztgenannte Methode auch auf Farbstoffe zu übertragen und in den beobachteten Leitfähigkeitsänderungen bei Zugabe von H_2 oder O_2 einen Hinweis auf deren Leitungsart zu sehen; denn in den organischen Farbstoffen liegt, wie das zehnte Kapitel noch näher ausführt, sehr wahrscheinlich ein elektronischer Leitungsmechanismus vor, und es ist deshalb verständlich, daß der organische Photoleiter mit der umliegenden Gasatmosphäre eine den anorganischen Systemen entsprechende elektronische Wechselwirkung eingehen und analoge Leitfähigkeitsänderungen aufweisen muß. Für diese Wechselwirkung spricht dabei vor allem die an einer großen Anzahl Farbstoffe wahrgenommene Übereinstimmung der Gaseffekte mit dem Chemisorptionsschema.

Die Beobachtungen werden an Farbstoffen dadurch begünstigt, daß bei den verwendeten dünnen Schichten die oberflächennahe Randschicht (R) gegenüber der homogenen Innenphase überwiegt und daß somit die vom Gas hervorgerufenen Änderungen der Randschicht (R) im elektrischen Verhalten des gesamten Leitungssystems angezeigt werden; vgl. *(160)*. Zum anderen ist an einer Reihe von Farbstoffen eine gut reproduzierbare Herstellung filmartiger Schichten, beispielsweise durch Sublimation, möglich, die eine Überprüfung der Ergebnisse durch Vergleich vieler analoger Farbstoffzellen erlaubt. Da das Verhalten eines Farbstoffs meist mit dem der übrigen Mitglieder der jeweiligen Farbstoffgruppe übereinstimmt — z.B. Merocyanine, Triphenylmethanfarbstoffe —, lassen sich außerdem die Gaseffekte oftmals durch Messungen an der gesamten Farbstoffgruppe bestätigen.

Naturgemäß kommt für die Untersuchung der Gasabhängigkeit der Farbstoffleitfähigkeit nur die Querfeldanordnung — Elektrodenraster — in Frage.

Betrachtet man nun unter den genannten Gesichtspunkten die Änderung der Dunkel- und Photoleitfähigkeit in Sauerstoff und Wasserstoff, so zeigt sich eine von der Chemisorptionstheorie deutlich festgelegte Ordnung, die keine andere Theorie erklären kann:

I. Eine Reihe von Farbstoffen, beispielsweise die Triphenylmethanfarbstoffe, erfahren folgende Änderungen:

1. Abnahme der Dunkelleitfähigkeit in O_2.

2. Abnahme der Photoleitfähigkeit in O_2.

3. Zunahme der Dunkelleitung in H_2.

4. Zunahme der Photoleitung in H_2.

Dieses Ergebnis stuft die Farbstoffe aufgrund der an anorganischen Halbleitern erhaltenen Gesetzmäßigkeiten — vgl. Schema — als *n*-Leiter ein, deren Leitfähigkeit (Dunkel- und Photoleitung) in der Hauptsache auf negative Ladungsträger (Elektronen) zurückgehen dürfte. Die bei der Klassifizierung der Farbstoffe — vgl. *(43, 140)* — als Vakuumleiter definierten organischen Verbindungen stellen somit *n*-Leiter dar.

II. Im Gegensatz hierzu stehen die Leitfähigkeitsänderungen der Merocyanine und anderer Farbstoffe, die folgende mehr oder weniger ausgeprägte Effekte erkennen lassen:

1. Zunahme der Dunkelleitfähigkeit in O_2.

2. Zunahme der Photoleitfähigkeit in O_2.

3. Abnahme der Dunkelleitung in H_2.

4. Abnahme der Photoleitung in H_2.

Nach der oben genannten Regel — vgl. Schema — liegt diesen Farbstoffen ein p-Leitungsmechanismus zugrunde, also eine Stromleitung durch positive Träger bzw. Defektelektronen. In der Farbstoffklassifizierung waren diese Verbindungen als O_2-Leiter eingestuft worden.

Die an festen Farbstoffen registrierten Gaseffekte geben somit unter Zugrundelegung der an anorganischen Halbleitern (und Metallen) entwickelten Gesetzmäßigkeiten einen Hinweis auf das Vorliegen eines n- und eines p-Leitungsmechanismus im organischen festen Stoff. Hierbei erhält man die Antwort auf die Frage nach der Ursache der lichtelektrischen Farbstoffklassifizierung, die nun auf zwei Leitungstypen innerhalb der organischen Verbindungen zurückgeht:

Bei der einen Gruppe der organischen Halbleiter (Vakuumleiter) stellen Elektronen, und bei der anderen Gruppe (Sauerstoffleiter) Defektelektronen den Hauptteil der Ladungsträger — d.h. die Majoritätsträger — dar.

Bemerkenswerterweise bleibt diese Klassifizierung nicht auf Farbstoffe beschränkt, sondern charakterisiert allgemein das elektronische Verhalten der organischen festen Stoffe.

γ) Bestätigung des aus Chemisorptionsmessungen geschlossenen Leitungstyps. Als Bestätigung der auf Farbstoffe übertragenen Chemisorptionstheorie können Untersuchungen angesehen werden, die nach anderen Methoden den aus Chemisorptionsmessungen abgeleiteten Ladungsträgertyp eines organischen Stoffs feststellen.

Beispielsweise bestätigen thermoelektrische Messungen an Kristallviolett und Malachitgrün (*68, 200*) den n-Leitungstyp.

Daneben weisen eingehende Untersuchungen des Kristallphotoeffekts im elektrischen Feld (*37, 41*) auf charakteristische, den Farbstoffen zugehörige positive oder negative Ladungsträger hin.

Auch an anderen organischen Festkörpern, z.B. Anthracen, schließt man auf eine bestimmte Ladungsträgerart, da der Photostrom einer Sandwichzelle einer Stromspannungskennlinie folgt, die bei negativer Polung der belichteten Elektrode im Gebiet höherer Spannungen eine Sättigung und bei umgekehrter positiver Polung einen ungestörten Anstieg des Photostroms besitzt; vgl. (*69*). Diese Unsymmetrie der Kennlinie geht darauf zurück, daß das Licht nur in einer vom Absorptionskoeffizienten K abhängigen Tiefe $1/K$ [cm] Ladungsträger eines Vorzeichens ($\ominus$ bzw. $\oplus$) erzeugt — die entgegengesetzt geladenen Träger werden zum großen Teil in Traps festgehalten —, die in der Gesamtheit zur belichteten Elektrode wandern und den Strom sättigen, wenn die freie Weglänge $w = \tau_0 \cdot \mu \cdot \mathfrak{E}$ [cm] mit $1/K$ [cm] übereinstimmt.

Das Vorzeichen der Ladungsträger läßt sich dann im Sättigungsgebiet aus der Polung der belichteten Elektrode ableiten:

Positive Elektrode entspricht negativen Ladungsträgern (Elektronen) bzw. dem n-Typ.

Negative Elektrode entspricht positiven Ladungsträgern (Defektelektronen) bzw. dem p-Typ.

Naturgemäß kann dieses Verfahren — vgl. die Abb. 109 — als einfache qualitative Nachweismethode des Ladungsträgertyps eines photoleitenden Kristalls oder einer dickeren $\left(d > \dfrac{1}{K}\right)$ Schicht dienen.

Am (ZnCd)S · Ag-Leuchtphosphor wurde so beispielsweise in einfacher Weise der n-Typ wahrgenommen — vgl. (8/B) —, während die Messungen am Anthracen auf Defektelektronen (p-Typ) als hauptsächliche Träger der Photoleitung hindeuten. Auch Tetracen (201), Phthalocyanine (37, 202) und andere organische Photoleiter gehören, wie Messungen an Einkristallen beweisen, diesem p-Typ an, bei dem die Mehrzahl der Träger Defektelektronen sind.

Bemerkenswerterweise folgt die Ladungsträgerart der kristallinen Kohlenwasserstoffe auch aus Chemisorptionsmessungen. Beispielsweise nimmt der Photostrom des Anthracens in einer Sauerstoffatmosphäre zu, was nach der Chemisorptionstheorie in Übereinstimmung zu den letztgenannten Kennlinienmessungen der p-Leitung entspricht; vgl. (203, 204). Der Annahme, daß eine Photoperoxydbildung für die Zunahme der Photoleitung im Sauerstoff verantwortlich ist (204), kann hier nicht zugestimmt werden; denn aus den Untersuchungen von Perkampus (138/A) geht hervor, daß das Absorptionsspektrum eines im Hochvakuum

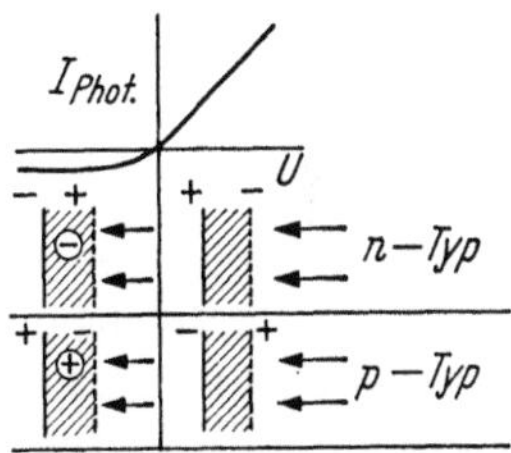

Abb. 109. Schema zur einfachen Bestimmung des Ladungsträgertyps eines Photoleiters

aufsublimierten Anthracenfilms bei Belichtung (3650 Å) und Zugabe von Sauerstoff keine Veränderung erfährt. Ein Anthracenphotooxyd — vgl. (205, 206) — bildet sich somit unter den gegebenen Bedingungen nicht, so daß die Leitungsänderung allein auf eine lockere Anlagerung des O_2 (Chemisorption) zurückgeht.

d) Folgerungen der Chemisorptionstheorie

α) **Leitfähigkeitsmechanismus.** Die in den vorhergehenden Abschnitten beschriebene elektronische Wechselwirkung zwischen Gas und organischem Festkörper gibt nicht nur die Antwort auf die Änderung der Photo- und Dunkelleitfähigkeit der verschiedenen organischen Photoleiter durch ein Gas, sondern führt auch gleichzeitig zur Feststellung zweier unterschiedlicher Leitungstypen dieser Stoffe.

Aufgrund dieser Zusammenhänge, die sowohl durch das Experiment als auch die Theorie gestützt sind, müssen Überlegungen als überholt angesehen werden, die beispielsweise Photoleitungsänderungen durch Wasserstoff u. a. auf Abkühlungseffekte beim Einströmen des Gases oder auf andere Erscheinungen zurückführen (137). Auch der störende Einfluß von Feuchtigkeit dürfte nicht unbedingt allein auf eine rein photochemische Reaktion zurückgehen, da durchaus die Möglichkeit einer Wechselwirkung zwischen dem Elektronendonator H_2O und dem festen n- oder p-leitenden organischen Stoff besteht. Man beobachtet ein analoges Verhalten an n-Germanium (193), das bei Einstrahlung von Licht eine erhöhte Leitfähigkeit in H_2O-haltigem O_2 relativ zu trockenem O_2 besitzt. Unter Umständen kann das Zusammenwirken zwischen O_2, CH_3OH und H_2O an frischen, p-leitenden Farbstoffschichten auch zur Ausbildung negativer Photoströme, d.h. einer Verminderung der Leitfähigkeit bei Belichtung, führen (77).

Der bei hohen H_2-Drucken gemessene Rückgang des H_2-Förderungsstroms an n-leitenden Proben findet ebenfalls eine Deutung durch die genannte Theorie; denn bei hohen Drucken kann durch eine Desorption des chemisorbierten H_2 durchaus ein Teil der Elektronen wieder aus der Schicht entfernt werden:

$$H^{+(\sigma)} + H^{+(\sigma)} + 2 \ominus^{(R)} \rightleftarrows H_2.$$

Die starke Sauerstoffempfindlichkeit des H_2-Effekts, die eine Mindestevakuierung unter 10^{-5} Torr verlangt, wird ebenfalls verständlich, da Sauerstoff die H_2-Anreicherungsrandschicht des n-Leiters stört und nicht nur die Photoelektronen sondern auch die vom H_2 stammenden Elektronen festhält (207).

β) Katalytische Probleme. Die Beeinflussung der Dunkel- und vor allem der Photoleitfähigkeit organischer Farbstoffe durch das umliegende Gas ist nicht nur für die Theorie der elektrischen Leitfähigkeit dieser Stoffe von Bedeutung, sondern gibt auch einen Beitrag zum Problem der katalytischen Reaktionen; denn bei der Katalyse spielt vor allem die Art der chemischen Bindung an Oberflächen eine große Rolle und zu deren Bestimmung werden, wie schon erwähnt, vor allem Leitfähigkeitsmessungen herangezogen.

Die Photoleitungsänderungen der Farbstoffe durch Sauerstoff und Wasserstoff ergänzen nun diese bisher an anorganischen Halbleitern und Metallen erhaltenen Ergebnisse dahingehend, daß auch zwischen den Elektronen organischer Stoffe (π-Elektronen) und dem umliegenden Gas (Elektronenakzeptor oder Elektronendonator) eine Wechselwirkung möglich ist, ohne zu einer strukturellen Veränderung der organischen Verbindung — Photooxydbildung u.a. — zu führen.

Wenn auch aus den Messungen über die Art der Bindung selbst nichts ausgesagt werden kann, so dürfte doch unter anderem eine polare kovalente Bindung diskutierbar sein, bei der z.B. das Elektronenpaar mehr zum Sauerstoff neigt.

Naturgemäß sind dem Farbstoff nach obigem einem Katalysator ähnliche Eigenschaften zuschreibbar, der imstande ist, vor allem im Augenblick der Belichtung — Photokatalysator —, O_2 auf einen als Akzeptor wirkenden Stoff zu übertragen. Hierbei bleibt es ohne Belang, ob der Farbstoff dem p-Typ oder dem n-Typ angehört, da beide Arten mit Sauerstoff in Wechselwirkung treten können. Der Unterschied besteht nur in der Bildung einer Anreicherungsrandschicht beim einen (p) und in der Entstehung einer Verarmungsrandschicht beim anderen (n) Typ. Eine zusätzliche Beeinflussung ist jedoch dadurch möglich, daß der p-Leiter im Sauerstoff eine Verbesserung seiner Energieübertragungsfähigkeit durch Erhöhung der Ladungsträgerdichte erhält.

Bemerkt sei noch, daß das O_2-Molekül zwei unbesetzte Terme besitzt und deshalb auch ohne vorherige Dissoziation zur Elektronenaufnahme befähigt ist.

Es liegt nahe, aufgrund der lichtelektrisch festgestellten Wechselwirkung zwischen Sauerstoff und Farbstoff einige Reaktionen unter Berücksichtigung dieses Effekts zu diskutieren. Das Kennzeichen der *Ausbleichreaktion* besteht beispielsweise darin, daß H_2O mit dem bei Belichtung gebildeten Farbstoff $\cdots O_2$-System reagiert und so die Zersetzung des Farbstoffs einleitet, worauf auch photoelektrische Messungen anderer Autoren — vgl. (*208*) — hinweisen.

Bei der *Desensibilisation* wird durch die O_2-Bindung an den Farbstoff der primär stattfindende Elektronenabgabeprozeß, welcher die Sensibilisation — vgl. elftes Kapitel — charakterisiert, gehemmt. Absorbiertes Licht bildet aus AgBr kein latentes Bild mehr, und der gleichzeitig anwesende Sensibilisator scheint in derselben Weise wirkungslos zu werden wie ein O_2-Photoleiter bei Mischung mit einem Vakuumphotoleiter (*43*). Bemerkenswerterweise scheinen Desensibilisatoren nur n-Leiter darzustellen.

Ein weiteres wichtiges Beispiel bilden die von SCHENCK (vgl. sechstes Kapitel) untersuchten *photosensibilisierten* Reaktionen — Übertragung von O_2 an einen Akzeptor durch Farbstoffe bei Belichtung —, deren Voraussetzung die Bildung eines Zwischenprodukts aus O_2 und dem bei Anregung des Farbstoffs (Sens) entstandenen phototrop-isomeren Diradikal ($Sens^{rad}$) ist. Gerade auf dieses Zwischenprodukt $Sens^{rad} \cdots O_2$ scheinen die lichtelektrischen Versuche hinzuweisen, so daß der von SCHENCK formulierte Reaktionsmechanismus in gewissem Sinn auch durch Photostrommessungen verfolgt werden kann.

Reaktionsmechanismus (nach SCHENCK)	Bemerkung zum Photostrom
1. $Sens_{norm} + h \cdot \nu \quad = Sens^{rad}$	Einsatz $< 10^{-3}$ sec (*61*)
2. $Sens^{rad} + O_2 \quad\quad = Sens^{rad} \cdots O_2$	Zunahme bei p-, Abnahme bei n-Typ
3. $Sens^{rad} \cdots O_2 + A = Sens_{norm} + AO_2$	
4. $Sens^{rad} \quad\quad\quad\quad = Sens_{norm}$	Einstellung des I_D
5. $Sens^{rad} \cdots O_2 \quad\quad = Sens_{norm} + O_2$	Reversibilität des Gaseffekts

Es sei dahingestellt, ob die prinzipiell mögliche photoelektrische Bestimmung der Geschwindigkeit beispielsweise des 2. Vorganges und die Beobachtung der 3. Stufe (vielleicht mit Hilfe des Becquerel-Effekts) gelingt. Hierüber müssen weitere Messungen Aufschluß geben.

Die Abb. 110 gibt die genannten Reaktionen schematisch an.

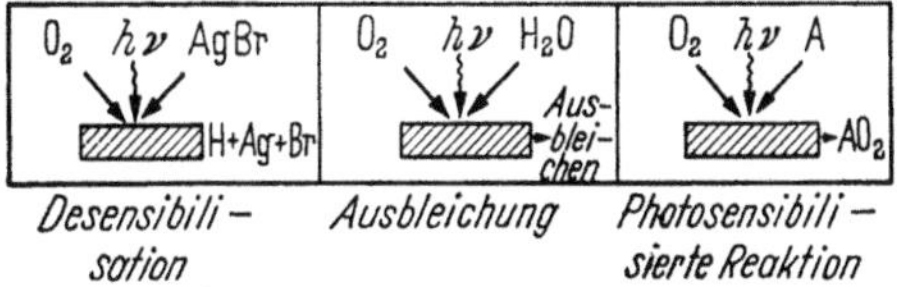

Abb. 110. Schema der Sauerstoff/Farbstoff-Wechselwirkungsreaktion

Abschließend sei noch auf die Bedeutung der elektronischen Wechselwirkung zwischen Wasserstoff und organischem Festkörper für heterogene, katalytische Prozesse hingewiesen. Beispielsweise erfolgt unter der katalytischen Wirkung des festen organischen Radikals α-α-Diphenyl-β-picrylhydracyl — freie Valenz am N-Atom — eine Umwandlung des Parawasserstoffs in Orthowasserstoff, eine Reaktion, die sich durch Messung der Leitfähigkeitsänderung des Radikals bei Zugabe von Wasserstoff auf ihren Chemisorptionsmechanismus hin überprüfen läßt [zur Umwandlung vgl. (209, 210)]:

$$p\text{-}H_2 \rightleftarrows o\text{-}H_2 \quad \Delta G = +\,,$$

Katalysator:

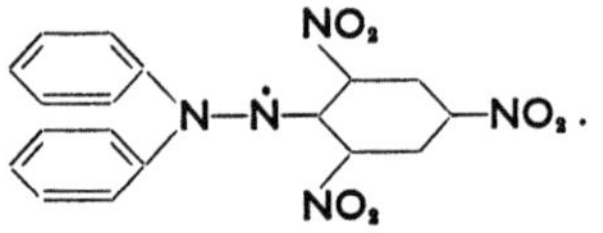

Für die Chemisorption des H_2 an den festen organischen Katalysator spricht dabei die Widerstandszunahme einer aus Al/α-α-Diphenyl-β-picryl-hydrazyl/Pd hergestellten Sandwich-(Längsfeld-)zelle, da die Widerstandsänderung auf eine den Farbstoffen analoge Wechselwirkung des Wasserstoffs mit dem organischen Festkörper hinweist. Im Gegensatz zu den Farbstoffen erfolgt hier jedoch die Wirkung des H_2 erst nach einer Diffusion durch die Pd-Elektrode, so daß noch nichts Genaues darüber ausgesagt werden kann, inwieweit das Radikal zur H_2-Spaltung befähigt ist. Messungen mit der Rasteranordnung dürften diese Frage jedoch noch klären. Aufgrund der Untersuchungen von ELEY und INOKUCHI (211) ist aber sicher, daß die bei der Diffusion durch Palladium entstandenen H-Atome die Fähigkeit besitzen mit ihren Elektronen die freien, für den Transport der elektronischen Ladungsträger nötigen Terme des halbgefüllten Radikalvalenzbandes aufzufüllen und so die Leitfähigkeit zu vermindern. Im chemischen Sinn kommt dies der Bildung eines α-α-Diphenyl-β-picryl-hydrazin-Moleküls gleich. Die Reversibilität der Erscheinung, d.h. die erneute Widerstandsabnahme beim Evakuieren unter 10^{-5} Torr, weist jedoch dabei deutlich auf die lockere Art der Anlagerung — Chemisorption — hin, die letztlich für die paramagnetische Umwandlung des p-H_2 in den o-H_2 verantwortlich ist.

IX. Quantenausbeute

Unter der Quantenausbeute φ versteht man die Zahl der pro absorbiertem Lichtquant für den Photostrom zur Verfügung gestellten Ladungsträger:

$$\varphi = \frac{N_e}{N_q}\,. \tag{9.12}$$

Die Kenntnis dieser Größe ist insofern wichtig, da gerade $\varphi_{\max}$ im Zusammenhang mit Fragen des Leitungsmechanismus organischer Farbstoffe entscheidende Bedeutung zukommt und außerdem allein dieser Wert quantitative Aussagen über die Strukturabhängigkeit und sonstige Beeinflussungen des Photoeffekts ermöglicht. Es sei in diesem Zusammenhang auf die Zusammenstellung der wichtigen lichtelektrischen Größen von HEILAND und MOLLWO in (212) hingewiesen.

Die Bestimmung der Quantenausbeute verlangt die Messung der in der Zeiteinheit absorbierten Lichtquanten N_q und der in der gleichen Zeit ausgelösten Ladungsträger N_e.

1. Messung

a) Bestimmung der absorbierten Lichtquanten N_q

Die Bestimmung der von der Farbstoffschicht absorbierten Energie I_A verlangt die gesonderte Messung der eingestrahlten Energie I_0, des durchgelassenen Teils I_D und des reflektierten Teils I_R, denn es gilt:

$$I_0 = I_A + I_R + I_D, \\ I_A = I_0 - (I_R + I_D). \qquad (9.13)$$

Zur Durchlässigkeitsbestimmung (I_D) befindet sich anstelle der Photozelle eine mit der Farbstoffschicht bedeckte Flächenthermosäule, während die Reflexionsmessung (I_R), bezogen auf MgO, in einer angeschlossenen Ulbricht-Kugel erfolgt. Die Messung der eingestrahlten Energie I_0 verlangt eine vorherige Eichung mit einer Hefner-Lampe.

N_q ergibt sich aus der Beziehung:

$$N_q = \frac{\text{pro sec absorbierte Energie in erg}}{h \cdot v}.$$

b) Bestimmung der Photoladungsträger N_e

Die der Quantenausbeute zugrunde liegende Anzahl auslösbarer Photoladungsträger (Elektronen, Defektelektronen) N_e wird aus dem lichtelektrischen Sättigungsstrom $I_{\max}$ bestimmt, der sich nach anfänglicher Gültigkeit des Ohmschen Gesetzes bei höheren Spannungen ausbildet. Hierbei ist zu setzen:

$$N_e = \frac{I_{\max}\,(\text{Ampere})}{1{,}602 \cdot 10^{-19}\,(\text{Cb})}. \qquad (9.14)$$

Da der Sättigungsstrom lange Zeit nicht beobachtbar war, blieben die aus geringeren Photoströmen gemessenen Quantenwerte früherer Arbeiten meist hinter der wirklichen Quantenausbeute zurück (*11, 48*). Die Schwierigkeit der $I_{\max}$-Messung liegt dabei vor allem darin, daß der Schubweg (bzw. die mittlere freie Weglänge) w der Elektronen mindestens die Größe des Elektrodenabstands erreichen muß, da nur dann sämtliche im Licht abgelösten und beweglichen Elektronen (Defektelektronen) zur Anode (Kathode) gelangen. Während w an anorganischen Kristallen bekannt ist — beispielsweise beobachteten HECHT, GUDDEN, POHL u.a. (*213* bis *215*) mit Hilfe von Lichtsondenmessungen bei Feldstärken von etwa 3000 V/cm an AgCl $w = 0{,}74$ mm und an NaCl $w = 0{,}5$ mm —, fehlten an den organischen Stoffen lange jegliche Angaben. Darüberhinaus kann das Vorhandensein einer elektronischen Dunkelleitung die Entstehung von Sättigungsströmen überhaupt in Frage stellen, so daß in diesem Fall $I_{\max}$ nur unter Zuhilfenahme bestimmter Mechanismen meßbar ist, wie von HILSCH, POHL und STÖCKMANN (*216, 217*) diskutiert wird. Auch das Auftreten des Wien-Poole-Effekts, der statt einer Sättigung einen exponentiellen Anstieg des Photostroms mit zunehmender Spannung bedingt, verhindert eine I_{max}-Messung. Da nun an den Farbstoffen weder über w noch über das Verhältnis I_e/I_d theoretische Aussagen möglich waren, wurde die Möglichkeit der I_{max}-Bestimmung eingehend experimentell mit Hilfe der Rasterzellen geprüft und festgestellt (*116*), daß an einigen Farbstoffen eine Sättigung der Photoströme durchaus erreichbar ist. Dieses Ergebnis stand dabei in Übereinstimmung zu Untersuchungen an Längsfeldzellen (*82*), die bereits die Möglichkeit der Sättigung andeuteten.

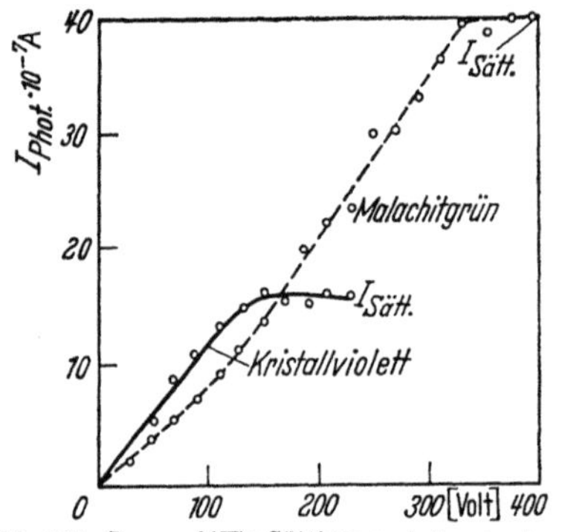

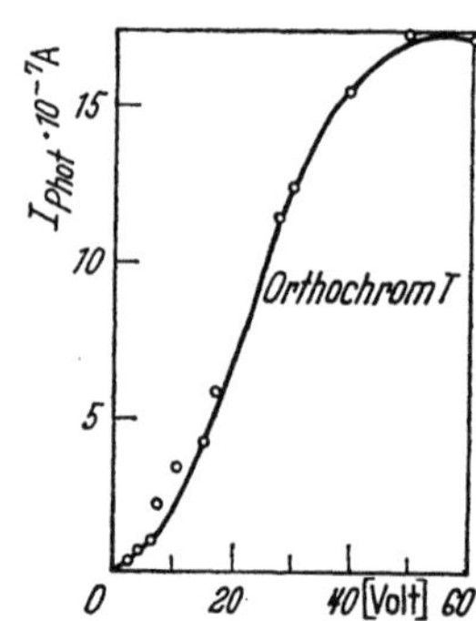

Abb. 111. $I_{Phot} = f(U)$; Sättigungsströme in der Querfeldanordnung Malachitgrün und Kristallviolett   Abb. 112. $I_{Phot} = f(U)$; Sättigungsströme in der Längsfeldanordnung Orthochrom T

Die Abb. 111 gibt als Beispiel Meßreihen von Kristallviolett und Malachitgrün an, die in der Querfeldanordnung (Raster) aufgenommen wurden, und Abb. 112 zeigt außerdem eine Messung an Orthochrom T in der Sandwichanordnung. Man erkennt deutlich die Sättigung des Photostroms bei höheren Spannungen.

2. Quantenwerte

In der folgenden Tabelle 8 werden einige der nach obiger Methode bestimmte Quantenausbeuten zusammengestellt. Spalte 1 gibt dabei

Tabelle 8

Farbstoff	Schichtdicke		N_q	N_e	$\varphi = N_e/N_q$	I_{max}
	in Å	in cm				
Kristallviolett .	5870	$3 \cdot 10^{-6}$	$31 \cdot 10^{12}$	$1 \quad \cdot 10^{13}$	$3,3 \cdot 10^{-1}$	$+$
Malachitgrün .	6220	$1 \cdot 10^{-5}$	$137 \cdot 10^{12}$	$2,5 \cdot 10^{13}$	$2 \quad \cdot 10^{-1}$	$+$
Brillantgrün . .	6220	$1 \cdot 10^{-4}$	$96 \cdot 10^{12}$	$1,5 \cdot 10^{12}$	$1,6 \cdot 10^{-2}$	$(+)$
Anilinblau . .	5980	$1 \cdot 10^{-4}$	$76 \cdot 10^{12}$	$2,6 \cdot 10^{12}$	$3,4 \cdot 10^{-2}$	$(+)$
Hofmannsviolett	5870	$1 \cdot 10^{-4}$	$131 \cdot 10^{12}$	$2,4 \cdot 10^{12}$	$1,8 \cdot 10^{-2}$	$(-)$
Parafuchsin . .	5495	$1 \cdot 10^{-4}$	$78 \cdot 10^{12}$	$1,1 \cdot 10^{12}$	$1,4 \cdot 10^{-2}$	$-$
Pinacyanol . .	5765	10^{-6}	$40 \cdot 10^{12}$	$1,48 \cdot 10^{13}$	$3,7 \cdot 10^{-1}$	$-$

den Farbstoff an und 2 die Wellenlänge des eingestrahlten Lichts. Die 3. Rubrik enthält Angaben über die Schichtdicke, der photoelektrisch eine große Bedeutung zukommt. In den nächsten Spalten werden N_q,

N_e und die Quantenausbeute φ angeführt. Die Bemerkung neben der in Reihe 6 stehenden Quantenausbeute bezieht sich auf die Wahrnehmung des Sättigungsstroms und deutet an, ob φ eventuell noch höher liegen kann (Sättigungsstrom erreicht: $+$, nicht erreicht: $-$).

Wie diese an Rasterphotozellen durchgeführten Messungen zeigen, beträgt die Quantenausbeute an einigen Farbstoffen bis zu 35% des theoretisch für den Primärstrom möglichen Werts 1, welcher der Bildung eines Photoladungsträgers pro absorbiertem Lichtquant entspricht. In der Längsfeldanordnung wurde an einer Merocyaninzelle eine Quantenausbeute bis $\varphi = 0{,}6$ gemessen.

Diese Werte stehen durchaus mit den Quantenausbeuten anorganischer Systeme in Einklang, die beispielsweise an AgCl-Kristallen in der Größenordnung von 0,3 bis 0,6 gefunden wurden (213). Vom Verstärkungsfaktor, der z.B. φ beim CdS größer als 1 werden läßt — Sekundäreffekt —, ist hierbei naturgemäß abzusehen.

Daß die gemessenen Werte nicht an allen Farbstoffen übereinstimmen, stellt dabei keinen Widerspruch dar; denn in der gleichen Weise, wie es unter den anorganischen Materialien gute und schlechte Photoleiter gibt, zeichnen sich auch bestimmte Farbstoffe durch eine besondere Photoaktivität aus, während anderen diese Eigenschaft fehlt. Große Bedeutung kommt jedoch bei diesen Prüfungen der jeweiligen Meßanordnung zu; beispielsweise zeigen manche Farbstoffe in der Längsfeldanordnung durchaus gute photoelektrische Eigenschaften — auch an Preßelektroden —, die aber in der Querfeldanordnung aufgrund einer schlechten Schichtbeschaffenheit und anderer Ursachen kaum feststellbar sind.

Die Größenordnung der Quantenausbeute des kurzzeitig fließenden Photostroms stellt einen wichtigen Beweis für den aufgrund der Experimente diskutierten Leitungsmechanismus dar — vgl. zehntes Kapitel —, demzufolge die Photoelektrizität durch Anregung der Photoelektronen aus dem Grundzustand in ein Leitungsband entsteht; denn die von einigen Autoren diskutierte Hypothese, die Photoleitfähigkeit eines Farbstoffs würde sich als Ergebnis photochemischer Reaktionen (Ausbleichung) ausbilden, wird unter anderem durch diese Quantenwerte widerlegt. Die Quantenausbeute der oxydativen Ausbleichung beträgt nach LASAREFF (218) beispielsweise nur $\varphi = 10^{-3}$. Auch der bis in jüngste Zeit erörterte Excitonenmechanismus (56) kann mit dieser hohen Quantenausbeute nicht in Einklang gebracht werden.

3. Abhängigkeit der Quantenausbeute

Abgesehen von der Versuchsanordnung hängt die Quantenausbeute der einzelnen Farbstoffe in charakteristischer Weise von bestimmten Faktoren ab:

a) Einfluß der Schichtdicke

Zum Beispiel nimmt die Quantenausbeute mit abnehmender Schichtdicke zu, wie die Tabelle 9 erkennen läßt.

Bemerkenswerterweise wird diese φ-Abhängigkeit an drei verschiedenen Farbstoffphotoeffekten wahrgenommen: Am Becquerel-Effekt (*12*), äußeren Photoeffekt dünner Farbstoffschichten (*105*) und am Querfeldphotoeffekt (Tabelle 9). Die Meßanordnung kann somit nicht für diesen Effekt verantwortlich gemacht werden. Es sei bereits hier darauf hingewiesen, daß die Quantenausbeute der sensibilisierten Photolyse einer photographischen Platte ebenfalls mit abnehmender Schichtdicke zunimmt, ein Verhalten, das durch die Lichtabsorption des Farbstoffs allein nicht erklärbar ist, sondern nur durch eine desensibilisierende Wirkung dicker Schichten; vgl. hierzu elftes Kapitel.

Als praktische Folgerung dieser Zusammenhänge ergibt sich, daß für die lichtelektrischen Versuche jeweils eine günstigste Schichtdicke bestimmt werden muß; denn die Annahme, eine „relativ" dicke Schicht würde aufgrund ihrer größeren Absorption sicher einen nachweisbaren Photoeffekt liefern — in der Literatur werden für die Querfeldanordnung Schichtdicken bis 0,5 mm (!) beschrieben —, ist falsch. Oft gelingt erst mit außerordentlich dünnen Schichten die Beobachtung. Eine große Rolle spielt dabei natürlich auch die Abscheidungsgeschwindigkeit, die für die Gleichmäßigkeit und die Reproduzierbarkeit der Messungen verantwortlich zeichnet.

Tabelle 9

Farbstoff	Schichtdicke in cm	φ
Kristallviolett	$1 \cdot 10^{-5}$	$0,6 \cdot 10^{-1}$
	$7 \cdot 10^{-6}$	$1,3 \cdot 10^{-1}$
	$3 \cdot 10^{-6}$	$3,3 \cdot 10^{-1}$
Pinacyanol	$7,5 \cdot 10^{-5}$	$0,3 \cdot 10^{-1}$
	$1,8 \cdot 10^{-5}$	$1,3 \cdot 10^{-1}$
	$7,5 \cdot 10^{-6}$	$3,0 \cdot 10^{-1}$

Das Verhalten dickerer Schichten darf mit der genannten φ-Abhängigkeit nicht in Zusammenhang gebracht werden; denn die hohe Extinktion läßt das Licht hier nur wenig eindringen, so daß in der Längsfeldanordnung eine Unsymmetrie der I_{phot}-U-Kennlinie resultiert, während in der Querfeldanordnung die im Licht gebildeten Ladungsträger eventuell nicht bis zum Bereich der Feldlinien gelangen und somit keine Änderung der Leitfähigkeit hervorrufen. Die oben genannten Gaseffekte lassen sich an derartigen Schichten ebenfalls nicht beobachten.

b) Strukturabhängigkeit

Abgesehen von der strukturabhängigen Einteilung der Farbstoffe in Vakuum- und O_2-Photoleiter (*43*), läßt die quantitative Prüfung auch einen größenordnungsmäßigen Zusammenhang der Photoaktivität mit der Struktur erkennen, die nicht auf Verunreinigungen zurückgeführt werden kann. In der Querfeldanordnung wurden dabei folgende Beziehungen festgestellt:

1. Bei den Triphenylmethanfarbstoffen besteht eine Proportionalität zwischen dem Methylierungsgrad der Aminogruppe und der Photoaktivität, ein Verhalten, auf das bereits NELSON (*9*) hinwies. Die Substitution der H-Atome der Aminogruppen durch Methylgruppen erhöht

dabei die Quantenausbeute, so daß beispielsweise die Quantenausbeute an Kristallviolett und Malachitgrün größer ist als an Fuchsin; vgl. Tabelle 8. Ein Ersatz der Methylgruppe durch eine Äthylgruppe wirkt in der gleichen Weise empfindlichkeitsmindernd wie Wasserstoff. Das heißt, es gilt (116):

$$-CH_3 \gg -C_2H_5, \quad -H, \quad -C_6H_5.$$

Über die genaue Abhängigkeit von der Zahl der Methylgruppen müssen erst noch weitere Messungen Aufschluß geben; an der photoaktivierenden Wirkung der Methylgruppen ist jedoch nicht zu zweifeln.

Es liegt nahe, als Ursache einen dem Hyperkonjugationseffekt (219, 220) ähnlichen Einfluß zu diskutieren, demzufolge die σ-Elektronen der Methylgruppen als Quasi-π-Elektronen wirken.

2. Die Photoaktivität nimmt mit der Zahl der Methingruppen, d.h. mit der Verlängerung der konjugierten Kette, zu.

Dies zeigt sich beispielsweise bei der Rasteranordnung in einer größeren Empfindlichkeit der Trimethincyanine (oder Karbocyanine), die drei Methingruppen enthalten — z.B. Pinacyanol, Karbocyanin u.a. — im Vergleich zu den Monomethincyaninen (oder Isocyaninen), deren heterozyklische Ringe nur durch eine Methingruppe verknüpft sind, z.B. Pinaverdol, Orthochrom T u.a. Einer weiteren Erhöhung der Methingruppenzahl dürfte naturgemäß eine entsprechende Vergrößerung der Photoaktivität — eine günstige Schichtbildung vorausgesetzt — parallel gehen.

Auch bei Merocyaninen konnte man eine analoge Steigerung der Photoelektrizität durch Erhöhung der Methingruppenzahl qualitativ feststellen.

c) Einfluß des Elektrodenabstands

Mit abnehmendem Elektrodenabstand nimmt die Quantenausbeute bei konstanter Feldstärke und Schichtdicke zu. Als Beispiel sei in der folgenden Tabelle 10 eine Meßreihe angeführt, die an mit Kristallviolett bedeckten Rastern verschiedenen Elektrodenabstands aufgenommen wurde.

Tabelle 10. *Kristallviolett.* $\lambda = 5870$ Å; $d = 3 \cdot 10^{-6}$ cm; $E = 7000$ V/cm

Elektrodenabstand in cm	N_e	N_q	φ
0,08	$177 \cdot 10^{12}$	$1,6 \cdot 10^{11}$	$0,09 \cdot 10^{-2}$
0,042	$92 \cdot 10^{12}$	$1,06 \cdot 10^{11}$	$0,12 \cdot 10^{-2}$
0,02	$46 \cdot 10^{12}$	$1,2 \cdot 10^{11}$	$0,26 \cdot 10^{-2}$
0,01	$25 \cdot 10^{12}$	$1,3 \cdot 10^{11}$	$0,52 \cdot 10^{-2}$
0,003	$7,1 \cdot 10^{12}$	$1,0 \cdot 10^{11}$	$1,4 \cdot 10^{-2}$

Man kann sich diese Abhängigkeit $\varphi = f(1/L)$ leicht erklären, wenn man für den Photostrom die angeregten Elektronen (n_L) verantwortlich macht und die im Grundzustand zurückgebliebenen positiven Lücken als unbeweglich ansieht. Beim p-Leiter sind dagegen gerade diese Defektelektronen beweglich, während die Elektronen nach der Anregung sofort, ohne an der Leitung teilgenommen zu haben, in tief gelegene Akzeptorterme übergehen und so unbeweglich werden. Aber auch diesen Fall erfassen die folgenden Ableitungen, wenn man für die im Leitungsband befindlichen Ladungsträger n_L die des Valenzbandes n_V setzt.

Es gilt nun allgemein:

$$I_{\text{Phot}} = n_L \cdot e \cdot \frac{u}{L}. \tag{9.15}$$

L ist der Elektrodenabstand und u die Geschwindigkeit der Ladungsträger. Für letztere setzt man besser deren Beweglichkeit:

$$\mu = \frac{u}{E}, \tag{9.16}$$

$$I_{\text{Phot}} = n_L \cdot e \cdot \mu \cdot E \cdot \frac{1}{L}. \tag{9.17}$$

Unter der Annahme, die Absorption von N Quanten würde in der Zeit t $\gamma \cdot N$ Photoelektronen ins Leitungsband heben, deren mittlere Lebensdauer τ beträgt, gilt:

$$I_{\text{Phot}} = \frac{\gamma \cdot N}{t} \cdot e \cdot \tau \cdot \mu \cdot E \cdot \frac{1}{L}. \tag{9.18}$$

Hieraus folgt für die Quantenausbeute:

$$\frac{I_{\text{Phot}}/e}{N/t} = \frac{N_e}{N_q} \equiv \varphi = \gamma \cdot (\tau \cdot \mu) \cdot \frac{E}{L}, \tag{9.19}$$

d.h., Proportionalität zu E, $1/L$ und den Konstanten γ, τ, μ; vgl. hierzu auch GÖRLICH (5).

Aus Gl. (9.19) geht eindeutig hervor, daß den Nachweis der Photoelektrizität ein möglichst geringer Elektrodenabstand L begünstigt, wie es auch das Experiment — vgl. die Meßreihe der Tabelle 10 — bestätigt.

Diese Regel wurde häufig bei der lichtelektrischen Prüfung organischer Farbstoffe vernachlässigt, so daß negative Ergebnisse folgten. Genügen beispielsweise an einer Rasterzelle mit $L=10^{-3}$ cm Spannungen von 100 V, um die obigen Quantenausbeuten zu erhalten, so müssen bei einem Elektrodenabstand von 1 mm, wie man ihn oft beim Nachweis der organischen Photoelektrizität benutzte, mindestens 10^4 V an die Zelle gelegt werden.

X. Der Schubweg w

1. Definition

Unter dem Schubweg w versteht man — vgl. HEILAND und MOLLWO (212) — den Weg, den die Photoladungsträger (Elektronen bzw. Defektelektronen) während ihrer mittleren Lebensdauer τ zurücklegen und der durch die Rekombination mit ionisierten Störstellen, Defektelektronen oder den Einfang an Haftstellen begrenzt ist. Das heißt,

$$w = \tau \cdot u \tag{9.20}$$

bzw., da

$$u = \mu_D \cdot E,$$

gilt:

$$w = \tau \cdot \mu_D \cdot E. \tag{9.21}$$

μ_D stellt dabei die sogenannte Driftbeweglichkeit dar, die man durch die in Feldrichtung gerichtete Geschwindigkeit pro Feldstärkeeinheit definiert und die man von der theoretisch angebbaren mikroskopischen Beweglichkeit μ_0 zu unterscheiden hat; vgl. (3).

Die Abhängigkeit der mittleren freien Weglänge von der Feldstärke E führt zur Definition der mittleren freien Weglänge im Einheitsfeld

$$w_0 = \tau \cdot \mu_D, \tag{9.22}$$

der für vergleichende Betrachtungen Bedeutung zukommt und die größenordnungsmäßig der mittleren freien Weglänge ohne äußeres Feld entspricht; vgl. W. SHOCKLEY (55).

Es liegt nun nahe, einen Teil der zwischen dem anorganischen und organischen Stoff im Leitungsverhalten beobachteten Abweichungen auf die unterschiedliche Größenordnung der Weglänge w dieser Stoffe zurückzuführen: Beispielsweise die Tatsache, daß sich die Quantenausbeute der organischen Farbstoffe im Vergleich zu der anorganischer Photoleiter erst bei hohen Feldstärken dem theoretischen Quantenäquivalent 1 annähert. Während an Silberhalogeniden φ bereits bei 6000 V/cm in die Größenordnung von 0,3 bis 0,6 gelangt (213), sind an organischen Verbindungen zum Nachweis des größten Teils der ausgelösten Photostromträger stärkere Felder erforderlich.

Einen Hinweis auf die Abhängigkeit der Quantenausbeute φ von der Weglänge w erhält man dabei durch Einsetzen der mittleren freien Weglänge in Gl. (9.19) des letzten Abschnitts

$$\varphi = \gamma \cdot w_0 \cdot E \cdot \frac{1}{L} \tag{9.23}$$

bzw.

$$\varphi = \gamma \cdot w \cdot \frac{1}{L}; \tag{9.24}$$

denn man erkennt, daß die Quantenausbeute φ einer auf einem Raster (Elektrodenabstand L) liegenden Farbstoffschicht von zwei Faktoren abhängt: Vom sogenannten Anregungsfaktor γ und von der mittleren freien Weglänge w.

2. Zum Begriff Quantenausbeute und Anregungsfaktor

Der Anregungsfaktor γ — den man nicht mit der Quantenausbeute φ verwechseln darf, die durch die Zahl der pro einfallendem Lichtquant durch den Querschnitt des Photowiderstands fließenden Ladungsträger definiert ist — gibt Auskunft über den Bruchteil der bei Absorption der Lichtquanten primär für den Leitungsvorgang zur Verfügung stehenden Elektronen bzw. Defektelektronen und entscheidet somit darüber, ob ein Stoff überhaupt Photoleitung zeigen kann oder nicht. Geht $\gamma \rightarrow 0$, so entspricht dies einer sofortigen Rekombination des angeregten Elektrons mit dem Defektelektron oder einer anderweitigen

Fixierung des bei Belichtung entstandenen jeweiligen beweglichen Ladungsträgers. In γ kann man auch möglicherweise ein Maß für die Wechselwirkung der π-Elektronen der Schichtmoleküle und damit für die verschiedene Photoaktivität der Farbstoffe sehen; vgl. MANY, HARNIK und GERLICH (221).

Es sei in diesem Zusammenhang auf eine von ROSE (129) gegebene kritische Betrachtung des *Begriffs Quantenausbeute* hingewiesen. Während häufig — vgl. z.B. die Übersichtsdarstellung bei GÖRLICH (5) — im Sinne der hier gegebenen Definition als Quantenausbeute die pro absorbiertes Lichtquant durch den Photoleiter transportierte Elektronenzahl bezeichnet wird, definiert ROSE hierfür den Begriff „*gain factor*":

$$G = \frac{\tau}{T} \, . \tag{9.25}$$

τ stellt die Lebensdauer der Ladungsträger und $T = \dfrac{L}{\mu \cdot E}$ die Zeit dar, die ein Elektron braucht, um den Elektrodenabstand L zu durchlaufen. Aus der Gl. (9.18) des letzten Abschnitts geht die Identität der Begriffe φ und G hervor:

$$G \equiv \varphi = \frac{\tau \cdot \mu \cdot E}{L}, \quad \text{falls} \quad \gamma = 1 \, . \tag{9.26}$$

Für den Photostrom folgt hieraus allgemein

$$I_{\text{Phot}} = e \cdot z \cdot G \tag{9.27}$$

bzw.

$$I_{\text{Phot}} = e \cdot z \cdot \frac{\tau}{T} \quad [\text{Ampere}] \, , \tag{9.28}$$

wenn z die Zahl absorbierter Quanten pro Zeiteinheit darstellt.

Den Begriff Quantenausbeute *(quantum efficiency)* begrenzt ROSE (129) allein auf den primären Anregungsprozeß, d.h. auf das Verhältnis der Zahl der Anregungen zur Zahl der absorbierten Photonen. Dieses Verhältnis, das den Bruchteil γ der primär von den z absorbierten Lichtquanten gebildeten Elektronen (Defektelektronen) angibt, wird hier dagegen als *Anregungsfaktor* gekennzeichnet, um dessen Bedeutung noch besonders hervorzuheben. Bemerkt sei aber, daß im Schrifttum der lichtelektrischen Leitung — vgl. z.B. HEILAND und MOLLWO (212) — der Begriff der Quantenausbeute η häufig im Sinne von ROSE gebraucht wird.

Für den Photostrom gilt nach Gl. (9.17) und (9.21), da $\gamma \equiv \eta$:

$$I_{\text{Phot}} = e \cdot z \cdot \eta \cdot \frac{w}{L} \, . \tag{9.29}$$

Während die lichtelektrischen Messungen einer Reihe anorganischer Photoleiter den Anregungsfaktor in der Größenordnung von 1 erkennen lassen, dürfte γ bei Farbstoffen häufig kleiner als 1 sein und so eine geringe Quantenausbeute bedingen. Eine Ausnahme stellen jedoch von den oben angeführten Farbstoffen beispielsweise Kristallviolett, Malachitgrün, Pinacyanol und Merocyanin AS 10 dar, deren Quantenausbeuten mit denen anorganischer Stoffe vergleichbar sind, so daß man bei ihnen wahrscheinlich γ etwa 1 annehmen kann.

Im letztgenannten Fall ($\gamma \rightarrow 1$) und unter der Voraussetzung, daß φ bei den Farbstoffen nicht größer als 1 ist, wird φ allein eine Funktion des Schubwegs w:

$$G \equiv \varphi = w \cdot \frac{1}{L} \,, \tag{9.30}$$

und die beobachteten Abweichungen zwischen den anorganischen und organischen Stoffen müßten ihre Erklärung bereits in unterschiedlichen Größenordnungen von w finden.

Wie groß ist nun der Schubweg w im organischen Festkörper?

3. Bestimmung des Schubwegs w im organischen Farbstoff

Während man den Schubweg w anorganischer Kristalle z. B. mit Hilfe von Lichtsondenmessungen genau bestimmen kann — vgl. HECHT (*213*) —, stellen sich einer analogen Messung an organischen Substanzen Schwierigkeiten entgegen. Folgende Verfahren erlauben jedoch eine Ermittlung dieser Größe am organischen Photoleiter.

1. Eine Methode beruht auf der Anwendung der zuletzt beschriebenen Gleichung (*116*):

$$\varphi = \gamma \cdot w \cdot \frac{1}{L} \,. \tag{9.24}$$

Man geht dabei von der Überlegung aus, daß die maximale Quantenausbeute (gain factor) nur bei einer Übereinstimmung des Schubwegs w mit dem Elektrodenabstand L erreicht wird, da nur in diesem Fall sämtliche im Licht erzeugten Ladungsträger zur Elektrode gelangen. Diese Anpassung von w und L gelingt nun entweder durch Vergrößerung der freien Weglänge mit Hilfe eines hohen Feldes — $w = w_0 \cdot E$ — oder durch Verringerung des Elektrodenabstands bei konstanter Feldstärke.

Letzteres findet bei der hier genannten w-Bestimmung Anwendung, indem man L so lange verkleinert, bis sich die aus Sättigungsstrommessungen bekannte Quantenausbeute einstellt.

Zur Messung werden verschiedene Photoraster mit ausgemessenem Elektrodenabstand verwendet und die Quantenausbeute bei konstanter Feldstärke in Abhängigkeit von L bestimmt. Da bei kleineren Feldstärken (1000 V/cm) der geringe herstellbare Elektrodenabstand L immer noch größer sein kann als w, ist die experimentelle $\varphi - (1/L)$-Gerade eventuell bis zum Schnittpunkt mit φ_{max} zu verlängern.

Als Beispiel für dieses Verfahren möge die folgende Abb. 113 dienen, die an den Photoleitern Malachitgrün und Kristallviolett (γ etwa 1) aufgenommen wurde.

2. Das zweite Verfahren verwendet zur w-Bestimmung die Längsfeldanordnung, in der Ladungsträger nur in einem vom Absorptionskoeffizienten K festgelegten Abstand $a = 1/K$ [cm] unterhalb der

belichteten Elektrode erzeugt werden. Naturgemäß gelangen diese im Licht gebildeten Ladungsträger (Elektronen $\ominus$ oder Defektelektronen $\oplus$) nur dann in der Gesamtheit zur entsprechend gepolten Vorderelektrode — bei $\ominus$: $+$-Polung, bei $\oplus$: $-$-Polung — und rufen eine Sättigung des Photostroms hervor, wenn die Weglänge w durch Erhöhung der Feldstärke — $w = w_0 \cdot E$ — die Größenordnung von $1/K$ erreicht (Abb. 114).

Aus der Photostrom-Spannungs-Kennlinie erhält man somit nicht nur durch das Auftreten der

Abb. 113. Zur Bestimmung des Schubweges w in der Querfeldanordnung log $\varphi = f$ (log d)

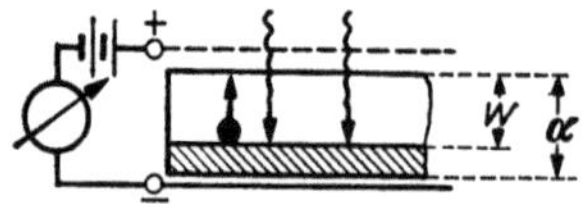

Abb. 114. Schema der Schubwegbestimmung in der Sandwichanordnung

Sättigung Auskunft über das Vorzeichen der Ladungsträger — s. oben —, sondern auch eine Angabe der mittleren freien Weglänge w:

$$w \equiv \frac{1}{K} \, [\text{cm}] \qquad \text{bei der Sättigungsfeldstärke } E. \tag{9.31}$$

Das Verfahren setzt, wie schon erwähnt, die zum Ladungsträger entsprechende Polung der belichteten, durchlässigen Elektrode und eine Schichtdicke $d \geqq 1/K$ [cm] voraus.

4. Größenordnung von w

Die folgende Tabelle enthält einige der nach den genannten Verfahren bestimmten Weglängen und zum Vergleich Werte von AgCl.

Tabelle 11

Stoff	E (V/cm)	w (cm)	Methode	λ (Å)	Literatur
Kristallviolett . .	7250	$2{,}5 \cdot 10^{-4}$	1. Verfahren	5870	(116)
Kristallviolett . .	1375	$6{,}0 \cdot 10^{-5}$	1. Verfahren	5870	(116)
Malachitgrün . .	7125	$2{,}0 \cdot 10^{-4}$	1. Verfahren	6220	(116)
Anthracen . . .	2000	etwa 10^{-4}	2. Verfahren	<4000	(69)
AgCl	3120	$7{,}4 \cdot 10^{-2}$	Lichtsonde	5000	(213)

Die Messungen lassen einmal erkennen, daß die mittleren freien Weglängen (Schubwege) der Farbstoffe größenordnungsmäßig mit denen des Anthracens, also einem gewöhnlichen aromatischen Kohlenwasserstoff, übereinstimmen. Bemerkenswerterweise bezieht sich dabei w an Kristallviolett und Malachitgrün auf negative Ladungsträger (Elektronen) und am Anthracen auf positive Träger (Defektelektronen), da die

erstgenannten Photoleiter dem n-Typ und Anthracen dem p-Typ angehören.

Zum anderen zeigen die Messungen aber auch deutlich, daß die freien
Weglängen der organischen Verbindungen kleiner sind als die der anorganischen, und man kann hierin die Ursache sehen, weshalb bei den
Farbstoffschichten größere Feldstärken für den Nachweis sämtlicher
durch optische Anregung gebildeter Ladungsträger erforderlich sind.

Wodurch können diese geringen Weglängen in Farbstoffschichten
bedingt sein? Es liegt nahe, hierfür beispielsweise zusätzliche zwischen
Grund- und Leitungsband befindliche Terme (Haftstellen) verantwortlich zu machen, deren Existenz bereits Temperatureffekte des Photostroms andeuten ($86/B$). Bei Anwesenheit dieser Störungen können
sich die angeregten Photo-
elektronen nicht mehr un-
gehindert im Leitungsband
bewegen, sondern bleiben
bei ihrer Wanderung mehr
oder weniger lang an diesen
Termen haften; auch De-
fektelektronen werden in
ähnlicher Weise durch De-
fektelektronenfallen auf
ihrem Weg beeinflußt.
Naturgemäß vermindert
dieses mehrmalige Ver-
weilen in flachen Haftstellen und das Festsetzen an tiefen Störstellen
die Beweglichkeit μ und damit auch die während der Lebensdauer τ
zurückgelegte mittlere freie Weglänge (Abb. 115).

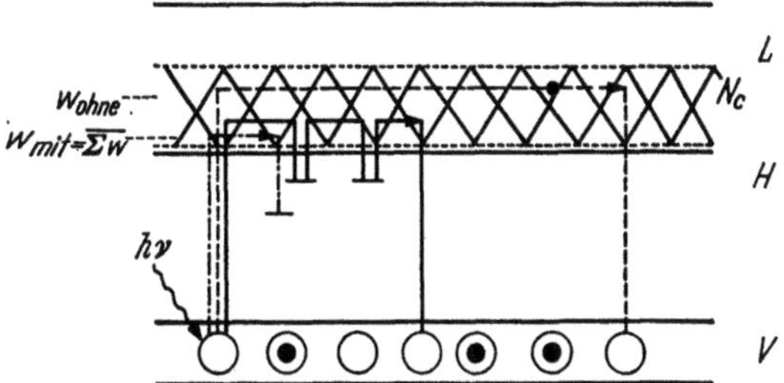

Abb. 115. Leitungsmodell. V Grundband, L Leitungsband,
H Haftstellen, N_c effektive Zustandsdichte (hier γ-Einfluß),
w ohne (mit): mittlere freie Weglänge ohne (mit)
Haftstellen

Ohne auf Einzelheiten hier weiter einzugehen, steht jedenfalls fest,
daß die im Licht in organischen Photoleitern gebildeten Ladungsträger
je nach Feldstärke über viele Moleküle wandern können. Unter der
Annahme einer flächenartigen Aneinanderlagerung würde beispielsweise
die experimentell bestimmte mittlere freie Weglänge des Malachitgrüns
einer durchschnittlichen Wanderung eines Photoladungsträgers (Elektron) über mehr als 1000 Moleküle hinweg entsprechen. Dieses Verhalten
steht dabei in guter Übereinstimmung zu einer Reihe von Experimenten,
die den Transport des angeregten Zustands 100 bis 1000 Moleküle weit
in organischen Kristallen beobachteten; vgl. Förster ($50/B$), Kallmann, Furst u. a. (222 bis 224).

XI. Beweglichkeit

Zur Charakterisierung der Leitfähigkeit einer Verbindung wird im
allgemeinen neben Quantenausbeute, Ladungsträgerart, Schubweg u. a.
auch die Beweglichkeit angegeben.

Die obigen Untersuchungen zeigen nun einmal, daß die Leitfähigkeit
der festen organischen Farbstoffe entweder von Elektronen oder Defektelektronen getragen wird. Daneben geht aus den Messungen auch hervor,

daß durch optische Anregung an mehreren Farbstoffen eine Ladungsträgerkonzentration geschaffen werden kann, die mit der Konzentration der absorbierten Photonen größenordnungsmäßig übereinstimmt und die somit bei der Belichtung für den Leitungsvorgang zur Verfügung steht. Dieser Idealfall liegt jedoch nicht an allen organischen Photoleitern vor, da die Rekombination als gegenläufige Reaktion die Zahl der Ladungsträger je nach Verbindung mehr oder weniger stark vermindert. Im Dunkeln sind von vornherein nur wenige Ladungsträger vorhanden, die entweder durch thermische Eigenanregung — d.h., Bildung eines Elektrons und Defektelektrons durch Übergang des $\ominus$ vom Grund- ins Leitungsband unter Zurücklassung des $\oplus$ (Eigenleitung) — oder eine Ionisation von Störzentren (Stör- oder Fremdleitung) entstanden. Beide Möglichkeiten dürften im Farbstoff gegeben sein, wie Messungen der Temperaturabhängigkeit der Dunkelleitfähigkeit und die beim Anionenaustausch beobachtete Widerstandsänderung des Kristallvioletts zeigen: Kristallviolettchlorid $\varkappa = \sim 10^{11}\,\Omega \cdot$ cm; (Kristallviolett)$_2$-C_2O_4, —SO_4: $\varkappa = \sim 10^5\,\Omega \cdot$ cm; vgl. NELSON (*225*). Die geringe Ladungsträgerkonzentration (n_n, n_p) überrascht dabei keineswegs, da dies in Einklang mit dem großen Abstand zwischen Grund- und Anregungsterm steht.

Man fragt sich jedoch, warum die Photoleitfähigkeit nicht noch ausgeprägter ist, da doch die Quantenausbeutemessungen auf die Möglichkeit der Bildung eines Ladungsträgers pro absorbiertem Lichtquant hinweisen. Die Antwort hierauf müßte dann eigentlich aus der Beweglichkeit μ der Ladungsträger dieser Verbindungen folgen, die mit der Leitfähigkeit σ verknüpft ist:

$$\sigma = e \cdot n \cdot \mu$$

und aufgrund ihrer Übereinstimmung für optisch und thermisch gebildete Stromträger sowohl die Photo- als auch die Dunkelleitfähigkeit (im vermindernden Sinn) beeinflußt.

Obwohl verschiedene Methoden zur Bestimmung der Beweglichkeit anorganischer Halbleiter vorliegen — z.B. durch Messung des HallEffekts, der Thermokraft, des Elektronenrauschens oder einer Beobachtung von magnetischen Widerstandsänderungen, Print-out-Effekts u.a.; vgl. die Übersicht bei SIMON-SUHRMANN (*3*) — kann die Beweglichkeit μ_D am organischen Festkörper noch nicht exakt bestimmt werden. Allein die nach obigen Methoden ermittelte mittlere freie Weglänge w läßt eine größenordnungsmäßige Abschätzung zu:

$$w = \tau \cdot \mu_D \cdot E, \tag{9.32}$$

$$\mu_D = \frac{w}{\tau \cdot E}\left[\frac{\text{cm}^2}{\text{V} \cdot \text{sec}}\right]. \tag{9.33}$$

Denn setzt man für die mittlere freie Lebensdauer τ nach CHYNOWETH und SCHNEIDER (*69*) den aus einer größeren Zahl anorganischer Kristalle mit hoher Trapdichte ermittelten Wert $\tau \sim 5 \cdot 10^{-8}$ [sec] ein, so errechnen sich folgende Beweglichkeiten unter Verwendung der bei den Feldstärken E bestimmten Weglängen w:

$$\text{Kristallviolett: } \mu_D \sim 0{,}69 \text{ bzw. } 0{,}88 \left[\frac{\text{cm}^2}{\text{V} \cdot \text{sec}}\right];$$

$$\text{Malachitgrün: } \mu_D \sim 0{,}56 \left[\frac{\text{cm}^2}{\text{V} \cdot \text{sec}}\right];$$

$$\text{Anthracen: } \mu_D \sim 1 \left[\frac{\text{cm}^2}{\text{V} \cdot \text{sec}}\right].$$

Ein Vergleich dieser in der Größenordnung von 0,1 bis 1 $\left[\frac{\text{cm}^2}{\text{V} \cdot \text{sec}}\right]$ liegenden Beweglichkeiten mit denen des Germaniums (*54*) — $\mu_\ominus = 3600 \left[\frac{\text{cm}^2}{\text{V} \cdot \text{sec}}\right]$ und $\mu_\oplus = 1700 \left[\frac{\text{cm}^2}{\text{V} \cdot \text{sec}}\right]$ — macht sofort den Unterschied des organischen zum anorganischen Festkörper verständlich.

Es sei bemerkt, daß eine exakte Angabe der *Lebensdauer* τ, d.h. der Zeit, während der lichtelektrisch abgespaltene Ladungsträger frei beweglich sind, am organischen Stoff bisher nicht möglich ist. Eine Bestimmung der Stromabklingkurven ergibt je nach Zellenart (Elektrodenabstand, Schichtdicke usw.) unterschiedliche Werte, die bis in die Größenordnung von Minuten reichen können und auf die Wirkung von Haftstellen zurückgehen; vgl. CHYNOWETH u.a. (*69, 86/B, 226*). Die Ladungsträger sind einen Teil dieser Zeit an Haftstellen angelagert und einen Teil im Leitungsband. Nach ROSE (*129*) ist aber nur die Zeit als Lebensdauer der freien Elektronen anzusprechen, in der sich das Elektron im Leitungsband bewegt.

Da einerseits für die Fluoreszenz (Phosphoreszenz) der organischen Verbindungen eine Abklingdauer in der Größenordnung von 10^{-7} sec bestimmt ist und andererseits die mittlere Lebensdauer

$$\tau = \frac{1}{U_{\text{th}} \cdot N \cdot \sigma} \tag{9.34}$$

(U_{th} mittlere thermische Geschwindigkeit der Elektronen: 10^{-7} cm/sec; σ Wirkungsquerschnitt für die Anlagerung: 10^{-15} bis 10^{-22} cm^2; N Konzentration der Anlagerungsstellen: 10^{11} bis 10^{19}/cm^3)

nach ROSE bei Werten von 10^{-7} sec liegt, darf dem für die Diskussion angegebenen Wert eine bestimmte Grundlage nicht abgesprochen werden. Dies um so mehr, da auch Schätzungen der Beweglichkeit nach LYONS und MORRIS (*227*) an organischen Photoleitern ähnliche Größenordnungen aufweisen. Außerdem gibt ein mit kurzen Lichtimpulsen und halbdurchlässiger Basiselektrode arbeitendes Meßverfahren, das der Methode zur Bestimmung von Ionenbeweglichkeiten in Gasen (*228*) angeglichen ist, an Anthracenkristallen Beweglichkeiten von 0,3 bis 3,0 cm^2/V · sec (*229*), und die von LE BLANC (*230*) nach diesem Verfahren bestimmten Driftbeweglichkeiten der Defektelektronen ($\mu_\oplus = 0{,}98$ cm^2/V · sec) und Elektronen ($\mu_\ominus = 0{,}54$ cm^2/V · sec) bestätigen ebenfalls die Richtigkeit der genannten Überlegungen.

Bemerkenswerterweise werden derartig geringe Beweglichkeiten auch an anorganischen Halbleitern mit einer hohen Haftstellendichte n_{AH} festgestellt; s. ROSE (*129*). Es liegt deshalb nahe, die verminderte

Beweglichkeit der organischen Stoffe auf eine ähnliche Ursache, d.h. eine hohe Haftstellendichte, zurückzuführen, so daß für μ entsprechend gilt:

$$\mu_D = \mu_0 \cdot \left(\frac{1}{1 + \dfrac{n_{\Delta H}}{n_L}} \right). \tag{9.35}$$

Vgl. hierzu noch Abb. 115.

Was die Natur der Haftstellen anbelangt, so dürften Fremdstoffbeimengungen — abgesehen von Gasen — wohl kaum als Ursache in Frage kommen, da die Abklingkurven gereinigter und ungereinigter Farbstoffe völlig gleichartig verlaufen. Sicher spielen Ungleichmäßigkeiten im Schichtaufbau und in der Gitterbildung, Versetzungen der Mikrokristalle und vor allem deren Übergangsgebiet eine wichtige Rolle, doch deuten die Messungen auch auf spezifisch den einzelnen Farbstoffgruppen zugehörige Terme hin, in denen man vielleicht Triplettzustände sehen kann.

Es sei hier noch darauf hingewiesen, daß sich die aus der starken Wechselwirkung des Kristalls mit dem Elektron ergebende Verminderung der Ladungsträgerbeweglichkeit im Bändermodell durch Einführung der sogenannten *effektiven Masse* m_{eff} nach der Beziehung

$$\mu = \frac{e \cdot \tau}{2\, m_{\text{eff}}} \tag{9.36}$$

beschreiben läßt. Die effektive Masse m_{eff} (des Elektrons oder Defektelektrons) drückt dabei diese Wechselwirkung Kristall-Elektron in der Weise aus, daß ein noch stark zur Bindung an die Gitterbestandteile neigendes und damit wenig bewegliches Elektron aufgrund dieser Trägheit eine große Masse zu besitzen scheint. Ein elektrisches Feld bestimmter Stärke wird einem derartigen, mit einer großen Masse behafteten Ladungsträger naturgemäß nur eine geringere Beschleunigung erteilen können als einem frei (im Vakuum) beweglichen. Eine große effektive Masse m_{eff} bedeutet nach Gl. (9.36) eine geringe Beweglichkeit μ. Auf diesen Zusammenhang soll noch an anderer Stelle eingegangen werden.

XII. Wechselwirkungsfaktor

Die aufgrund einfacher Überlegungen ermittelten Beweglichkeiten μ des organischen Photoleiters, deren geringe Größe von 0,1 bis 1 cm²/ V·sec auf die Wirkung von Haftstellen, Gitterversetzungen, Gitterlücken und andere im organischen Festkörper bevorzugt ausgebildete Störungen zurückgehen dürfte, kann sicher als Ursache der im Vergleich zu anorganischen Systemen geringen Photoleitfähigkeit *mit* angesehen werden. Eigenartigerweise lassen nun diese aus Weglängenbestimmungen gefolgerten Beweglichkeiten innerhalb der verschiedenen organischen Photoleiter keine größenordnungsmäßige Abstufung erkennen, obwohl die Photoempfindlichkeit innerhalb dieser Stoffklasse um Größenordnungen voneinander abweicht. Zum Beispiel ist Malachitgrün ein weit besserer Photoleiter als das schwach photoleitende Anthracen und trotzdem liegt $\mu_{\text{Anthracen}}$ bei etwa 1 cm²/V · sec und $\mu_{\text{Malachitgrün}}$ bei etwa 0,6 cm²/V · sec.

Die naheliegende Annahme, die Leitfähigkeitsunterschiede innerhalb der organischen Verbindungen würden auf eine Beweglichkeitsabweichung zurückgehen — vgl. (221) —, kann somit nicht aufrechterhalten werden; denn trotz ähnlicher Beweglichkeit ist σ_{Phot} der organischen Photoleiter oft völlig verschieden und auch ein Übergang von der Schicht zum Einkristall ändert dieses Verhalten nicht. Während sich beim anorganischen Halbleiter die abweichende Photoaktivität unter anderem auf die durch Zunahme der Haftstellendichte hervorgerufene Beweglichkeitsminderung zurückführen läßt — vgl. Rose (129, 231) —, müssen somit am organischen Photoleiter andere Ursachen vorliegen.

Einmal wäre denkbar, daß sich die Rekombinationswahrscheinlichkeit der durch optische Anregung gebildeten Ladungsträger innerhalb der organischen Festkörper um Größenordnungen unterscheidet, so daß die als Differenz zwischen den in der Zeiteinheit gebildeten und durch Rekombination verminderten Ladungsträgern erscheinende Photoleitfähigkeit stark variieren kann:

$$\frac{dn}{dt} = A(n) - R(n) \qquad (9.37)$$

(A Anregungswahrscheinlichkeit, d.h. Bildung von n Trägern/sec · cm³;
R Rekombinationswahrscheinlichkeit).

Eine große Rekombination führt so zu einer Verminderung der Ladungsträger und damit der Photoleitfähigkeit ($\sigma = e \cdot \mu \cdot n$), die unter Umständen — R sehr groß; Förderung durch Gitterstörungen u.a. — die Photoaktivität völlig unterdrückt.

Diese Rekombination der Ladungsträger kann dabei sowohl durch eine sofortige Rückkehr zum Ablöseort als auch durch einen Übergang in Störterme, aus denen jedoch eventuell nach einer gewissen Verweilzeit ein Rückgang ins Leitungsband erfolgt, zustande kommen. Wie die Temperaturabhängigkeit der Photoleitfähigkeit und andere Effekte beweisen, findet die letztgenannte Rekombination mit Haftstellentermen sicher statt, doch läßt eine größenordnungsmäßige Übereinstimmung dieser Effekte an Anthracen einerseits und Farbstoffen andererseits keine Ableitung der Photoleitfähigkeitsdifferenz dieser Verbindungen aus einer unterschiedlichen Haftstellendichte zu. Auch die Annahme einer verschieden ausgeprägten Rekombination mit dem Ablösezentrum (Defektelektron), die einer Fixierung des Elektrons ans Molekül gleichkommt, dürfte zur Beschreibung nicht ausreichen; denn aus Polarisationsversuchen und anderen Beobachtungen folgt, daß die Ladungsträger in den verschiedenen Verbindungen über viele Moleküle wandern, ehe sie von Haftstellen eingefangen werden.

Wenn auch sicher nicht an der leitfähigkeitsmindernden Wirkung der geringen Beweglichkeit und der Rekombination zu zweifeln ist, so dürfte doch die eigentliche Ursache der Leitfähigkeitsabweichungen in der *Sonderstellung des organischen Festkörpers* selbst liegen; denn die den organischen Festkörper charakterisierende Gitteranordnung unterscheidet sich grundsätzlich von dem anorganischen dadurch, daß große, von Dispersionskräften aneinandergehaltene Moleküle — Molekülgitter — die Gitterpunkte darstellen. Hieraus resultiert dann verständlicherweise eine im Vergleich zum anorganischen Festkörper geringe Wechselwirkung zwischen den Gitterbausteinen, die noch stark von der Art der konstitutionsbedingten Aneinanderlagerung und deren Abstand abhängt. Moleküle mit ausgedehnten π-Elektronenwolken, die sich „geldrollenartig" aneinanderlegen können, werden hierbei zu einer viel stärkeren elektronischen Wechselwirkung neigen als bei einer mit dem Aufbau von Zwischenpotentialwällen verbundenen flachen Anordnung (Abb. 116).

Diese Abweichung der elektronischen Wechselwirkung, die somit letztlich von der Molekülgröße, Molekülgestalt und Art der Aneinanderlagerung im festen Zustand abhängt, dürfte nun die eigentliche Ursache der größenordnungsmäßigen Leitfähigkeitsunterschiede der organischen Photoleiter sein. Bemerkenswerterweise findet diese Wechselwirkungs-

Abb. 116. Schema des Zusammenhangs zwischen der Art der Moleküllagerung und dem Potential

abweichung nicht nur einen Niederschlag im elektrischen, sondern auch im optischen Verhalten, wie aus den Messungen der Festkörperspektren dieser Photoleiter hervorgeht; denn der Übergang in den festen Zustand ist von einer mehr oder weniger großen Aufspaltung der Absorptionsbande $\Delta\tilde{\nu}$ begleitet, die auf die elektronische Wechselwirkung der Moleküle zurückgeht und dadurch auch eine Strukturabhängigkeit aufweist.

Naturgemäß muß diese Beziehung zwischen elektronischer Wechselwirkung einerseits und Bandaufspaltung $\Delta\tilde{\nu}$ bzw. Leitfähigkeit σ andrerseits einen Zusammenhang zwischen $\Delta\tilde{\nu}$ und σ bedingen. Diese Verbindung

$$\sigma \text{ prop } \Delta\tilde{\nu} \tag{9.38}$$

scheint nach den bisherigen spektralphotometrischen Untersuchungen des organischen Festkörpers und den entsprechenden Leitfähigkeitsmessungen tatsächlich gegeben zu sein, doch müßte es das Ziel ausgedehnter Arbeiten sein, diese Beziehung noch weiter zu festigen. Hier sei nur darauf hingewiesen, daß der geringen Aufspaltung am Anthracen und anderen Kohlenwasserstoffen ($\Delta\tilde{\nu} \sim 100 \text{ cm}^{-1}$) eine geringe Photoleitung entspricht, während die im Vergleich zu diesen Substanzen große Photoleitung der Farbstoffe mit Aufspaltungen in der Größenordnung von $\Delta\tilde{\nu} \sim 1000$ verknüpft ist.

Es besteht nun die Möglichkeit, aus Photostrommessungen unter Verwendung der Angaben über Beweglichkeit μ und Haftstellentiefe ΔE_H eine die Wechselwirkung berücksichtigende Korrekturgröße zu bestimmen, die die Übertragung der Bändermodellvorstellung des anorganischen Festkörpers auf den organischen Photoleiter erlaubt. Daß diese Vorstellung den experimentellen Tatsachen am besten gerecht wird, geht bereits aus den obigen Versuchen hervor und soll im nächsten

Kapitel noch näher diskutiert werden. Man beobachtet so z. B. auch eine
Zunahme der Ladungsträgerzahl mit der Temperatur, die auf die Haft-
stellen zurückgeht und bei idealer Übernahme des Bändermodells der
Beziehung folgt:

$$n_L = N_c \cdot e^{-\frac{\varDelta E_H}{k \cdot T}} . \tag{9.39}$$

Die Haftstellentiefe läßt sich aus der $\log I_{\text{Phot}} - 1/T$-Beziehung bestimmen,
während N_c die von der Statistik für anorganische Isolatoren und Halbleiter exakt definierte sogenannte effektive Zustandsdichte darstellt.

$$N_c = 2 \left(\frac{2\pi m\, kT}{h^2} \right)^{\frac{3}{2}} = 2{,}5 \cdot 10^{19} \left(\frac{m_{\text{eff}}}{m} \right)^{\frac{3}{2}} \left(\frac{T}{300° \,\text{K}} \right)^{\frac{3}{2}} . \tag{9.40}$$

N_c gilt dabei für die effektive Zustandsdichte der Elektronen im Leitungsband und entsprechend N_V für die der Defektelektronen im Valenzband.

Diese effektive Zustandsdichte gibt die Zahl der von Ladungsträgern
besetzbaren Zustände pro Einheit des Kristallvolumens an, besagt also,
daß sich das Kontinuum der besetzbaren Zustände im Leitungsband
(Valenzband) effektive wie N_c (N_V) Zustände pro Kubikzentimeter mit
einem einheitlichen Energieniveau E_c (Leitungsbandrand) $-$ E_V (Va-
lenzbandrand) $-$ verhält. Vgl. hierzu SPENKE (54). Die auf die verminderte Wechselwirkung der Molekül-Gitterbausteine zurückgehende
Abweichung des organischen Festkörpers vom anorganischen wird nun
durch Einführung einer für den jeweiligen organischen Stoff gültigen
Zustandsdichte N_c' berücksichtigt:

$$N_c' = \gamma' \cdot N_c , \tag{9.41}$$

die im Idealfall $- \gamma \to 1 -$ in die maximale effektive Zustandsdichte N_c
übergeht; vgl. auch (221). Ein organischer Stoff mit geringer Wechselwirkung ($\gamma' < 1$) besitzt somit im Vergleich zum anorganischen Halbleiter
($\gamma = 1$) weniger besetzbare Zustände, die den Ladungsträgern eine un-
gehinderte Wanderung $-$ wenn man vom Haftstelleneinfluß absieht $-$
erlauben. Die Abstufung der Photoleitfähigkeit innerhalb der organischen
Photoleiter beruht deshalb unter anderem auf entsprechenden Unterschieden von γ' bzw. N_c', so daß für den organischen Photoleiter statt
Gl. (9.39) gilt

$$n_L = \gamma' N_c \cdot e^{-\frac{\varDelta E_H}{kT}} . \tag{9.42}$$

Der Wechselwirkungsfaktor läßt sich durch Messung des Photostroms
einer Rasterphotozelle (Abstand L) im Sättigungsgebiet bei bekannten
μ (bestimmt aus Sättigungsstrom) und $\varDelta E_H$ ($\log I_{\text{Phot}} - 1/T$-Messung)
angeben; denn es gilt:

$$\sigma = e \cdot n_L \cdot \mu_D$$

bzw. aus Gl. (9.17) und (9.42):

$$I_{\text{Phot}} = e \cdot \mu_D \cdot \gamma' \cdot N_c \cdot e^{-\frac{\varDelta E_H}{kT}} \cdot E \cdot \frac{1}{L} \tag{9.43}$$

und somit:

$$\gamma' = \frac{I_{\text{Phot}} \cdot L \cdot e^{-\frac{\varDelta E_H}{kT}}}{e \cdot \mu_D \cdot N_c \cdot E} . \tag{9.44}$$

Bei einer Haftstellentiefe von $\Delta E_H \sim 0,5$ eV $\left(e^{-\frac{0,5}{kT}} \sim 10^{-8}\right)$ errechnet sich z.B. am Malachitgrün γ' in einer Größenordnung von $5 \cdot 10^{-4}$, während sich für Anthracen ein um Größenordnungen kleinerer Wert $(\gamma' < 10^{-8})$ ergibt. Es sei dabei noch bemerkt, daß die von anderen Autoren abgeschätzten Beweglichkeitswerte, die teilweise geringer sind als die oben angegebene Beweglichkeit $\mu \sim 1$ cm^2 V^{-1} sec^{-1} (69) — sie liegen zwischen $5 \cdot 10^{-3} < \mu < 10^3$ cm^2 V^{-1} sec^{-1}; vgl. (221, 227, 232, 233) — nicht imstande sind, die Größenordnung des Photostroms (am Anthracen) ohne Berücksichtigung dieser Wechselwirkungskorrektur zu erklären.

Die Aufstellung einer quantitativen Beziehung zwischen γ' und $\Delta\tilde{\nu}$

$$\gamma' = f(\Delta\tilde{\nu}) \tag{9.45}$$

müßte — bei Gültigkeit dieser Hypothese — den Ansatz zur Bestimmung der Photoempfindlichkeit einer organischen Verbindung aus dem Festkörperspektrum bieten. In dieser Richtung liegen weitere Untersuchungen.

XIII. Zusammenstellung der organischen Photoleiter

1. Farbstoffe

a) Reine Farbstoffe

Die an organischen Farbstoffen mit den verschiedensten Meßanordnungen festgestellte Photoaktivität beweist, daß die lichtelektrische Empfindlichkeit als eine den Farbstoffen allgemein zugehörige physikalisch-chemische Eigenschaft aufgefaßt werden kann.

Die folgende Übersichtstabelle möge dies durch eine Zusammenfassung der bisher lichtelektrisch geprüften organischen Farbstoffe noch bestätigen.

In Tabelle 12 bezieht sich die Farbstoffangabe auf Arbeiten, die einen bei kurzzeitiger Belichtung (~ 1 sec; Intensität < 1 HK im Farbstoffabsorptionsgebiet) gut meßbaren Photostrom bzw. Photospannung am Farbstoff beschreiben. Der in diesen Arbeiten erbrachte Beweis einer wirklichen Farbstoffphotoleitfähigkeit gibt die Möglichkeit, auch in den meisten der früher erst nach langer und intensiver Belichtung (Belichtungszeiten 1 bis 60 min) in geringer Größenordnung wahrgenommenen lichtelektrischen Effekte die Folge eines primären Photoleitfähigkeitseffekts zu sehen.

Aus der Tabelle geht unter anderem hervor, daß die lichtelektrische Empfindlichkeit den basischen, sauren und neutralen Farbstoffen gleichermaßen zukommt. Die häufig diskutierte Annahme — vgl. (6, 9) —, die Photoaktivität sei nur auf basische Farbstoffe beschränkt, entspricht somit nicht der Wirklichkeit.

Außerdem zeigt die Tabelle, daß auch die in der Natur vorkommenden Farbstoffe Chlorophyll, Xanthophyll und Carotin photoelektrisch aktiv sind, eine Tatsache, die für die Biochemie von besonderem Interesse sein dürfte; denn der Zusammenhang des Chlorophylls mit der Photosynthese und die Existenz karotinoider Farbstoffe in der Retina, legt die Frage nahe, inwieweit lichtelektrische Erscheinungen bei der Photo-

Tabelle 12. *Lichtelektrisch aktive organische Farbstoffe*

Nr.	Farbstoff	Klasse	Literatur
1	Fuchsin	Triphenylmethan	*(43, 45, 47, 48, 89, 116)*
2	Kristallviolett	Triphenylmethan	*(86/B, 43, 45, 64, 89, 116, 123, 73/E)*
3	Hofmannsviolett	Triphenylmethan	*(86/B, 43, 64, 67, 89, 116, 123, 73/E)*
4	Viktoriablau	Triphenylmethan	*(86/B, 43, 67, 70, 89)*
5	Methylviolett	Triphenylmethan	*(43, 47, 48, 89)*
6	Anilinblau	Triphenylmethan	*(43, 64, 67, 89, 116)*
7	Türkisblau	Triphenylmethan	*(86/B, 43, 67, 89)*
8	Methylgrün	Triphenylmethan	*(43, 89)*
9	Malachitgrün	Triphenylmethan	*(86/B, 43, 47, 48, 64, 67, 70, 89, 116)*
10	Brillantgrün	Triphenylmethan	*(86/B, 43, 48, 64, 67, 70, 89, 116)*
11	Patentblau	Triphenylmethan	*(43, 89)*
12	Auramin	Triphenylmethan	*(86/B, 43, 89)*
13	Rhodamin B	Phenkarboxonium	*(86/B, 43, 64, 73/E)*
14	Rhodamin S	Phenkarboxonium	*(86/B, 43, 64, 67)*
15	Methylenblau	Phenthiazin	*(86/B, 43, 70)*
16	Methylengrün	Phenthiazin	*(43, 47, 48)*
17	Nilblau BX	Phenoxazin	*(86/B, 43, 47, 48, 67, 70, 116)*
18	Äthylrot	Cyanin	*(11, 47, 48, 73/E)*
19	Pinaverdol	Cyanin	*(71, 123, 73/E)*
20	Orthochrom T	Cyanin	*(86/B, 11, 43, 47, 48, 70, 83, 73/E)*
21	Pinachrom	Cyanin	*(11, 43, 45, 47, 48, 64, 71, 83, 73/E)*
22	Pinachromviolett	Cyanin	*(123, 73/E)*
23	Pinachromblau	Cyanin	*(123, 73/E)*
24	Dicyanin A	Cyanin	*(86/B, 11, 43, 47, 48, 70, 83, 123, 73/E)*
25	Pinacyanolblau	Cyanin	*(11, 43, 45, 47, 48, 71, 83, 73/E)*
26	Kryptocyanin	Cyanin	*(67, 123, 73/E)*
27	Neocyanin	Cyanin	*(123, 73/E)*
28	Allocyanin	Cyanin	*(11, 123, 73/E)*
29	Pinacyanol	Cyanin	*(86/B, 11, 47, 48, 64, 70, 83, 116, 123, 73/E)*
30	Astraphloxin	Indocarbocyanin	*(43, 47, 48, 123, 73/E)*
31	Astraviolett	Indocarbocyanin	*(123, 73/E)*
32	Phenosafranin	Phenylphenazonium	*(43, 47, 48, 123, 73/E)*
33	Safranin T	Phenylphenazonium	*(43, 45)*
34	Thiazolpurpur	Thiocarbocyanin	*(123, 73/E)*
35	Pinaflavol	Pinaflavol	*(123, 73/E)*
36	Fluorescein	Fluorescein	*(86/B, 43)*
37	Eosin	Fluorescein	*(86/B, 11, 43, 47, 48, 70, 71)*
38	Erythrosin	Fluorescein	*(86/B, 11, 43, 47, 48, 83, 73/E)*
39	Rose Bengale	Fluorescein	*(86/B, 43, 45, 47, 48, 70, 71)*
40	Phloxin BBN	Fluorescein	*(86/B, 43, 45, 64, 71)*
41	Acridinorange	Acridinfarbstoff	*(86/B, 43)*
42	Acridingelb	Acridinfarbstoff	*(43)*
43	Kongorot	Azofarbstoff	*(86/B, 43)*
44	Vesuvin	Azofarbstoff	*(43)*
45	Naphtholorange	Azofarbstoff	*(86/B, 43, 70)*
46	Chrysoidin	Azofarbstoff	*(43, 70)*
47	Bordeaux Extra	Azofarbstoff	*(86/B, 43)*
48	Benzopurpurin	Azofarbstoff	*(43)*
49	Metanilgelb	Azofarbstoff	*(43)*
50	Echtrot A	Azofarbstoff	*(86/B, 43)*
51	Azocarmin G	Phenylnaphthophe-nazonium	*(86/B, 43, 70, 71)*
52	Alizarincyaningrün	Aminoanthrachinon	*(43)*
53	Flavin	Isoalloxazin	*(43)*
54	UR-Sens. S 916	Sens. Fa. Hoechst	*(43, 67, 123, 73/E)*
55	Sens S 939	Sens. Fa. Hoechst	*(43)*

Tabelle 12 (Fortsetzung)

Nr.	Farbstoff	Klasse	Literatur
56	Sens S 935	Sens. Fa. Hoechst	(*43, 73/E*)
57	Sens S 1256	Sens. Fa. Hoechst	(*43*)
58	Sens S 280	Sens. Fa. Hoechst	(*43*)
59	Ma 2116*		(*67*)
60	Agfa 9	Merocyanin	(*64, 123*)
61	A. S. Nr. 10**	Merocyanin	(*64, 67, 123, 73/E*)
62	Chlorophyll A und B		(*11, 64*)
63	Xanthophyll		(*64*)
64	Carotin		(*64*)
65	Phthalocyanin (metall- frei)		(*91, 235*)
66	Cu-Phthalocyanin		(*47, 48, 70, 83, 91, 92, 73/E*)
67	Ni-Phthalocyanin		(*202*)
68	Co-Phthalocyanin		(*202*)
69	Indigo		(*234*)

* Formel 1   ** Formel 2

BIOS-Berichte

synthese oder beim Sehvorgang mitwirken. Auch das photoelektrische
Verhalten der Phthalocyanine interessiert hierbei, da diese synthetischen
Farbstoffe strukturell mit den Porphyrinen verwandt sind.

Die Bedeutung der lichtelektrischen Untersuchungen an Phthalocyaninen (metallfrei, Cu-, Ni-, Co-) liegt darüber hinaus vor allem auch
darin, daß sie die Überprüfung der an Farbstoffschichten erhaltenen
Ergebnisse am Einkristall erlauben. Hierdurch lassen sich Einwände
entkräften, die gegen einen an Farbstoffschichten und Filmen erschlos-
senen Leitungsmechanismus eventuell vorzubringen sind; denn durch
den Übergang von der Farbstoffschicht zum Farbstoffeinkristall wird das
aus den Messungen erhaltene Bild der Farbstoffphotoleitfähigkeit in
keiner Weise geändert, sondern einwandfrei bestätigt. Es sei hierzu noch
bemerkt, daß die Reinigung der Phthalocyanine durch Vakuumsublimation erfolgt und Laue-Diagramm-Untersuchungen den Einkristall-
charakter der gewachsenen Phthalocyaninnadeln bestätigen (*91*).

b) Dotierte Farbstoffe

Die oben beschriebenen Untersuchungen zeigen, daß durch Verbesserung der Meßanordnung (Kontaktierung usw.) an *reinen* Farbstoffen bereits Photoströme in einer Größenordnung von 10^{-4} A (Außen-
spannung 100 V, Belichtungsfläche der Sandwichzelle 0,5 cm², Intensität 1 HK, Belichtungszeit 1 sec) erhalten werden können. Es ergibt
sich hierbei die Frage, inwieweit eventuell in der Zukunft eine technische
Anwendung von Farbstoffphotozellen möglich erscheint.

Einerseits wäre hier an eine weitere Verbesserung der Zellenanordnungen zu denken und andererseits an die Verwendung bisher nicht überprüfter Farbstoffsysteme. Vor allem der letztgenannte Weg erscheint nach neuesten Versuchsergebnissen durchaus erfolgversprechend; denn das photoelektrische Verhalten von Farbstoffen — und in Übereinstimmung hierzu auch das der übrigen organischen Photohalbleiter — läßt sich in Analogie zu anorganischen Halbleitern durch *Dotierung* merkbar verbessern.

Als erster Hinweis auf diese Möglichkeit können dabei die Untersuchungen von NELSON (*225*) gewertet werden, die eine Verminderung des spezifischen Widerstands des Kristallvioletts von $10^{11}\,\Omega \cdot$ cm auf $10^5\,\Omega \cdot$ cm durch Ersatz der einwertigen (z.B. Cl^-) durch zweiwertige Anionen (z.B. SO_4^{--}, $C_2O_4^{--}$) zeigen. Möglicherweise wirken hierbei die zweiwertigen Anionen in der Art von Donatoren, die die Elektronen-konzentration des n-leitenden Farbstoffs erhöhen. Selbstverständlich bleibt diese Art der Dotierung auf ionale Farbstoffe beschränkt.

Darüberhinaus sind aber auch neutrale organische Farbstoffmoleküle, wie aus den Untersuchungen von TOLLIN, KEARNS, CALVIN u.a. (*236, 237*) hervorgeht, dotierbar. Durch Zugabe von (etwa $2 \cdot 10^{-5}$ Mol) o-Chloranil (I) wird beispielsweise die Photoleitung des metallfreien Phthalocyanins um den *Faktor $5 \cdot 10^4$* im Vergleich zum undotierbaren Farbstoff vergrößert, und durch Jod oder Tetracyanoäthylen (II) erhöht sich die Photoleitfähigkeit dieses Farbstoffs um den Faktor $5 \cdot 10^5$ bzw. 400. Die Dunkelleitfähigkeit nimmt durch die Dotierung in entsprechender Weise zu.

$$(NC)_2C = C(CN)_2$$

I   II

Auch an p-leitenden Merocyaninfarbstoffen konnte durch Dotierung mit Elektronenakzeptoren eine Erhöhung der Photoleitung bis um den Faktor $1{,}7 \cdot 10^3$ erreicht werden[1].

Die genannten Dotierungseffekte, die z.B. an einer aus Phthalocyanin hergestellten Querfeldzelle eine Erhöhung des Photostroms von 10^{-9} auf 10^{-4} A bedingen, lassen noch viele interessante Ergebnisse erwarten. Dies um so mehr, da es auch möglich scheint, den Leitfähigkeitstyp zu ändern: Denn EPSTEIN und WILDI (*238*) erhielten bei Dotierungsversuchen am polymeren Cu-Phthalocyanin, das von Haus aus einen p-Leiter darstellt, sowohl p- als auch n-leitende Proben.

Die Annahme, daß möglicherweise die Einführung von Ionen für die große Steigerung der Photo- und Dunkelleitfähigkeit verantwortlich sei, ist unwahrscheinlich. Eine Violanthrenzelle, deren Photostrom durch o-Chloranil-Dotierung um den Faktor 10^5 (und durch Tetracyanoäthylen um den Faktor 10^3) vergrößert wird, zeigt auch bei tagelanger Messung des Dunkelstroms (10^{-3} A/90 V) keine Veränderung. Bei Ionenwanderung müßte diese aber eintreten. In Übereinstimmung zu anorganischen Halbleitern hat man also auch hier die Wanderung elektronischer Ladungsträger anzunehmen; vgl. (*237*).

---

[1] MEIER, H.: Vortrag: SPSE Annual Conference, 10. 5. 62, Boston (USA). — MEIER H. u. W. ALBRECHT: Vortrag: Bunsentagung, 3. 6. 62, Münster.

Sicher kann man zur Erklärung der Donator- bzw. Akzeptorwirkung der zugegebenen Fremdmoleküle nicht ohne weiteres die beispielsweise für Germanium (dotiert durch Arsen oder Indium u. a.) gültige Erklärung übernehmen, obgleich in der Bändermodellvorstellung auch der organische Donator bzw. Akzeptor durch einen diskreten Term unter dem Leitungsband bzw. über dem Grundband darstellbar sein dürfte. Man diskutiert für diese Art der Dotierung die Bildung eines Donator-Akzeptor-Komplexes — Charge-Transfer-(CT-)Komplex; s. hierzu zehntes Kapitel —, der bei Lichtabsorption in der entsprechenden CT-Bande zu einem Charge-Transfer, d. h. Elektronenübergang, von der einen zur anderen Komponente führt; vgl. CALVIN u. a. $(237, 239)$. Da die Donator- und Akzeptorkomponenten im Festkörper eingebaut sind, muß sich diese Ladungsübertragung

$$\text{D A} \rightleftharpoons \underline{D^+ A^-}$$
$$\text{CT}$$
$$\underline{D\,A} \rightleftharpoons \text{D}^+\text{A}^-$$

nicht durch einen vollständigen (thermischen oder strahlenden) Übergang in den Grundzustand des ursprünglichen CT-Komplexes ausgleichen. Es besteht eine von der Art der Grundkomponente und des CT-Komplexes abhängige Möglichkeit zur Ladungstrennung, die auf eine Defektelektronenwanderung im Grundband oder eine Elektronenwegführung durchs Leitungsband zurückgeht.

Wird beispielsweise ein als Elektronendonator wirkender p-Leiter (Phthalocyanin, Merocyanin) mit einem Elektronenakzeptor (o-Chloranil) in Spuren dotiert, so bilden sich CT-Komplexe (Phthalocyanin/o-Chloranil), die bei Belichtung Defektelektronen ins Grundband des Phthalocyanins injizieren — exakt gesprochen werden unter Defektelektronenbildung (D^+) Elektronen an den Akzeptor o-Chloranil (A^-) abgegeben — und damit die Leitfähigkeit zusätzlich zu der auf die Eigenabsorption zurückgehenden Photoleitung vergrößern. Ein n-leitender Akzeptor müßte sich dementsprechend durch Spuren eines Donators dotieren lassen, da bei Belichtung Elektronen ins Leitungsband gehoben werden. In diesem Zusammenhang sei auf die Beobachtungen von KEARNS und CALVIN (237) hingewiewen, die die Möglichkeit der Dotierung des Akzeptors o-Chloranil durch Phthalocyanin zeigten. Auch die Messungen der Elektronen-Spin-Resonanz, die eine zunehmende Konzentration ungepaarter Elektronen bei Vergrößerung der Dotierungskonzentration erkennen lassen, stehen mit diesen Überlegungen im Einklang; vgl. (237).

Im Dunkeln geht die erhöhte Ladungsträgerkonzentration des dotierten Photoleiters wahrscheinlich auf die geringe Ladungstrennung zurück, die durch die schwache Resonanz der im Grundzustand befindlichen Donator-Akzeptor-Komplexe vorgebildet ist.

2. Sonstige photoleitende organische Verbindungen

a) Aromatische Kohlenwasserstoffe

Die an Farbstoffen bewiesene lichtelektrische Empfindlichkeit wirft die Frage auf, ob diese Eigenschaft innerhalb der organischen Verbin-

dungen allein auf Farbstoffe beschränkt bleibt oder auch noch anderen
organischen Festkörpern zugehört. Die Antwort hierauf erhält man aus
einer Reihe von Untersuchungen, die die elektrischen Eigenschaften
kristalliner, aromatischer Kohlenwasserstoffe erforschen.

Es zeigt sich dabei, daß die Photoleitfähigkeit eine charakteristische
Eigenschaft vieler organischer Substanzen darstellt und somit innerhalb
der organischen Verbindungen kein spezieller Effekt der Farbstoffe ist.
Aus diesem Grund dürfte die *Regel* gerechtfertigt sein, daß organische
Festkörper, deren molekulare Gitterbausteine konjugierte Doppelbindungen enthalten, im Prinzip zur Bildung einer Photoleitung befähigt
sind, die auf die Wechselwirkung der π-Elektronen zurückgeht.

Der Unterschied zwischen der Photoleitfähigkeit kristalliner, aromatischer Kohlenwasserstoffe und der der Farbstoffe liegt vor allem in der
abweichenden Größenordnung der Photoaktivität, wofür eine geringere
elektrische Wechselwirkung der Gittermoleküle verantwortlich sein
dürfte. Während an Farbstoffen lichtelektrische Ströme von 10^{-4}
bis 10^{-9} A bei Spannungen von 100 V gemessen werden, beobachtet
man an den übrigen organischen Substanzen bisher nur Photoströme
in der Größenordnung von 10^{-10} bis 10^{-14} A.

Wie bei Farbstoffen läßt sich die Photoleitfähigkeit sowohl an Pulvern oder sublimierten Schichten als auch an Einkristallen (vgl. Cu-
Phthalocyanin) wahrnehmen. Die Kristallisationsfähigkeit der aromatischen Kohlenwasserstoffe stellt dabei die bevorzugte Prüfung der Einkristalle in den Vordergrund, so daß einmal die Mängel der Pulver-
messungen wegfallen und zum anderen die nach letztgenannter Methode
erhaltenen Ergebnisse eine gute Ergänzung erfahren.

An den aromatischen Kohlenwasserstoffen (Einkristalluntersuchungen) werden nun folgende Photoleitungseffekte festgestellt, die in vielen
Eigenschaften denen der Farbstoffe entsprechen:

1. Die Photoleitfähigkeit stimmt im *spektralen* Verlauf mit dem
Absorptionsspektrum derart gut überein, daß man dieses Verhalten
unter Umständen zur Messung des Kristallspektrums benutzen kann
(*134, 136, 240, 241*). Auch das Polarisationsverhalten des Spektrums
wird dabei im richtigen Intensitätsverhältnis photoelektrisch wiedergegeben (*136*). Diese Untersuchungen beweisen, daß der Photoleitung
der Moleküleinkristalle kein Verunreinigungseffekt zugrunde liegt, sondern ein Elektronenübergang von besetzten zu unbesetzten Molecular-
Orbitals. Abgesehen von den festkörperbedingten Bandaufspaltungen
(Davidov-Effekt u.a.) stimmt deshalb das photoelektrische Aktionsspektrum weitgehend mit dem Dampfspektrum überein (*242*).

2. Durch Einstrahlung in verschiedene *Kristallrichtungen* beobachtet
man darüberhinaus eine Verschiebung der Bandenmaxima und außerdem eine Richtungsabhängigkeit der Photostromgröße; beim Transstilben
(*65*) treten dabei die kleinsten Werte senkrecht zur Spaltebene auf.

3. Die Photoströme nehmen proportional mit der *Lichtintensität*
und *Feldstärke* zu; vgl. (*69, 201, 243, 244*). In der Sandwichanordnung
(Längsfeldbelichtung) werden jedoch von der Feldstärkerichtung ab-

hängige Abweichungen registriert, die auf die Art der Ladungsträger zurückgehen. Bei einer positiven Ladung der belichteten Elektrode besteht so eine Proportionalität des Photostroms mit der Lichtintensität, die bei negativer Polung am Anthracen in eine Wurzelabhängigkeit übergeht (227). Entsprechend nimmt bei positiver Polung der belichteten Elektrode am Anthracen oder p-Terphenyl-Einkristall (245, 246) der Photostrom mit der Feldstärke stark zu, während er bei umgekehrter Polung nach einem geringen Anstieg im Bereich höherer Feldstärken zu einer Sättigung gelangt. Man schließt hieraus auf ein Überwiegen von positiven Ladungsträgern (Defektelektronen) in diesen photoleitenden Kristallen.

4. Wenn auch die in manchen Arbeiten beschriebene Photoleitfähigkeit mit einer gewissen Trägheit behaftet zu sein scheint, so steht doch eine weitgehende *Trägheitslosigkeit* des Effekts fest. An Anthracen konnte z.B. ein Photostromaufbau innerhalb von 10^{-5} sec (245) bzw. $< 10^{-3}$ sec (233) festgestellt werden und eine Blitzlichteinrichtung (244) ließ eine Ansprechzeit, die mit der von Vakuumphotozellen übereinstimmt, erkennen.

5. In Analogie zu den Farbstoffen beeinflußt die umliegende *Gasatmosphäre* auch das lichtelektrische Verhalten der aromatischen Kohlenwasserstoffe und vor allem Sauerstoff zeichnet sich durch eine besondere Wirksamkeit aus. Er fördert an Anthracen unter anderem deutlich die Photoleitfähigkeit, ein Verhalten, das sich unter Berücksichtigung der Intensitäts- und Zeitabhängigkeit wie folgt erfassen läßt:

$$I_{\text{Phot}} \sim \varepsilon \, [O_2]_{\text{ads}} \cdot V \cdot \text{Int}^n \, e^{-\frac{2300}{T}} \, f(t) \, . \tag{9.46}$$

Vgl. (204, 227, 247). Es bedeuten: ε Extinktionskoeffizient, V angelegte Spannung, Int Intensität, n Zahl zwischen 0,5 bis 1, T Temperatur, t Zeit.

Diese Vergrößerung der Photoleitfähigkeit durch Sauerstoff steht in guter Übereinstimmung zum oben ausführlich besprochenen Zusammenhang zwischen Chemisorption und Randschichtleitfähigkeit, da Experimente den überwiegenden Defektelektronencharakter der Ladungsträger in Anthracen sicherstellen (69, 227) und Sauerstoff auf p-Leiter nach der Theorie fördernd wirkt. Eine Photooxydbildung scheidet als Ursache des Gaseffekts aus, denn O_2 ändert das Festkörperspektrum in keiner Weise (138/A).

Die Beziehung zwischen Gasart, Leitungscharakter und der im Sinne der Chemisorptionstheorie erfolgenden Änderung der Leitfähigkeit konnte in Übereinstimmung zu den Farbstoffen somit auch an aromatischen Kohlenwasserstoffen bestätigt werden. Vor allem sind hier noch Messungen zu nennen, die die Gültigkeit der Theorie durch Berechnung der Zu- und Abnahme der Leitfähigkeit bei Zugabe anderer Gase (als O_2, H_2) sicherstellen. Folgende Gesetzmäßigkeiten ergaben sich dabei (248, 249):

Erstens verursachen Gase, die zum Typ der Elektronenakzeptoren zählen — das sind O_2, BF_3, HCl, NO, SO_2 — am p-leitenden Anthracen

eine Zunahme der Photo- und Dunkelleitfähigkeit, die eine lange Evakuierung reversibel aufhebt. Die letztgenannte Reversibilität deutet dabei
auf eine lockere Anlagerung hin, die eine Verbindungsbildung ausschließt.
Im Gegensatz hierzu dürfte jedoch die Zunahme in Cl_2 und NO_2 (*250*)
aufgrund der Irreversibilität und der von Gasen bewirkten Farbänderung
des Anthracens auf eine chemische Reaktion zurückgehen und keinen
Vergleich mit den genannten Effekten erlauben.

Zweitens bedingen Gase, die den Charakter von Elektronendonatoren
haben, eine Abnahme des Photostroms. Hierzu zählen: NH_3, $(CH_3)_3N$,
$(C_2H_5)_2O$, C_2H_5OH, H_2O und $(CH_3)_2CO$. Eine Evakuierung macht diese
reversible Photostromminderung wieder rückgängig.

Gase, denen Donator- bzw. Akzeptoreigenschaften fehlen oder
beide gleichmäßig zukommen (CO_2) rufen keine Änderung der Leitfähigkeit hervor. Zum Beispiel blieben N_2, Ar, CO_2, $(CH_3)_4C$ — in Analogie zu Farbstoffen — ohne Einfluß auf das elektrische Verhalten der
organischen Kristalle.

6. Bemerkenswerterweise läßt sich die Photoleitfähigkeit eines aromatischen Kohlenwasserstoffs durch Zufügen geringer Mengen eines
anderen Kohlenwasserstoffs — *Dotierung* — stark beeinflussen. Spuren
von Naphthacen oder Pentacen (1:1000) verringern so die Photoleitung
einer polykristallinen Anthracenschicht um den Faktor 100, ein Effekt,
der auch von einem Rückgang der blauen Anthracenfluoreszenz begleitet
ist (*233*) und auf den noch an anderer Stelle näher eingegangen wird.
Coronen, das die Fluoreszenz nur geringfügig löscht, bewirkt nur eine
geringe Abnahme der Photoleitung.

7. Der Photostrom der aromatischen Kohlenwasserstoffkristalle
nimmt mit der *Temperatur* zu (*69, 251*) und folgt weitgehend der entsprechenden, an Farbstoffen festgestellten Beziehung $I_\text{Phot} = I_0 \exp$
$(-\Delta E_H/kT)$. Die $\log I_\text{Phot}$—$1/T$-Gerade ergibt dabei eine Aktivierungsenergie dieses Prozesses in der Größenordnung von 0,6 eV am Anthracen
(*69*). Es liegt nahe, den Effekt in Übereinstimmung zu den Farbstoffen
auf Haftstellen — hole-traps — zurückzuführen, die sich vor allem auch
an dickeren Schichten und größeren Kristallen durch eine Zunahme
der Photoleitungsträgheit u. a. bemerkbar machen. Dieser Haftstelleneinfluß kann zum Aufbau von *inneren Polarisationen* in der Größenordnung von 10000 V/cm führen, die im Dunkeln lange Zeit erhalten
bleiben und von UV, UR, γ- oder β-Strahlen abgebaut werden (*124*).

8. Die aus der Temperaturabhängigkeit der Photoleitung gefolgerte
Existenz von Haftstellen macht es verständlich, daß in Übereinstimmung zu Farbstoffen (*86/B*) auch an den hier beschriebenen organischen
Photoleitern *elektrische Glowkurven* nachweisbar sein müssen. KOM-
MANDER, BREE, SCHNEIDER u. a. (*252* bis *254*) verwenden dieses Verfahren zur Bestimmung der Haftstellentiefe. Der Kristall wird hierzu
auf Temperaturen bis —180° C abgekühlt, belichtet und anschließend
die Leitfähigkeit bei gleichmäßigem Erwärmen gemessen. Die Leitfähig-
keitstemperaturkurven sind dabei durch Glowspitzen gekennzeichnet,
die eine Berechnung der Haftstellentiefe erlauben.

Für Anthracen werden nach dieser Methode Haftstellentiefen von 0,8 eV für die in größter Dichte vorliegenden Traps angegeben (*254*) und für die weniger dichten Haftstellen Niveaus von 0,6 eV. 9,10-Dichloranthracen gibt Traptiefen von 0,5 eV. Bemerkenswerterweise verschwindet bei der Dotierung des Anthracens durch Tetracen die Hauptglowspitze.

In dem genannten Zusammenhang sei noch kurz das Problem der optischen Leerung der Haftstellen gestreift, das bei anorganischen Kristallphosphoren von gewisser Bedeutung ist; denn es scheint naheliegend, daß aufgrund der geringen Aktivierungsenergien von 0,5 bis 0,8 eV bereits eine Ultrarotstrahlung Ladungsträger aus den Haftstellen entfernen und somit einen Photostrom bilden müßte. Während dieser Effekt am Anthracen bisher nicht zur Beobachtung kam, wurde er am 9,10-Dichloranthracen von BREE und SCHNEIDER (*254*) gemessen. Trotz der Absorptionsgrenze des 9,10-Dichloranthracens bei 4700 Å zeigt diese Substanz eine Photoleitung nicht nur bei Einstrahlung in der Hauptabsorptionsbande, sondern auch im langwelligen Bereich bis 10000 Å, wobei geringe Maxima bei 4500, 5200 und 10000 Å vorliegen.

Die letztgenannte Tatsache beweist, daß an manchen organischen Photohalbleitern eine optische Leerung der Haftstellen möglich ist, die zu einer Ultrarotempfindlichkeit (am 9,10-Dichloranthracen beispielsweise bis 10000 Å) führen kann. Inwieweit der von KOMMANDER und SCHNEIDER (*255*) am Anthracen beobachtete rote Ausläufer der Photoleitung hiermit in Zusammenhang zu bringen ist, müssen jedoch erst noch weitere Untersuchungen zeigen.

9. Durch eine *Neutronenbestrahlung* nimmt an Anthracen die Dunkelleitfähigkeit der Kristalle zu, aber die Photoleitung zeigt eine Abnahme; vgl. (*256*). Im Gegensatz hierzu löst eine *Betastrahlung* an 20-Methylcholanthren (*77/B*) einen gut wahrnehmbaren Photostrom aus.

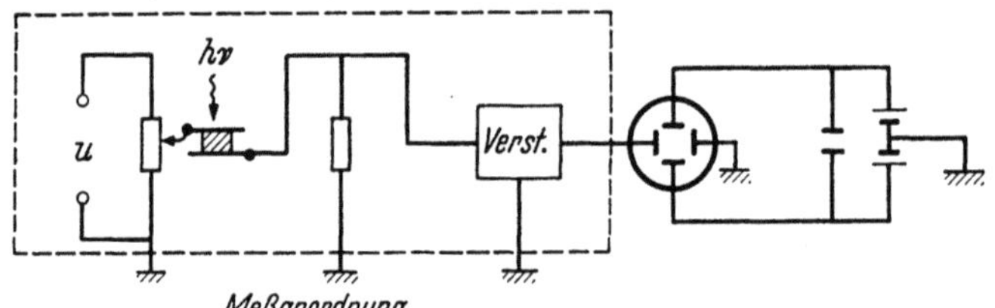

Abb. 117. Meßanordnung zur Bestimmung der Photoleitung organischer Kristalle

10. Da es im Rahmen dieser Darstellung zu weit führen würde, auf weitere Einzelheiten des Photoleitungseffekts der aromatischen Kristalle näher einzugehen, möge die Tabelle 13 nur noch eine Übersicht der bisher photoleitend gefundenen Verbindungen und Literaturhinweise geben. Man erkennt, daß die Photoleitfähigkeit in Übereinstimmung zur obigen Regel an einer Reihe organischer Verbindungen vorliegt und somit nicht auf den Sonderfall der Farbstoffe beschränkt ist.

Als Beispiel einer Meßanordnung, die zur Untersuchung der Photoleitung der organischen Farbstoffe gut geeignet ist, sei noch Abb. 117 angeführt.

Eine Erwärmung oder eine photochemische Zersetzung kommt für die Photoleitfähigkeit der in der Tabelle 13 angeführten aromatischen Molekülkristalle genau so wenig als Ursache in Frage wie bei Farb-

Tabelle 13

Nr.	Verbindung	Bemerkung	Literatur
1	Anthracen		*(37, 66, 69, 77/B, 134, 135, 201, 203, 204, 227, 229, 233, 240, 244, 246 bis 250, 252, 255, 257 bis 274)*
2	9-Bromanthracen	Innere Polarisation	*(124)*
3	Tetracen		*(77/B, 136, 201, 263)*
4	Pentacen		*(77/B)*
5	Naphthalin		*(77/B, 136, 227, 265)*
6	Chrysen	Innere Polarisation	*(77/B, 227, 233, 265)*
7	Phenanthren		*(124)*
8	1,2-Benzanthracen		*(77/B, 227, 265)*
9	3,4-Benzpyren		*(77/B, 227)*
10	20-Methylcholanthren	(auch β-empfind-lich)	*(77/B)*
11	1,2-5,6-Dibenzanthracen		*(77/B, 227)*
12	Rubren		*(77/B)*
13	Diphenyl		*(227, 265)*
14	*p*-Terphenyl		*(227, 245, 265, 275)*
15	Diphenylanthracen		*(77/B)*
16	Dibenzothiophen		*(227)*
17	Acridin		*(227)*
18	Stilben	Innere Polarisation	*(65, 124, 275)*
19	Violanthron		*(120, 243, 276)*
20	Isoviolanthron		*(120, 243)*
21	Pyranthron		*(120, 243, 276)*
22	Flavanthron		*(243)*
23	Indanthron		*(243)*
24	Ovalen		*(77/B, 243)*
25	Perylen		*(77/B)*
26	Violanthren	Dotierungsver-suche *(237)*	*(237, 243)*
27	Pyranthren		*(243)*
28	Isoviolanthren		*(243)*
29	Indanthrazin		*(243)*
30	Pyren		*(77/B, 243, 265, 275)*
31	Coronen		*(77/B)*
32	Azulen		*(275)*
33	9,10-Dichloranthracen		*(241, 254)*
34	Naphtacen		*(277)*

stoffen, und sowohl an Farbstoffen als auch an aromatischen Kohlenwasserstoffen dürfte ein elektronischer Leitungsmechanismus (s. zehntes Kapitel) diskutierbar sein.

11. Es sei noch bemerkt, daß sich an den aromatischen Kohlenwasserstoffen bei Belichtung in der Sandwichanordnung ohne äußere Hilfsspannung eine *Photo-EMK* ausbilden kann. Es liegt dabei ein den anorganischen Photoleitern (und organischen Farbstoffen) analoger Effekt

(Photovoltaic Effect) vor, für den eine zwischen Metall und Photoleiter befindliche Grenzschicht mit verantwortlich ist.

PLOTNIKOW und MATALYGINA (*278*) beobachteten diesen Effekt am Anthracen und INOKUCHI und AKAMATU (*279*) überprüften das Verhalten an einer Reihe organischer Photoleiter (Violanthren, Perylen, Coronen), die mit verschiedenen Elektroden (Pt, Au, Ag, Sn, Pb, Alkalimetalle) kombiniert waren. Es ergaben sich dabei je nach der Art des Elektrodenmaterials Photospannungen in einer Größenordnung von einigen Millivolt bis zu einem Volt. Vor allem die Verbindung des organischen Stoffs mit Alkalimetallen ließ eine hohe Photo-EMK entstehen; während am System Violanthren/Gold 6 bis 9 mV gemessen wurden, bildeten sich an der Zelle Violanthren/Lithium 0,3 bis 1,0 V aus. In gewisser Beziehung zählt zu den letztgenannten Erscheinungen auch das Auftreten einer Photo-EMK an organischen Kristallen (Anthracen u.a.), bei denen eine Elektrode durch eine NaCl-Lösung ersetzt wurde (*280*).

12. Interessanterweise ist an aromatischen Kohlenwasserstoffen auch ein *äußerer Photoeffekt*, d.h. eine Elektronenemission bei Belichtung, wahrnehmbar. LYONS und MORRIS (*281*) geben dabei eine Quantenausbeute von etwa $6 \cdot 10^{-3}$ (Elektronen pro absorbiertes Quant) an und bestimmen die lichtelektrische Schwelle verschiedener mehrkerniger Kohlenwasserstoffe zu 5,25 bis 6,76 eV.

13. Da für den lichtelektrischen Effekt (und auch für die Dunkelleitfähigkeit) der organischen Verbindungen sehr wahrscheinlich die intermolekulare Überlappung der den Gittermolekülen zugehörigen π-Elektronen entscheidend ist, werden gewisse *Zusammenhänge* zwischen der photoelektrischen *Empfindlichkeit* und der *Struktur* bei den aromatischen Kohlenwasserstoffen verständlich.

Beispielsweise nimmt die Photoleitfähigkeit in der Reihe Naphthalin, Anthracen, Tetracen zu und erreicht bei höheren Gliedern sicher noch größere Werte. Die vergleichsweise große Photo- und Dunkelleitfähigkeit der polyzyklischen, aromatischen Verbindungen Violanthren usw. findet so auch ihre Erklärung. Die letztgenannten Verbindungen zeichnen sich darüberhinaus (etwa wie die Merocyanine) durch eine gute Sublimationsfähigkeit aus, so daß die Reproduzierbarkeit der Messungen entsprechend gut ist. Von Interesse wären Untersuchungen an Photodioden dieser Substanzen.

Im Zusammenhang mit der genannten Strukturabhängigkeit verdienen Untersuchungen von WILK (*77/B*) eine besondere Aufmerksamkeit, die an einer Reihe aromatischer Kohlenwasserstoffe eine eindeutige Verbindung zwischen Halbleitung und Konstitution herausstellen:

Einmal nimmt bei den aromatischen Kohlenwasserstoffen die zur Leitfähigkeit führende Aktivierungsenergie $\Delta E = E_L - E_0$, die aus der Temperaturabhängigkeit (-40 bis $+60°$ C) der Dunkelleitfähigkeit hervorgeht, mit der Zahl der linear anellierten Ringe (n) ab. Empirisch gilt dabei

$$\Delta E = \frac{(17-n)^2}{100}; \qquad (n = 1, 2, \ldots, 5). \qquad (9.47)$$

Dieser auf der Verbindung zwischen konstitutionell abhängigen optischen (Singulett-Triplett-) Übergängen und der thermischen Leitfähigkeitsanregung beruhende Zusammenhang beweist, daß der Leitfähigkeitseffekt mit der Struktur der aromatischen Kohlenwasserstoffe verknüpft ist und nicht auf undefinierbare Nebeneffekte zurückgeht.

Als weitere konstitutionelle Beziehung sei noch die lineare Abhängigkeit zwischen ΔE und den polarographisch gemessenen Depolarisationspotentialen E_D (282) angeführt (77/B):

$$\Delta E = 0{,}91 + 0{,}68\,E_D, \tag{9.48}$$

sowie der Zusammenhang zwischen ΔE und der Größe der Photoleitfähigkeit. Es zeigt sich, daß der Photostrom mit zunehmender Anellierung, d.h. abnehmendem ΔE, wächst, wobei die Funktion zwischen ΔE und $\log I_{\text{Phot}}$ (bei energiegleicher Bestrahlung) durch zwei Kurven erfaßbar ist. Der einen Funktion folgen die zur Längsachse symmetrischen Verbindungen (Naphthalin, Anthracen, Perylen, Rubren, Pentacen usw.), und der anderen die unsymmetrischen, angular anellierten Aromaten, wie Chrysen, 1,2-Benzanthracen, 3,4-Benzpyren usw. Bemerkenswerterweise zeichnen sich dabei die letztgenannten Verbindungen, zu denen vor allem die cancerogenen Kohlenwasserstoffe zählen, durch eine im Vergleich zu den linear anellierten Aromaten höhere Photoleitung aus. WILK erklärt dies mit einer bevorzugten Reaktion der an den angularen Ringen lokalisierten Elektronen (K-Zone) gegenüber Lichtquanten.

Man beachte jedoch vor allem, daß gerade die cancerogenen Kohlenwasserstoffe 3,4-Benzpyren und 20-Methylcholanthren im kristallisierten Zustand einen im Vergleich zu den Kohlenwasserstoffen gleicher Ringzahl geringen Gitterebenenabstand a besitzen: Pentacen $a = 10$ Å, 20-Methylcholanthren dagegen $a = 4{,}5$ bis 5 Å. Naturgemäß begünstigt diese Eigenschaft die Überlappung der π-Elektronenwolken zwischen den Ebenen und führt so zu einer ausgeprägteren Leitfähigkeit als im Fall größerer Gitterebenenabstände, bei dem die Stromleitung hauptsächlich nur in Richtung der Moleküllängsachse erfolgen kann. Bei der engen Aneinanderlagerung der Molekülebenen dürften die Leitfähigkeitsbänder aufgrund der begünstigten π-Elektronenüberlappung senkrecht zu den Molekülebenen liegen.

Verständlicherweise sind der Möglichkeit, durch eine zunehmende Anellierung der Aromaten zu immer besser leitenden organischen Verbindungen zu gelangen (ab 17 Ringen müßte metallische Leitfähigkeit vorliegen), experimentelle Grenzen gesetzt. Es sei in diesem Zusammenhang jedoch darauf hingewiesen, daß neben Farbstoffen und Aromaten auch synthetische Hochpolymere Halbleitereigenschaften besitzen.

b) Synthetische Hochmolekulare

Die Leitfähigkeit einer Reihe synthetischer, hochmolekularer Verbindungen, deren spezifischer Widerstand größenordnungsmäßig zwischen 10^{10} und 10^{20} ($\Omega \cdot$ cm) liegt, erfährt durch geeignete Bestrahlung eine Vergrößerung, die je nach den Bedingungen (Strahlungsintensität,

Strahlungsart, Struktur usw.) bis zu einem Faktor 10^8 gehen kann. Die Gesetzmäßigkeiten dieses Photoeffekts stimmen dabei weitgehend mit denen anorganischer und organischer Photohalbleiter überein, und es liegt deshalb nahe, für das Zustandekommen des Effekts bei den ver-

Tabelle 14

Nr.	Makromolekül	Struktur	Literatur	
			Dunkelleitung	Photoleitung
1	Polyäthylen	$\cdots$ —CH$_2$—CH$_2$—CH—CH$_2$— $\cdots$ | CH$_2$ | CH$_3$	(283, 284)	(284 bis 289)
2	Polytetrafluor-äthylen (Teflon)	$\cdots$ —CF$_2$—CF$_2$— $\cdots$	(283)	(285, 290, 291)
3	Polymonochlor-trifluoräthylen			(288)
4	Polystyrol	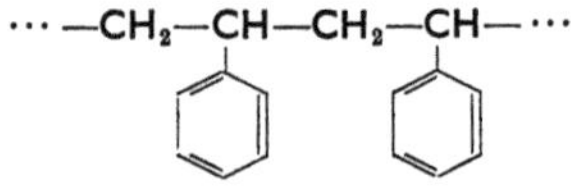 $\cdots$ —CH$_2$—CH—CH$_2$—CH— $\cdots$	(283, 292)	(287 bis 289, 293)
5	Polymethyl-methacrylat	CH$_3$ | $\cdots$ —CH$_2$—C— $\cdots$ | OCOCH$_3$	(292, 294)	(286)
6	Polyvinylchlorid	$\cdots$ —CH$_2$—CH—CH$_2$—CH— $\cdots$ | | Cl Cl	(283)	
7	Polyvinylacetat	$\cdots$ —CH$_2$—CH— $\cdots$ | O—CO—CH$_3$	(295)	
8	Poly-N-vinyl-carbazol (Luvican)	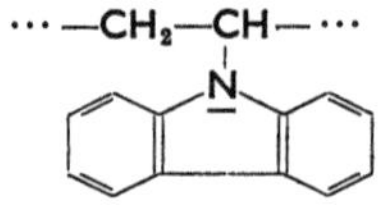 $\cdots$ —CH$_2$—CH— $\cdots$	(295)	(296)
9	Polyvinyl-aromaten			(297)
10	Polyvinylhetero-cyclen			(298)
11	Polyacrylamid-derivate mit carbo- bzw. heteroaromatischen Seitenketten			(299)

schiedenen Verbindungen einen ähnlichen (elektronischen) Mechanismus zu diskutieren.

Eine Abweichung in der Anregungsart dürfte hierbei — solange strukturelle Änderungen während der Bestrahlung ausgeschlossen sind — ohne Belang sein; denn die bei Korpuskularbeschuß (α-, β-Strahlen oder Neutronen) oder Belichtung mit kurzwelliger Strahlung (Röntgen-, γ-Strahlung) an anorganischen Halbleitern und Isolatoren wahrnehmbare „Photoleitfähigkeit" geht letztlich ebenfalls auf einen Elektronenübergang aus dem Grund- in ein Leitungsband zurück. Verständlicherweise kann jedoch beispielsweise ein γ-Strahl in einer Substanz (sekundär) mehr Elektronen freisetzen als ein Photon geringerer Energie; vgl. (*3*).

Hervorgehoben sei, daß synthetische Hochmolekulare sowohl durch Korpuskularbeschuß als auch durch ultraviolette und sichtbare Strahlung bei geeignetem Absorptionsverhalten photoleitend werden können. Einen Überblick über diese Klasse der organischen Photohalbleiter vermittelt Tabelle 14.

α) Eigenschaften. Die Änderung der Leitfähigkeit, die unter der Wirkung ionisierender Strahlen (Röntgen-, β- usw.) oder bei Belichtung mit ultraviolettem (oder sichtbarem) Licht an den synthetischen, hochmolekularen Stoffen eintritt, läßt sich mit den verschiedenen, oben beschriebenen Meßanordnungen prüfen. Am Luvican und anderen Polyvinylverbindungen (*296* bis *299*) wurde zur Messung das elektrophotographische Verfahren angewandt.

Beim Arbeiten mit ionisierenden Strahlen muß man darauf achten, daß die durch diese Strahlen im Hochpolymeren gebildete Photoleitung geringer ist, als die von der Strahlung im umgebenden Medium ausgelöste. Eine exakte Untersuchung verlangt deshalb nicht nur ein sorgfältiges Fernhalten von Feuchtigkeitseinflüssen und bestmögliche Ausschaltung von Verunreinigungen, sondern auch die Anwendung geeigneter Bestrahlungskammern, wie sie z.B. Rosman und Zimmer (*300*) beschreiben. Als Bestrahlungsquelle können eine Röntgenröhre oder geeignete radioaktive Präparate Verwendung finden: Für γ-Strahlen ^{60}Co oder ^{144}Ce-^{144}Pr (1 bis 100 mC), für β-Strahlen ^{90}Sr (25 mC). (mC bzw. C ist das Maß für die Radioaktivität einer bestimmten Menge eines Stoffes, definiert für 1 C durch den Zerfall von $3{,}7 \cdot 10^{10}$ Atomen/sec unter Aussendung radioaktiver Strahlung; $1\,\text{mC} = 3{,}7 \cdot 10^{7}$, $1\,\mu\text{C} = 3{,}7 \cdot 10^{4}$ Zerfälle Z/sec bzw. $1\,Z/\text{min} = 0{,}45 \cdot 10^{-6}\,\mu\text{C}$.)

Intensitätsabhängigkeit. Die von γ- bzw. Röntgenstrahlen in den isolierenden Kunststoffen erzeugte Gleichgewichts-Photoleitfähigkeit nimmt mit Vergrößerung der Strahlungsintensität I zu und folgt der Beziehung

$$\sigma_{\text{Phot}} \sim I^{\varDelta}. \tag{9.49}$$

Der Exponent $\varDelta$ hängt vom Material ab und beträgt für Polyäthylen: $0{,}8 \pm 0{,}05$ (*286*) bzw. $0{,}75$ (*287*); Polytetrafluoräthylen: $0{,}63 \pm 0{,}08$ (*291*); Polymethacrylsäuremethylester: $1{,}0$ (*284*). Für anorganische Photoleiter ist $\varDelta = \frac{1}{2}$.

Die Strahlungsintensität I wird in der genannten Beziehung in Röntgen (Bestrahlungsdosis) angegeben, deren Einheit — 1 Röntgen bzw. 1 r — durch die Menge einer Röntgen- oder γ-Strahlung definiert ist, die in 1 cm³ Luft unter Normalbedingungen (d.h. 0,001293 g) eine e.s.E. positiver und eine e.s.E. negativer Ionen erzeugt (*301*). Für Teflon gilt die Stromintensitätsbeziehung beispielsweise in einem Bereich von 2 bis 65 r/min (*291*).

Temperaturabhängigkeit. In Übereinstimmung zu organischen Farbstoffen, aromatischen Kohlenwasserstoffen und anorganischen Kristallphosphoren steigt die durch konstante Einstrahlung erzeugte Leitfähigkeit der hochmolekularen Stoffe mit der Temperatur an und erfüllt die Beziehung

$$\sigma_{\text{Phot}} = A \exp\left(-\frac{\Delta E}{k \cdot T}\right). \tag{9.50}$$

Die logarithmische Aufzeichnung der Photoleitfähigkeit gegen $1/T$ ergibt somit eine Gerade, deren Neigung durch ΔE festgelegt wird.

Zwischen 20 bis 80° C folgen aus den $\log I_{\text{Phot}}$—$1/T$-Geraden bei Bestrahlungsdosen einiger r/min beispielsweise für Polyäthylen $\Delta E = 0{,}42$ eV *(286)* und für Teflon $\Delta E = 0{,}5$ eV *(291)*. Diese Werte stimmen größenordnungsmäßig mit den an Farbstoffen aus der analogen Beziehung im sichtbaren Spektralbereich erhaltenen überein.

Geschwindigkeitskonstante der Photostromabnahme am Belichtungsende. Bemerkenswerterweise wird die Abnahme des Photostroms am Belichtungsende ebenfalls wie bei Farbstoff-Photoleitern von der Temperatur beeinflußt. An beiden Stoffklassen wirkt dabei eine Temperaturerhöhung im Sinne einer Beschleunigung des Abklingvorgangs; vgl. *(86/B, 291)*.

Für die Abklingdauer der Makromolekül-Photoleitfähigkeit werden z. T. sehr hohe Werte angegeben, die wohl mit der Hochohmigkeit der benutzten Meßzellen zusammenhängen dürften und sich möglicherweise durch Verringerung des Elektrodenabstands (Rasteranordnung, Sandwichzellen) vermindern lassen.

Negativer Effekt. Unter gewissen Bestrahlungsbedingungen kann an den synthetischen Hochpolymeren auch ein negativer Photoeffekt wahrgenommen werden, d. h. eine Widerstandszunahme bei Bestrahlung, wie sie auch von Farbstoffen und anorganischen Photoleitern her — vgl. die Übersicht bei *(77)* — bekannt ist. COLEMAN und BOHM *(288)* beschreiben diesen Effekt z. B. an lange β-vorbestrahltem Polystyrol, das ursprünglich auch den positiven Photoeffekt aufwies.

Möglicherweise geht diese Widerstandszunahme auf eine Bildung zusätzlicher Haftstellen bei der langdauernden β-Bestrahlung zurück *(302)*; vgl. hierzu noch BOVEY *(303)*.

Dotierung. In Übereinstimmung zu aromatischen Kohlenwasserstoffen (Violanthren) und organischen Farbstoffen (Phthalocyanin, Merocyanine) können auch die hier beschriebenen Kunststoff-Photohalbleiter durch Spuren organischer Verbindungen dotiert werden. Durch diese Dotierung hat man es in der Hand, das Leitfähigkeitsverhalten der synthetischen, hochmolekularen Verbindungen reproduzierbar zu verändern.

Die Möglichkeit der Dotierung hochmolekularer Photoleiter, die von HOEGL, CASSIERS u. a. *(304* bis *306)* bei KALLE bzw. GEVAERT im Zusammenhang mit elektrophotographischen Untersuchungen am Poly-N-vinylcarbazol (Luvican) entdeckt wurde, ist sehr wahrscheinlich — wie auch im Fall der übrigen organischen Photohalbleiter — auf die Bildung von Charge-Transfer-Komplexen zurückzuführen. Beim photoleitenden Luvican wirkt dabei die hochmolekulare Verbindung als Elektronendonator, der mit den zugesetzten Elektronenakzeptormolekülen CT-Komplexe bildet, die bei der Anregung Defektelektronen ins Valenzband des Makromoleküls injizieren. Als Elektronenakzeptoren kommen hier 9,10-Dibromanthracen, Bromanil, 1,3-Dinitrobenzol, 1,5-Dicyannaphthalin, Tetracyanoäthylen u. a. in Frage, wobei die Dotierungsfähigkeit des letztgenannten Akzeptors mit der von CALVIN und KEARNS (*237*) auch an Farbstoffen (Phthalocyanin u. a.) festgestellten übereinstimmt.

Spektrale Sensibilisierung. Es sei noch bemerkt, daß sich das Aktionsspektrum derjenigen synthetischen, hochmolekularen Photohalbleiter, die allein im ultravioletten Bereich absorbieren, durch Zugabe von Farbstoffspuren (Rhodamin B, Äthylviolett u. a.) in den sichtbaren Spektralbereich verschieben läßt. Diese spektrale Sensibilisierung der Kunststoff-Photohalbleiter fand bisher vor allem auf dem Gebiete der Elektrophotographie (vgl. Belg. Patent Nr. 588660 vom 18. 3. 1959; Kalle & Co.) eine praktische Anwendung.

β) **Mechanismus.** Die Dotierungsversuche, die an Farbstoffen, aromatischen Kohlenwasserstoffen und synthetischen Hochmolekularen zu gleichen Ergebnissen — Steigerung der Photoempfindlichkeit u. a. — führten, sowie die Übereinstimmung im weiteren Verhalten der lichtelektrischen Empfindlichkeit, legen die Annahme eines für organische Photoleiter allgemein gültigen Leitungsmechanismus nahe. Die Übertragung von Modellvorstellungen, die vor allem an Farbstoffen erarbeitet wurden — s. nächstes Kapitel —, auf die übrigen organischen Photohalbleiter dürfte deshalb durchaus gerechtfertigt sein.

Das genannte Modell stimmt dabei weitgehend mit dem von FOWLER, FARMER u. a. (*286, 291*) zur Erklärung der photoelektrischen Aktivität der synthetischen Makromoleküle diskutierten elektronischen Leitungsmechanismus überein, der in Analogie zu anorganischen Isolatoren auf der Existenz eines durch eine breite verbotene Zone getrennten Grund- und Leitungsbands beruht. Die Temperaturabhängigkeit der Photoleitfähigkeit weist darauf hin, daß in der verbotenen Zone zusätzliche diskrete Terme (Haftstellen) liegen, die einen Teil der bei Anregung ins Leitungsband gebrachten Elektronen (bzw. auch Defektelektronen des Grundbandes) aufnehmen und dem Leitungsvorgang entziehen.

Im Gegensatz zu den Farbstoff-Photohalbleitern, die wahrscheinlich eine gleichmäßige Verteilung der Haftstellen bis zu einem Grenzniveau ΔE_H aufweisen (*86/B*), wird in den synthetischen Makromolekülen von FOWLER und FARMER (*286, 291*) eine exponentielle Verteilung dieser Terme angenommen und auf der Grundlage der von ROSE u. a. (*129, 303*) für den Elektronen-Trapping-Prozeß ausgearbeiteten Vorstellungen diskutiert. Nach ROSE gilt dabei im Fall einer exponentiellen Haftstellenverteilung:

$$I_{\text{Phot}} = N_0 \cdot I^{\frac{T}{T+T_1}} . \tag{9.51}$$

N_0 stellt hier die effektive Zustandsdichte dar, I die Bestrahlungsintensität, T die Temperatur des Photoleiters und T_1 eine charakteristische, von der Molekülstruktur abhängige Temperatur, bei der die Haftstellen fixiert sein sollen (T_1 für Polyäthylen 1200° K).

Ein Vergleich mit experimentellen Befunden zeigt nun, daß diese Beziehung die beobachtete Stromintensitätsabhängigkeit einiger Kunststoffe richtig wiedergibt, denn sowohl nach Theorie als auch Experiment gilt z.B. für Polyäthylen $i_{\mathrm{Phot}} \sim I^{0,8}$. Da der Exponent $\varDelta$ mit $\dfrac{T}{T + T_1}$ identisch ist, müßte die aus Stromintensitätsversuchen ermittelte Größe $\varDelta$ temperaturabhängig sein und mit zunehmender Temperatur abnehmen; dies wurde tatsächlich — vgl. z.B. die Beobachtungen an Polytetrafluoräthylen (291) — beobachtet. Mit der genannten Theorie steht unter anderem noch die Temperaturabhängigkeit des Photostroms und die Temperaturbeeinflussung der Dunkelstromabnahme nach Belichtungsende in Einklang.

Ohne Zweifel legen eine Reihe experimenteller Befunde einen elektronischen Leitungsmechanismus in den synthetischen Hochmolekularen nahe. Da sich dabei die Frage ergibt, inwieweit in den Makromolekülen mit der Bildung von Energiebändern gerechnet werden kann, möge hier noch kurz die Makromolekülkonstitution im Hinblick auf die zur Energiebänderbildung nötige Überlappungswahrscheinlichkeit elektronischer Eigenfunktionen zur Diskussion kommen. Eine Trennung in zwei Gruppen scheint hierzu von Nutzen.

Gruppe I. In diese Gruppe werden diejenigen Makromoleküle eingestuft, deren Energiebandbildung auf die Überlappung atomarer Eigenfunktionen zurückgehen müßte. Als Beispiel sei Polyäthylen genannt, das gleichsam einen hochmolekularen Paraffinkohlenwasserstoff darstellt und in dem nur σ-Elektronen der C—C- und CH_2-Bindungen vorliegen.

Die Möglichkeit zur Entstehung eines (wenn auch stark gestörten) Elektronengases und damit eines Energiebandsystems erscheint nur dadurch gegeben, daß der CH_2-Gruppe in geringem Maße die Fähigkeit zur Hyperkonjugation — d.h. der Konjugation trotz fehlender π-Elektronen wie beim —CH_3 — zukommt; denn dieser Hyperkonjugationseffekt würde bedeuten, daß sich die σ-Elektronen der CH_2-Gruppe wie Quasi-π-Elektronen verhalten, die sich nicht nur mit konjugierten Doppelbindungen (also π-Elektronen), sondern auch mit anderen Quasi-π-Elektronen überlappen können. Im hochmolekularen Polyäthylen müßte man hiernach das Vorhandensein eines stark gestörten Quasi-π-Elektronengases annehmen, an dem sich jedes C-Atom mit einem Quasi-π-Elektron beteiligt.

Diese Vorstellung erfährt einmal eine Bestätigung durch die gemessene Bestrahlungsleitfähigkeit und zum anderen durch die Beobachtung einer Vergrößerung der Photoaktivität beim Ersatz der H-Atome durch freie Elektronenpaare tragende Atome (z.B. Fluor).

Gruppe II. In diese Gruppe werden diejenigen Makromoleküle eingestuft, bei denen eine Energiebandbildung auf die Überlappung molekularer π-Elektronenwolken zurückgehen kann. Eine derartige Überlappung scheint dann möglich, wenn aromatische und heterozyklische Moleküle am Aufbau des hochmolekularen Stoffs beteiligt sind, wie es beim Polystyrol, Poly-N-vinylcarbazol und anderen organischen Photohalbleitern der Fall ist; denn es ist anzunehmen, daß sich die flachen Moleküle dieser hochpolymeren Stoffe in derselben Weise mit ihren Ebenen zueinander anordnen wie die flachen Farbstoffmoleküle in den Farbstoffaggregaten.

Aufgrund dieser Anordnung besteht die Möglichkeit zu einer Überlappung der π-Elektronenwolken der aromatischen und heterozyklischen Einzelmoleküle und damit zu einem Elektronenaustausch. Dies kann infolge Austauschentartung zur schwachen Aufspaltung der Energieniveaus der Einzelmoleküle und zur Bildung schmaler Leitfähigkeitsbänder im Makromolekül führen. Mit einer maximalen Überlappung dürfte dabei vor allem beim Vorliegen sterisch geordneter, sogenannter isotaktischer Polymere, zu rechnen sein, bei denen die (für den Leitungseffekt wichtigen) Substituenten entweder gemeinsam über oder unter der C-Atomebene liegen und deren Synthese — vgl. hierzu die zusammenfassende Darstellung von O. BAYER (*307*) — unter Verwendung der Zieglerschen Katalysatoren gelingt.

Wie weit ein Einbau organischer Farbstoffmoleküle (Methylenblau, Triphenylmethanfarbstoffe u.a.), der beispielsweise beim Polystyrol über eine Umsetzung mit Polystyrol-4-diazoniumchlorid durchführbar ist (*308*), zu einer derart dichten Lagerung der Farbstoffmoleküle führen kann, daß die Photoleitung des Makromoleküls letztlich vom Farbstoff abhängt, steht noch dahin.

Was die Bildung von Fehlstellen anbelangt, so dürfte sie unter anderem durch die Eigenart der linearen Hochpolymeren gefördert werden, bei den Polymerisationsreaktionen die Substituenten (Aromaten, Heterozyklen usw.) unregelmäßig an der Hauptkette anzulagern; denn auf diese Weise entstehen in ungleicher Folge Molekülfehlstellen, die sich als diskrete Terme im Bändersystem anzeigen können.

Abschließend sei noch darauf hingewiesen, daß die Untersuchung und Neuentwicklung synthetischer, hochmolekularer Photohalbleiter nicht nur in bezug auf die praktische Verwendbarkeit in der lichtelektrischen Meßtechnik oder Xerographie von Bedeutung ist, sondern auch zum Problem des Aufbaues organischer Katalysatoren biologischer und nichtbiologischer Art — vgl. LAUTSCH, BROSER u.a. (*309*) — beitragen kann. Die Analogie zwischen der Fermentwirkung der natürlichen Makromoleküle und dem Halbleitermechanismus der technischen Katalysatoren deutet auf diese Möglichkeit hin; denn ein elektronischer Leitungsmechanismus der Hochmolekularen würde nicht nur auf eine mehr oder weniger große Beweglichkeit von Ladungsträgern hinweisen, sondern auch einen vom elektrochemischen Potential der Elektronen bzw. Defektelektronen abhängigen Elektronenaustausch mit den Substratmolekülen ermöglichen, wobei die Spezifität des Katalysators durch einen Einbau bestimmter Gruppen im Makromolekül gelenkt werden könnte.

Zehntes Kapitel

Mechanismus der Farbstoff-Photoleitfähigkeit

Aus den beiden vorhergehenden Kapiteln ist bereits ersichtlich, daß die Auffassung eines den anorganischen Photoleitern analogen Leitungsmechanismus den experimentellen Tatsachen der Farbstoff-Photoleitfähigkeit weitgehend gerecht wird. Die grundsätzliche Bedeutung dieser Frage, beispielsweise für die Klärung des Problems der Energiewanderung im organischen Stoff, erfordert jedoch noch eine eingehendere Diskussion. Diese scheint vor allem auch deshalb nötig, da bis in jüngster Zeit eine Reihe von Mechanismen als Ursache der lichtelektrischen Farbstoffaktivität postuliert wurden, die mit den neuesten Versuchsergebnissen (vgl. achtes und neuntes Kapitel) in keiner Weise in Einklang zu bringen sind. Die Hypothesen basieren dabei meist auf der Ansicht, daß die Photoleitfähigkeit der Farbstoffe außerordentlich gering sei, sich nur mit Schwierigkeit und ohne sichere Reproduzierbarkeit feststellen lasse und keinen definierten Gesetzmäßigkeiten folge — also auf Annahmen, die vom Experiment als widerlegt gelten können.

Die folgenden Abschnitte befassen sich nun zuerst mit diesen, zur Erklärung der Farbstoffphotoleitung ausgearbeiteten Hypothesen und mit den Gegenargumenten. Auf diese Weise wird am besten ersichtlich, daß allein ein elektronischer Mechanismus die Dunkel- und Photoleitfähigkeit der organischen Farbstoffe (und wahrscheinlich auch der übrigen organischen Photoleiter) erklären kann.

I. Zeitweilig erörterte Hypothesen

1. Ionisationstheorie

Nach dieser Theorie sollte ein Elektron aus dem Farbstoffmolekül bei Belichtung direkt abgelöst werden und dann unter der Wirkung des äußeren Feldes zu den Elektroden wandern. Diese Annahme ist aufgrund einer zu großen Ionisierungsenergie I unwahrscheinlich; denn I beträgt nach der Scheibeschen Regel (*63/A, 64/A, 310*) mindestens 3,4 eV zuzüglich des Energieabstands zwischen dem Grundterm und der ersten Anregungsstufe, während die dem sichtbaren Licht zugehörige Energie nur etwa 1 bis 2 eV erreicht.

Möglicherweise dürfte die Ionisierungsenergie des Kristalls, die zur Entfernung eines Elektrons vom Molekül zu einer entlegenen Stelle des Kristallinnern aufzuwenden ist, geringer sein als die des in der Gasphase befindlichen. Hierauf deutet einmal eine Messung von SCHEIBE u.a. — vgl. (*311*) — hin, aus der die Verschiebung des Anregungsniveaus in einen Bereich, der weniger als 3,4 eV von der Ionisierungsgrenze entfernt liegt, hervorgeht.

Zum anderen folgt auch ein Unterschied zwischen I_k und I_g aus dem Polarisationseffekt des ionisierten Moleküls und des Elektrons, für den gilt (*266, 312*):

$$I_k = I_g - 2P; \tag{10.1}$$

I_k Ionisierungsenergie im Kristall, I_g Ionisierungsenergie des Gases, P Polarisationsenergie.

Da die Polarisationsenergie $P \sim -1,0 \pm 0,3$ [eV] ist, ergibt sich ein Wert, der die Bildung eines Photoelektrons im Kristallinnern erst im UV erwarten läßt; auch die aus dem Lösungsspektrum gefolgerte Mindestenergie

$$I = [>2] + [h\,\nu_{\mathrm{max}}]; \qquad [\mathrm{eV}] \tag{10.2}$$

wird nicht vom eingestrahlten Licht erreicht. Diese Theorie kann somit *nicht* die Entstehung der Photoleitfähigkeit des organischen Festkörpers erklären.

2. Photochemische Theorie

Diese Theorie, die die Photoleitfähigkeit als Ergebnis einer photochemischen Reaktion des Farbstoffs ansieht, wurde bereits von ZCODRO (6) postuliert und bis in jüngster Zeit diskutiert (23, 313). Man schloß auf diesen Mechanismus aufgrund der geringen Photoströme, deren Trägheit und der scheinbaren Mitwirkung von Feuchtigkeit und Gasspuren, sowie der Fähigkeit der Farbstoffe im Licht auszubleichen. Beispielsweise wurde die Photoleitfähigkeit auf die Bildung sehr beweglicher H^+- bzw. OH^--Ionen zurückgeführt, die durch Zersetzung einer am Farbstoff adsorbierten Wasserschicht nach folgender Reaktion entstehen sollen:

$$[F^{+n}] + h\nu = [F^{+n}]^*,$$

$$[F^{+n}]^* + H_2O = [FH]^{+n+1} + OH^-,$$

$$[F^{+n}]^* + H_2O = [FOH]^{+n-1} + H^+.$$

Nach dieser Theorie müßte praktisch die Menge des anwesenden Wassers die Größe der Photoleitfähigkeit bestimmen (23).

Eine Betrachtung der in den letzten beiden Kapiteln beschriebenen Meßergebnisse läßt diesen *photochemischen* Mechanismus als *unhaltbar* erscheinen; denn der Effekt erhält an einer Reihe von Farbstoffen, die man als Vakuumleiter definierte, bei einem geringen Druck von $5 \cdot 10^{-6}$ Torr seine größte Stabilität, also unter Bedingungen, die gerade zu einer Minderung der Photoleitung führen sollten. Auch die Möglichkeit, durch Hochvakuumsublimation photoleitende Farbstoffschichten herzustellen, die sicher keine Feuchtigkeit enthalten, spricht deutlich gegen die Wasserhauttheorie. Als weitere Gegenargumente sind noch anzuführen: Die Reversibilität der Photoleitfähigkeit (Abb. 82); die Lichtechtheit vieler Farbstoffe, wie sie z.B. am Cu-Phthalocyanin vorliegt; die Herstellung von im Hochvakuum arbeitenden p-n-Farbstoff-Photoelementen, die ohne Hilfsspannung in Analogie zu entsprechenden anorganischen Systemen Photoströme ergeben; der rasche Stromeinsatz und die Konstanz der Photo-EMK bzw. des Photostroms von der Belichtungszeit an Grenzschichtelementen, Längsfeldzellen und einigen Querfeldzellen (Abb. 60 und 73); die Größenordnung der Quantenausbeute des kurzzeitig fließenden Photostroms — bis $\varphi \sim 0,5$ —, welche die Quantenausbeute der Ausbleichreaktionen — etwa $\varphi = 10^{-3}$

(*218*) — weit übersteigt; der Zusammenhang zwischen ΔE und π-Elektronenzahl (*314*) und viele der oben besprochenen Erscheinungen. Abgesehen hiervon wird die Ausbleichtheorie auch noch durch ein einfaches Experiment widerlegt, das in einer langen, intensiven Bestrahlung einer Farbstoffschicht unter gleichzeitiger Beobachtung der Absorption besteht; denn bei einer Quantenausbeute von $\varphi = 10^{-1}$ müßten die N-Moleküle einer Schicht durch $10 \cdot N$ Quanten zerstört werden, da ja jeder Photoladungsträger — nach der Ausbleichtheorie H^+ bzw. OH^- — als Ergebnis der durch 10 absorbierte Quanten bewirkten „Zersetzung des Moleküls" entstehen sollte. Eine derartige Ausbleichung war jedoch weder an Kristallviolett noch an Pinacyanolschichten nach langen Bestrahlungsversuchen wahrnehmbar.

Eine andere Theorie, welche die Bildung und Zunahme der Photoleitung der Vakuumleiter — z.B. Malachitgrün — auf eine Zersetzung des Oxalatanions, etwa in Analogie zum Uranyloxalat-Lösungs-Photometer, zurückführt (*23*), wird durch zahlreiche Photoleitfähigkeitsmessungen der Halogenide und anderer Anionen *widerlegt*.

3. Theorie des kurzlebigen Ionenpaars

Diese zur Erklärung der Leitfähigkeit organischer Isolatoren (Naphthalin, Anthracen u.a.) von Riehl (*131*) aufgestellte Theorie folgt einmal aus der durch Dunkelstrom-Temperatur-Messungen nach der Beziehung

$$\sigma = \sigma_0\, e^{-\frac{B}{kT}} \tag{10.3}$$

errechneten Größe B und der im Vergleich hierzu (B nur 0,7 eV) außerordentlich geringen Leitfähigkeit, zum anderen aus dem diesen Verbindungen charakteristisch zugehörigen Wien-Poole-Effekt.

Der Wert B wird dabei nicht mit der Ionisationsenergie des organischen Moleküls im Kristall identifiziert, da diese viel größer ist, sondern mit der Energie zur Bildung eines kurzlebigen Ionenpaars, das sich durch Übergang eines Elektrons von einem Molekül zum Nachbarmolekül bildet:

$$2\,A \rightleftarrows A^\oplus + A^\ominus, \quad \Delta G = +B.$$

Nach Riehl entstehen und verschwinden diese Ionenpaare im steten Wechsel und die ausgeprägte, monomolekulare Rekombination bedingt, daß trotz einer großen Bildungswahrscheinlichkeit des Ionenpaars $[A^\oplus A^\ominus]$ deren Gleichgewichtskonzentration nur sehr gering ist, nämlich ein Ionenpaar auf 10^{12} Moleküle. Da die zur Verlagerung eines Ionenpaarelektrons (d.h. von $A^\ominus$) auf dessen Nachbarmolekül und weiter entfernte Moleküle — Leitfähigkeit! — aufzuwendende Energie B' infolge des größeren Abstands vom Anti-Ion ($A^\oplus$) nach dem Coulombschen Gesetz verhältnismäßig gering erscheint

$$B' = \frac{e^2}{D \cdot r} \quad (DK \sim 2{,}5) \tag{10.4}$$

und somit keine Überwindung hoher energetischer Schwellen verlangt, stellt die aus der Leitfähigkeits-Temperatur-Beziehung ermittelte Größe B

nur die Ionenpaarbildungsenergie und nicht die volle Ionisationsenergie I_{kr} dar. Bemerkt sei hierzu noch, daß

$$I_{kr} = B + B' \quad \text{und} \quad I_g = D \cdot I_{kr}. \tag{10.5}$$

Hieraus folgt auch der Wien-Poole-Effekt, d.h. die Leitfähigkeitszunahme im starken elektrischen Feld, als eine vom äußeren Feld bewirkte Verringerung der zur Trennung des Elektrons (bzw. Protons) und Anti-Ions nötigen Energie B'; denn die Potentialdifferenz des Feldes kommt der über größere Abschnitte verteilten Energie B' etwa gleich.

Der genannte Mechanismus steht ohne Zweifel mit einer Reihe experimenteller Beobachtungen im Einklang — vgl. *(131)* —, doch dürfte er zur Erklärung der elektrischen Eigenschaften der organischen Farbstoffschichten und Einkristalle nicht ausreichen; denn der Photoleitung des Farbstoffs (und aromatischen Kohlenwasserstoffs) liegt entsprechend der Spektralabhängigkeit des Effekts ein primärer Übergang zwischen den Molekültermen zugrunde, der mit der Ionenpaarbildung nicht in Übereinstimmung zu bringen ist. Außerdem läßt sich der an vielen organischen Verbindungen festgestellte und theoretisch erfaßbare Zusammenhang zwischen π-Elektronenzahl und der aus Dunkelstrom-Temperatur-Messungen ermittelten Aktivierungsenergie ΔE — vgl. *(70, 253)* — nicht durch Identifizierung von ΔE mit der Ionenpaarbildungsenergie B erklären. Die Übereinstimmung der elektrischen Eigenschaften des festen organischen Farbstoffs mit denen anorganischer Halbleiter (s. neuntes Kapitel) spricht ebenfalls mehr für einen den anorganischen Stoffen analogen Mechanismus.

4. Charge-Transfer

Unter dem Charge-Transfer-Prozeß versteht man im allgemeinen die durch Lichtabsorption bewirkte Überführung eines Elektrons von einem Elektronendonator zu einem Elektronenakzeptor. Dieser Vorgang, der die zwischenmolekulare Bindung von Molekülverbindungen (Chinhydronen u.a.) durch intermolekulare Resonanz erklärt — vgl. hierzu MULLIKEN, BRIEGLEB, CZEKALLA u.a. *(315* bis *319)* — ist formal mit der eben besprochenen Bildung des kurzlebigen Ionenpaars vergleichbar, da sich hier wie dort eine ionare Struktur zwischen zwei nebeneinanderliegenden Molekülen — durch thermische oder optische Anregung — ausbildet.

Dem CT-Übergang liegt dabei die Annahme der mesomeren Überlagerung einer unpolaren und einer ionaren Struktur zweier Nachbarmoleküle F_I, F_{II} zugrunde

$$F_I, F_{II} \rightleftharpoons F_I^\oplus - F_{II}^\ominus, \tag{10.6}$$

die je nach Anregung zum Überwiegen der unpolaren oder der ionaren Struktur führt. Im unangeregten Grundzustand wird beispielsweise die energiereiche ionare Struktur $F_I^\oplus - F_{II}^\ominus$ kaum beteiligt sein

$$\psi_G = a \cdot \psi_{I(F_I, F_{II})} + b \cdot \psi_{II(F_I^\oplus - F_{II}^\ominus)}, \quad a \gg b, \tag{10.7}$$

so daß in der Hauptsache die Struktur F_I, F_{II} vorliegt. Anschaulich würde dies bedeuten, daß die Rekombination des Ionenpaars $F_I^\oplus - F_{II}^\ominus$ $\to F_I$, F_{II}, die nach der Boltzmannschen Verteilungsfunktion mit der Wahrscheinlichkeit w_2 erfolgt [$w_2 = z_2 \cdot \exp(-E''/kT)$], dem Ionisierungsvorgang, für den gilt $w_1 = z_1 \exp(-E'/kT)$, überwiegend entgegenläuft. Hieraus folgt eine außerordentlich geringe relative Konzentration $F_I^\oplus - F_{II}^\ominus$, d.h. ein geringes Verhältnis der Zahl der ionisierten Moleküle $[F_I^\oplus - F_{II}^\ominus]$ zu der der nichtionisierten $[F_I, F_{II}]$ (131):

$$c_D = \frac{N_{[F_I^\oplus F_{II}^\ominus]}}{N_{F_I, F_{II}}} = \frac{z_1 \cdot [\exp(-E''/kT)]}{z_2 \cdot [\exp(-E'/kT)]} = \frac{z_1}{z_2} e^{-\frac{\Delta E}{kT}}, \qquad (10.8)$$

$$c_D = \frac{z_1}{z_2} \cdot 10^{-12} \quad \left(\frac{z_1}{z_2} \sim 10^{-3}\right), \quad c_D \lesssim 10^{-15},$$

$$N_{F_I^\oplus F_{II}^\ominus} \sim 10^{-15} \cdot N_{F_I, F_{II}} \qquad (10.9)$$

und eine entsprechend geringe Dunkelleitfähigkeit.

Durch Belichtung in der Frequenz der Absorptionsbande von F ändern sich die Verhältnisse grundlegend; denn im angeregten Zustand beteiligt sich die energiereiche ionare Struktur $F_I^\oplus - F_{II}^\ominus$ überwiegend am Mesomeriegleichgewicht, so daß durch die optische Anregung, entsprechend der erhöhten Bildungswahrscheinlichkeit des Ionenpaars, gleichsam ein Elektron von F_I nach F_{II} überführt wird. Während somit den Grundzustand in der Hauptsache ungeänderte Moleküle F_I, F_{II} kennzeichnen, hat man im angeregten Zustand überwiegend Ionenpaare $F_I^\oplus - F_{II}^\ominus$ vorliegen:

$$F_I, F_{II} \rightsquigarrow F_I^\oplus - F_{II}^\ominus \qquad \psi_A, \text{ angeregter Zustand}$$
$$\uparrow h\nu$$
$$F_I, F_{II} \rightsquigarrow F_I^\oplus - F_{II}^\ominus \qquad \psi_G, \text{ Grundzustand}.$$

Bemerkt sei, daß eine auf diesen Vorgang der intermolekularen Resonanz zurückgehende CT-Bindung außerordentlich fest ist und die klassischen van der Waalsschen Kräfte übertrifft, wie das Beispiel kovalent gebundener Moleküle beweist. Außerdem sei noch darauf hingewiesen, daß die hier zwischen gleichartigen Molekülen postulierte Donator-Akzeptor-Komplexbildung nicht im Widerspruch zu der allgemein zwischen Donatoren und Akzeptoren mit verschiedener Ionisierungsenergie bzw. Elektronenaffinität formulierten Vorstellung steht; denn auch an gleichartigen Molekülen, beispielsweise am kristallisierten Benzol (315), wurde ein charge-transfer wahrgenommen.

Die Ausbildung einer Photoleitfähigkeit verlangt naturgemäß eine Überführung des primär durch den CT-Prozeß nach F_{II} verschobenen Elektrons zu dessen Nachbarmolekülen F_{III}, F_{IV}, ... Dieser Übergang dürfte prinzipiell durchaus möglich sein, da einer Wanderung unter dem Einfluß eines äußeren Feldes keine hohen Energieschwellen entgegenstehen, so daß das einmal abgetrennte Elektron leicht vom Ursprungsort entfernt werden kann. Auch der photoelektrische Wien-Poole-Effekt findet hierdurch eine einfache Erklärung.

Gegen diese Vorstellung eines auf den CT-Prozeß zurückgehenden Leitungsmechanismus spricht aber vor allem das Fehlen der charakteristisch dem charge-transfer zugehörigen CT-Bande, die neben der gewöhnlichen langwelligen π-π^*-Bande vorliegen müßte; denn die dem CT zugrunde liegende Mesomerie F_I, $F_{II} \leftrightharpoons F_I^\oplus - F_{II}^\ominus$ bedingt verständlicherweise einen vom 1. Anregungszustand F^* abweichenden Zustand

$$\psi_A = a^* \cdot \psi_{I\,(F_I,\,F_{II})} + b^* \psi_{II\,(F_I^\oplus - F_{II}^\ominus)} \qquad a^* \ll b^*, \qquad (10.10)$$

der durch den Elektronenübergang von ψ_G erreicht wird und somit im Absorptionsspektrum als CT-Bande ($\psi_G \to \psi_A$) erscheint. Eine kleine Ionisierungsenergie des Donators I_D und eine große Elektronenaffinität des Akzeptors E_A begünstigt dabei die langwellige Lage dieser Bande:

$$h \cdot \nu \approx I_D - E_A - W_{AD} \qquad (10.11)$$

(W_{AD} entspricht der Anziehungswechselwirkung zwischen A und D im angeregten Zustand).

Sicher werden auch an Farbstoffen unter bestimmten Bedingungen langwellig verschobene Zusatzbanden beobachtet, die z.B. auf die Assoziatbildung (Scheibesche Polymere) zurückgehen, doch dürfte deren Gleichsetzung mit CT-Banden problematisch sein. Die Photoleitfähigkeit des reinen Farbstoffs ist deshalb *nicht* mittels des CT-Effekts erklärbar.

Der Charge-Transfer spielt jedoch bei der Dotierung der organischen Photohalbleiter (Farbstoffe, aromatische Kohlenwasserstoffe, synthetische Hochmolekulare) eine große Rolle; denn die Bildung der CT-Komplexe aus den Molekülen des Photoleiters und denen des zugesetzten Fremdstoffs bedingt beispielsweise bei p-leitenden Materialien eine zusätzliche Erhöhung der Defektelektronenkonzentration bei der Belichtung im Vergleich zum undotierten Stoff. Man vergleiche hierzu das neunte Kapitel und die Arbeiten von CALVIN, KEARNS u.a. (*237*).

5. Der Excitonenmechanismus

Die Mitwirkung einer Excitonenleitung am Zustandekommen der lichtelektrischen Leitfähigkeit organischer Festkörper stellt eine bis zum gegenwärtigen Zeitpunkt häufig diskutierte Hypothese dar. Von WARTANJAN, WEIGL, JOFFE u.a. (*7, 56, 118, 202, 203*) wird diese Excitonenvorstellung zur Erklärung der Farbstoffphotoleitfähigkeit herangezogen, während LYONS u.a. (*266, 320*) in der Excitonenbildung die Ursache der Photoeffekte aromatischer Kohlenwasserstoffe (Anthracen u.a.) sehen.

Sicher liegt dieser Excitonenmechanismus nahe, vor allem wenn man bedenkt, daß der unpolare Charakter des Molekülgitters die Excitonenbildung begünstigt und somit die Wahrscheinlichkeit einer Wanderung der absorbierten Lichtenergie durch Excitonen im organischen Festkörper groß ist. Auch die Art der früher beobachteten und als charakteristisch dem organischen Stoff zugeschriebenen geringen Photoleitfähigkeit weist zwanglos auf diesen Mechanismus. Mit den neuesten experimentellen Befunden der Farbstoffphotoelektrizität läßt sich diese Excitonenvorstellung jedoch nicht mehr in Einklang bringen, wie die folgende Betrachtung erläutern möge.

a) Der Excitonenbegriff

Als Exciton wird nach FRENKEL (*168/A, 321*) ein durch Photonenabsorption im Kristall gebildetes „wasserstoffähnliches" System bezeichnet, das aus einem Elektron und einem Defektelektron besteht.

Da das Elektron eines solchen Gebildes mit dem bei der Anregung entstandenen Defektelektron verbunden bleibt und dieses gleichsam wie das Proton des H-Atoms „umkreist", stellt das Exciton primär keinen Ladungsträger für den Leitungsvorgang zur Verfügung; es kann jedoch als neutrales, gekoppeltes Ladungsträgerpaar im Kristallinneren diffundieren und so zum Energietransport beitragen. Vgl. hierzu (*169/A, 322* bis *324*) und die zusammenfassenden Darstellungen z.B. in (*56, 325, 326*).

Die Existenz dieser speziellen Kristallzustände der Elektronengesamtheit folgt in der Hauptsache aus Festkörper-Absorptionsspektren bei tiefen Temperaturen (etwa 4° K); vgl. (*327*). Die Bildung des Elektronen-Defektelektronen-Paars erfordert eine geringere Energie als die (einer Trennung der Ladungsträger gleichkommende) Anregung des Elektrons ins Leitungsband, so daß die dem Exciton zugehörigen Elektronenterme unter dem Leitungsband liegen müssen und im Absorptionsspektrum als der kontinuierlichen Eigenabsorption vorgelagerte Linien erscheinen (*323, 328*):

$$E_{\text{Exc}} = h \cdot \nu_{\max} = A - \frac{B}{n^2} \qquad (n = 2, 3, \ldots) \tag{10.12}$$

(A und B Konstanten einer Serie, $\nu_{\max}$ Frequenz maximaler Absorption, A entspricht dabei dem Bandabstand zwischen Grund- und Leitungsband).

Die „Wasserstoffähnlichkeit" des Excitons erlaubt eine genaue Berechnung der Termfolge. Hierzu ist die größenordnungsmäßige Gleichheit der im Coulombschen Anziehungsfeld befindlichen positiven und negativen Ladungsträgermassen $m_\ominus$, $m_\oplus$ sowie die Gitterwirkung durch Ersatz der Elektronenmasse m durch die effektive Masse μ des Excitons in der Rydberg-Konstante zu berücksichtigen:

$$\frac{1}{\mu} = \frac{1}{m_{\text{eff.}\,\ominus}} + \frac{1}{m_{\text{eff.}\,\oplus}} . \tag{10.13}$$

Außerdem ist die Dielektrizitätskonstante ε (bzw. Brechungsindex n, $\varepsilon = n^2$) des Kristalls einzuführen (*327*):

$$E_{\text{Exc}} = h \cdot \nu_{\max} = E_{G \to L} - \frac{e^4}{8 \cdot \varepsilon_0^2 \cdot h^2} \cdot \frac{\mu}{m_\ominus} \cdot \frac{1}{\varepsilon^2} \cdot \frac{1}{n^2} \pm h \cdot \nu_{\text{Schw}} \left.\vphantom{\frac{e^4}{8}}\right\}$$
$$(n = 2, 3, \ldots). \tag{10.14}$$

Im Absorptionsspektrum zeigt sich diese Termfolge als eine Reihe scharfer Linien, die mit zunehmender Frequenz in eine kontinuierliche, der Anregung des Elektrons vom Grund- ins Leitungsband (Ionisation) entsprechende Bande, übergehen und den Spektrallinien des H-Atoms in gewisser Beziehung ähneln. Vgl. das Schema der Abb. 118.

Es sei hier auf entsprechende Beobachtungen an Cu_2O (*329, 330*), AgBr (*331*) und anderen Kristallen hingewiesen, durch die die Existenz von Excitonen sichergestellt wird. Über den Zeeman-Effekt an Cu_2O-Excitonenspektren berichtet Gross u. a. (*332*).

Da ein polarer Bindungscharakter die bevorzugte Bindung der Elektronen und Defektelektronen an entgegengesetzt geladene Ionen des Gitters fördert und so der Coulombschen Elektronen-Defektelektronen-Anziehung entgegenwirkt, begünstigt ein möglichst ausgeprägter homöopolarer Bindungsanteil im Gitter die Excitonenbildung. In organischen Kristallen scheint man deshalb durchaus im Prinzip mit dem Vorliegen von Excitonentermen rechnen zu können. Doch sei in diesem Zusammenhang auf den Fall der weitgehend homöopolaren Si- oder Ge-Gitter hingewiesen (*327*),

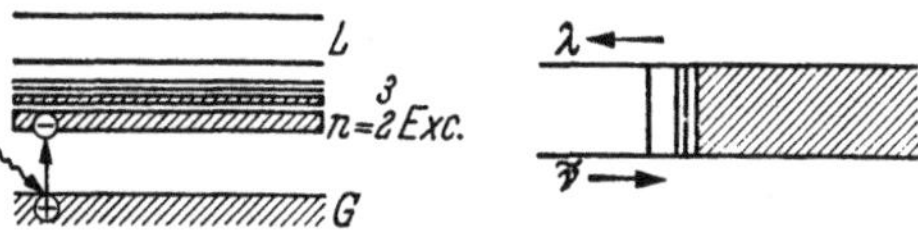

Abb. 118. Schema des Excitonenabsorptionsspektrums

deren Excitonenspektren aufgrund der geringen Excitonenbindungsenergie — $m_{\text{eff}, \ominus}$ klein, $\varepsilon = 16$ — nur schwer nachweisbar sind. Vgl. noch zur Frage der Excitonen am Chlorophyll (*133/A, 50/B*) und am CdS (*333*).

b) Energieübertragung durch Excitonen

Das als Ganzes neutrale und somit von elektrischen Feldern nicht beeinflußbare Exciton stellt, wie schon erwähnt, keine Ladungsträger der elektrischen Leitfähigkeit zur Verfügung. Es besitzt aber die Fähigkeit, als gekoppeltes, neutrales Ladungsträgerpaar im Kristallinnern bis zur Rekombination oder einem Zusammenstoß mit einer Störstelle zu diffundieren, wobei der letztgenannte Vorgang sekundär Ladungsträger entstehen läßt. Bemerkt sei, daß der primäre Mangel an Ladungsträgern infolge der Excitonenbildung mit als Ursache der Photoinaktivität anorganischer Verbindungen — z.B. As_2O_3, $CdCl_2$ (*3*) — angesehen wird.

Die Bedeutung des Excitons liegt nun vor allem darin, daß es letztlich für eine Übertragung absorbierter Lichtenergie über mehrere Moleküle hinweg verantwortlich sein kann; denn die rasche Diffusion des am Ort der Photonenabsorption gebildeten neutralen „wasserstoffähnlichen" Elektron-Defektelektron-Paares bedingt eine Ausbreitung der im Exciton gespeicherten Photonenenergie über relativ weite Strecken des Kristalls ohne einen nach außen sichtbaren Ladungstransport. Die Photonenenergie wird so an einem von der Absorptionsstelle entfernten Ort verfügbar, den möglicherweise das Licht überhaupt nicht trifft. Eine Schätzung der Weglänge s des Excitonen-(Energie-)Transports gelingt mit der Vorstellung des Kristallaufbaus aus einem System identischer „Zellen" gleichen Energieniveaus, welche die aufgenommene Energie auf Nachbarzellen durch Resonanz übertragen. Die Möglichkeit der Energieabführung in Gitterschwingungen verlangt eine starke Kopplung dieser Zellen, so daß die Übertragung der Elektronenanregungs-

energie von einer Molekel zur anderen rascher erfolgt als eine Gitterschwingungsperiode (etwa 10^{-14} bis 10^{-15} sec) dauert. Das heißt, das
Exciton muß innerhalb von etwa $5 \cdot 10^{-15}$ sec vom Ursprungsort zum
Nachbarn fortgeschritten sein, wenn es nicht thermisch in eine Gitterschwingung umgewandelt — desaktiviert — werden soll.

Da die aus Fluoreszenzmessungen ermittelte Lebensdauer des Anregungszustands — d.h. des Excitons — etwa 10^{-8} bis 10^{-10} sec beträgt
und die Geschwindigkeit des Excitons nach obigem etwa einem Gitter-
abstand ($\sim 8{,}5$ Å) pro $5 \cdot 10^{-15}$ sec entspricht, kann das neutrale Ladungsträgerpaar etwa $10^{-10} : 5 \cdot 10^{-15} = 2 \cdot 10^4$ Sprünge durchführen,
ehe es unter Abgabe der gespeicherten Photonenenergie rekombiniert.
Unter Berücksichtigung der drei Raumrichtungen beträgt somit der
maximale Excitonenweg s, der gleichzeitig die Strecke der Energiewanderung darstellt, ungefähr

$$s \sim 8{,}5 \cdot \left(\tfrac{2}{3} \cdot 10^4\right)^{\frac{1}{2}}$$
$$s \sim 700 \text{ Å},$$

wenn man vom Einfang des Excitons durch Störterme absieht.

Die Excitonenvorstellung gibt somit ohne Zweifel eine Erklärung
für die im organischen Festkörper nachgewiesene Energiewanderung
und es wird verständlich, daß man die Bildung und Wanderung von
Excitonen auch in I-Aggregaten adsorbierter Cyanine (322), deren
Fluoreszenz bereits ein Fremdmolekül löscht, im Chlorophyll der
Chloroplasten (133/A, 50/B), beim Prozeß der photographischen Farbstoffsensibilisierung (326) und anderen Reaktionen annahm.

Quantenmechanisch erfolgt die Beschreibung eines Excitons in dem
aus N-Molekülen aufgebauten Gitter durch eine Wellenfunktion ψ_n, die
sich aus den Wellenfunktionen $\Phi_n(x)$ von $(N-1)$ unangeregten Molekülen und der Funktion $\Phi'_n(x)$ eines am Gitterpunkt befindlichen angeregten Moleküls zusammensetzt:

$$\left.\begin{aligned}
\Psi_n(x_1, \ldots, x_N)& \\
= \Phi_1(x_1)\, \Phi_2(x_2) &\ldots \Phi_{n-1}(x_{n-1})\, \Phi'_n(x_n)\, \Phi_{n+1}(x_{n+1}) \ldots \Phi_N(x_N).
\end{aligned}\right\} \quad (10.15)$$

Da die Möglichkeit des Energieaustausches vom angeregten Molekül
des Gitterpunktes n auf das Nachbarmolekül des Punktes $(n+1)$ —
oder $(n-1)$ — besteht, wobei das ursprünglich angeregte Molekül in
den Grundzustand zurückkehrt, folgt zwanglos eine Wanderung des
Anregungszustands über verschiedene Moleküle ohne Ladungsträgerbildung. Es wandert nur die „Anregung" (d.h., das „Exciton") von
Molekül zu Molekül:

$$\left.\begin{aligned}
\Psi_n(x_1, \ldots, x_N)& \\
= \Phi_1(x_1)\, \Phi_2(x_2) &\ldots \Phi_{n-1}(x_{n-1})\, \Phi_n(x_n)\, \Phi'_{n+1}(x_{n+1}) \ldots \Phi_N(x_N) \\
&\text{usw.}
\end{aligned}\right\} \quad (10.16)$$

Die Wellenfunktion dieser durchs Kristallgitter bewegten Excitonen besitzt dann folgende Form:

$$\Psi_K = N^{-\frac{1}{2}} \sum_{1}^{N} e^{i\,(K\,\varrho_n)}\, \Psi_n(x_1, \ldots, x_N)\,. \tag{10.17}$$

ϱ_n gibt die Lage (Gitterpunkt n) des Moleküls im Gitter an und K ($\equiv 2\pi/\lambda$) stellt die Wellenzahl bzw. den Wellenzahlvektor des Excitons dar, der ein Analogon zur Quantenzahl eines Elektrons im Atom bildet.

Die Energie des durch Ψ_K beschriebenen Excitons zeigt dabei eine charakteristische Abhängigkeit von der Wellenzahl K

$$E(K) = -A(\cos K_x a + \cos K_y a + \cos K_z a), \tag{10.18}$$

die eine Schwankung der Excitonenenergie zwischen einem Maximum und einem Minimum, entsprechend der Termfolge des Excitonenzustands, bedingt.

Bemerkenswerterweise werden die im organischen Kristall beobachteten sogenannten Davydovschen Aufspaltungen der langwelligen Absorptionsbanden des Einzelmoleküls unter anderem gerade auf derartige Excitonen zurückgeführt — vgl. (334, 335) —, so daß neben der Energiewanderung auch ein spektroskopischer Hinweis auf die Existenz von Excitonenwellen vorzuliegen scheint. Es gibt sich jedoch hierbei die Frage, wie die gemessene Photoleitfähigkeit des organischen Festkörpers mit dieser Excitonenwanderung in Einklang zu bringen ist.

c) Beziehung zwischen Photoleitfähigkeit und Excitonenwanderung

Ein bei der Anregung gebildetes Exciton gibt aufgrund der engen Kopplung des Elektrons an das Defektelektron primär keinen Ladungsträger an das Gitter ab. Das Fehlen einer Photoleitfähigkeit eines Kristalls trotz dessen starker Grundgitterabsorption würde somit eine einfache Erklärung finden, da ein großer Teil der Photonenenergie in neutrale Ladungsträgerpaare umgesetzt wird, die bis zur Rekombination — unter Abgabe der Energie an die Gitterschwingungen oder in Form von Strahlung — durch den Kristall diffundieren.

Es besteht nun aber die Möglichkeit, daß durch Dissoziation des Excitons sekundär doch Ladungsträger aus dem Elektronen-Defektelektronen-Paar entstehen. Das heißt, der ursprüngliche Excitonentransport führt unter Umständen zu einer (geringen) Photoleitfähigkeit des Kristalls. Die Bildung von Ladungsträgern aus dem Exciton kann dabei auf verschiedene Weise zustande kommen.

α) Thermische Energie. Der geringe Abstand des Excitonenniveaus vom unteren Rand des Leitungsbands — Größenordnung $(E_L - E_E)$: 0,01 bis 0,2 eV — gibt die Möglichkeit zur thermischen Ionisation des Excitons auf Kosten der thermischen Gitterschwingungsenergie. Als Folge dieser thermischen Anregung müßte deshalb ein bei tiefer Temperatur schlechter Photoleiter durch Temperaturerhöhung eine Verbesserung erfahren, die schließlich zur Sättigung des Photostroms führt, wenn die thermische Energie (kT) die Termdifferenz $E_L - E_{\mathrm{Exc}}$ überschreitet.

Bemerkt sei, daß der Temperatureffekt der Alkalihalogenid-Photoleitfähigkeit unter anderem durch diese thermische Excitonenionisation erklärt wird — vgl. (56) —, wobei der Sättigungsstrom auf eine Excitonentiefe von 0,016 eV hinzuweisen scheint.

β) Starke elektrische Felder. Auch starke äußere oder innere elektrische Felder können eine Trennung des gekoppelten Ladungsträgerpaars verursachen und damit den Excitonenstrom in einen Photostrom verwandeln. Vor allem die Existenz von Feldern im Kristallinnern, an den Elektroden oder in Oberflächenrandschichten dürfte dabei von besonderer Bedeutung sein.

γ) Störstellen. Der Zusammenstoß eines diffundierenden Excitons mit einer Störstelle führt ebenfalls zu einem Zerfall des Ladungsträgerpaars unter eventueller Bildung freier Ladungsträger (336). Entweder wird hierbei ein Elektron ins Leitungsband gehoben und das Defektelektron an das Beimischungsniveau angelagert, oder es entsteht ein Defektelektron als beweglicher Ladungsträger nach Bindung des Elektrons an die Störstelle. Im Ergebnis resultiert jedenfalls trotz der primären Excitonendiffusion eine auf Elektronen oder Defektelektronen zurückgehende Photoleitfähigkeit — d.h., n- oder p-Typ —, die proportional mit der Zahl der Störstellen zunehmen sollte.

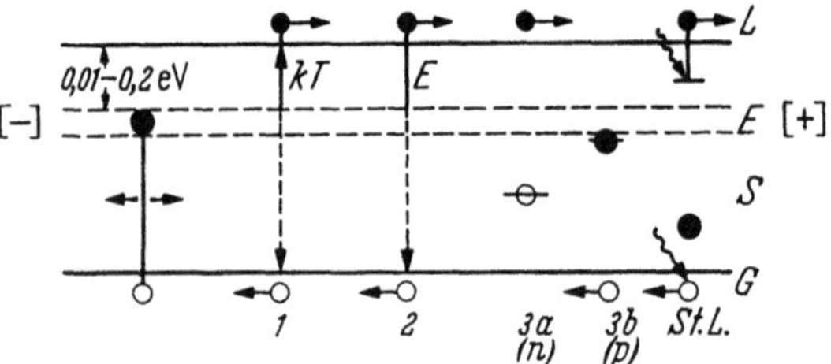

Abb. 119. Schema der Umwandlung der Excitonen in Ladungsträger

Im Gegensatz zur Störstellenphotoleitung (Beimischungen, Gitterlücken, F-Zentren u.a.) des Ausläuferabsorptionsgebiets entsteht diese Excitonenphotoleitung somit trotz des Störstelleneinflusses durch Absorption im Grundgittergebiet.

Als Gitterstörungen sind nun nicht nur Beimischungen, Versetzungen u.a. anzusehen, sondern vor allem auch Oberflächenzustände, so daß eine Diffusion des Excitons an die Oberfläche ebenfalls einen Zerfall bewirken kann (337). Eine Vergrößerung der Oberfläche durch mechanische Zerstörung wird deshalb eine Änderung der Excitonenkonzentration hervorrufen. Naturgemäß läuft der Excitonenionisation der Rekombinationsprozeß des Elektronen-Defektelektronen-Paars entgegen, der unter Umständen strahlend erfolgt.

Als Beispiel der in diesem Abschnitt beschriebenen, von Beimischungsniveaus und anderen Störstellen abhängigen sekundären Photoleitfähigkeit, sei Cu_2O angeführt — vgl. (338) —, dessen Excitonenausbildung Absorptionsmessungen sicherstellen.

Die Abb. 119 gibt noch schematisch die verschiedenen Möglichkeiten an, die eine Umwandlung der Excitonen in Ladungsträger bewirken können. Da diese Faktoren letztlich die Ursache der sekundären, aus primär gebildeten Excitonen entstandenen Farbstoffphotoleitung darstellen würden, kommt ihnen bei der folgenden Diskussion des Excitonen-Farbstoff-Photoleitungsmechanismus eine besondere Bedeutung zu.

d) Zum Excitonenmechanismus der Farbstoffphotoleitung

Während an anorganischen Halbleitern die Existenz von Excitonen durch Messung der Absorptionstermfolgen, Beobachtungen des Zeeman-Effekts und Registrierung bestimmter Photostromeigenschaften weitgehend sichergestellt ist, sind diese Zustände im organischen Farbstoff nicht ohne weiteres annehmbar. Es wäre aber gerade die Feststellung derartiger wanderungsfähiger Anregungszustände im organischen Stoff von besonderem Interesse, da sie die Frage des Energietransports in organischen Substanzen beantworten könnten.

Als Hinweis auf die Bildung von Excitonen im belichteten Farbstoff wurde nun bis in jüngster Zeit in der Hauptsache die Photoleitfähigkeit dieser Verbindungen angesehen, deren charakteristische Eigenarten auf einen sekundären Entstehungsmechanismus im Sinne der Excitonenumwandlung hinzuweisen schienen. Man nahm an, daß bei der Absorption die Photonen ihre Energie auf Excitonen übertragen, von denen dann ein Teil durch thermische Anregung oder nach Auftreffen auf Störstellen in Ladungsträger zerfällt. Zweifellos deuteten dabei viele Untersuchungen auf diese sekundäre Art des Effekts hin; denn die allgemein nur als träger und außerordentlich geringer Effekt beschriebene Farbstoffphotoleitfähigkeit legte unwillkürlich einen besonderen Mechanismus nahe. Die von uns in den letzten Jahren systematisch durchgeführten Untersuchungen der Farbstoffphotoleitung zeigen jedoch — vgl. achtes und neuntes Kapitel —, daß der Excitonenmechanismus — d.h., primäre Bildung von Excitonen und sekundäre Umwandlung in Ladungsträger — *nicht* zur Erklärung der Farbstoffphotoaktivität ausreicht.

Im folgenden sei dies noch anhand einiger Beispiele erläutert:

1. Als Hinweis auf den Excitonenmechanismus wurde vor allem die Tatsache angesehen, daß an Farbstoffen immer nur sehr geringe Photoströme nach langen Belichtungszeiten beobachtet werden konnten, die mehr das Ergebnis eines sekundären Excitonenzerfalls als einer primären Ladungsträgerbildung zu sein schienen. Die Quantenausbeute — vgl. z.B. (*339*) — lag dabei in einer Größenordnung von 10^{-3} bis 10^{-10}, also weit unter dem des gewöhnlichen Photoeffekts anorganischer Halbleiter, für die $\varphi \rightarrow 1$. Auch die zum Teil vergeblichen Bemühungen, eine Photoleitfähigkeit an organischen Systemen aufzufinden (*121, 340*), bestätigten diese Ansicht; denn sie deuteten auf eine Zerstörung des Excitons durch alleinige Rekombination hin. Diese Annahmen sind aber nicht mehr aufrechtzuerhalten, da die Photoleitfähigkeit der Farbstoffe nach obigem durchaus nicht den Charakter eines trägen, geringen Nebeneffekts besitzt. Die Quantenausbeutemessungen an einer Reihe von Farbstoffen, die in der Größenordnung von 0,3 bis 0,5 liegen und sich damit dem theoretischen Quantenwert 1 nähern, lassen erkennen, daß

fast jedes absorbierte Photon in einen Ladungsträger umgewandelt wird. Und diese Tatsache spricht eindeutig gegen die Excitonenvorstellung, nach der gerade eine Energiewanderung *ohne* Ladungsträgerbildung — abgesehen von wenigen sekundär entstandenen — erfolgen sollte.

Wenn auch die Größenordnung der Quantenausbeute eine Excitonenbildung im organischen Farbstoff bereits unwahrscheinlich werden läßt, so verlangt die gegenwärtig in der Literatur über diese Frage herrschende Diskussion doch noch eine Erörterung der einzelnen Faktoren, nach denen sekundär Ladungsträger entstehen können.

2. Beispielsweise wird die Temperaturabhängigkeit des Photostroms mit der thermischen Ionisation der Farbstoffexcitonen — analog zu Cu_2O — in Verbindung gebracht. Dieser Zusammenhang kann jedoch nicht aufrechterhalten bleiben, da die für die Temperaturabhängigkeit der Photoleitfähigkeit verantwortlichen Niveaus ΔE_H — Abstand vom Leitungsband etwa 0,5 bis 0,6 eV; bestimmt aus $I_{\mathrm{Phot}} = I_0 \exp(-E_H/kT)$ und andere Beziehungen (*86/B*) — nicht mit den Excitonentermen ($\Delta E_{\mathrm{Exc}} \approx 0,01$ bis 0,2 eV) übereinstimmen. Man führt deshalb den Temperatureffekt besser auf die Anwesenheit von Haftstellen zurück, wie es auch Trägheitserscheinungen und verschiedene den Kristallphosphoren analoge Effekte andeuten.

3. Bemerkenswerterweise könnten die Photostrom-Spannungsmessungen einiger Farbstoffe ebenfalls mit der primären Bildung von Excitonen, die im starken elektrischen Feld eine Trennung erfahren, erklärt werden; denn anstelle einer Proportionalität zwischen Photostrom und Spannung beobachtet man bei hohen Feldstärken unter Umständen ein Ungültigwerden des Ohmschen Gesetzes — Wien-Poole-Effekt; vgl. neuntes Kapitel —, das auf die Bildung neuer Ladungsträger oder eine (wenig wahrscheinliche) Beweglichkeitszunahme zurückgeht.

Eine hieraus gefolgerte Annahme, nach der die Ladungsträger an Farbstoffen im allgemeinen erst unter dem Einfluß eines elektrischen Feldes aus Excitonen entstünden und so die Photoaktivität hervorrufen, scheidet aber unbedingt aus: Einmal wird die Photoleitfähigkeit bereits beim Anlegen geringster elektrischer Felder (Grenzfall $E \to 0$ V/cm) nachweisbar; zum anderen können auch die bei Chemisorption eines Gases gebildeten Randschichtfelder für den Excitonenzerfall und damit die Photoaktivität nicht verantwortlich sein — man diskutierte dies z.B. beim Anthracen (*266*) —, da die Entfernung der Gasschicht den Photostrom der Vakuumleiter nicht vermindert, sondern erhöht.

4. Im zuletzt genannten Zusammenhang sei noch auf den Einfluß adsorbierter Gase auf Photo- und Dunkelleitfähigkeit überhaupt hingewiesen, der in Übereinstimmung zur Theorie der Randschichtleitfähigkeit anorganischer Halbleiter steht und den dort aufgestellten Gesetzmäßigkeiten folgt. Die Ableitung einer Beziehung zwischen dem Gaseffekt und einem Excitonenleitungsmechanismus gelingt dabei aber auf keinen Fall; denn die charakteristischen Stromänderungen nach Zugabe bestimmter Gase erfahren weder durch eine einfache Gleichsetzung der adsorbierten Gasmoleküle mit zusätzlichen, den Zerfall des

Excitons bewirkenden Störniveaus noch durch Annahme von Oberflächenfeldern eine Deutung.

Wohl schien die aus verschiedenen Messungen ersichtliche Proportionalität zwischen Sauerstoffdruck und Photoleitfähigkeit und die analoge Wirkung des Stickstoffs und Wasserstoffs — vgl. *(8)* — auf einen den Zerfall von Excitonen katalysierenden Einfluß der Gasmoleküle hinzuweisen, doch konnte diese Annahme nach den eingehenden Untersuchungen der Gasabhängigkeit des Farbstoffphotoeffekts — vgl. *(43, 67)* — nicht mehr aufrechterhalten bleiben. Der Gaseinfluß erklärt sich allein durch eine elektronische Wechselwirkung zwischen dem Gas (Elektronenakzeptor oder Elektronendonator) und den im Farbstoff aufgrund thermischer Anregung oder Photonenabsorption gebildeten Ladungsträgern.

5. Bei einer Übereinstimmung des Leitungsmechanismus der Farbstoffe mit dem der anorganischen Excitonenhalbleiter — z. B. Cu_2O *(338)* — wäre naturgemäß eine entsprechende Abhängigkeit von der Zahl der Beimischungen zu erwarten. Ein wenig gereinigter Farbstoff müßte deshalb eine größere Leitfähigkeit aufweisen als ein extrem reiner, und ungleichmäßige, polykristalline Schichten sollten aufgrund zunehmender Kristallfehlstellen eine Verbesserung der Photoleitfähigkeit erkennen lassen.

Es zeigt sich nun, daß die Photoleitfähigkeit wohl in starkem Maße von der Schichtstruktur abhängt. Im Gegensatz zur Excitonenhypothese wird aber die Leitfähigkeit durch Verbesserung der Schichtgleichmäßigkeit erhöht. Am günstigsten erweisen sich dabei für die Messungen die durch Vakuumsublimation — ein Verfahren, das auch zur Einkristallbildung (z. B. bei Phthalocyaninen) benutzt wird — hergestellten gleichmäßigen Schichten. Außerdem beweist die Übereinstimmung der Photoleitung von ungereinigten mit den nach dem Verfahren der Adsorptionschromatographie und der Hochvakuumsublimation gereinigten Farbstoffschichten die Unabhängigkeit von Fremdbeimischungen.

Diese Befunde deuten somit auch auf die weitgehende Abwesenheit von Excitonen, denn die Photoleitung müßte bei Gültigkeit des Excitonenmechanismus durch den Reinigungsprozeß, der die für den Zerfall der Excitonen verantwortlichen Fremdstörstellen entfernt, abnehmen.

Zusammenfassend erkennt man somit eine Reihe experimenteller Tatsachen, die eindeutig *gegen einen Excitonenmechanismus* der Photoleitung bei Farbstoffen sprechen.

In Ergänzung hierzu sei noch angeführt, daß ein Teil der genannten Befunde auch an den *übrigen* organischen Photoleitern der Bildung von Excitonen wenig Wahrscheinlichkeit gibt. Die Deutung des Leitungsmechanismus dieser Verbindungen dürfte somit weitgehend dem der Farbstoffe folgen.

Es soll jedoch nicht übersehen werden, daß die Quantenausbeute dieser Substanzen geringer ist als die der Farbstoffe. Wieweit man dies aber als einen Hinweis auf eine Excitonenbildung betrachten kann, bleibe dahingestellt. Berücksichtigt man nun einerseits die Übereinstimmung des Aktionsspektrums der Photoleitfähigkeit mit dem Absorptionsspektrum des organischen Festkörpers, nach der ein dem Einzelmolekül (im Gaszustand) zugehöriger Elektronenübergang zum Ladungstransport führt, und sieht andrerseits in der Davydovschen Aufspaltung die Folge einer Excitonenbildung, so würde dies auf eine Trennung der absorbierten Photonen in Ladungsträger und Excitonen hinweisen:

Absorbierte Photonen → Ladungsträger ($\ominus$ oder $\oplus$) + Excitonen.

Die Excitonen könnten dabei nicht nur zum ladungsträgerfreien Energietransport beitragen, sondern auch noch sekundär Elektronen oder Defektelektronen bilden.

Auch unter Voraussetzung dieser Photonenaufteilung in Ladungsträger und Excitonen bliebe jedoch die Frage offen, *nach welchem Mechanismus* die *primär oder sekundär entstandenen* und nachgewiesenen *Ladungsträger* durch den organischen Stoff *wandern*; denn es ist letztlich ohne Bedeutung, ob diese positiven oder negativen Träger, die allein für die Photoleitfähigkeit verantwortlich sind, schon primär bei der Lichtabsorption oder erst sekundär aus dem Exciton entstanden. Beide müssen dem äußeren elektrischen Feld folgen und einen Stromfluß verursachen können.

Das heißt, auch eine mehr oder weniger ausgeprägte Excitonenbildung am aromatischen Kohlenwasserstoff — deren Nachweis jedoch fehlt — würde die Klärung der gleichen Frage verlangen, die sich auch am Farbstoff stellt:

Nach welchem Mechanismus können die durch thermische Anregung oder Photonenabsorption gebildeten negativen oder positiven Ladungsträger unter dem Einfluß eines elektrischen Feldes durch den organischen Festkörper wandern und dessen Dunkel- und Photoleitfähigkeit hervorrufen?

II. Das Energiebändermodell

1. Grundlage

Im Gegensatz zu den genannten Theorien kann die Deutung der Farbstoffphotoleitfähigkeit viel realer gestaltet werden, wenn man die Konsequenz aus den Experimenten zieht und die Farbstoffe als wirkliche Photoleiter betrachtet, deren Photoleitfähigkeit auf der primären Bildung und Wanderung elektronischer Ladungsträger (Elektronen bzw. Defektelektronen) beruht. Von dieser Annahme wurde bereits bei Beschreibung der verschiedenen Farbstoffphotoeffekte und deren Eigenschaften Gebrauch gemacht — vgl. achtes und neuntes Kapitel —, weil sie die Mannigfaltigkeit der den anorganischen Photoleitern weitgehend analogen Erscheinungen zwanglos erklärt und zum Teil auch die Vorhersage bestimmter Effekte, beispielsweise des p-n-Photoeffekts, erlaubte.

Sicher ergibt sich die Frage, wie denn ein solcher Transport elektronischer Ladungsträger im festen organischen Stoff möglich sein soll, da doch die Verhältnisse des organischen Festkörpers anderer Natur sind als die des anorganischen. Aber man dürfte die Antwort erhalten, wenn man in der experimentellen Übereinstimmung zwischen anorganischen und organischen Photoleitern einen Hinweis auf einen in beiden Systemen ähnlichen Leitungsmechanismus sieht, d. h., auch in Farbstoffschichten und organischen Einkristallen die Ausbildung von Energiebändern annimmt.

Nach diesem Energiebändermodell stellen die unangeregten Grundzustände das Grundband dar, während die Anregungssingulettzustände zum Leitungsband zusammengefaßt werden. Ein durch einen π-π*-Übergang bei Belichtung in der Absorptionsbande des Farbstoffs aus dem Grund- ins Anregungsniveau gehobenes Elektron gehört dann praktisch nicht mehr einem einzelnen Molekül, sondern einem größeren Kristallbereich an und ermöglicht so, wie in einem Kristallphosphor, die Übertragung der Anregungsenergie über viele Moleküle hinweg und die Beobachtung einer Photoleitfähigkeit. Unter Umständen trägt auch die bei der Anregung im Grundband zurückgebliebene positive Lücke, die sich wie ein positiver Ladungsträger verhält — man spricht vom Defektelektron —, zum Photostrom bei.

Wie kann man sich nun die Entstehung dieser Energiebänder im organischen Festkörper — Einkristall, Schicht — vorstellen?

2. Bildung der Energiebänder

a) Farbstoffgitter

Im Gegensatz zu den Kristallgittern anorganischer Halbleiter stellen die Gitterpunkte der organischen Kristalle *Moleküle* dar, die durch van der Waalssche Kräfte in ähnlicher Weise wie die Atome der Edelgase bei tiefen Temperaturen aneinandergehalten werden. Während somit im Halbleiter eine Ionen- (z. B. NaCl) oder Valenzbindung (z. B. Ge) die enge Verknüpfung der Atome und damit eine starke Überdeckung der Elektronenbahnen bewirkt, bestehen derartige Bindungen beim organischen Stoff nur innerhalb der Moleküle. Die zwischenmolekulare Bindung übernehmen hier die schwachen (van der Waalsschen) *Dispersionskräfte*, die sich bereits in konzentrierten Farbstofflösungen durch Aneinanderlagerung der Moleküle und entsprechende Absorptions- und Viskositätsänderungen anzeigen; vgl. drittes Kapitel. Der ungesättigte Charakter dieser Kräfte läßt dabei auch größere Kristalle aus neutralen Molekülen entstehen, die aber leicht durch Erhitzen im Vakuum in die unveränderten Gitterbestandteile zerlegt werden können. Da sich die sublimierten Moleküle bei der Kondensation wieder in Kristallform abscheiden — und zwar häufig auch in Form monomolekularer Häutchen — bietet diese zersetzungsfreie Sublimation die Möglichkeit zur Reinigung und eventueller Einkristallherstellung aus (neutralen) organischen Molekülen.

Verständlicherweise darf man die zwischenmolekularen Dispersionskräfte nicht für den eigentlichen Aufbau von Energiebändern und somit für den Ladungstransport verantwortlich machen; denn derartige Bänder verlangen eine Überlagerung der Elektronenwolken bzw. Eigenfunktionen der Gitterbestandteile, die wohl in den anorganischen Valenz- oder Ionengittern besonders ausgeprägt ist aber im organischen Molekülgitter aufgrund des abweichenden Bindungscharakters von vornherein gar nicht gegeben scheint.

Bedenkt man aber, daß die Bindung der Atome des organischen Moleküls durch σ- und π-Elektronen bewirkt wird, von denen sich die letzteren durch einen relativ großen Aufenthaltswahrscheinlichkeitsraum oberhalb und unterhalb des Molekülgerüsts auszeichnen, so liegt bei einer Aneinanderlagerung der isolierten Moleküle zur festen Phase ohne Zweifel eine Überdeckung der π-Elektronenwolken nahe. Diese Überdeckung ist wohl geringer als die der durch Valenz- oder Ionenkräfte aneinandergehaltenen Atome, aber sie wird trotzdem zu einer gegenseitigen Beeinflussung der π-Elektronen der Einzelmoleküle Anlaß geben.

Den Grad der Elektronenwolkenvermischung der Einzelmoleküle bestimmt dabei in starkem Maße die gegenseitige *Lagerung der Moleküle im Kristall*; denn das Elektronengas schwingt in einem aus den Molekülatomen gebildeten Potentialfeld, das am Rand von einem hohen Potentialanstieg begrenzt wird, und verteilt sich bevorzugt auf Orbitals *oberhalb* und *unterhalb* des Molekülgerüsts. Eine Lagerung flacher Moleküle mit den Stirnseiten zueinander würde somit nicht nur hohe Potentialschranken zwischen den Molekülen aufbauen, sondern auch eine Überdeckung der über und unter der Molekülebene schwingenden π-Elektronenwolken weitgehend verhindern. Das heißt, besonders eine Zusammenlagerung der Farbstoffmoleküle Ebene an Ebene kann eine maximal mögliche Vermischung der den Einzelmolekülen zugehörigen π-Elektronenwolken gewährleisten.

Es ist nun von großer Bedeutung, daß der Übergang in den kristallinen Zustand die organischen Moleküle oft gerade in die letztgenannte Ordnung bringt: Die *flachen Moleküle schichten sich* nicht beliebig, sondern nach einer in der organischen Chemie gültigen Gesetzmäßigkeit, *mit ihren Ebenen* — gleichsam wie in einer Geldrolle — *aufeinander*. Hierdurch wird von vornherein die größtmögliche π-Elektronenüberlagerung im Kristall bewirkt.

Diese Tendenz zur Aneinanderschichtung der Molekülebenen, die schon in konzentrierten Farbstofflösungen beobachtbar ist, wurde vor allem von SCHEIBE u. Mitarb. — vgl. drittes Kapitel — an Pseudocyaninen experimentell aufgeklärt. Die Erfassung dieses Effekts an Pseudoisocyaninen und ähnlichen Farbstoffen bedeutet aber nicht dessen Beschränkung auf wenige Farbstoffe; die Erscheinung dürfte wahrscheinlich ein allgemein ordnendes Prinzip des organischen Kristallisationsprozesses darstellen und nur aufgrund von Überlagerungen der verschiedenen Aggregatgruppen häufig nicht nachweisbar sein. Auch viele der übrigen organischen Stoffe gehorchen diesem Prinzip, wie das Beispiel der ebenen Basen der Desoxynucleinsäuren u. a. (*341, 342*) lehrt.

Es liegt nun nahe, aufgrund der genannten Gesetzmäßigkeit zwischen den Molekülen weitgehend ähnliche *Abstände* im festen Zustand anzunehmen, wenn diese eine ebene Struktur besitzen. Dies ist tatsächlich häufig der Fall, wie die Untersuchungen an einer Reihe von Substanzen beweisen. Es sei hier vor allem an die Pseudoisocyanine erinnert, deren Molekülebenen sich in einem Abstand von 3,6 Å bei einem Winkel von 59° zur Faserachse anordnen. Die aus Röntgenstrahluntersuchungen gesicherte ebene Struktur der Phthalocyanine (*343*) führt zu einer Aneinanderlagerung der monoklin prismatisch kristallisierenden — Raumgruppe P $2_{1/a}$ — Moleküle in der Weise, daß sich die Ebenen in einem Winkel von 44° zur ac-Ebene parallel im Abstand von 3,5 Å zueinanderstellen. Auch die flache Anordnung der Atome verschiedener mehrkerniger Kohlenwasserstoffmoleküle, wie beim Coronen (*344*), 3,4-Benzpyren, 20-Methylcholanthren usw. dürfte ähnliche Entfernungen der Molekülebenen — etwa 3,5 bis 5 Å — bedingen. Für Coronen wurde von ROBERTSON und WHITE (*344*) als kürzeste Entfernung zwischen den Molekülebenen 3,4 Å angegeben. Der Abstand der ebenen Basen der Desoxynucleinsäuren beträgt in Übereinstimmung zu obigen Größen nach CALVIN (*341*) ebenfalls 3,4 Å.

Eine Abweichung von der ebenen Anordnung, die bei einer räumlichen Überdeckung der Substituenten eintreten kann, vergrößert naturgemäß diesen Abstand mehr oder weniger stark und verringert hierdurch die Überlagerungsmöglichkeit der π-Elektronenwolken der Einzelmoleküle (*345*).

Obwohl die Entfernung der Kohlenstoffatome innerhalb der Moleküle eine größenordnungsmäßige Übereinstimmung mit den Atomabständen anorganischer Kristalle besitzt, führt dies aufgrund der Abgeschlossenheit des Molekülverbands zu keiner Energiebänderbildung; denn die Moleküle werden voneinander durch Potentialschwellen getrennt. Allein die beschriebene ebene Aneinanderlagerung bietet die bevorzugte Möglichkeit einer gegenseitigen Beeinflussung von Ebene zu Ebene durch Überlappung der $\pi \cdot (p_z)$-Molekül-Orbitals, die voneinander einen Abstand von etwa 3,4 bis 3,6 bzw. 5 Å besitzen. Diese Eigenart schließt jedoch eine schwache Überlagerung innerhalb der Schichtebenen zwischen den Molekülen nicht aus, wie das Bestehenbleiben einer Leitfähigkeit in diesen Richtungen an Einkristallen beweist.

Die im Vergleich zu anorganischen Gitterpunkten großen Abstände (3,4 bzw. 5 Å gegen 1,39 Å) legen die Frage nahe, inwieweit bei dieser relativ großen Entfernung überhaupt noch mit der Möglichkeit eines elektronischen Ladungstransports, der auf die Bildung von Energiebändern infolge Überdeckung der Atom- bzw. Moleküleigenfunktionen zurückgeht, gerechnet werden kann. Letztlich ist doch allein diese Wellenfunktionsüberlagerung für die Entstehung der Dunkel- und Photoleitfähigkeit der organischen Verbindungen verantwortlich zu machen, wenn der elektronische Leitungsmechanismus Gültigkeit beanspruchen darf.

Als Hinweis auf diese Möglichkeit, daß sich also auch in den genannten Entfernungen von einigen Ångström angeordnete Atome oder Moleküle mit ihren Wellenfunktionen überlagern und dadurch Energiebänder bilden können, die den Ladungstransport im Sinne der Valenz- und Ionengitter (Halbleiter) erlauben, lassen sich folgende *Beispiele* anführen:

a) Einmal erlaubt das Graphitgitter einen modellmäßigen Vergleich mit organischen Kristallen, speziell dem Benzol, da es gleichsam aus Schichten von unbegrenzten, wasserstofffreien Benzolringen zu bestehen scheint und aus der Abhängigkeit der elektrischen Leitfähigkeit von der kristallographischen Richtung nicht nur die Eigenart des anisotropen Schichtkristalls, sondern vor allem die Fähigkeit eines Ladungstransports senkrecht zu den Schichtebenen erkennen läßt. Der Abstand zwischen den „benzolähnlichen" C-Schichten beträgt dabei in Übereinstimmung zum organischen Kristall 3,41 Å. Im Gegensatz zum organischen Festkörper erstreckt sich beim Graphit die feste C—C-Bindung (Abstand $d = 1,42$ Å) in hexagonaler Form über die gesamte Schichtfläche, ist also nicht wie im organischen Stoff jeweils auf Einzelmoleküle beschränkt.

Aus der letztgenannten C—C-Verteilung resultiert verständlicherweise eine große Leitfähigkeit parallel zur Ebene dieser Schichten, die sogar infolge der starken Überlappung der Kohlenstoffeigenfunktionen einen metallähnlichen Charakter besitzt; die hohen Potentialwälle zwischen den Molekülen bedingen dagegen in dieser Richtung beim organischen Kristall ein Minimum der Leitfähigkeit.

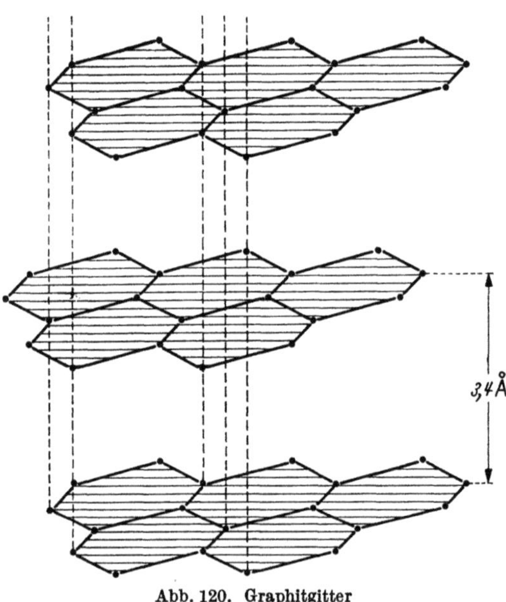

Abb. 120. Graphitgitter

Besondere Beachtung verlangt daneben das Leitfähigkeitsverhalten in der zur Schichtebene senkrechten Richtung, da diese Ebenen in Übereinstimmung zu vielen organischen Kristallen einen größenordnungsmäßig ähnlichen Abstand von etwa 3,4 Å besitzen. Im Graphit ist somit der dem organischen Festkörper analoge Fall einer geringen Überlappung der Wellenfunktionen realisiert und das Verhalten des Graphits in der genannten kristallographischen Richtung muß zwangsläufig ein entsprechendes Analogon im organischen Schichtkristall haben. Sicher nimmt die Leitfähigkeit in dieser Richtung ab und beträgt nur noch den hundertsten Teil der Leitfähigkeit parallel zur Ebene — vgl. (346) —; aber das Bestehenbleiben einer Leitfähigkeit beweist, daß trotz des großen Schichtabstands von 3,4 Å der Halbleitercharakter des Gitters und damit eine Übertragungsmöglichkeit von Ladungsträgern erhalten bleibt. Die Überdeckung der Wellenfunktionen ist somit groß genug, um die Voraussetzung für die Bildung von Energiebändern und damit für den elektronischen Ladungstransport zu gewähren. Da die Verhältnisse im organischen Festkörper ähnlich liegen, dürfte dieser Fall auch in diesen Kristallen gegeben sein. Man vergleiche hierzu noch die Abb. 120.

b) Als weiterer Hinweis auf die Möglichkeit der Überlappung von Eigenfunktionen und Bildung von Energiebändern bei entfernt liegenden Atomen (und Molekülen) kann auch die auf die Existenz eines *Fremdleitungsbands* zurückgehende Fremdleitfähigkeit mancher Halbleiter angesehen werden. Man erkennt nämlich, daß sich bereits bei einem Fremdatomabstand von 10 Å (unter Berücksichtigung der Dielektrizitätskonstanten), dem eine Beimischungskonzentration von 2% entspricht — vgl. (*56*) —, die Wellenfunktionen unter Bildung eines Energiebandes überlappen.

c) Auch die *Richtungsabhängigkeit* der Leitfähigkeit organischer Einkristalle kann man als Beweis für die Überlagerung der MO ansehen; s. beispielsweise (*65, 229*).

b) Austauschentartung

Wie aus dem letzten Abschnitt hervorgeht, tritt durch eine Aneinanderlagerung der isolierten, organischen Moleküle zur festen Phase eine Überdeckung der $\pi(p_z)$-Elektronen-Orbitals ein, die verständlicherweise zu einer gegenseitigen Beeinflussung der Moleküle führen muß. Aus der Überlappung der π-Elektronenwolken folgt ein Elektronenaustausch, bei dem man nicht mehr entscheiden kann, ob das Elektron gerade dem Farbstoffmolekül I oder II angehört. Man spricht von der sogenannten *Austauschentartung*, durch die eine Aufspaltung des ursprünglichen, dem Einzelmolekül zugehörigen Energieniveaus zu einem niedrigeren und höheren Wert eintritt. Der Grad der Aufspaltung ist dabei vom Kopplungsgrad der Moleküle abhängig. Im Grunde genommen liegt ein ähnlicher Fall vor wie z. B. im H_2-Molekül, der sich jedoch von diesem einmal durch eine abweichende Bahnart — Molekülbahnen anstelle von Atombahnen — und zum anderen durch ein sehr schwaches Ineinandergreifen der Wellenfunktionen unterscheidet.

Es ist nun leicht einzusehen, daß durch Aneinanderlagerung von vielen, z. B. N Farbstoffmolekülen, ein ursprüngliches π-Niveau in N neue, sehr nahe aneinanderliegende — Abstand $< 10^{-22}$ eV — Niveaus übergeht. Aus einem *Einzelniveau entsteht* somit beim Zusammengehen zur festen Phase *ein Energieband*, das praktisch von allen Molekülen gebildet wird. Der wellenmechanische Austauschvorgang, der einem solchen Band zugrunde liegt, bedingt dabei, daß ein in dieses Band durch thermische oder optische Anregung gebrachtes Elektron allen am Bandaufbau beteiligten Molekülen angehört.

Als Kennzeichen der Bänder des organischen Festkörpers ist vor allem die Eigenart hervorzuheben, daß ihnen die Überdeckung der Moleküleigenfunktionen $\psi_I, \psi_{II}, \ldots$ zugrunde liegt, die sich ihrerseits aus den einzelnen Atombahnen $\Phi_1, \Phi_2, \ldots$ der ein Molekül aufbauenden Atome zusammensetzen. $\psi_I, \psi_{II}, \ldots$ bilden somit die bei Farbstoffen nach der *Elektronengasmethode errechenbaren Wellenfunktionen*, die von den π-Elektronen im Potentialfeld des Molekülgerüsts eingenommen werden können und eine Dichteverteilung $e\,|\psi_n^2|\,\Delta v$ vor allem über und unter der Molekülebene bedingen. Die geringe Wechselwirkung der Moleküle läßt dabei die Wellenfunktionen $\psi_I, \psi_{II}, \ldots$ weitgehend unverändert bestehen; es tritt nur eine geringe Aufspaltung ein.

c) Bandbreite

Als besonderer Gegensatz zu den anorganischen Halbleitern muß noch die Tatsache herausgestellt werden, daß das Energieband der organischen Festkörper nur aufgrund einer verhältnismäßig *schwachen* Überlappung der Wellenfunktionen entsteht. Die Wechselwirkung der im Vergleich zu den Gitteratomen der anorganischen Kristalle weit entfernten Moleküle ist deshalb sehr gering und die hiervon abhängige Aufspaltung der Moleküleigenwerte bleibt ebenfalls sehr klein. Dies führt zur Bildung von außerordentlich *schmalen Bändern* aus den diskreten Niveaus der Moleküle, die noch auf eine verhältnismäßig

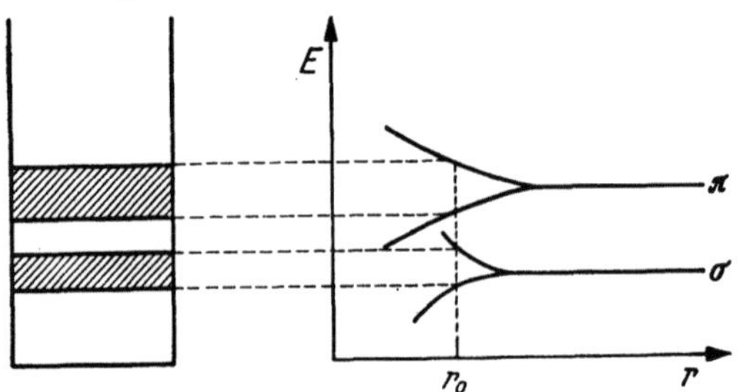

Abb. 121. Aufspaltung der Energieniveaus bei Annäherung gleicher Atome bzw. Moleküle. *r* Abstand der Atome bzw. Moleküle

starke Bindung der Elektronen an den Molekülrumpf hinweisen. Man vergleiche hierzu Abb. 121: Je geringer der für die Bandbreite verantwortliche Abstand r_0 der Atome bzw. Moleküle ist, um so größer wird die Aufspaltung.

In der geringen Bandbreite kann nun einer der Gründe für die geringe Leitfähigkeit der organischen Verbindungen gesehen werden, da im allgemeinen schmale Bänder für eine geringe Beweglichkeit der Elektronen verantwortlich sind. Betrachtet man das Verhalten eines Elektrons in einem Energieband, so läßt sich der Einfluß einer äußeren Kraft, z. B. eines elektrischen Feldes, durch die Beziehung

$$\Re = m_{\mathrm{eff}} \cdot b \quad \text{bzw.} \quad \frac{dv}{dt} = \frac{1}{m_{\mathrm{eff}}} \cdot (e\,E) \tag{10.19}$$

beschreiben, in der zur Berücksichtigung der *Gitterwirkung* auf die Bewegung des Elektrons die sogenannte *effektive Masse* m_{eff} eingeführt ist. Der Ersatz der wahren Masse des Elektrons m_0 durch die effektive Masse m_{eff} gleicht dabei praktisch die Wirkung der mehr oder weniger ausgeprägten Gitterkräfte aus, die die Bewegung eines von der äußeren Kraft beschleunigten, quasifreien Elektrons hemmen, und ermöglicht so die Beschreibung der Bewegung des Elektrons im Gitter mit den für das Vakuum gültigen Gesetzen.

Das heißt, den Elektronen der schmalen Energiebänder des organischen Festkörpers sind große effektive Massen zuzuschreiben, da sie noch relativ fest an den Einzelmolekülen haften; die Elektronen erscheinen besonders „schwer" und erhalten im elektrischen Feld nur eine geringe Beweglichkeit μ, entsprechend einer geringen Leitfähigkeit $\sigma = n \cdot e \cdot \mu$. Es sei dahingestellt, inwieweit man aus dieser Vorstellung bereits einen Hinweis auf den *Zusammenhang zwischen Struktur und Leitfähigkeit* ersehen kann. Einer Vergrößerung des Konjugationssystems geht jedenfalls eine gewisse Vergrößerung der Molekülbahnen und damit der Elektronendichteverteilung $e\,|\psi^2|\,\Delta v$ parallel, so daß eine Erhöhung der Eigenfunktionsüberlappung wahrscheinlich ist, die zur Bänderverbreiterung, m_{eff}-Verkleinerung und Vergrößerung der Leitfähigkeit führt. Wie das neunte Kapitel zeigt, wurden im Experiment hiermit in Übereinstimmung stehende Effekte beobachtet.

Da die genannte effektive Elektronenmasse Angaben über die Abhängigkeit der Elektronenenergie E von der Wellenzahl K $(=2\pi/\lambda)$ im Kristall ermöglicht — K ist dabei mit der Quantenzahl eines Elektrons im Atom vergleichbar — und damit die Konstruktion des Energieschemas gestattet, wäre die experimentelle Bestimmung von m_{eff} des organischen Festkörpers von großer Bedeutung; vgl. (*54, 56*):

$$E = f(K): \quad E = \frac{\hbar^2}{2\,m_{\text{eff}}} \cdot K^2, \tag{10.20}$$

das ist eine Parabel mit Wendepunktkrümmung:

$$\frac{\partial^2 E}{\partial K^2} = \frac{\hbar^2}{m_{\text{eff}}},$$

die aus experimentell bestimmter m_{eff} folgt; denn

$$m_{\text{eff}} = \hbar^2 \cdot \frac{1}{\dfrac{\partial^2 E}{\partial K^2}},$$

wie der allgemeine Zusammenhang

$$\frac{dv}{dt} = \left(\frac{f}{m}\right) = \frac{1}{\hbar^2} \cdot \frac{\partial^2 E}{\partial K^2} \cdot f \tag{10.21}$$

ergibt.

Nach dem Verfahren der Zyklotronresonanz (diamagnetische Resonanz), das man bisher vor allem für Germanium und Silizium anwandte, müßten zur m_{eff}-Messung die Elektronen des Kristalls durch ein Magnetfeld (Kraftflußdichte B) auf Kreisbahnen gebracht und die Umlauffrequenz $\omega = \dfrac{e}{m_{\text{eff}}} \cdot B$ aus der Resonanzabsorption im Spektrum eines den Kristall beeinflussenden, hochfrequenten, elektrischen Wechselfelds bestimmt werden (*347*). Über ein spektroskopisches Verfahren zur m_{eff}-Bestimmung s. (*348*).

Man beachte, daß sich m_{eff} um mehrere Zehnerpotenzen von der wahren Elektronenmasse unterscheiden kann; für Elektronen am unteren Rand des Leitungsbands ist m_{eff} positiv und für Defektelektronen am oberen Rand des Grundbands negativ.

3. Bestätigung der Energiebändertheorie

a) Festkörperspektren

α) Veränderung der Absorptionsspektren. Daß die für das Zustandekommen der Dunkel- und Photoleitfähigkeit des organischen Stoffes postulierte Aufspaltung der Moleküleigenfunktionen zu Energiebändern den Tatsachen entspricht, wird bereits durch Messungen der Festkörperspektren organischer Moleküle belegt. Beim Zusammenbringen zur festen Phase treten Verbreiterungen, Verschiebungen und Aufspaltungen der den Einzelmolekülen zugehörigen Banden auf, die bis zu 1200 cm^{-1} betragen; eine Änderung der Schwingungsstruktur ist hierfür nicht verantwortlich zu machen, da beim Abkühlen bis $-180°$ C keine Beeinflussung der Filmextinktionskurve wahrnehmbar ist.

Es ist verständlich, daß die Absorptionsänderungen nicht stärker ausgeprägt sind, da die Austauschkräfte aufgrund der großen Molekülabstände und geringen π-Elektronenüberlappungen nur eine geringe Größe aufweisen und die Niveaus entsprechend wenig aufspalten. Bemerkenswerterweise scheint dabei ein Zusammenhang zwischen der im Spektrum meßbaren Verbreiterung, die der Bandbreite proportional ist, und der Größenordnung der Photoleitfähigkeit vorzuliegen; diese Frage bedarf jedoch noch einer eingehender Prüfung, worauf oben bereits hingewiesen wurde.

β) Aktions- und Absorptionsspektren. Die Übereinstimmung zwischen den Festkörperspektren und den Photoleitungsaktionsspektren, die durch zahlreiche Messungen an Farbstoffen und aromatischen Kohlenwasserstoffen sichergestellt ist, kann als Bestätigung des Zusammenhangs zwischen dem elektronischen Übergang innerhalb eines Moleküls und dessen Photoleitfähigkeit angesehen werden. Die Dunkel- und Photoleitfähigkeit ist keine Nebenerscheinung, sondern ein den organischen Molekülen im festen Zustand charakteristisch zugehöriger Effekt.

b) Temperaturabhängigkeit der Dunkelleitfähigkeit

In dem genannten Energiebändermodell entspricht der Abstand zwischen dem Grund- und Leitungsband ($\Delta E = E_L - E_G$) weitgehend der langwelligsten Anregungsenergie und damit der Energiedifferenz zwischen oberstem besetzten und erstem freien Energieniveau des Einzelmoleküls, da die Austauschwechselwirkung die Molekülterme nur wenig beeinflußt. Die Übergangsenergie ΔE muß deshalb bei Gültigkeit dieser Vorstellung in enger Beziehung zur Struktur des organischen Moleküls stehen und letztlich auf das π-Elektronensystem des Einzelmoleküls rückführbar sein. Da sich nun einerseits die Energieniveaus und die Übergangsenergie mit dem von KUHN für die Deutung der Farbstoffabsorption entwickelten Elektronengasmodell berechnen lassen — vgl. zweites Kapitel —, und andererseits der Elektronenübergang zwischen diesen Niveaus die Leitfähigkeit bewirkt, ist ein Zusammenhang zwischen der für das Einzelmolekül errechneten Übergangsenergie und der experimentell bestimmten zu erwarten. In den elektrischen Eigenschaften des aus vielen Molekülen zusammengesetzten, organischen Festkörpers muß sich somit das Verhalten des Einzelmoleküls widerspiegeln, wenn die Bändermodellvorstellung den wirklichen Verhältnissen entspricht und die Leitung auf einen Halbleitereffekt — d.h. Übergang eines Elektrons vom Grund- ins Leitungsband — zurückgeht.

Sicher betrachtet das Kuhnsche Modell die π-Elektronen eines konjugierten Doppelbindungssystems jeweils nur im Potentialkasten eines Moleküls als frei beweglich, so daß ein Übertritt zum Nachbarn nur mit geringer Wahrscheinlichkeit mittels des Tunneleffekts möglich ist. Aber die den Energieeigenwerten E_n zugehörigen Elektronendichteverteilungen $e\,|\psi_n^2|\,\Delta v$ besitzen einen maximalen Wert gerade über und unter dem Molekülgerüst, also in einem Bereich, der sich ohne besonders ausgeprägten Potentialwall mit den entsprechenden Eigenfunktionen eines flach angelagerten Nachbarmoleküls überdeckt.

Die Übertragbarkeit der für das Einzelmolekül abgeleiteten Vorstellungen auf den festen organischen Stoff ist nun tatsächlich gegeben; denn erstens führt die *optische* Anregung des Elektrons, wobei dieses aus dem Grundzustand ins Anregungsniveau mit der berechenbaren Wellenlänge $\lambda = \dfrac{h \cdot c}{\Delta E} = \dfrac{8\,m\,c}{n} \cdot \dfrac{L^2}{N+1}$ gehoben wird, zur Ausbildung des Photostroms, und zweitens kann auch ein *thermischer* Übergang zwischen dem Grund- und Anregungsband beobachtet werden, der sich bei einer Temperaturerhöhung in einem Anstieg des Dunkelstroms anzeigt. Diese *Dunkelstrom-Temperatur-Beziehung liefert* bemerkenswerterweise eine *Übergangsenergie ΔE*, die an einer Reihe organischer Verbindungen *in Übereinstimmung zum Elektronengasmodell* eine Abnahme mit der Zahl der π-Elektronen des Moleküls aufweist.

Da gerade der letztgenannte Zusammenhang zwischen Molekülstruktur und Dunkelleitfähigkeit als eindeutige Bestätigung des Halbleitercharakters der organischen Verbindungen angesehen werden kann, d.h., die Ursache der Leitfähigkeit im Übergang eines Elektrons vom Grund- in den Anregungszustand liegt und damit photochemische Reaktionen und andere Mechanismen widerlegt, sei das Problem der Dunkelleitfähigkeit noch näher erörtert.

α) Dunkelstrom-Temperatur-Beziehung. Daß reproduzierbare Dunkelstrommessungen an organischen Festkörpern (Farbstoffe, aromatische Kohlenwasserstoffe u.a.) möglich sind und in einem Zusammenhang zur Struktur stehen, kann aus einer Reihe von Arbeiten abgeleitet werden. Die Dunkelleitfähigkeit nimmt dabei mit steigender Temperatur zu und folgt in Analogie zu anorganischen Halbleitern der Beziehung

$$\sigma_D = \sigma_0 \cdot e^{-\frac{\Delta E}{2kT}} \quad \text{bzw.} \quad I_D = I_0 \cdot e^{-\frac{\Delta E}{2kT}}. \tag{10.22}$$

Hierdurch wird die Berechnung der Aktivierungsenergie ΔE möglich, da der Logarithmus des Dunkelstroms eine lineare Funktion der reziproken absoluten Temperatur darstellt

$$\log \sigma_D = \log \sigma_0 - 0{,}43 \cdot \frac{\Delta E}{2k} \cdot \frac{1}{T} \tag{10.23}$$

und die Neigung der $\log \sigma_D$—$1/T$-Geraden den Wert $\operatorname{tg} \varphi = \dfrac{0,43}{2k} \cdot \varDelta E$ besitzt. Bei Angabe von $1000/T$ auf der Abszisse errechnet sich $\varDelta E$ einfach aus dieser Beziehung.

Als Beispiel für die Gültigkeit dieses Zusammenhangs $\log I_D = f(1/T)$ sei in der Abb. 122 eine Meßreihe des Pinacyanols angeführt.

β) Größenordnung von ΔE. Die Tabelle 15 enthält eine Übersicht der nach dem genannten Verfahren aus der Dunkelstrom-Temperatur-Abhängigkeit bestimmten Aktivierungsenergien $\varDelta E$ verschiedener organischer Verbindungen.

Bei der Diskussion der einzelnen Werte ist zu beachten, daß die Autoren abweichende Verfahren zur Messung anwandten — Untersuchungen an Pulvern, Filmen, Einkristallen nach Gleich- und Wechselstrommethoden — und teilweise zu kleine Werte erhielten, da sie die Gleichung $\sigma_D = \sigma_0 \exp\left(-\dfrac{\varDelta E}{kT}\right)$ zur Berechnung benutzten. Außerdem beeinflussen Verunreinigungen und vor allem Sauerstoff und Feuchtigkeit (83) die Dunkelstrommessungen in starkem Maße. Beispielsweise wird an Naphthalin bei einem Druck von 2 atm Sauerstoff $\varDelta E = 1$ eV erhalten, während erst bei $p = 0,1$ atm ein der Eigenleitung zukommender Wert von $\varDelta E = 3,8$ eV wahrnehmbar ist. Die an Luft durchgeführten Messungen müssen also mit Vorbehalt betrachtet werden.

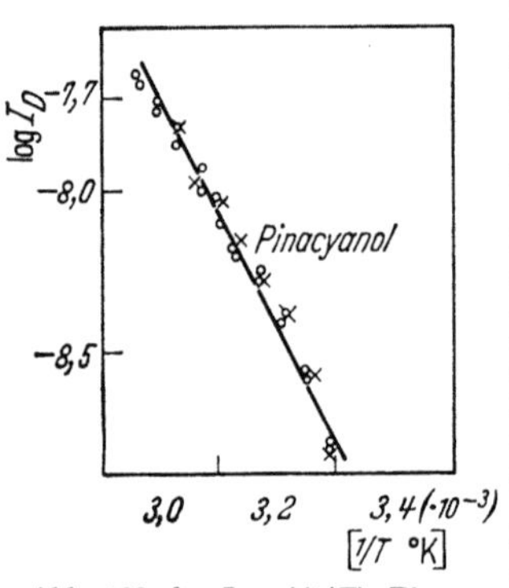

Abb. 122. $\log I_D = f(1/T)$, Pinacyanol. $\bigcirc$ $25-80°$, $\times = 80-25°$

Bei Berücksichtigung dieser Störungen kann man jedoch den $\log \sigma_D$—$1/T$-Messungen eine gute Reproduzierbarkeit, vor allem beim Vorliegen von Einkristallen, zuschreiben. Als Beispiel seien Untersuchungen an verschiedenen Phthalocyanin-Einkristallen angeführt (202), deren Dunkelleitfähigkeit parallel zur b-Achse über den Temperatureffekt eine Aktivierungsenergie $\varDelta E = 1,71$ eV bei einem mittleren Fehler von $\pm 0,05$ eV ergibt.

γ) Bedeutung der Aktivierungsenergie ΔE. Wie die Vielzahl der Messungen beweist, besteht kein Zweifel an dem positiven Temperatureffekt des Dunkelstroms der organischen Festkörper. Es ergibt sich aber die Frage, welche Bedeutung dem aus der Dunkelstrom-Temperatur-Beziehung errechneten Wert der Aktivierungsenergie $\varDelta E$ zugeschrieben werden kann.

Es liegt wohl der Gedanke nahe, diese Aktivierungsenergie $\varDelta E$ mit der Arbeit zu identifizieren, welche für den Übergang der Elektronen zwischen den Molekülen bzw. den Mikrokristallen einer Schicht aufgewendet werden muß. Die am α, α-Diphenyl-β-picrylhydrazyl-Radikal bestimmte geringe Aktivierungsenergie von 0,26 eV — vgl. (314) — zeigt jedoch, daß für diesen Übergang kaum Energie erforderlich ist. Das Radikal besitzt ein ungepaartes Elektron, welches bereits ohne Anregung an der Stromleitung teilhaben kann, und das Fehlen einer hohen Akti-

Tabelle 15

Nr.	Verbindung	π-Elektronenzahl N	ΔE (eV)	Literatur
1	Phthalocyanin	18	2,6 $\pm$ 0,8 (T, p!); 1,49; 0,7 bis 1,0; 1,71 $\pm$ 0,05	(91, 202, 314, 349, 350)
2	Cu-Phthalocyanin	18	1,04; 0,87; 1,64 $\pm$ 0,03	(7, 202, 349)
3	Co-Phthalocyanin	18	1,60 $\pm$ 0,025	(202)
4	Ni-Phthalocyanin	18	1,60	(202)
5	Pinacyanol	22	1,44	(70)
6	Orthochrom T	20	1,50.	(70)
7	Malachitgrün	20	1,54	(70)
8	Brillantgrün	20	1,66	(70)
9	Rhodamin 3 B	22	2,2	(351)
10	Naphthalin	10	0,7; (1 in O_2) $\to$ 3,8 im Vakuum; 2,25	(77/B, 131, 352, 353)
11	Anthracen	14	1,65; 0,75; 1,92; 1,3; 1,93; 1,94	(77/B, 131, 232, 349, 352, 354, 355)
12	Naphthacen	18	1,64; 1,70	(354, 355)
13	Pentacen	22	1,72; 1,50; 1,50	(77/B, 354, 355)
14	Perylen	20	1,93; 1,95; 1,80	(77/B, 354, 355)
15	Violanthron	36	0,39; 0,78; 0,78	(120, 356, 357)
16	Isodibenzanthron	34	0,77; 0,37; 0,75; 0,96	(120, 314, 349, 356)
17	α-Diphenyl-β-picryl-hydrazyl	20	0,26 (Radikal!)	(314)
18	Pyranthron	32	0,53; 1,06; 1,06	(120, 356, 357)
19	p-Terphenyl	18	1,2	(245)
20	Coronen	24	1,09; 2,05	(77/B, 349)
21	Hydrochinon	6	4,2 bzw. 2,2	(358)
22	Benzoesäure	6	2,12	(359)
23	Oxalsäuredihydrat	4	1,02 (H-Brücken)	(359) vgl. Übersicht in (360)
24	Cyananthron		0,20	(361)
25	Indanthron		0,63	(361)
26	Flavanthron	32	0,70	(361)
27	Indanthrazin		0,66	(361)
28	1,9,4,10-Anthradipyrimidin		3,21	(361)
29	Isoviolanthron, Isoviolanthren	36	0,75; 0,82	(357)
30	Violanthren Hydroviolanthren	32	0,85 3,4	(357)
31	Pyranthren	30	1,07	(357)
32	Anthanthron	24	1,70	(357)
33	Mesonaphtodianthron	30	1,30	(357)
34	Ovalen		1,13; 1,13; 1,73	(77/B, 357, 362)
35	Proteine		2,0 bis 2,6	(349)
36	Paraffin		0,55	(131)
37	Polystyrol		0,4	(131)
38	Pyren	16	2,02; 2,01	(77/B, 355)
39	Chrysen	18	2,20; 2,19	(77/B, 355)
40	Anthanthren	22	1,60	(355)
41	3,4-Benzpyren	20	1,83	(77/B)
42	Rubren	42	1,61	(77/B)
43	Phenanthren	14	2,24	(77/B)

vierungsenergie beweist den leichten Übergang zwischen den Molekülen des Kristalls und den Mikrokristallen der Schicht. Der genannte Übergang bestimmt also nicht die Aktivierungsenergie, wenn ihm auch in manchen Fällen, bei denen die Wechselwirkung zwischen den Molekülen aus sterischen Gründen gering ist, eine gewisse Beeinflussung nicht abzusprechen ist; hierher sind auch die abweichenden ΔE-Werte zu zählen, die an verschieden stark gepreßten Pulvern erhalten werden.

Die Tatsache, daß die ΔE-Werte zum Teil unter Hochvakuumbedingungen erhalten wurden, spricht auch von vornherein gegen Hypothesen, die am organischen Festkörper adsorbierte Wasserschichten als eigentliches, mit einem positiven Temperaturkoeffizienten versehenes Leitungssystem ansehen und ΔE mit der Aktivierungsenergie eines derartigen Systems identifizieren (*363*).

Darüber hinaus erlauben die Einkristalluntersuchungen in Analogie zu anorganischen Systemen wirkliche Rückschlüsse auf den Leitungsmechanismus organischer Festkörper. Zur Herstellung dieser Einkristalle, durch die das organische Material gleichzeitig von Verunreinigungen befreit und damit die Möglichkeit der Ionenleitung ausgeschaltet wird, vgl. (*202, 232*) u. a.

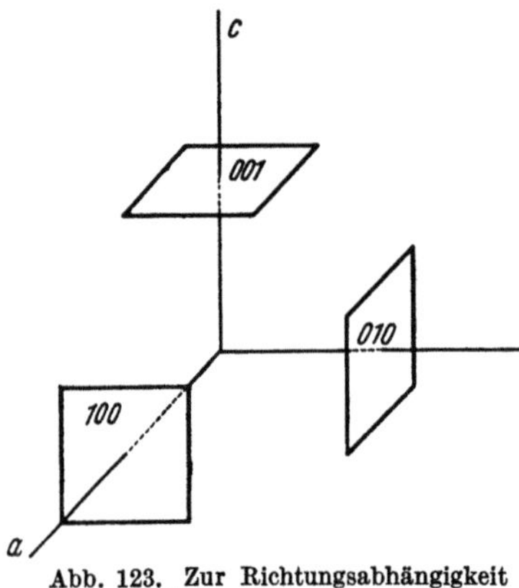

Abb. 123. Zur Richtungsabhängigkeit der Dunkel- und Photoleitfähigkeit

δ) Richtungsabhängigkeit. Eine Änderung der Elektrodenanordnung erlaubt an Einkristallen die Prüfung der Richtungsabhängigkeit der Leitfähigkeit (Abb. 123).

An Phthalocyanin-Einkristallen ist beispielsweise die Leitfähigkeit parallel zur b-Achse (Elektroden auf 010-Fläche) geringer als in der dazu senkrechten Richtung (Elektrode auf 001-Fläche); vgl. (*202*). Dies stimmt mit der Anordnung der Phthalocyanin-Moleküle im Kristall überein, in dem die flachen Moleküle einen Winkel von 44° zur $a \cdot c$-Ebene einnehmen, also in Richtung zur c-Achse die größtmögliche Überlappung der $\pi(p_z)$-Elektronen besitzen.

Im Naphthalin-Einkristall zeigt die Leitfähigkeit in der ab-Ebene einen um den Faktor 2 größeren Wert als senkrecht hierzu (*352*), und an Anthracen-Einkristallen besteht in der gleichen ab-Ebene, das ist die Spaltebene, auch die größte Leitfähigkeit (*232*).

Die Aktivierungsenergie ΔE wird von dieser Anisotropie nicht beeinflußt, wie vor allem die eingehenden Messungen an Phthalocyanin-Einkristallen beweisen (*202*), so daß der Leitungsmechanismus in den verschiedenen Kristallrichtungen denselben Gesetzmäßigkeiten folgen muß; denn die Richtungsunabhängigkeit des ΔE zeigt an, daß der Primärvorgang der Anregung, der zur Leitung in der einen oder anderen Richtung führt, immer der gleiche ist und in enger Verbindung zu den Termabständen des den Festkörper aufbauenden Moleküls steht. Bemerkenswerterweise zeigt die Ladungsträgerbeweglichkeit eine Abhängigkeit von der Kristallrichtung. Von KEPLER (*229*) werden beim Anthracen Werte von $\mu = 0{,}3$ bis $3{,}0$ cm²/V · sec bestimmt, wobei die Beweglichkeit der Elektronen und Defektelektronen in einer gegebenen Richtung jeweils weitgehend konstant bleiben.

Die Anisotropie der Dunkelleitfähigkeiten beweist nicht nur die elektronische Eigenleitfähigkeit des organischen Kristalls — da Oberflächen- oder sonstige Nebeneffekte (Verunreinigungen u.a.) diese Beziehung nicht erklären können —, sondern sie stellt auch die Abhängigkeit des Ladungsträgertransports vom Überlappungsgrad der Molekül-Orbitals sicher. Letztlich ist die Lage der Einzelmoleküle im Festkörper für die verschiedenen makroskopischen Eigenschaften, wie Spaltbarkeit, Leitungsanisotropie u.a. verantwortlich zu machen und der Vektor der maximalen Leitfähigkeit dürfte verständlicherweise parallel der größten Berührungsfläche bzw. MO-Überlappungswahrscheinlichkeit (das ist häufig die Spaltebene) orientiert sein.

Da in der hierzu senkrechten Richtung ebenfalls eine Leitfähigkeit vorhanden ist, kann mit einem elektronischen Ladungsträgertransport auch über entfernt voneinander gelagerte Moleküle des Kristalls gerechnet werden. Notwendig ist dabei, daß die Möglichkeit einer geringen Überlagerung der Wellenfunktion besteht. Der Abstand zwischen den einmolekularen Schichten des Anthracenkristalls, die sich parallel zur ab-Ebene erstrecken — das ist die Ebene der maximalen Leitfähigkeit — beträgt beispielsweise $10{,}1$ Å und trotz dieser großen Schichtentfernung wird in dieser Richtung (senkrecht auf ab) noch eine geringe Leitfähigkeit gemessen. Bedenkt man aber, daß auch in anorganischen Festkörpern zwischen den in ähnlichen Entfernungen befindlichen Atomen (bis 10 Å) Energiebänder bestehen, so erscheint der aus Anthracen-Leitfähigkeitsmessungen gefolgerte Energiebandaufbau zwischen den Molecular-Orbitals der einzelnen Schichten (das ist senkrecht auf ab) durchaus verständlich. Hieraus kann auch die Möglichkeit analoger Wellenfunktionsüberlagerungen und Energiebandbildungen, die zur Leitfähigkeit führen, in anderen organischen Festkörpern abgeleitet werden, deren Moleküle mehrere Ångström voneinander entfernt liegen.

Bemerkenswerterweise konnte diese Anisotropie auch im Photoleitfähigkeitsverhalten organischer Stoffe festgestellt werden, z.B. am trans-Stilben. Hierin zeigt sich deutlich die Identität des auf den gleichen Mechanismus zurückgehenden Ladungsträgertransports von Photo- und Dunkelstrom, die sich beide im Grunde genommen nur durch eine Abweichung in der Anregungsart — optisch bzw. thermisch — voneinander unterscheiden.

ε) Beziehung zwischen ΔE und π-Elektronenzahl. Da $\Delta E_{\text{Übergang}}$ vernachlässigbar ist, wird die aus der Dunkelstrom-Temperatur-Beziehung erhaltene Aktivierungsenergie ΔE der thermischen Anregung des Elektrons aus dem Grundband in das erste freie Niveau (dem Leitungsband) zugeschrieben.

Die Gültigkeit dieser Annahme, welche die thermische Aktivierungsenergie in enge Verbindung zur Struktur der organischen Moleküle bringt, läßt sich dabei schon qualitativ der Übersichtstabelle 15 entnehmen: Denn man erkennt, daß diejenigen organischen Festkörper, deren Moleküle eine große π-Elektronenzahl besitzen, eine geringere Aktivierungsenergie haben als die mit weniger π-Elektronen.

Diese *Gesetzmäßigkeit*, die eindeutig die Möglichkeit organischer Festkörpermessungen — auch an Pulvern und Schichten — beweist und deren Verknüpfung mit den molekularen Gitterbestandteilen sicherstellt, also gegen undefinierbare Nebeneffekte spricht, läßt sich auch unter Verwendung des Elektronengasmodells beschreiben. Die Aktivierungsenergie zwischen Grund- und Leitungsband entspricht weitgehend der Energiedifferenz zwischen Grund- und Anregungszustand des Einzelmoleküls, die unter Annahme einer freien Beweglichkeit der Doppelbindungs-π-Elektronen mittels der Schrödinger-Gleichung oder einfach nach der Reflexionsoszillatormethode zu berechnen ist. Vgl. zweites Kapitel.

Da für die Energie der einzelnen stationären Zustände bei gestreckter Anordnung des Systems

$$E_n = \frac{h^2}{8\,m_e\,L^2} \cdot n^2 \qquad (n = 1, 2, \ldots) \tag{10.24}$$

und bei einem Ring

$$E_n = \frac{h^2}{2\,m_e\,L^2} \cdot n^2 \qquad (n = 0, 1, \ldots) \tag{10.25}$$

gilt, und die Differenz des obersten gefüllten $(N/2)$ und nächsten leeren Niveaus $[(N/2)+1]$ die Anregungsenergie angibt, erhält man für ein offenes oder kreisförmiges Elektronensystem folgende Anregungsenergien:

$$\Delta E = E_{(N/2)+1} - E_{N/2}\,.$$

$$\text{Offenes System} \qquad \Delta E = \frac{h^2}{8\,m_e\,L^2} \cdot (N+1); \tag{10.26}$$

$$\text{Kreisförmiges System} \quad \Delta E = \frac{h^2}{4\,m_e\,L^2} \cdot N\,. \tag{10.27}$$

(N Zahl der π-Elektronen; L Länge der Kette bzw. Umfang des Kreises; $L = l \cdot N$, wobei l-Abstand der Kohlenstoffatome in aromatischen Verbindungen 1,39 Å.)

Die beiden Gleichungen lassen die *Abnahme von ΔE mit zunehmender Zahl der π-Elektronen* $(L = l \cdot N)$ erkennen:

$$\Delta E = 19{,}2 \cdot \frac{N+1}{N^2}\ [\text{eV}] \quad (\text{offen}); \tag{10.28}$$

$$\Delta E = 38{,}0 \cdot \frac{1}{N}\ [\text{eV}] \qquad (\text{Kreis}). \tag{10.29}$$

Stellt man nach ELEY und PARFITT (*314*) die gegebene Beziehung zwischen ΔE und N für das offene und kreisförmige π-Elektronensystem graphisch dar und betrachtet sie in Verbindung mit den aus Leitfähigkeitsmessungen erhaltenen ΔE-Werten, so ergibt sich, daß fast sämtliche aus Leitfähigkeitsmessungen bestimmten Aktivierungsenergien ΔE zwischen den beiden nach der Elektronengastheorie berechneten Kurven liegen; vgl. die Abb. 124.

Es ist also in guter Näherung möglich, die nach der Elektronengastheorie berechenbaren Anregungsenergien organischer Stoffe mit den aus der Leitfähigkeit experimentell bestimmten in Verbindung zu setzen. Dabei darf jedoch die Bedeutung der Theorie weniger in der Möglichkeit gesehen werden, die Aktivierungsenergie ΔE des Leitungsvorgangs vorherzubestimmen, sondern mehr darin, aus Abweichungen der Regel auf einen veränderten Leitungsvorgang (Störstellenleitung u. a.) oder eine verminderte Zahl beweglicher π-Elektronen zu schließen.

Beispielsweise liegen die an Oxalsäuredihydrat oder Acetylendicarbonsäure bestimmten Aktivierungsenergien ΔE (1,02 bzw. 0,53) — vgl. (359) — außerhalb des gültigen Elektronengasbereichs, und es muß deshalb bei diesen Stoffen ein anderer Leitungsmechanismus — Protonenwanderung, H-Brücken — angenommen werden.

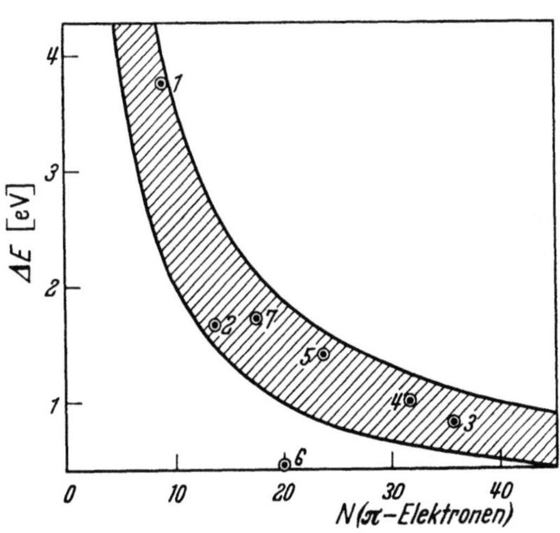

Abb. 124. $\Delta E = f$ (π-Elektronenanzahl). *1* Naphthalin, *2* Anthracen, *3* Isoviolanthrone, *4* Pyranthrone, *5* Pinacyanol, *6* α-diphenyl-β-picryl-hydrazil (Radikal!), *7* Phthalocyanin

Das Radikal α, α-Diphenyl-β-picrylhydrazyl erfüllt bei 20 π-Elektronen mit 0,26 eV nicht die obige Bedingung und bestätigt den abweichenden Leitungscharakter.

Die Aktivierungsenergie des Phthalocyanin-Einkristalls $\Delta E = 1{,}71$ eV (202) deutet nach der Elektronengasbeziehung — vgl. Abb. 124 — auf eine aktive π-Elektronzahl von etwa 18 hin und zeigt damit an, daß nur ein Teil der im Phthalocyanin-Molekül vorhandenen π-Elektronen für den Leitungsvorgang in Frage kommt. Die vier Benzolringe sind deshalb als in sich abgeschlossene π-Elektronensysteme zu betrachten, die weder zur thermischen noch optischen Anregung beitragen, so daß allein die übrigen 18 π-Elektronen (die durch kräftige Bindungsstriche gekennzeichnet sind) das Elektronengas bilden, das sich über den Ring aus acht C- und acht N-Atomen ausdehnt.

Die aus der Temperaturabhängigkeit der Dunkelleitfähigkeit eines Phthalocyanin-Einkristalls gemessene Aktivierungsenergie ΔE weist somit auf das gleiche π-Elektronensystem hin, das auch für die Lichtabsorption als verantwortlich angesehen wird und die langwellige Bande bei 690 mµ bedingt. Man kann nicht umhin, hier eine ausgezeichnete Bestätigung dafür zu sehen, daß die Dunkel- und Photoleitfähigkeitsmessungen der organischen Festkörper auf die *Anregung innerhalb der Energieniveaus* der organischen Moleküle zurückgehen und nicht die Folge irgendwelcher undefinierbarer Nebeneffekte (Einfluß einer Wasserhaut, Ausbleichung, Fremdbeimischungen, Ionenleitung u. a.) sind. Man sollte an dieser Tatsache bei der Betrachtung von Problemen, die den organischen Festkörper anbelangen, auf keinen Fall mehr vorübergehen. Bei linear anellierten Kohlenwasserstoffen läßt sich ΔE als Funktion der Ringzahl durch die Beziehung $\Delta E = (17 - n)^2/100$ *(77/B)* angeben, die mit diesen Überlegungen übereinstimmt.

4. Ergänzung des Energiebändermodells

Das Energiebändermodell des organischen Festkörpers bedarf wie das der anorganischen Systeme noch einer gewissen Ergänzung, da es einen idealen Aufbau des festen Stoffs voraussetzt. Dieser ist aber weder im anorganischen Realkristall, noch bei der festen Phase einer organischen Verbindung verwirklicht; man muß Störungen der Idealstruktur annehmen, welche die Dunkel- und Photoleitung und andere Eigenschaften eines Festkörpers teilweise stark beeinflussen.

Nach BOER — in SIMON-SUHRMANN (*3*) — können dabei vier Hauptgruppen herausgestellt werden — Baufehler, Fehlordnungen, sekundäre Störungen und Störungen durch Gitterschwingungen —, die sich charakteristisch in einer Veränderung der Bänderstruktur anzeigen. Während die als Fehlordnung bezeichneten Störungen dabei das gesamte Kristallvolumen erfassen, bleiben die Baufehler mehr auf kleinere Bereiche beschränkt.

Fehlordnungen entstehen beispielsweise im Gitter durch den thermischen Übergang eines Atoms auf einen Zwischengitterplatz unter Zurücklassung einer Leerstelle (Frenkel-Fehlordnung), oder durch Bildung von Gitterlücken (Schottky-Fehlordnung), die von der Oberfläche ins Innere wandern.

Auch der Einbau von Fremdatomen (auf Zwischengitterplatz oder durch Substitution) oder der Überschuß bzw. Mangel einer Grundsubstanzkomponente zählt zu dieser Art von Fehlordnung, die im Bändermodell durch Einführung zusätzlicher, diskreter Terme in der verbotenen Zone gekennzeichnet wird. Besitzen derartige Niveaus eine im Vergleich zu den Grundgitterbestandteilen negative Ladung, die aufgrund eines geringen Abstands vom Leitungsband durch thermische Anregung in dieses übergehen kann, so spricht man von Donatoren. Terme, die umgekehrt zur Aufnahme von Elektronen aus dem naheliegenden Valenzband befähigt sind, werden als Akzeptoren bezeichnet.

Die *Baufehler* hängen vor allem von der Bildungsweise des Kristalls ab und stellen beispielsweise Versetzungen dar, die sich durch mechanische Spannungen, innere und äußere Oberflächen, Risse, Kristallitgrenzen und andere Störungen der Kristallstruktur bilden. Verständlicherweise wird mit dem Vorliegen derartiger Störungen besonders bei polykristallinen Aggregaten (Pulvern, Schichten) zu rechnen sein; denn jede Korngrenze stellt eine Periodizitätsstörung dar und zusätzlich begünstigen sie auch die Eindiffusion von Gasen und damit den Aufbau von Doppelschichten. Im Bändermodell kann diese Störung unter Umständen eine Änderung der Bandbreite bedingen, deren Bedeutung für die Größenordnung der Leitfähigkeit bereits erörtert wurde. Daneben geben diese Störungen auch Anlaß zur Bildung von diskreten Niveaus in der verbotenen Zone, die eine große Neigung zur Aufnahme von Elektronen aus dem Grund- oder Leitungsband besitzen; durch plastische Deformation an Germanium entstandene Versetzungen — das sind einzelne gegeneinander verschobene oder verdrehte Teilbereiche — wirken z.B. in dieser Weise. Auch Korngrenzen, Risse, Verletzungen des Gitters und andere Kristallstörungen führen zu zusätzlichen Termen zwischen Grund- und Leitungsband.

Derartig tief in der verbotenen Zone liegende Terme nennt man Haftstellen (Traps); zu ihrer Bildung können auch Fremdbeimischungen oder Frenkel- bzw. Schottkysche Fehlstellen beitragen. Sie sind unter anderem für die Photostrom-Temperatureffekte, die Rekombinationserscheinungen, die Phosphoreszenz der Kristallphosphore oder eine Beweglichkeitsminderung verantwortlich zu machen. Unter Umständen kommt diesen Traps auch eine negative Ladung und das Bestreben zu, Defektelektronen zu neutralisieren, d.h. als Defektelektronenfallen (hole-traps) zu wirken. Man vergleiche hierzu z.B. Rose (*231*).

Hervorgehoben sei auch die Möglichkeit der Entstehung von Oberflächenniveaus aufgrund der Gitterperiodizitätsstörung beim Übergang ins konstante Potential des Außenmediums; vgl. Tamm (*364, 365*).

Es ist leicht einzusehen, daß man mit dem Auftreten dieser Störungen im organischen Festkörper in ähnlicher Weise wie beim anorganischen Kristall rechnen muß. Beispielsweise begünstigt die Herstellung der Kristalle aus der Dampfphase und hoher Temperatur die Bildung von Fehlstellen des Schottkyschen und Frenkelschen Typs, die als Haftstellen wirken können. Bei Schichten basischer oder saurer Farbstoffe können möglicherweise fehlgeordnete Anionen oder Kationen die Leitfähigkeit im Sinne von Donatoren oder Akzeptoren beeinflussen. Der mikrokristalline Charakter mancher Proben wird ebenfalls die Bildung der genannten Störungen fördern und auf die Dunkel- und Photoleitfähigkeit einwirken. Auf folgende Erscheinungen sei dabei besonders hingewiesen:

a) *n*- und *p*-Leitung

α) Nachweis des *n*- und *p*-Mechanismus. Wie im Kapitel über die Eigenschaften der Farbstoffphotoleitfähigkeit bereits herausgestellt wurde, erfolgt die Stromübertragung in den Farbstoffen entweder durch negative oder positive (elektronische) Ladungsträger. Man unterscheidet somit *n*- als auch *p*-leitende Farbstoffe, deren Einstufung von der Struktur des Farbstoffs abhängt. Bemerkenswerterweise ist dieser *n*- oder *p*-Charakter auch den übrigen organischen Festkörpern zu eigen.

Die Feststellung der unterschiedlichen Ladungsträgerart gelingt mit Hilfe verschiedener Verfahren:

1. Hall-Effekt. An organischen Verbindungen bereitet die Messung des Hall-Koeffizienten wegen der geringen Trägerbeweglichkeit große Schwierigkeiten. Dem von EPSTEIN und WILDI (*238*) am polymeren Cu-Phthalocyanin gemessenen Hall-Effekt kommt deshalb eine große Bedeutung zu, da diese Untersuchung erstmals eine Bestätigung der bisher allein aus verschiedenen Analogbeobachtungen geschlossenen Ladungsträgerart gibt.

Unter dem Hall-Effekt versteht man die unter dem Einfluß eines Magnetfeldes H (senkrecht zu I) an einem stromdurchflossenen Leiter (Stromstärke I) beobachtete Bildung eines elektrischen Feldes E_H, das

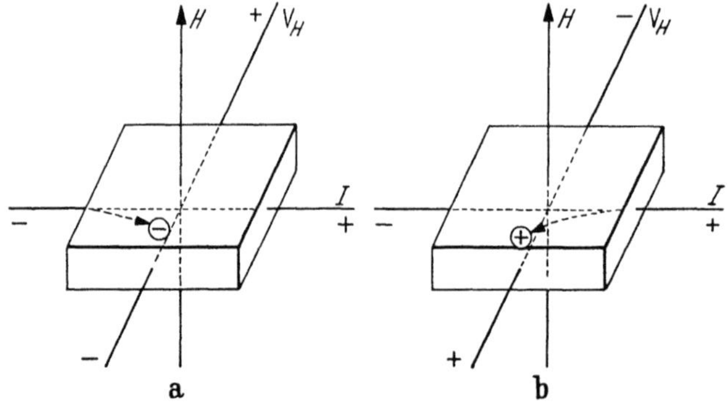

Abb. 125a u. b. Schema des Hall-Effekts. a n-Leiter. b p-Leiter

senkrecht zur Richtung des Stromes und des Magnetfeldes liegt. Der Effekt ist auf die Tatsache zurückzuführen, daß das Magnetfeld die Ladungsträger senkrecht zur Bewegungsrichtung (und senkrecht zum Magnetfeld) ablenkt und diesen Ablenkungsbereich mit dem Vorzeichen der Stromträger auflädt. Für die Hall-Spannung V_H gilt dabei:

$$V_H = \frac{1}{N \cdot e} \cdot \frac{1}{b} \cdot I \cdot H. \tag{10.30}$$

Hier bedeutet N die Anzahl der Ladungsträger pro cm³, b die Breite eines rechteckigen Leiters, I die Stromstärke und H die magnetische Feldstärke. Als wichtige Größe erscheint in dieser Gleichung die Hall-Konstante

$$R = \frac{1}{N \cdot e},$$

die mit der Beweglichkeit μ und der Leitfähigkeit σ durch die Beziehung

$$\mu = R \cdot \sigma \tag{10.31}$$

verknüpft ist.

Die Bedeutung der Hall-Effekt-Messung liegt unter anderem darin, daß das Vorzeichen der Hall-Spannung Auskunft über die Ladungsträgerart (Majoritätsträger) gibt; denn bei einer überwiegenden Stromübertragung durch Elektronen wird der Teil des Leiters, zu dem hin eine Ablenkung der Träger erfolgt, negativ, während bei überwiegender Defektelektronenleitung eine positive Aufladung an dieser Stelle entsteht (s. Abb. 125).

Polymeres Cu-Phthalocyanin wird (in Übereinstimmung zu anderen Verfahren) nach dieser Methode als *p*-Leiter eingestuft (*238*) und dabei eine Trägerdichte von $10^{16}/cm^3$ bei Zimmertemperatur festgestellt. Ein in der Hitze vorbehandeltes Cu-Phthalocyanin-Polymeres zeigt ebenfalls diesen Leitungstyp, aber eine erhöhte Trägerdichte von $10^{18}/cm^3$.

Interessanterweise läßt sich dieser dem Cu-Phthalocyanin zugehörige *p*-Leitungstyp durch Dotierung in einen *n*-Typ verwandeln, was durch Bestimmung des Hall-Koeffizienten bewiesen werden kann.

2. Thermokraftmessung. Neben dem Hall-Effekt gibt vor allem auch das Vorzeichen der Thermokraft einen Hinweis auf die Art der im Überschuß vorhandenen Ladungsträger. Da beide Effekte das gleiche Ergebnis liefern, kann den Thermokraftmessungen ohne Zweifel ein entscheidendes Gewicht beigemessen werden.

Im Prinzip beruht die Methode darauf, daß die Ladungsträger vom heißen Teil eines Systems in das kalte Gebiet diffundieren, da die thermische Energie und damit die Konzentration der Ladungsträger im erwärmten Bereich am größten ist. Negative Ladungsträger werden deshalb das kalte Gebiet des Festkörpers negativ aufladen unter Positivierung der heißen Zone, während beim Vorliegen positiver Träger das Vorzeichen der Thermokraft eine umgekehrte Richtung besitzt. Unter der Thermokraft α (bzw. differentielle Thermospannung oder Seebeck-Koeffizient) versteht man dabei die Thermo-EMK pro °C: $\alpha\,[\mu V/°C]$. Zur Messung wird die Spannung V im stromlosen Zustand mittels eines Kompensationsverfahrens zwischen zwei auf der Temperatur T_1 und T_2 ($T_2 > T_1$; $\Delta T \sim 10°$) am Festkörper angebrachten Metallelektroden bestimmt. Das Vorzeichen von α ist negativ, wenn die kalte Elektrode negativ erscheint. Vgl. Schema der Abb. 126.

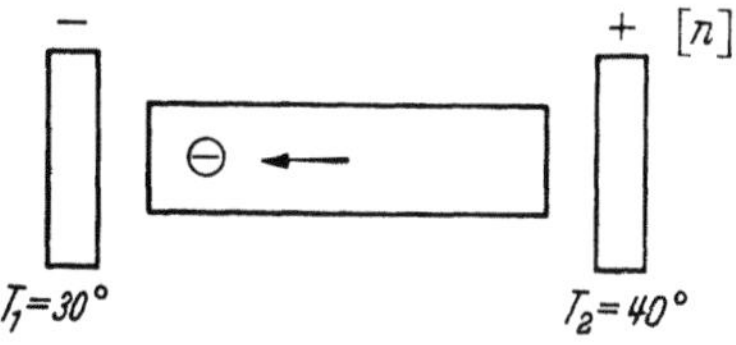

Abb. 126. Schema des thermoelektrischen Effekts

Aus den Thermokraftmessungen der organischen Farbstoffe ergeben sich bisher folgende Werte: Phthalocyanin $+50\,\mu V/°C$; Cu-Phthalocyanin $+50\,\mu V/°C$ (*202*); Polymeres Cu-Phthalocyanin $+15\,(+35)\,\mu V/°C$ (*238*); Kristallviolett $-0,3\,mV/°C$; Malachitgrün $-0,3\,mV/°C$ (*68, 200*). Man erkennt somit, daß Malachitgrün und Kristallviolett zu *n*-leitenden Stoffen zählen, während Phthalocyanine *p*-Leiter darstellen.

Eine Ausdehnung dieser Versuche auf weitere Farbstoffe und sonstige organische Verbindungen ist verständlicherweise von großem Interesse.

3. Kristallphotoeffekt. Die Untersuchung des Kristallphotoeffekts nach der Kondensatormethode erlaubt ebenfalls eine Feststellung des Vorzeichens der im Farbstoff bei Belichtung abgelösten Ladungsträger. Hierzu wird entweder ein konstantes elektrisches Feld an den Kondensator angelegt (*37*) oder es erfolgt eine Analyse der im Wechsellicht registrierten Oszillogramme (*41*).

Mit Hilfe dieses Verfahrens konnten an verschiedenen Farbstoffen sowohl positive als auch negative Ladungsträger nachgewiesen werden.

17*

Zum Beispiel wurden Phthalocyanin und Anthracen als p-Leiter eingestuft (*37*).

4. Strom-Spannungs-Kennlinien. Der p- oder n-Leitungsmechanismus
eines organischen Photoleiters ist auch aus der Strom-Spannungs-Kenn-
linie einer Sandwich-(Längsfeld-)Zelle ableitbar, deren Elektrodenabstand
d den reziproken Absorptionskoeffizienten $1/K$ [cm] übertrifft; denn der
Photostrom einer derartigen Anordnung zeigt die Tendenz zu einer
baldigen Sättigung, d.h. zu einer wenig ausgeprägten Vergrößerung
bei Spannungserhöhung, wenn die belichtete Elektrode eine zum Strom-
trägervorzeichen entgegengesetzte Ladung trägt. Der größere und eine

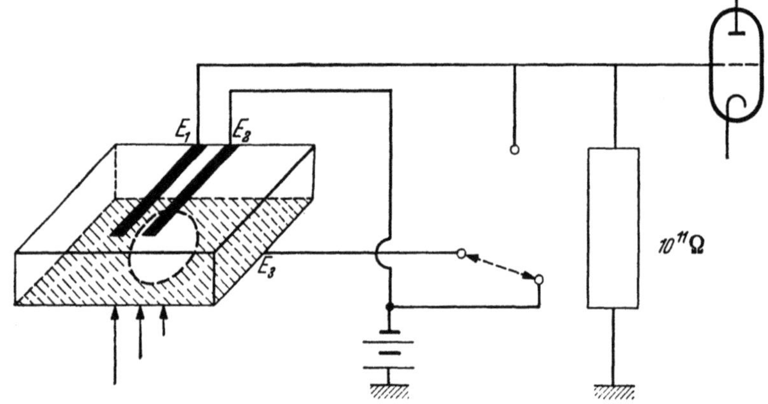

Abb. 127. Schaltung zur Untersuchung des Ladungsträgertransports an Einkristallen

spätere Sättigung aufweisende Photostrom, der bei einer dem Ladungsträgertyp entsprechenden Aufladung der belichteten Elektrode wahrnehmbar ist, geht darauf zurück, daß die Majoritätsträger den Strom
über eine größere Entfernung (d.h. auch über den unbelichteten Abschnitt) leiten können; vgl. hierzu Abb. 109.

An Anthracen-Einkristallen und -Pulvern konnte auf diese Weise der
p-Charakter der Stromträger nachgewiesen werden, da bei negativer
Polung der belichteten Elektrode der Photostrom nur wenig anstieg,
während er bei positiver Polung eine rasche Vergrößerung ohne Sättigung aufwies (*69, 227, 244, 264*). Mit dem p-Leitungsmechanismus steht
auch die Möglichkeit der Injektion positiver Ladungsträger in den
Anthracenkristall aus einer NaJ-J$_2$-Lösung in Einklang (*244, 366*).

5. Dreielektroden-Einkristall-Untersuchung. Die wichtige Frage des
Ladungsträgertransports durch das Kristallinnere läßt sich nach einem
Verfahren von LYONS und MORRIS (*227*) mit der Feststellung des Vorzeichens dieser Stromträger verbinden. Ein Einkristall (z.B. Anthracen)
wird hierbei mit drei Elektroden E_1, E_2, E_3 derart versehen, daß E_1
und E_2 auf der Fläche (001) nebeneinander und E_3 als Ring von etwa
4 mm auf der Gegenfläche (001) angebracht ist. E_1 und E_2 muß dabei
innerhalb der Ringelektrode E_3 zu liegen kommen. Der Oberflächenstrom
zwischen E_1 und E_2 oder der Längsfeldstrom E_2—E_3 wird durch entsprechende Schaltung mit dem Verstärker V gemessen; vgl. Abb. 127.

Nach Lyons u. a. (*227*) zeigt sich, daß der Photostrom weder bei positiver noch negativer Ladung der Elektrode E_2 gegen Erde bei Belichtung durch E_3 eine nennenswerte Größe erreicht. Erst bei Anlegen eines Feldes über das Kristallvolumen zwischen E_3 und E_1 (E_2, E_3: $+$ oder -450 V) entsteht ein großer lichtelektrischer Strom, der bei positiver Polung der belichteten Elektrode E_3 besonders ausgeprägt ist.

Hieraus folgt einmal der einwandfreie Nachweis des Stromflusses durch die Masse des Kristalls und zum anderen ein positives Vorzeichen der Ladungsträger des Anthracens.

6. Gaseinfluß. Aufgrund zahlreicher Messungen an anorganischen Halbleitern, deren Leitungsmechanismus durch Hall-Effekt-Messungen gesichert ist, läßt sich aus der Art der Leitfähigkeitsänderung einer Querfeldzelle bei Zugabe bestimmter Gase, wie Sauerstoff oder Wasserstoff, ein Rückschluß auf das Vorzeichen der Ladungsträger ziehen. Eine Förderung der Leitfähigkeit in O_2 (bzw. Minderung in H_2) deutet ein Überwiegen von positiven Ladungsträgern an, während umgekehrt eine Abnahme in einer O_2-Atmosphäre (bzw. Zunahme in H_2) auf negative Stromträger hinweist. Man vergleiche hierzu die Ausführungen im neunten Kapitel und speziell die Arbeiten (*43*, *67*, *137*).

Da dieses Verfahren bereits in gewisser Beziehung — z.B. durch Beobachtung der Dunkelstromänderung in H_2 (*186*) — an anorganischen Halbleitern zur Prüfung des Ladungsträgercharakters Verwendung fand, scheint die Übernahme auf organische Systeme durchaus gerechtfertigt. Die übereinstimmende Feststellung der gleichen Ladungsträgerart an einer organischen Verbindung nach dieser Chemisorptionsmethode und anderen Verfahren kann sicher als Bestätigung dieser Annahme aufgefaßt werden. Beispielsweise deutet die Zunahme der Dunkel- und Photoleitung in Wasserstoff und die Abnahme der Dunkel- und Photoleitfähigkeit in Sauerstoff nach der Chemisorptionstheorie auf einen *n*-Leitungsmechanismus im Malachitgrün hin, was mit den Thermokraftmessungen übereinstimmt. Das nach obigem *p*-leitende Anthracen erfährt in Übereinstimmung zur Theorie eine Förderung der Photoleitung bei Zugabe von Sauerstoff.

Mit Hilfe dieser Chemisorptionsmethode gelang nicht nur die Einteilung der Farbstoffe in *n*- und *p*-Leiter — eine Einteilung, die auch die übrigen organischen Photoleiter erfaßt — und die Feststellung bestimmter struktureller Einordnungsprinzipien; es konnte auch darüberhinaus aufgrund der Identität der in dieser Weise erhaltenen Ergebnisse mit denen anderer Ladungsträgerprüfmethoden der Nachweis von übereinstimmenden Gesetzmäßigkeiten bei organischen Festkörpern (Farbstoffen u. a.) einerseits und anorganischen Halbleitern andererseits erbracht werden.

β) Deutung der *n*- und *p*-Leitung. Aus den Eigenschaften der Dunkel- und Photoleitfähigkeit organischer Festkörper und dem Aufbau dieser Verbindungen geht einwandfrei hervor, daß weder die positiven noch negativen Ladungsträger Ionen darstellen. Beim *n*-Leiter bilden den überwiegenden Teil der Ladungsträger Elektronen, während die Leitfähigkeit der p-Leiter überwiegend von Defektelektronen getragen wird.

Die Existenz der Defektelektronen, d.h. eines positiven elektronischen Stromes, kann dabei nur mit Hilfe der Quantenmechanik und der auf den organischen Festkörper angewandten Energiebändervorstellung erklärt werden. Im Grunde genommen geht auch dieser Strom auf eine Wanderung von Elektronen zurück, die sich jedoch nicht im leeren Leitungsband, wie beim n-Leiter, sondern in einem bis auf wenige Lücken besetzten Grundband bewegen. Und bemerkenswerterweise verhält sich dieser Elektronenstrom des fast voll besetzten Bandes wie ein Strom positiver Elektronen ($+e$) mit positiver effektiver Masse ($+m_{\text{eff}}$); vgl. HEISENBERG (*367*). Das heißt, die Eigenschaft der Elektronengesamtheit des fast vollständig besetzten Bandes wird durch das Verhalten der unbesetzten Quantenzustände (Lücken) gekennzeichnet und diese positiven Lücken wandern gleichsam als „positive Elektronen" bzw. „Defektelektronen" widerstandslos durchs (ungestörte) Gitter.

Auf diese Eigenart führt nicht nur die unter Berücksichtigung der Wellennatur erfolgende theoretische Behandlung der im periodischen Feld des Festkörpers bewegten Elektronen — diese besitzen am oberen Rand des Grundbands eine negative effektive Masse ($-m_{\text{eff}}$) und können dadurch nichts zum Strom beitragen (*54, 56*) —, sondern auch das experimentell bestimmbare Vorzeichen des Hall-Effekts oder der Thermokraft. Einmal zeigt der Hall-Effekt im Falle eines von „Lücken" des fast voll besetzten Valenzbandes getragenen Stroms — atomistisch: Nachrücken von Elektronen; quantenmechanisch: Defektelektronen — keine negativen Stromträger an, wie sie nach dem atomistischen Bild zu erwarten wären, sondern positive Ladungen. Zum anderen ist auch das Vorzeichen der Thermokraft positiv, entsprechend der Tatsache, daß positive Ladungsträger vom heißen Teil des Festkörpers zum kalten Ende wandern.

Das Fehlen einer Ionenleitung einerseits und der Nachweis eines p- und n-Leitungsmechanismus andererseits können nun als Hinweis auf die Energiebänderbildung im organischen Festkörper (Farbstoff, aromatische Kohlenwasserstoffe) angesehen werden; denn nur die Vorstellung des (fast vollständig besetzten) „Energiebandes" kann — da eine Ionenleitung ausgeschlossen ist — den im Experiment nachgewiesenen p-Leitungsmechanismus erklären. Verständlicherweise ist diese zum Grundband führende Überlagerung der Molekül-Orbitals der unangeregten Zustände bei den Wellenfunktionen der höheren Zustände aufgrund der größeren Ausdehnung noch günstiger, so daß auch hieraus auf die Bildung eines Leitungsbands, das die ungestörte Elektronenwanderung (n-Typ) ermöglicht, gefolgert werden kann.

Die Beobachtung des n- oder p-Leitungsmechanismus in den verschiedenen organischen Verbindungen bedeutet nicht, daß beim n- bzw. p-Typ entweder nur Elektronen oder Defektelektronen allein den Stromtransport übernehmen. Man wird mit beiden Ladungsträgerarten rechnen und den Gesamtstrom als Summe zweier größenordnungsmäßig voneinander abweichender Komponenten ansehen müssen. Am p-leitenden

Anthracen sind nach Pope (*244*) etwa 0,3 % des in der Hauptsache von Defektelektronen getragenen Stromes Elektronen. Es gilt allgemein:

$$\begin{aligned}\text{Dunkelleitung:}\quad & \sigma = e \cdot (n_\ominus \mu_\ominus + n_\oplus \mu_\oplus); \\ \text{Photoleitung:}\quad & \sigma^* = e \cdot (n_\ominus^* \mu_\ominus + n_\oplus^* \mu_\oplus).\end{aligned} \qquad (10.32)$$

Den p-Leiter definiert dabei die Bedingung $n_\oplus > n_\ominus$, und den n-Typ $n_\ominus > n_\oplus$. Verständlicherweise drängt sich die Frage auf, warum negative oder positive Ladungsträger überwiegen und einer Verbindung den n- oder p-Charakter der Leitfähigkeit aufprägen. Diese Frage stellt sich an den organischen Photoleitern vor allem auch deshalb, da sowohl die aus der $\log I_D - 1/T$-Beziehung erhaltene Aktivierungsenergie ΔE als auch die Übereinstimmung des Aktions- mit dem Absorptionsspektrum auf einen thermischen bzw. optischen Übergang des Elektrons vom Grund- ins Leitungsband unter Zurücklassung eines Defektelektrons hinweist. Das heißt, mit jedem angeregten Elektron entsteht im organischen Photoleiter gleichzeitig ein Defektelektron und die gleichmäßige Beteiligung beider Ladungsträger am Stromtransport wäre eigentlich naheliegend.

Das Überwiegen der einen oder anderen Ladungsträgerart deutet deshalb darauf hin, daß die Bewegung des durch $G \rightarrow L$-Anregung gebildeten Elektrons oder Defektelektrons in irgendeiner Weise gehemmt wird, da nur so die Bevorzugung einer Komponente des Ladungsträgerpaars verständlich ist. Darüberhinaus dürfte auch eine gewisse Störleitung als Folge von Donator- oder Akzeptorfehlstellen diskutierbar sein, die bereits bei tieferen Temperaturen ohne Belichtung zur Bildung von Elektronen im Leitungsband oder Defektelektronen im Grundband beitragen (s. oben).

Eine Bevorzugung der Elektronenbewegung im Vergleich zu der der Defektelektronen, wie sie den n-Typ charakterisiert, kann nun beispielsweise durch merkbare Potentialwälle zwischen den Grundzuständen zustande kommen, die eine Fixierung der positiven Lücken am angeregten Molekül bedingen. Als Ursache der überwiegenden Defektelektronenleitung läßt sich dagegen ein Übergang eines Teils der angeregten Elektronen auf in der verbotenen Zone liegende Terme verantwortlich machen, denn auf diese Weise nimmt der Elektronenstrom des Leitungsbands ab, so daß die am oberen Grundbandrand liegenden positiven Lücken als hauptsächliche Stromträger wirken. Die Eigenschaft derartiger Elektronenhaftterme können dabei fehlgeordnete organische Moleküle aufgrund einer merklichen Elektronenaffinität übernehmen (*227*); für $M + \ominus \rightarrow M^-$ gilt beim Anthracen $I = -1,4$ eV und beim Naphthalin $I = -0,7$ eV (*368*). Daneben verhalten sich auch die oben genannten Störstellen, wie Versetzungen, Korngrenzen und sonstige Baufehler sowie Fehlordnungen als Elektronenakzeptoren; erwähnt sei hierbei besonders die Möglichkeit des Einbaus von Fremdstoffen oder die Adsorption von Gasen (O_2), die ähnliche Effekte hervorrufen. O_2 fördert z.B. durch Übergang in O_2^- bzw. O_2^{--} die Defektelektronenbildung.

Abgesehen von dieser, mit dem Eigenleitungscharakter der organischen Verbindungen übereinstimmenden Art der Ladungsträgererzeugung, ist auch ein auf thermische Anregung von Störtermen zurückgehender Stromanteil nicht auszuschließen, der auf einem direkten Übergang von Elektronen eines Donators ins Leitungsband oder der Elektronenaufnahme aus dem Grundband durch einen Akzeptor beruht. Für diesen Störanteil spricht einmal eine Trennung der $\log I_D - 1/T$-Beziehung in zwei verschieden geneigte Gerade, deren eine die Übergangsenergie ΔE und deren andere die Störstellentiefe angibt. Zum anderen besteht auch eine größenordnungsmäßige Abhängigkeit der Dunkelleitfähigkeit basischer Farbstoffe von der Anionenkomponente, die darauf hinweist, daß fehlgeordneten Anionen Donatoreigenschaften zuzuschreiben sind. Inwieweit dies mit der Tatsache in Verbindung zu bringen ist, daß ein Teil der Kationenfarbstoffe zu den n-Leitern zählt, kann jedoch noch nicht entschieden werden, denn manchen basischen Farbstoffen kommt auch ein p-Leitungsmechanismus zu. Verständlicherweise wird man in sauren Farbstoffen eine Fehlordnung des anorganischen Kations ebenfalls nicht ausschließen dürfen, das die Wirkung eines über dem Grundband liegenden Akzeptors ausübt. Auch Fremdstoffe dürften die Eigenschaft von Akzeptoren haben, wie die Vergrößerung der Dunkelleitfähigkeit des Anthracens beim Einbau von Tetracen andeutet (*264*).

Aufgrund der Untersuchungen scheint jedenfalls eine Ergänzung des Energiebändermodells der organischen Photoleiter durch Einbau diskreter Donator- bzw. Akzeptorniveaus in der verbotenen Zone unter dem Leitungsband bzw. über dem Grundband gerechtfertigt; vgl. Abb. 106.

Wie weit fehlgeordnete Anionen, Kationen, (neutrale) Moleküle, definierte Fremdstoffe (CT-Effekt) oder Baufehler im Sinne der einen oder anderen Störtermart wirken können, ist jedoch bei den einzelnen Verbindungen jeweils gesondert zu ermitteln.

Unter Berücksichtigung dieser Störungen ergibt sich nun *für die Dunkel- und Photoleitfähigkeit der organischen Farbstoffe* und der übrigen organischen Photoleiter *folgendes Bild:*

Sowohl beim n- als auch p-Leiter erfolgt primär eine thermische oder optische Anregung von Elektronen aus dem Grund- in das Leitungsband, also ein Vorgang, dem im Einzelmolekül ein Übergang aus dem obersten besetzten Niveau zum nächsten freien Term — π-π^*-Anregung — entspricht. Während ein Teil der Elektronen mit der positiven Lücke strahlend oder strahlungslos, eventuell unter Mitwirkung von Haftstellen, rekombiniert, besteht für die übrigen Elektronen entweder die Möglichkeit in dem durch zwischenmolekulare MO-Überlappung entstandenen schmalen Leitungsband unter dem Einfluß eines äußeren Feldes zu den Elektroden zu wandern, oder in tief gelegenen Hafttermen festgelegt zu werden. Da die am oberen Rand des Grundbands befindlichen positiven Lücken (Defektelektronen) ebenfalls durch den organischen, festen Stoff wandern und am Stromtransport teilhaben können, setzt sich der Gesamtstrom sowohl aus Elektronen als auch Defektelektronen zusammen.

Eine ausgeprägte Rekombination der Elektronen mit tief gelegenen Haftttermen läßt die Leitfähigkeit einer Verbindung in der Hauptsache auf die Wanderung positiver Träger (Defektelektronen) zurückgehen —

p-Typ —, während beim Festliegen der positiven Lücken am Anregungsmolekül der Stromtransport auf die Elektronen des Leitungsbands beschränkt bleibt — n-Typ. Im letztgenannten Fall ist naturgemäß noch mit einer starken Einwirkung der Haftstellen zu rechnen.

Zusätzlich können sich noch dieser auf die $G \to L$-Anregung zurückgehenden n- oder p-Leitung thermisch im Dunkeln aus Donatoren oder Akzeptoren entstandene Elektronen oder Defektelektronen überlagern. Als Beispiel sei hierfür die Zunahme der Dunkelleitfähigkeit eines zur p-Leitung neigenden organischen Halbleiters durch Sauerstoffadsorption oder Tetraceneinbau (Anthracen) angeführt, die aufgrund der Akzeptorwirkung, infolge einer Elektronenaufnahme aus dem Grundband und entsprechender Defektelektronenbildung, zustande kommt. Auch auf den oben diskutierten Charge-Transfer bei Einbau definierter Fremdmoleküle sei hingewiesen. Man muß wahrscheinlich in allen organischen Photoleitern — Farbstoffe u.a. — im Dunkeln immer mit einer gewissen Konzentration von Elektronen oder Defektelektronen rechnen, die aus Störstellen stammen oder durch $G \to L$-Anregung entstanden. Es sei in diesem Zusammenhang auf die Bildung des inneren Feldes beim Zusammenbringen zweier Photoleiter von unterschiedlichem Leitungsmechanismus erinnert, welches zur Bildung des p-n-Photoeffekts an Farbstoffen führt.

b) Haftstellen

Die genannten Störstellen — Baufehler, Fehlordnungen — haben, wie bereits ausgeführt wurde, vor allem auch die Wirkung von Haftstellen. Bezeichnet man als Haftstellen (Traps) im Gegensatz zu den nahe an den Bandrändern befindlichen Donatoren oder Akzeptoren die tief in der verbotenen Zone liegenden diskreten Störterme, so lassen sich zwei Haftstellenarten herausstellen: Elektronenhaftstellen, die mit den Elektronen des Leitungsbands in Wechselwirkung treten, und Defektelektronenhaftstellen (hole-traps), die Defektelektronen des Grundbands festhalten können.

α) Wirkung der Haftstellen. Beide Haftstellenarten dürften an den Farbstoffen und auch an den übrigen organischen Photoleitern mit großer Wahrscheinlichkeit vorliegen; denn die Zunahme der Photoleitfähigkeit bei einer Temperaturerhöhung und eine Reihe weiterer Temperatureffekte, die man analog zu Kristallphosphoren wahrnimmt, finden in Übereinstimmung zu den anorganischen Leuchtphosphoren ihre Erklärung durch die Anwesenheit dieser Störterme. Verständlicherweise ist bei tiefen Temperaturen mit der Füllung dieser Traps mit den während der optischen Anregung im Leitungs- bzw. Grundband gebildeten Elektronen oder Defektelektronen zu rechnen, so daß der bei konstanter Belichtung beobachtbare lichtelektrische Strom als Folge der thermischen Haftstellenleerung durch die Temperaturerhöhung zunimmt. Der Nachweis dieses Effekts an n- bzw. p-leitenden Farbstoffen einerseits (*86/B*) und an organischen Kohlenwasserstoffkristallen, wie Anthracen, andererseits (*69*), kann dabei sicher als Bestätigung der Existenz von Elektronen-

und Defektelektronenhaftstellen in den organischen photoleitenden Materialien angesehen werden.

Wahrscheinlich sind diese Terme gleichmäßig (*86/B*) bzw. exponentiell (*69*) bis zu einem bestimmten Niveau ΔE_H, das aus der Beziehung

$$I_{\mathrm{Phot}} = A \cdot \exp(-\Delta E_H/kT) \qquad (10.33)$$

errechenbar ist, unter dem Leitungsband bzw. über dem Grundband angeordnet. Auch die Änderung des Photostromanstiegs länger belichteter Schichten mit der Temperatur kann zur Berechnung der Haftstellentiefe dienen (*86/B, 119*).

Die Anwesenheit dieser Haftstellen bewirkt — wie bei den anorganischen Photoleitern, z.B. Selen (*95*); vgl. auch (*369*) — vor allem eine Verringerung der Ladungsträgerbewegung und kann zur Bildung von teilweise beständigen Raumladungen führen. Die Elektronen oder Defektelektronen des Leitungs- oder Grundbands werden mehr oder weniger lange von den Traps festgehalten und dem Leitungsvorgang entzogen, so daß hieraus eine Minderung der Beweglichkeit und damit der Leitfähigkeit resultiert. Die durch diese Anlagerung der Ladungsträger an den Haftstellen gebildeten Raumladungen erschweren dabei den Nachweis eines stetigen Photostroms und prägen ihm Trägheitseffekte und Nachwirkungserscheinungen auf. Die Ausschaltung dieser Störungen gelingt an den organischen Farbstoffen erst durch Verwendung geringer Elektrodenabstände, wie sie in den genannten Elektrodenrasterzellen und vor allem in der Längsfeldanordnung gegeben sind.

Abgesehen von der Möglichkeit, photoleitende organische Schichten (ab Schichtdicken von etwa $^1/_{10}$ mm) infolge des Haftstelleneinflusses als „Photoelektrete" zu nutzen — vgl. (*124*) —, verlangt auch eine gewisse Analogie zwischen dem Phosphoreszenzvorgang anorganischer Leuchtphosphore und einer ähnlichen Reaktion der organischen Verbindungen besondere Beachtung; denn beim Phosphoreszenzprozeß werden Elektronen aus den Haftstellen gelöst und übers Leitungsband mit den Aktivatoren zur Rekombination gebracht, wobei eine Temperaturerhöhung diesen Haftstellenübergang beschleunigt und ihn als Ausleuchteffekt [Glow-Kurven, vgl. (*370*)] oder einem mit der Haftstellentiefe in Zusammenhang stehenden Dunkelstromanstieg der Messung zugänglich macht (*86/B*). Bemerkenswerterweise gelingt es, gerade diese durch rasche Temperaturerhöhung erzwungene „Haftstellenleerung" an Farbstoffen (bei geeigneter Anordnung) als eine Art „thermisches Ausleuchten" qualitativ festzustellen: Eine Temperaturerhöhung kann nämlich nicht nur unter Umständen den Dunkelstromabfall einer bei Zimmertemperatur vorbelichteten „trägen" Farbstoff-Querfeldzelle unterbrechen, sondern auch die Leitfähigkeit gegebenenfalls infolge der Haftstellenleerung vergrößern.

Wenn der letztgenannte Versuch — vgl. (*86/B*) — bisher auch nur qualitativen Charakter hat, so beweist er doch die Stabilität der durch Anregung bei tiefen Temperaturen „irgendwie fixierten" Ladungsträger, d.h. die Existenz der Haftstellen überhaupt. Man beachte noch, daß diese mittels Leitungsmessungen verfolgbare Anlagerung der Ladungsträger mehrere Stunden erhalten bleiben kann.

β) Natur der Haftterme. Es liegt nahe, die an organischen Photoleitern aufgrund verschiedener Effekte nachgewiesenen Haftstellen auf Störungen des Molekülgitteraufbaues zurückzuführen, d.h., ungleichmäßige Gitterbildungen, Versetzungen oder Fehlordnungen anzunehmen. Im Gegensatz zu den Kristallphosphoren (ZnCdS · Cu) kann dabei der Einbau von Fremdbeimengungen, wenn man von Gasspuren ($< 5 \cdot 10^{-6}$ Torr) absieht, keinen bedeutenden Beitrag zu diesen tiefen Termen leisten. Einmal bleibt eine extreme chromatographische Reinigung oder eine Sublimation ohne Einfluß auf die Nachwirkungserscheinungen der Photoleitung dickerer Farbstoffschichten, und zum anderen erreicht die innere Polarisation von Anthracenkristallen die Größenordnung der gut im Licht polarisierbaren, mit Schwermetallspuren aktivierten (ZnCdS)-Phosphore.

Da außerdem die auf Haftstellen zurückgehenden Effekte nicht auf organische Pulver, die ohne Zweifel bevorzugt die Bildung der Störterme fördern, beschränkt bleiben, sondern auch an Einzelkristallen wahrnehmbar sind, kann hierin möglicherweise ein Hinweis auf die Anwesenheit von spezifisch den Farbstoffen bzw. organischen Photoleitern zugehörigen Termen, die in der Art von Haftstellen wirken, gesehen werden.

Es sei dahingestellt, inwieweit man die für die Fluoreszenzlöschung von Farbstoffen (Fluorescein, Methylenblau u.a.) verantwortlichen Terme, die sich bei der Konzentrationserhöhung bilden und anstelle der Fluoreszenz eine Zunahme der langsam abklingenden Phosphoreszenz verursachen, mit den aus Photoleitungsmessungen gefolgerten „Traps" identifizieren kann. Sicher tritt im festen Farbstoff nur eine strahlungslose Desaktivierung ein, die die Lumineszenz dem Nachweis entgehen läßt. Dies deutet aber nicht auf ein Verschwinden der unter den Anregungssingulettzuständen liegenden Zusatzterme hin, da bei der Ausschaltung der Desaktivierungsprozesse, wie sie beispielsweise in glasartig erstarrten Borsäureschmelzen gelingt, die angeregten Elektronen nachweislich sekundär an diesen Termen fixiert werden und eine Phosphoreszenz bewirken.

Das heißt, man wird auch an den festen Farbstoffschichten und in entsprechender Weise an den übrigen organischen Festkörpern mit den von Phosphoreszenzversuchen her bekannten Zusatztermen rechnen können, und es liegt nahe, diese Zustände mit für die genannten Temperatureffekte der Photoleitung und hierzu gehörige Erscheinungen verantwortlich zu machen. Da die Phosphoreszenz der organischen Stoffe auf Triplettzustände zurückgeht, müßte somit ein Teil der Haftstellen mit diesen unter den Singulettniveaus liegenden Zuständen gleichzusetzen sein.

Während die aus $\log I_{\mathrm{Phot}} \big/ \dfrac{1}{T}$ -Messungen erhaltenen Haftstellentiefen ΔE_H mit der Lage der Triplettniveaus übereinstimmen, unterscheidet sich die Dauer des Phosphoreszenzabklingvorgangs von der der Photostromabnahme nach Belichtungsende, die dem Abbau der inneren Raumladung entspricht, um Größenordnungen. Möglicherweise stellen deshalb die langen Nachwirkungseffekte mehr die Folge von als Haftterme wirkenden Baufehlern und Fehlordnungen dar, doch sind zur Entscheidung dieser Fragen noch weitere Untersuchungen erforderlich.

γ) Bedeutung der Triplettzustände für den Leitungsvorgang. Im zuletzt genannten Zusammenhang sei noch darauf hingewiesen, daß von verschiedenen Autoren (77/B, 262, 265, 354, 355) für den organischen Festkörper eine Verbindung zwischen dessen Leitfähigkeitsverhalten und Triplettzuständen angenommen wird. Man sieht hierbei die Triplettniveaus weniger als Störterme im obigen Sinne an, die einen Teil der Ladungsträger aus dem Leitungsband entfernen und so die Leitfähigkeit vermindern, sondern mehr als die bei der thermischen Anregung direkt erreichten Zustände.

Einmal läßt der Vergleich der aus Dunkelstrom-Temperatur-Messungen nach der Beziehung $I_D = I_0 \exp(-\Delta E/2kT)$ erhaltenen Aktivierungsenergien ΔE mit den berechneten (371) oder aus Phosphoreszenzspektren ermittelten (372, 373) molekularen Triplett-Singulett-Übergangsenergien an einer Reihe organischer Kristalle — Anthracen, Tetracen, Pentacen, Ovalen, Pyranthren u.a.; vgl. (266) — eine gute Übereinstimmung zwischen ΔE und $^3E_1$ erkennen. Die aus Dunkelstrommessungen bestimmte Aktivierungsenergie zeigt überhaupt meist eine geringere Größe als dem optisch erreichbaren Singulettzustand $^1E_1$ entspricht, die nicht mit der langwelligen Verschiebung der Niveaus des freien Moleküls beim Übergang in die feste Phase erklärbar ist; $^1E_1$ ($^3E_1$) des festen Zustands liegt etwa 0,3 bis 0,4 eV (0,2 eV) unter dem Niveau des freien Moleküls. Jedoch weist ΔE auch teilweise auf einen Wert über $^3E_1$ hin.

Zum anderen erkennt man aus der Temperaturabhängigkeit der Dunkelleitfähigkeit eines mit *Spuren* eines organischen Stoffs verunreinigten, organischen Kristalls (ΔE_I) aufgrund zweier Abschnitte der $\log I_D$-$1/T$-Geraden zwei Aktivierungsenergien ΔE_I, ΔE_{II}, deren eine mit der zum Triplettzustand führenden Energie des Verunreinigungsmoleküls $^3E_1$ übereinstimmt.

$$\sigma_D = \sigma_0' \exp\left(-\frac{\Delta E_I}{2kT}\right) + \sigma_0'' \exp\left(-\frac{\Delta E_{II}}{2kT}\right). \qquad (10.34)$$

Während die bei höheren Temperaturen meßbare Aktivierungsenergie ΔE_I der reinen Komponente I entspricht, kommt die Aktivierungsenergie ΔE_{II} des tiefer gelegenen Temperaturbereichs allein der Verunreinigungskomponente zu. ΔE_{II} ist dabei unabhängig von der Art des festen Lösungsmittels sowie von der Verunreinigungskonzentration und gibt somit immer die *thermische Übergangsenergie* des in Spuren zugesetzten Moleküls an, die die Verunreinigungsleitfähigkeit verursacht. Beispielsweise beträgt nach NORTHROP und SIMPSON (355) ΔE_{II} für Naphthacen (1:1000) in Anthracen 1,23 eV, in Pyren 1,25 eV und in Chrysen 1,26 eV.

Der Vergleich von auf diese Weise gemessenen Aktivierungsenergien der Beimischungsstoffe zeigt eine ausgezeichnete Übereinstimmung mit den aus Phosphoreszenzmessungen erhaltenen (*372, 373*) oder berechneten (*371*) Triplett-Energiezuständen $^3E_1$: Für den Fall des Naphthacens gilt z.B. $^3E_1$ (Phosphoreszenzmessung) 1,26 eV bzw. $^3E_1$ (Rechnung) 1,34 eV.

Es scheint aufgrund dieser Übereinstimmung zwischen ΔE und $^3E_1$ der Beimischungen verständlicherweise möglich, diese *Methode zur allgemeinen Bestimmung von Triplettzuständen organischer Moleküle* anzuwenden, indem man diese in Spuren (etwa 1:1000) nach dem Verfahren der gemeinsamen, langsamen Sublimation — NORTHROP und SIMPSON (*355*) — einem organischen Festkörper zusetzt und aus der $\log I_D$-$1/T$-Neigung des Verunreinigungsabschnittes ΔE ($^3E_1$) bestimmt. Die Prüfung dieser Methode auf ihre Verwendbarkeit bei Farbstoffen — z.B. Merocyanin in Cu-Phthalocyanin — wäre naturgemäß von großem Interesse.

Da die Entstehung eines auf die Beimischungen zurückgehenden Störleitungsbandes im organischen Kristall wenig wahrscheinlich ist, liegt es nahe, den in Spuren eingelagerten organischen Fremdmolekülen (Naphthacen u.a.) die Wirkung von Beimischungen wie beim anorganischen Halbleiter zuzuschreiben. In Analogie zum Halbleiter dürften sich somit auch im organischen Festkörper durch die Fremdmoleküle zusätzliche Quantenniveaus, die nicht mit den Zuständen des Grundmolekülgitters übereinstimmen, bilden. Aus den Fluoreszenzspektren der festen Lösungen geht dabei hervor, daß die Molekülstruktur der Fremdmoleküle weitgehend erhalten bleibt und so die Abstände zwischen den Energiezuständen ($^3E_1 - {}^1E_0$) denen des freien Moleküls entsprechen. Es wäre nun eigentlich in Übereinstimmung zum anorganischen Halbleiter die Ionisierung des Fremdmoleküls mit einer Überführung des Elektrons aus dem Fremdstoff ins Leitungsband des Grundstoffs gleichzusetzen. Da jedoch die für diesen Übergang erforderliche Energie U, d.h. der Abstand vom Bandrand, nur Bruchteile eines eV — denn

$$U = \frac{\text{Ionisierungsenergie im Vakuum}}{\text{(DK)}^2} —$$ betragen müßte, ließe sich ein Zusammenhang mit der nachgewiesenen großen Anregungsenergie ΔE nicht herstellen.

Es erscheint aber verständlich, daß das Verunreinigungsmolekül nach einer thermischen Singulett-Triplett-Anregung, die ja weniger Energie erfordert als die Eigenanregung des Grundstoffs oder der Singulett-Singulett-Übergang im Fremdstoff, in der Art eines über dem Grundband liegenden Akzeptors Elektronen aus dem besetzten Grundband aufnimmt und so in diesem Defektelektronen bildet. Eine Erhöhung der Beimischungskonzentration vergrößert dann wohl, wie das Experiment bestätigt, die Dunkelleitfähigkeit, aber am eigentlichen innerhalb des Fremdmoleküls mit der geringeren S-T-Energie erfolgenden Anregungsvorgang, d.h. an der Größe von ΔE ($\approx {}^3E_1$), ändert sie nichts. Möglicherweise schließt sich an die Defektelektronenbildung auch ein Übergang des im angeregten Beimischungsniveau ($^3E_1$) befindlichen

Elektrons ins Leitungsband an. In der Folge resultiert jedenfalls nach dieser Hypothese bei tiefen Temperaturen eine auf die thermische Singulett-Triplett-Anregung der Fremdmoleküle zurückgehende Leitfähigkeit, deren *Anregungsenergie ΔE_{II} diesem Triplettübergang entspricht*, ein Vorgang, den bei hoher Temperatur die Eigenanregung des Grundgitters (ΔE_I) ablöst.

Es sei dahingestellt inwieweit diese Überlegungen auch zur Erklärung der Fluoreszenzeffekte fester Lösungen — vgl. z.B. (*374* bis *376*) — herangezogen werden können. Die Leitfähigkeitseigenschaften der fluoreszierenden Mischsysteme, die deutlich die Wirksamkeit des eingebauten Fremdstoffs erkennen lassen, sowie die von der Beimischungskonzentration abhängige Löschung der Eigenfluoreszenz unter Übergang in die Fremdstofffluoreszenz, deuten jedenfalls auf einen nicht zu vernachlässigenden Zusammenhang zwischen Dunkel- bzw. Photoleitung und Fluoreszenz derartiger Systeme hin. Es bilden sich primär bei der Grundgitterabsorption Elektronen und Defektelektronen, die zum Teil als Photostrom wahrnehmbar sind und teilweise infolge der strahlenden Rekombination die Fluoreszenz bedingen. Da die Fremdmoleküle sowohl als hole-traps als auch als Elektronenhaftstellen wirken können, scheint es durchaus möglich, daß sich die bei der optischen Grundgitterabsorption entstandenen Elektronen und Defektelektronen an die organischen Beimischungen anlagern und somit die Fähigkeit zur Fluoreszenz des Grundstoffs verloren geht. An dessen Stelle tritt die Fluoreszenz der Fremdmoleküle, die durch die Elektronenaufnahme (aus dem Leitungsband) und Elektronenabgabe (ans Grundband bei der hole-trap-Wirkung) in den zur Fluoreszenz geeigneten Anregungs-Singulett-Zustand gelangten. Diese Annahme steht nicht nur in Übereinstimmung zum Wechsel der Fluoreszenz des Grundstoffs in die des in Spuren zugefügten Fremdstoffs, sondern ist auch im Einklang mit der Abnahme der Photoleitung und der Zunahme der Dunkelleitfähigkeit derartiger Mischsysteme. Zum Beispiel nimmt beim Einbau von Tetracen in einen Anthracenkristall dessen Photoleitfähigkeit ab und die Dunkelleitfähigkeit (aufgrund der genannten Akzeptorwirkung) zu (*264*); in entsprechender Weise beobachtet man auch bei Dotierung des Anthracens mit Naphthacen, Pentacen oder Coronen eine zur Fluoreszenzlöschung des Anthracenkristalls parallele Minderung der Photoleitung, wobei eine starke Löschwirkung des Fremdstoffs eine erhebliche Abnahme der Photoleitfähigkeit bedingt, die bei schwächerer Löschung ebenfalls weniger ausgeprägt ist (*233*).

Mit dem zuletzt gegebenen Hinweis, der gleichzeitig als Bestätigung eines *Zusammenhangs zwischen Photoleitung und Fluoreszenz des organischen Festkörpers* angesehen werden kann — man vergleiche den analogen Zusammenhang zwischen der Lumineszenz anorganischer Kristallphosphore und deren Lichtelektrizität (*8/B*) — möge die Diskussion über das Problem der Haftstellen und speziell der Triplettniveaus — man vergleiche jedoch noch (*77/B*) — hier abgeschlossen sein.

Zusammenfassend läßt sich feststellen, daß nur im Falle einer Dotierung mit organischen Verbindungen die Dunkelleitfähigkeit eines organischen Kristalls bei tiefer Temperatur auf eine Singulett-Triplett-Anregung, und zwar auf der des Fremdstoffes, beruhen dürfte. Inwieweit dagegen von den die Dunkelleitung des reinen organischen Kristalls bewirkenden Ladungsträgern ein Teil auf thermische Singulett-Triplett-Anregungen zurückzuführen ist, kann nicht genau entschieden werden. Für die Entstehung der Photoleitfähigkeit scheiden die S-T-Übergänge aber aufgrund des optischen Übergangsverbots von vornherein aus. Hier kommt den Triplettzuständen wahrscheinlich die Wirkung von Störstellen zu, die in der Art von Haftstellen zur Elektronenaufnahme befähigt sind und somit die Zahl der Traps vermehren. Bemerkenswerterweise zeigt die mit der Haftstellenleerung in Verbindung gebrachte $\log I_{\mathrm{Phot}}\big/ \frac{1}{T}$ -Gerade an Farbstoffen allgemein zwei verschieden geneigte Abschnitte, die auf zwei Haftstellentiefen $\Delta E_{H,1}$, $\Delta E_{H,2}$ hindeuten; vgl. (86/B). Eventuell ist dabei eine dieser Niveaus mit den Triplettzuständen zu identifizieren, so daß auch der oben genannte Unterschied zwischen der aus Phosphoreszenzmessungen bestimmten Triplettlebensdauer und der Photostromabklingzeit eine Erklärung finden würde.

III. Schlußbemerkung zum achten bis zehnten Kapitel

Eine abschließende Betrachtung der verschiedenen zur Erklärung der Photo- und Dunkelleitfähigkeit organischer Farbstoffe — vgl. hierzu noch GARRET (377) — und aromatischer Kohlenwasserstoffe ausgearbeiteten Theorien zeigt deutlich, daß die Bändermodellvorstellung die experimentellen Befunde ohne Widerspruch erklären kann. An der Tatsache, daß im festen organischen Farbstoff und in einer Reihe aromatischer Kohlenwasserstoffe bei Belichtung — und in geringem Maße auch durch thermische Anregung — elektronische Ladungsträger (Elektronen, Defektelektronen) entstehen, die (wahrscheinlich aufgrund eines schwachen quantenmechanischen Austauscheffekts) vielen Molekülen angehören und dem organischen Festkörper eine Photo- und Dunkelleitung aufprägen, kann nicht mehr gezweifelt werden.

Sicher besitzt der Farbstoff unter bestimmten Bedingungen eine ausgesprochene Neigung zur rein photochemischen Zersetzung (Ausbleichung), aber das Bestehenbleiben der Photoleitfähigkeit nach Ausschaltung der die Ausbleichung fördernden Einflüsse, sowie die charakteristischen Eigenschaften der mit der thermischen Molekülanregung verknüpften Dunkelleitfähigkeit und die meisten der im neunten Kapitel beschriebenen Erscheinungen sprechen gegen jede photochemische Erklärung des Photoeffekts organischer Festkörper. Auch die CT-Vorstellung oder der häufig diskutierte Excitonenmechanismus gewährt keine widerspruchsfreie Erklärung der Effekte. Allein die Annahme einer Bildung elektronischer Ladungsträger, die sich in den auf eine geringe Austauschwechselwirkung der π-Elektronen zurückgehenden schmalen Energiebändern des organischen Feststoffs bewegen können, steht mit dem Experiment weitgehend in Einklang. Die Analogie zwischen dem elektronischen Verhalten der organischen Verbindungen und dem der anorganischen Halbleiter, die aufgrund der Leitfähigkeitsuntersuchungen zutage tritt, erlaubt dabei die Übertragung einer Reihe der am anorganischen Festkörper entwickelten Vorstellungen auf die organischen, festen Systeme.

Abgesehen von der Fähigkeit einer einwandfreien Erklärung der Experimente, bestätigte die genannte Theorie vor allem auch ihre Leistungsfähigkeit durch die Vorhersage bestimmter Versuchsergebnisse. Sie wies z.B. den Weg, der zur Vergrößerung der Photoströme eingeschlagen werden mußte und den weder die photochemische noch die Excitonentheorie aufzeigen konnten, und führte zur Konstruktion der p-n-Farbstoff-Photoelemente.

Bei allen Versuchen mit organischen Feststoffen muß man sich im klaren sein, daß aufgrund der schwierigen Handhabung dieser Verbindungen — besonders im Falle von Naturstoffen (Chlorophyll, Karotinoide u.a.) — wahrscheinlich nur ein Teil der elektrischen Vorgänge erfaßbar ist. Jede Messung des Photoeffekts dieser Systeme wird nur ein verkleinertes Abbild der wirklichen Vorgänge geben können, da der makroskopische Nachweis der Photoleitfähigkeit eine möglichst gleichmäßige und ungestörte Anordnung der Moleküle zwischen den Elektroden voraussetzt. Diese Schwierigkeit macht es verständlich, daß die bei der Lichtabsorption in organischen Farbstoffen gebildeten elektronischen Ladungsträger solange dem exakten Nachweis entgingen.

In den folgenden Kapiteln sollen nun unter anderem auch Probleme erörtert werden, die sich aus der Tatsache ergeben, daß Naturstoffe, wie Chlorophyll oder Karotin, im Licht ebenfalls eine photoelektrische Aktivität erhalten, die mit der der übrigen organischen Farbstoffe übereinstimmt. Wenn auch die in der „künstlichen Photozelle" gemessenen lichtelektrischen Ströme der Naturstoffe größenordnungsmäßig hinter denen mancher Farbstoffe zurückstehen, so kann die Photoleitfähigkeit dieser Stoffe an der Stelle ihres Wirkungsbereichs in der Pflanze oder in der Netzhaut des Auges doch eine nicht zu vernachlässigende Größe und Wirkung erreichen. Vergegenwärtigt man sich außerdem, daß durch Belichtung beliebiger Farbstoffe (z.B. Eosin) ohne zusätzliche Spannungsquelle gut meßbare Photoströme und Spannungen entstehen, so müßte diese Eigenart in den Fällen Beachtung finden, bei denen Farbstoffe auf irgendeine Weise an empfindliche Zellbestandteile gelangen; denn das an der Zelle angelagerte Farbstoffaggregat wird wohl auch hier elektrische Ladungen im Licht bilden, die möglicherweise zu Schädigungen der Zelle Anlaß geben können. Bei der Adsorption der Farbstoffe an bestimmte Systeme (z.B. AgBr) läßt sich der Effekt technisch nutzen.

Aus den genannten Gründen scheint es nun durchaus gerechtfertigt, eine Reihe dieser in Natur und Technik bedeutsamen Reaktionen unter Berücksichtigung der den organischen Farbstoffen zukommenden photoelektrischen Eigenschaften zu erörtern. Diese Betrachtungen leitet dabei weniger der Wunsch, eine neue Theorie für die eine oder andere Reaktion aufzustellen, als vielmehr das Bestreben, die neuen an den Farbstoffen erhaltenen experimentellen Befunde in die natürlichen Geschehnisse einzuordnen. Inwieweit hierbei manche Vorstellungen einer Überprüfung zugeführt werden müssen, bleibe der Diskussion vorbehalten.

E. Spezielle Reaktionen

Elftes Kapitel

Die spektrale Sensibilisierung der photographischen Schicht

I. Grundlagen

1. Sensibilisierungsbereich

Unter der spektralen Sensibilisierung einer photographischen Schicht versteht man die Fähigkeit bestimmter Farbstoffe, eine Silbersalz-Emulsion für den sichtbaren und ultraroten Spektralbereich empfindlich zu machen.

Diesem von VOGEL (1) im Jahre 1873 entdeckten Vorgang kommt für den photographischen Prozeß entscheidende Bedeutung zu, da das Silberbromid-Grundmaterial nur bis etwa 5000 Å absorbiert und deshalb im langwelligeren Gebiet photochemisch nicht mehr verändert wird. Im langwelligen Spektralbereich der Silberhalogenide liegt nur eine schwache, auf die Fehlordnung der Kristalle zurückgehende Ausläuferabsorption vor — anomale Rotempfindlichkeit, vgl. EGGERT u.a. (2 bis 5) —, die wohl unter Umständen bis zum ultraroten Gebiet photographische Aufnahmen erlauben kann (6), aber aufgrund der erforderlichen langen Belichtung technisch nicht nutzbar ist.

Erst durch Zusatz des Sensibilisierungsfarbstoffs zur photographischen Emulsion — meist am Ende der Herstellung — wird die Empfindlichkeit des Silberhalogenids merkbar über den Bereich der Eigenabsorption des Silberhalogenids hinaus verschoben. Da hierbei das Absorptionsspektrum des adsorbierten Farbstoffs mit dem Sensibilisierungsspektrum übereinstimmt — vgl. (7, 8) —, gelingt es einmal durch die Wahl geeigneter Farbstoffe verschiedene Wellenbereiche bevorzugt zu erfassen (Panchromatische Filme: Roter Bereich; Orthochromatische Filme: Gelbgrüner Bereich) und zum anderen auch Wellenlängen des ultraroten Gebietes bis 14000 Å photographisch zu registrieren. Diese Ausdehnung des photographischen Prozesses in den UR-Bereich durch Synthese geeigneter Sensibilisierungsfarbstoffe erreichte dabei als erster SCHEIBE (9); über die Anwendbarkeit der UR-Photographie wird eingehend bei PLOTNIKOW u.a. (1/A, 10, 11) berichtet. Erwähnt sei auch noch die Bedeutung der spektralen Sensibilisierung für die moderne Farbenphotographie.

2. Sensibilisierungsfarbstoffe

Als technisch wichtige Sensibilisierungsfarbstoffe kommen in der Hauptsache Verbindungen in Frage, die eine konjugierte Kette mit endständigem Stickstoff- oder Sauerstoffatom enthalten.

Die wichtigsten Vertreter stellen dabei die Cyanine dar, bei denen die beiden N-Atome Bestandteile eines heterogenen Ringsystems sind, so daß ein Teil der konjugierten Kette in einen Ring eingebaut ist. Die Ladungskompensation der so erhaltenen positiven Farbstoffionen bewirkt ein Anion. Für diesen Typ gilt somit das Schema:

$$\left[=\overline{N}-\overset{|}{C}\left(=\overset{|}{C}-\overset{|}{C}\right)_n=N<\right]^{\oplus}A^{\ominus} \rightleftharpoons \left[>N=\overset{|}{C}\left(-\overset{|}{C}=\overset{|}{C}\right)_n-\overline{N}=\right]^{\oplus}A^{\ominus}.$$

Auch Erythrosin und andere bekannte Farbstoffe, bei denen die konjugierte Kette an den Enden mit zwei Sauerstoffatomen abschließt, zeigen eine sensibilisierende Wirkung. Die negative Ladung dieser Farbstoffanionen gleicht hier ein Kation aus.

$$\left[|\overline{O}-\overset{|}{C}\left(=\overset{|}{C}-\overset{|}{C}\right)_n=\overline{O}\right]^{\ominus}K^{\oplus} \rightleftharpoons \left[\overline{O}=\overset{|}{C}\left(-\overset{|}{C}=\overset{|}{C}\right)_n-\overline{O}|\right]^{\ominus}K^{\oplus}.$$

Neben diesen beiden Sensibilisatortypen kennt man auch noch als dritte Gruppe intramolekular ionoide, neutrale Moleküle, deren Kettenabschluß am einen Ende durch Sauerstoff und am anderen durch Stickstoff erfolgt; man bezeichnet sie als Merocyanine.

$$\overline{O}=\overset{|}{C}\left(-\overset{|}{C}=\overset{|}{C}\right)_n-\overline{N}< \rightleftharpoons {}^{\ominus}|\overline{O}-\overset{|}{C}\left(=\overset{|}{C}-\overset{|}{C}\right)_n=\overset{\oplus}{N}<$$

Zu beachten ist, daß die freien Valenzen der Polymethinkette nicht nur durch Wasserstoffatome, sondern auch durch andere einwertige Reste (Alkyl-, Aryl- u.a.) abgesättigt werden können.

Für den Absorptions- bzw. Sensibilisierungsbereich der Polymethinfarbstoffe zeichnet in erster Linie die Kettenlänge bzw. die Zahl der zwischen den Heteroatomen eingebauten Methingruppen —CH= verantwortlich; denn in Übereinstimmung zur Theorie (vgl. Kuhnsches Elektronengasmodell) verschiebt sich das Absorptionsmaximum bei Vergrößerung der Polymethinkette um zwei Methingruppen —CH=CH— (d.h. eine Vinylgruppe) um $100\,m\mu$ ($0{,}1\,\mu$) nach längeren Wellen. Man kennzeichnet deshalb allgemein diese Sensibilisatoren nach der Methingruppenanzahl bzw. nach der Zahl n der Doppelmethin-, d.h. Vinylgruppen, die zwischen den heterozyklischen Kernen — nicht den Heteroatomen — liegen:

$$A-\overset{|}{C}\left(=\overset{|}{C}-\overset{|}{C}\right)_n=B.$$

Es gilt $n=0$: Monomethinfarbstoffe (Cyanine); $n=1$: Trimethinfarbstoffe (Carbocyanine); $n=2$: Pentamethinfarbstoffe (Dicarbocyanine) usw. Ein Trimethinfarbstoff ist z.B. das Pinacyanol (1,1'-Diäthylcarbocyaninjodid):

Aus der Verschiebungsregel $[\lambda_{\mathrm{max}} = f(\mathrm{—CH=})]$ läßt sich ersehen, daß die für den ultraroten Bereich empfindlichen Sensibilisatoren eine aus vielen Methingruppen bestehende Kette besitzen müssen; zur Synthese dieser organischen Ultrarotsensibilisatoren vgl. SCHEIBE, KÖNIG u.a. (*9, 12* bis *14*).

Einem Farbstoff mit 11 Methingruppen zwischen den Kernen, wie z.B. im Benzthio-Undecacarbocyanin, entspricht beispielsweise ein Sensibilisierungsmaximum bei 1,05 μ.

$$\left[\underset{\mathrm{C_2H_5}}{\mathrm{N}}\overset{\mathrm{S}}{\diagdown}\mathrm{C}\!=\!\mathrm{CH}\!-\!\mathrm{CH}\!=\!\mathrm{CH}\!-\!\mathrm{CH}\!=\!\mathrm{CH}\!-\!\mathrm{CH}\!=\!\mathrm{CH}\!-\!\mathrm{CH}\!=\!\mathrm{CH}\!-\!\mathrm{CH}\!=\!\mathrm{CH}\!-\!\mathrm{C}\overset{\mathrm{S}}{\diagup}\underset{\mathrm{C_2H_5}}{\mathrm{N}}\right]^{\oplus}\mathrm{ClO_4^{\ominus}}$$

Man beachte, daß derartige für den UR-Bereich sensibilisierte photographische Schichten aufgrund einer starken Schleierwirkung nur kurzzeitig und bei tiefer Temperatur haltbar sind.

Zur allgemeinen Frage der Konstitution und Herstellung von sensibilisierenden organischen Farbstoffen sei auf die zusammenfassenden Darstellungen von WOLFF, BROOKER u.a. (*15* bis *18*, *326/D*) hingewiesen.

3. Hyper- und Übersensibilisierung

Für die spektrale Lage der Sensibilisierungswirkung ist an verschiedenen Farbstoffen nicht allein die von der Farbstoffkonstitution festgelegte Absorptionsbande des Sensibilisatormoleküls, die man z.B. in der alkoholischen Lösung beobachtet, verantwortlich, sondern oftmals auch eine charakteristische, bei der AgBr-Adsorption auftretende neue Absorptionsbande. Diese neue, kräftige Sensibilisierungsbande (*I*-Bande) entsteht an Stelle der normalen, in Lösung aufgenommen Hauptbande und ist gegenüber dieser schwach langwellig verschoben. Sie beruht auf der von SCHEIBE entdeckten und aufgeklärten „reversiblen Polymerisation" der Farbstoffe, die in konzentrierten, wäßrigen Lösungen und bei der Adsorption an einen Feststoff eintritt. Im dritten Kapitel wurde bereits hierüber eingehend berichtet.

Der Bildung derartiger Farbstoffpolymerisate kommt in sensibilisierten Silberhalogenid-Emulsionen eine besondere Bedeutung zu, da der Effekt eine langwellige Verschiebung des Sensibilisierungsbereichs und eine Steigerung der Sensibilisierungsempfindlichkeit aufgrund der starken Absorption der *I*-Banden hervorruft. Jeder Faktor, der die Polymerisation fördert, ist deshalb von besonderem Interesse.

Zum Beispiel erreicht man die Polymerisation durch Beimischung bestimmter aromatischer, heterozyklischer Stickstoffbasen, sogenannter Polymerisationshilfsstoffe — vgl. (*19*) —, zum Sensibilisator. Die Sensibilisierungsempfindlichkeit nimmt dabei erwartungsgemäß zu und der Bereich der photographischen Empfindlichkeit verschiebt sich langwellig bis zur erzwungenen *I*-Bande. Man spricht von *Hypersensibilisierung*.

Bemerkenswerterweise läßt sich die Sensibilisierungsfähigkeit von bereits in der *I*-Form vorliegenden Farbstoffen durch den Effekt der

Übersensibilisierung — vgl. (*19* bis *22*, *133/A*) — weiter vergrößern. Man versteht darunter die durch Zugabe bestimmter Substanzen (Übersensibilisatoren) erreichbare Verstärkung des Energieübergangs vom Sensibilisierungsfarbstoff zum Silberhalogenid, die ohne Änderung des Absorptionsverhaltens der Farbstoff/AgBr-Emulsion erfolgen kann. Der Übersensibilisator, der wohl in gewisser struktureller Beziehung zum Sensibilisator steht, aber kein Farbstoff zu sein braucht — vgl. die Zusammenstellung in (*19*, *22*) —, wirkt dabei bereits in geringster Konzentration.

4. Zusammenhang zwischen Konstitution und Sensibilisierungswirkung

Neben der Festlegung des Sensibilisierungsbereichs durch Länge und Verzweigung der konjugierten Kette und durch die bei der Polymerisation auftretenden *I*-Bande bestehen auch eindeutige Zusammenhänge zwischen chemischer Konstitution des Farbstoffs und dessen sensibilisierender Wirkung.

a) Räumliche Konfiguration

Zum Beispiel hängt die sensibilisierende Kraft eines Farbstoffs in starkem Maße von dessen räumlicher Konfiguration ab. Eine Abweichung von der ebenen Struktur, die durch eine Überlagerung der Substituenten des konjugierten Systems zustande kommt, vermindert dabei nicht nur die Elektronenresonanz des Systems, sondern auch dessen Sensibilisierungswirkung.

Cyaninfarbstoffe, deren Substituenten eine starke räumliche Überlappung aufweisen und die man nach BROOKER — vgl. (*23*) — aufgrund der relativ geringen Raumerfüllung als „kompakte" Moleküle bezeichnet, sind somit für den Sensibilisierungsprozeß weniger geeignet als „locker" gebaute ebene Moleküle. Bereits geringste Abweichungen von der Koplanarität des Konjugationssystems vermindern dabei die Sensibilisierungsfähigkeit, wobei es ohne Bedeutung ist, ob sie auf eine Überlappung der Substituenten untereinander oder mit der Kette bzw. einem Kettensubstituenten beruht. Abgesehen von der Möglichkeit einer Feststellung dieser Änderung der ebenen Struktur durch Vergleich des Absorptionsspektrums des substituierten mit dem des unsubstituierten Farbstoffs, kann auch auf papierchromatographischem Weg die räumliche Konfiguration und ebene Orientierung der Farbstoffe im Hinblick auf die Sensibilisierungswirkung geprüft werden (*24*). Nicht ebene Farbstoffe besitzen sehr hohe R_F-Werte, während ebene niedrige R_F-Werte aufweisen.

b) Chemische Konstitution

Nach RIESTER (*25*) hebt der Einbau eines als Elektronenakzeptor wirkenden Atoms (z.B. N) oder einer Gruppe an eine durchs Schlüsselatom (Auxochrom) positiv induzierte Stelle der ungeradzahligen, konjugierten Kette die Sensibilisierungswirkung eines Farbstoffs auf.

Bemerkenswerterweise beeinflußt diese Substitution auch das Absorptionsverhalten des Farbstoffs, wie bereits im zweiten Kapitel eingehend erörtert wurde; denn der Einbau eines Substituenten mit einer die übrigen Kettenglieder übertreffenden Elektronenaffinität wirkt störend auf die Beweglichkeit der π-Elektronen, da er einen Elektronensog auf das in der Konjugationskette schwingende Elektronengas ausübt. Trifft dabei eine Elektronenhäufungsstelle im Anregungszustand mit dem elektronenaffinen Substituenten zusammen, so resultiert eine Senkung des Energieniveaus und damit eine langwellige Verschiebung.

Von konstitutionell ähnlichen Farbstoffen, die sich durch den Unterschied der Elektronenaffinität eines positiv induzierten Kettenglieds unterscheiden, wirkt somit der Farbstoff mit der ungestörten Kette als Sensibilisator, während der die Störung enthaltende ohne sensibilisierende Eigenschaften bleibt und eine um etwa 1000 Å nach langen Wellen verschobene Absorptionsbande besitzt. Der Rückgang der Sensibilisierungsfähigkeit wird dabei meist vom Effekt der *Desensibilisierung* abgelöst, worunter man die Verringerung der photographischen Empfindlichkeit durch einen Farbstoff versteht.

Als Beispiele seien die Farbstoffe Acridingelb und Safranin angeführt, die sich durch die Art des mittleren brückenbildenden Atoms unterscheiden. Acridingelb (I), dessen Ring ein Kohlenstoffatom schließt, stellt mit $\lambda_{max}=456$ mμ einen Sensibilisator dar, während Safranin (II) infolge der N-Brücke desensibilisierend wirkt und ein langwelliges Absorptionsmaximum bei 539 mμ besitzt.

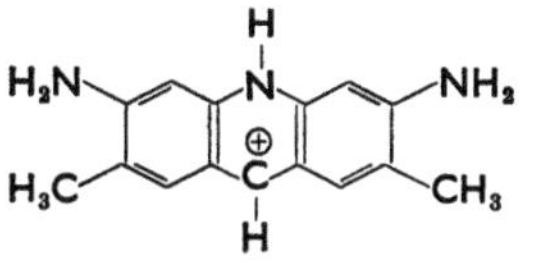

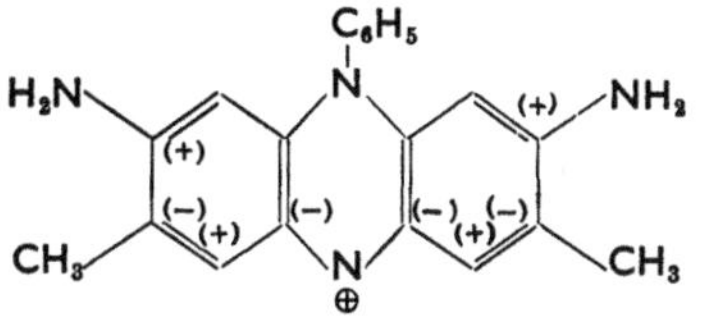

Auch der Ersatz der positiv induzierten mittleren Methingruppe der Polymethinkette des Astraphloxins (III) durch N verschiebt die Absorption ins langwellige Gebiet und führt eine Umwandlung vom Sensibilisator zum Desensibilisator (IV) herbei.

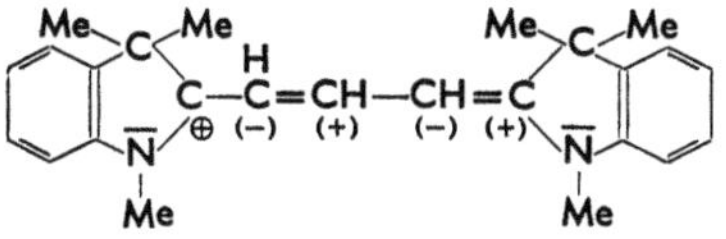

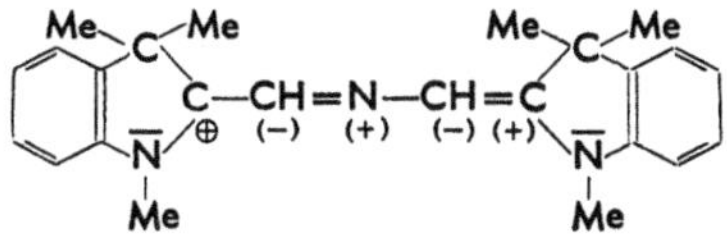

Von RIESTER (25) wird dieses Verhalten an einer Reihe von Beispielen erörtert und damit die Gültigkeit der genannten Regel bewiesen. Als Ursache des Zusammenhangs zwischen Konstitution und Sensibilisierungsfähigkeit eines Farbstoffs sieht dabei SCHEIBE (26) die substitutionsbedingte Änderung des Anregungsterms an; denn während das Anregungsniveau des ungestörten Sensibilisators nach der Scheibeschen Regel etwa 3,4 eV von der Ionisierungsgrenze entfernt liegt, sinkt dieses Niveau beim Desensibilisator entsprechend der langwelligen Verschiebung um 0,2 bis 0,5 eV. Hierdurch scheint wohl ein Elektronenübergang vom angeregten Sensibilisator zu dem 3,5 eV unter dem Nullniveau befindlichen AgBr-Leitungsband möglich, aber nicht vom tieferen Anregungsterm des Desensibilisators aus.

Über weitere Zusammenhänge zwischen Sensibilisierungswirkung und Konstitution vgl. noch LEVKOJEW u.a. (*120/A*).

5. Adsorption des Sensibilisators

Als Voraussetzung für das Wirksamwerden eines Sensibilisators ist verständlicherweise die Adsorption des Farbstoffs an der Oberfläche des Silberhalogenidkorns anzusehen, da ohne diese enge Verbindung die dem Sensibilisierungsprozeß zugrundeliegende Energieübertragung vom Farbstoff zum AgBr nicht mit der erforderlichen Ausbeute erfolgen kann. Wenn man auch nicht behaupten kann, daß ein gut adsorbierter Farbstoff in jedem Fall eine ausgeprägte Eignung zur Sensibilisierung besitzen muß, so darf doch andererseits bei einer schlechten Adsorption höchstens eine geringe Sensibilisierungsfähigkeit erwartet werden.

Eine Parallelität zwischen der durch die molare Adsorptionswärme Q — bestimmt nach der Clausius-Clapeyronschen Gleichung

$$Q = \frac{R \cdot \ln \dfrac{c_1}{c_2}}{\dfrac{1}{T_1} - \dfrac{1}{T_2}} \tag{11.1}$$

(c_1, c_2 freie Farbstoffkonzentration bei Temperatur T_1, T_2) — gekennzeichneten Adsorptionsstärke und der Sensibilisierungswirksamkeit besteht jedenfalls nicht. Q beträgt etwa 8 bis 10 kcal (*27*). Man erkennt jedoch, daß ebene Cyanine nicht nur besser als unebene adsorbiert werden, sondern auch eine größere Fähigkeit zur Sensibilisierung besitzen.

Als Hinweis auf die Adsorptionsart können Messungen der Adsorptionsisotherme angesehen werden, welche die pro Gramm Silberhalogenid adsorbierte Farbstoffmenge $m \left(\dfrac{\text{Mikromol}}{\text{l}} \right)$ in Abhängigkeit von der Konzentration der Farbstofflösung c — Differenzbestimmung auf photometrischem Weg — angeben. Da diese Isothermen in den meisten Fällen den von LANGMUIR beschriebenen Gasadsorptionsthermen ähneln — vgl. (*27, 28, 133/A*) —, d.h. eine Sättigungskonzentration M erreichen und der Beziehung

$$\frac{m}{M} = \frac{kc}{1 + kc} \tag{11.2}$$

folgen, liegt es nahe, eine monomolekulare Bedeckung der Kornoberfläche durch die Farbstoffmoleküle anzunehmen.

Die Sättigungskonzentration gibt dabei die Zahl der adsorbierten Moleküle $\left(\dfrac{M}{\text{Molekülmasse}} \right)$ an und erlaubt aufgrund des Molekülflächenbedarfs einerseits ($\sim$130 Å flache Lage; $\sim$70 Å lange Seitenfläche; $\sim$35 Å kurze Seitenfläche) und der belegbaren Halogensilberoberfläche andererseits die Feststellung, daß die Farbstoffe mit der langen Seitenkante, also in einem gewissen Winkel geneigt, die Kornoberfläche bedecken (*29*). Durch die Beobachtung von *I*- bzw. *H*-Banden in den Absorptions-(Reflexions-)Spektren der adsorbierten Farbstoffe wird diese Adsorptionsweise erklärbar, da die Farbstoffe bekannterweise eine große Neigung besitzen, sich zu Farbstoffpolymerisaten Ebene an Ebene aneinanderzulagern. Da die Hetero-(N-)Atome zum Silberhalogenid weisen und die Kohlenwasserstoffreste entgegengerichtet sind, spricht man von orientierter Adsorption.

Bei einer geringen Konzentration lagern sich entweder jeweils mehrere Farbstoffmoleküle schollenartig in der beschriebenen Art zusammen oder bedecken erst einzeln in flacher Form die Kornoberfläche, um sich bei einer kritischen Konzentration aufzurichten und charakteristisch zu aggregieren. An einer Reihe von Farbstoffen beobachtet man bei höherer Konzentration auch einen Anstieg der Adsorptionsisothermen entsprechend einer Mehrschichtenadsorption (*27*).

Bemerkt sei noch, daß der beste Sensibilisierungseffekt mit einer Farbstoffkonzentration erreichbar ist, die nur 30 bis 60% der maximal adsorbierbaren Menge in monomolekularer Form entspricht. Über die Abhängigkeit der Adsorption von der Halogensilberart, der Silberionenkonzentration, Gelatinekonzentration u.a. vgl. (*27, 30, 31, 133/A*).

II. Der photographische Elementarprozeß

Durch den Sensibilisierungsvorgang wird der eigentliche photographische Primärprozeß in keiner Weise geändert. Er besteht auch hier im Prinzip in einer Reduktion der positiven Silberionen zu Atomen und deren Aggregation zum latenten Bild, das dann ein Silberbromidkorn entwickelbar macht (Silberkeimtheorie). Während jedoch im Silberbromid ein Elektron durch die Eigenabsorption dieser Substanz entsteht und die Reduktion der Silberionen bewirkt, wird bei der Sensibilisierung die für den photographischen Prozeß nötige Energie vom Farbstoff aufgenommen und muß von ihm erst auf das Silberbromid übergehen.

Vor der Erörterung dieser Frage des Energieübergangs sei im folgenden erst kurz auf den photographischen Elementarprozeß selbst eingegangen, wie man ihn heute aufgrund der Theorie und zahlreicher Experimente formuliert. Man vgl. hierzu MITCHELL u.a. (*32* bis *36, 44/D*).

Beim photographischen Elementarprozeß sind nach GURNEY und MOTT (*37, 38*) zwei Teilreaktionen zu unterscheiden: Ein elektronischer Vorgang und ein Ionenprozeß.

1. Der Elektronenprozeß

Den Elektronenprozeß leitet in Silberhalogenidkristallen die Bildung von Elektronen und Defektelektronen bei der Lichtabsorption ein. Da der quantenmechanische Austauscheffekt im Kristall einen Zusammenschluß der den Einzelionen zugehörigen diskreten Energieniveaus zu Energiebändern verursacht, lassen sich die Ladungsträger nicht mehr den primär angeregten Ionen zuschreiben; der $4p$-Term des Br⁻-Ions stellt das Grundband und das $5s$-Niveau des Ag⁺-Ions das Leitungsband dar. Ein vom $4p$-Niveau des Bormidions in den $5s$-Term des Silberions angeregtes Elektron gehört somit nicht dem Einzelion, sondern dem gesamten Kristallkorn an. Das heißt, während korpuskular gesehen durch die Lichtabsorption ein Elektron vom Bromidion unter Bildung eines Bromatoms abgelöst wird, beschreibt die Bändermodellvorstellung diesen Vorgang als Elektronenübergang vom Grund- ins Leitungsband unter Rücklassung eines positiven Defektelektrons.

Verständlicherweise besitzen diese bei der Belichtung entstandenen elektronischen Ladungsträger eine gewisse Diffusionsfähigkeit und Beweglichkeit im elektrischen Feld, die dem Silberhalogenidkristall photoleitende Eigenschaften verleihen. Die Feststellung einer Photoleitung an Silberhalogenidkristallen und photographischen Emulsionen kann somit als Bestätigung für die Bildung von Photoelektronen in diesen photochemisch wichtigen Materialien angesehen werden; vgl. *(39, 40, 121/D)*.

Darüber hinaus läßt der Effekt einer orientierten Silberabscheidung (Print-out-Effekt) im Anodenbereich bei Kurzzeitbelichtung und synchronem Gleichspannungsimpuls einen direkten Nachweis dieser Photoelektronenwanderung zu und erlaubt durch Verschiebung der Phasen zwischen Lichtblitz und Spannungsstoß bis zur unorientierten Silberausscheidung die Messung der Driftbeweglichkeit μ_D (30 bis 60 cm²/ V · sec) und der Lebensdauer (10 µsec) dieser elektronischen Ladungsträger *(3/D, 41, 42)*.

Von entscheidender Bedeutung für die Bildung der latenten Silberkeime muß nun vor allem die Tatsache angesehen werden, daß die primär bei der Lichtabsorption gebildeten Elektronen und Defektelektronen nicht an den als Wiedervereinigungszentren wirkenden Kristallfehlstellen zur Rekombination gebracht, sondern durch Anlagerung an entfernt gelegene Haftstellen getrennt bleiben. Die Rekombination würde das für den Ablauf des photographischen Prozesses erforderliche Photoelektron wieder in den Grundzustand zurückholen und damit eine photochemische Änderung des Silberhalogenids bei der Belichtung ausschalten.

Nach MITCHELL *(43)* wird diese Rekombination vor allem dadurch verhindert, daß die Defektelektronen von den an Oberflächeneckstellen (hierzu zählen auch sogenannte innere Oberflächen) befindlichen Halogenionen, deren negative Ladung unvollständig kompensiert ist und von chemischen Sensibilisierungsprodukten rasch abgefangen werden (hole-trapping). Die Defektelektronenfallen wirken als Elektronendonatoren, die durch Abgabe von Elektronen das in ihrer Nähe diffundierte Defektelektron unter Eigenpositivierung (z.B. Übergang in ein Halogenatom) binden. Als besonders wirksam sind dabei in Bromjodsilberkristallen die an der Oberfläche befindlichen Jodionen anzusehen.

Durch die Bildung eines Halogenatoms beim Defektelektronen-Einfang

$$D^- \to D + \ominus; \quad \ominus + \oplus \to \otimes$$

wird ein benachbartes Silberion durch die nun fehlende Gegenladung überschüssig und geht deshalb sofort auf einen Zwischengitterplatz Ag_O^+ über. Das an der Oberflächeneckstelle befindliche Halogenatom bleibt ebenfalls nicht unverändert, sondern verbindet sich mit einem Halogenidion zu einem negativen Halogenmolekül D_2^-, das die Eigenschaft eines Elektronendonators besitzt und zum Einfang eines weiteren Defektelektrons befähigt ist.

In den mit Schwefel sensibilisierten Kristallen stellen adsorbierte Ag_2S-Moleküle ebenfalls derartige Fallen dar, die den Rekombinationsprozeß durch Bindung der Defektelektronen ausschalten. Auch hier folgt auf den Defektelektronen-Einfang die Bildung eines diffusionsfähigen Zwischengittersilberions Ag_O^+; adsorbierte Silber- oder Goldatome wirken analog.

MITCHELL bezeichnet diese Reaktionen, die in chemisch sensibilisierten und unsensibilisierten Silberhalogenidkristallen bei der Belichtung zur Entstehung von Photoelektronen und Zwischengittersilberionen unter Einfang der Defektelektronen führen, als *Primärvorgang* bei der Bildung des latenten Bildes. Dieser Vorgang läuft dabei bevorzugt an den Empfindlichkeitszentren ab, die an den Kristallfehlstellen — lokalisiert verzerrte Gebiete, Versetzungen u. a. (*44*) — liegen und durch eine besondere Reaktionsfähigkeit und Anreicherung der chemisch sensibilisierenden Produkte ausgezeichnet sind.

Die nach der Entfernung der Defektelektronen im Leitungsband des Kristalls bei verminderter $L \rightarrow G$-Rekombinationsmöglichkeit diffundierenden Photoelektronen werden nach Zurücklegung eines gewissen Weges von diskreten Termen der verbotenen Zone (Elektronenfallen) abgefangen. Diese Fallen sind dabei verständlicherweise nicht mit den Defektelektronen-Traps (D^-, D_2^-, Ag_2S) identisch, sondern stellen Elektronenakzeptoren dar. Zum Beispiel wirken Silberionen an Oberflächenfehlstellen oder gestörten Gitterbereichen des Kristallinnern in dieser Weise, da ihnen aufgrund einer fehlenden Ladungsabsättigung ein positiver Ladungsüberschuß zukommt (*34*). Die Urkeime Ag_2^+ — vgl. (*32*) — und vor allem die durch chemische Sensibilisierung in den Kristall gebrachten Reifkeime (Silbersubkeime) sind dabei in besonderem Maße als Elektronenhaftstellen wirksam. Unter den letztgenannten Keimen versteht man noch nicht entwickelbare Ag_n-Au_n- oder $[Ag_p(Ag_2S)_q]$-Aggregate (*44/D*), die sich infolge eines Adsorptionsgleichgewichts mit Silberionen positiv laden:

$$[Ag_p(Ag_2S)_q] + \text{n } Ag_O^+ \rightleftarrows [Ag_{p+n}(Ag_2S)_q]^{n+} .$$

Der Einfang der Photoelektronen an derartige Traps (Ag_2^+ u.a.) muß ebenfalls als unumgängliche Voraussetzung für den Ablauf des Prozesses angesehen werden, der zur Bildung des latenten Bildes führt; denn die hierdurch festgelegte negative Ladung stellt erst die Ursache des eigentlichen Silberkeimaufbaues aus positiven Silberionen dar.

2. Der Ionenprozeß

Für die Entstehung des latenten Bildes ist neben der Beweglichkeit der elektronischen Ladungsträger (Elektronen, Defektelektronen) im

Grund- bzw. Leitungsband auch die Wanderungsfähigkeit von Silberionen von entscheidender Bedeutung; denn die Wanderung der Silberionen, die in der Hauptsache über Zwischengitterplätze erfolgt, führt diese Ionen an die durch Photoelektronen negativ geladenen Zentren heran und verursacht so im Sekundärprozeß den eigentlichen Aufbau des latenten Bildkeimes. Eine Reihe von Untersuchungen über die Dunkelleitfähigkeit von Halogensilberkristallen — z. B. über die Temperaturabhängigkeit oder Fremdionenbeeinflussung u. a.; vgl. (45, 46) — können dabei als Beweis für das Vorhandensein und die Beweglichkeit von Silberionen angesehen werden. Die Zwischengittersilberionen Ag_O^+ entstehen einmal durch die Bestrahlung als Folge des Defektelektroneneinfangs und zum anderen aufgrund der Frenkelschen Eigenfehlordnung — vgl. z. B. (47) — durch einen thermisch aktivierten Übergang einzelner Gitterionen Ag_G auf Zwischengitterplätzen Ag_O^+ unter Zurücklassung von Silberionenlücken $Ag_\square'$:

$$Ag_G \rightleftarrows Ag_O^+ + Ag_\square'; \quad Ag_O^+ \cdot Ag_\square' = K\left(= f(T)\right). \tag{11.3}$$

Zusammenhang mit der Dunkelleitfähigkeit:

$$\sigma_{Ag_O^+} = n_{Ag_O^+} \cdot e \cdot \mu_{Ag_O^+} = e \cdot n_{Ag_O^+} \cdot w_{Ag_O^+} \exp\left(-\frac{U_{Ag_O^+}}{kT}\right). \tag{11.4}$$

Betrachtet man *zusammenfassend* den das latente Bild aufbauenden Prozeß, so erkennt man, daß er in einem abwechselnden Einfangen von Photoelektronen an Elektronenfallen (z. B. gestörte Ag^+) und einer aufgrund der negativen Ladung erfolgenden Anziehung der Zwischengittersilberionen besteht. Die Fallen sind dabei niemals zur Photoelektronenaufnahme und Ag_O^+-Anlagerung befähigt.

Primär bildet sich so am Empfindlichkeitszentrum einer inneren oder äußeren Oberfläche ein instabiler *Urkeim* Ag_2^+:

$$Ag^+ + \ominus + Ag_O^+ \rightleftarrows Ag + Ag_O^+ \rightleftarrows Ag_2^+, \tag{11.5}$$

der entweder rasch zerfällt oder durch Einfangen eines weiteren Photoelektrons in den relativ beständigen *Vorkeim* (Subkeim) Ag_2 übergeht

$$Ag_2^+ + \ominus \rightleftarrows Ag_2. \tag{11.6}$$

Diese Vorkeime Ag_2 wirken nach MITCHELL als Kondensationskeime für Photoelektronen und Zwischengittersilberionen und führen zum Aufbau des latenten *Vollkeim*bildes Ag_n:

$$Ag_2 + Ag_O^+ + \ominus \rightleftarrows Ag_3^+ \; + \ominus \rightleftarrows Ag_3, \tag{11.7}$$

$$Ag_n + Ag_O^+ + \ominus \rightleftarrows Ag_{n+1}^+ + \ominus \rightleftarrows Ag_{n+1}. \tag{11.8}$$

Da die in den Vollkeimen benachbarten Halogenionen oder Silberionenlücken eine negative Ladung besitzen und Ag^+ anziehen, gelangen Zwischengittersilberionen zu den Vollkeimen, werden von diesen adsorbiert und laden sie positiv auf. Durch diese positive Ladung erhalten die Vollkeime die Befähigung zur Elektronenaufnahme aus dem Entwickler E und ermöglichen so die photolytische Silberabscheidung beim Entwicklungsprozeß

$$Ag^+ + \ominus_E = Ag; \qquad Entw_{Red} = Entw_{Ox} + \ominus_E \qquad (11.9)$$

(*48, 49*). Als kleinste Einheit des latenten Bildes kann dabei bereits eine tetraedrische Gruppe von 3 Silberatomen + 1 Silberion angesehen werden.

Über weitere Einzelheiten des photographischen Elementarprozesses sei auf die bereits zitierten zusammenfassenden Arbeiten von MITCHELL u.a. hingewiesen; man vgl. noch speziell zum Problem der chemischen Sensibilisierung (*32, 44/D*), der F-Zentren (*50*), der elektronenmikroskopischen Untersuchungen an Silberhalogeniden (*51*), über besondere Einzeleffekte (*35, 52*), die Prüfung des photochemischen Äquivalenzgesetzes (*53, 54*) und die Verteilung des latenten Innen- zum Oberflächenbild (*55*).

Bemerkenswerterweise läßt sich die Theorie des photographischen Elementarprozesses auch anhand von Photoleitungsmessungen nachprüfen; denn man beobachtet an AgBr nicht nur einen positiven lichtelektrischen Effekt, sondern auch eine Stromabnahme bei der Belichtung, in der man eine unmittelbare Folge des bei der Entstehung des latenten Bildes ablaufenden Elementarvorgangs sieht. Die negative Photoaktivität dürfte dabei auf die der Bildung des latenten Vollkeimbildes parallel laufende Verringerung der Zwischengittersilberionen durch Adsorption an den Vorkeimen, welche die bei Belichtung abgelösten Photoelektronen aufnahmen, zurückgehen; man vgl. hierzu (*40, 77/D*). Der Effekt stellt gleichsam das photoelektrisch wahrnehmbare Bild der in der photographischen Schicht ablaufenden Elektronen- und Ionenprozesse dar.

Das folgende Schema dient noch zur übersichtlichen, einfachen Darstellung der einzelnen Reaktionsstufen; $\pm\delta$ zeigt dabei die den fehlgeordneten Gitterbestandteilen [ ] relativ zur Umgebung zugehörige positive oder negative Überschußladung an.

$$\left.\begin{array}{l}
\text{Elektronen-} \left\{\begin{array}{llll}
\text{1.} & AgBr & +h \cdot \nu & = \ominus + \oplus \quad \text{Pos. Photostrom} \\
\text{2.} & \oplus & +[Br^-]^{-\delta} & = [Br]^{+\delta} \quad \text{rasch} \\
\text{3.} & & Ag_G & \rightarrow Ag_O^+ \\
\text{4.} & \ominus & +[Ag^+]^{+\delta} & = [Ag]^{-\delta} \quad \text{Neg. Photostrom}
\end{array}\right. \\[1em]
\text{Ionen-} \left\{\begin{array}{llll}
\text{5.} & [Ag]^{-\delta} & +Ag_O^+ & \rightleftarrows Ag_2^+ \quad \text{Urkeimbildung} \\
\text{6.} & Ag_2^+ +\ominus +Ag_O^+ & & = Ag_3^+ \text{ usw.} \gtreqless Ag_4^+ : \text{latenter} \\
& & & \qquad\qquad\qquad\quad \text{Vollkeim.}
\end{array}\right.
\end{array}\right\} (11.10)$$

III. Mechanismus der spektralen Sensibilisierung

Die Deutung des Sensibilisierungsvorgangs verlangt vor allem die Klärung der Frage, wie es möglich ist, daß durch Lichtabsorption im organischen Farbstoff das an diesen angrenzende und — abgesehen von der Ausläuferabsorption — selbst nicht absorbierende Silberhalogenid ohne Veränderung des Sensibilisators photochemisch zersetzt wird.

Obwohl seit Entdeckung dieser Reaktion eine Reihe von Theorien zur Erklärung des Energieübertragungsmechanismus ausgearbeitet wurden, blieb der Mechanismus doch lange Zeit ein ungeklärtes Problem.

Ursprünglich diskutierte man die Bildung einer lichtempfindlichen Verbindung aus dem Farbstoff und dem Silberhalogenid, die bei Belichtung in der Farbstoffabsorptionsbande in ein Silberatom und einen Farbstoffrest zerfallen sollte (*56, 57*). Sicher sind verschiedene Farbstoff-Silber-Verbindungen, die sich in der genannten Weise zersetzen, bekannt. Aber der von EGGERT, NODDACK u. a. (*58* bis *61*) wahrgenommene Befund, demzufolge ein Farbstoffmolekül die Fähigkeit zur Bildung von 100 und mehr Silberatomen besitzt, ehe durch Oxydation oder sonstige Zerstörung des Farbstoffs eine Ermüdung der Schicht eintritt, spricht eindeutig gegen diese chemische Theorie. Auch die Annahme, eine kurzwellige Fluoreszenzstrahlung sei für die Sensibilisierung verantwortlich (*62*), ist nicht richtig, zumal eine (kurzwellige) antistokesche Strahlung nur in wenigen Fällen bekannt ist. Eine Quantensummation durch den Farbstoff und eine hierauf erfolgende Abgabe von Doppelquanten (*63*) steht im Widerspruch zur Intensitätsabhängigkeit der photographischen Wirkung (*64*). Eine Deformation des Silberhalogenidgitters durch den adsorbierten Farbstoff kann den Sensibilisierungseffekt ebenfalls nicht erklären (*65*), da gerade eine kurzwellige Verschiebung beobachtet wurde (*138/D*).

In der Hauptsache werden zur Zeit nur noch folgende beide Hypothesen diskutiert: Einmal die Übertragung der Energie als solche in der Art eines Resonanzvorganges und zum anderen die Möglichkeit eines direkten Elektronenübergangs vom Farbstoff zum Silberhalogenid. Beiden Theorien ist dabei gemeinsam, daß am Schluß jeder Elementarreaktion ein Ag-Atom erscheint und somit das Ag^+-Ion irgendwie ein Elektron erhalten haben muß. Nach der erstgenannten Theorie stammt dieses Elektron von einem Bromid-Ion, während die letztgenannte elektronische Theorie einen Elektronenübergang vom Farbstoff zum Silberhalogenid annimmt.

Wenn auch hier aufgrund zahlreicher experimenteller Befunde der elektronischen Theorie die größte Wahrscheinlichkeit zugeschrieben wird, sei im folgenden doch kurz das Wesentliche der Resonanztheorie mit angeführt.

1. Resonanztheorie

Diese Theorie betrachtet die spektrale Sensibilisierung als einen Resonanzvorgang, bei dem die im Farbstoff absorbierte Energie auf fehlgeordnete Halogenionen übergeht, die hierdurch die Fähigkeit erlangen, Elektronen ans Silberbromidleitungsband abzugeben. Da die Existenz fehlgeordneter Halogenionen, deren Energieniveaus mit denen des Farbstoffanregungszustands übereinstimmen, durch Messungen einer anomalen Rotempfindlichkeit des Halogensilbers sichergestellt ist (*2* bis *5*), und darüber hinaus der Farbstoff unverändert bleibt, erscheint ein Resonanzmechanismus der Energieübertragung durchaus möglich.

Der Vorgang wird dabei wie folgt schematisch formuliert:

$$\left.\begin{array}{ll} 1. & \text{F} \quad + h\nu \;= \text{F*}, \\ 2. & \text{F*} \;+ \text{Br}^- = \text{F} + \text{Br} + \ominus, \\ 3. & \text{Ag}^+ + \ominus \;\;= \text{Ag}. \end{array}\right\} \qquad (11.11)$$

Man erkennt, daß der Farbstoff bei Gültigkeit dieses Mechanismus keine Ladungsänderung erfährt, da die Energieverschiebung nur innerhalb der Farbstoff-Bromid-Einheit erfolgt. Die Aufgabe des Sensibilisators besteht allein darin, die geringe Elektronen-Übergangswahrscheinlichkeit der fehlgeordneten, für die schwache Rotempfindlichkeit verantwortlichen Bromidionen zu erhöhen; vgl. (*66* bis *68*).

Der Farbstoff dürfte hierzu befähigt sein, da er durch eine relativ lange Lebensdauer des Anregungszustands (eventuell Triplettzustand) die Wahrscheinlichkeit des Elektronenübergangs der benachbarten aktiven Stellen zum AgBr-Leitungsband vergrößern kann. Entweder erhöht er hierbei die Wahrscheinlichkeit des eventuell quasi-verbotenen Übergangs der aktiven Stellen oder er wirkt infolge der Bildung einer Art Molekülverbindung (Symplex) zwischen Farbstoff und aktiven Zentren — vgl. SCHEIBE (*68*) — in der genannten Weise.

Daneben wird auch eine Energieübertragung mittels des Frank-Condon-Prinzips diskutiert (*66, 69, 311/D*), demzufolge die im Farbstoff absorbierte Energie den Schwingungszustand des AgBr-Gitters gleichsam wie durch eine Temperaturvergrößerung erhöht. Hierdurch vermindert sich der Abstand zwischen Grund- und Anregungszustand, der bei unveränderter Konfigurationskoordinate für die Lichtabsorption verantwortlich ist; in diesem Zusammenhang sei an die langwellige Verschiebung der Fluoreszenzstrahlung erinnert. Nach dieser Theorie müßte eine Sensibilisierung der photographischen Schicht bis 19000 Å gelingen.

Gegen den Resonanzmechanismus können verschiedene Einwände vorgebracht werden: Einmal geht die vom Farbstoff absorbierte Energie nicht immer direkt von der Absorptionsstelle auf das Silberhalogenid über, sondern wandert vor dem Wirksamwerden erst über mehrere Farbstoffmoleküle hinweg. Ein Resonanzmechanismus (bzw. Symplexbildung) ist deshalb in diesem Fall wenig wahrscheinlich. Daneben bleibt die spektrale Sensibilisierung durchaus nicht auf die Photolyse bzw. den hiermit eng verbundenen lichtelektrischen Effekt der Silberhalogenide beschränkt, sondern wird auch an zahlreichen anorganischen Photoleitern beobachtet (s. zwölftes Kapitel). Da nun einerseits anzunehmen ist, daß der Mechanismus dieses Vorgangs in allen Fällen weitgehend übereinstimmt, und andererseits eine Deutung in der beim AgBr genannten Art (Resonanz) bei der Mehrzahl der anorganischen Systeme nicht gelingt, liegt zwangsläufig die Diskussion eines anderen Mechanismus nahe. Und hier bietet sich gerade der elektronische Mechanismus an, dessen Teilreaktionen durch zahlreiche neue Experimente bestätigt werden.

2. Elektronische Theorie der Sensibilisierung

Im Gegensatz zur letztgenannten Hypothese, bei der das für die Reduktion des Ag^+-Ions verantwortliche Elektron aus den energetisch begünstigten Bromidstellen des Korns stammt, nimmt die elektronische Theorie einen Elektronenübergang vom Farbstoff zum AgBr an. Während der Resonanzvorgang dabei ohne besonderen Regenerationsschritt auskommt, setzt der elektronische Mechanismus verständlicherweise einen Ladungsausgleich des Farbstoffs durch eine Elektronenrückkehr vom AgBr voraus. Folgendes Schema steht deshalb zur Diskussion ($11/D$):

$$\left. \begin{array}{llll} 1. & F & + h\nu & = F^+ + \ominus, \\ 2. & Ag^+ & + \ominus & = Ag, \\ 3. & F^+ & + Br^- & = F + Br. \end{array} \right\} \tag{11.12}$$

Der elektronische Sensibilisierungsmechanismus wurde zuerst von GURNEY und MOTT (37) postuliert, in späteren Jahren aber von diesen und anderen Autoren als ungültig angesehen ($44/D$, 67, 68, 70). Einmal schien ein Elektronenübergang vom Farbstoff zum Silberhalogenid aufgrund einer zu großen Ionisierungsenergie des Sensibilisators — nach COULSON 7 eV (71), nach SCHEIBE $3,4 + [h\nu_{max}]$ eV ($311/D$) —, die weit über der vom Farbstoff absorbierten Energie lag, unwahrscheinlich. Zum anderen setzt diese Hypothese die Entstehung von Photoelektronen im reinen sensibilisierenden Farbstoff voraus, und gerade dieses Problem war sehr umstritten; denn an organischen Sensibilisatoren wurde von manchen Autoren überhaupt keine Photoaktivität nachgewiesen ($121/D$, $340/D$) oder nur eine sehr geringe Photoleitfähigkeit nach langer Belichtung beobachtet (6 bis $9/D$), die man wegen ihrer komplexen Eigenschaften — Quantenausbeute $\varphi < 10^{-5}$, Trägheit, Hemmung durch Gase, Beschränkung auf basische Farbstoffe — mehr auf Ausbleichreaktionen, photochemische Zersetzung der Farbstoffmoleküle oder sonstige Nebenreaktionen zurückführte. Auch der von TERENIN u.a. ($42/D$) nach der Methode von BERGMANN an Farbstoffen wahrgenommene Kristallphotoeffekt wurde nicht als direkter Beweis der Erzeugung von Photoelektronen im Sensibilisator angesehen ($44/D$), da die isoliert angebrachten Elektroden keine Beobachtung eines steten Stromflusses erlaubten. Die Parallelität zwischen der Photoleitung angefärbter anorganischer Halbleiter (AgBr, CdS) und dem Absorptionsverhalten der Farbstoffe stellte ebenfalls nicht die Photoleitung des Sensibilisators sicher; denn die Photoelektronen konnten sowohl primär als auch erst sekundär nach Übertragung der Energie im anorganischen Halbleiter entstanden sein. Aus dem Fehlen der Photoleitung an sensibilisiertem, nichtleitendem $PbCl_2$ schloß man außerdem, daß die lichtelektrische Leitfähigkeit ans AgBr gebunden sei und keine Eigenschaft des adsorbierten Farbstoffes darstelle ($121/D$).

Der aus den genannten Gründen abgelehnte elektronische Energieübertragungsmechanismus besitzt nun aber aufgrund der seit 1951 von NODDACK u.a. erarbeiteten experimentellen Befunde doch eine sehr große Wahrscheinlichkeit. In zahlreichen Untersuchungen konnte nämlich sichergestellt werden — vgl. achtes bis zehntes Kapitel —, daß sensibilisierende Farbstoffe bei Belichtung mit sichtbarer Strahlung eine auf elektronische Ladungsträger zurückgehende Photoleitung besitzen und somit die primäre Voraussetzung für den Ablauf des elektronischen Sensibilisierungsmechanismus bieten. Darüber hinaus liegt die Möglichkeit einer Energieübertragung vom Farbstoff zum Silberhalogenid infolge der energetischen Verhältnisse des Farbstoff-AgBr-Systems im Gegensatz zu früheren Auffassungen doch durchaus nahe.

Für den Mechanismus der Sensibilisierung werden deshalb folgende Teilreaktionen herausgestellt (*72, 73, 123/D*).

1. Bildung eines Photoelektrons (und Defektelektrons) im Farbstoff durch einen π-π*-Übergang bei Belichtung in der Absorptionsbande des Farbstoffs.

2. Wanderung der Anregungsenergie über mehrere Farbstoffmoleküle, ein Vorgang, dem beim Vorliegen von polymer adsorbierten Farbstoffen (Übersensibilisierung) Bedeutung zukommt.

3. Übergang des Photoelektrons aus dem Anregungsniveau bzw. Leitungsband des Farbstoffs ins AgBr-Leitungsband.

4. Rückkehr eines Elektrons vom AgBr zum Farbstoff.

Man erkennt, daß bei diesem Mechanismus der Sensibilisator in den Ablauf des eigentlichen photographischen Primärprozesses selbst nicht eingreift. Der Farbstoff hat allein die Aufgabe, das im Falle der unsensibilisierten Schicht durch Eigenabsorption ins AgBr-Leitungsband gebrachte Elektron zu stellen und gleichzeitig die der Bildung eines Defektelektrons des AgBr-Valenzbands analoge Wirkung (z. B. Ag_O^+-Erzeugung) im Silberhalogenidkorn hervorzurufen.

a) 1. Teilreaktion

Die erste Teilreaktion, d. h. die Bildung elektronischer Ladungsträger bei Belichtung des reinen sensibilisierenden Farbstoffs, kann heute als gesichert gelten: Organische Sensibilisatoren sind Photoleiter, die die bekannten Photoeffekte, wie Sperrschichtphotoeffekt, Becquerel-Effekt, Kristallphotoeffekt, inneren lichtelektrischen Effekt bei Längs- und Querfeldbelichtung, p-n-Photoeffekt und auch die charakteristischen Eigenarten dieser Effekte aufweisen; vgl. achtes und neuntes Kapitel. Daß für das Zustandekommen der Photoaktivität dabei auf keinen Fall Ausbleichreaktionen oder sonstige photochemische Erscheinungen verantwortlich sind, als deren Folge Zersetzungsprodukte entstehen und einen Photostrom vortäuschen (*23/D*), geht aus den im neunten Kapitel beschriebenen Eigenschaften des Farbstoffphotoeffekts bereits deutlich hervor. Es sei hier im einzelnen nochmals besonders hervorgehoben, daß die Photoaktivität bei geeigneter Zellenanordnung weitgehend *trägheitslos* einsetzt — unter 10^{-3} sec; vgl. (*61/D*) — und im Dunkeln ebenso rasch zurückgeht. Darüberhinaus bleibt der Photostrom bestimmter Widerstandsphotozellen (z. B. aus Kryptocyanin u. a.) oder der Kurzschlußstrom bzw. die Leerlaufspannung der aus Farbstoffen gebildeten Photoelemente auch bei minutenlanger Belichtung *konstant*, so daß eine

Ausbleichungs- oder Erwärmungstheorie, die man bis vor kurzem erörterte, unmöglich wird, da deren Gültigkeit eine Proportionalität zwischen Photoaktivität und Belichtungszeit voraussetzen würde. Gegen die photochemische Zersetzungstheorie spricht auch die *Reversibilität* des Effekts und die Eigenart der als Vakuumleiter eingestuften Farbstoffe, den Querfeldphotostrom bevorzugt im Vakuum — also unter Bedingungen, die eine Ausbleichung weitgehend verhindern — auszubilden.

Die häufig diskutierte Annahme, der Photoeffekt sei nur auf basische Farbstoffe beschränkt (*7/D, 9/D*) und könne somit nicht mit der spektralen Sensibilisierung zusammenhängen, da ja auch saure Farbstoffe sensibilisierend wirken, entspricht nicht der Wirklichkeit; denn nicht nur basische, sondern auch *saure* (Eosin u. a.) und *neutrale* Sensibilisatoren (Merocyanine u. a.) sind photoelektrisch aktiv. Ebenfalls ist die Behauptung nicht aufrecht zu erhalten, daß die Photoleitfähigkeit von Farbstoffen auf das Vakuum beschränkt sei. Dies würde ohne Zweifel von vornherein einen Zusammenhang zwischen Farbstoffphotoleitfähigkeit und Sensibilisierung ausschließen, da die photographische Sensibilisierungsreaktion an der *Luft* abläuft. Es zeigt sich nun aber, daß viele Sensibilisatoren entweder zur Gruppe der sogenannten O_2-Photoleiter (*43/D*) gehören, die im Sauerstoff eine mehr oder weniger ausgeprägte Erhöhung ihres Photostroms aufweisen, oder bei Zugehörigkeit zur Vakuumleitergruppe auch noch im Sauerstoff — besonders bei Änderung der Versuchsanordnung; in der photographischen Schicht ist man weit von der idealen Querfeldanordnung entfernt! — einen meßbaren Photostrom beibehalten.

Gegen eine Beziehung zwischen Sensibilisierung und Photoaktivität wurde oftmals die geringe Quantenausbeute der lichtelektrischen Leitfähigkeit angeführt (*44/D, 49/D*). Aus neueren Messungen — vgl. (*116/D, 123/D*) — geht aber hervor, daß sich die *Quantenausbeuten* einer Reihe sensibilisierender Farbstoffe größenordnungsmäßig dem Wert 1 nähern — Pinacyanol $\varphi = 0,37$; Merocyanin $\varphi = 0,5$ — und damit die Quantenausbeute der von NODDACK u. a. (*74*) gemessenen sensibilisierenden Photolyse des AgBr, die in der Größenordnung von 10^{-2} liegt

$$\left(\varphi = \frac{\text{photolytisch gebildete Ag-Atome}}{\text{absorbierte Quanten}}\right),$$

nicht nur erreichen sondern sogar überschreiten.

Es würde zu weit führen, hier noch weitere Eigenschaften der Farbstoff-Photoelektrizität zu erörtern. Man vergleiche hierzu die eingehenden Ausführungen im achten bis zehnten Kapitel.

Hervorgehoben sei aber, daß bestimmte Effekte, die der spektralen Sensibilisierung zugehören, bereits ein Abbild in der Photoelektrizität des reinen Farbstoffs haben.

Beispielsweise nimmt die Quantenausbeute mit abnehmender *Schichtdicke* zu, ein Verhalten, das an Farbstoffschichten beim Becquerel-Effekt (*12/D*), äußeren Photoeffekt (*105/D*) und Querfeldphotoeffekt (*116/D*) nachgewiesen wurde und völlig analog zur bekannten desensibilisierenden Wirkung mehrmolekularer Farbstoffschichten steht (*75, 133/A*).

Auch der *Temperatureffekt*, der sich in einer Abnahme der photographischen Empfindlichkeit einer sensibilisierenden Schicht bei Temperaturerniedrigung anzeigt, dürfte seine Ursache in der Temperaturempfindlichkeit des Sensibilisators haben (*86/B*); denn während sich der Photoeffekt des reinen anorganischen Materials — z.B. TlJ (*42/D*) — kaum mit der Temperatur ändert, drückt die Photostromzunahme des Farbstoffs bei Temperaturerhöhung dies dem sensibilisierenden System auf.

b) 2. Teilreaktion

Naturgemäß beweist die beobachtete Photoaktivität der Farbstoffe gleichzeitig den zweiten Schritt der Sensibilisierungsreaktion, der in einer Energiewanderung über mehrere Farbstoffmoleküle hinweg besteht und dem beim Vorliegen von am AgBr-Korn adsorbierten Farbstoffaggregaten eine große Bedeutung zukommt.

Tabelle 16. *Quantenausbeute* $= f$ *(Schichtdicke) beim Becquerel-Effekt (12/D): Cyanin*

Schichtdicke	Quantenausbeute
$0,357 \cdot 10^{-6}$ cm	$1,43 \cdot 10^{-2}$
$0,595 \cdot 10^{-6}$ cm	$0,960 \cdot 10^{-2}$
$0,952 \cdot 10^{-6}$ cm	$0,995 \cdot 10^{-2}$
$5,74 \cdot 10^{-6}$ cm	$1,06 \cdot 10^{-2}$
$11,48 \cdot 10^{-6}$ cm	$0,875 \cdot 10^{-2}$
$17,2 \cdot 10^{-6}$ cm	$0,726 \cdot 10^{-2}$
$23,0 \cdot 10^{-6}$ cm	$0,776 \cdot 10^{-2}$

Sicher ist diese Wanderung keine Voraussetzung für den Sensibilisierungseffekt selbst, da ja auch schon einzelne Farbstoffmoleküle befähigt sind, den photographischen Primärprozeß einzuleiten (*76*). Darüber hinaus deuten auch die lichtelektrischen Versuche in die gleiche Richtung; denn sie lassen als Grenzwert eine maximale Photoaktivität am Einzelfarbstoffmolekül erwarten, wie die Zunahme der Quantenausbeute mit abnehmender Schichtdicke anzeigt; vgl. Tabelle 16 und (*12/D*).

Das Zusammenlagern der Farbstoffmoleküle vergrößert aber den Treffbereich (*77*), so daß durch die Energiewanderung die von den Empfindlichkeitsstellen des AgBr-Korns entfernt liegenden Farbstoffmoleküle wirksam und für die Sensibilisierung (und Übersensibilisierung) nutzbar werden.

Die Energieübertragung durch photochemische Zersetzungsprodukte (Ionen) scheidet dabei aufgrund der genannten Ergebnisse sicher aus. Da Excitonen infolge der hohen Quantenausbeute ebenfalls nicht als Träger der absorbierten Energie in Frage kommen, dürfte der elektronische Energieübertragungsmechanismus die größte Wahrscheinlichkeit besitzen. Nach ihm gehören die durch π-π^*-Anregung ins Leitungsband gehobenen Elektronen der gesamten Farbstoffschicht an und ermöglichen so, wie in einem Kristallphosphor, die Übertragung der Anregungsenergie. Darüber hinaus trägt auch die zurückgebliebene positive Lücke des Farbstoffs in der Art eines Defektelektronenmechanismus zur Leitung bei.

c) 3. Teilreaktion

Was die oben definierte dritte Teilreaktion der Sensibilisierung anbelangt, d.h. die Frage, ob das angeregte Elektron aus dem Farbstoff ins AgBr-Gitter übergehen kann, so ist diese Möglichkeit experimentell und theoretisch gesichert.

α) Experimenteller Befund. Experimentell ergibt sich dieser Übergang aus der Tatsache, daß das Aktionsspektrum des an reinem AgBr (Kristall, photographische Emulsion) wahrnehmbaren Photostroms durch Zugabe eines sensibilisierenden Farbstoffs derart verschoben wird, daß es mit der Eigenabsorption des Farbstoffs zusammenfällt. Das Silberhalogenid wird somit durch Anfärben in einem Spektralbereich photoleitend, in dem es keine Grundgitterabsorption aufweist, so daß die Gebiete der Absorption, spektralen Sensibilisierung und der durch die Farbstoffsensibilisierung bewirkten lichtelektrischen Leitung zusammenfallen.

Die Versuche stellen praktisch das *photoelektrische Analogon für den photographischen Sensibilisierungsvorgang* dar. Wenn sie auch keine Aussagen über die Teilschritte selbst ermöglichen, also nicht darüber entscheiden können, ob die Photoelektronen primär im Farbstoff oder erst sekundär im anorganischen Photoleiter entstehen, so gewähren sie doch wichtige experimentelle Einblicke in die Sensibilisierungsreaktion; denn die photoelektrischen Untersuchungen erlauben eine Prüfung der in der sensibilisierten Emulsion zum latenten Bild führenden Vorgänge auf einem vom photographischen Prozeß unabhängigen Weg.

Es sei hier auf die Arbeiten von WEST und CARROLL, EGGERT u.a. verwiesen, in denen die genannte Parallelität zwischen Farbstoffabsorption, Sensibilisierung und Photoeffekt direkt an photographischen Gelatineemulsionen (*78, 79, 121/D*), kristallisierten AgBr-Schichten (*80*), sublimiertem AgJ (*81*), an AgBr-Photoelementen (*49/D, 62/D*), in der Becquerel-Anordnung (*82*) und nach dem Verfahren des Kristallphotoeffekts (*35/D, 83, 84*) nachgewiesen wurde.

Interessanterweise ist dieser Farbstoffsensibilisierungseffekt nicht nur auf das Silberhalogenid beschränkt, sondern kann als ein den photoleitenden Systemen allgemein zugehöriger Effekt angesehen werden, wie Versuche an CdS (*85*), Alkalihalogeniden (*86*), ZnO (*87*), PbO, HgO, TlJ, Cu_2O u.a. (*42/D*) erkennen lassen. Die Photoleitung dieser Verbindungen wird somit durch Zugabe eines Farbstoffs in Analogie zur photographischen Emulsion in das Gebiet langwelliger Absorption verschoben, das mit der Sensibilisatorabsorptionsbande übereinstimmt.

Daß die Sensibilisierung des nichtleitenden $PbCl_2$ (*121/D*) zu keiner Photoleitfähigkeit der anorganischen Verbindung führt, stellt dabei keinen Widerspruch dar; denn wenn bereits die Grundgitterabsorption ohne nennenswerte Ausbildung eines Photostroms in einer Substanz bleibt und somit ein rasches Inaktivwerden des Photoelektrons andeutet, so wird man naturgemäß von den aus einem Farbstoff in das anorganische Material gelangenden Elektronen kein anderes Verhalten erwarten können.

Als bedeutungsvoll muß noch die Tatsache angesehen werden, daß sich auch der Zusatz eines Übersensibilisators zur sensibilisierten photographischen Emulsion im Photoleitungsverhalten ausprägt (*121/D*). Der für sich wirkungslose und nicht im Sensibilisierungsgebiet absorbierende Übersensibilisator erhöht somit nicht nur die photographische Empfindlichkeit, sondern auch die lichtelektrische Leitfähigkeit der Emulsion. Das heißt, die zugesetzten organischen Moleküle sind befähigt, die Wirksamkeit des Elektronenübergangs vom Farbstoff zum Silberhalogenid auf irgendeine Weise zu vergrößern, und diese Parallelität zwischen photographischer Empfindlichkeit und Photoleitung verlangt verständlicherweise eine Berücksichtigung bei der Deutung des Übersensibilisierungseffekts.

Bemerkt sei außerdem, daß Desensibilisatoren unter Umständen eine Verschiebung der photoelektrischen Empfindlichkeit des Silberhalogenids in den langwelligen Spektralbereich hervorrufen, wenn auch im allgemeinen der Photoeffekt des reinen AgBr durch den Desensibilisator um 10 bis 15% herabgesetzt wird; s. WEST und CARROLL (*121/D*). Dies kann nicht überraschen, da Desensibilisatoren in reinem Zustand photoleitende Eigenschaften besitzen (*48/D*) und somit im Grunde genommen zu einer Elektronenübertragung befähigt sein müssen.

β) Theoretische Erklärung. Theoretisch kann der genannte Übergang einfach damit erklärt werden, daß die durch Lichtabsorption in den ersten Anregungszustand des Farbstoffs bzw. in dessen Leitungsband gehobenen Elektronen zum Leitungsband des AgBr übergehen. Dies setzt die Lage des AgBr-Leitungsbands unter dem des Farbstoffanregungsbands voraus und diese Voraussetzung ist tatsächlich gegeben.

Während sich das AgBr-Leitungsband etwa 3,5 eV unter der Ionisierungsgrenze befindet, liegt bei den Farbstoffen das erste Anregungssingulettniveau nach der „Scheibeschen Wasserstoffregel" (*63/A, 64/A, 310/D*) etwa 3,4 eV unter dieser Grenze. Die von COULSON angenommene Lage des Farbstoffanregungsniveaus etwa 4 bis 6 eV unter der Ionisierungsgrenze, also unter dem AgBr-Leitungsband — vgl. auch MITCHELL (*33*) —, die einen Elektronenübergang im genannten Sinne unwahrscheinlich werden ließ und zur Aufgabe der Gurney-Mottschen Hypothese (*37*) führte, entspricht somit nicht den in Farbstoffen vorliegenden Verhältnissen.

Die Ausbildung eines störenden hohen Potentialwalls zwischen AgBr und Farbstoff, der einen schwachen Elektronenübergang vom Farbstoff zum AgBr nur in der Art eines Tunneleffekts gestatten würde und den man aufgrund einer fehlenden Resonanz zwischen AgBr und Farbstoff postulieren könnte, ist wenig wahrscheinlich; denn einmal gilt die aus der „Wasserstoffähnlichkeit" des Farbstoffs berechnete Lage des 1. Anregungssingulettniveaus für den gasförmigen Zustand und dürfte im festen Zustand wohl weniger als 3,4 eV von der Ionisierungsgrenze entfernt liegen. Man vgl. hierzu eine Messung von SCHEIBE (*68, 311/D*), aus der die Verschiebung des Anregungsniveaus in Lösungen im genannten Sinn hervorgeht. Eine weitere Prüfung dieser Frage für den festen Zustand scheint erforderlich. Zum anderen kann die relativ große photoelektrische Empfindlichkeit ($\varphi \to 0,5$) der reinen Farbstoffe einerseits und des Systems Farbstoff/AgBr andererseits als Beweis für einen ausgeprägten, durch keinen merkbaren Potentialwall gehinderten Elektronenübergang vom Farbstoff zum AgBr angesehen werden.

In dem genannten Zusammenhang dürfen Veränderungen der Energieniveaus von Farbstoff und AgBr nicht unberücksichtigt bleiben, die auf den Effekt der „aktivierten Adsorption" zurückgehen; denn die aktivierte Adsorption des Farbstoffs an das Silberhalogenidgitter bedingt eine derart starke Polarisierung der Valenzelektronenwolken beider Systeme, daß ein Ausgleich der Terme nach WILK (88) sogar bei Gültigkeit des ursprünglichen Mottschen Schemas ($E^*_{\text{Farbstoff}}$ etwa $-$ [4 bis 6] eV) möglich erscheinen sollte. Diese Annahme wird einmal mit der starken Verschiebung der Absorptionsmaxima der Sensibilisatoren bei der Adsorption z.B. an Kieselgelen oder AgBr, die bis zu 300 mμ (etwa 1,2 eV) beträgt, begründet und zum anderen aus einer Beziehung zwischen Leitfähigkeit und Polarisierbarkeit der Sensibilisatoren abgeleitet. Nach dieser Beziehung ist die langwellige Verschiebung der Absorptionsbande $- \Delta\lambda$ [kcal] $-$ eines Farbstoffs bei Veränderung des Lösungsmittels (z.B. Methanol $\to$ Glykol), die von einer Extinktionszunahme begleitet wird und vom polaren Charakter des Farbstoffs abhängt, empirisch mit dem Leitfähigkeitsverhalten des Farbstoffs $-$ ausgedrückt durch das Verhältnis $I_{\text{Phot}}/I_{\text{Dunkel}}$ oder ΔE aus dem Dunkelstrom-Temperatur-Effekt $-$ durch folgende Gesetzmäßigkeit verbunden (88):

$$I_{\text{Phot}}/I_D = k \cdot [\Delta\lambda]^2 - 1, \qquad k = 1,3. \tag{11.13}$$

Bemerkenswerterweise gehorchen im Gegensatz zu Desensibilisatoren und Übersensibilisatoren gerade die guten Sensibilisatoren diesem Zusammenhang.

Wenn hier auch $-$ infolge Gültigkeit der Scheibeschen Regel $-$ der Annahme nicht uneingeschränkt zugestimmt werden kann, daß *erst* durch die Adsorptionspolarisierung ein Ausgleich der Energieniveaus zwischen Farbstoff und AgBr eintritt, so dürfte doch der genannte Zusammenhang zwischen Polarisierbarkeit und Photoleitung des Farbstoffs als Hinweis auf die Gültigkeit des elektronischen Farbstoffleitungsmodells anzusehen sein. Einer ausgeprägten Polarisierbarkeit entspricht möglicherweise eine starke Wechselwirkung zwischen den im festen Zustand aneinandergelagerten Farbstoffmolekülen und damit einer in Übereinstimmung zur empirischen Beziehung stehenden Vergrößerung der Photoleitfähigkeit. Es sei hier auf das neunte Kapitel verwiesen, in dem bereits eine Erörterung des Zusammenhangs $I_{\text{Phot}} = f(\Delta\tilde{\nu})$ erfolgte; eine nähere Analyse dieser empirischen Beziehung wäre von großem Interesse.

Betrachtet man nun das System Farbstoff-AgBr vom Gesichtspunkt einer Aneinanderlagerung zweier Photoleiter $-$ Farbstoff und AgBr $-$ aus, so liegt eine Beschreibung der Energieverhältnisse in Analogie zu einem System, bestehend aus Halbleiter I/Halbleiter II, sehr nahe; vgl. z.B. SPENKE (54/D). Man bezieht dabei die Gesamtenergie der Elektronen in den beiden Systemen auf dasselbe Nullniveau (E_0) und nimmt beim Zusammenbringen eine Angleichung der chemischen Potentiale der Elektronen [d.h., der Fermi-Niveaus (E_F)] durch Elektronenaustausch an.

Die Verwendung des Begriffs des Fermi-Niveaus für die festen Farbstoffe dürfte dabei durchaus gerechtfertigt sein; denn die Elektronen können wie bei einem Halbleiter als hochentartetes Elektronengas aufgefaßt werden, das sich in einem Potentialtopf befindet. Bedenkt man, daß sich bereits die Elektronenhülle *eines* schweren Atoms modellmäßig in dieser Weise betrachten läßt (*89*), so scheint eine analoge Übertragung des E_F-Begriffs bereits auf das Elektronengas einzelner Farbstoffmoleküle durchaus möglich.

Naturgemäß beeinflussen Raumladungen, Doppelschichten usw. die dem Elektron aufgrund des periodischen Gitterpotentials zugehörige Kristallenergie und man muß zur Berücksichtigung dieses Verhaltens das sogenannte *Makropotential* V_M einführen. Jede Änderung dieses durch makroskopische Flächen- oder Raumladungen bedingten Potentials wirkt dabei auf das gesamte Termschema gleichmäßig ein, da die chemischen Bindungskräfte, die durchs Kristallgitter selbst bedingt sind, überall im Halbleiter in derselben Weise wirken. Wird das Makropotential durch irgendwelche Ladungen erhöht (Adsorption u.a.), so erhöht sich somit der untere Rand des Leitungsbands und der obere Rand des Valenzbands genau so wie irgendein in der verbotenen Zone liegender Störterm. Die chemischen Bindungsenergien der Elektronen sind somit von diesem Makropotential aus zu rechnen und hieraus resultiert die Tatsache einer Verschiebung allein der Makropotentiale der verschiedenen Stoffe zueinander beim Ausgleich der Fermi-Niveaus.

Der *Ausgleich der Fermi-Niveaus* geht auf einen Elektronenaustausch zwischen den in Kontakt gebrachten Systemen zurück. Es ist dabei leicht einzusehen, daß dieser Elektronenübergang eine positive Aufladung des einen und eine negative Ladung des anderen Stoffs bedingt, und daß durch diese elektrische Doppelschicht eine Differenz der um die spontanen Oberflächendoppelschichten — gebildet von Fremdstoffbeladungen oder Oberflächenladungen — veränderten Makropotentiale der beiden Systeme entsteht. Diese Differenz der Oberflächenmakropotentiale bezeichnet man allgemein als *Volta-Spannung* oder Kontaktpotential.

Bei Anwendung dieser Betrachtungsweise auf die Systeme Farbstoff/ AgBr bleibt die Individualität des Farbstoffs, der auf dem Silberhalogenidkorn verschiedene Änderungen durch Aggregation u.a. erfahren kann, und die des AgBr erhalten. Der Einfluß der adsorbierten Fremdstoffe (Gelatine u.a.) findet eine Berücksichtigung in der mehr oder weniger ausgeprägten spontanen Doppelschicht, die letztlich in der gemessenen Volta-Spannung mit erscheint. Die Kontaktierung der organischen und anorganischen Substanzen, die beide für sich einen Halbleitercharakter besitzen, führt somit zur Einstellung eines thermischen Gleichgewichtszustands zwischen diesen, der erst im Licht eine Änderung erfährt.

Da sich die Verhältnisse am besten anhand der noch getrennten Systeme überblicken lassen, möge das vereinfachte Schema der Abb. 128 diese veranschaulichen. Bemerkt sei hierzu noch, daß bei den Halbleitern (im Gegensatz zu den Metallen) der Ladungsausgleich bis 10^{-4} cm ins Halbleiterinnere (Randschicht) reichen kann und so einen gekrümmten Verlauf der elektrostatischen Elektronenenergie $-e\,V_M$ verursacht. Die Volta-Spannung der kontaktierten Systeme entspricht außerdem weitgehend der bereits beim p-n-Übergang definierten Diffusionsspannung V_D.

Der Elektronenübergang vom belichteten Farbstoff zum Silberhalogenid findet nach dieser Hypothese eine zwanglose Erklärung durch die bei Belichtung erfolgende Erhöhung des Farbstoff-Fermi-Niveaus E_F; denn durch die optische Anregung werden Elektronen in den Anregungszustand gehoben und hierbei das vom Verhältnis der Dichte der Leitungsbandelektronen n_L zu der der besetzbaren Plätze N_0 abhängige Fermi-Niveau E_F (129/D)

$$\frac{n_L}{N_0} = e^{-\frac{E_F}{kT}} \qquad (11.14)$$

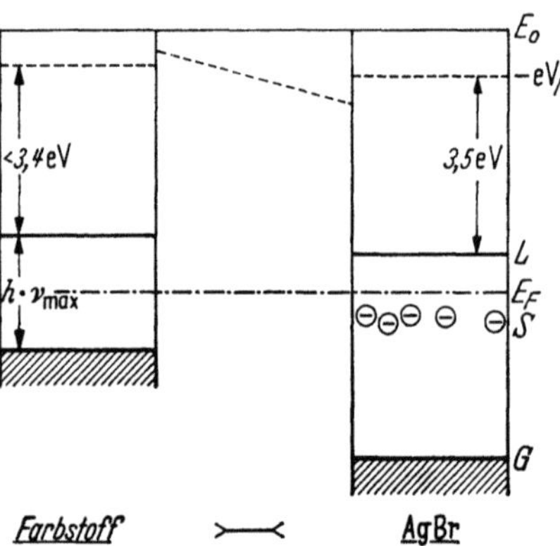

Abb. 128. Vereinfachtes Schema des (getrennten) Systems Farbstoff/AgBr. E_0 Nullniveau der Elektronenenergie, $-e\,V_M = -e\cdot$ Makropotential, E_F Fermi-Niveau, L Leitungsband (untere Grenze), G Grundband, S Störterme

geändert. Das Fermi-Niveau des Farbstoffs verschiebt sich im sichtbaren Licht in der verbotenen Zone nach oben, während die Fermi-Kante des AgBr primär konstant bleibt. Verständlicherweise muß sich aber die Einstellung des gleichbleibenden Photo-Fermi-Niveaus E_F^* des Farbstoffs (steady-state fermilimit due to illumination) im Farbstoff/AgBr-System auch auf das AgBr auswirken und zu einer Angleichung von $E_{F(\mathrm{AgBr})}$ an $E_{F(\mathrm{Farbstoff})}^*$ führen. Physikalisch gesehen wird dieser Vorgang gerade durch einen Elektronenübergang vom Farbstoff zum AgBr realisiert, wie es die elektronische Sensibilisierungstheorie verlangt.

Als Hinweis auf die Gültigkeit dieser Theorie können noch Messungen des Kontaktpotentials (Volta-Spannung) — vgl. (54/D, 90) — zwischen Farbstoff und AgBr angesehen werden. Sie betragen nach NELSON (91) für das System AgBr/Pinacyanol $0,38 \pm 0,01$ eV und für AgBr/Kristallviolett $0,41 \pm 0,06$ eV. Durch Kontaktpotentialmessungen zwischen Farbstoff und Wolfram, dessen Austrittsarbeit ψ_W genau bekannt ist, gelingt außerdem die Bestimmung der wichtigen Elektronenaffinität (Ionisierungsgrenze) des Farbstoffs ψ_F — denn Volta-Spannung = $\psi_W - \psi_F$ —, die in Übereinstimmung zur Scheibeschen Regel unter 3,4 eV liegt. Für Kristallviolett gilt $\psi_F = 3,13$ eV und für Pinacyanol $\psi_F = 3,15$ eV.

Die Annahme eines Elektronenübergangs vom Farbstoff zum AgBr scheint hierdurch weitgehend gerechtfertigt. Sie findet darüber hinaus eine Bestätigung durch die experimentelle Beobachtung eines Unterschieds der Photo-Volta-Spannung und der Kontaktpotentiale der Farbstoff-Silberhalogenid-Systeme; vgl WEST (*92*). Dieser Unterschied ist zu erwarten, da die mit der Erhöhung des Fermi-Niveaus E_F — d.h. Verringerung des Abstands zwischen Leitungsbandrand E_L und Fermi-Kante E_F: $\varrho_F = E_L - E_F$, $|\varrho_{F(\text{Dunkel})}| > |\varrho_{F(\text{Licht})}^*|$ — parallel gehende Verringerung der Austrittsarbeit des belichteten Farbstoffs eine Vergrößerung der Dunkel-Volta-Spannung bei der Belichtung bewirken muß; denn es gilt einmal allgemein

$$\psi_{\text{Farbstoff}} = |E_L| + |\varrho_F| \pm (\text{Doppelschicht})_{\text{Farbstoff/Vakuum}} \qquad (11.15)$$

und deshalb

$$\psi_{\text{Farbstoff (Dunkel)}} > \psi_{\text{Farbstoff (Licht)}}, \quad \text{da} \quad \varrho_{F(D)} > \varrho_{F^*},$$

und zum anderen setzt sich die Volta-Spannung (bzw. das Kontaktpotential) aus der Differenz der Austrittsarbeiten der kontaktierten Substanzen zusammen:

$$\left.\begin{aligned}\text{Volta-Spannung} &= \psi_{\text{AgBr}} - \psi_{\text{Farbstoff }(D)}; \\ \text{Photo-Volta-Spannung} &= \psi_{\text{AgBr}} - \psi_{\text{Farbstoff }(L)}.\end{aligned}\right\} \qquad (11.16)$$

Unter Berücksichtigung dieser experimentellen Befunde ergibt sich nunmehr für das sensibilisierte Silberhalogenid folgendes Schema (s. Abb. 129), für dessen Festigung weitere Kontaktpotentialmessungen an verschiedenen Farbstoff-Silberhalogenid-Systemen von Interesse wären.

d) 4. Teilreaktion

Das für den Elektronenübergang vom Farbstoff zum AgBr formulierte Schema gibt auch die Erklärung der letzten Teilreaktion, die in einem Ausgleich der positiven Farbstoffladung durch ein Elektron des Silberhalogenidkorns besteht; denn durch das Senken des Farbstoff-Fermi-Niveaus am Belichtungsende entsteht wieder ein Unterschied

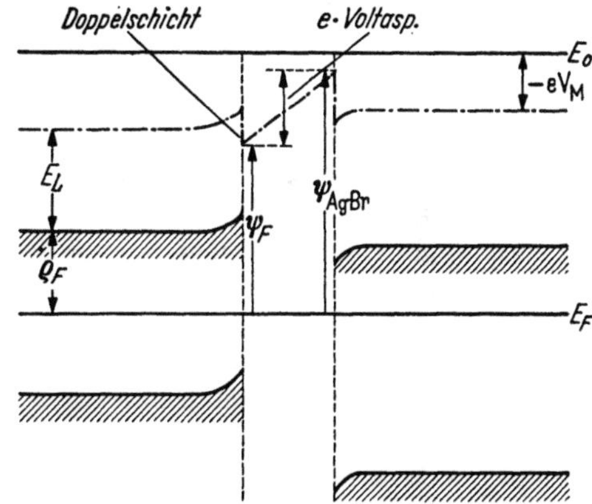

Abb. 129. System Farbstoff/Silberhalogenid. E_F Fermi-Niveau, E_L Leitungsband (untere Grenze), $\varrho_F = E_L - E_F$, $\psi_F (\psi_{\text{AgBr}})$ Austrittsarbeit, $-eV_M = -e\cdot$Makropotential, E_0 Nullniveau der Elektronenenergie, Elektrochemisches Potential $\tilde{\mu} = -eV + E_L + \varrho_F(n)$; ϱ entspricht ζ in Abb. 134b

zur AgBr-Fermi-Kante, der durch einen Elektronenübergang *vom AgBr her* ausgeglichen werden kann.

Die Tatsache einer außerordentlich raschen Regeneration des Farbstoffs (innerhalb weniger Millisekunden) folgt aus dem Fehlen einer paramagnetischen Elektronenresonanz des belichteten sensibilisierten AgBr (*92*), da bei einer langen Aufrechterhaltung des Elektronenmangels das magnetische Moment der Farbstoffradikale nachweisbar sein müßte.

Grundsätzlich zeigen die lichtelektrischen Versuche ebenfalls bereits die Möglichkeit des Elektronenausgleichs an, da für den beständigen Stromfluß im äußeren Stromkreis die Elektronenabgabe mit einer Elektronenaufnahme gekoppelt sein muß. In der Photozelle gelingt der Ausgleich von der Kathode her, während im System Farbstoff/AgBr *fehlgeordnet liegende Br⁻-Ionen,* die unter anderem für die anomale geringe Rotempfindlichkeit — vgl. EGGERT u. a. (*2 bis 5*) — verantwortlich sind, infolge der schwächeren Bindung Elektronen an den Farbstoff zurückgeben können. Zusätzlich können diese in der verbotenen Zone des AgBr liegenden diskreten Br^--Störterme im Sinne von GURNEY-MOTT (*37*) aufgrund der Abstoßung der bei Frenkelscher Fehlordnung vorliegenden positiven Zwischengittersilberionen Ag_O^+ unter Anziehung von $Ag_\square'$-Leerstellen noch weiter gehoben und für den Ausgleich aktiviert werden.

Beim Vorliegen von Farbstoffaggregaten, bei denen die primäre Photoelektronenbildung entfernt vom Übergangsgebiet stattfindet, wird dieser Ausgleich möglicherweise unter Einschaltung des im Farbstoffgrundband nachgewiesenen Defektelektronenmechanismus vor sich gehen. Man erkennt zusammenfassend, daß nach dem genannten Sensibilisierungsmechanismus durch die Lichtabsorption im Farbstoff im angrenzenden Silberhalogenid sowohl ein Elektron als auch ein positives Niveau (eventuell negativ geladenes Halogenmolekül, das sich beim Farbstoff-Defektelektroneneinfang bildete) und damit ein positives Zwischengittersilberion Ag_O^+ entsteht. Das latente Bild wird somit in völlig analoger Weise wie nach direkter Absorption im AgBr — vgl. MITCHELL (*32*) — aufgebaut.

IV. Farbenphotographie

Da eine umfassende Behandlung der modernen Farbenphotographie verständlicherweise über den Rahmen dieser die Photochemie der Farbstoffe betreffenden Darstellung hinausgehen würde, sei hier nur kurz im Zusammenhang mit den älteren Ausbleichverfahren auf das Wesentliche der modernen photographischen Farbwiedergabe hingewiesen.

Die verschiedenen Verfahren sind dabei im Prinzip den physiologischen Vorgängen im Auge vergleichbar, bei denen nach der Young-Helmholtzschen Theorie die Farbwahrnehmung auf das Zusammenwirken dreier Rezeptoren für Rot, Grün und Blau zurückgeht; vgl. vierzehntes Kapitel. Zur farbigen Bildwiedergabe bedient man sich meist dieser Dreifarbentheorie, indem man die Farbe des Originals durch drei Grundfarben darstellt. Von den verschiedenen Möglichkeiten der Farbzusammensetzung, die entweder auf *additivem* oder *subtraktivem* Weg — vgl. die übersichtlichen Abhandlungen von EGGERT, BROOKER u. a. (*17, 93, 94*) — erfolgen kann, hat sich heute vor allem das subtraktive Verfahren durchgesetzt.

Beim subtraktiven Verfahren liegen dabei die drei Farbkomponenten übereinander und ergeben bei weißer Bestrahlung einen der Differenz der durchgelassenen Wellenlängenbereiche entsprechenden Farbton, so daß die Farbe des Originals im photographischen Positiv nicht als solche, sondern als Komplementärfarbe erscheint. Beispielsweise verlangt die Wiedergabe eines blauen Farbbildes die Herstellung einer blaugrünen und purpurnen Komponente, während für Rot die Kombination Gelb + Purpur und für Grün die Zusammensetzung Gelb + Blaugrün erforderlich ist. Die für die subtraktiven Verfahren verwendeten Farbstoffe haben deshalb Absorptionsbereiche zwischen 400 bis 500 mμ ($\lambda_{max} \approx 450$ mμ), 500 bis 600 mμ ($\lambda_{max} \approx 550$ mμ) und 600 bis 700 mμ ($\lambda_{max} \approx 650$ mμ), sind also als gelbe, purpurne und blaugrüne Komponenten anzusprechen, die jeweils ein Drittel des sichtbaren Spektrums absorbieren und zwei Drittel durchlassen. Von der blaugrünen Kompo-

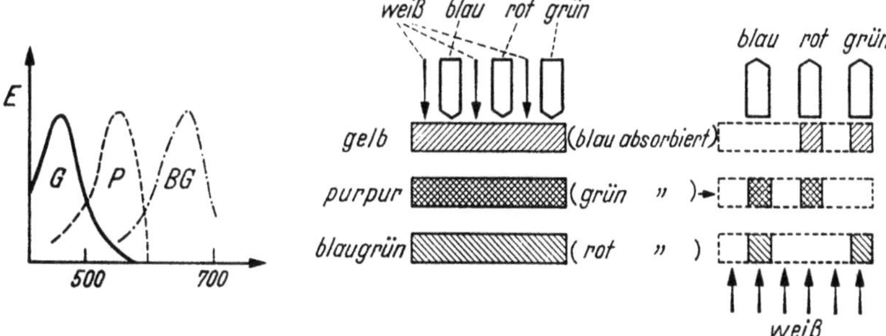

Abb. 130. Schema des subtraktiven Verfahrens der Farbwiedergabe

nente wird dabei die Durchlässigkeit gegenüber Rot, von der purpurnen gegenüber Grün und von der gelben gegenüber Blau bestimmt. Die Abb. 130 diene noch der Veranschaulichung dieser Methode.

Wie werden nun die zum Objekt komplementären Farbkomponenten in der photographischen Schicht erzeugt?

1. Farbbleichverfahren

Bei den Farbbleichverfahren wird die Farbwiedergabe auf eine von der einfallenden Strahlung abhängige Zersetzung verschiedener Farbstoffkomponenten zurückgeführt.

a) Direkte Ausbleichverfahren

Da diese Zerstörung der Farbstoffe bereits als Folge einer direkten photochemischen Reaktion eintreten kann, läßt sich im Prinzip auf der Grundlage der photochemischen Ausbleichung von Farbstoffen ein farbenphotographisches Verfahren entwickeln; vgl. LIMMER (1/C). Bei der Belichtung einer aus mehreren Farbstoffkomponenten zusammengesetzten Schicht wird ja jeweils nur der absorbierende Bestandteil zersetzt und lichtdurchlässig, während die übrigen unverändert bleiben. Rote Strahlung zerstört beispielsweise nur den Rot absorbierenden Farbstoff und bewirkt so, daß die Mehrfarbenschicht wegen dieser photochemisch hervorgerufenen Durchlässigkeit als farbige Kopie erscheint. Infolge der geringen Empfindlichkeit kann dieses Verfahren jedoch nur theoretisches Interesse beanspruchen.

b) Silberfarbbleichverfahren

Beim Silberfarbbleichverfahren erfolgt die Bleichung des Farbstoffs nicht photochemisch, sondern mittels eines chemischen Zersetzungsprozesses, der an verschiedenen mit Silberpartikeln in Berührung stehenden Farbstoffen eintreten kann. Die farbphotographische Platte besteht hier deshalb aus drei verschiedenen übereinandergelagerten Silberbromidemulsionen, die einmal durch geeignete Sensibilisatorfarbstoffe für den blauen, grünen und roten Spektralbereich empfindlich gemacht sind und zum anderen in der blauempfindlichen Schicht einen gelben Farbstoff (I), in der grünempfindlichen einen purpurnen (II) und in der rotsensibilisierten einen blaugrünen Farbstoff (III) enthalten. Als Farbstoffkomponenten sind vor allem Azofarbstoffe wegen ihrer leichten (irreversiblen) Reduzierbarkeit geeignet; denn die Zerstörung der Farbstoffe stellt einen reduktiven Bleicheffekt dar, der mit der Oxydation des metallischen Silbers bei Zugabe eines geeigneten Lösungsmittels (Thioharnstoff, saure KBr-, KJ-Lösung) abläuft. Beim zur Kopienherstellung benutzten Gasparcolor-Verfahren bleicht man z.B. die Polyazofarbstoffe der einzelnen Schichten proportional zur ausgeschiedenen Silbermenge durch schwach zitronensaure 5%-Thiocarbamidlösung aus.

$$H_5C_2O-\!\!\!\bigcirc\!\!\!-N\!=\!N-\!\!\!\bigcirc\!\!\!-CH\!=\!CH-\!\!\!\bigcirc\!\!\!-N\!=\!N-\!\!\!\bigcirc\!\!\!-OC_2H_5$$

Gelb (I)

Purpur (II)

Blaugrün (III)

Da nun einerseits das bei Belichtung entstandene und anschließend entwickelte Silberbild auf die verschiedenen sensibilisierten Emulsionsschichten verteilt ist, und andererseits die mit den Silberpartikeln in Kontakt stehenden Farbstoffkomponenten proportional zur Silbermenge gebleicht werden, bleiben allein die an unbelichteten Stellen der Schichten befindlichen Farbstoffe unverändert. Es bildet sich so nach Herauslösen (Fixieren) der Silbersalze eine dem Original entsprechende farbige Kopie. Nach diesem Prinzip arbeitete unter anderen auch der Agfa-Tripofilm.

Ergänzend sei noch bemerkt, daß prinzipiell auch an reinen Farbstoff-Gelatine-Schichten mittels des Silberfarbbleichverfahrens eine farbige Bildwiedergabe möglich erscheint; denn belichtete Farbstoff-Gelatine-Schichten lassen sich (wie oben näher ausgeführt wurde) durch kurzes Eintauchen in eine Silbernitratlösung in ein latentes, durch physikalische Entwicklung verstärktes Silberbild verwandeln, das in Silberlösungsmitteln eine Bleichung des Farbstoffs hervorrufen müßte.

2. Verfahren der färbenden Entwicklung

a) Grundlagen

Während man bei den Farbbleichverfahren den photochemischen Ausbleicheffekt der in mehreren Schichten angeordneten Farbstoffkomponenten (Gelb, Purpur, Blaugrün) zur Darstellung der subtraktiven Farbbilder benutzt, liegt den modernen farbenphotographischen Verfahren in umgekehrter Weise eine Synthese der (G-, P-, BG-)Farbkomponenten an den belichteten Stellen der Silberbromidemulsionen zugrunde.

Der gelbe, purpurne und blaue Farbstoff wird hierbei nach dem von RUDOLF FISCHER (1911) entdeckten Verfahren der färbenden Entwicklung gebildet, bei dem unter der oxydierenden Wirkung belichteter Silberbromidkörner eine Phenol- (bzw. eine aktive Methin- oder Methylengruppe tragende) Kupplungskomponente oxydiert wird und mit den Oxydationsprodukten geeigneter Entwickler (z.B. N, N-Dialkyl-p-phenyldiamin) zu einem Indophenol-(Indamin- oder Azomethin-)Farbstoff verbindet:

$$\text{(CH}_3\text{)}_2\text{N}\!-\!\!\langle\!\!\langle\,\rangle\!\!\rangle\!-\!\text{NH}_2 + \text{H}\!-\!\!\langle\!\!\langle\,\rangle\!\!\rangle\!-\!\text{OH} + 4\,\text{AgBr} \rightarrow \text{(CH}_3\text{)}_2\text{N}\!-\!\!\langle\!\!\langle\,\rangle\!\!\rangle\!-\!\text{N}\!=\!\!\langle\!\!\langle\,\rangle\!\!\rangle\!=\!\text{O} + 4\,\text{Ag} + 4\,\text{HBr}$$

Da zur Synthese der drei Farbkomponenten jeweils ein gemeinsamer Entwickler benutzt wird, müssen die abweichenden Absorptionskurven allein auf Änderungen der Kupplungskomponente zurückgehen. Das Auffinden geeigneter Kupplungssubstanzen, die eine möglichst ideale Absorption des gelben Farbstoffs zwischen 400 bis 500 mμ, des purpurnen zwischen 500 bis 600 mμ und des blaugrünen zwischen 600 bis 700 mμ bedingen, war deshalb mit entscheidend für die Fortschritte der Farbenphotographie in den vergangenen Jahren.

Die rotabsorbierende blaugrüne Farbkomponente enthält meist eine komplizierte Phenol- oder Naphtholkomponente, das grünabsorbierende Purpurbild eine heterozyklische Pyrazolonverbindung und der blauabsorbierende gelbe Farbstoff einen Acetylacetanilidkuppler $\left(\text{R}'\!-\!\overset{\text{O}}{\overset{\|}{\text{C}}}\!-\!\text{CH}_2\!-\!\overset{\text{O}}{\overset{\|}{\text{C}}}\!-\!\text{NH}\!-\!\text{R}''\right)$. Folgende Reaktionen seien hierfür als einfache Beispiele angeführt:

Blaugrünbild: $\lambda_{\text{abs}} = 600$ bis 700 mμ

$$\text{(CH}_3\text{)}_2\text{N}\!-\!\!\langle\!\!\langle\,\rangle\!\!\rangle\!-\!\text{NH}_2 + \text{H}\!-\!\!\langle\!\!\langle\,\rangle\!\!\rangle\!-\!\text{OH} + 4\,\text{AgBr} \rightarrow \text{(CH}_3\text{)}_2\text{N}\!-\!\!\langle\!\!\langle\,\rangle\!\!\rangle\!-\!\text{N}\!=\!\!\langle\!\!\langle\,\rangle\!\!\rangle\!=\!\text{O} + 4\,\text{Ag} + 4\,\text{HBr}$$

mit der Kupplungskomponente $\text{CO}\!-\!\text{NH}\!-\!\text{C}_6\text{H}_5$ am Naphthol.

Purpurbild: $\lambda_{abs} = 500$ bis $600\,m\mu$

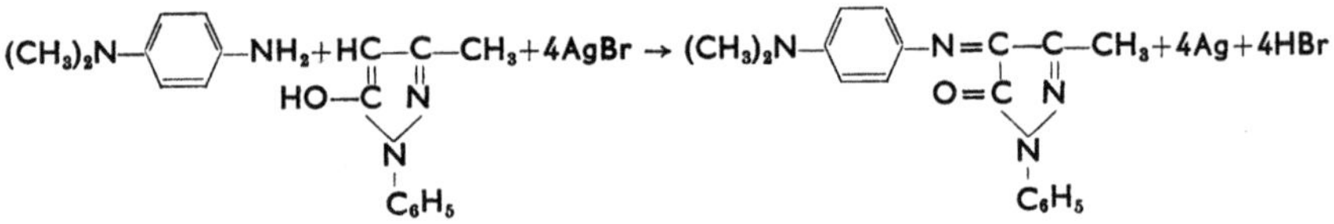

$$(CH_3)_2N-\langle\rangle-NH_2 + HC{-}C{-}CH_3 + 4\,AgBr \rightarrow (CH_3)_2N-\langle\rangle-N{=}C{-}C{-}CH_3 + 4\,Ag + 4\,HBr$$

Gelbbild: $\lambda_{abs} = 400$ bis $500\,m\mu$

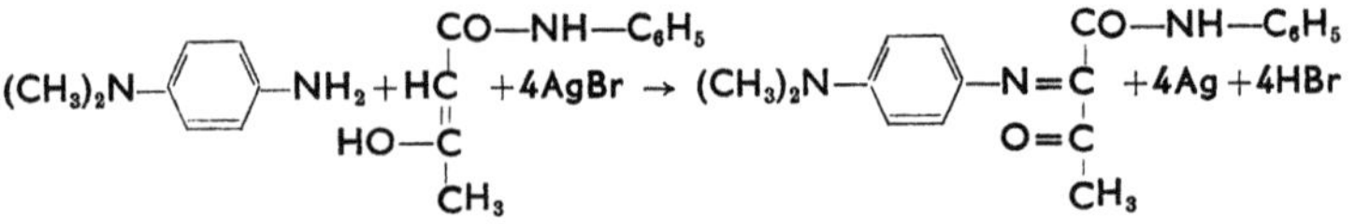

$$(CH_3)_2N-\langle\rangle-NH_2 + HC\begin{smallmatrix}CO-NH-C_6H_5\\ \\ \end{smallmatrix} + 4\,AgBr \rightarrow (CH_3)_2N-\langle\rangle-N{=}C\begin{smallmatrix}CO-NH-C_6H_5\\ \\ \end{smallmatrix} + 4\,Ag + 4\,HBr$$

b) Beeinflussung der Absorption

Die Angleichung der Absorptionskurven dieser Farbstoffgruppen an das für die Dreifarbenphotographie erforderliche ideale Absorptionsverhalten läßt sich unter anderem mittels geeigneter Substituenten erreichen, die charakteristisch auf das mesomere Farbsystem einwirken. Beispielsweise wird die Rotabsorption der Indophenolfarbstoffe (*Blaugrünbild*), denen eine Mesomerie zwischen einer unpolaren (I) und zwitterionischen Struktur (II) (etwa wie bei den Merocyaninen) zugrundeliegt, durch solche Substituenten bathochrom verschoben, welche die dipolare Struktur (II) begünstigen:

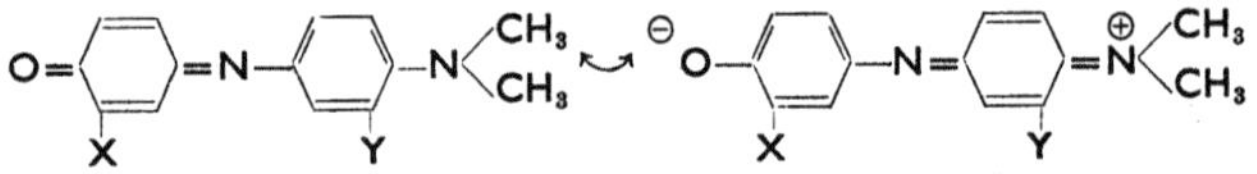

$$\begin{array}{cc} \text{I} & \text{II} \end{array}$$

Denn die Lichtabsorption liegt gerade dann am langwelligsten, wenn sich die unpolare und dipolare Struktur zu gleichen Prozenten am Grundzustand beteiligen, da nach FÖRSTER (*30/A, 83/A*) in diesem Fall

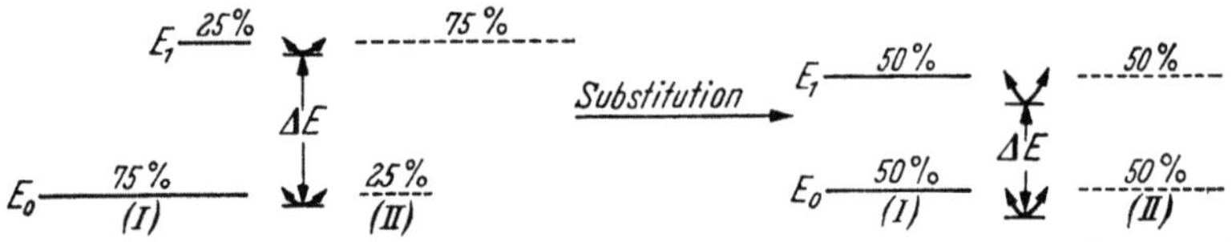

Abb. 131. Schema der Substituentenwirkung auf die Lichtabsorption. ——— unpolar, --- polar

die Termdifferenz zwischen Grund- und Anregungszustand am geringsten ist. Bei ungleichen Beteiligungen hat man immer mit größeren Übergangsenergien zu rechnen; vgl das Schema der Abb. 131 und das dritte Kapitel.

Mit anderen Worten kann praktisch jede Erhöhung des Bindungsausgleichs von Konjugationssystemen als Ursache einer langwelligen Verschiebung, und eine Verminderung der Symmetrie als Ursache eines hypsochromen Effekts angesehen werden.

Man versteht somit, warum ein Substituent X ($-Cl$, $-NHCOCH_3$) der Indophenole mit elektronenanziehenden Eigenschaften bzw. Y

($-CH_3$, $-OC_2H_5$) mit elektronenabgebender Tendenz, infolge der Begünstigung bzw. energetischer Angleichung der Dipolstruktur (II) an die unpolare Struktur (I) zu einer bathochromen Verschiebung im Vergleich zur unsubstituierten Verbindung Anlaß gibt. Ein Elektronendonator X bzw. Elektronenakzeptor Y muß dagegen hypsochrom wirken.

Beim *gelben* Teilbild weichen die Verhältnisse dadurch ab, daß hier eine Mesomerie zwischen einer unpolaren Grundstruktur und mehreren energiereichen Grenzstrukturen besteht; denn eine Substitution, die vor allem die polaren Strukturen beeinflußt, vermindert infolge der erhöhten Mesomerie der Anregungsstrukturen die Anregungsenergie in stärkerem Maße als die Energie des Grundzustands, so daß eine bathochrome Verschiebung resultiert. Erreicht man jedoch durch strukturelle Änderungen des aus dem Acetylacetanilidkuppler ($R'COCH_2CONHR''$) und Entwickler gebildeten Farbstoffs eine Destabilisierung der polaren Struktur oder eine Stabilisierung des unpolaren Grundzustands, so beobachtet man einen hypsochromen Effekt. Elektronenanziehende Substituenten X, Y verschieben deshalb infolge der verstärkten Ladungstrennung die Absorption zu längeren Wellen und Elektronendonatoren in das kurzwellige Gebiet.

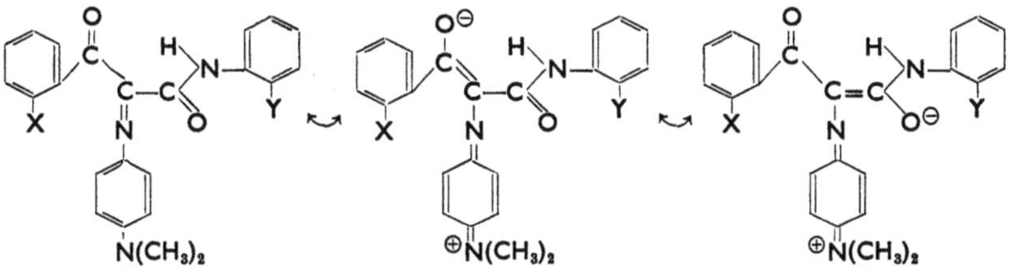

Es sei noch bemerkt, daß sich die physikalische Struktur des Farbstoffs im Absorptionsverhalten der einzelnen Teilbilder in starkem Maße auswirkt; vgl. hierzu auch das dritte Kapitel. Die Entstehung grober Farbstoffkörner bei der chromogenen Entwicklung kann nämlich zu breiten Absorptionskurven, die für den kristallinen Zustand charakteristisch sind, Anlaß geben, während eine Abscheidung in feiner Dispersion die relativ schmalen Lösungsspektren weitgehend wiedergibt und deshalb anzustreben ist. Über zusätzliche Verfahren, die die Synthese idealer G-, P- und BG-Farbkomponenten in der photographischen Schicht ermöglichen, wird in der zusammenfassenden Abhandlung Brookers (*17*) eingehend berichtet.

c) Die modernen farbenphotographischen Verfahren

Es ist leicht einzusehen, daß die chromogene Entwicklung eines belichteten Farbfilms, der drei übereinander angeordnete Emulsionsschichten enthält, deren obere blauempfindliche Schicht zum gelben Teilbild, die mittlere grünsensibilisierte zum Purpurbild und die untere rotempfindliche zum Blaugrünbild führt, ein komplementärfarbiges Negativ gibt. In der rotsensibilisierten Schicht entsteht ja beispielsweise durch eine rote Strahlung ein blaugrüner Farbstoff, der infolge der Rotabsorption die Schicht in der zu Rot komplementären Farbe erscheinen läßt.

Die Herstellung eines farbigen Positivs gelingt nun entweder über
dieses Negativ oder ohne diesen Umweg direkt im belichteten Farbfilm
mit Hilfe eines Umkehrverfahrens. Von den modernen farbenphotographischen Verfahren seien im folgenden noch kurz das Agfacolor-
und das Kodachrom-Verfahren erläutert. Über Einzelheiten vgl. z.B.
SCHULTZE (95).

α) Agfacolor-Verfahren. Der Agfacolorfilm enthält drei AgBr/Gela-
tine-Emulsionsschichten, deren oberste für Blau, die mittlere für Grün
und die untere für Rot sensibilisiert ist. Zwischen der ersten und zweiten

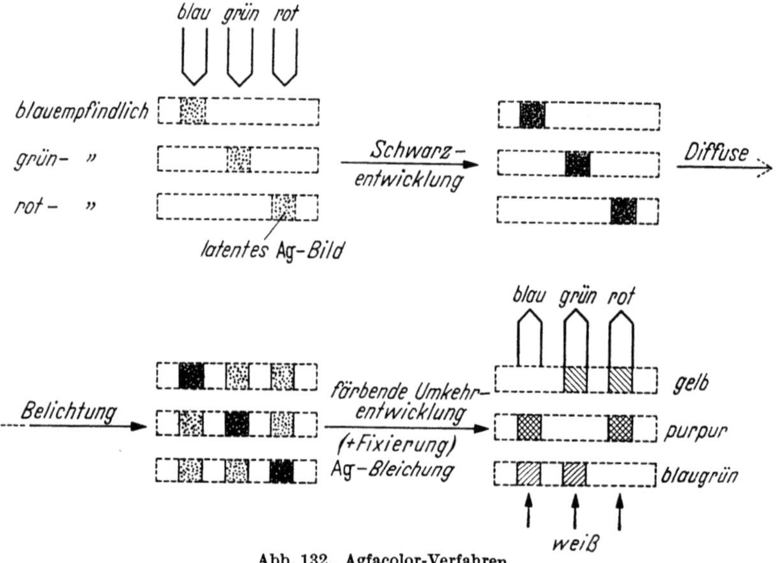

Abb. 132. Agfacolor-Verfahren

Schicht liegt ein Gelbfilter und unter der dritten eine Lichthofschutzschicht. Innerhalb jeder Schicht befinden sich neben den Sensibilisator-
farbstoffen die verschiedenen farblosen Kupplungskomponenten, die bei
der chromogenen Entwicklung des latenten Silberbildes mit dem Farbentwickler die charakteristischen gelben, purpurnen und blaugrünen
Teilbilder ergeben. Das gelbe Teilbild entsteht dabei in der blausensibilisierten AgBr-Schicht, das purpurne in der grünempfindlichen und
das blaugrüne in der unteren rotempfindlichen Schicht. Da für die Bildwiedergabe eine einwandfreie Fixierung der Teilbilder innerhalb der
einzelnen Schichten eine unumgängliche Voraussetzung darstellt, werden
an die Kupplungskomponenten große Ballastgruppen angehängt, die
eine Diffusion von Schicht zu Schicht verhindern.

Zur Negativherstellung behandelt man den belichteten Farbfilm
sofort mit einem Farbentwickler, der die drei Farbkomponenten jeweils
in Proportionalität zum latenten Silberbild entstehen läßt. Nach anschließender Entfernung des ausgeschiedenen Silbers und überschüssi-
gen Silberbromids (Fixieren) bleibt das reine komplementärfarbene
Negativ zurück.

Bei der Positivherstellung wird der belichtete Film erst mit einem gewöhnlichen, nichtkuppelnden Entwickler (z.B. Metol-Hydrochinon) behandelt und so in den einzelnen Schichten ein schwarzes (negatives) Silberbild erzeugt (Schwarzentwicklung). An diesen Vorgang schließt sich eine diffuse Belichtung an, die in den vorher unbeeinflußten Emulsionsschichten latente Silberkeime ausscheidet. Durch Zugabe des eigentlichen Farbentwicklers werden dann allein an diesen Silberkeimen die Farbstoffkomponenten synthetisiert (färbende Umkehrentwicklung), so daß nach Entfernung des Ag und AgBr allein das positive Dreifarbenbild zurückbleibt. Vgl. hierzu noch das Schema der Abb. 132.

β) **Kodachrom-Verfahren.** Im Gegensatz zum Agfacolor-Verfahren enthalten die im Jahre 1935 von L. GODOWSKY und L. MANNES entwickelten Kodachrom-Farbfilme in den drei für die Grundfarben sensibilisierten AgBr-Schichten keine Farbkuppler. Diese werden erst mit dem Farbentwickler den Emulsionsschichten zugegeben. Der Film besteht somit allein aus einer rotempfindlichen und grünempfindlichen Emulsionsschicht, der Gelbfilterschicht, der blausensibilisierten Schicht und der untersten Lichthofschutzschicht.

Wie beim Agfacolor-Verfahren wird das latente Bild zunächst mit einem gewöhnlichen Entwickler in den drei Schichten zum negativen Silberbild entwickelt. Anstelle der einzigen diffusen Nachbelichtung nebst anschließender Farbentwicklung sind beim Kodachrom-Verfahren zur Herstellung des positiven Farbstoffbildes jedoch nun kompliziertere Arbeitsgänge erforderlich; denn man muß die einzelnen G-, P-, BG-Farbbilder nach verschiedener monochromatischer Zweitbelichtung nacheinander mit verschiedenen Farbentwickler/Kuppler-Lösungen synthetisieren. Dies verlangt erst eine rote Nachbelichtung von der Rückseite des Films, da hierdurch das in der rotempfindlichen Schicht primär unveränderte Silberhalogenid eine Umwandlung in latente Silberkeime erfährt, die mit Hilfe einer geeigneten Farbentwickler/Kuppler-Kombination zum Blaugrünbild entwickelbar sind. Nach zusätzlicher Belichtung mit blauem Licht von oben läßt sich die obere Emulsionsschicht mittels geeigneter Farbentwickler in das gelbe Teilbild und in entsprechender Weise die mittlere Schicht ins Purpurbild verwandeln. Nach Bleichung des ausgeschiedenen Silbers und Gelbfilters und Fixierung entsteht das positive Farbstoffbild.

Zwölftes Kapitel

Die Farbstoffsensibilisierung des Photoeffekts anorganischer Halbleiter

In Analogie zur spektralen Sensibilisierung des photographischen Prozesses lassen sich auch die lichtelektrischen Effekte anorganischer Photoleiter durch Zugabe von Farbstoffen in einen langwelligeren Spektralbereich verschieben. Hierdurch wird es möglich, die lichtelektrische Aktivität von Halbleitern in einem Spektralgebiet zu nutzen, in dem sie selbst nicht absorbieren, da das Aktionsspektrum des gefärbten

Photoleiters weitgehend mit dem Absorptionsspektrum des sensibilisierenden Farbstoffs übereinstimmt.

Obgleich dieser Effekt bereits im letzten Kapitel erwähnt wurde, sei ihm doch aufgrund seiner Bedeutung noch eine besondere Behandlung zuteil; denn er erlaubt nicht nur theoretisch wichtige Rückschlüsse auf den Sensibilisierungsvorgang der photographischen Emulsion — photoelektrisches Analogon der spektralen Sensibilisierung —, sondern ermöglicht vor allem die Verschiebung von Prozessen, die auf photoelektrischer Grundlage arbeiten, aus dem kurzwelligen in den gut zugänglichen, sichtbaren Spektralbereich. Außerdem darf die Möglichkeit, photoaktive Halbleiter durch Anfärben mit geeigneten Sensibilisatoren für das ultrarote Gebiet empfindlich zu machen, nicht unterschätzt werden.

I. Experimentelle Befunde

Die genannte Änderung des Aktionsspektrums durch Sensibilisierung ist nicht auf einen bestimmten lichtelektrischen Effekt beschränkt, sondern umfaßt die verschiedenen photoelektrischen Anordnungen. Auch folgen ihm alle der bisher geprüften anorganischen Photoleiter, wenn

Tabelle 17

Nr.	Photoleiter	Effekt	Literatur
1	AgBr	*B*	*(82)*
		K	*(35/D, 42/D, 83, 84)*
		I	*(80)*
		P	*(49/D, 62/D)*
2	AgJ	*I*	*(81)*
		K	*(42/D)*
3	CdS	*I*	*(85)*
4	NaCl	*I*	*(86)*
5	ZnO	*K*	*(87, 96)*
		I	*(97 bis 99)*
6	HgJ_2	*K*	*(42/D)*
7	PbO	*K*	*(42/D)*
8	TlBr	*K*	*(42/D, 87)*
9	TlCl; TlJ	*K*	*(87)*
10	Cu_2O	*B*	*(13/D)*
11	HgO	*K*	*(100)*
12	SnO	*K*	*(100)*
13	CdO	*K*	*(87)*

I Innerer Photoeffekt, *K* Kristallphotoeffekt, *B* Becquerel-Effekt, *P* Photoelement-Anordnung.

auch die Wahl der geeigneten Farbstoffe, wie beim photographischen Prozeß, eine bestimmte Auslese erfordert, die vom Leitungsmechanismus und der Adsorbierbarkeit des Farbstoffes einerseits und vom Leitungscharakter des anorganischen Stoffs andererseits abhängt; vgl. z.B. Terenin u.a. *(42/D)*.

Einen Überblick der meisten der bisher auf den Sensibilisierungseffekt hin geprüften anorganischen Photoleiter, von denen AgBr aufgrund der Bedeutung für den photographischen Prozeß als die meist untersuchte Substanz gelten kann, gibt die Tabelle 17.

Die Einzeleffekte seien nachstehend beschrieben.

1. Innerer Photoeffekt

Durch die Sensibilisierung gelingt es, die spektrale Empfindlichkeitskurve der inneren lichtelektrischen Leitfähigkeit eines anorganischen Photoleiters mit der eines Farbstoffs in Übereinstimmung zu bringen. Wie bereits erwähnt, beobachtet man diesen Effekt auch an den photographischen Emulsionen und sieht hierin eine enge Verbindung zum photographischen Prozeß. Er entsteht aber schon an den reinen Silberhalogenidkristallen, die sich leicht in Form dünner Schichten (100 mμ) durch Auskristallisieren der Schmelze zwischen gekühlten Pyrexgläsern herstellen und mit Goldelektroden versehen lassen (*80*). Während am ungefärbten AgBr, dessen maximale photoelektrische Empfindlichkeit bei 456 mμ liegt, über 520 mμ eine nennenswerte Photoleitfähigkeit fehlt, entstehen nach der Sensibilisierung mit Erythrosin, Dicyanin oder Kryptocyanin neue Maxima bei 560, 670 (568) und 745 mμ.

Die entsprechende spektrale Veränderung konnte auch an dünnen CdS-Schichten (*85*) festgestellt werden, die sich aufgrund des Sekundäreffekts ($\varphi > 1$) durch eine große photoelektrische Empfindlichkeit auszeichnen. Pinacyanol, Dicyanin, Kryptocyanin und Neocyanin wirken dabei ähnlich verstärkend auf die Photoleitung des CdS im roten und ultraroten Bereich wie beim photographischen Prozeß. Das Maximum des mit Neocyanin sensibilisierten CdS liegt z.B. bei 810 mμ, so daß eine Messung im nahen UR, eventuell unter Verwendung des UR-Sensibilisators S 916 (Hoechst) u.a. durchaus möglich erscheint.

Als Störung der photoelektrischen Sensibilisierung muß man nun einmal die Eigenart ansehen, daß dickere Farbstoffschichten in Übereinstimmung zur photographischen Emulsion eine Desensibilisierung, d.h. Empfindlichkeitsminderung, verursachen, und daß zum anderen eine Ausbleichung des Farbstoffs dessen Wirksamkeit im Laufe der Zeit vermindert. Dem letztgenannten Effekt kommt vor allem auch deshalb eine Bedeutung zu, da CdS in ähnlicher Weise eine photosensibilisierte Ausbleichung fördert wie TiO_2, ZnO, SnO_2 und andere Pigmente (*101*). Die beiden Störungen lassen sich durch Evakuierung der Photozelle weitgehend ausschalten; denn sowohl die O_2-abhängige Desensibilisierung als auch die von Feuchtigkeit und Gasen abhängige photochemische Zerstörung des Farbstoffs unterbleibt bei vermindertem Druck.

Eine besondere Beachtung muß der Tatsache geschenkt werden, daß auch allein im ultravioletten Gebiet photoaktive Verbindungen mit geeigneten Farbstoffen für sichtbare Strahlungen sensibilisierbar sind. Als Beispiel seien NaCl (*87*) und ZnO (*87, 96* bis *99*) angeführt, von denen das letztgenannte gerade aufgrund dieses Effekts in der xerographischen Technik, die im sichtbaren Spektralbereich arbeitet, eine große Bedeutung erlangen konnte.

Die Sensibilisierung des ZnO ist auch insofern interessant, da sie gegen die Resonanztheorie der spektralen Sensibilisierung der photographischen Schicht zu sprechen scheint; denn nach dieser Theorie geben die für die anomale Rotempfindlichkeit des AgBr verantwortlichen fehlgeordneten Bromidionen infolge einer starken Wechselwirkung (Resonanz) mit dem angeregten Sensibilisatormolekül Elektronen ans AgBr-Leitungsband ab und bewirken so die Photoleitfähigkeit des AgBr bzw. die elektronische Reaktion des photographischen Elementarprozesses. Da nun einerseits eine derartige Resonanz am ZnO unwahrscheinlich ist — vgl. jedoch (*87*) — und andererseits der sensibilisierte Photoeffekt feststeht, bleibt wahrscheinlich am ZnO allein ein Übergang elektronischer Ladungsträger vom Farbstoff zum Halbleiter diskutierbar. Am AgBr und an anderen Photoleitern dürfte der Sensibilisierungseffekt dann ebenfalls nach diesem Mechanismus verlaufen.

2. Kristallphotoeffekt

Eine große Zahl pulverförmiger Stoffe wurde vor allem mit Hilfe des Kristallphotoeffekts nach der von BERGMANN und HÄUSLER (*33/D*, *34/D*) eingeführten Kondensatormethode auf ihre Sensibilisierungsfähigkeit hin untersucht. Diese Methode gestattet wohl die Ausschaltung einer Reihe der die inneren Photoleitungseffekte störenden sekundären Erscheinungen (Polarisation, Trägheit u.a.), da sie die Prüfung der Photoaktivität an Pulvern ohne direkten Stromdurchgang und Elektrodenkontakt ermöglicht, läßt aber dafür keinen unmittelbaren Beweis eines beständigen elektronischen Photostroms zu. Es werden nur die Kapazitätsänderungen bestimmt, die die innerhalb der Substanz durch Wechsellicht freigesetzten Ladungsträger bewirken.

Es kann aber als Regel gelten, daß die nach diesem Verfahren lichtelektrisch aktiv befundenen Verbindungen auch die übrigen Photoeffekte (innere lichtelektrische Leitfähigkeit u.a.) aufweisen, da der primäre Prozeß doch jeweils übereinstimmend in einer Anhebung eines Elektrons vom Grund- ins Leitungsband unter Zurücklassung eines Defektelektrons bestehen dürfte. Man erkennt diese Identität auch daran, daß die spektrale Empfindlichkeit des Effekts weitgehend mit der spektralen Verteilung des Sperrschichtphotoeffekts und der Photoleitfähigkeit zusammenfällt, wie PUTZEIKO (*38/D*) an Selen, Thalliumsulfid und Silbersulfid bewies. Die nach der Kondensatormethode vor allem von TERENIN u.a. untersuchten anorganischen Photoleiter sind aus der Tabelle ersichtlich. Sie erhalten durch die Anfärbung in Übereinstimmung zum inneren Photoeffekt zusätzliche photoelektrische Empfindlichkeitsmaxima, die den Absorptionsmaxima der Farbstoffe entsprechen. Zur Sensibilisierung sind dabei nicht nur photographische Sensibilisatorfarbstoffe befähigt, sondern auch Chlorophyll, Hämatoporphyrin und Hämatin (*100*). Als p-Leiter sensibilisieren diese elektronische Halbleiter, wie ZnO, HgO oder SnO in dem der Farbstoffabsorptionsbande zugehörigen Spektralbereich.

Die Untersuchungen zeigen außerdem, daß sich die Photospannung des sensibilisierten Kristallphotoeffekts im Gegensatz zu der des unsensibilisierten bei einer Temperaturabnahme vermindert. Da bereits der Photoeffekt des reinen Farbstoffs einen derartigen Temperatureffekt aufweist (*86/B*), liegt es nahe, die Ursache dieser Erscheinungen im Leitungsmechanismus des Farbstoffs selbst begründet zu sehen. In Übereinstimmung zur Gasabhängigkeit der Farbstoffphotoelektrizität erfährt auch der sensibilisierte Effekt eine Beeinflussung durch adsorbierte Gase (*42/D*, *96*), z.B. durch O_2. Man sieht jedoch in diesem Effekt — vgl. (*87*) — weniger die Wirkung einer Erhöhung der Farbstoffphotoaktivität (*p*-Leiter) im Sauerstoff, als vielmehr das Ergebnis einer Elektronenablösung aus Oberflächen-Sauerstoff-Haftstellen ins Leitungsband des Halbleiters (ZnO) durch die Lichtabsorption im Farbstoff. Dieser Annahme kann hier jedoch infolge der experimentellen Befunde der Farbstoffphotoleitung nicht uneingeschränkt zugestimmt werden.

3. Becquerel-Effekt

Die Feststellung der dem photographischen Prozeß sensibilisierter Emulsionen analogen Sensibilisierungsfähigkeit der lichtelektrischen Erscheinungen geht praktisch auf Beobachtungen des Becquerel-Effekts an Cu/Cu_2O- bzw. Ag/Ag-Halogenidelektroden zurück (*13/D*, *14/D*), die eine deutliche Empfindlichkeitszunahme nach einer Anfärbung erkennen ließen. SHEPPARD u.a. (*82*) überprüften diesen photovoltaischen Effekt an mit sensibilisierenden Cyaninfarbstoffen versehenen Ag/AgBr-Elektroden und beobachteten ebenfalls intensive Photoelektronenströme' deren Aktionsspektrum mit dem der Farbstoffabsorption zusammenfällt

4. Sperrschichtphotoeffekt

Von EGGERT und AMSLER (*49/D*, *62/D*) konnte nachgewiesen werden, daß sich auch Silberbromid-Photoelemente, die nach dem Vorbild von Sperrschicht-Photozellen aufgebaut sind, mit organischen Farbstoffen sensibilisieren lassen. Die spektrale Lichtausbeute dieser Zellen $\left(L = \dfrac{\text{Kurzschlußstrom [A]}}{\text{Leist. d. L. } [\text{W} \cdot \text{cm}^{-2}]}\right)$, die durch elektrolytische Bromierung eines Feinsilberbleches und anschließendes Einfärben und Bedampfen mit einem durchsichtigen Silberspiegel hergestellt wurden, ist dabei wie bei den übrigen lichtelektrischen Effekten mit der spektralen Empfindlichkeit des Farbstoffs bzw. der photographischen Schicht identisch.

Man beobachtet im langwelligen Gebiet nicht nur einen größeren Photostrom als an den unsensibilisierten Ag/AgBr/Ag-Photoelementen, sondern auch die charakteristischen auf die Adsorption des Farbstoffs an AgBr zurückgehenden langwelligen Verschiebungen und eine Sensibilisierungslücke, die an mit Pinacyanol sensibilisierten photographischen Schichten bei 500 mμ (*102*) liegt. Zur Sensibilisierung sind saure (Erythrosin) und basische Farbstoffe (Chinolinblau, Orthochrom T, Pinachrom, Rubrocyanin, Allocyanin, Agfa Rr 340 u.a.) geeignet. Bemerkt sei, daß die belichtete Vorderelektrode der sensibilisierten und unsensibilisierten Zellen — abgesehen von kurzen negativen Vorschlägen, die unter Umständen als Nebeneffekt auftreten — positiv geladen erscheint.

II. Photoeffekt: Farbstoff/Grenzschicht/Halbleiter

Neben den verschiedenen lichtelektrischen Sensibilisierungseffekten, bei denen die Sensibilisierung eines Photoeffekts durch direktes Anfärben eines Halbleiters erreicht wird, verlangt der Photoeffekt des Photo-

elementsystems Farbstoff/anorganischer Photoleiter eine besondere Beschreibung; denn bei ihm befindet sich das Halbleitermaterial nicht im
bestmöglichen Kontakt mit dem Farbstoff, sondern ist allein in einer
schmalen Berührungszone mit dem Farbstoff verbunden; vgl. Abb. 133.

Eine derartige Zelle kann gleichsam als Modell des Farbstoff/Halb-
leiter-Kontakts angesehen werden, der praktisch in jeder sensibilisierten
Photozelle, bzw. auch in der photographischen Schicht, vorliegt.

Nach NELSON (85) lassen sich diese Zellen in besonders einfacher
Weise unter Verwendung n-leitender CdS-Schichten herstellen, die man
chemisch zwischen zwei auf Glas befindliche Platinelektroden niederschlägt und durch Erhitzen an Luft (300° C) hochohmig und photoaktiv
formiert; denn beim Ersatz eines die Elektrode berührenden CdS-Strei-
fens durch eine Farbstoffschicht liegt be-
reits die Anordnung Platinelektrode/Farb-
stoff/CdS/Platinelektrode vor, die bei Belichtung eine Photospannung und einen
gleichmäßigen Photostrom im Außenkreis
bildet. Das Aktionsspektrum dieser Zellen
stimmt dabei mit dem Absorptionsspektrum des Farbstoffs überein und der Photostrom und die im stromlosen Zustand gemessene Photospannung nehmen mit der

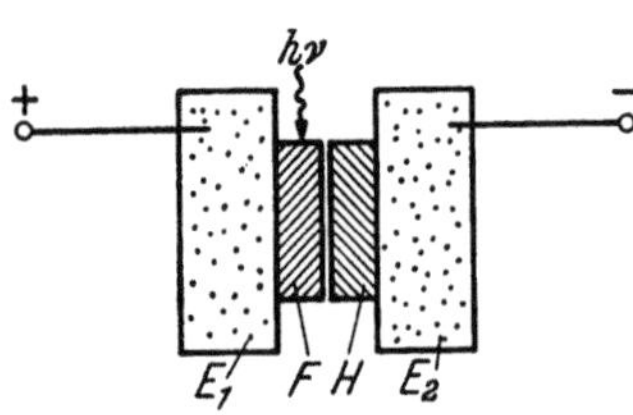

Abb. 133. Photoelement Farbstoff/
anorganischer Photoleiter. E_1, E_2 Elektroden, F Farbstoff, H Halbleiter

Lichtintensität zu. Die jeweils feststellbare positive Ladung des Farbstoffs
gegen den anorganischen Photoleiter deutet in der Anordnung auf einen
Photoelektronenstrom vom Farbstoff zum CdS hin. Bei Pinacyanol,
Kryptocyanin oder Dicyanin A als Farbstoffkomponente liegt die
Photospannung in der Größenordnung von 200 bis 300 mV und bei
dünnen Malachitgrün- oder Kristallviolettschichten bei etwa 100 mV.

Das Zustandekommen dieses Effekts wird von NELSON auf einen
Elektronenübergang vom höher gelegenen Leitungsband des Farbstoffs
zu dem des Halbleiters zurückgeführt, wobei der im stromlosen Zustand
gemessenen Photospannung bei starker Belichtung gerade die Energiedifferenz der beiden Leitungsbänder entsprechen sollte. Bemerkenswerterweise besteht nun einmal zwischen dem nach dem Mönchschen
Anlaufstromverfahren (90) gemessenen Kontaktpotential $V_{\text{CdS/Farbstoff}}$ —
bei Pinacyanol $0{,}32 \pm 0{,}02$, Kryptocyanin $0{,}40 \pm 0{,}03$, Neocyanin $0{,}25$
$\pm 0{,}03$, Kristallviolett $0{,}18 \pm 0{,}04$ V — und der Photospannung eine
weitgehende Übereinstimmung und zum anderen folgt aus diesen Messungen auch, daß das Farbstoffleitungsband über dem des CdS liegt;
vgl. (91). Die Voraussetzungen für den genannten Elektronenübergang
sind somit durchaus gegeben.

Abgesehen von der theoretischen Bedeutung des photoelektrischen
Zweiphasensystems Farbstoff/CdS für das Energieübertragungsproblem
Farbstoff/Halbleiter, darf auch die eventuelle praktische Anwendbarkeit
derartiger anorganisch-organischer Photoelemente nicht übersehen werden; denn die in der Größenordnung von 300 mV liegenden stromlos
gemessenen Photospannungswerte ähneln bereits denen der bekannten
p-n-Photodioden. Eine Vergrößerung dieser Ausbeuten durch Änderung

der Zellenanordnung, beispielsweise nach dem Schema der oben beschriebenen Längsfeldzellen scheint dabei noch durchaus möglich. Der Ersatz des CdS durch andere anorganische Photoleiter könnte ebenfalls verbessernd wirken.

III. Theorie

Die Deutung der zur Sensibilisierung der verschiedenen Photoeffekte führenden Reaktionen dürfte sich eng an eine Theorie anlehnen, die unter Zugrundelegung experimenteller Daten (Kontaktpotentialmessungen, Kurzschlußstromrichtung u.a.) für das letztgenannte übersichtliche Farbstoff-Halbleiter-Photoelementmodell entwickelbar ist; denn der primäre Vorgang der einzelnen Anordnungen besteht völlig analog hierzu in einer π-π^*-Anregung der Farbstoffelektronen, der sich eine Erhöhung der Ladungsträgerkonzentration im angrenzenden Photoleiter anschließt.

Das genannte Modell gibt den experimentellen Beweis für den Übergang elektronischer Ladungsträger vom Farbstoff zum Halbleiter und bestätigt außerdem die an reinen Farbstoffen beobachtete Wanderung dieser Träger durch das organische Material, da die Bildung eines beständigen Photostroms ohne diese Voraussetzung nicht denkbar wäre. Darüberhinaus führt der beobachtete [(+) Farbstoff* $\rightarrow$ Halbleiter (−)]-Elektronenübergang und die entsprechende Photospannung — die man durch Anlegung einer den Photostrom aufhebenden Gegenspannung bestimmt — in Verbindung mit Messungen der Volta-Spannung Farbstoff/Halbleiter und den absoluten Austrittsspannungen zur Diskussion der im belichteten und unbelichteten Farbstoff/Halbleiter-Kontakt bestehenden Verhältnisse.

Beispielsweise steht die Frage zur Diskussion, inwieweit die dem Elektronenübergang entsprechende Photospannung des Farbstoff/Halbleiter-Photoelements wirklich mit dem gemessenen Kontaktpotential bzw. mit der Leitungsbanddifferenz in Zusammenhang gebracht werden kann, und wie letztlich das die Ladungsträger vom Farbstoff zum Halbleiter bewegende Potentialgefälle im Licht zustandekommt.

Auf diese Probleme sei im folgenden näher eingegangen:

Allgemein ist das Kontaktpotential — vgl. (*103, 104*) — als Differenz der äußeren elektrischen Potentiale ψ definiert, die sich ihrerseits aus dem inneren elektrischen Potential φ und dem elektrischen Oberflächenpotential χ (spontane Doppelschicht) zusammensetzen. Für die beiden Phasen Farbstoff (F)/Halbleiter (H) gilt dann:

$$V_{H,F} = \psi_H - \psi_F = (\varphi_H - \chi_H) - (\varphi_F - \chi_F). \tag{12.1}$$

Die Volta-Spannung (Kontaktpotential) enthält somit immer mehr oder weniger große, von Oberflächeneinflüssen abhängige Anteile eines elektrischen Oberflächenpotentials, die auch in die Differenz der Austrittsspannungen eingehen. Dies ist insofern bedeutsam, da $V_{H,F}$ nicht durch einfaches Anlegen eines Spannungsmessers, sondern durch Messung des Unterschieds der Austrittsarbeiten der kontaktierten Verbindungen bestimmt wird. Die Elektronenaustrittsarbeit einer Phase stellt dabei das Maß für die vom chemischen Potential der Elektronen μ_Θ und dem elektrischen Oberflächenpotential χ — d.h. vom realen Potential einer Phase (z.B. Farbstoff F) $_F\alpha_\Theta = {}_F\mu_\Theta + z_\Theta \cdot F \cdot {}_F\chi$ — abhängige Arbeit $(-{}_F\alpha_\Theta)$ dar, die man zur Entfernung der Elektronen aus dem Innern durch die Phasenoberfläche aufwenden muß. Als Austrittsspannung gilt

$$_F A_\Theta = \frac{-\,_F\alpha_\Theta}{z_\Theta F}\,.$$

Ohne auf die der Festkörperphysik zugehörigen Begriffe bereits einzugehen, läßt sich der genannte Zusammenhang zwischen dem Kontaktpotential $V_{H,F}$ und dem zur Messung von V wichtigen Unterschied der Austrittsarbeiten $_H A_\Theta$, $_F A_\Theta$ aus der im Gleichgewichtszustand bestehenden Identität der elektrochemischen Potentiale

$$\tilde{\mu}_\Theta = \mu_\Theta + z_\Theta \cdot F \cdot \varphi \qquad (\equiv E_F^{(n)}) \qquad z_\Theta = 1 \qquad (12.2)$$

von Farbstoff und Halbleiter ableiten:

$$\left. \begin{aligned} _H\tilde{\mu}_\Theta &= {}_F\tilde{\mu}_\Theta, \\ _H\mu_\Theta + \mathfrak{F}\cdot\chi_H + \mathfrak{F}\psi_H &= {}_F\mu_\Theta + \mathfrak{F}\chi_F + \mathfrak{F}\psi_F, \\ _H\alpha_\Theta + \mathfrak{F}\cdot\psi_H &= {}_F\alpha_\Theta + \mathfrak{F}\cdot\psi_F, \end{aligned} \right\} \qquad (12.3)$$

$$\left. \begin{aligned} V_{H,F} &= \psi_H - \psi_F = -\,(_H\alpha_\Theta - {}_F\alpha_\Theta)/\mathfrak{F}, \\ V_{H,F} &= {}_H A_\Theta - {}_F A_\Theta. \end{aligned} \right\} \qquad (12.4)$$

Aus den über die Austrittsspannungsdifferenz gemessenen Volta-Spannungen $V_{H,F}$ (Größenordnung $+0{,}3$ V) zwischen Halbleiter und Farbstoff geht hervor, daß zur Entfernung der Elektronen aus dem Farbstoffinneren und der Oberfläche eine geringere Arbeit aufgewendet werden muß als z.B. beim CdS. Das reale Potential der Elektronen des Farbstoffs $_F\alpha_\Theta$ ist somit geringer als das des Halbleiters, entsprechend einem höheren Energieinhalt der Farbstoffelektronen.

Dies bestätigt auch der Vergleich der absoluten Lage der Elektronenaustrittsarbeiten von Halbleiter und Farbstoff, die sich am Farbstoff aus der Volta-Spannung zwischen Farbstoff und Wolfram ermitteln läßt; denn die Kenntnis der Elektronenaustrittsarbeit $_W A_\Theta$ des Wolframs erlaubt die Berechnung von $_F A_\Theta$ aufgrund der Beziehung

$$_F A_\Theta = {}_W A_\Theta - V_{W,F}\,. \qquad (12.5)$$

Für Farbstoffe liegt A_Θ bei $3{,}1$ V (Elektronenaffinität), während für AgBr $3{,}5$ V und für CdS ebenfalls $3{,}5$ V angegeben werden.

Zur Veranschaulichung dieses Zusammenhangs zwischen $V_{H,F}$, ΔA_Θ und $\Delta\psi$ diene die folgende schematische Abb. 134, die den Farbstoff und den Halbleiter im getrennten Zustand und nach der Kontaktbildung zeigt. Man erkennt deutlich, wie sich durch Einstellung des elektrochemischen Gleichgewichts $_H\tilde{\mu}_\Theta = {}_F\tilde{\mu}_\Theta$ die inneren und äußeren elektrischen Potentiale gegeneinander verschieben und eine Potentialdifferenz, die sogenannte Volta-Spannung, bilden.

Die Gleichheit der elektrochemischen Potentiale — die genau genommen auf einen Elektronenübergang zwischen den Phasen unter Aufbau der die Angleichung von $\tilde{\mu}_\ominus$ bewirkenden Volta-Spannung zurückgeht — bedingt verständlicherweise — denn $d\tilde{\mu}_\ominus/dx = 0$! — eine Stromlosigkeit im Zweiphasensystem Halbleiter/Farbstoff. Hieran ändern auch die Kontaktpotentiale der Elektrodensysteme Farbstoff/Elektrode

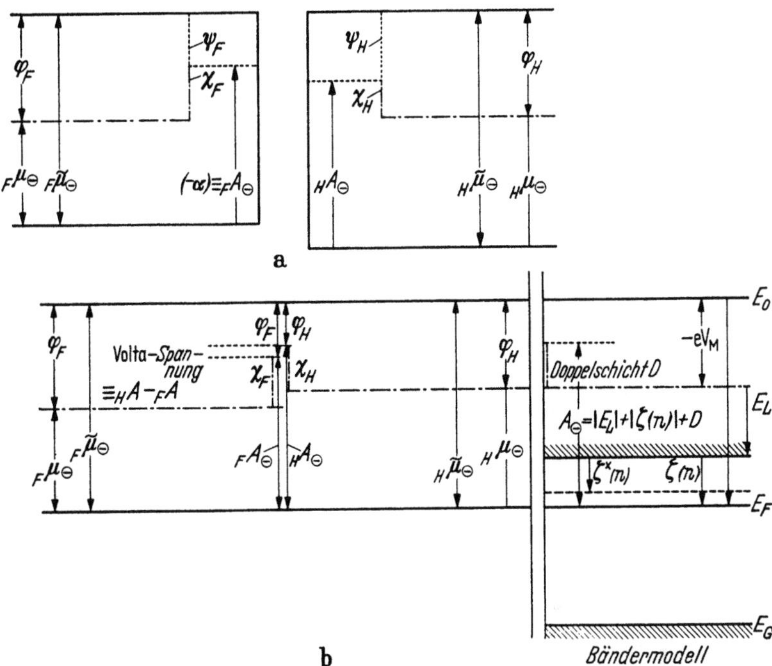

Abb. 134a u. b. Zweiphasensystem Farbstoff/Halbleiter. a Getrennt. b Kontakt

bzw. Halbleiter/Elektrode nichts, da die im Gleichgewichtszustand gebildeten Berührungsspannungen gerade die Volta-Spannung $V_{H/F}$ kompensieren.

Bei Belichtung des Farbstoffs kann jedoch der genannte Zustand nicht mehr aufrecht erhalten bleiben, da das chemische bzw. das elektrochemische Potential der Elektronen des angeregten Farbstoffs $_{F*}\tilde{\mu}_\ominus$ nicht mit dem des unangeregten $_F\tilde{\mu}_\ominus$ identisch ist. Im Licht bildet sich somit zwischen dem Farbstoff und dem (nicht absorbierenden) anorganischen Halbleiter ein Gefälle des im Dunkeln konstanten elektrochemischen Potentials, dem die Farbstoffelektronen folgen und dabei vom Farbstoff zum Halbleiter übertreten. Infolge der großen Beweglichkeit der Photoelektronen im Halbleiter (CdS) gelangen sie durch diesen hindurch in den Außenkreis und von dort in den Farbstoff zurück, so daß ein beständiger Stromfluß im Licht aufrechterhalten bleibt. Eine Aufhebung dieses Photostroms erfordert eine Gegenspannung, die in ihrer Größe der treibenden Photospannung entspricht.

Eine Betrachtung des Zweiphasensystems Halbleiter/Farbstoff unter Verwendung der das Leitfähigkeitsverhalten der Festkörper beschreibenden Bändermodellvorstellung ändert diese Überlegungen in keiner Weise. Man sieht hierzu die Leitungselektronen als Fermi-Gas an, das sich in einem Potentialtopf der dem Leitungsbandrand entsprechenden Tiefe E_L befindet und das chemische Potential $\mu_\ominus = E_L + \zeta(n)$ besitzt. $\zeta(n)$ ist durch die Zahl der Leitungselektronen $\zeta(n) \approx -kT \ln n_L/N_0$ bestimmt. Als elektrochemisches Potential dieser Elektronen des Halbleiters erscheint dabei die Fermi-Kante E_F, die sich aus einem elektrischen und chemischen Potentialanteil zusammensetzt:

$$E_F = -eV_M + E_L + \zeta(n); \quad E_L, \zeta(n) < 0. \tag{12.6}$$

Das innere elektrische Potential φ wird dabei im Kristall durch das sogenannte Makropotential V_M dargestellt, das infolge Bildung einer spontanen Doppelschicht (elektrisches Oberflächenpotential χ) oberflächlich als äußeres elektrisches Potential ψ erscheint. Die im Gleichgewichtszustand erfolgende Angleichung der Fermi-Niveaus der ververschiedenen leitenden Verbindungen äußert sich verständlicherweise in Analogie zu obigem — da die chemischen Bindungskräfte, die von V_M aus zählen, nicht verändert werden können — in einer Verschiebung der Makropotentiale bzw. der Oberflächenpotentiale zueinander. Während die Galvani-Spannung dabei direkt die Differenz der Makropotentiale darstellt, liegt im Kontaktpotential die Differenz der Oberflächenpotentiale vor. Letztere folgt ebenfalls aus dem Unterschied der Austrittsspannungen der beiden Phasen, da die Austrittsspannung durch die Beziehung

$$A_\ominus = |E_L| + |\zeta(n)| \pm \chi \tag{12.7}$$

definiert ist.

Erwartungsgemäß bleibt somit die obige Erklärung des Elektronenübergangs vom Farbstoff zum Halbleiter auch bei spezieller Anwendung der Festkörpervorstellungen (Einführung der Begriffe Leitungsband, Fermi-Niveau u.a.), die die Wanderungsfähigkeit der elektronischen Ladungsträger beschreiben, gültig.

Man erkennt im einzelnen, daß nur bei Annahme einer vollständigen Entartung des Elektronengases im Farbstoff und im Halbleiter eine Übereinstimmung zwischen der Differenz der Leitungsbänder und der Volta-Spannung bestehen würde, da nur in diesem Fall das Fermi-Niveau (elektrochemisches Potential) mit dem Leitungsbandrand zusammenfällt: $E_L - E_F = \zeta(n) = 0$. Beim unbelichteten Farbstoff ist diese Identität aber bestimmt nicht gegeben. Als bemerkenswert muß die Tatsache angesehen werden, daß auch p-leitende Farbstoffe — für die $E_F \approx E_G$ — nach den bisherigen Messungen (91) ein positives Kontaktpotential gegenüber dem n-leitenden CdS besitzen und somit die Austrittsarbeit der p- und n-Farbstoffe gleichermaßen geringer als die des CdS ist. Hieraus resultieren dann analoge Verschiebungen des Halbleiter-Fermi-Niveaus gegen die beiden Farbstoffklassen und die übereinstimmende Richtung des Photostroms der untersuchten Farbstoff/CdS-Zellen.

Inwieweit man die gemessene Volta-Spannung aber für den Photostrom vom Farbstoff zum CdS verantwortlich machen kann, sei
dahingestellt; denn einmal ist die Richtung des Kontaktfeldes gerade
dem die Stromträger bewegenden Feld entgegengerichtet und zum
anderen muß der durch Belichtung bewirkten Verschiebung des chemischen Farbstoffpotentials eine besondere Beachtung geschenkt werden.
Im nichtentarteten Farbstoff verschiebt sich dabei sicher das Fermi-
Potential E_F durch die π-π^*-Anregung in Richtung auf das Farbstoff-
anregungsband und bewirkt so ein Fermi-Niveau-Gefälle zwischen be-
lichtetem Farbstoff und Halbleiter, dem die im Farbstoff ausgelösten
elektronischen Ladungsträger unter Ausbildung des Kurzschlußstromes
folgen.

Bei der Diskussion des Farbstoff-Halbleiter-Systems darf außerdem
nicht übersehen werden, daß die absolute Lage der Austrittsspannung
des Farbstoffs (bzw. CdS) und die Kontaktpotentialdifferenz Halbleiter/
Farbstoff auf im Vakuum durchgeführte Messungen zurückgehen. Es
ist somit durchaus möglich, daß eine Vergrößerung oder Verkleinerung
des elektrischen Oberflächenpotentials $\chi \left[\chi = \dfrac{n \cdot \mu}{\varepsilon_0} \right] - \mu$ Dipolmoment,
n Dipolanzahl je Flächeneinheit — infolge der Chemisorption von O_2
unter anderem an Luft eine Änderung der energetischen Verhältnisse
der photoelektrisch aktiven Zweiphasensysteme hervorruft. Unter Umständen könnte dabei sogar durch die Chemisorptionsschicht eine Umkehrung der Vakuum-Volta-Spannung entstehen, die mit der beobachteten Stromrichtung im Einklang steht. Zur Klärung dieser Fragen sind
weitere Kontaktpotentialmessungen — eventuell unter Verwendung der
Ionisationsmethode usw. (*104*) — unbedingt erforderlich.

Da beim sensibilisierten Photoeffekt im Prinzip immer eine dem
Farbstoff/Halbleiter-Element analoge Anordnung vorliegt, dürfen die
am Modellsystem erörterten Zusammenhänge auch auf die Effekte
sensibilisierter Photoleiter übertragen werden.

Beispielsweise kann die Photoelementbildung durch Zusammenschalten eines Farbstoffs und CdS als Gegenbeweis eines Resonanzmechanismus angesehen werden, demzufolge die Photoladungsträger
bei einem Resonanzprozeß Farbstoff/Halbleiter aus fehlgeordneten
Termen des anorganischen Photoleiters entstehen sollten; denn die
Größenordnung der Photoaktivität der nur in einer dünnen Zone an-
einandergrenzenden Phasen und andere Erscheinungen stehen mit diesem
Mechanismus in keiner Weise im Einklang. Entsprechend hierzu dürfte
aber die Sensibilisierung auch bei einer großflächigen Berührung beider
Stoffe nicht nach diesem Resonanzmechanismus ablaufen, da wohl
kaum eine allmähliche Änderung der Versuchsanordnung eine grund-
legende Wandlung der ursprünglichen — gut nachweisbaren — Reak-
tionsfolge verursacht.

Das heißt, in sensibilisierten Systemen führt die Lichtabsorption des
Sensibilisators zu einem Übergang elektronischer Ladungsträger vom
Farbstoff zum anorganischen Halbleiter und bewirkt hierdurch eine
Erhöhung der Ladungsträgerkonzentration (Photoleitung) der sensi-

bilisierten Substanz. Der zur Aufrechterhaltung eines gleichmäßigen Stromflusses erforderliche Ausgleich der Farbstoffladungen erfolgt je nach Anordnung durch Kurzschließen der beiden Phasen über den Außenkreis mittels der eventuell angelegten äußeren Spannung oder durch innere Kompensation.

Der eigentliche Übergang der elektronischen Ladungsträger vom Farbstoff zum Halbleiter, d.h. die Vergrößerung der Ladungsträgerdichte im Halbleiter, stellt somit einen vom äußeren Feld weitgehend unabhängigen Vorgang dar. Allein die im Sensibilisator absorbierte Lichtenergie bedingt die Abhängigkeit der Ladungsträgerkonzentration des sensibilisierten Halbleiters eines bestimmten Systems, wie die Intensitäts- und Spektralabhängigkeit der Anordnungen zeigen. Das Feld wirkt in der Hauptsache erst auf die als Folge des Sensibilisierungsprozesses im Halbleiter entstandenen Ladungsträger ein; die Spannungsabhängigkeit u.a. entspricht deshalb der des bei Eigenabsorption wahrnehmbaren Photoeffekts.

Aus den genannten Gründen folgt zwanglos die Möglichkeit, den Ablauf der verschiedenen lichtelektrischen Effekte — innere Photoleitung, Sperrschichtphotoeffekt — durch Zugabe eines Sensibilisators in den dem Farbstoff zugehörigen Spektralbereich zu verlegen, ohne daß die Eigenarten der lichtelektrischen Erscheinungen geändert werden. Naturgemäß sind dabei nur Verbindungen sensibilisierbar, die im Bereich der Eigen- oder Störstellenabsorption bereits photoleitende Eigenschaften besitzen; denn die Wanderungsfähigkeit der Ladungsträger muß als unumgängliche Voraussetzung für das Auftreten des Eigen- oder sensibilisierten Photoeffekts gelten. Der Versuch, photoinaktives $PbCl_2$, $Ba(NO_3)_2$ und andere Verbindungen durch Sensibilisieren in Photoleiter zu verwandeln, bleibt deshalb auch ohne Erfolg (*121/D*).

IV. Anwendungen
1. Theoretische Probleme

Die Bedeutung der genannten Versuche für das Problem der spektralen Sensibilisierung des photographischen Prozesses wurde bereits im letzten Kapitel erörtert. Die Untersuchungen — speziell am AgBr — stellen gleichsam das *photoelektrische Analogon des photographischen Sensibilisierungsprozesses* dar und sind als Beweis für die Bildung von Ladungsträgern in einem Halbleiter anzusehen, der mit einem angeregten Sensibilisator in Berührung steht.

Bemerkt sei, daß sich die Sensibilisierungsreaktion sicher nicht nur auf anorganische Halbleiter beschränkt, sondern unter Umständen auch organische Photoleiter erfassen dürfte. Die Rolle des Sensibilisators können wahrscheinlich auch strukturell von Farbstoffen abweichende Verbindungen übernehmen.

2. Praktische Anwendung

Auf die Möglichkeit einer praktischen Anwendung der Photoeffektsensibilisierung wurde bereits oben hingewiesen. Sie besteht in der Hauptsache darin, die photoelektrische Empfindlichkeit eines Systems in den besser zugänglichen, sichtbaren Spektralbereich oder in das wichtige UR-Gebiet zu verschieben.

Verständlicherweise werden dabei nicht nur die lichtelektrischen Effekte selbst sensibilisiert, sondern auch komplizierte Prozesse, denen Photoleitungsphänomene zugrundeliegen. Als Beispiel sei im folgenden die Xerographie angeführt.

a) Xerographie

Die von CARLSON (*105*) im Jahre 1937 erfundene Xerographie (Elektrophotographie) stellt ein trockenes, nichtchemisches photographisches Verfahren dar, das nach elektrostatischen und photoleitenden Gesetzen arbeitet. Man vgl. hierzu die zusammenfassenden Darstellungen bei HAUFFE, REID u.a. (*97, 99/D, 106* bis *109*).

Beim xerographischen Verfahren, das direkt zu positiven Bildern führt, entfallen die zur gewöhnlichen photographischen Wiedergabe nötigen Einzelschritte, wie Entwickeln, Fixieren, Waschen usw. Darüberhinaus kann die xerographische Platte oftmals verwendet werden, da die Belichtung nicht mit einer Zerstörung des photoempfindlichen Grundmaterials verbunden ist. Eine Ähnlichkeit mit den AgBr-Emulsionen und dem entsprechenden photographischen Prozeß besteht somit in keiner Weise.

Man erkennt dies auch sofort bei Betrachtung der xerographischen Platte, die aus einer dünnen, mit einem isolierenden Photoleiter (Selen, Anthracen u.a.) bedeckten Metallfolie (Aluminium) besteht. Bemerkenswerterweise erhalten diese Platten ihre Lichtempfindlichkeit erst vor der Belichtung durch elektrostatische Aufladung.

Folgende Teilreaktionen sind somit beim xerographischen Prozeß zu unterscheiden:

1. Elektrostatische Aufladung (Sensibilisierung). Zur Sensibilisierung xerographischer Platten „bestäubt" man diese oberflächlich mit positiven Ionen, die durch eine Koronaentladung — 7000 V zwischen einem Gitter und Erde — über der Platte gebildet werden. Auf diese Weise entsteht auf der Oberfläche des Photoleiters ein positives Potential von mehreren hundert Volt, so daß die Platte im Prinzip einer Längsfeld-Photozelle ohne halbdurchlässige Vorderelektrode entspricht. An ZnO liegt nach HAUFFE (*98*) eine von negativ geladenen Sauerstoffionen (und eventuell Stickoxydionen) verursachte negative Aufladung der Oberfläche vor.

Da die Lichtempfindlichkeit der Schicht an die Aufrechterhaltung des elektrostatisch erzeugten Feldes gebunden ist, muß das photoleitende Grundmaterial einen möglichst hohen Dunkelwiderstand besitzen. Anthracen oder Selen erfüllen bei einem spezifischen Widerstand $>10^{15}\,\Omega\cdot$ cm diese Bedingung in guter Weise und ermöglichen deshalb Aufnahmen bis eine Stunde nach der elektrostatischen Sensibilisierung.

2. Entstehung des elektrostatischen latenten Bildes. Bei Belichtung der elektrostatisch geladenen Platte werden — in Analogie zu Längsfeldsystemen — Elektronen bzw. Defektelektronen im Photoleiter gebildet und zur positiven (Oberfläche) bzw. negativen (geerdete Aluminiumfolie) „Elektrode" bewegt. Hierdurch entlädt sich an den bestrahlten Stellen das elektrostatische Feld, da keine Ladung nachgeliefert wird. Die vom Licht *nicht* getroffenen Abschnitte behalten dagegen ihre elektrostatische Aufladung bei und stellen das sogenannte elektrostatische latente Bild dar. Im Gegensatz zum latenten AgBr-Bild erscheint das latente Bild der Elektrophotographie somit als eine direkte Wiedergabe des abzubildenden Originals, d.h. als Positiv.

Die Belichtungseinrichtung stimmt im Prinzip mit der der gewöhnlichen photographischen Technik überein.

Der Ablauf der hier beschriebenen Teilreaktion setzt naturgemäß eine merkbare Photoaktivität der im Dunkeln isolierenden Schicht voraus. Im Grunde genommen könnte deshalb jeder photoaktive Stoff — auch manche der oben genannten photoleitenden Farbstoffe — für den Prozeß Verwendung finden, wenn eine Aufrechterhaltung der elektrostatischen Ladung durch den hohen Widerstand des Photoleiters gewährleistet ist. Ein gutes Haften an der Metallfolie und eine möglichst im Sichtbaren liegende spektrale Empfindlichkeit sind darüberhinaus günstig für eine Anwendung des photoleitenden Materials. Das Festhaften des Photoleiters erreicht man dabei entweder durch direktes Aufbringen, Aufdampfen (Sublimieren) oder unter Zuhilfenahme geeigneter Bindemittel.

Man beachte, daß die Eigenempfindlichkeit eines Photoleiters unter 4000 Å eine Bestrahlung mit ultraviolettem Licht verlangt, wodurch die Anwendung einer aus diesem Stoff bestehenden xerographischen Platte eingeschränkt würde. In Übereinstimmung zur Sensibilisierung der in einfachen Zellen gemessenen Photoleitfähigkeit gelingt es aber, das Aktionsspektrum derartiger UV-empfindlicher „xerographischer Zellen" allein durch Zugabe sensibilisierender Farbstoffe in den langwelligen, sichtbaren Spektralbereich zu verschieben. Am Ablauf des eigentlichen xerographischen Prozesses wird dabei ebensowenig geändert wie beim inneren Photoeffekt selbst; denn die Aufgabe des Farbstoffs besteht nur darin, das Aktionsspektrum der photoleitenden Teilreaktion des elektrophotographischen Prozesses — wie die Photoleitung der reinen Phase — dem Absorptionsspektrum des adsorbierten Farbstoffs anzupassen.

Als Beispiel sei auf das für die elektrophotographische Bildwiedergabe gut geeignete, aber nur im UV absorbierende ZnO hingewiesen, das erst durch die spektrale Sensibilisierung dem sichtbaren Spektralbereich zugänglich gemacht wurde (*98*). Zur Sensibilisierung können dabei Phthaleinfarbstoffe (Eosin, Fluorescein, Rose bengale), Chinolin-, Thiazin-, Acridin- und Triphenylmethanfarbstoffe Verwendung finden; vgl. hierzu noch (*110, 111*).

Bemerkenswerterweise kann der bei Belichtung ablaufende Reaktionsschritt auch als Hinweis auf einen elektronischen Leitungsmechanismus der organischen Verbindungen angesehen werden; denn in der Elektrophotographie findet gerade auch das Anthracen als photoleitendes Grundmaterial Verwendung und die wichtige Eigenschaft xerographischer Platten, sehr oft die Bildwiedergabe zu ermöglichen, spricht deutlich gegen Photoleitungsmechanismen, die mit einer Zersetzung des lichtempfindlichen Materials verbunden sind. Eine Zersetzung des Photoleiters müßte aber erfolgen. wenn die zum latenten Bild führende Photoleitung nicht elektronischen Ursprungs, sondern die Folge eines photochemischen Prozesses wäre. Jedem photochemisch erzeugten Ladungsträger würde ja ein zerstörtes organisches Molekül entsprechen, wobei der Art der Zersetzung — Reaktion mit einer Wasserhaut unter Bildung von H^+- bzw. OH^--Ionen, Oxydation usw. — im Prinzip nicht die entscheidende Bedeutung zukäme. Wichtig ist, daß die photochemische Theorie letztlich den xerographischen Prozeß auf eine photochemische Veränderung des Photoleiters zurückführen und so zwangsläufig eine rasche Zerstörung der xerographischen Platte annehmen müßte — eine Annahme,

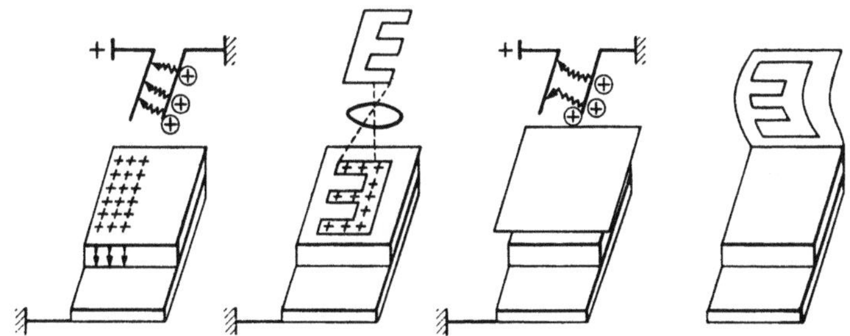

Abb. 135. Die Reaktionsschritte der xerographischen Bildwiedergabe

die aber im Gegensatz zum Experiment steht. Ein elektronischer Mechanismus, der die experimentellen Befunde der xerographischen Technik erfaßt und mit den am reinen Photoleiter erhaltenen Versuchsergebnissen übereinstimmt, dürfte deshalb besser den wirklichen Vorgängen entsprechen.

Die Abb. 135 diene noch zur Veranschaulichung des elektrostatischen latenten Bildes und der zu dessen Entstehung führenden Vorgänge.

3. Entwicklung des latenten Bildes. Zur Entwicklung des elektrostatischen latenten Bildes wird die belichtete Platte mit einem feinen Pulver bestäubt, das aufgrund einer durch reibungselektrische Effekte erhaltenen (negativen) Ladung an den positiven Bildstellen haften bleibt. Je nach Art des verwendeten Pulvers und dem Aufbringverfahren unterscheidet man dabei verschiedene Entwicklungsmethoden; z.B. die Kaskadenentwicklung, bei der eine Pulvermischung aus einem Träger (+) und Toner (—, Harzpulver) über die Platte gestreut wird, oder die Pulverstaubentwicklung mittels elektrostatisch geladener Partikeln. Über weitere Verfahren vgl. *(99/D)*.

4. Bildübertragung. Das entwickelte Bild läßt sich leicht von der xerographischen Schicht auf ein gewöhnliches Blatt Papier übertragen, wenn man von einer Fixierung auf der xerographischen Platte selbst absieht. Man bedeckt hierzu einfach die entwickelte Platte mit dem Papier, lädt dieses mit dem beim ersten Teilschritt benutzten Gerät elektrostatisch auf und erreicht so, daß die am Photoleiter haftenden negativen Pulverpartikel zum positiv geladenen Papier übergehen und mit diesem zusammen von der Platte abgehoben werden.

Anschließend fixiert man dieses auf dem Papier befindliche Pulverbild durch kurzes Erhitzen, da Wärme die Teilchen zum Schmelzen bringt und ins Papier eindringen läßt.

Die xerographische Platte erfährt somit auch durch die Entwicklung und Bildübertragung keine Änderung und kann deshalb nach Beendigung des Prozesses erneut zur elektrophotographischen Bildwiedergabe verwendet werden.

Man beachte noch, daß durch geeignete Technik (112) die Qualität der xerographischen Halbtonbilder bereits der der Silberbromidplatten angeglichen werden konnte; auf die Bedeutung des Verfahrens als Röntgenxerographie sei ebenfalls hingewiesen.

b) Photoadsorption

Obwohl die Erscheinung der aktivierten Photoadsorption in einem besonderen Kapitel behandelt werden müßte, sei sie hier zusätzlich mit angeführt, da der Effekt den Systemen Farbstoff/anorganische Photoleiter zugehört. Nach HEDVALL (113) steht dabei diese aktivierte Adsorption in engem Zusammenhang mit den inneren Störungen, die eine lichtelektrische Anregung in einem Photoleiter (CdS, Selen usw.) verursacht und die beispielsweise auch für die im Vergleich zum Dunkeln erhöhte Auflösung lichtelektrisch aktiver Stoffe bei Bestrahlung — z.B. Selen in Na_2SO_3-Lösung — verantwortlich sind.

Bei den Systemen Farbstoff/anorganischer Halbleiter zeigt sich der genannte photoelektrisch-chemische Effekt der Photoadsorption als Änderung des Adsorptionsgleichgewichts zwischen lichtelektrisch aktivem Halbleiter [CdS, Kristallphosphore wie ZnS(Cu), ZnS(Mn) usw.] und Farbstoff (Lanasolgrün G, Thiazinrot R u.a.) im Dunkeln und im Licht.

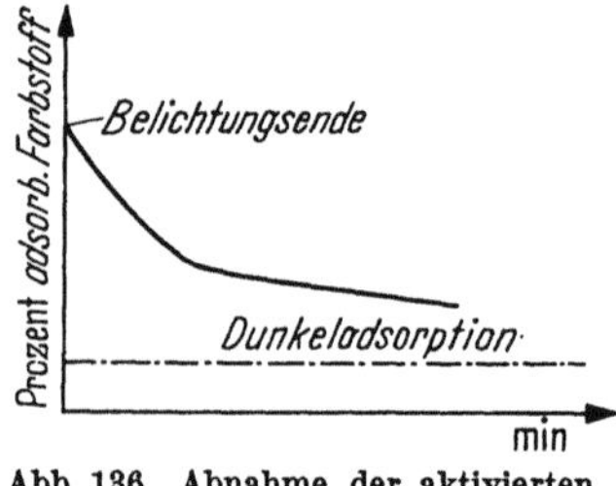

Abb. 136. Abnahme der aktivierten Adsorption am Belichtungsende

Die Adsorption des Farbstoffs (kolorimetrische Messung) nimmt hierbei während der Bestrahlung in einer von der Art des Photoleiters und Farbstoffs abhängigen Stärke zu (113 bis 115). Daneben wird in einigen Fällen auch eine Verminderung der Adsorption beobachtet. Es sei dahingestellt, inwieweit dieser Effekt mit der Photoadsorption von O_2 an ZnS (115) — oder der Photodesorption des O_2 an ZnO (116) — verglichen werden kann. Eine theoretische Erfassung bedarf erst noch weiterer Untersuchungen, die unter anderem die Feststellung eventueller Änderungen des Kontaktpotentials, der Wellenlängenabhängigkeit usw. einbeziehen müssen; s. noch (117).

Am Belichtungsende geht die Adsorption wieder zurück, wie es die Abb. 136 andeutet.

Dreizehntes Kapitel

Der photodynamische Effekt

Unter dem photodynamischen Effekt versteht man im allgemeinen die Schädigung von mit Farbstoffen versehenen lebenden Zellen und Geweben bei der Belichtung. Dem Farbstoff kommt bei diesen Reaktionen gleichsam die Wirkung eines Katalysators zu, der die Lichtenergie durch Absorption aufnimmt und, ohne selbst eine Veränderung zu erleiden, auf das gegen sichtbares Licht unempfindliche Zellsystem überträgt und so dessen Zerstörung einleitet.

I. Eigenschaften des photodynamischen Effekts
1. Spektralabhängigkeit

Der photodynamische Effekt wurde von RAAB (*118*) im Jahre 1898 entdeckt und von TAPPEINER u. a. (*119* bis *122*) in der Folgezeit eingehend untersucht. Man erkannte die Sensibilisierungsfähigkeit der verschiedenen Farbstoffe wie Eosin, Rose bengale, Methylenblau, Chlorophyll, Neutralrot, Hämatoporphyrin u. a. und auch die Übereinstimmung der photodynamischen Wirkung mit dem Absorptionsspektrum des Farbstoffs. Diese Parallelität zwischen Aktions- und Absorptionsspektrum bewies dabei, daß der Primärschritt der Reaktion in einer Absorption des Lichts im Farbstoff besteht.

Bemerkenswerterweise folgt das Aktionsspektrum auch den Absorptionsänderungen, die durch die Adsorption des Farbstoffs an die Zellsubstanz als Folge einer Assoziation eintreten; vgl. (*123*). Es liegen hierbei ähnliche Verschiebungseffekte vor, wie sie auch in der photographischen Schicht beobachtbar sind und modellmäßig durch Adsorption an Heparin (Metachromasie) nachgebildet werden können (*112/A*).

Die für den Einsatz der photodynamischen Wirkung erforderliche primäre Anregung des Farbstoffs läßt ein Fehlen des Effekts beim Einstrahlen von Röntgenlicht erwarten. Die von einigen Autoren (*124, 125*) gefundene Wirksamkeit dieser Strahlung stellt jedoch hierzu keinen unbedingten Widerspruch dar, da sekundäre Strahlungen — vgl. auch die späteren Ausführungen —, beispielsweise langwelliges Fluoreszenzlicht, zur entsprechenden Anregung führen können.

2. Struktur des Sensibilisators

Aus den früheren Untersuchungen geht hervor, daß zwischen der photodynamischen Wirkung und der Struktur des sensibilisierenden Farbstoffs kein Zusammenhang zu bestehen scheint, denn Farbstoffe der verschiedensten Konstitution — beispielsweise Eosin, Rose bengale, Erythrosin, Neutralrot, Methylenblau, Lactoflavin, Acridin, Chorophyll, Hämatoporphyrin u. a. — können die genannten Schädigungen hervorrufen. Im Gegensatz hierzu sind Triphenyl- und Diphenylmethanfarbstoffe, wie Malachitgrün und Auramin, photodynamisch inaktiv.

Man erkennt, daß viele photodynamisch aktive Stoffe die Fähigkeit
zur Fluoreszenz besitzen, aber es sei dahingestellt, ob diese Eigenschaft
als Kennzeichen der Sensibilisierungsfähigkeit gelten kann; denn einerseits erlangen auch Triphenylmethanfarbstoffe durch Adsorption die
Fähigkeit zur Fluoreszenz und andererseits löscht eine Konzentrierung
oder Sauerstoff, der gerade für den photodynamischen Effekt von Bedeutung ist, die Lumineszenz.

Als auffallend muß aber die Tatsache angesehen werden, daß ein
großer Teil der photodynamisch aktiven Farbstoffe zu einer bestimmten

Tabelle 18. *Phototoxische Stoffe*

Nr.	Verbindung	Klasse	Licht	Dunkel
	I. Farbstoffe			
1	Eosin	Fluoresceinfarbstoff	++	—
2	Rose bengale	Fluoresceinfarbstoff	+	—
3	Erythrosin	Fluoresceinfarbstoff	+	—
4	Methylenblau	Thiazinfarbstoff	+	—
5	Chlorophyll	Porphyrine	+	—
6	Hämatoporphyrin	Porphyrine	++	—
7	Uroporphyrin	Porphyrine	++	—
8	Deuteroporphyrin	Porphyrine	+	—
9	Protoporphyrin	Porphyrine	+	—
10	Phylloerythrin	Porphyrine	+	—
11	Neutralrot	Azofarbstoff	+	—
12	Trypaflavin	Acridinfarbstoff	+	—
13	Lactoflavin	Flavin	+	—
	II. Kohlenwasserstoffe			
1	3,4-Benzpyren		+	cancerogen
2	20-Methylcholanthren		+	cancerogen
3	9,10-Dimethyl-1,2-benz-anthracen		+	cancerogen
4	Anthracen		+	—
5	Pyren		+	—

Gruppe der organischen Photoleiter, nämlich zu den O_2-Photoleitern,
gehört, deren Photoaktivität in einer Sauerstoffatmosphäre eine gewisse
Förderung aber auf keinen Fall eine nennenswerte Hemmung erfährt.
Photodynamisch inaktive Farbstoffe — Triphenylmethanfarbstoffe
u. a. — zählen dagegen zur Gruppe der Vakuumphotoleiter, deren photoelektrische Eigenschaft erst im Vakuum hervortritt (*43/D*).

Abgesehen von dieser Übereinstimmung, die eine analoge Einteilung
der Farbstoffe in photodynamisch wirksame und O_2-Photoleiter einerseits und photodynamisch unwirksame und Vakuumleiter andererseits
ermöglicht, muß gleichzeitig auch die entsprechende Wirkung des
Sauerstoffs Beachtung finden; denn Sauerstoff fördert nicht nur mehr
oder weniger stark die Photoaktivität der photodynamisch aktiven
Verbindungen, sondern auch den photodynamischen Effekt selbst.

Durch den Nachweis der Farbstoffphotoleitfähigkeit und der aufgrund
dieser Erscheinung durchgeführten Einteilung wurde eine Gesetzmäßigkeit gefunden, die einen dem photodynamischen Effekt entsprechenden

strukturellen Zusammenhang andeutet. Die bisherige mehr zufällige
Wirksamkeit von Eosin, Rose bengale, Acridin, Chlorophyll oder Neutralrot scheint deshalb auf eine konstitutionell bedingte Ursache hinzuweisen, die möglicherweise durch den Farbstoffphotoeffekt dem Verständnis nahegebracht werden kann. Inwieweit hierin auch ein Hinweis
auf einen Zusammenhang beider Erscheinungen zu sehen ist, sei dahingestellt.

Es wäre nun von Bedeutung, die photodynamische Wirksamkeit
der bisher noch nicht auf diesen Effekt hin geprüften O_2-Photoleiter,
beispielsweise der Merocyanine u.a., festzustellen, die ebenfalls aktiv
sein müßten. Auch die Frage nach den Ausnahmen der gegebenen Regel
bedarf einer Klärung.

In Tabelle 18 sind noch zur Übersicht einige der photodynamisch
aktiven Farbstoffe („Lichtkrankheitserreger") und analog wirkende
Kohlenwasserstoffe angegeben.

3. Sauerstoffabhängigkeit

Als charakteristische Eigenart des photodynamischen Effekts muß
die Tatsache angesehen werden, daß für dessen Zustandekommen molekularer Sauerstoff erforderlich ist (*119, 126*). Abweichende Versuche
dürften dabei auf eine zu geringe Evakuierung der Meßzellen zurückgehen,
da zahlreiche Experimente die Notwendigkeit des Sauerstoffs für den
Ablauf der Reaktion bestätigen; vgl. BLUM u.a. (*127, 128*). Bei einer
Reihe photodynamischer Reaktionen gelang es auch, die Aufnahme
von Sauerstoff durch das geschädigte System selbst festzustellen (*129,
130*).

Es sei noch erwähnt, daß reduzierende Stoffe (Na_2SO_3, $Na_2S_2O_3$)
den Reaktionsablauf in ähnlicher Weise hemmen können, wie man es
auch bei einer Entfernung des Sauerstoffs beobachtet (*131*). Hieraus
läßt sich ebenfalls der oxydative Charakter der photodynamischen
Reaktion ersehen.

Die Sauerstoffabhängigkeit der Lichtreaktion darf aber nicht dazu
führen, auf irgendeinen Zusammenhang zwischen photodynamischer
O_2-Wirkung und normaler O_2-Zellatmung zu schließen; denn der Charakter beider Prozesse ist völlig verschieden, wie aus dem Verhältnis
zwischen CO_2-Bildung und O_2-Aufnahme — $\gamma = CO_2/O_2$ — klar hervorgeht: Für Atmung ist $\gamma = 1$ und beim photodynamischen Effekt gilt
$\gamma = 0{,}047$; vgl. (*132*). Es liegt eher nahe, die photodynamische Reaktion
aufgrund dieser Sauerstoffabhängigkeit als photosensibilisierte Reaktion im Sinne von SCHENCK (s. sechstes Kapitel) aufzufassen und nach
einem entsprechenden Mechanismus zu deuten.

4. Substratnatur

Der photodynamische Effekt geht wahrscheinlich in vielen Fällen
auf eine Schädigung lebender Systeme durch Bildung eines Anlagerungs-
produkts aus dem Sauerstoff und einer Zellsubstanz zurück. Diese Annahme setzt naturgemäß das Vorhandensein einer ähnlichen Verbindung

in allen diesen Systemen voraus, die dann durch Licht unter Mitwirkung des Farbstoffs in analoger Weise umgesetzt wird. Naturgemäß dürften hierbei vor allem Proteine eine entscheidende Rolle spielen, wie es auch bereits die Untersuchungen von SMETANA u. a. (*129, 130*) nahelegen. Tyrosin und Tryptophan scheinen dabei von den Aminosäuren besonders die photodynamische Reaktion zu begünstigen; vgl. (*133*).

Es ist verständlich, daß der Ablauf der photodynamischen Reaktion eine Anlagerung des Farbstoffs an die Zelle voraussetzt, da nur so der Farbstoff lichtkatalytisch wirken kann. Aus diesem Grund muß sich durch Zugabe einer Verbindung, die diese Anlagerung verhindert, die photodynamische Schädigung vermindern lassen. Beispielsweise können zusätzlich in eine Lösung gebrachte Proteine des Serums oder Plasmas die Farbstoffe fest an sich binden und von der zur Lichtschädigung nötigen Zellenadsorption abhalten (*134*). Auch durch Mischung zweier Farbstoffe können ähnliche desensibilisierende Effekte auftreten (*135*).

5. Zeitlicher Verlauf

Der zeitliche Ablauf der photodynamischen Erscheinungen (*136*) läßt eine lange Anfangsperiode — minimale Expositionszeit t bis zu einer Minute — vor Einsatz einer merkbaren photodynamischen Schädigung erkennen. Dies deutet auf einen unsichtbaren primären photochemischen Prozeß am Belichtungsanfang hin, der den Keim zur eigentlichen sichtbaren Zellenänderung ausbildet. Sobald die „kritische latente Schädigung" erreicht ist, setzt der eigentliche sichtbare Schädigungsprozeß ein. Diesen sekundären Prozeß charakterisiert dabei eine Unabhängigkeit von der weiteren Lichteinstrahlung und die Tendenz zur Zerstörungsfortsetzung auch noch nach Belichtungsende.

Die Aufteilung der photodynamischen Reaktion in einen Primär- und einen Sekundärschritt ist für die Klärung einiger Eigenarten des Effekts von Nutzen; denn während der primäre Vorgang eine reine photochemische Reaktion darstellt, die wahrscheinlich sogar eine gewisse Reversibilität vor Erreichen der kritischen latenten Schädigung besonders bei kurzer und schwacher Belichtung aufweist, kommt der eigentlichen zerstörenden, sekundären Teilreaktion Irreversibilität zu. Diese Irreversibilität der Zerstörung kennzeichnet dann auch den gesamten photodynamischen Effekt.

Da der Sekundärprozeß nach einer längeren Belichtungszeit als Dunkelreaktion noch zerstörend weiterwirkt, kann die Gültigkeit des Reziprozitätsgesetzes nicht mehr gegeben sein. Nur bei kurzer Belichtung, d.h. Beschränkung auf den primären Reaktionsschritt, gilt (*136*):

$$\text{Intensität} \times \text{Zeit} = \text{const},$$

eine Tatsache, die auf einen verhältnismäßig einfachen Mechanismus des photodynamischen Primärprozesses hinweist. Diese Einfachheit wird auch durch die Temperaturunabhängigkeit der Reaktion bestätigt, die mit der Eigenschaft der photochemischen Reaktionen übereinstimmt, aufgrund einer fehlenden thermischen Energie den Quotienten $\frac{Q_T + 10}{Q_T} = 1$ zu bilden.

II. Beispiele photodynamischer Reaktionen und deren Bedeutung

Es würde sicher zu weit führen, hier auf alle bisher untersuchten photodynamischen Erscheinungen der verschiedensten Arten des lebenden Organismus und biologischer Systeme einzugehen. Man vergleiche hierzu die zusammenfassenden Darstellungen von BLUM u. a. (*137, 138*).

Die Vielfalt der Lichtreaktionen möge jedoch anhand einiger Beispiele angezeigt werden, da so am besten die Bedeutung dieser manchmal vernachlässigten Erscheinungen ersichtlich ist.

1. Photodynamische Schädigung von Zellen und Organismen

Der photodynamische Effekt bewirkt an Zellen und Organismen häufig eine tiefgreifende Schädigung, die unter anderem auch davon abhängt, ob der sensibilisierende Farbstoff an der Zellenoberfläche haften bleibt oder noch ins Innere der Zelle eindringt.

Im ersteren Fall, der meist beim Anfärben mit Fluoresceinfarbstoffen eintritt, resultiert hauptsächlich an der Zellenoberfläche eine Schädigung der Permeabilität der Zellenmembran — vgl. (*139*) —, während im anderen Fall auch Veränderungen des Zellkerns möglich sind. Hierbei können Teilungsanomalien und andere Erscheinungen auftreten; vgl. (*140* bis *142*). Oftmals dringt der Farbstoff auch erst mit dem Fortschreiten der photodynamischen Reaktion ins Innere ein und führt so zu einer zunehmenden Zerstörung der Substanzen. Man beobachtet dies beispielsweise an mit Rose bengale angefärbter Hefe (*139*), bei der nach oberflächlicher Schädigung der Farbstoff ins Innere der Zelle gelangt und dort im Licht das Fermentsystem vernichtet.

Als Beispiel einer photodynamischen Zerstörung sei noch die Wirkung dieses photodynamischen Effekts auf die roten Blutkörperchen angeführt, die im Sonnenlicht unverändert bleiben, aber bei Zugabe eines Farbstoffs (Chlorophyll u. a.) im Licht eine Hämolyse erfahren. Das heißt, die photodynamische Beschädigung der Zellenstruktur bedingt ein Freisetzen des Chromoproteids Hämoglobin und damit ein Ausbleichen der Zellen. Diese Zerstörung läßt sich gut an dünnen Schichten der Zellensuspensionen photometrisch verfolgen und kann so zur leichten Erfassung einer Reihe photodynamischer Gesetzmäßigkeiten Verwendung finden; vgl. (*138*).

Naturgemäß bleibt die photodynamische Schädigung nicht auf einzelne Zellen beschränkt, sondern greift auch die aus vielen Zellen zusammengesetzten komplizierten Organismen an. In der Folge entstehen dann Schädigungen des gesamten Organismus, die sogenannten Lichtkrankheiten, über die noch besonders berichtet wird.

2. Schädigung biologischer zellfreier Systeme
a) Enzyme

Der photodynamische Effekt bewirkt auch eine Schädigung von nichtlebenden, zellfreien biologischen Systemen, die vor allem auf das Vorhandensein einer angreifbaren Proteinkomponente zurückgeht. Beispielsweise beobachteten bereits Tappeiner u.a. (*119, 120, 143*) den zerstörenden und hemmenden Einfluß des Lichts auf angefärbte Enzyme, und in neuerer Zeit konnte auch an Hefe — vgl. (*139*) — die Schädigung des Fermentsystems nachgewiesen werden.

b) Viren, Toxine

Da die als Krankheitsüberträger wirkenden Viren meist Proteincharakter besitzen — einige stellen Nucleoproteide dar — sind auch sie gegen photodynamische Einflüsse empfindlich. Es besteht deshalb die Möglichkeit einer Inaktivierung der Viruswirkung bei Pflanzen und Tieren durch Farbstoffzugabe und Belichtung — vgl. z.B. (*144, 145*) — und es scheint naheliegend, daß auf diese Weise durch das Abtöten der Viren gegebenenfalls eine gewisse Immunität gegen eine Krankheit erreichbar ist (*146*).

Auch äußerst giftige Toxine, die von pathogenen Organismen stammen und in ihrer chemischen Konstitution Proteine darstellen, lassen sich so photodynamisch zerstören. Beispielsweise beobachtet man dies beim Diphterietoxin (*147*). Während der photodynamische Effekt meist einen schädigenden Einfluß ausübt, erkennt man somit hier gerade eine umgekehrte Wirkung als Folge einer Zerstörung der Krankheitsüberträger und der Giftstoffe. Eine weitere eingehende Untersuchung dieser Erscheinungen — Feststellung geeigneter Sensibilisatoren unter Berücksichtigung schädigender sekundärer Einflüsse, Ermittlung der günstigen Strahlungsart und -menge u.a. — dürfte ein besonderes Interesse beanspruchen.

c) Vitamine

Wenn auch die Schädigung der genannten zellfreien Systeme vor allem auf die Zerstörung der Proteinkomponente zurückgehen dürfte, so bedeutet dies jedoch nicht, daß anders strukturierte Verbindungen gegen den photodynamischen Effekt immun seien. Beispielsweise läßt sich Vitamin C (Ascorbinsäure) bei Anwesenheit bestimmter Sensibilisatoren rasch photodynamisch zerstören, ein Effekt, der für die Entfernung des Vitamins in der Milch beim Stehen an Sonnenlicht verantwortlich ist; vgl. Blum (*138*).

Interessanterweise scheint in diesem Fall die Rolle des Sensibilisators ebenfalls ein Vitamin, nämlich das Vitamin B_2 (Lactoflavin), zu übernehmen, das auch bei anderen photodynamischen Reaktionen — z.B. die Hämolyse der roten Blutkörperchen — eine sensibilisierende Funktion ausübt. Auf die Wirkung des Lactoflavins als Photosensibilisator der Ascorbinsäurezerstörung wird einmal aus der spektralen Abhängigkeit des Effekts geschlossen und zum anderen aus der Tatsache, daß Vitamin C auch bei längerer Sonnenbestrahlung nach vorheriger Entfernung des Lactoflavins verhältnismäßig beständig bleibt (*148*). Im Licht geht somit wahrscheinlich photodynamisch verstärkt die Antiskorbutwirkung des Vitamins C verloren (*149*), während andererseits das in der Milch vorhandene Ergosterin gerade durch die Bestrahlung eine

Umwandlung in das antirachitische Vitamin D erfährt. Es überlagern sich somit zwei Effekte, denen naturgemäß bei Bestrahlungsversuchen der Milch gleichmäßige Beachtung geschenkt werden muß.

3. Beeinflussung der Nerven und Muskeln

Auch das Nervengewebe läßt sich durch Licht beeinflussen, wenn man es mit photodynamisch wirksamen Farbstoffen in Verbindung bringt. Dabei resultiert hier eine direkte Auslösung von Nervenaktivität als Folge einer Strahlungsabsorption im Farbstoff.

Eine derartige photodynamische Erregung der Nerven, beispielsweise am Frosch, geht bereits aus frühen Versuchen von LILLIE u. a. (*150, 151*) hervor. An mit Eosin, Erythrosin, Rose bengale und anderen Verbindungen sensibilisierten Froschmuskeln zeigt sich dabei der Effekt in einer langsamen, von Einzelzuckungen überlagerten Muskelkontraktion bei der Belichtung; vgl. (*152, 153*). Während die Zuckungen auf eine photodynamische Erregung der Nerven zurückgehen dürften, stellt die langsame, irreversible Lichtkontraktion ein Zeichen für die direkte Lichtreizbarkeit sensibilisierter, quergestreifter Muskeln dar, wie sie in ähnlicher Weise auch an Herz-, Darm- und anderen quergestreiften und glatten Muskeln des Frosches und anderer Tiere wahrgenommen werden können (*154*).

Der genannte Effekt verlangt im Gegensatz zu anderen, ohne Lichtwirkung hervorgerufenen Muskelkontraktionen, die auch in einer Stickstoffatmosphäre erfolgen, naturgemäß die Anwesenheit von Sauerstoff (*155*). Die photodynamische Erregung geht auch zurück, wenn man die Aufnahme des Sensibilisatorfarbstoffs am Muskel auf irgendeine Weise verhindert, beispielsweise durch Zugabe von Serum, das den Farbstoff an sich bindet und so inaktiviert.

III. Lichtkrankheiten

1. Symptome

Es ist verständlich, daß sich die durch den photodynamischen Effekt an einzelnen Zellen und Organen hervorgerufenen Schädigungen auch am gesamten Organismus bemerkbar machen können. Sicher wird die Bestrahlung mit geringen Intensitäten, die beispielsweise noch die Hämolyse von mit Eosin versehenen Erythrocyten hervorruft, nur geringfügig auf einen vielzelligen Organismus wirken. Doch kann die Erregung mit stärkerer Absorptionsintensität an diesen zu Lähmungserscheinungen, schweren Lichtkrankheiten und auch zum Tod führen; denn in derselben Weise, wie eine Zersetzung einzelner angefärbter Zellen im Licht erfolgt, wird auch das mehrzellige Gewebe oder der Muskel zerstört, wobei sich ein anfangs auf die belichtete Stelle beschränkter Zerfall unter Umständen auch auf unbelichtete Gebiete ausdehnen kann.

Als Folge dieser Zerstörungstendenz erleiden ein- oder mehrzellige Lebewesen, die sich in der Lösung der Farbstoffe befinden oder vorher

angefärbt waren, im Vergleich zu unsensibilisierten Systemen bei der
Bestrahlung mit sichtbarem Licht einen raschen Lichttod. Man vergleiche hierzu die Wirkung an Infusorien (Paramaecien), Schnecken und
anderen Tieren (*134*). Mit Farbstoffen sensibilisierte Frösche werden im
Licht erregt und beruhigen sich erst wieder nach Belichtungsende; eine
lange Belichtung führt zu Lähmungserscheinungen und zum Tod (*156*).
Bei Zugabe von Fluoresceinfarbstoffen in Aquarien treten ebenfalls im
Licht anomale Anzeichen an den Fischen auf, die zu deren Verenden
führen.

Die an höheren Tieren nach Injektion oder Fütterung von Farbstoffspuren bei Belichtung eintretenden Schädigungen sind verschiedenster
Art. Sie hängen von der Farbstoffmenge und der Lichtintensität ab
und entstehen primär an den dem Licht direkt ausgesetzten Stellen.
So verursachen bereits geringste Farbstoffmengen bei Mäusen Rötungen
und Schwellungen der Haut, Haarausfall, Nekrosen der Ohren und
andere chronische Symptome während der Belichtung. Die Tiere
können unter Umständen innerhalb kürzester Zeit verenden; vgl.
z. B. (*157*). An Rindern, die mit einer mit Eosin gefärbten Gerste
gefüttert waren, konnten ähnliche Krankheitserscheinungen beobachtet werden; denn das mit dem Futter eingenommene Eosin gelangt
über den Blutstrom unter die Haut, wird so bei Belichtung photodynamisch aktiv und führt zu mehr oder weniger starken Schädigungen. Die wichtige Mitbeteiligung des Lichts geht aus der Tatsache
hervor, daß die Krankheitssymptome auch nach Fütterung größerer

Tabelle 19

Porphyrinmenge in mg	Zeit der Bestrahlung durch Sonnenlicht bis zum Tod des Tieres	
	Uroporphyrin	Deuteroporphyrin
1	40 bis 50 Minuten	60 bis 65 Minuten
0,5	45 bis 50 Minuten	80 bis 85 Minuten
0,25	100 bis 110 Minuten	120 bis 130 Minuten
0,125	150 bis 160 Minuten	170 bis 175 Minuten
0,062	210 bis 245 Minuten	etwa 18 Stunden

Eosinkonzentrationen an im Dunkeln gehaltenen Rindern nicht auf-
traten; vgl. (*158, 159*). Eosin ist eben an sich unschädlich und zeigt nur
im Licht schädigende Sensibilisatoreigenschaften.

Bemerkenswerterweise wirkt von tierischen Farbstoffen das Abbau-
produkt des Hämins, das Hämatoporphyrin, in starkem Maße photodynamisch schädigend. Weiße Mäuse verenden z. B. nach einer Behandlung mit Hämatoporphyrin unter Umständen bereits nach wenigen
Minuten Belichtung. Das Uroporphyrin I erweist sich nach H. FISCHER
(*160*) ebenfalls als stark photosensibilisierend bei weißen Mäusen.
Die Tabelle 19, die der übersichtlichen Abhandlung von H. F. BLUM
(*138*) entnommen wurde, läßt deutlich diese photodynamische Schädigung und vor allem auch den Zusammenhang zwischen schädigender
Wirkung und aufgenommener Farbstoffmenge erkennen. Bei einer Ver-

größerung der injizierten Farbstoffmenge werden die Tiere im Licht rascher getötet.

Erwähnt sei auch die photodynamische Wirksamkeit der Chlorophyllporphyrine, über die im Zusammenhang mit den photochemischen Eigenschaften des Chlorophylls von H. FISCHER und A. STERN (*161*) berichtet wird. Unter anderem dürfte die als Geel-dikkop bei Schafen beobachtete Krankheit auf den sensibilisierenden Einfluß des Phylloerythrins zurückgehen, da intravenöse Gabe des Farbstoffs an gesunden Schafen entsprechende Krankheitsmerkmale (Geschwürbildung, Anschwellen der Lippen und Ohren) und an Mäusen den Tod bei Belichtung hervorruft.

Auch der Mensch reagiert ähnlich auf die Einnahme oder Injektion eines photodynamischen Farbstoffs. Beispielsweise konnte nach Eingabe von Eosin (*159*), das man wegen seines Bromgehaltes in früheren Jahren als Beruhigungsmittel verwandte, an den dem Licht zugewandten Hautoberflächen starke Ausschläge, Rötungen, Ausfallen der Nägel und andere Erscheinungen beobachtet werden. Die Patienten wurden deshalb in verdunkelte Räume gebracht, da sich so der sekundäre schädigende Einfluß des „Beruhigungsmittels" fernhalten ließ. Eine ähnliche krankhafte Lichtempfindlichkeit (Ausschläge, Schwellungen) bildet sich auch nach Injektion (Einnahme ?) von Trypaflavin (Diaminomethylacridin) aus (*162*).

In diesem Zusammenhang sei auf den Selbstversuch von F. MEYER-BETZ (*163*), der sich Hämatoporphyrin injizierte und analoge Beobachtungen machen konnte, hingewiesen. Von Bedeutung ist vor allem auch der von H. FISCHER (*160, 161*) beschriebene klassische Fall Petry, der eine starke pathologische Lichtempfindlichkeit (Porphyrie) durch Uroporphyrin aufwies (*164*).

Nach BLUM (*138*) lassen sich die als Folge einer Farbstoffinjektion oder orale Gabe im Licht hervorgerufenen photodynamischen Schädigungen nach verschiedenen *Hauptsymptomen* unterteilen:

1. In eine Erregung der Nervenenden oder der empfindlichen Organe in der Haut, die sich bei Mensch und Tier als Juckreiz bzw. Unruhe im Licht bemerkbar macht. Praktisch stellt dies den Primäreffekt dar, der aufgrund seiner Natur durch eine Narkotisierung aufgehoben werden kann. Die auf diesen Primäreffekt folgenden Schädigungen werden jedoch durch die Narkotisierung nicht unterbunden.

2. Als zweites Symptom tritt eine Zerstörung der Haut, etwa wie bei Verbrennungen ein, die sich in Rötungen und Schwellungen anzeigt. Durch die Eindringfähigkeit der sichtbaren Strahlung bis in tiefer gelegene Hautschichten, können nicht nur die höher gelegenen Epidermisschichten, sondern auch die tieferen, in Kontakt mit Farbstoffen befindlichen Zellen photodynamisch geschädigt werden. Da die Blutgefäße in die Epidermisschichten reichen, muß der Farbstoff nicht injiziert werden, sondern gelangt — Resorption vorausgesetzt — bereits bei Aufnahme mit der Nahrung oder direkte orale Gabe über die Blutbahn an diese vom Licht erreichbaren Stellen. Naturgemäß nimmt die

Schädigung mit der Lichtintensität und der aufgenommenen Farbstoffmenge zu; geringste Farbstoffspuren können jedoch den Effekt schon einleiten.

3. Das dritte Krankheitssymptom stellt Änderungen in Gebieten des Organismus dar, die selbst gar nicht dem Licht ausgesetzt waren. Diese Schädigungen führen unter Umständen auch zum Tode des Lebewesens, dem ein Sinken des Blutdrucks, Steigerung des Pulses, Temperaturabnahme und andere Erscheinungen vorausgehen; vgl. z.B. noch (*165*).

Die Annahme, daß der Farbstoff nach der Einnahme bereits allein, d.h. im Dunkeln, für derartige Krankheitssymptome verantwortlich zeichnet, wird beispielsweise durch Versuche an durch Injektion mit Hämatoporphyrin gleichmäßig aktivierten Tierpaaren widerlegt; denn das im Dunkeln gehaltene Tier weist im Gegensatz zum belichteten kein abnormales Verhalten auf.

2. Dunkelwirkung der Farbstoffe

Es wäre nun jedoch falsch, die letztgenannte Regel für alle Farbstoffe als gültig anzusehen. Eine Reihe von Farbstoffen bildet nämlich nach subkutaner Injektion schon im Dunkeln an der Injektionsstelle bösartige Tumore (Spindelzellensarkome u.a.) aus, die den Tod hervorrufen können; derartige Farbstoffe besitzen somit von vornherein stark cancerogene Wirkungen. Hierzu zählen eine Reihe saurer (sulfonierter) Triphenylmethanfarbstoffe — Lichtgrün SF gelblich (*166, 167*), Guinea-Grün (*168*), Brillant-Blau FCF (*168*) —, deren Wirksamkeit wahrscheinlich mit der besonderen Tautomeriefähigkeit der Triphenylmethane zusammenhängt. Daneben sind noch das basische 4-Dimethylamino-triphenylmethan (*169*) und das Parafuchsin (*170, 171*) zu nennen. Erwähnt sei auch die stark cancerogene Eigenschaft des 4-Dimethylamino-azobenzols (Buttergelb) und die Tatsache, daß, abgesehen von den Triphenylmethanfarbstoffen, durch Einführung von polaren Gruppen mit sauren Eigenschaften die cancerogene Wirkung aromatischer Kohlenwasserstoffe oder Amine aufhebbar ist (*172*). Die besonders inaktivierende Wirkung der Sulfonsäuregruppe läßt sich am Beispiel des nicht cancerogenen Methylorange (*173*) ersehen, das aus dem Buttergelb durch Einführung einer Sulfonsäuregruppe in 4'-Stellung hervorgeht. Bemerkt sei, daß die Farbstofftumorbildung nur dann auf die Injektion des Farbstoffs beschränkt bleibt, wenn er bei oraler Gabe nicht resorbiert wird.

Bei den genannten Farbstoffen steht zweifellos die cancerogene Dunkelwirkung im Vordergrund. Die Frage nach einer beschleunigenden Wirkung des Lichts oder einer photodynamischen Auslösung der Krankheit beim Vorliegen von für den Dunkeleffekt unzureichenden Farbstoffmengen kann jedoch nicht ohne weiteres beantwortet werden. Manche Farbstoffe dürften sicher zu den Grenzfällen einer reinen Dunkel- oder reinen Lichtwirkung zählen; aber Übergangszustände scheinen doch ohne Zweifel naheliegend und einer eingehenden Untersuchung wert.

3. Ursachen der schweren Lichtschädigungen

Möglicherweise gehen die Schädigungen im Licht, die zu einem allgemeinen Kreislaufzusammenbruch führen können, auf die photodynamische Bildung von Giftstoffen — Zersetzungsprodukte des Proteins u.a. — in der Haut zurück, die mittels des Kreislaufs durch den gesamten Körper geschwemmt werden. Hierauf weisen ähnliche Krankheitssymptome hin, die als Folge von anders gearteten Hautschäden auch am gesamten Organismus bemerkbar werden und die ebenfalls aus der Verbreitung der Giftstoffe resultieren.

In geringem Maße dürfte auch eine direkte photodynamische Beeinflussung des durch das Kapillarsystem der Haut strömenden Blutplasmaproteins — besonders bei größeren Lichtintensitäten und Farbstoffkonzentrationen — annehmbar sein; vgl. (*174*). Die Symptome der photodynamischen Krankheit finden jedenfalls auch einen gewissen Niederschlag im Blut; beispielsweise beobachtet man eine Abnahme der Zahl der roten Blutkörperchen, Anämie und andere Erscheinungen (*138*).

4. Bildungsbedingungen der Lichtkrankheiten

Es wäre sicher interessant, auf sämtliche der am Menschen bisher beobachteten und diagnostizierten Lichtkrankheiten hier näher einzugehen, die phototoxische Stoffe, wie Eosin, Hypericin, Protoporphyrin, Hämatoporphyrin, Chlorophyll u.a. hervorrufen können und deren Bedeutung nicht unterschätzt werden darf. Diese Aufgabe würde jedoch den Rahmen dieser Arbeit überschreiten. Man vgl. hierzu z.B. die zusammenfassende Abhandlung von BLUM (*138*).

Sicher verabreicht man heute keine eosinhaltigen Tabletten als Beruhigungsmittel wie zu Beginn dieses Jahrhunderts. Aber man muß sich doch vergegenwärtigen, daß auch andere therapeutisch wirksame Stoffe, die einen günstigen therapeutischen Index besitzen, vor allem bei längerem Verweilen in der Blutbahn, unter Umständen durchaus zu Schädigungen photodynamischer Art Anlaß geben können. Es sei hier beispielsweise an die obengenannte Wirkung des Diaminomethylacridins erinnert, dessen Injektion eine starke Empfindlichkeit gegen Licht auslöst und dessen photodynamische Schädlichkeit bei oraler Gabe von vornherein nicht ausschließbar scheint. Die Tatsache, daß diese gelbe Acridinverbindung durch manche scheinbar harmlose Präparate in größerer Menge zur Einnahme gelangt, sollte jedenfalls nicht unbeachtet bleiben, sondern zu einer Überprüfung der eventuellen photodynamischen Wirksamkeit unter den gegebenen Bedingungen führen.

Hämatoporphyrin, das man zu bestimmten Behandlungen injizierte, erzeugt vor allem in der Umgebung der Injektionsstellen bei Belichtung eine starke Schwellung, die im Dunkeln wieder zurückgeht. Diese Lichtempfindlichkeit kann einige Monate erhalten bleiben (*175*). Nach HAUPTMANN (*159*) können Tiere durch Hämatoporphyrin derart sensibilisiert werden, daß sie schon nach 10 min Aufenthalt im Licht sterben, während sie im Dunkeln gesund bleiben. Ob die Empfindlichkeit

gegenüber Licht nach Injektion von Sulfonamiden auf einem photodynamischen Effekt beruht, sei dahingestellt; man vgl. hierzu (*138, 176*).
Erwähnenswert scheint auch die Nebenwirkung, die früher bei Prüfung
der Leberfunktion mittels Rose bengale beobachtet wurde; denn durch
die Fähigkeit des Farbstoffs, in die Haut einzudringen, geht dieser Funk-
tionsprüfung eine photodynamische Schädigung parallel, die sich in
Rötungen, Schwellungen und anderen Symptomen im Tageslicht anzeigt (*138*). Erst nach Entfernen des Farbstoffs durch den Blutstrom,
was einige Tage in Anspruch nimmt, verliert der Patient die schädliche
Lichtempfindlichkeit.

Man beachte, daß auch Versuche unternommen wurden, den photodynamischen Effekt therapeutisch zu nutzen. Beispielsweise hielt man
es für möglich, schädliche Mikroorganismen des Blutstroms photodynamisch zu zerstören. Dies schien dadurch begünstigt zu werden, daß
das sichtbare, für den Effekt nutzbare Licht, im Gegensatz zum Licht
der Quecksilberlampe bis zu den Blutgefäßen der Haut vordringen kann.
Naturgemäß muß die bevorzugte Aufnahme des Farbstoffs an diese
Mikroorganismen im Vergleich zu den Blutzellen als eine unumgängliche
Voraussetzung angesehen werden.

Bei der Diskussion der Lichtkrankheiten des Menschen muß vor allem
auch die Tatsache hervorgehoben werden, daß nicht nur durch Injektion,
sondern auch durch die Einnahme von photodynamisch aktiven Farbstoffspuren mit der Nahrung eine Erkrankung der Haut und sogar des
Organismus im Tageslicht eintritt. Ein mit der Nahrung aufgenommener Farbstoff, dem man aufgrund der Wirkung an lebenden Zellen
im biologischen Ansatz — vgl. z.B. (*177*) — im allgemeinen keinen
schädigenden Einfluß zuschreibt, kann also unter Umständen infolge
einer eventuellen photodynamischen Aktivität Rötungen, Ausschläge
oder Schwellungen an den dem Licht ausgesetzten Körperpartien hervorrufen. Eine Speicherungstendenz in der Epidermis verstärkt möglicherweise diesen Effekt noch in unangenehmer Weise.

Aus den genannten Gründen scheint eine zusätzliche Prüfung der
in der Lebensmittelchemie benutzten Farbstoffe auf die photodynamische Wirksamkeit hin sicher angebracht.

Erwartungsgemäß läßt sich die photodynamische Wirkung eines
Farbstoffs auch durch eine äußere Anwendung erreichen. Doch kann
der Stoff nur dann sensibilisierend wirken, wenn er bis zu der von den
Zellen gebildeten Epidermisschicht, der sogenannten Malpighianschicht,
gelangt. Meist verhindert die oberste feste, von nichtlebendem Material
gebildete Hornhautschicht das Eindringen des Farbstoffs, so daß beim
Berühren der Haut mit der wäßrigen Lösung der photodynamisch
aktiven Verbindung keinerlei Lichtempfindlichkeit entsteht.

Bringt man aber den Farbstoff in ein die äußerste Schicht durch-
dringendes Lösungsmittel oder entfernt diese Schutzschicht durch
Reiben, so kann der Farbstoff eventuell an die Zellen gelangen und damit
deren photodynamische Schädigung einleiten.

Die Gefahr eines derartigen Eindringens besteht beispielsweise unter
Umständen schon für gefärbte Komponenten von Seifen oder Parfümen

und wurde auch bereits früher diskutiert. Es sei in diesem Zusammenhang an die Phototoxizität des häufig als Zugabe benutzten Chlorophylls a und b erinnert, die eine photodynamische Schädigung (Ausschläge u. a.) nach Einreiben chlorophyllhaltiger Präparate in die Haut prinzipiell nicht unmöglich erscheinen läßt. Auf eine ähnliche Ursache führt man auch eine als sogenannte Wiesendermatitis bezeichnete Hautkrankheit zurück, die beim Liegen auf bestimmten (silikathaltigen) Wiesen bei gleichzeitiger Sonnenbestrahlung entsteht (*178*).

5. Lichtkrebs

a) Krankheitsbild

Aus der Übersicht geht bereits hervor, daß der photodynamische Effekt unter Umständen zu ernsten Krankheiten führen kann. Die anfangs nur als eine Rötung oder Schwellung der Haut wahrnehmbare Schädigung trägt nämlich oftmals den Keim zur Bildung gefährlicher Tumore in sich, die den Tod des Lebewesens verursachen können.

Bei Anwesenheit einer photodynamisch aktiven Verbindung, die über die Blutbahn oder durch Injektion an von der Belichtung erreichbare Stellen des Organismus gelangt, besteht somit die Gefahr einer Krebserregung durch sichtbare oder ultraviolette Strahlen. Als Beispiel sei die Entstehung von Krebsgeschwüren durch Tageslicht in der Haut von Mäusen angeführt, die mit photodynamisch aktiven Farbstoffen wie Eosin oder Hämatoporphyrin sensibilisiert waren; vgl. (*73/C*).

b) Art der Lichtkrebserreger

Die Phototoxizität bleibt durchaus nicht auf Farbstoffe beschränkt, sondern kann als eine Eigenschaft der verschiedensten Kohlenwasserstoffe angesehen werden. Aufgrund der höheren Anregungsenergie erfordern diese Verbindungen jedoch zur Ausbildung des photodynamischen Effekts die Einstrahlung ultravioletten oder kurzwelligen, sichtbaren Lichts (3000 bis 4000 Å), so daß sie ihre phototoxische Wirkung im Tageslicht nur geringfügig, aber unter der Quecksilberlampe in starkem Maße entfalten können.

Die oben beschriebene photocancerogene Aktivität eines im Dunkeln nicht cancerogenen Farbstoffs (Eosin u. a.) zeigt bereits, daß diese Wirksamkeit nicht an eine cancerogene Dunkeleigenschaft des Photosensibilisators gebunden ist: Sowohl cancerogene als auch nichtcancerogene Verbindungen können somit durch Bestrahlung krebserregende Eigenschaften erhalten.

Es scheint nun vorteilhaft, die phototoxischen Verbindungen nach ihrem abweichenden cancerogenen Dunkelverhalten einzuteilen.

α) **Cancerogene Verbindungen.** Die Versuche von Mottram u. a. (*179* bis *184*) beweisen, daß cancerogene Kohlenwasserstoffe in völliger Analogie zu den nichtcancerogenen Farbstoffen die Fähigkeit besitzen, lebende Zellen im Licht zu schädigen und abzutöten. Die cancerogenen Kohlenwasserstoffe 3,4-Benzpyren, 9,10-Dimethyl-1,2-benzanthracen,

20-Methylcholanthren u. a. können deshalb als Photosensibilisatoren im bekannten Sinn angesprochen werden. Naturgemäß benötigen sie zur Entfaltung ihrer Phototoxizität Sauerstoff; vgl. (*185*).

Es ist verständlich, daß die photodynamische Wirkung dieser Verbindungen nicht nur auf eine Zerstörung von Hefezellen oder Paramaecien beschränkt bleibt, sondern auch zu gefährlichen Lichterkrankungen an größeren Organismen führt. Ein von diesen Kohlenwasserstoffen unter gewissen Bedingungen bereits im Dunkeln erregtes Krebswachstum — der sogenannte Teerkrebs — kann deshalb durch eine Bestrahlung eine deutliche Verstärkung erfahren. Beispielsweise beobachtet man an mit 3,4-Benzpyren sensibilisierten Mäusen im Licht (*68/C*) — Röntgenlicht (*69/C*) — eine erhöhte Bildung von Sarkomen. Vgl. hierzu noch SCHENCK u. a. (*67/C, 185* bis *188*).

Die Wirkung des Lichts dürfte nun durchaus nicht nur in einer das Dunkelkrebswachstum verstärkenden Tendenz liegen; denn der sensibilisierende Charakter der photodynamisch aktiven Kohlenwasserstoffe scheint die Möglichkeit dafür zu geben, daß ein aufgrund zu geringer Konzentration im Organismus noch ohne cancerogenen Einfluß vorliegender Kohlenwasserstoff-Krebserreger durch Strahleneinfluß aktiv wird. Die im Dunkeln trotz Anwesenheit des cancerogenen Stoffs vielleicht nicht einsetzende Krebskrankheit kann somit im Licht zum Ausbruch kommen. Es sei in diesem Zusammenhang auf die Wirkung der Röntgenstrahlung hingewiesen, die einerseits eine Heilung des Tumors bewirkt, andererseits aber auch bei zu großen Intensitäten die Krebsbildung verstärkt (*69/C*) oder eventuell erst einleitet.

Neben den cancerogenen polyzyklischen Kohlenwasserstoffen zeigen auch cancerogene Farbstoffe photocancerogene Eigenschaften. Über eine zusätzliche Phototoxizität der oben genannten cancerogenen Farbstoffe (Parafuchsin u. a.) ist bisher jedoch nichts bekannt. Bemerkt sei noch, daß zwischen der dunkelcancerogenen und der photodynamischen Wirksamkeit keine Parallelität besteht; vgl. (*184*). Während beispielsweise 9,10-Dimethyl-1,2-benzanthracen eine stärkere cancerogene Aktivität besitzt als 3,4-Benzpyren, verhalten sich beide Substanzen in ihrer photodynamischen Wirksamkeit gerade umgekehrt.

β) Nichtcancerogene Verbindungen. Zu den Verbindungen, die trotz ihrer nichtcancerogenen Eigenschaft durch Bestrahlung hautkrebserregend wirken können, gehören vor allem die bekannten photodynamischen Sensibilisatoren Eosin, Hypericin, Hämatoporphyrin und andere Farbstoffe.

Die Entfaltung dieser Schädigung verlangt naturgemäß ein entsprechend langes Verweilen im Organismus, so daß das gut sensibilisierende, aber rasch vom Körper ausgeschiedene Rose bengale im Gegensatz zu Eosin u. a. zu keiner Sarkombildung an Mäusen führt (*138*).

Von den nichtcancerogenen, aber doch phototoxisch wirkenden Kohlenwasserstoffen, sei Pyren und Anthracen angeführt.

γ) Verbindungen mit eventueller latenter Toxizität. Obwohl von einer Reihe cancerogener und nichtcancerogener Kohlenwasserstoffe bekannt

ist, daß sie bei Belichtung in Verbindungen übergehen, die sich durch
keine bevorzugte Toxizität auszeichnen, dürfen derartige photochemische Veränderungen doch nicht ohne weiteres vernachlässigt werden.
Denn die Möglichkeit zur Bildung einer photodynamisch aktiven Verbindung aus einer von Haus aus völlig unschädlichen Substanz, läßt
sich sicher nicht von vornherein verneinen, weil die Fähigkeit zur Licht-
krebserregung keine eigentlichen cancerogenen Eigenschaften des Photosensibilisators voraussetzt.

Es sei nun darauf hingewiesen, daß sich in verschiedenen Lebensmit-
telfarbstoffen durch längeres Liegen am Tageslicht neue Begleitstoffe
bilden können — vgl. EISENBRAND u.a. (189) —, die sich papierchromatographisch nachweisen lassen. Man erkennt diese aus dem Farbstoff
entstandenen Verbindungen an einer zahlenmäßigen Änderung der
Farbflecke und der im ultravioletten Licht durch Fluoreszenz sichtbaren Fluoreszenzflecke. Beispielsweise beobachtet man am Gelborange S
oder Cochenillerot das Auftreten von einem bzw. zwei Fluoreszenz-
zentren und man sollte eigentlich dieser Tendenz zur Bildung neuer
farbloser, aber im UV fluoreszenzfähiger Substanzen in den Lebens-
mittelfarbstoffen ein besonderes Augenmerk schenken.

In diesem Zusammenhang sei die häufig diskutierte Parallelität
zwischen cancerogener Wirksamkeit und Fluoreszenz (blau und blaugrüner Bereich) eines Kohlenwasserstoffs im UV erwähnt — vgl. (184) —
und der Versuch, die Intensität oder Wellenlänge des Fluoreszenzlichts
in quantitative Beziehung zur cancerogenen Eigenschaft zu bringen.
Es wurde jedoch auch bereits darauf hingewiesen, daß diese Beziehung
nicht unbedingt gegeben sein muß; denn verschiedene Verbindungen
können auch ohne Fluoreszenzfähigkeit bzw. nach einem Rückgang
derselben krebserregend wirken; vgl. z.B. (190).

c) Prüfung der Toxizität

Die Feststellung der photocancerogenen Wirksamkeit einer Verbindung kann nach verschiedenen Methoden erfolgen:

1. Nach SCHENCK (67/C) stellt der zu den Lichtkrankheiten (Lichtkrebs) führende photodynamische Effekt im allgemeinen eine photosensibilisierte Reaktion dar, bei der Sauerstoff durch einen Photosensibilisator (Eosin u.a.) auf ein Substratmolekül A unter Bildung einer
physiologisch hochaktiven und möglicherweise cancerogenen Verbindung AO_2 übertragen wird.

Die Prüfung der phototoxischen Wirkung einer Substanz läuft aus
diesem Grund auf einen Nachweis einer photosensibilisierenden Wirksamkeit bei allgemeinen photosensibilisierten Reaktionen — z.B. die
Askaridolsynthese aus α-Terpinen und O_2 — hinaus. Beispielsweise läßt
sich die Umwandlung des Cholesterins in Δ_4-Cholestenol-6-hydroperoxyd
nicht nur durch Hypericin, Rose bengale und andere bekannte Photosensibilisatoren, sondern auch durch 3,4-Benzpyren, 20-Methylcholan-
thren mit Hilfe von Licht und O_2 durchführen und so die photodynamische Wirksamkeit der letztgenannten Verbindungen beweisen.

Es wäre einmal zu prüfen, ob ein photodynamisch inaktiver Farbstoff durch langes Stehen am Tageslicht — s. oben — photosensibilisierende Eigenschaften erhalten kann.

2. Ein anderes Verfahren benutzt zum Nachweis der photodynamischen Aktivität einer Substanz deren Fähigkeit, das Wachstum von Hefezellen bei Bestrahlung zu vermindern; vgl. (*184, 185*).

Während das Wachstum einer in Glycerin-Serum-Lösung befindlichen Hefezellensuspension auch bei längerer UV-Bestrahlung keine Hemmung erfährt, nimmt die Zahl der noch vermehrungsfähigen Zellen nach Zugabe eines von der Hefezelle gespeicherten Photosensibilisators mit steigender Belichtungszeit exponentiell ab. Die Beobachtung der sogenannten Halbwertsdosis τ, d.h. der Zeit (in Minuten) innerhalb der sich die vermehrungsfähige Zellenzahl um die Hälfte verringert, kann dabei als Maß für die photodynamische Wirksamkeit gelten. Beispielsweise ordnen sich verschiedene Kohlenwasserstoffe in der folgenden Reihe an:

$$3,4\text{-Benzpyren } (\tau = 2);\ 9,10\text{-Dimethyl-1,2-benzanthracen } (\tau = 11);$$

$$\text{Pyren } (\tau = 19,8);\ \text{Anthracen } (\tau = 32).$$

Zur Untersuchungsmethodik, Hefezüchtung u.a. vgl. (*184*).

3. Die größte Bedeutung kommt den Untersuchungen an lebenden Organismen, in der Hauptsache wohl an Ratten, zu. Entweder wird dabei die zu prüfende Substanz (Farbstoff u.a.) oral oder durch Injektion eingegeben und in Parallelversuchen das Auftreten von Tumoren an im Dunkeln und im Licht gehaltenen Tieren festgestellt.

d) Ursachen des Lichtkrebses

Es kann kein Zweifel daran bestehen, daß eine Erkrankung an Lichtkrebs auf den photodynamischen Effekt zurückgeht; denn die Ausbildung dieser Krankheit und des photodynamischen Effekts erfordert gleichermaßen einen *Photosensibilisator*, eine von diesem *absorbierte Strahlung* und *Sauerstoff*.

Der Photosensibilisator muß dabei weder im Dunkeln cancerogen sein, noch im Licht durch eine Eigenphotooxydation oder Dimerisierung diese Eigenschaft erhalten; häufig werden sogar dunkelkrebserregende Kohlenwasserstoffe bei langer Belichtung gerade in nichtcancerogene Peroxyde umgewandelt (*67/C*). Allein die photodynamische Aktivität des in den Organismus gelangenden phototoxischen — im Dunkeln aber möglicherweise völlig unschädlichen — Farbstoffs oder Kohlenwasserstoffs ist es also, die im Falle einer Strahlungseinwirkung das Krebswachstum einleiten kann. Durch Fernhalten der Strahlung ließe sich naturgemäß diese Art der Krebswucherung vermeiden.

Nach SCHENCK (*67/C*) besitzen nun nicht nur die vom Photosensibilisator in der Absorptionsbande direkt aufgenommenen Strahlen die Fähigkeit zur phototoxischen Wirkung, sondern auch energiereiche Photonen und radioaktive Strahlen; denn diese Strahlen bringen den

Photosensibilisator gegebenenfalls über sekundäre Reaktionen in einen der primären optischen Anregung analogen Anregungszustand, der für die Einleitung der photodynamischen Reaktion eine unumgängliche Voraussetzung darstellt. Das bedeutet, daß sich beim Vorliegen eines Photosensibilisators (Farbstoffs) nicht nur durch sichtbares Licht, sondern auch durch Röntgen- oder radioaktive Strahlen ein Krebsgeschwür nach dem photodynamischen Mechanismus bilden kann. Die tiefere Eindringfähigkeit derartiger Strahlen bedingt dabei, daß auch an tieferen Stellen adsorbierte phototoxische Substanzen aktiv werden können.

Es dürfte aus diesen Gründen nicht von der Hand zu weisen sein, daß eine Aufnahme und Speicherung langlebiger, radioaktiver Substanzen — z.B. Sr^{90} — die Gefahr mit sich bringt, unter dem katalysierenden Einfluß eines innerhalb des Strahlungsbereichs adsorbierten Photosensibilisators (Farbstoff, Kohlenwasserstoff) trotz der geringen Strahlungsintensität ein Krebswachstum („Lichtkrebs") hervorzurufen. Durch einen Summationseffekt könnten so auch bereits geringste Strahlungsdosen imstande sein, photodynamische Fermentschädigungen auszulösen. Man erinnere sich noch daran, daß den Krebszellen ein Teil der Atmungsfermente — z.B. Eisenfermente, Katalase — fehlt, was sich in einer größeren Empfindlichkeit gegenüber Sauerstoff (H_2O_2-Bildung) im Vergleich zu embryonalen Zellen äußert; vgl WARBURG u.a. (*191*).

6. Wirkung von Röntgen- und sonstigen Strahlen

Im folgenden möge noch kurz aufgrund der zuletzt genannten Bedeutung auf die Wirkung anderer Strahlenarten eingegangen werden.

Es ist sicher, daß der Einfang eines energiereichen Röntgenquants im photosensibilisierenden Farbstoff eher dessen Zerstörung bzw. Ionisierung hervorruft als eine Anregung im gewöhnlichen Sinn; denn die Röntgenstrahlen schlagen primär aus den inneren Schalen der Atome Elektronen heraus, die dann erst als energieschwächere sogenannte *Sekundärelektronen* zu weiteren Reaktionen Anlaß geben können.

Bemerkt sei, daß im allgemeinen in der Strahlenbiologie und Strahlenchemie zwischen primärer (direkter Treffer) und sekundärer (indirekter Treffer) strahlenchemischer Reaktion unterschieden wird; vgl. z.B. (*192*).

Gelangt nun eines der Sekundärelektronen an einen vorher oxydierten Farbstoff, so erfolgt möglicherweise unter Energiefreisetzung eine Anlagerung. Diese *freiwerdende Energie* ist es dann, die den Farbstoff in einen *angeregten Zustand* bringt.

$$F + h\nu \, (\text{Röntgen}) = F^+ + \ominus,$$
$$F^+ + \ominus = F^*.$$

In einer Sekundärreaktion entsteht somit ein angeregtes Molekül, das dem durch direkte optische Anregung gebildeten entspricht, und hierin kann eine Ursache für die prinzipielle Analogie der radiationschemischen

— Anregung durch Röntgen-, γ-, β-, α-Strahlen — und der photochemischen Prozesse gesehen werden; vgl. (*193, 194*).

Die Möglichkeit einer Bildung des gewöhnlichen Anregungszustands durch Röntgenstrahlung führt, wie bereits erwähnt, auch unter Einfluß dieser Strahlung zum photodynamischen Effekt und zu Lichtkrankheiten. Beispielsweise beobachtet man eine Verstärkung der durch Erythrosin bewirkten Hämolyse der Blutkörperchen im Röntgenlicht oder bei radioaktiver Bestrahlung (*124*), außerdem eine entsprechende Wirkung auf Paramaecien (*138*), eine Hemmung des Pflanzenwachstums (Eosin und Radium) (*195*) und andere Erscheinungen. Auch an Ratten, die durch Injektion eines photodynamisch aktiven Stoffes — z.B. Hämatoporphyrin u.a. (*125*), 3,4-Benzpyren (*69/C*) — sensibilisiert waren, verursacht Röntgenlicht im Vergleich zu unsensibilisierten Tieren eine erhöhte Krankheitsrate.

Der genannte Effekt der photodynamischen Schädigung durch Röntgenlicht und andere Strahlenarten (α, β, γ) darf auf keinen Fall vernachlässigt werden; denn oftmals wird der Körper absichtlich gerade diesen Strahlen ausgesetzt, da sie die Fähigkeit besitzen, bei geeigneter Dosis Krebsgeschwüre zu heilen. Beispielsweise gehen Tumore an Ratten bei Beschuß mit einem Gemisch von überwiegend γ-Strahlen und wenig Neutronen — 50 cm Zyklotron, vgl. (*196*) — nach einer anfänglichen Vergrößerung zurück. Röntgenstrahlen wirken nach WARBURG (*197, 198*) aufgrund des biochemischen Unterschieds zwischen Krebszellen und embryonalen Zellen ebenfalls heilend; denn die partiell anaeroben Krebszellen, die einen Mangel an H_2O_2-zerstörender Katalase aufweisen, lassen sich durch das von den Röntgenstrahlen in den Zellen im statu nascendi gebildete Wasserstoffperoxyd — vgl. zur Bildung (*198*) — abtöten.

Es ist verständlich, daß diese Heilwirkung beim Vorliegen eines an gesunde Nachbarzellen angelagerten Photosensibilisators (Farbstoff, Kohlenwasserstoff u.a.) nicht mehr in gleicher Weise zur Geltung kommen kann, weil der durch sekundäre Treffer eingeleitete photodynamische Effekt unter Umständen das gesunde Gewebe krebsartig verändert.

IV. Sonstige Einflüsse des photodynamischen Effekts

Photodynamisch aktive Farbstoffe finden häufig in der biologischen Forschung als Anfärbemittel Verwendung und es ist verständlich, daß an den untersuchten Substanzen im Licht Zusatzeffekte eintreten können, die auf den photodynamischen Effekt zurückgehen. Das Beobachtungsergebnis kann dadurch eine störende Veränderung erfahren.

Naturgemäß muß man mit einer derartigen Störung bevorzugt unter dem Mikroskop rechnen; denn ein Farbstoff, den man zur Hervorhebung der lebenden Zellen zugab, wird gerade durch seine Lage im intensiven Strahlengang des Mikroskops die angefärbten Zellen photodynamisch beeinflussen können. Man beobachtete so z.B. schon frühzeitig — vgl. z.B. (*199*) — die Zerstörung der mit Methylenblau, Neutralrot und anderen

Farbstoffen versehenen Zellen im Licht oder eine Zunahme der Zellteilung unter den gleichen Bedingungen. In mit photodynamischen Farbstoffen versehenen Agar- oder Gelatinemedien ruft sichtbares Licht eine Hemmung des bakteriellen Wachstums hervor, so daß Licht bei derartigen Versuchen weitgehend fernzuhalten ist (200). Über die durch sichtbare Strahlung bewirkte Zunahme der Mutationsrate von in einer Kulturflüssigkeit befindlichen Bakterien, die mit Eosin bzw. Erythrosin angefärbt waren, berichten DÖRING u. a. ($201, 202$).

Bemerkt sei auch noch die Möglichkeit, mit Hilfe des photodynamischen Effekts das Pflanzenwachstum zu hemmen oder gegebenenfalls sogar zu fördern; vgl. z. B. (203).

V. Der Mechanismus der photodynamischen Erscheinungen

Seit Entdeckung des photodynamischen Effekts wurden eine Reihe von Hypothesen zur Erklärung dieser Erscheinung ausgearbeitet, die jedoch alle mit den experimentellen Tatsachen nicht in Einklang zu bringen waren.

Beispielsweise stand die Annahme von KAUTSKY u. a. ($126, 185, 204$), die im photodynamischen Effekt einen über angeregte O_2-Moleküle verlaufenden Oxydationsprozeß sahen, im Widerspruch zum Energiedefizit zwischen absorbierter und der zur Überführung des O_2 in den metastabilen O_2-Zustand nötigen Energie. Auch die Hypothese, die dem bei Belichtung von Fluoreszenzfarbstoffen oftmals gebildeten Wasserstoffperoxyd die eigentliche zerstörende Wirkung beim photodynamischen Effekt zuschrieb (132), entspricht nicht der Wirklichkeit, da nach Berechnungen BLUMS (138) die in der genannten Weise entstandene Wasserstoffperoxydmenge für eine nennenswerte Schädigung zu gering ist.

Im Gegensatz zu diesen und ähnlichen Theorien — vgl. z. B. ($205, 206$) —, auf die hier nicht weiter eingegangen werden soll, stimmt die von SCHENCK ausgearbeitete Theorie der photosensibilisierten Reaktionen mit einer Reihe von Beobachtungen gut überein. Das Wesentliche dieser Hypothese, deren Einzelheiten bereits im Abschnitt C eingehend erörtert wurden, sei deshalb im folgenden noch kurz skizziert.

1. Die Theorie der photosensibilisierten Reaktion

Nach SCHENCK — vgl. ($67/C$) — ist der photodynamische Effekt als photosensibilisierte Reaktion aufzufassen, bei der das angeregte Sensibilisatormolekül (Sens^{rad}) über ein Sauerstoff-Anlagerungsprodukt (Sens$^{rad}\cdots O_2$) Sauerstoff auf ein Substrat A überträgt.

Die nach diesem Mechanismus ablaufende photodynamische Reaktion setzt weder eine Bildung beständiger Farbstoffperoxyde noch die energetisch unwahrscheinliche O_2-Anregung voraus; denn die aus dem angeregten Farbstoffmolekül, dem sogenannten phototrop-isomeren Diradikal F^{rad}, mit molekularem Sauerstoff entstandene lockere Anlagerungsverbindung $F^{rad}\cdots O_2$ weist eine große Tendenz zur Abgabe des O_2

an einen Akzeptor auf. Für das Reaktionsschema gilt somit in Analogie zur Photosensibilisation:

$$F + h\nu = F^{rad},$$
$$F^{rad} + O_2 = F^{rad} \cdots O_2,$$
$$F^{rad} \cdots O_2 + Substrat = F + Substrat \cdots O_2.$$

Vgl. hierzu sechstes Kapitel.

Da der Farbstoff durch diese Reaktion nicht verändert wird, kann er einen derartigen photodynamischen Zyklus oftmals durchlaufen. Er wirkt deshalb nach dem Eindringen in eine von ihm zerstörte Zelle auch noch im Innern weiter zersetzend. Der Zusammenhang beider Reaktionstypen bedingt, daß die gleichen Farbstoffe — z.B. Eosin, Rose bengale u.a. — sowohl als Photokatalysatoren für die photodynamischen als auch für die photosensibilisierten Reaktionen Verwendung finden können.

Ohne Zweifel gibt die Photosensibilisierungstheorie für den Mechanismus des photodynamischen Effekts eine gut fundierte Erklärung. Es bleibt jedoch die Frage offen, inwieweit dieser Mechanismus imstande ist, beispielsweise auch die reversiblen und raschen Einzelzuckungen sensibilisierter Muskeln, die auf eine photodynamische Erregung der Nerven zurückgehen, und ähnliche Effekte zu erklären. Über die konstitutionellen Zusammenhänge, welche für die Einreihung bestimmter Farbstoffe in die Gruppe der photodynamisch aktiven Verbindungen verantwortlich sind, lassen sich ebenfalls keine sicheren Aussagen machen.

Außerdem legen die an Farbstoffen (und Kohlenwasserstoffen) beobachteten elektrischen Effekte die Frage nahe, ob die photoelektrischen Phänomene zur schädigenden Wirkung des belichteten Farbstoffs beitragen können. Dies um so mehr, da auch an mit photodynamisch aktiven Farbstoffen gefärbten Nervenfasern Photoeffekte beobachtet werden, die eine gewisse Analogie zur Photoaktivität der reinen Farbstoffe erkennen lassen. Im folgenden soll deshalb versucht werden, das Problem des photodynamischen Effekts unter Zugrundelegen dieser experimentellen Tatsachen zu erörtern.

2. Zur photoelektrischen Theorie des photodynamischen Effekts

a) Grundannahme

Nach der photoelektrischen Hypothese sollte der photodynamische Effekt auf Änderungen zurückgehen, welche die Farbstoffphotoelektrizität im Plasma der Zelle verursacht.

In diesem Zusammenhang sei daran erinnert, daß bereits SCHANZ (207) aufgrund von Sensibilisierungsversuchen an mit photodynamischaktiven Farbstoffen versehenem Eiweiß einen derartigen Mechanismus annahm, gegen den jedoch sowohl das Fehlen einer Photoleitfähigkeit des reinen Farbstoffs als auch die Unmöglichkeit sprach, die Anwesenheit des Sauerstoffs für den Ablauf der Reaktion zu erklären.

Diese Gegenargumente können nun aber nicht mehr aufrechterhalten werden: Denn einerseits stellen organische Farbstoffe photoaktive Verbindungen dar, die imstande sind, ohne Hilfsspannungen Photoströme und Photospannungen zu erzeugen, und andererseits kommt gerade dem Sauerstoff bei der Ausbildung dieser Photoelektrizität an einer Reihe von Farbstoffen — besonders bei den photodynamisch aktiven — eine gewisse Bedeutung zu.

Die Eigenschaft des Farbstoffs, bei einer Belichtung in der Frequenz der Absorptionsbande elektrische Ladungen zu erzeugen, dürfte naturgemäß durch eine Anlagerung an Nervenfasern bzw. Zellen genausowenig verloren gehen, wie bei Verbindung des Farbstoffs mit Metallen, Halbleitern oder organischen Verbindungen. Es ist dann aber auch zu erwarten, daß sich diese Photoelektrizität irgendwie in dem empfindlichen Zellenorganismus auswirken muß. Als Hinweis auf die Richtigkeit dieser Annahme können dabei wahrscheinlich bereits die Untersuchungen von STIEVE (*208*) über Änderungen von mit Farbstoffen sensibilisierten markhaltigen Nervenfasern bei der Belichtung angesehen werden; denn die an einer definierten Stelle der Nervenfaser, dem sogenannten Ranvierschen Schnürring, nach der Anfärbung beobachteten Veränderungen der Aktivität des Aktionsstroms im Licht lassen eine Reihe von Gesetzmäßigkeiten erkennen, die in ähnlicher Weise auch für die Photoelektrizität des Farbstoffs selbst gültig sind. Die Annahme einer Übertragung der im Farbstoff durch Belichtung erzeugten Ladungsträger auf die Nervenzellen, die sich in einer Beeinflussung des Erregungsmechanismus der Nerven und einer Auslösung von Nervenaktivität äußert, scheint deshalb durchaus naheliegend. Sicher schließen sich an den primären photoelektrischen Erregungsvorgang des Farbstoffs bei der Untersuchung der Nerven-Farbstoffphotoaktivität eine Reihe komplizierter Nebenreaktionen an, die bei der einfachen photoelektrischen Prüfung der Farbstoffe in einer Photozellenanordnung vermeidbar sind. Die trotzdem nachweisbare Parallelität zwischen reiner Farbstoff- und Nervenphotoaktivität ist deshalb um so bedeutungsvoller und kann als Hinweis auf die mögliche Identität der den beiden Erscheinungen zugehörigen Primärprozesse angesehen werden.

b) Die Messung des photoelektrischen Aktionsstroms an Nerven

Da die Messung der Belichtungsaktivität des Aktionsstroms der gefärbten Nervenfasern einerseits als weitere Methode zur Prüfung des photoelektrischen Verhaltens organischer Farbstoffe Verwendung finden kann und andererseits auch einen Hinweis auf die photodynamische Aktivität des Farbstoffs gibt, möge sie im folgenden näher erläutert werden.

Das Verfahren der Aktionsstrommessung durch die Markscheide der Nervenfaser und die Möglichkeit, auf diese Weise Veränderungen des Marks bei äußeren Einflüssen — Ionen, Licht — festzustellen, ist aufgrund der Struktur der Markscheide — Aufbau aus sehr vielen konzentrischen, abwechselnden Lipoid- und Proteinlamellen, vgl. (*209*) — gegeben und von TASAKI und TAKEUCHI (*210*) zuerst erkannt worden.

Zur Messung befindet sich im Prinzip eine einzelne, aus dem Nervenstamm isolierte, markhaltige, motorische Nervenfaser — zur Präparierung (nervus ischiadicus des Wasserfrosches) vgl. (*211, 212*) und zum Aufbau (*213*) sowie Abb. 137 — derart über einen aus drei voneinander durch Luftspalte getrennte Tröge (T_1, T_2, T_3) bestehenden doppelten Brückenisolator, daß jeder der Tröge einen in Ringerlösung eingebetteten Ranvierschen Schnürring (N_1, N_2, N_3) und Stücke des internodalen Faserabschnitts enthält. Der mittlere (Plexi-)Glastrog T_2 muß dabei im

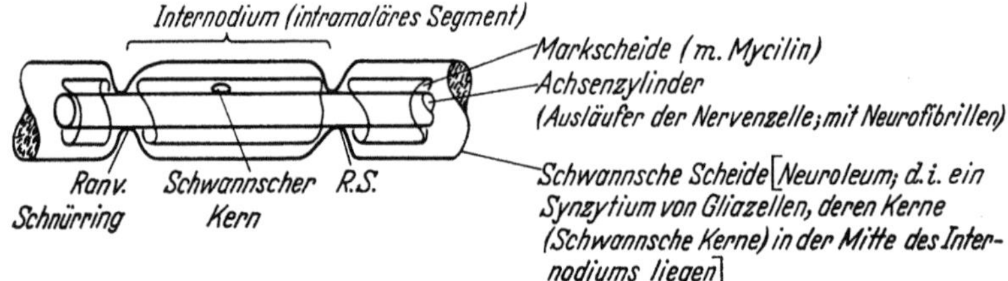

Abb. 137. Schema des Aufbaues einer Nervenfaser

Gegensatz zu den äußeren, einfach aus Glasplatten gebildeten Trögen, durch entsprechende Konstruktion nicht nur die Beobachtung der Einwirkung verschiedener Testlösungen (Ionen, Farbstoffe u.a.) auf den eingebetteten mittleren Schnürring N_2, sondern auch eine Belichtung erlauben.

Die als physiologische Lösung verwendete Ringerlösung besteht meist aus NaCl (1,1 m/l), KCl (1,9 m/l), $CaCl_2$, $NaHCO_3$ und NaH_2PO_4 mit einem p_H von 7,3 bis 7,5. Zur Ableitung werden Ag-AgCl-Elektroden

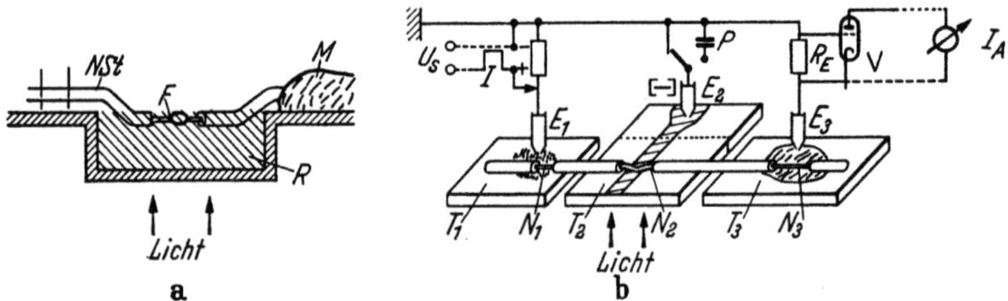

Abb. 138a u. b. Registrierung der elektrischen Reizung des Nervenstammes. a Muskelzuckung als Indikator. *R* Ringerlösung, *F* isolierte Nervenfaser, *N* Ranvierscher Schnürring (hier physiologisch erregbare Membran), *NSt* Nervenstamm, *M* Muskel. b Messung des Aktionsstroms (Erklärung s. Text)

benutzt, die über ein mit der Ringerlösung gefülltes Glasrohr an den einzelnen Trögen liegen und so die Verbindung mit der Nervenfaser herstellen. Durch eine Narkotisierung des Schnürrings N_1 und N_3 mit 1%-Cocain-Lösung gelingt es, die auf eine Erregung folgende Potentialänderung auf N_2 zu beschränken und so N_1- bzw. N_3-Überlagerungen auszuschalten.

Zur Registrierung der bei einer elektrischen Reizung des Nervenstammes fortgeleiteten Erregung können sowohl Zuckungen des Muskels — vgl. z.B. (*214, 215*) und Abb. 138a — als auch der durch die Elektroden abgeleitete Aktionsstrom Verwendung finden. Die Muskelzuckung dient dabei als Schwellenindikator auf kurze, mit einem Rechteckspannungsstoß (msec, mV) ausgeübte Reize (Rheobase).

Die von STIEVE (*211*) angegebene Anordnung — vgl. das Schaltschema in Abb. 138b — ermöglicht ohne diesen Muskelindikator die gleichzeitige Untersuchung der Reizschwelle und des Aktionsstroms am Schnürring N_2. Die Erregung erfolgt dabei mittels eines vom Stimulator *I* erzeugten Rechteckspannungsimpulses, der sogenannten Reizspannung, die durch positive Einstellung gegen Erde eine kurzzeitige *negative* Aufladung des Schnürrings N_2 bewirkt.

Als Schwellenspannung (Rheobase) erscheint dabei die Mindestspannung (in mV) des Rechteckimpulses, die gerade eine wahrnehmbare Erregung im bei E_3 angeschlossenen Verstärker auslösen kann. Durch eine Spannungsquelle *P* läßt sich eine zusätzliche negative oder positive Polarisierung des Schnürrings N_2 erreichen, die sich der (negativen) Rechteckreizspannung konstant überlagert.

Die Messung des von der Schwellenspannung durch Potentialänderungen des Schnürrings hervorgerufenen Aktionsstroms erfolgt mit dem an E_3 liegenden Wechselspannungsverstärker, der mit einem Elektronenstrahloszillographen gekoppelt ist. Diese Registrierungsmöglichkeit besteht deshalb, weil der Aktionsstrom längs den Internodien zu N_1 und N_3 und durch diese und durch den Axon zurück zu N_2 fließt. Der hohe Außenwiderstand zwischen N_2 und N_3 (Größenordnung MΩ) lenkt aufgrund des geringen Verstärkereingangswiderstands einen großen Teil dieses Stroms durch den Verstärkerkreis, so daß der am Eingangswiderstand auftretende Spannungsabfall dem Aktionsstrom proportional ist.

Zur Messung des Farbstoffeinflusses bei der Belichtung wird der in den mittleren Trog T_2 — schmale Glasrinne 1×1 mm — tauchende Schnürring N_2 über die Ringerlösung angefärbt und die Änderung des Aktionsstroms und der Schwellenspannung im Licht bestimmt. Über weitere elektrophysiologische Untersuchungen s. noch (*216, 217*).

c) Die Theorie der Nervenerregung

Zum Verständnis der bei einer Bestrahlung an den mit Farbstoffen sensibilisierten Nervenfasern wahrnehmbaren Erscheinungen, ist die Kenntnis der für die Nervenerregung verantwortlichen Vorgänge eine unumgängliche Voraussetzung; es sei hier deshalb kurz darauf hingewiesen.

Der Erregungsvorgang des Nerven beruht, wie die von HODGKIN u. a. (*218* bis *220*) postulierte Ionentheorie der Erregung herausstellt, im Grunde genommen auf Permeabilitätsänderungen der Zellmembran; denn eine Beeinflussung der selektiven Ionenpermeabilität dieser Membran, die im Ruhezustand charakteristische Unterschiede vor allem der K^+- und Na^+-Konzentrationen innerhalb und außerhalb der Membran und dadurch ein bestimmtes Membranpotential bedingt, muß eine Änderung der Ionenverteilung ($K_i^+ : K_a^+$ bzw. $Na_i^+ : Na_a^+$) und damit des Zellmembranpotentials hervorrufen.

Die Permeabilität der Zellwandung von Muskel-, Nerven- und anderen Zellen ist durch eine bevorzugte Durchlässigkeit für K^+- und Cl^--Ionen und eine starke Durchgangshemmung gegenüber Na^+ gekennzeichnet. Als Folge hiervon stellt sich ein unterschiedliches Konzentrationsgefälle der Na$^+$- einerseits und der K$^+$- und (Cl$^-$-) Ionen andererseits im Innen- und Außenraum der Zelle ein, das zum Membranpotential E_M führt; s. NETTER (*221*):

$$E_M = \frac{RT}{F} \ln \frac{P_{K^+}[K_i^+] + P_{Na^+}[Na_i^+] + P_{Cl^-}[Cl_a^-]}{P_{K^+}[K_a^+] + P_{Na^+}[Na_a^+] + P_{Cl^-}[Cl_i^-]} \, . \tag{13.1}$$

P_{Na^+} u. a. stellen die verschiedenen Permeabilitätskonstanten dar. Man beachte, daß für die wirksamen K$^+$- und Na$^+$-Ionen im Innen- und Außenraum gilt: $Na_a^+ \gg Na_i^+$ bzw. $K_a^+ < K_i^+$; $Cl_a^- > Cl_i^-$. Außerdem vereinfacht sich die Beziehung aufgrund der im Vergleich zur K$^+$-Permeabilitätskonstanten P_K geringen Größenordnung von P_{Na} und P_{Cl} näherungsweise oftmals in folgende Form:

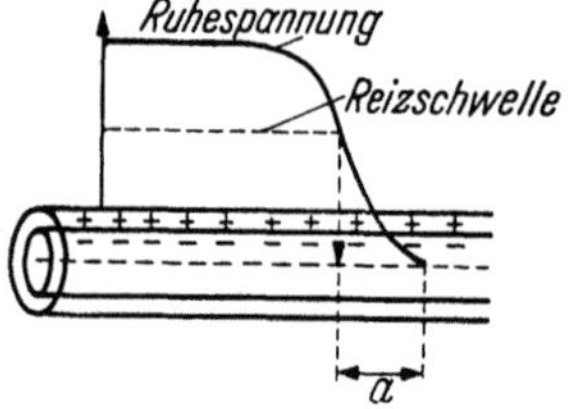

Abb. 139. Zur Erklärung des Ruhepotentials. a: Minimale Trennentfernung (Abstand Trennstelle von Demarkationsstelle)

$$E = \frac{RT}{F} \ln \frac{P_K[K_i^+]}{P_K[K_a^-]} \, . \tag{13.2}$$

Nach NETTER liegen praktisch zwei in entgegengesetzter Richtung wasseranziehende Donnansysteme vor, die im Gleichgewicht die Zellstabilität wahren; denn neben den unbeweglichen organischen Anionen im Zellinnern und Na$^+$-Kationen im Außenraum sind noch die diffundierbaren K$^+$- und Cl$^-$-Ionen vorhanden. Hieraus resultiert dann das Donnan-Gleichgewicht für KCl

$$[K_i^+] \cdot [Cl_i^-] = [K_a^+] \cdot [Cl_a^-], \tag{13.3}$$

da einmal die Na$^+$-Ionen H$_2$O und Cl$^-$ nach außen und K$^+$ nach innen leiten, und zum anderen das organische Anion H$_2$O, K$^+$ nach innen und Cl$^-$ zum Außenraum dirigiert.

Durch Verbindung des Inneren einer Nervenfaser und deren Außenseite mit einem Spannungsmeßgerät kann das an der Zellmembran liegende Potential, das sogennante *Ruhepotential* — s. die Abb. 139 —, direkt gemessen werden. Da das Zelleninnere (Axoplasma) neben den diffundierbaren K$^+$-Ionen vor allem unbewegliche organische Anionen (Phosphat, Eiweiße) enthält, erscheint es im Ruhezustand negativ gegen die Außenlösung geladen.

Zur weiteren Erläuterung möge noch die Abb. 140 dienen, die das Schema einer (Körper-)Zelle und gleichzeitig die Ionenverteilung an der Membran angibt. In diesem Zusammenhang seien die wichtigsten Zellenabschnitte besonders hervorgehoben:

1. *Zellkern, Zellplasma* (mit Mikrosomen und Mitochondrien) und

2. die *Plasmahaut bzw. Außenmembran*, welche letztlich die stoffliche Sonderzusammensetzung des Zelleninneren gegenüber dem Außenraum gewährleistet. Die Unversehrtheit der Plasmahaut ist dabei mit entscheidend für die Lebensvorgänge, da eine Zerstörung der Membran infolge einer Aufhebung der stofflichen Selektion den Zelltod bedingt.

Im Falle einer *Erregung ändert* sich vor allem die *selektive Ionenpermeabilität der Zellenmembran*, und zwar im Sinne einer Erhöhung der

Na$^+$-Permeabilitätskonstanten P_{Na}. Es ist dann verständlich, daß die positiven Na$^+$-Ionen nach Aufhebung der Sperre allein dem Konzentrationsgefälle folgen und ins Zelleninnere strömen. Das Ruhepotential der unerregten Zelle nimmt dadurch ab und die Zelle erscheint als Folge der Erregung negativ geladen.

Die Differenz der Potentiale eines unerregten Zellenabschnitts — das ist das Ruhepotential V_R — und eines erregten Abschnitts — V_R^* — wird allgemein als *Aktionspotential* V_A bezeichnet:

$$V_A = [V_R - V_R^*]. \quad (13.4)$$

Naturgemäß nimmt diese Aktionsspannung mit dem Erregungsgrad zu und führt unter Umständen auch zur Umkehrung der ursprünglichen Ruhespannung. Vgl. hierzu die Abb. 141 und NETTER (*221*).

Die Verbindung des Zellenaußenraums und Axons mit einem Verstärker ermöglicht die Messung des dem Aktionspotential entsprechenden *Aktionsstroms* I_A, der jedoch gegen V_A verzerrt erscheint; denn die Ableitung erfolgt über das als Längswiderstand wirkende Nervenfaserinnere, das bei der Erregung durch die Aktionspotentialerhöhung im Sinne einer Widerstandsabnahme beeinflußt wird (*222*). Der Aktionsstrom I_A nimmt deshalb etwas rascher zu als die Aktionsspannung V_A und fällt auch nach der Erregung schneller ab.

Eine Erregung der Nervenfaser mittels des oben genannten rechteckigen Spannungsimpulses führt somit nicht zu analogen Aktionsströmen, sondern zu Strömen von der Art der Abb. 142, die aber gut als Maß für das Aktionspotential dienen können.

$I_{A(max)}$ entspricht dabei dem maximalen Aktionspotential $V_{A(max)}$. Es ist zu beachten, daß der vom Impulsgenerator erzeugte äußere Reiz

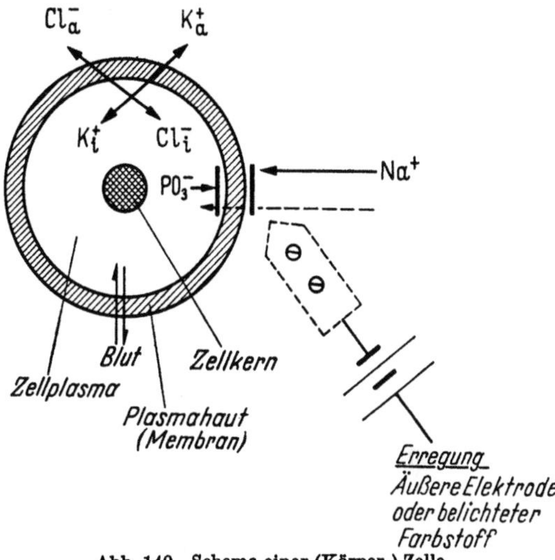

Abb. 140. Schema einer (Körper-) Zelle

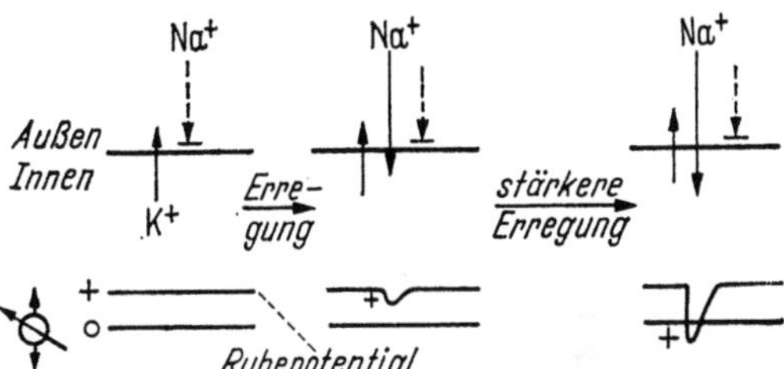

Abb. 141. Schema des Erregungsvorgangs (nach NETTER)

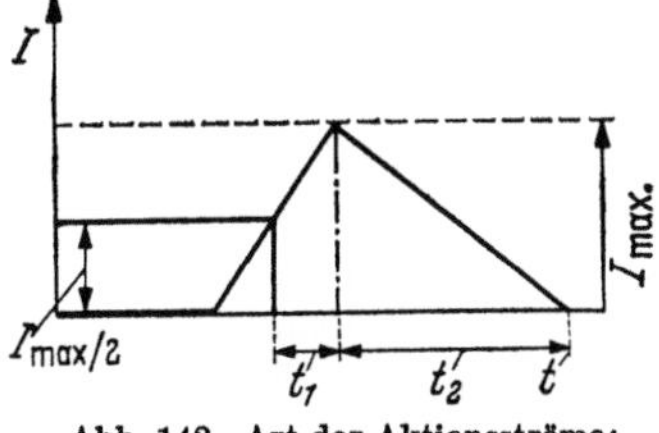

Abb. 142. Art der Aktionsströme;
$I = f(t)$

eine bestimmte Mindestgröße, die sogenannte *Schwellenspannung* U_S, erreichen muß, um eine merkbare Aktionsspannung bzw. einen entsprechenden Aktionsstrom hervorzurufen. Diese die Zellenmembran negativ an der Außenseite aufladende depolarisierende Reizspannung kann als eigentliche Ursache der Permeabilitätsänderung der Membran angesehen werden. Geringe Reizspannungen reichen dabei bereits zur Veränderung der Membrandurchlässigkeit und damit für die Erregung aus. Die Schwellenspannung U_S muß die Verhältnisse in der Membran gerade so weit ändern, daß die Na^+-Permeabilität die K^+-Permeabilität übersteigt, da dann Na^+-Ionen ins Zelleninnere wandern können. Naturgemäß kommt die Reizspannung (U_S), die man am Spannungsimpulserzeuger einstellt, aufgrund des Spannungsabfalls nur zu einem Bruchteil an der Nervenfaser zur Wirkung.

Trotz der Relativität der Messungen erlauben die genannten Meßgrößen — Ruhepotential V_R, Aktionsstrom $I_{A(max)}$, $I_A = f$(Zeit), Schwellenspannung U_S — einen gewissen Einblick in das Verhalten der Zellenmembran, vor allem bei zusätzlichen Beeinflussungen, wie sie beispielsweise durch Temperaturänderungen (*211*), Ioneneinfluß — Ca^{++} (*211, 223*), Ba^{++} (*214, 224*), Na^+, K^+ (*214*) usw. — und andere Einwirkungen entstehen.

Da letztlich eine kathodische Depolarisation der Zellenaußenseite für die Erregungsvorgänge verantwortlich ist, muß eine konstante, zur Reizspannung hinzukommende positive oder negative Polarisation die charakteristischen Größen ($I_{A(max)}$, U_S) der Nervenfaser beeinflussen (*219*): Eine *negative Polarisation* ruft so einen Anstieg der Schwellenspannung hervor — unter Umständen kann bei sehr geringer Polarisation auch ein Absinken wahrnehmbar sein —, die auf eine gewisse Inaktivierung der Membran durch eine vor der Erregung einsetzende Erhöhung der Na^+-Permeabilität hinweist; denn die Schwellenspannung muß höher sein, um an der bereits durchlässigen Zelle noch eine weitere Permeabilitätssteigerung und damit eine Erregung verursachen zu können. Die verringerte Erregbarkeit deutet sich auch in einer Abnahme des Aktionsstroms I_A bzw. des Aktionspotentials an, da das verminderte Konzentrationsgefälle im Vergleich zur unpolarisierten Zelle nur einen verminderten und langsamen (t_1 wird größer) Na^+-Strom erlaubt.

Eine *positive* Depolarisation der Zellenaußenseite verringert umgekehrt die Na^+-Permeabilität vor der Erregung, so daß der parallel zur Permeabilitätsänderung bzw. zum Na^+-Konzentrationsgradienten verlaufende Aktionsstrom $I_{A(max)}$ ansteigt. Die der Reizspannung entgegengesetzte Hilfspolarisation verlangt eine erhöhte Schwellenspannung zur Erregungsauslösung.

Von großer Bedeutung ist nun, daß der an einem Abschnitt einer Nervenzelle angreifende Reiz nicht an dieser Stelle fixiert bleibt, sondern die Tendenz zur Fortleitung dieser Erregung auf weiter entfernt liegende Nerventeile aufweist. Als Ursache dieser Eigenschaft muß wahrscheinlich die von der Aktionsspannung erzeugte Änderung des elektrischen Felds angesehen werden; denn dieses Feld zeichnet sich durch eine große Stärke aus — beispielsweise liegt es bei einem Aktionspotential von 0,01 V aufgrund der geringen Membrandicke (*221*) in der Größenordnung von 10^4 V/cm — und wird deshalb sicher die umliegenden Membranabschnitte beeinflussen und dort möglicherweise zu neuen Permeabilitätsänderungen (bzw. einer Aktionspotentialbildung) Anlaß geben. Die Erregung pflanzt sich so von der Reizstelle aus immer weiter über die Nervenfaser fort.

d) Der Einfluß belichteter Farbstoffe auf den Erregungsvorgang

Die vorstehenden Erkenntnisse über die bei der Erregung ablaufenden Prozesse und die Möglichkeit, die Eigenschaften der Zellmembran zu untersuchen, legt es nahe, mit Hilfe dieser Methode das Verhalten der mit photodynamischen Farbstoffen sensibilisierten Zellen im Licht zu prüfen. Im Gegensatz zu den sonstigen Beobachtungsarten des photodynamischen Effekts, der sich oft nur als Zerstörung anzeigt, gewährt dieses Verfahren einen Einblick in Änderungen der Zellenstruktur bzw. des Permeabilitätsverhaltens der Zellenmembran, die ein belichteter Farbstoff an der Zelle hervorrufen kann.

Das *primäre* Geschehen des photodynamischen Vorgangs wird so der Beobachtung zugänglich. Es sei bereits hier erwähnt, daß dieses Herausschälen des Primäreffekts auch die Ergebnisse der ERG-Messungen am Auge in bemerkenswerter Weise ergänzt.

α) Meßmethodik. Die Messung der Farbstoffphotoelektrizität am mit Farbstoffen sensibilisierten Ranvierschen Schnürring der markhaltigen Nervenfaser beruht im Prinzip auf einem Vergleich der die Permeabilität der Zellenmembran charakterisierenden elektrischen Größen U_S, V_R, $U_{A(max)}$ bzw. $I_{A(max)}$, t_1 und t_2 im Dunkeln und im Licht.

Zur Sensibilisierung des mittleren Schnürrings N_2 — s. Abb. 138b — wird der Farbstoff (10^{-3} bis 10^{-5} m/l) der auf den p_H-Wert 7,3 bis 7,5 eingestellten Ringerlösung des rinnenförmigen Trogs T_2 zugefügt, aus der ihn die physiologisch erregbare Zellmembran des Ranvierschen Rings aufnimmt und adsorbiert. Man erregt dann mit einem rechteckigen Spannungsimpuls, bestimmt die Schwellenspannung U_S, registriert den Aktionsstrom I_A als Funktion der Zeit und führt dieselben Bestimmungen — U_S, $I_A = f(t)$ — anschließend nochmals, jedoch bei Belichtung durch.

Die Differenz $\Delta U_S = [U_S - U_{S(Licht)}]$ bzw. $\Delta I_A = [I_{A(max)} - I_{A(max;Licht)}]$ stellt die auf den Farbstoff zurückgehende Photoaktivität dar, da die ungefärbte Nervenfaser bei Bestrahlung mit sichtbarem Licht keine nennenswerten Veränderungen erfährt.

β) Farbstoffdunkelwirkung. Der an die Schnürringoberfläche angelagerte photodynamische Farbstoff scheint die Zellmembran im Dunkeln nur wenig zu beeinflussen, denn STIEVE (*208*) beobachtet nur eine geringe Erhöhung der Schwelle U_S bis zu einem beständigen Wert, der von der Art des Farbstoffs abhängt und durch Konzentrationserniedrigung vermieden werden kann. Der Aktionsstrom $I_{A(max)}$ nimmt nur wenig ab, t_1 und t_2 bleiben ebenso wie das Depolarisationsverhalten unverändert.

Es sei dahingestellt, inwieweit diese Befunde mit dem von LEHMANN u.a. (*225, 226*) wahrgenommenen Erlöschen des Aktionsstroms der markhaltigen Nervenfaser durch Anfärben mit basischen Vitalfarbstoffen in Einklang gebracht werden können. Teilweise ist eine Erregung schon nach wenigen Minuten nicht mehr möglich: Janusgrün (1 bis 6 min), Nilblau (1 bis 24 min), Neutralrot (26 bis 75 min), Toluidenblau (41 bis 166 min). Abgesehen von der abweichenden Art der verwendeten Farbstoffe oder einer Wirkung zu hoher Farbstoffkonzentration, scheint hier jedoch vor allem eine Störung durch Tageslicht — d.h. ein Photoeffekt — vorzuliegen.

γ) Photoeffekt des Systems Farbstoff/Nervenfaser. Das Verhalten der mit photodynamischen Farbstoffen geringer Konzentration (Eosin, Rose bengale; 10^{-5} m/l) am Ranvierschen Ring sensibilisierten Nervenfaser

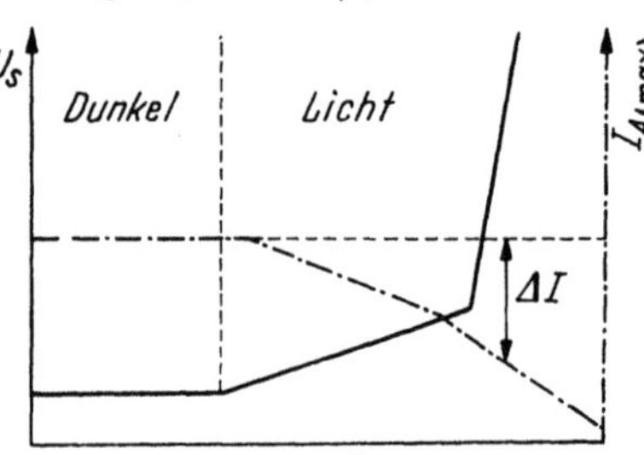

Abb. 143. Schema der Änderungen des Aktionsstroms und der Schwellspannung bei Belichtung gefärbter Nervenfasern

läßt bei Belichtung deutliche Veränderungen erkennen, die weder auf Wärmeeffekte noch einen direkten Strahleneinfluß oder auf eine Dunkelwirkung zurückgehen; vgl. (*208*).

Einmal nimmt das Membranruhepotential V_R der sensibilisierten Faser im Licht ab, wie Messungen des Demarkationsstroms am Gesamtnerven beweisen, und zum anderen ändert sich die Schwellenspannung U_S und der Aktionsstrom I_A bzw. das Aktionspotential U_A. Die Schwellenspannung wächst dabei mit der Belichtungszeit — am Anfang proportional und dann sehr rasch — an und der Aktionsstrom I_A wird in entsprechendem Maße herabgesetzt. Vgl. das Schema der Abb. 143.

Diese *Abnahme des Aktionsstroms* bzw. *Zunahme der Schwellenspannung* kann bei längerer Belichtung zur Aufhebung der Erregbarkeit führen, was völlig mit der im Licht gemessenen *Reduktion des Ruhepotentials* im Einklang steht; denn man sieht im allgemeinen als Ursache der Unterbrechung der Erregungsfortleitung eine Verminderung des Ruhepotentials unter einen Grenzwert [von 55 mV, vgl. (*226*)] an, der die Ausbildung von Aktionsströmen nicht mehr erlaubt.

Der zeitliche Verlauf des Aktionsstroms $I_A = f(t)$ erfährt Veränderungen im Sinn einer Zunahme von t_2 — bei langen Belichtungen jedoch wieder Verringerung — und in geringem Maße auch von t_1. Man beachte noch, daß der Photoeffekt (ΔU, ΔI_A) *nur* in einer Sauerstoffatmosphäre stattfindet, im Stickstoffstrom also nicht wahrnehmbar ist, und sich durch eine gewisse Irreversibilität auszeichnet. Die Prüfung des irreversiblen Verhaltens bei sehr kurzen Belichtungen (Sekunden) steht jedoch noch aus.

δ) Vergleich des Photoeffekts Farbstoff/Nervenfaser mit dem des Farbstoffs. Trotz des Zusammenwirkens einer Reihe komplizierter Reaktionen bei der Ausbildung der Photo-Aktionspotentialänderungen, sind einige übereinstimmende Merkmale zwischen sensibilisierter Nervenphotoaktivität und reiner Farbstoffphotoaktivität feststellbar, die auf einen den beiden Erscheinungen gleichermaßen zugehörigen Primäreffekt hinweisen. Unter der Annahme einer Proportionalität zwischen $|\Delta I_{A(\text{max})}|$, $|\Delta U_S|$ und Farbstoffphotoaktivität I_{Phot}, (E_∞) erkennt man eine weitgehend analoge Abhängigkeit beider Effekte von Belichtungsstärke und Belichtungszeit. Bemerkenswerterweise wird bei den Farbstoffen Eosin, Erythrosin, Rose bengale, Acridinorange sowohl deren Nervenphotoaktivität als auch deren Eigenphotoaktivität durch Sauerstoff gefördert. Gerade diese Farbstoffe gehören zur Gruppe der O_2-Photoleiter; Methylenblau ist als Grenzfall aufzufassen. Es wäre naturgemäß wünschenswert, das photoelektrische Verhalten weiterer O_2-Farbstoffe bei Adsorption an der Nervenfaser zu untersuchen und auf den Zusammenhang mit der Phototoxizität hin zu überprüfen.

Die bisherigen Untersuchungen deuten auch auf eine gewisse qualitative Übereinstimmung in der photoelektrischen Wirksamkeit eines Farbstoffs sowohl am Nerven als auch in der Photozelle hin; beispielsweise zeichnet sich Rose bengale in beiden Anordnungen durch die größte Aktivität aus. Für den endgültigen Beweis müßten jedoch Messungen der Quantenausbeute durchgeführt werden.

Erwähnt sei, daß auch der negative Photoeffekt — vgl. (77/D, 208) — an den Nervenzellen wahrnehmbar ist. Er zeigt sich hier als Nebeneffekt in einer Zunahme des Aktionsstroms im Licht an.

ε) Deutung des Farbstoff-Photo-Aktionspotentials ΔU_A. Die Ionentheorie der Erregung sieht als eigentliche Ursache eines Erregungsprozesses eine Änderung der spezifischen Permeabilität der Zellmembran durch einen depolarisierenden Reiz an. Da auch durch eine konstante Polarisationsspannung eine Änderung der spezifischen Permeabilität der Membran und bei geeigneter Polung eine Herabsetzung des Membranruhepotentials entsprechend einer Erregungsminderung — I_A-Abnahme, U_S-Zunahme — erreichbar ist, liegt es nahe, dem Farbstoff bei der Belichtung primär eine analoge polarisierende Wirkung zuzuschreiben. Das heißt, der am Schnürring adsorbierte *Farbstoff zeigt die Tendenz, die Membran bei der Belichtung* in ähnlicher Weise *aufzuladen* wie eine äußere Spannungsquelle.

Die Richtung dieser Farbstoffaufladung läßt sich durch Überlagerungseffekte mittels einer äußeren definierten Polarisationsspannung erfassen: Einmal addiert sich eine negative Polarisation des Schnürrings zur Farbstoff-Photopolarisation, wie aus einer verstärkten I_A-Abnahme bzw. U_S-Zunahme hervorgeht, und zum anderen verringert eine positive Polarisation der Membran den die Erregung und den Aktionsstrom mindernden Einfluß des belichteten Farbstoffs. Der Farbstoff ist deshalb bei der Belichtung als negativer Depolarisator anzusehen, der die Zellenmembran — etwa in Analogie zu einer Spannungsquelle — negativiert und so das positive Ruhepotential herabsetzt. Starke Belichtungen können dabei eine derartige Minderung des Ruhepotentials verursachen, daß der Aktionsstrom verschwindet und die Erregung am Nerv erlischt.

e) Deutung des photodynamischen Effekts

Die aus den genannten *photoelektrophysiologischen Untersuchungen* entwickelten Vorstellungen legen nun eine Betrachtung der früheren photoelektrischen Hypothese des photodynamischen Effekts von einem neuen Gesichtspunkt aus nahe. Man sieht dabei den Farbstoff als Depolarisator an, der aufgrund seiner Fähigkeit Photospannungen auszubilden, die Zellmembran im Belichtungsaugenblick negativ auflädt und dadurch die selektive Na^+-Permeabilität erhöht.

Naturgemäß setzt dieser Effekt in Übereinstimmung mit den Beobachtungen (*227, 228*) eine Anlagerung des Farbstoffs an die Zellenoberfläche voraus. Durch die elektrostatische Bindung von Farbstoffkationen an Zellstrukturen mit Anionenvalenz und von Farbstoffanionen an Kationenvalenzen, besteht dabei die Möglichkeit zur Assoziation der adsorbierten Farbstoffmoleküle, wie es auch die metachromatischen Absorptions- und Fluoreszenzeffekte anzeigen; vgl. (*229*). Man kann somit unter Umständen *aggregierte Farbstoffeinheiten* an der Zellenoberfläche annehmen, die eine gewisse Wechselwirkung über mehrere Moleküle hinweg und damit einen erhöhten Treffbereich bedingen.

Durch die Farbstoffadsorption wird der eigentliche, von den Permeabilitätseigenschaften der Zellmembran gelenkte stoffliche Austausch der Kationen und Anionen im Innen- und Außenraum der Zelle nur wenig beeinflußt. Die Membran der Nervenfaser bzw. der Skelettmuskelfaser behält also auch noch nach der Adsorption das in der Hauptsache von der Kaliumionenaktivität innerhalb und außerhalb der Zelle abhängige Ruhepotential bei [vgl. z. B. (*230*)]

$$E = 59 \log \frac{[K_i^+]}{[K_a^+]} \text{ mV}, \tag{13.5}$$

denn es ändert sich weder das Donnan-Gleichgewicht $[K_i^+] \cdot [Cl_i^-] = [K_a^+] \cdot [Cl_a^-]$ $K_i \approx 130$ m/l, $K_a \approx 2,5$ m/l, noch die Impermeabilität der Membran gegen die im Außenraum befindlichen Na^+-Ionen.

Erst die Belichtung des Farbstoffs bewirkt eine Änderung des natürlichen Potentials, des sogenannten Ruhepotentials, dieser mit dem Farbstoff versehenen Membranelektrode, wie die Abnahme des Demarkationsstroms direkt anzeigt. Im übertragenen Sinn liegt ein dem Becquerel-Effekt analoger Vorgang vor, der auf die Veränderung des natürlichen Potentials einer Farbstoffelektrode im Licht zurückgeht und ebenfalls durch zusätzliche Polarisation beeinflußbar ist. Während jedoch beim Becquerel-Effekt eine feste Metallelektrode *unmittelbar* durch die Farbstoffphotoaktivität geändert wird, stellt die Änderung der Farbstoff-Membranelektrode einen komplizierten Vorgang dar, der in der photoelektrischen negativen Aufladung der Membran, hierauf folgender Erhöhung der Na^+-Permeabilität und dadurch bedingter Ruhepotentialabnahme besteht.

Die Möglichkeit des Elektronenübergangs vom Farbstoff zu der aus organischen Komponenten bestehenden Zellenmembran legen dabei die aus verschiedenen organischen Farbstoffen bestehenden Photoelemente — Prinzip: Farbstoff I/Grenzschicht/Farbstoff II — nahe, deren Photostromerzeugung nicht nur einen Elektronenfluß durch einen Farbstoff, sondern auch einen Übergang zum anderen organischen Stoff voraussetzt. Hierbei dürfte es ohne Bedeutung sein, ob diese in Verbindung mit dem einen Farbstoff stehende Substanz selbst wieder ein Farbstoff oder ein anderer organischer Stoff — Ovalene, Anthracen oder Protein — ist, denn den organischen Verbindungen darf man aufgrund des vorliegenden Versuchsmaterials mit großer Wahrscheinlichkeit im allgemeinen einen elektronischen Leitungscharakter zuschreiben.

Nach FINEAU u.a. (*231, 232*) besteht die Membran aus etwa 80 Å dicken Lipoiddoppelschichten, die sich aus Cholesterin und einem Esterphosphatid zusammensetzen und die von Proteinen begrenzt werden. Je nach der Anordnung der negativen Phosphationen und positiven Stickstoffreste, der Art des Paraffinrestes und Proteins können sich trotz eines ähnlichen Aufbaus ganz verschiedenartige Membranen ausbilden. Für die wichtige spezifische Permeabilität gegenüber Kationen oder Anionen ist dabei möglicherweise eine spezifische Ladungsverteilung — das sogenannte *Ladungsmuster* — verantwortlich zu machen, da eine positive oder negative, an der Durchtrittsstelle befindliche Ladung sicher gleichnamige Ionen abstößt und am Übertritt hindert, anders geladene Ionen aber anzieht und bei genügender Porenweite durchläßt. Es liegt dann nahe, daß die durch den Farbstoffphotoeffekt bewirkte Negativierung der Zellmembran im Grunde genommen auf eine Änderung dieses Ladungsmusters der Membran zurückgeht; die negativen Ladungen lassen die selektive Permeabilität gegen positive Na^+-Ionen ansteigen.

Möglicherweise muß der Neueinstellung des Ladungsmusters eine Wanderung der vom Farbstoff zur Zellmembran übergetretenen Photoelektronen innerhalb der Membranproteine vorausgehen, denn es ist wenig wahrscheinlich, daß das vom Farbstoff abgelöste Elektron unmittelbar an eine entsprechend aktive Stelle der Membran gelangt. Das Elektron dürfte eher aufgrund einer gewissen Beweglichkeit die Fähigkeit besitzen, in der Membran bis zu einer geeigneten „Elektronenfalle" zu diffundieren und sich dort anzulagern. Da diese Stellen entfernt vom Farbstoff und energetisch relativ tief liegen, erscheint eine Rückkehr dieses Elektrons zum Farbstoff weitgehend ausgeschlossen.

Dem nach der Elektronenabgabe positiv geladenen Farbstoff kommt sicher ein großes Bestreben zum Ausgleich dieser Ladung zu und er wird aufgrund dieser Elektronenakzeptoreigenschaft versuchen, den die Membran aufbauenden Verbindungen — Cholesterin, Proteine u.a. — Elektronen zu entziehen. Als Folge der Belichtung resultiert somit eine Oxydation der Zellbestandteile ohne Veränderung des Farbstoffs.

Bemerkenswerterweise scheint dieses Verhalten durch den Charakter der photodynamisch aktiven Farbstoffe gefördert zu werden, denn gerade diese Farbstoffe gehören in der Hauptsache dem p-Leitungstyp — Majoritätsträger: Defektelektronen; Minoritätsträger: Elektronen — an, wie Messungen der O_2-, H_2-Abhängigkeit zeigen (*43/D, 67/D*), dem von vornherein die Neigung zukommt, Elektronen anderer Substanzen aufzunehmen. Eine derartige p-Moleküleinheit verhält sich gleichsam wie ein einzelnes Molekül mit einer Elektronenlücke (z.B. BF$_3$), stellt also einen Akzeptor bzw. eine elektrophile Verbindung dar, und gewisse Analogien zur modernen Theorie der Katalyse liegen nahe; vgl. G. M. SCHWAB, HAUFFE u. a. (*159/D, 233* bis *236*).

In gewisser Beziehung dürfte deshalb der Farbstoff trotz der strukturellen Unterschiede mit anorganischen Defektelektronenleitern (beispielsweise dem Kobaltoxyd) und deren katalytischen Eigenschaften vergleichbar sein. Nicht nur die Förderung der Leitfähigkeit durch Sauerstoff sollte dabei als gemeinsames Merkmal herausgestellt werden, sondern auch die durch den Sauerstoff bedingte Vergrößerung der Defektelektronendichte und die dazu parallele Erniedrigung der Aktivierungsenergie des Elektronenübergangs vom adsorbierten Stoff (Membran) zum Katalysator (Farbstoff). Während bei anorganischen Halbleiterkatalysatoren die Defektelektronendichte durch Zusatz niederwertiger Kationen in übersichtlicher Weise erhöht (Li$^+$ in CoO), mit höherwertigen erniedrigt (In^{+++} in CoO) oder durch Änderung des stöchiometrischen Verhältnisses (Co: O mittels O$_2$-Behandlung) variiert werden kann, bewirkt dies am Farbstoff bei Belichtung unter anderem der chemisorbierte Sauerstoff. Über das Problem der organischen Katalysatoren vgl. ELEY u. a. (*211/D*).

Diese Überlegungen machen eventuell verständlich, warum durch Sauerstoff die oxydative Kraft des belichteten, adsorbierten Farbstoffs derart verstärkt wird, daß er den Membranbestandteilen merklich Elektronen entziehen kann. Zum anderen findet auch die weitgehende photo-

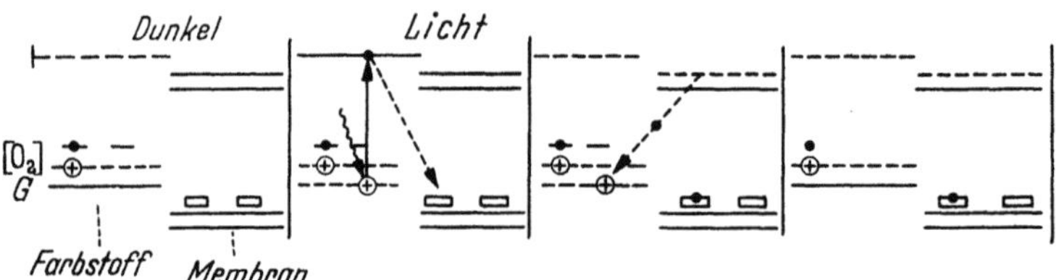

Abb. 144. Schema des photodynamischen Effekts. —— Besetzte Zustände, --- leere Zustände

dynamische Inaktivität von Verbindungen eine Erklärung, die nicht zur ausgeprägten Defektelektronenbildung befähigt sind, wie beispielsweise die Triphenylmethanfarbstoffe.

Die Abb. 144 möge diese Vorgänge noch schematisch wiedergeben.

Über den weiteren Fortgang der Membranoxydation kann nichts Genaues ausgesagt werden. Möglicherweise findet eine O$_2^-$- (O$_2^{--}$-) Anlagerung an die positiven Zellmoleküle oder eine Wasserstoffabspaltung unter H$_2$O-Bildung statt. Sicher wird auch neben dem die Membran primär im Sinne einer Na$^+$-Permeabilitätserhöhung beeinflussenden Photoeffekt eine photosensibilisierte O$_2$-Übertragung an die Zellbestandteile nicht ausgeschlossen sein; es sei hier beispielsweise an die photosensibilisierte Cholesterinperoxydbildung (*70/D*) erinnert. Aber man kommt nicht umhin, die primäre Wirkung des Farbstoffs zu berücksichtigen, der im Augenblick der Belichtung den Ladungszustand der Membran im Sinne der selektiven Na$^+$-Permeabilitätserhöhung verändert. Auf diesen primären, unmittelbar auf die Belichtung des Farbstoffs folgenden Reiz deuten dabei nicht nur die photoelektrischen Untersuchungen der sensibilisierten Nervenfaser hin, sondern auch die Einzelzuckungen des mit Farbstoffen versehenen Froschmuskels.

Erst die sekundären Vorgänge sind es aber, die zur irreversiblen Zerstörung der Zellenoberfläche führen und die eigentliche Zellfunktion, die der Erhaltung der stofflichen Selektion dient, beenden können. Während die Zelle den Farbstoff im Dunkeln nur oberflächlich anlagert, dringt dieser dann mit zunehmender Schädigung ins Zellinnere ein, entsprechend der Tatsache, daß erst die toten Zellen im Gegensatz zu den lebenden die Anfärbung der Zellkerne erlauben. Es sei in diesem Zusammenhang noch auf die Bildung schollenförmiger, gefärbter Granula an der sensibilisierten, markhaltigen Nervenfaser im Bereich des Schnürrings beim Erlöschen des Aktionsstroms bzw. der Erregung hingewiesen (*225, 237*).

Vierzehntes Kapitel

Der Sehvorgang

I. Aufbau der Lichtsinnesorgane

Die den Nerven- und Zellensubstanzen fehlende Absorptionsfähigkeit der langwelligen Sonnenstrahlung gleicht die Natur in den Lichtsinneszellen durch Einlagerung organischer Farbstoffe aus. Farbstoffe sind es also, die den entscheidenden primären Schritt der Lichtaufnahme vollziehen und die darüberhinaus die eingestrahlte Energie an das Nervensystem weiterleiten.

Da eine zusammenhängende Farbstoffschicht keine Trennung der verschiedenen Lichteindrücke und Farben erreichen würde, ist jede der die Netzhaut (Retina) aufbauenden Sehzellen für sich pigmentiert. Die rasterförmige Anordnung dieser Sehzellen und ihre Dichte richtet sich

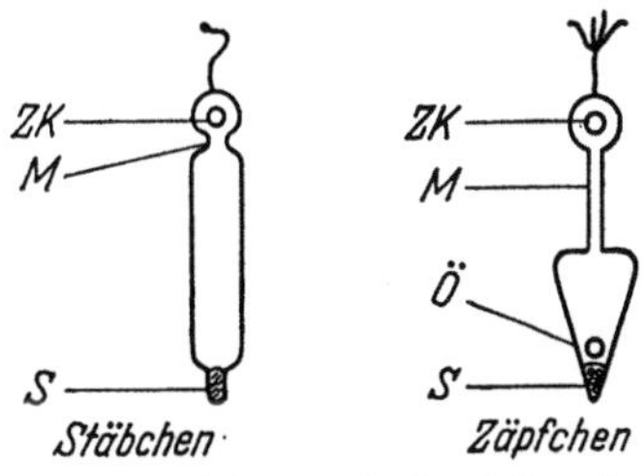

Abb. 145. Schematische Darstellung der Sehzellen. *S* Sehfarbstoff, *Ö* Ölkugeln, *M* Membrana limitans, *Zk* Zellkern

dabei jeweils nach dem Augenaufbau des Organismus. Es sei hier nur an das Facettenauge der Insekten, an das Grubenauge der Schnecken oder an das menschliche Auge erinnert.

Bei Wirbeltieren sind zwei Sehzellentypen zu erkennen, die in manchen Tiernetzhäuten entweder nebeneinander oder nur in der einen oder in der anderen Art vorliegen. Der eine Sehzellentyp, die sogenannten *Stäbchen*, zeigt dabei ein langgestrecktes, stabförmiges Aussehen, während der zweite Typ, die sogenannten *Zäpfchen*, im Gegensatz hierzu eine kugelförmige, konische Gestalt besitzen; vgl. die Abb. 145.

Die rezipierende Sinneszellenschicht, die im menschlichen Auge aus 100 bis 125 Millionen Stäbchen und 6 bis 7 Millionen Zäpfchen gebildet wird, enthält im unteren, am Pigmentepithel angelagerten Teil den absorbierenden Sehfarbstoff. Nach oben hin schließen sich an die sogenannte Membrana limitans externa die zu den einzelnen Stäbchen- und Zapfenzellen gehörenden Zellkerne an. Der gesamte weitere Teil der Netzhaut stellt die sogenannte Leitschicht dar, die die Zusammenschaltung der von den Sinneszellen ausgehenden Fasern und die Hinführung zum eigentlichen Augennerv, dem Nervus opticus, bewirkt.

Der Aufbau der Leitschicht, die mit der Aufnahme des Lichts selbst nichts zu tun hat, ist dabei je nach der Zusammensetzung der Sinneszellen verschieden. Man erkennt, daß die Fasern der für das Dämmerungs-

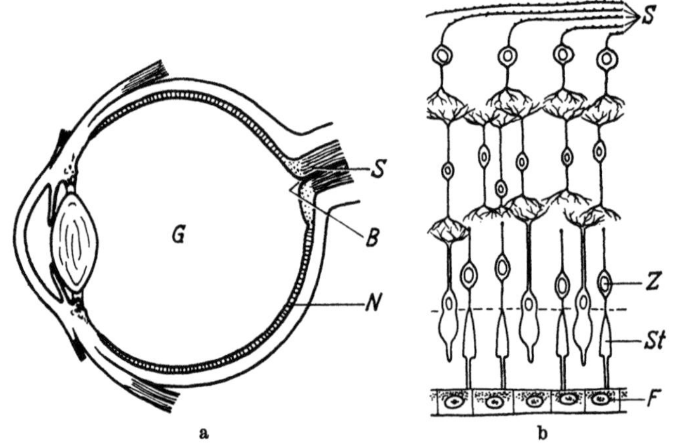

Abb. 146a u. b. Querschnitt durch das menschliche Auge (a) und die Netzhaut (b). *N* Netzhaut, *B* blinder Fleck, *G* Glaskörper, *Z* Zapfen, *St* Stäbchen, *F* Sehfarbstoff, *S* Sehnerv

sehen verantwortlichen dünnen Stäbchen nicht einzeln zum Nervus opticus geführt werden, sondern jeweils zu bestimmten Perzeptionseinheiten gekoppelt an Schaltzellen gelangen. Diese Kopplung dürfte dabei sicher der Steigerung der Empfindlichkeit dienen. Im Gegensatz hierzu scheinen die dem Farbsehen dienenden Zäpfchen nur einzeln mit diesen inneren Ganglienzellen verbunden zu sein. Erst die von den Schaltzellen ausgehenden Nervenfasern vereinigen sich dann im eigentlichen Augennerv, der beim menschlichen Auge an der Fovea centralis (blinder Fleck!) aus dem Auge herausgeführt wird (Abb. 146).

Die eigentlichen Sehzellen, die Stäbchen oder Zapfen, stellen sehr komplizierte Zellenkörper dar. Nicht nur die Form, die ihnen je nach Augengestalt eine günstige Einpassung in den Bulbus sichert, sondern vor allem auch die Fähigkeit als Behälter für den „*Sehstoff*" zu dienen und die Lichtreize zu transformieren, verdient die besondere Aufmerksamkeit. Teilweise zeichnen sich die retinalen Pigmentkörper dieser Stäbchen oder Zapfen durch die Eigenschaft aus, sich unter dem Einfluß von Licht oder Dunkelheit zu bewegen — *retinometrische Erscheinung* — und so die Zelle mehr oder weniger mit Farbstoff zu füllen.

Wie schon erwähnt, dürfte die Aufgabe der Zapfenzellen darin bestehen, die Farbwahrnehmung bzw. das Tagessehen zu vermitteln, während die jeweils in größerer Zahl über eine Ganglienzelle zusammengeschlossenen Stäbchen das Dämmerungs- bzw. Nachtsehen ermöglichen; vgl. v. STUDNITZ (*238*). Dieser Unterschied der beiden Zellentypen geht dabei sehr wahrscheinlich in der Hauptsache auf die Einlagerung verschiedener Farbstoffe mit abweichendem Absorptionsverhalten und Empfindlichkeit zurück.

II. Die Sehfarbstoffe

Je nach Lichtsinneszelle unterscheidet man nach obigem verschiedene den Sehprozeß sensibilisierende Farbstoffe:

1. Der Sehpurpur

Der Sehpurpur liegt in den Stäbchen der Netzhaut vor und ist für das Nachtsehen verantwortlich. Er wurde von BOLL (*239*) entdeckt und in der Folgezeit von KÜHNE, KÖNIG u.a. (*240, 241*) eingehend untersucht.

Aufgrund der Wasserlöslichkeit läßt er sich nach Zerstörung der festen neurokeratinösen Zellwandung seines Behälters (Stäbchen) mittels Natriumglykocholat u.a. — vgl. (*242*) — in Lösung bringen und direkt auf das Absorptionsverhalten hin prüfen. Man beobachtet dabei einen weitgehend ähnlichen Absorptionsverlauf des Sehpurpurs verschiedener Tiernetzhäute mit einem übereinstimmenden Maximum bei etwa 500 mμ. Der Zusammenhang dieses Sehstoffs mit der Funktion des Dämmerungssehens wird durch eine analoge spektrale Hellempfindlichkeitsverteilung mit dem entsprechenden Maximum bei 500 mμ nahegelegt.

Nach der Erkenntnis der Nachtsehfunktion des Sehpurpurs und dessen Absorptionsverhalten — vgl. (*241, 243, 244*) — konnte auch die chemische Konstitution dieses Sehstoffs weitgehend aufgeklärt werden. Der Sehpurpur ist hiernach als eine aus zwei verschiedenen Bestandteilen zusammengesetzte Verbindung aufzufassen: Aus einem hochmolekularen *Eiweißträger*, dem Opsin — Molekulargewicht etwa 10^5 —, und einem *Karotinoid* als prosthetischer Gruppe. Den absorbierenden Bestandteil stellt dabei das Karotinoid dar, da das Eiweiß zur Aufnahme der langwelligen Strahlung keine Eignung besitzt (*238, 245, 246*).

Den Sehpurpur charakterisiert eine starke Lichtunechtheit, die in Lösung zur ziemlich raschen Ausbleichung und zum Verlust der roten Farbe führt. Gerade dieser Vorgang erregte nun die besondere Aufmerksamkeit, da er mit dem Primärvorgang des Sehprozesses eng gekoppelt zu sein schien: Man sah in den durch die Ausbleichung gebildeten Zersetzungsprodukten die eigentlichen Erreger der Sinneszellen; vgl. beispielsweise WALD (*247*).

Gegen einen an die Sehstoffzersetzung geknüpften primären Erregungsvorgang scheinen jedoch manche *Einwände* vorbringbar; denn die Abhängigkeit einer photochemischen Farbstoffausbleichung vom umliegenden Medium — Feuchtigkeit, Sauerstoff u.a. — läßt große Unterschiede zwischen der Zersetzung des Sehpurpurs in einer Lösung und im lebenden Auge erwarten. Dies beweisen bereits Versuche über eine abweichende photochemische Veränderung des trockenen, beispielsweise in einer Gelatinefolie eingeschlossenen Sehpurpurs, im Vergleich zum gelösten: Im Gegensatz zur Überführung der Sehpurpurlösung in Sehgelb verschiebt sich am trockenen Sehstoff dessen Absorptionsmaximum als Folge des Lichteinflusses nur geringfügig (*248*). Durch Wasserentzug läßt sich die Farbstoffbleichung völlig zum Verschwinden bringen (*249*).

Bedenkt man nun, daß der Sehfarbstoff bestimmt nicht gelöst in der lebenden Sehzelle vorliegt — vgl. (*250*) — und deshalb, in Übereinstimmung zu Beobachtungen von KÜHNE an Kaltblütlern, Ausbleichprozesse nur langsam durchläuft, so dürfte dies deutlich gegen einen Zusammenhang zwischen Erregungsvorgang und Sehpurpurzersetzung sprechen.

Trotz dieses fehlenden Zusammenhangs mit dem eigentlichen Sehvorgang darf die photochemische Veränderung des Sehfarbstoffs — besonders bei starken Belichtungen — nicht übersehen werden; denn auch bei größter Lichtechtheit eines Farbstoffs sind bei langen und intensiven Belichtungen gewisse Veränderungen nicht ausgeschlossen, die im Laufe der Zeit zur Zerstörung und bei Verwendung als Sehstoff zur Erblindung führen könnten. Der Sehpurpur ist sogar besonders zersetzungsanfällig, da sich Karotinoide durch eine große Lichtempfindlichkeit in einer Sauerstoffatmosphäre auszeichnen. Dies ließ sich auch direkt photoelektrisch an festen Karotinschichten nachweisen, die in O_2 — Karotin stellt einen O_2-Photoleiter dar! — mit zunehmender Belichtungszeit entsprechend der Farbstoffzerstörung die Photoaktivität verminderten.

Daß die Natur trotz dieser Eigenschaft gerade diese Farbkomponente in den Sehpurpur einbaute, dürfte mit der besonderen Fähigkeit dieser Verbindung zusammenhängen, nach einer Photozersetzung im Dunkeln in einfacher Weise zum ursprünglichen Sehfarbstoff resynthetisiert zu werden. Die Zersetzung im Licht und der im Dunkeln verlaufende Regenerationsschritt sind dabei eng miteinander verbunden und dieser Zyklus — *Sehpurpurzyklus* — gewährleistet die Beständigkeit des Sehfarbstoffs im lebenden Auge.

Die Einzelreaktionen des Sehpurpurzyklus lassen sich in zersetzende und aufbauende Reaktionsschritte trennen, wobei die im Licht ablaufende Zersetzung aus drei Einzelprozessen zu bestehen scheint: Den rein photochemischen Zerfall in Sehorange, die Umwandlung in Sehgelb und anschließend in Sehweiß. Das Sehgelb stellt dabei eine Mischung aus dem durch photochemischen Zerfall des Sehpurpurs gebildeten Protein (Opsin) und einem Oxydationsprodukt der prosthetischen Karotinoidgruppe, dem Retinen, das mit Vitamin A-Aldehyd identisch ist, dar. Unter dem Einfluß einer langen Bestrahlung kann sich das Retinen wahrscheinlich in Vitamin A umwandeln und mit dem Protein zusammen das Sehweiß bilden.

Für die Resynthese des Rhodopsins (Sehpurpurs) ist vor allem die Tatsache von Bedeutung, daß sich Vitamin A-Aldehyd, der praktisch als photochemisches Zersetzungsprodukt des Sehpurpurs neben der Eiweißkomponente vorliegt, im Dunkeln über das Vitamin A zum Sehpurpur regenerieren kann. In diesem Prozeß dürfte vor allem dem Coenzym Dihydro-Diphosphorpyridinnucleotid DPN · H_2 eine entscheidende Rolle zukommen, da es als H-Donator imstande ist, den Vitamin A-Aldehyd enzymatisch zum Alkohol zu reduzieren; vgl. das folgende Schema (Abb. 147).

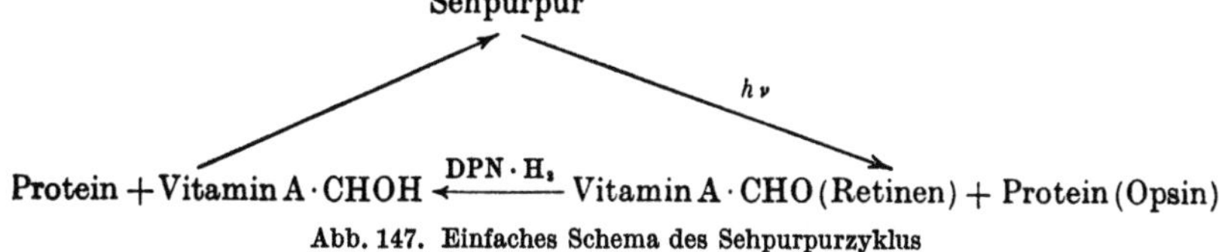

Abb. 147. Einfaches Schema des Sehpurpurzyklus

Das einfache Schema kann noch nicht als richtige Wiedergabe des Sehpurpurzyklus gelten, denn im Retinen liegt die trans-Konfiguration des Vitamin A-Aldehyds vor und das Protein Opsin lagert sich aus sterischen Gründen nur an eine cis-Form des Vitamin A-Aldehyds an. Es muß deshalb vor der Anlagerung zum Rhodopsin erst ein Übergang des aus dem Retinen enzymatisch gebildeten all-trans-Vitamins in die cis-Form stattfinden. Diese Umwandlung erfaßt der von WALD (*251*) erarbeitete Sehpurpurzyklus; vgl. Abb. 148.

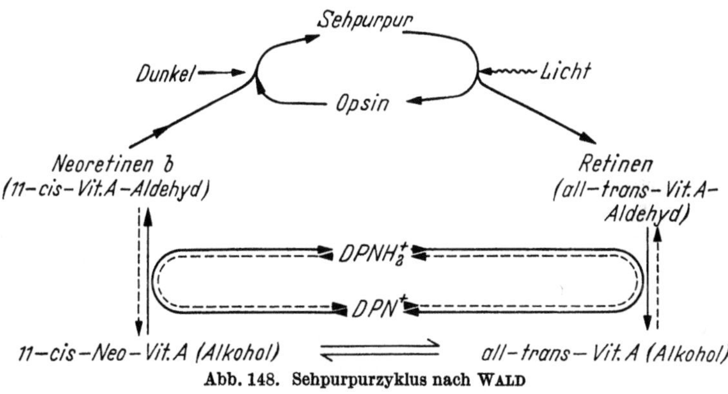

Abb. 148. Sehpurpurzyklus nach WALD

Der Sehpurpurzyklus erklärt nicht nur die Regeneration des mehr oder weniger stark ausgebleichten Sehpurpurs, sondern weist auch auf die Bedeutung des Vitamin A für den Sehvorgang hin; denn ein Mangel an Vitamin A muß sich nach diesem Zyklus im Regenerationsschritt bemerkbar machen, wie es auch die Beobachtung von Nachtblindheit bei Einnahme von vitamin A-armer Kost bestätigt (*252, 253*). Durch das Fehlen des Vitamins A im Körper kann möglicherweise das beim Zerfall des Rhodopsins gebildete Vitamin A nicht erneut zur Regeneration im Zyklus verwendet werden, sondern verteilt sich über den gesamten Organismus, wodurch nach und nach eine irreversible Ausbleichung des Sehpurpurs resultiert: Die Stäbchen verarmen an ihrer wichtigen Sehsubstanz und verlieren so ihre Funktion als Lichtsinneszelle. Durch Zugabe von Vitamin A ist diese Mangelerscheinung jedoch wieder zu beheben, da sich das Opsin mit Vitamin A nach entsprechender Umwandlung erneut zum Enzym-Substrat-Komplex verbindet.

Die Resynthese des Sehpurpurs stellt einen relativ langsamen Prozeß dar, so daß eine bei starker Lichteinstrahlung erfolgte Zerstörung des Farbstoffs erst nach einer gewissen Dunkelzeit ausgeglichen wird. Geringe Lichteindrücke sind deshalb nach starker Helligkeit kaum wahrnehmbar; man muß nach Helladaption bis zu 20 min im Dunkeln warten.

2. Die Zapfensehstoffe

Im Gegensatz zu den Stäbchen besteht die Aufgabe der größeren und einzeln an die Ganglienzellen gekoppelten Zapfen in der Vermittlung des Tages- und Farbensehens. Es ist verständlich, daß diese Sehzellen hierzu mit anderen Sehfarbstoffen ausgestattet sein müssen als die Stäbchen, da der Sehpurpur höchstens einen Spektralbereich bei 500 mμ herauswählen kann.

Während man den Sehpurpur schon verhältnismäßig lange erkannte, entzog sich die Zapfensubstanz aufgrund ihrer geringen Konzentration lange dem Nachweis. Einem Extrahieren der reinen Zapfensubstanz aus der Netzhaut stellten sich außerdem durch die Mischungsmöglichkeit mit dem Sehpurpur große Schwierigkeiten entgegen. Die Ätherunlöslichkeit des Rhodopsins im Gegensatz zur Zapfensubstanz erlaubt nun wohl eine Trennung (*254*) der beiden Sehstoffe, aber die mit in Lösung gehenden Verunreinigungen — die Ölkugeln u. a. — können doch eine Änderung des Absorptionsspektrums bewirken.

Zum *Nachweis der Zapfensubstanz* benutzte v. STUDNITZ (*255*) deshalb auch nicht derartige extrahierte Lösungen, sondern führte die Untersuchungen direkt an stäbchen- bzw. sehpurpurfreien Netzhäuten durch. Er beobachtete so bei Belichtung eine Änderung der Absorption und erhielt damit einen Hinweis auf das Vorhandensein eines in den Zapfen eingelagerten lichtempfindlichen Farbstoffs geringer Konzentration. Aufgrund eingehender photometrischer Untersuchungen schloß v. STUDNITZ (*256*) dabei auf das Vorhandensein von drei Zapfensubstanzen mit Absorptionsmaxima bei 468, 555 (545), 655 (665) mμ.

Über die Bedeutung dieses Nachweises *dreier* verschiedener Zapfensubstanzen als Beweis für die Gültigkeit der Young-Helmholtzschen Theorie des Farbensehens vgl. die zusammenfassende Darstellung von MÜLLER-LIMROTH (*257*), die gleichzeitig einen eingehenden Überblick über das Gebiet des Farbensehens vermittelt.

Während einige Autoren die Existenz dieser drei durch die Absorptionsmaxima gekennzeichneten Sehfarbstoffe nur mit Vorbehalt aufnahmen, dürften sie doch aufgrund weiterer Untersuchungen, die sich abweichender Methoden bedienten, heute als weitgehend gesichert gelten. Beispielsweise bestimmten HOSOYA u. a. (*258*) an einer extrahierten Zapfensubstanz photometrisch drei Maxima bei 460, 570 und 670 mμ, die sich gut an die Werte von v. STUDNITZ anpassen. Man vgl. die Zusammenstellung dieser Untersuchungen bei NODDACK u. a. (*259*).

Im Gegensatz zu diesen chemischen Verfahren, bei denen die Absorption des Zapfenstoffes direkt spektralphotometrisch gemessen wird, lassen sich die die Zapfensubstanz charakterisierenden Absorptionsmaxima auch physikalisch durch Registrierung der Aktionsströme bestimmen, denn es liegt nahe, die spektrale Verteilung der Augenströme (ERG) auf das Absorptionsverhalten der in der Netzhaut vorliegenden Farbstoffe zurückzuführen; vgl. z. B. *(260)*.

Neben den genannten chemischen und physikalischen Verfahren, kommt vor allem der von NODDACK und JARCZYK *(259)* ausgearbeiteten Methode der wandernden, starken, monochromatischen Umstimmung (Blendung) des menschlichen Auges eine besondere Bedeutung zu. Diese Methode erlaubt den subjektiven Nachweis dreier tätiger Farbsehstoffe am Auge durch Identifizierung der Lage ihrer Absorptionsmaxima und des Verlaufs der spektralen Absorption.

Das Verfahren beruht im Prinzip auf der allgemeinen Erscheinung, daß bei monochromatischer, lichtmengengleicher ($I \cdot t =$ const) Belich-

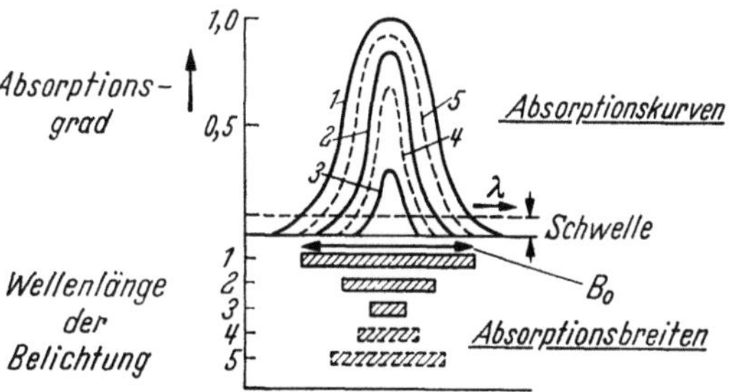

Abb. 149. Änderungen der Sehstoffabsorption bei wandernder monochromatischer Belichtung

tung eines Farbstoffs einerseits eine von der Wellenlänge abhängige Depression der Absorptionskurve — schwache Absorption: geringe Abnahme, entsprechend einer schwachen Zersetzung; starke Absorption: große Abnahme — eintritt und zum anderen die Absorptionsbreite an einer meßmethodisch festgelegten Schwelle in ähnlicher Weise abnimmt. Dieser Zusammenhang zwischen Absorptionskurve und Absorptionsbreitenkurve bei wandernder, monochromatischer Belichtung ermöglicht dann die Berechnung der Absorptionskurve aus der Absorptionsbreite, denn bei einer maximalen Absorptionsbreite B_0, die von den Meßbedingungen der Schwelle abhängt, und der Breite B bei einer Absorption A gilt näherungsweise für die maximale Absorption A_0 *(259)*:

$$A_0 = 1 - \frac{B}{B_0}. \tag{14.1}$$

Das Absorptionsmaximum liegt nach dieser Beziehung bei einer wandernden monochromatischen Belichtung an der Stelle der kleinsten Absorptionsbreite und läßt sich auf diese Weise bestimmen. Vgl. hierzu die Abb. 149.

Bei einer Farbstoffmischung ändert sich das genannte Verhalten im Prinzip nicht, da jeder Farbstoff seine Individualität beibehält.

Das Verfahren der Absorptionsbestimmung läßt sich auch auf die im Auge befindlichen Sehfarbstoffe anwenden. Die Meßschwelle wird hierbei durch die „Sichtschwelle" ersetzt, worunter man die Intensität versteht, unterhalb der eine Farbe nicht mehr zu erkennen ist, und die

Absorptionsbreite durch die entsprechende „Sichtbreite". Eine Blendung mit monochromatischem Licht führt dann bei geringer Absorption eines (beispielsweise roten) Augenfarbstoffes zu einer schwachen Abnahme der Absorptionskurve und einer geringen Verringerung der Breite der (Rot-) Sicht. Sieht man nach einer entsprechenden Blendung des Auges rasch auf ein Spektrum, so wird der (rote) Teil schmäler und am Rande von Schwarzstellen oder — infolge Anwesenheit eines anderen Farbstoffs — von einer spektralen Verfärbung begrenzt. Eine Blendung im Maximum des Augenfarbstoffes bedingt naturgemäß ein Minimum der Farbbreite und führt so im Spektrum zu einer ausgedehnten Schwarzstelle.

Bei diesem Verfahren der wandernden, monochromatischen Blendung (Umstimmung) lassen sich dann je nach Wellenlänge der Blendung verschiedene Änderungen im kontinuierlichen Spektrum als Schwarzstellen, Graustellen und Verfärbungen beobachten und aufzeichnen. Sicher geht dabei jede Blendung auf eine mehr oder weniger starke Zerstörung der Sehfarbstoffe zurück, die aber bei nicht allzu hohen Intensitäten ohne schädigende Wirkung auf das Sehorgan bleibt, da der Farbstoff in Analogie zum Sehpurpur die Fähigkeit zur Regeneration besitzt.

Die genannte Methode führt zum Nachweis der Maxima dreier Farbsehstoffe B (blau) 470 mµ, G (grün) 560 mµ, R_1 (rot) 650 mµ und zur Feststellung des ungefähren spektralen Absorptionsverlaufs dieser Farbstoffe. Die Maxima werden dabei durch das Minimum der Sichtbreite gekennzeichnet, die sich bei bestimmten Wellenlängen der Blendung ergeben.

Aus dem Fehlen derartiger Sichtbreiteminima bei den übrigen Spektralfarben Orange, Gelb, Gelbgrün, Blaugrün und Violett kann geschlossen werden, daß diese Farben nicht auf eigene Sehfarbstoffe, sondern auf eine charakteristische Mischung des Farbeindrucks der B-, G-, R-Sehfarbstoffe zurückgehen. Während das Auge gewöhnlich nur Wellenlängen zwischen 400 und 750 mµ wahrnimmt, kann nach einer Blendung bei 560 mµ auch UV-Licht bis 365,8 mµ beobachtet werden. Möglicherweise ist dies die Folge der Zerstörung eines Filterfarbstoffs durch die Blendung.

Durch die genannten Untersuchungen dürfte die Existenz dreier verschiedener Zapfensehfarbstoffe, die das Tages- und Farbensehen vermitteln, weitgehend erwiesen sein, und so die Theorie von Young-Helmholtz ihre Bestätigung gefunden haben. Diese schon vor über 100 Jahren postulierte Theorie sieht als Ursache der gesamten Farbenempfindung *drei* verschiedene lichtempfindliche Komponenten an.

In Analogie zum Sehpurpur besitzen diese Farbstoffe sicher die Fähigkeit zur Regeneration und Resynthese. Über die chemische Natur dieser Farbstoffe — Jodopsin — läßt sich jedoch nur wenig aussagen, da ihrer direkten Erfassung infolge der außerordentlich geringen Konzentration große Schwierigkeiten entgegen stehen. Man weiß, daß Phosphorsäure (*261*) und wahrscheinlich auch ein Karotinoid am Aufbau der Zwischensubstanzen beteiligt sind. Der Regenerationsprozeß der Farbsehstoffe benötigt wie beim Sehpurpur Vitamin A, so daß ein dem Sehpurpurzyklus ähnlicher Farbsehstoffzyklus naheliegt.

3. Sonstige Augenfarbstoffe

Während die Konstitution der Sehfarbstoffe — abgesehen vom Sehpurpur — noch weitgehend ungeklärt ist, gelang in jüngster Zeit die Identifizierung der Natur von Augenfarbstoffen bestimmter Insekten, beispielsweise der roten Augenfarbstoffe der Ephestia und Ptychopoda (262).

Die Pigmente wurden hierzu extrahiert, papierchromatographisch untersucht und mit einer Vergleichssubstanz absorptionsspektroskopisch verglichen. Durch zusätzliche Feststellung der Übereinstimmung von Fluoreszenz- und Löslichkeitsverhalten des Augenfarbstoffs mit dem der Vergleichssubstanz gelang die Identifizierung des Farbstoffs. Man erkannte auf diese Weise, daß der Augenfarbstoff ein Pterorhodin (Rhodopterin) — vgl (263) — oder eine damit verwandte Verbindung sein muß:

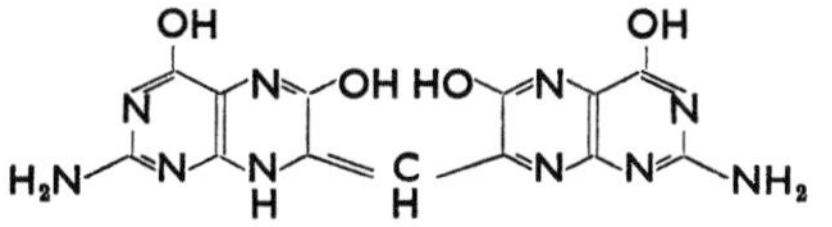

Über gelbe Augenfarbstoffe der sepiaäugigen Drosophila (riboflavinähnliche Farbstoffe) vgl. (264, 265).

III. Elektrophysiologische Untersuchungen am Auge (ERG)

Die Eigenart der Lichtsinnesorgane, nicht unmittelbar, sondern nur über subjektive Bewußtseinserscheinungen der Beobachtung zugänglich zu sein, lenkt die besondere Aufmerksamkeit auf alle Vorgänge, die eine Kopplung mit diesen Erscheinungen erkennen lassen und so die Möglichkeit zu einer objektiven Untersuchung bieten.

Neben der Sehpurpurbleichung und den retinomotorischen Erscheinungen, die eine Bewegung der Sehzellen und des Pigments bei Belichtung und im Dunkeln erfassen — vgl. (238, 266) — kommt hierbei vor allem den elektrischen Vorgängen am Auge eine große Bedeutung zu: Sie erlauben es, die die Gesichtsempfindung auslösenden Vorgänge auf elektrischem Wege zu verfolgen und damit auch einen gewissen Einblick in den primären Mechanismus des Sehvorgangs zu erhalten, da Licht sowohl die Gesichtsempfindung als auch eine Photoaktivität im Lichtsinnesorgan auslöst.

1. Grundlagen

a) Definitionen

Die Entdeckung der Photoelektrizität des Auges gelang im Jahre 1865 HOLMGREEN. Sie zeigt sich, wie seit dieser Zeit an einer großen Zahl von Tierklassen und auch am Menschen — vgl. z.B. (267) — bestätigt

werden konnte, als eine durch Belichtung bewirkte Verstärkung des
Ruhe- bzw. Bestandpotentials des Auges. Die Differenz zwischen Dunkel- und Hellpotential, das Belichtungspotential, kommt dabei meist
als sogenannter Aktionsstrom bzw. photoelektrischer Strom des Auges
zur Messung und wird im *Elektroretinogramm (ERG)* registriert. Man
vgl. die zusammenfassenden Darstellungen von KOHLRAUSCH (*268*),
GRANIT (*269*), v. STUDNITZ (*238*) und MÜLLER-LIMROTH (*257*).

b) Messung

Die Messung erfolgt durch Anschluß je eines Punktes der Cornea
und des Fundus oculi über unpolarisierbare Elektroden (Ag/AgCl-Elektrode) an ein Galvanometer oder einen Gleichspannungsverstärker
mit oszillographischer Registriereinrichtung. Beim menschlichen Auge
werden dabei nach dem Riggsschen Verfahren (*270*) die Elektroden in
Kontaktschalen eingebettet. Für Insektenaugen finden Stahlmikroelektroden Verwendung, die man durch Eintauchen einer Nadel (0,3 mm)
in verdünnte Schwefelsäure und Verbindung mit dem +-Pol einer 4 V-Gleichspannungsquelle, deren --Pol als Kupferring die Nadel umschließt,
herstellen kann; die Mikroelektroden weisen einen Spitzendurchmesser
von einigen Mikron auf (*271*).

c) Bestandpotential

Das im Dunkeln am Auge beobachtbare und von DU BOIS-REYMOND
schon 1849 erstmals festgestellte Ruhepotential in der Größenordnung
weniger (2 bis 10, Insekten 0,04 mV) Millivolt ist im allgemeinen derart
gerichtet, daß das freie Ende der Sinneszelle negativ gegenüber der mit
der Nervenfaser verbundenen Basis erscheint. In der isolierten Netzhaut
verhält sich somit jeder Punkt der Stäbchen-Zapfen-Schicht negativ
gegen die Nervenfaserschicht (*272* bis *274*) und der Stromfluß weist
deshalb in Wirbeltieraugen in Richtung von der äußeren Sinneszellenschicht nach innen und bei den eversen Augen umgekehrt von innen
nach außen.

Das Bestandpotential bleibt nicht konstant, sondern nimmt im Laufe
der Zeit mehr oder weniger stark ab und ändert sogar manchmal die
Richtung. An bestimmten Netzhäuten beruht diese Abnahme sicher auf
einem mit einer entsprechenden Minderung der Augenphotoelektrizität
gekoppelten Absterbevorgang. Häufig dürfte aber eine andere Ursache
für diesen Rückgang verantwortlich sein, denn das Belichtungspotential
wird meist in keiner Weise von der Spannung des Ruhepotentials beeinflußt (Gesetz der konstanten Spannungsänderung). Es besteht deshalb durchaus die Möglichkeit einer Ausbildung des Aktionsstroms trotz
Fehlens eines Bestandpotentials.

d) Belichtungspotential

Die bei Belichtung des Auges wahrnehmbaren Potentialänderungen
stellen im allgemeinen eine Verstärkung des Bestandpotentials dar, so
daß die Sinneszellen im Vergleich zum Dunkelzustand eine negativere

Ladung annehmen. Der Photo- bzw. Aktionsstrom fließt somit von der Stäbchen-Zapfen-Schicht zur Nervenfaserschicht.

Die Belichtungspotentialänderungen zeichnen sich dabei durch einen sehr komplizierten Verlauf aus, der nicht nur positive, sondern auch negative Schwankungen während der Belichtung erkennen läßt. Sie finden ihren Ausdruck im Elektroretinogramm, das bei verschiedenen Tierarten jeweils eine sehr charakteristische Form aufweist.

2. Die Form des Elektroretinogramms

a) Wirbeltierauge

Das ERG der Wirbeltieraugen läßt sich in eine Reihe übereinstimmender Phasen aufteilen, die in der folgenden Abb. 150 schematisch dargestellt sind:

1. Die Latenzzeit l_1 als Verzögerung des Aktionsstromeinsatzes bei der Belichtung.

2. Der kurzzeitige *negative Vorschlag a*, der das Bestandpotential vermindert.

3. Die *positive Eintrittsschwankung b*, die sich sofort der Welle *a* anschließt.

4. Die Senkung *b'*, die eine langsame Verringerung von *b* darstellt.

5. Die *sekundäre Erhebung c* folgt auf *b'* und nimmt bei längerer Belichtung einen konstanten Wert an. Eine periodische Belichtung zeigt sich in dieser Phase als analoge periodische Schwankung.

6. Am Belichtungsende erscheint nach einem kurzen Latenzstadium l_2 eine positive *Verdunkelungsschwankung d*.

7. Nach *d* geht das Photopotential auf den Wert des ursprünglichen Bestandpotentials *BP* zurück.

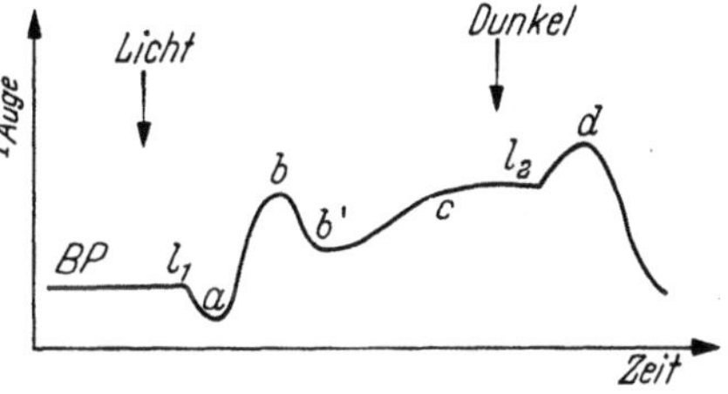

Abb. 150. Form des Elektroretinogramms der Wirbeltieraugen

Die Phasen *a* und *b* werden allgemein als on-Effekt und die Welle *d* als off-Effekt bezeichnet. Die ERG der verschiedenen Wirbeltiere unterscheiden sich praktisch nur in einer abweichenden Größenordnung der einzelnen Phasen, vor allem des negativen Vorschlags *a*, der Senkung *b'* oder der positiven Verdunklungsschwankung *d*. Beispielsweise ist bei Fischen, Vögeln u.a. der negative Vorschlag *a* im Gegensatz zu den Säugetieren besonders ausgeprägt.

Es sei bereits hier darauf hingewiesen, daß den charakteristischen Verlauf des ERG drei Teilkomponenten zu bedingen scheinen, deren Analyse GRANIT u.a. (*268, 275* bis *277*) gelang. Diese Komponenten, die nach GRANIT die Bezeichnung P_I, P_{II} und P_{III} erhalten haben, verlaufen zum Teil entgegengesetzt und werden als Kennzeichen und auch als

Ursache der Erregung und deren Hemmung angesehen. P_I und P_{II} stellen dabei die positiven Komponenten dar — P_I bedingt die Welle c und P_{II} die Phase b — und P_{III} die für a verantwortliche negative Komponente. d erscheint dann als Ergebnis einer Überlagerung der GRANITschen Komponenten.

b) Wirbellose Tiere (Cephalopoden)

Das ERG der Wirbellosen ist im Vergleich zu dem der Wirbeltiere sehr einfach. Es besteht in der Hauptsache aus einem positiven Belichtungspotential, das nach einer geringen Belichtungslatenz l_1 ansteigt und im Dunkeln ohne Verdunklungsschwankung wieder abnimmt; vgl. Abb. 151.

In diesem einfachen Aktionsstromverlauf deutet sich ein Unterschied der Lichtsinnesorgane der wirbellosen Tiere gegenüber denen der Wirbeltiere an. Die zusammengesetzte Stäbchen-Zapfen-Schicht der Wirbeltiere bedingt eben aufgrund ihres viel komplizierteren Aufbaus von vornherein die Mehrphasigkeit des ERG im Vergleich zu dem der Wirbellosen.

Es sei hierzu jedoch bemerkt, daß der Aktionsstrom der Wirbeltiere nicht unbedingt mehrphasig sein muß, denn eine Einstrahlung monochromatischen Lichts führt zu einphasischen positiven oder negativen Aktionsstromkurven. Dies deutet auf die Wahrscheinlichkeit der Bildung einfacher Aktionsströme durch einzelne Sehfarbstoffe hin; vgl. jedoch hierzu die späteren Ausführungen.

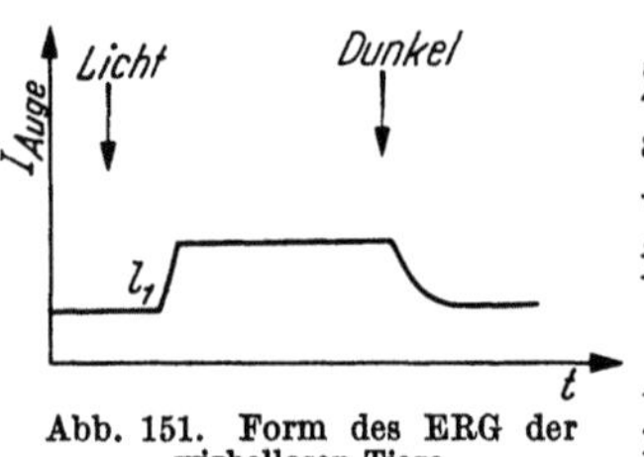

Abb. 151. Form des ERG der wirbellosen Tiere

c) Insektenauge

Das elektrophysiologische Verhalten der Insektenaugen stellt seit vielen Jahren das Ziel eingehender Untersuchungen dar — vgl. beispielsweise HARTLINE u.a. (*269, 278, 279*) — und es ist vor allem das Verdienst von AUTRUM (*280*), ein ordnendes Prinzip der verschiedenen ERG aufgefunden und die Physiologie der optischen Wahrnehmungen der Insekten dem Verständnis nahegebracht zu haben. Es sei vor allem auf die zusammenfassende Arbeit (*280*) und (*281, 282*) hingewiesen.

AUTRUM (*280*) stellt dabei aufgrund der Verschiedenartigkeit des Belichtungspotentials zwei Hauptgruppen innerhalb der Insektenaugen heraus.

1. Der Tachycines-Typ. Das ERG dieser Insekten — Tachycines (Heuschrecke), Dixippus — besteht aus einem einphasischen, negativen Belichtungspotential, das sich bei Belichtungsbeginn einstellt, bei langen Lichtreizen — bis über 10 min — konstant bleibt und im Dunkeln langsam — eventuell in der Größenordnung von Sekunden — auf das Dunkelpotential zurückgeht (Abb. 152).

Das negative Belichtungspotential nimmt mit wachsender Lichtintensität logarithmisch zu und zeigt eine starke Abhängigkeit vom Adaptionszustand des Auges. Eine Flimmerbelichtung ruft Schwankun-

gen des Aktionspotentials hervor, die bereits bei niederen Frequenzen —
10 bis 40 Hz — verschmelzen. Die Empfindlichkeit dieses Augentyps,
entsprechend der Sehschärfe, kann als sehr groß angesehen werden.

2. *Der Calliphora-Typ.* Das ERG dieses Insektenauges (Fliegen u. a.)
kennzeichnet ein nach der Latenzzeit l_1 und eventuell negativem Vorschlag a kurz ausgebildeter, großer Ausschlag A, der rasch auf ein geringes negatives (manchmal kaum vom ursprünglichen Bestandpotential

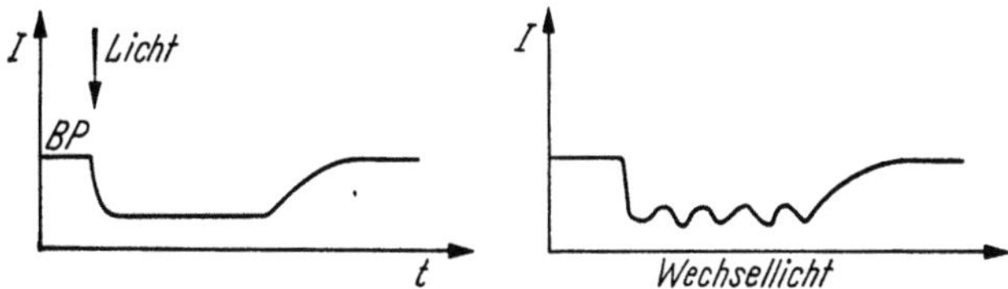

Abb. 152. ERG des Tachycines-Typs (konstante Belichtung und Flimmerbelichtung)

unterscheidbares) Potential abnimmt, das bei längerer Belichtung weitgehend konstant bleibt. Nach Belichtungsende wird nach der Latenz l_2
eine ausgeprägte negative Phase A' registriert, deren Amplitude A' mit
der des positiven A übereinstimmt und die rasch unter möglicher Ausbildung eines kurzen positiven Nachschlags ins Ruhepotential übergeht.

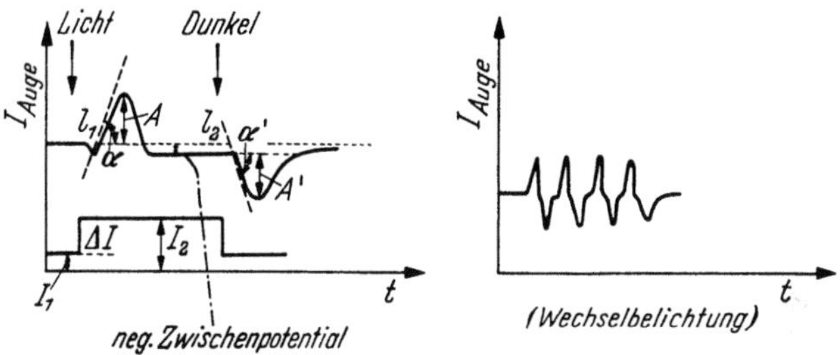

Abb. 153. ERG des Calliphora-Typs (konstante Belichtung und Flimmerbelichtung)

Die Abb. 153 stellt ein derartiges mehrphasisches Calliphora-ERG,
sowie den entsprechenden Lichtreiz — Reizzeit Δt, Belichtungsintensität I_2, Adaptionsintensität I_1 — schematisch dar. Sowohl die maximale
Amplitude des Ein- und Auseffekts A bzw. A' und auch deren Anstiegswinkel α, α' können dabei zur Kennzeichnung des ERG — vgl. (283) —
dienen.

Während der Anstiegswinkel α nur von der Größe des Reizes $\Delta I =
I_2 - I_1$ abhängt:

$$\alpha = f(\Delta I) \tag{14.2}$$

nimmt die Amplitude des Ein- und Auseffektes mit der Reizgröße ΔI
und der Adaptionsintensität I_1 (283) zu:

$$A = f(\Delta I, I_1), \tag{14.3}$$

$$A \sim \log I \qquad (I_1 = \text{const}). \tag{14.4}$$

Das bedeutet, daß aus einem ERG mittels α und der Amplitude A unter Zuhilfenahme der genannten Gleichungen I und I_1 bestimmt werden können. Ein ERG enthält somit nicht nur Angaben über die relativen, sondern auch über die absolute Helligkeiten.

Man erkennt nun vor allem, daß das Calliphoraauge in Übereinstimmung zum Tachycines-Typ ein in bezug auf das freie Ende der Sehzellen negatives Potential ausbildet, dem eine positive Phase vorausgeht. Abgesehen von der komplizierten, mehrwelligen Form unterscheidet sich der Calliphora-Typ noch in weiteren Eigenschaften vom erstgenannten.

Einmal besteht für die Form und Höhe der Potentiale keine bzw. nur eine geringe Abhängigkeit vom Adaptionszustand, die einer raschen Angleichung des Auges an äußere Lichtverhältnisse (Hell—Dunkel-Übergang) entspricht. Zum anderen liegt die Verschmelzungsfrequenz bei Wechselbelichtung, die eine rasche Ausbildung der diphasischen Potentiale im Rhythmus des Lichts bewirkt, sehr hoch (etwa bis 300 Hz). Das ERG weist außerdem eine geringere Empfindlichkeit, entsprechend einer geringeren Sehschärfe, auf als der 1. Typ.

Im ERG dieser Insekten (Calliphora-Fliege) prägt sich bereits deutlich das optische Wahrnehmungsvermögen, das der Lebensweise angepaßt ist, aus; denn das hohe zeitliche Auflösungsvermögen ermöglicht diesen Tieren ein Sehen während des Fluges, eine Eigenschaft, die jedoch auf Kosten einer geringeren absoluten Empfindlichkeit (Sehschärfe) geht. Den Gegensatz stellen die nichtfliegenden Insekten (Tachycines-Heuschrecke) dar, deren ERG trägere Belichtungspotentialänderungen aber dafür eine höhere Empfindlichkeit charakterisiert.

3. Übergangstyp. Es sei noch darauf hingewiesen, daß die beiden Typen der ERG als Grenzfälle aufzufassen sind, zwischen denen in der Natur eine Reihe von Übergangstypen zu finden sind.

Interessanterweise läßt sich das diphasische Insektenretinogramm des Calliphora-Typs durch Entfernung der hinter dem Auge liegenden Ganglien in ein einphasisches, negatives ERG umwandeln (*284*). Da praktisch nur noch die Retinalzellen des Calliphoraauges zurückblieben, muß hierin ein Hinweis auf die große Bedeutung gerade dieser Zellen für die Ausbildung des Belichtungspotentials gesehen werden, der sich möglicherwiese nur phasenfördernd eine Wirkung der Ganglien überlagert: Die Retina stellt somit den Entstehungsort des Belichtungspotentials dar.

3. Beziehung des ERG zur Gesichtsempfindung

Die Bedeutung der objektiv am Auge wahrnehmbaren Aktionsströme liegt vor allem in dem mit der Gesichtsempfindung übereinstimmenden Verhalten. Das ERG kann so als Abbild der bei Lichteinstrahlung in der Netzhaut ausgelösten Vorgänge aufgefaßt werden, welche die subjektiven Empfindungen des Sehens bedingen. Die enge Verknüpfung beider Effekte läßt sich dabei aus der Übereinstimmung einer Reihe von Gesetzmäßigkeiten ableiten, die sowohl für die Augenströme als auch für die Gesichtsempfindung gelten.

Man beobachtet beispielsweise die Gültigkeit des Lichtmengengesetzes (*278*):

$$I \times t = \text{const}. \tag{14.5}$$

Außerdem stimmen beim Dämmerungssehen für die Netzhautströme und die Gesichtsempfindung die absoluten Schwellenwerte der spektralen Reizwertverteilung überein.

Die Aktionsströme weisen auch den als *Purkinjesches Phänomen* bekannten Unterschied der spektralen Helligkeitsverteilung bei Tages- und Dämmerungssehen auf, denn die photoelektrische Reizwertverteilung liegt für ein Hellauge (Tagessehen) bei längeren Wellen als für ein im Dunkeln adaptiertes. Während für das Tagessehen Rot einen hohen und Blau einen geringen Reizwert besitzt, ist die Verteilung im Dunkeln gerade umgekehrt. Diese Gesetzmäßigkeit prägt sich dabei schon in den einzelnen Stromphasen aus (*238, 268*).

Interessanterweise wird eine intermittierende Belichtung nicht nur subjektiv als Flimmerempfindung, sondern auch im ERG als frequenzgleiche Überlagerung des Aktionsstroms wahrgenommen. Bereits SACHS u. a. (*238, 285, 286*) konnten diesen Zusammenhang direkt am menschlichen Auge überprüfen und feststellen, daß die Empfindung des groben Flackerns einem grob gezackten Netzhautstrom entspricht, dessen Verschmelzungsfrequenz mit der eine stetige Empfindung auslösenden Frequenz übereinstimmt.

Es sei in diesem Zusammenhang darauf hingewiesen, daß eine erst bei hohen Frequenzen liegende Verschmelzung intermittierender Lichteindrücke naturgemäß die Trennung zeitlich schnell aufeinanderfolgender Reize gestattet. Durch ERG-Registrierung einer Wechselbelichtung und Feststellung der Verschmelzungsfrequenz gelingt somit die Aufklärung des zeitlichen Auflösungsvermögens eines Lichtsinnesorgans. Fliegen oder Bienen (Calliphora-Typ) besitzen beispielsweise die Fähigkeit 200 bis 300 Reize in der Sekunde aufzulösen und dadurch sogar während des Fluges zu sehen; der Mensch kann nur etwa 40 Lichtreize in der Sekunde trennen.

Die Übereinstimmung der subjektiv wahrgenommenen Fusionsfrequenz mit der elektrophysiologisch an der Netzhaut bestimmten beweist, daß die Verschmelzung des Flimmerlichts zum Dauerlicht nicht im Zentralorgan (Gehirn), sondern schon in der Sehzelle erfolgt.

Ein weiterer Zusammenhang zwischen dem Aktionsstrom und der Gesichtsempfindung läßt sich auch aus einer Analogie der beiden Erscheinungen bei Momentbelichtungen ersehen; vgl. z.B. (*287*). Ein dunkeladaptiertes Auge — das durch Einstellung eines optischen Gleichgewichts zwischen dem Dunkelzustand und dem Lichtsinnesorgan nach einem gewissen Dunkelaufenthalt gekennzeichnet ist — zeigt auf einen momentanen Lichtreiz eine längerdauernde, aus mehreren Phasen bestehende Empfindung, die mit den Phasen des unter denselben Bedingungen erhaltenen Aktionsstroms übereinstimmen. Subjektiv und objektiv (elektrophysiologisch) werden somit gleichartige Vorgänge beobachtet: Empfindungszeit (Latenz); primäre Gesichtsempfindung (positive Eintrittsschwankung *b*, eventuell mit negativem Vorschlag *a*); sekundäres oder Purkinjesches Nachbild (Senkung *b'*); tertiäres Bild (sekundäre Erhebung *c*). Auch am helladaptierten Auge entsteht auf einen energiereichen Momentanreiz eine analoge Mehrphasigkeit. Im Gegensatz hierzu ruft ein Momentanreiz geringer Energie nur eine einfache Gesichtsempfindung ohne periodische Nachbilder hervor, ein Effekt, der auch im ERG wahrnehmbar ist, das hier nur aus einem kurzen, steil ansteigenden und langsam abklingenden Stromstoß besteht.

Der an den Beispielen erläuterte Zusammenhang zwischen Elektroretinogramm und Gesichtsempfindung bietet nun die Möglichkeit, auf elektrischem Wege die physiologischen Erkenntnisse der optischen Wahrnehmung zu erweitern, denn keine der sonstigen objektiven Methoden erreicht die Empfindlichkeit dieser elektrophysiologischen Lichtsinnesprüfung.

Es sei hier nur auf das oben erwähnte Problem des zeitlichen Auslösevermögens und sonstiger Eigenarten der optischen Wahrnehmung bei Insekten hingewiesen. Als weiteres Beispiel sei noch die Frage des Farbensehens einiger Insekten — Rückenschwimmer, vgl. (*288*) — angeführt, die erst durch elektrophysiologische Untersuchungen einer Klärung nahegebracht werden konnten. Man schloß wohl bereits aufgrund einer Verschiebung der relativen Helligkeitswerte mit der Intensität auf farbentüchtige und farbenuntüchtige Augenbezirke des Insektenauges, aber erst der Unterschied der spektralen Helligkeitsverteilung des ERG bei Hell- und Dunkeladaption — in Übereinstimmung zum Purkinjeschen Phänomen des Wirbeltierauges — führte zum Beweis. Das Helligkeitsmaximum des farbtüchtigen Bezirks verschiebt sich dabei in Analogie zum Wirbeltierauge mit der Dunkeladaption von Gelb nach Blauviolett und die größere Empfindlichkeit liegt somit beim dunkeladaptierten Auge im kurzwelligen Gebiet. Beim farbuntüchtigen Bereich sind die Verhältnisse gerade umgekehrt. In Verbindung mit weiteren Untersuchungen führten diese Effekte dann zur Annahme dreier farbspezifischer Rezeptoren mit Maxima bei 450 mμ (Blau), 535 mμ (Grün) und 644 bis 700 mμ (Rot).

Die *elektrophysiologischen Untersuchungen* lassen aber auch *Schlüsse* auf den *primären Mechanismus des Sehprozesses* selbst zu; denn die Parallele zwischen den Augenströmen und der Gesichtsempfindung kann nur aus einem gemeinsamen, in den Lichtsinneszellen ablaufenden Primärprozeß resultieren, so daß eine Deutung des Elektroretinogramms gleichzeitig das Problem des Sehens der Klärung nahebringt.

4. Der Aktionsstrom des Opticus

Naturgemäß kommt den Nervenfasern des Opticus die Aufgabe zu, die in den Lichtsinneszellen gebildeten charakteristischen Belichtungspotentiale (ERG) an das Zentralorgan zu übertragen und dort die optische Wahrnehmung auszulösen. Der von der Oberfläche und dem Längsquerschnitt einer Augennervenfaser abgeleitete Aktionsstrom muß deshalb in irgendeiner Weise die Phasen des ERG erkennen lassen, wenn die Bildung des Retinogramms bzw. der Belichtungspotentialwellen den entscheidenden Primärvorgang des Sehprozesses darstellen. Dieser Zusammenhang zwischen Opticusstrom und ERG liegt tatsächlich vor, wie ADRIAN u. a. (*238, 268, 289* bis *291*) beweisen konnten.

Es ist dabei verständlich, daß sich der Vorgang der Erregungsfortleitung beim Augennerven nicht von den analogen Prozessen anderer Sinnesnerven unterscheiden muß, die man durch Messung des eng mit der Erregung und deren Fortleitung verknüpften Aktionspotentials erfassen kann; vgl. Zusammenfassung (*292*). Eine Erregung löst somit sowohl in den Nervenfasern der Augen als auch in denen anderer Sinnesorgane schnelle elektrische Vorgänge, d.h. Serienentladungen, nach einer konstanten latenten Periode (0,1 sec) aus, die die Überträger der Erregungsgröße darstellen. Ein Reiz erfährt hiernach im Nerven eine Umwandlung in mehrfache oszillierende Erregungen, deren Frequenz und Anzahl — wie das Aktionspotential am Nerven anzeigt — von der Reizspannung und Reizzeit abhängt. Die Intensitätszunahme ruft dabei eine Erhöhung der Oszillationsfrequenz des Nervenaktionspotentials (spikes) und eine Verringerung eine Abnahme hervor; vgl. (*209, 293, 294*).

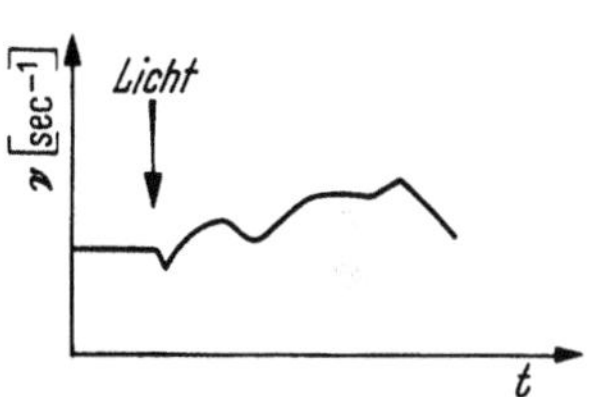

Abb. 154. Zeitlicher Verlauf der Opticusfrequenz bei Belichtung

Der Zusammenhang der die Opticusfaser durchwandernden Erregung mit dem ERG der Lichtsinneszellen läßt sich nun aus der Periodizität des Opticusaktionspotentials ersehen, denn die Frequenz der rhythmischen Impulsentladungen erfährt durch Änderung der Reizintensität (bzw. des Belichtungspotentials) einen Wechsel, so daß der Frequenzablauf der Opticusoszillationen als Abbild des jeweiligen Elektroretinogramms erscheint. KOHLRAUSCH (*268*) wies als erster auf diesen Zusammenhang hin — vgl. auch GRANIT (*269*) — und stellte die Übereinstimmung des zeitlichen Verlaufs der schnellen Opticusfrequenzen [$\nu_{\mathrm{opt}} = f(\text{Zeit})$] mit dem der langsamen Belichtungspotentialänderungen [$\Delta U = f(\text{Zeit})$] fest (Abb. 154).

Der steile Frequenzanstieg zu Beginn der Belichtung (bis 200 Hz), dem nur eine einige Zehntelsekunden dauernde Latenz vorausgeht, kann so mit der Eintrittsschwankung b und der anschließende Frequenzabfall mit der Senkung b' identifiziert werden. Der sekundären Erhebung c folgt ein erneuter Oszillationsanstieg und am Belichtungsende nimmt die Oszillationsfrequenz, nach einer kurzen Zunahme, entsprechend der Verdunklungsschwankung d, und einer Latenz auf Null ab.

Belichtet man nur mit einem momentanen und energieschwachen Lichtblitz, so resultiert am Opticus in Übereinstimmung zum Netzhautstrom und zur nachbildfreien Sinneswahrnehmung eine kurze Nervenentladung mit raschem Frequenzanstieg bis zu einem Maximum und einem langsamen Abfall.

Diese Untersuchungen des oszillierenden Opticusfaseraktionspotentials können als weitere Bestätigung für den engen Zusammenhang zwischen der Netzhautphotoaktivität und der Gesichtsempfindung angesehen werden; denn sie bestätigen, daß die langsamen ERG-Phasen mittels des Mechanismus der Frequenztransformation prinzipiell unverändert über den Opticus zum Zentralorgan weitergeleitet werden.

Der Vorgang der reizintensitätsabhängigen Frequenzumwandlung dürfte dabei mit den analogen Prozessen an Nervenfasern übereinstimmen. Es sei in diesem Zusammenhang auf die Vorstellungen hingewiesen, die seit der Strömchentheorie von HERMANN (295) aufgrund elektrophysiologischer Untersuchungen über die Erregungsfortleitung entwickelt wurden. Die an markhaltigen Nerven entwickelte Saltationshypothese nimmt beispielsweise an, daß die Erregung jeweils von einem Schnürring, an dem der eigentliche physiologische Vorgang der Erregung als Permeabilitätsänderung der Membran unter Ausbildung einer EMK einsetzt, zum nächsten springt. Die Markscheide wirkt dabei wie ein sich ladender und entladender Kabelkondensator. Vgl. hierzu MURALT (209), HUXLEY und STÄMPFLI u.a. (209, 296, 297, 298).

5. Die Zusammensetzung des ERG

a) Die Farbkomponenten

Die bereits von KÜHNE und STEINER (299) postulierte Zusammensetzung des ERG aus mehreren Komponenten findet eine gewisse Bestätigung durch Beobachtung einer spezifischen Farbenempfindlichkeit der Netzhautströme (300); denn das ERG des Wirbeltierauges, das im unzerlegten Licht aus negativem Vorschlag, positiver Eintrittsschwankung, Senkung und weiteren Phasen besteht, läßt sich durch monochromatische Bestrahlung in monophasige Netzhautströme umwandeln. Im roten Bereich resultiert ein rein positives, und im blauen Gebiet ein negatives Belichtungspotential. Grünlicht ruft einen mehrphasigen Aktionsstrom hervor. Die jeweilige Potentialrichtung wird dabei durch die Reizintensität kaum beeinflußt, jedoch ergeben sich zwischen Tages- und Nachttieren Unterschiede im Grad dieser Richtungsumkehr.

Bemerkenswerterweise gelang KOHLRAUSCH (268, 301) an einem Taubenauge die Feststellung, daß die durch Zusammensetzung der einphasigen Rot- und Blaukurven gefundene Interferenzkurve mit der experimentellen Mischkurve des ERG übereinstimmt. Dies legt naturgemäß die Annahme nahe, die Netzhautströme mit der durch Mischung der Farbkomponenten gebildeten Überlagerungskurve im allgemeinen gleichzusetzen (302).

b) Die Granitschen Komponenten

Eine Zerlegung des komplizierten ERG-Kurvenverlaufs in einzelne Komponenten wird auch aufgrund einer verschiedenen Beeinflußbarkeit der einzelnen Stromphasen durch Außenreize von GRANIT (303) gefunden. GRANIT definiert dabei drei Komponenten P_I, P_{II}, P_{III}, deren Superposition jeweils die ERG-Phasen bildet.

Der negative Vorschlag a wird hier einer negativen, ohne Latenz einsetzenden Teilkomponente P_{III} zugeschrieben, während die positive

Eintrittsschwankung b und Senkung b' der Komponente P_{II}, und die sekundäre Erhebung c einer mit großer Latenz einsetzenden Komponente P_I entspricht. Die positive Verdunklungswelle d scheint dabei aus der Differenz der Phasen P_{II} und P_{III} zu folgen. Möglicherweise setzt sich die negative Komponente P_{III} selbst noch aus einer raschen und langsamen Unterkomponente zusammen; vgl. Abb. 155.

Die abweichende Natur der positiven und negativen Teilkomponenten geht aus der Eigenart der positiven Komponenten hervor, durch mechanische Schädigung des Bulbus (Massage), chemische Einflüsse und andere Behandlungen im Gegensatz zur negativen Einzelkomponente zum Verschwinden gebracht werden zu können. Die Komponenten sind nicht auf die Zapfen oder nur auf die Stäbchen beschränkt, sondern

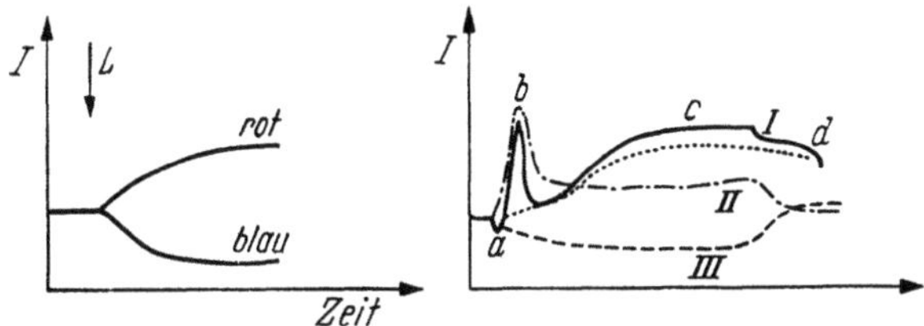

Abb. 155. Zur Zusammensetzung des ERG aus den Granitschen Komponenten

gehören jeweils beiden Lichtsinneszellarten gleichermaßen an, wobei jedoch die Komponenten der Zapfen schneller ablaufen als die der Stäbchen.

Über die Bildung und Bedeutung dieser Granitschen Teilkomponenten vgl. noch MÜLLER-LIMROTH (257).

Es sei noch bemerkt, daß sich auch die Insektenretinogramme in mehrere Komponenten zerlegen lassen. Während sich der Calliphora-Typ in zwei Komponenten, in eine positive und eine negative aufgliedert, liegen beim Dixippustyp zwei Teilkomponenten gleichen (negativen) Vorzeichens R und S vor; vgl. (268, 280, 304).

IV. Theorie des Primärprozesses der optischen Wahrnehmung

1. Photochemische Theorie

Es würde hier sicher zu weit führen, auf die große Zahl der für das Farben- und Dämmerungssehen ausgearbeiteten Hypothesen einzugehen; man vgl. die Zusammenfassung (257).

Im Prinzip sieht eine Reihe der photochemischen Theorien den Primärprozeß in einem Sehstoffzerfall begründet, der die Reizung der Sinneszelle bewirkt. Die sofort nach dem Zerfall anlaufende Resynthese wandelt jeweils den zerstörten Farbstoff zurück, so daß das Sehen — außer bei völliger Umstimmung — ohne Farbstoffverlust erfolgen kann. Der Adaptionszustand ist dabei jeweils durch ein Gleichgewicht zwischen dem abgebauten und wiederhergestellten Farbstoff gekennzeichnet, wobei viel Licht (Helladaption) nur wenig Farbstoff in den Lichtsinneszellen läßt und eine geringe Lichtintensität die Bildung einer großen Farbstoffmenge (Dunkeladaption) verursacht.

HECHT führt so beispielsweise die Erregung direkt auf die Bildung eines Farbzersetzungsprodukts zurück, dem ab einer bestimmten Konzentration (Schwelle) die Fähigkeit zukommt, den Erregungsprozeß einzuleiten. Nach SCHENCK (*47/C*) bilden die Lichtempfänger der Netzhaut O_2-affine phototrop isomere Diradikale, die ein spezielles Redoxferment aus der oxydierten in die reduzierte Stufe überführt und dadurch die Erregung bewirkt.

Eine andere Theorie betrachtet die photochemische Überführung des Sehstoffs in dessen Zersetzungsprodukt als exothermen Prozeß, dessen freiwerdende Energie (Rezeptorenenergie) den Reiz auslöst.

Der Vorgang der Zersetzung des Farbstoffs und dessen Regenerationsschritt stehen sicher außer Zweifel. Der Annahme einer *unmittelbaren Verbindung des Zerfallsvorgangs mit der Sinneszellenreizung* kann hier aber *nicht* zugestimmt werden, denn das durch Wechselbelichtung wahrnehmbare Flimmern und die analogen Perioden bestimmter Phasen des ERG dürften schwer mit einer periodischen photochemischen Zersetzung und (enzymatischen) Resynthese des Farbstoffs in Einklang zu bringen sein. Es sei in diesem Zusammenhang daran erinnert, daß eine Wiederherstellung des Sehstoffs nach Helladaption bis zu 20 min dauert und somit eine Resynthese innerhalb von $^1/_{50}$ sec nicht den Gegebenheiten entsprechen kann.

2. Photoelektrische Theorie

a) Grundlage

Im Gegensatz zu den photochemischen Theorien steht die photoelektrische Theorie mit einer großen Zahl objektiver und subjektiver Lichtsinnesvorgänge im Einklang. Sie erklärt nicht nur die Bildung der Elektroretinogramme, sondern infolge der oszillatorischen Übertragung der Netzhautstromphasen zum Zentralorgan auch die Gesichtsempfindung selbst. Die Elektronentheorie des Sehprozesses, die bereits SCHANZ u. a. (*305*) diskutierten, erfährt durch den Nachweis des lichtelektrischen Effekts der organischen Farbstoffe eine besondere Stütze, denn es ist nicht einzusehen, warum sich der im Lichtsinnesorgan, d.h. in den Stäbchen bzw. Zapfen, kristallin (*306*) eingebettete Farbstoff prinzipiell anders verhalten soll als in der eingehend untersuchten Photoelementanordnung. Darüberhinaus legen eine Reihe von Erscheinungen, die sowohl aus den ERG-Messungen der Netzhaut als auch den Photoleitungsuntersuchungen des reinen organischen Farbstoffs (auch des Karotins) hervorgehen, einen Zusammenhang zwischen der Farbstoffphotoelektrizität und dem Sehprozeß nahe.

Die photoelektrische Hypothese sieht deshalb die einzelnen Stäbchen und Zapfen der Netzhaut als eine Art Halbleiterphotozellen an, die als photoaktive Substanzen den kristallinen Sehpurpur bzw. die Sehfarbstoffe enthalten und bei Belichtung eine Photo-EMK ausbilden. In charakteristischer Weise erfolgt so auf eine Anregung des Sehstoffs eine Erregung der Lichtsinneszellen, von denen aus der Lichtreiz über die Nervenfasern zum Zentralorgan weitergeleitet wird.

b) Beziehung zwischen Farbstoffphotoelektrizität und ERG

Für die Gültigkeit des angegebenen Modells spricht vor allem bereits die Ähnlichkeit der Farbstoffphotozellen mit den aus den ERG-Messungen abgeleiteten „Sehphotozellen".

Beispielsweise stimmen die an reinen Farbstoffen wahrnehmbaren Photospannungen *größenordnungs*mäßig mit den Belichtungspotentialen am Auge überein, wobei sowohl dem Potential der verschiedenen Augen — z.B. Stubenfliege bis 20 mV, Frosch 0,5 bis 2,8 mV, Mensch 0,3 mV — als auch dem Farbstoff je nach Art bzw. Struktur charakteristische Werte zukommen. Trotz dieser Übereinstimmung scheint es jedoch fraglich, ob die Größenordnung des ERG-Belichtungspotentials direkt mit dem Farbstoffpotential vergleichbar ist, da dem ERG-Potential erst gewisse Umformungen vorausgehen dürften.

Als wichtiger Hinweis auf den genannten Mechanismus kann jedoch die Form des ERG bei *intermittierender* Belichtung angesehen werden, die als ein dem pulsierenden Licht paralleler Photowechselstrom erscheint; denn in ähnlicher Weise läßt sich auch an den Farbstoffphotoelementen ein Photowechselstrom oszillographisch registrieren *(61/D)*, der in Übereinstimmung zum Aktionsstrom einen Einsatz unter 10^{-2} sec zeigt. Bei hohen Frequenzen verschmilzt sowohl der Wechselstrom des Auges als auch des Farbstoffs zu einem stetigen Photostrom.

Eine Vergrößerung der *Lichtintensität* beeinflußt die Photoaktivität beider Zellenarten gleichermaßen: Sie erhöht den Farbstoffphotostrom bzw. die Leerlaufspannung und den Aktionsstrom, und außerdem vergrößert sie bei beiden die Einstellgeschwindigkeit.

Eine äußere *Gasatmosphäre* (O_2, H_2) wirkt sowohl auf den Aktionsstrom als auch auf den Farbstoffphotostrom im Sinne einer Förderung oder Hemmung ein. Sauerstoff fördert beispielsweise den Aktionsstrom und an gewissen Farbstoffen auch die Photoaktivität. Dies deutet auf die Überziehung der Sehfarbstoff-Mikrokristalle mit einer Gashaut und die Ausbildung von Oberflächenzuständen *(307)* hin — Grenzschichtphotoeffekt; vgl. *(47/D)* —, zeigt aber möglicherweise auch eine direkte Beeinflussung der primären Photoaktivität durch das Gas an; denn beide Erscheinungen — Ausbildung einer Grenzschicht durch eine Gashaut und Beeinflussung des Primäreffekts (bzw. Kristallphotoeffekts) durch adsorbierte Gase — wurden an Farbstoffphotozellen gefunden — vgl. *(45/D, 67/D)* — und vor allem dabei die Förderungswirkung des Sauerstoffs auf bestimmte Farbstoffgruppen (z.B. auch auf Karotin) festgestellt *(43/D)*.

Auch die *Mehrphasigkeit* der Netzhautphotoströme kann bei den einfachen Farbstoffphotoelementen beobachtet werden: Während die Photoströme der Farbstoffzellen meist wie die ERG der aus einer einfachen Schicht lichtperzipierender Elemente aufgebauten Augen (Cephalopoden) einen Anstieg, Konstanz und Abnahme aufweisen, entstehen unter bestimmten Bedingungen (Feuchtigkeit, Farbstoffart, Grenzschichtcharakter) an den Farbstoffzellen auch kurze, entgegengerichtete Ströme (*a*-Phase) oder reine negative Ströme wie bei manchen Insektenaugen.

24*

Monochromatisches Licht kann dabei sogar die eine oder andere
Phase bevorzugt fördern; vgl. (77/D). Die Mehrphasigkeit entsteht dabei
entweder schon am Einzelfarbstoff, durch Zusammenschalten zweier
getrennter Photozellen oder durch Aneinanderlagern von zwei (oder
drei?) verschiedenen Farbstoffen, wie es bei den Farbstoffphotodioden
beobachtet wurde. Eine weitere Bearbeitung dieses Problems (Wellenlängenabhängigkeit, strukturelle Beziehungen, Ersatz eines Farbstoffs
durch andere organische Komponenten u.a.) dürfte möglicherweise
noch manche wertvolle Zusammenhänge mit den Netzhautströmen geben.

Es wäre nun sicher von großer Bedeutung, das Verhalten eines reinen
Sehstoffs nach dessen Isolierung direkt an einer mit ihm aufgebauten
Photozelle zu überprüfen. Da dies bisher nicht gelang, beanspruchen

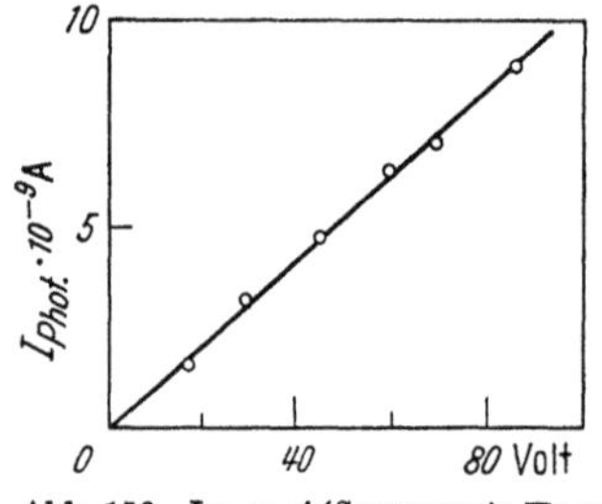

Abb. 156. $I_{Phot} = f$ (Spannung); Karotin

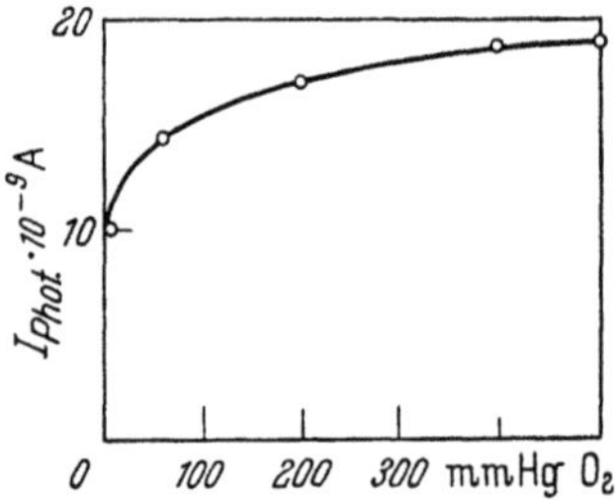

Abb. 157. $I_{Phot} = f$ (Sauerstoff); Karotin

verständlicherweise die lichtelektrischen Prüfungen des *Karotins* aufgrund der engen Verbindung zum karotinoidhaltigen Sehpurpur ein
besonderes Interesse. Karotin ist, wie hier 1957 erstmals festgestellt
wurde (72), photoleitend und unterscheidet sich dabei in keiner Weise
von den photoaktiven organischen Verbindungen. Beispielsweise nimmt
der Photostrom mit der Spannung — vgl. Abb. 156 — und der Lichtintensität zu und weist Reversibilität auf. Sauerstoff vergrößert die Photo-
und Dunkelleitfähigkeit — vgl. Abb. 157 und (72, 308) — und bemerkenswerterweise wird auch eine ähnliche Wirkung des O_2 auf den Sehvorgang
selbst festgestellt (309, 310).

Aus der Sauerstoffabhängigkeit der Dunkel- und Photoleitfähigkeit
geht hervor, daß Defektelektronen die Majoritätsträger des Karotins
sind. Dieser Leitungstyp (p) läßt sich auch aus Längsfelduntersuchungen
ableiten, da bei positiver Polung der belichteten Elektrode ein um den
Faktor 10^5 größerer Photostrom fließt als bei umgekehrter Polung (311).
Als Ansprechzeit wird von ROSENBERG (312) $^1/_{120}$ sec angegeben; über
das Problem des Singulett-Triplett-Übergangs für die Ladungsträgerbildung vgl. (313).

In dem genannten Zusammenhang beanspruchen vor allem die Beobachtungen von ROSENBERG (314) eine besondere Aufmerksamkeit, nach
denen das in der Retina gebildete 15-15'-Cis-Isomere des β-Karotins
eine um den Faktor 1000 größere lichtelektrische Empfindlichkeit aufweist als das im Auge nicht vorliegende all-trans-Isomere. Von großem
Interesse sind ebenfalls Untersuchungen der Photo- und Dunkelleitung
getrockneter Rezeptoren; vgl. ROSENBERG u.a. (315).

Zusammenfassend erkennt man, daß bereits dem organischen Farbstoff eine Reihe der charakteristischen Eigenschaften des an der Netzhaut gemessenen photoelektrischen Stromes (ERG) — Intermittenz, O_2-Abhängigkeit, negativer Stromverlauf u.a. — zugehört. Dies legt nahe, dem Sehfarbstoff nicht nur die Aufgabe der Lichtabsorption, sondern auch die Einleitung des Sehprozesses über einen photoelektrischen Mechanismus zuzuschreiben. Man schließt deshalb auf die Existenz verschiedener photozellenartiger Systeme in der Netzhaut, deren Hauptbestandteile der Sehpurpur bzw. die oben erwähnten Farbsehstoffe sind.

Bemerkenswerterweise deuten auch subjektive Beobachtungen auf derartige, primär als Photozellen wirkende Netzhautempfänger hin.

c) Subjektiver Beweis der Photozellennatur der Lichtsinnesorgane

ESPER (*316*) kommt aufgrund von Messungen der Reizschwelle des menschlichen Auges für einen extrafovealen Bereich 8° oberhalb der Fovea centralis in Abhängigkeit von der Wellenlänge des einfallenden Lichts zum Schluß, daß die Sehzellen der Retina eine Art Sperrschichtphotozelle darstellen; denn es gelingt ihm nur mit Hilfe der von LEHOVEC (*317*) ausgearbeiteten Theorie des Sperrschichtphotoeffekts die im Gegensatz zu BAUMGARDT (*318*) beobachtete Wellenlängenabhängigkeit der Lichtquantenzahl, die absorbiert werden muß, um eine Sehwahrnehmung hervorzurufen, zu deuten.

Die Abb. 158 stellt diesen aus Untersuchungen der Reizschwelle des menschlichen Auges in Abhängigkeit von der Wellenlänge erhaltenen Zusammenhang schematisch dar.

Man erkennt ein Minimum der Reizschwellenenergie, das einem Maximum der Quantenausbeute φ entspricht, bei 5050 Å.

Dieses Maximum von φ erklärt sich nach der Lehovecschen Theorie dadurch, daß gerade bei dieser Wellenlänge fast alle der vom Licht abgelösten Defektelektronen — der Farbstoff wird als Defektelektronenleiter betrachtet, was mit der O_2-

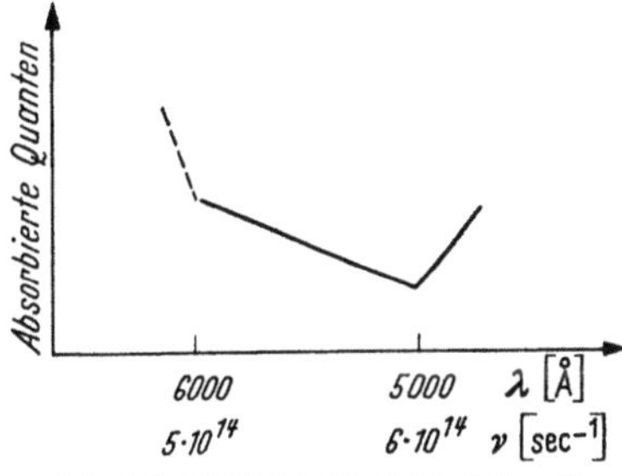

Abb. 158. **Wellenlängenabhängigkeit der Reizschwelle**

Einstufung in Einklang steht — durch das elektrische Feld der Sperrschicht in den Halbleiter (Farbstoff) geführt werden. Bei längeren Wellenlängen treten infolge geringerer Absorption und bei kürzeren durch Ausbildung eines zu großen Konzentrationsgefälles innerhalb der Sperrschicht Abweichungen von dieser Optimalbedingung auf.

Quantitativ wird diese Abhängigkeit der Quantenausbeute φ von der Wellenlänge durch die folgende Beziehung erfaßt:

$$\varphi = \left(\frac{1}{1+K}\right) - e^{-\frac{d}{x_0(\lambda)}} . \tag{14.6}$$

x_0 stellt dabei die Absorptionslänge dar, die wellenlängenabhängig ist und deshalb φ beeinflußt. Beim Selen nimmt x_0 von 10^{-6} cm bei

$\lambda = 4000$ Å linear auf $x_0 = 10^{-4}$ cm bei 7000 Å zu. Für die Konstante K gilt:

$$K = \frac{kT}{e \cdot \mathfrak{E}_r \cdot d} \tag{14.7}$$

k Boltzmann-Konstante, T Temperatur, $\mathfrak{E}_r$ Feldstärke an der Elektrode, d Dicke der Sperrschicht.

Die allgemeine Anwendbarkeit dieser Beziehung konnte unter anderem an den Selenphotoelementen festgestellt werden, und dies führt dazu, sie auf die hypothetische Farbstoffphotozelle des Auges zu übertragen. Unter der Voraussetzung einer Sperrschichtdicke von 10^{-5} cm, Zimmertemperatur T und einer Feldstärke $\mathfrak{E}_r = 10^4$ V/cm folgt nach ESPER für den Parameter $K = 0{,}27$. Da diese Werte weitgehend bekannten Daten angepaßt wurden, läßt sich die Funktion $\varphi = f(\lambda)$ errechnen und mit der Messung vergleichen.

Man erkennt dabei, daß die — unter der Voraussetzung einer den Sehprozeß auslösenden Photozelle — theoretisch berechnete Quantenausbeutefunktion das experimentelle Quantenausbeutemaximum bei 5050 Å erfaßt. Die Annahme, der Sehvorgang würde primär durch einen Farbstoffphotoeffekt ausgelöst, liegt also durchaus nahe.

d) Hypothese des Primärprozesses

Die genannten Ergebnisse — Farbstoffphotozellen, ERG-Untersuchungen, Beziehung zwischen ERG und Farbstoffphotoelektrizität, Reizschwellenbeobachtung — deuten zweifellos auf eine elektronische Theorie des primären Sehvorgangs hin. Naturgemäß kann der endgültige Beweis noch nicht gegeben werden, da hierzu die Konstruktion einer Photozelle

Elektrode 1/Farbsehstoff (z.B. Sehpurpur)/Elektrode 2

nötig wäre. Aber nach den bisherigen Untersuchungen über die Farbstoffphotoelektrizität dürften der Sehpurpur oder die Zapfenfarbstoffe in einer solchen Anordnung kaum ein anderes Verhalten zeigen als die übrigen organischen Farbstoffe (z.B. Karotin). Der Primärvorgang, der in der Bildung von Photoelektronen bzw. Defektelektronen bei der Belichtung besteht, scheint somit im Auge der gleiche wie in den Farbstoffphotozellen zu sein.

Nach welchem Mechanismus wird aber die primäre Farbstoffphotoelektrizität (der Farbstoffphotodiode) in die Potentialänderungen des ERG und damit in die eng mit dem Sehvorgang verbundene Augenphotoaktivität umgewandelt? Die Annahme einer Identifizierung der Netzhautströme mit den Sehfarbstoffphotoströmen liegt wohl nahe, dürfte aber doch eine zu starke Vereinfachung darstellen, denn der Einfluß des Bestandpotentials und die Art der Transformierung in den Opticusaktionsstrom kann nicht unberücksichtigt bleiben.

α) Bestandpotential. Es liegt nahe, im Bestandpotential des Auges eine aus mehreren Potentialen zusammengesetzte Größe zu sehen, an der das Donnan-Potential zwischen Kapillarblut und Kammerwasser und andere Teilpotentiale beteiligt sind. Diese Potentiale, die untereinander entgegengesetzt geschaltet sein können, hängen zum großen Teil mit dem primären Sehprozeß nicht zusammen, so daß das Gesetz der konstanten Spannungsänderung (s. oben) verständlich wird.

Da sich die Lichtsinneszellen in ihren grundsätzlichen Eigenschaften sicher nicht von den übrigen Zellen unterscheiden, dürften auch sie ein bestimmtes Ruhepotential ausbilden, das zum Bestandpotential beiträgt. Faßt man dieses Teilpotential der Stäbchen und Zapfen als Membranpotential auf, so würde letztlich die Änderung des Bestandpotentials im Licht — das Aktionspotential (ERG) — auf eine Permeabilitätsänderung der Lichtsinneszellenmembranen durch eine Photo-EMK des Farbstoffs zurückgehen.

β) **Richtung des Bestandpotentials und Belichtungspotentials.** Es besteht nun durchaus die Möglichkeit, daß sich das Ruhepotential der Lichtsinneszelle dem Bestandpotential im Sinne einer Verringerung oder Vergrößerung überlagert. Dies könnte dann auch die (am Wirbeltierauge) im allgemeinen beobachtete Erhöhung des Bestandpotentials im Licht erklären, obwohl elektrophysiologische Messungen gefärbter Nervenmembranen bei der Belichtung eine Verringerung des Membranpotentials anzeigten.

Einen Hinweis auf die Mitwirkung der Einzelpotentiale des Auges an der Richtung des Belichtungspotentials scheinen auch die Beobachtungen einer Umkehrung der positiven ERG-Phase (beim Caliphora-Typ) in eine negative Welle durch Entfernung der Ganglien zu geben (*284*); denn an der reinen Sinneszellenschicht kann sich nach Entfernung der die verschiedenen Teilpotentiale erzeugenden Systeme erwartungsgemäß nur noch das Einzelpotential der Lichtsinneszellen einstellen, das hier in völliger Analogie zu den angefärbten Nervenfasern als Abnahme des Ruhepotentials bei der Bestrahlung erscheint. Möglicherweise ist dies auch mit die Ursache für die Umwandlung des mehrphasigen Wirbeltier-ERG in ein monophasiges, negatives Belichtungspotential durch verschiedene äußere Schädigungen, die wohl die Teilpotentiale, aber nicht das besonders widerstandsfähige Ruhepotential der Sehzellen beeinflussen können.

γ) **Entstehung des Belichtungspotentials.** Die genannten Überlegungen führen die Aktionspotentiale des Auges und damit die Gesichtsempfindung auf charakteristische, von den eingelagerten Sehfarbstoffen durch sichtbares Licht verursachte Permeabilitätsänderungen einer Lichtsinneszellenmembran zurück.

Es sei dahingestellt, inwieweit man dabei die an den Ausläufern der Nervenzellen, d.h. an den Nervenfasern, erarbeiteten Vorstellungen des Erregungsvorgangs — s. Hodgkin u.a. (*216, 217, 319, 320*) — auf die Lichtsinneszellen übertragen kann. Die Mitwirkung einer Membran mit spezifischem Permeabilitätsverhalten gegenüber Ionen (Na^+-K^+-Kopplung; Anionendurchlässigkeit), vgl. z.B. Haas (*321*), die hierdurch bedingte Einstellung eines Ruhepotentials, dessen Beeinflußbarkeit durch polarisierende Ladungen und andere analoge Effekte dürften aber durchaus diskutierbar sein.

Die polarisierende Wirkung übernimmt in den Lichtsinneszellen der belichtete Farbstoff, der durch einen orientierten Einbau in den Zellenbehälter (Stäbchen, Zapfen) als Photoelement wirkt. Möglicherweise wird diese Photoelementanordnung durch Verbindung des Farbstoffs mit einem anderen organischen Stoff — Protein, Sehfarbstoff anderer Konstitution — gefördert, da eine derartige Verknüpfung zu einer Grenzschicht und damit zu einem elektrischen Feld führt, das die im sichtbaren Licht im Farbstoff abgelösten Elektronen und Defektelektronen zur Photo-EMK-Bildung verwendet. Je nach Leitungsart und Zahl der verbundenen Stoffe (Photodiode u. a.) können die Photopotentialänderungen der einzelnen Farbstoffzellen voneinander abweichen — negative Effekte u. a. — und die Membran jeweils unterschiedlich beeinflussen. Eine äußere Spannungsquelle ist jedenfalls für die Erzeugung einer Photoelektrizität in der Farbstoffzelle nicht erforderlich.

Naturgemäß kommt vor allem auch der Frage nach der Art und dem Sitz der wirksamen, von dem Farbstoff-Photoelektrotonus beeinflußbaren Membran eine große Bedeutung zu. Wenn hierüber auch noch keine Aussagen möglich sind, so dürfte doch kaum ein Zweifel an der Beteiligung einer derartigen Membran am primären Sehprozeß bestehen. Einmal unterscheiden sich die Sehzellen in ihren grundlegenden Gesetzmäßigkeiten bestimmt nicht von den übrigen Zellen der Natur, die als Ionenleiter durch Membranen begrenzt und unterteilt werden. Zum anderen zeigen einige Untersuchungen an der Retina eine bemerkenswerte Übereinstimmung mit Messungen markhaltiger Nervenfasern, deren Bau und elektrische Eigenschaften als gut erforscht gelten können.

Beispielsweise läßt sich am Wirbeltier*auge* in Analogie zur markhaltigen *Nervenfaser*, deren Erregbarkeit beim Anlegen einer äußeren EMK entweder — durch den (negativen) Katelektrotonus — erhöht oder — durch den (positiven) Anelektrotonus — verringert wird, mittels Polarisation je nach Richtung eine Erregung oder Hemmung der optischen Nervenfaser auslösen; vgl. GRANIT u. a. (*322, 323*). Es dürfte dabei sicher ohne Belang sein, ob diese Erregung des Sehnerv auf die EMK einer festen Stromquelle oder die elektromotorische Kraft eines Selen- bzw. Farbstoffphotoelements zurückgeht: Maßgeblich ist für die Impulserzeugung nur die das Ruhepotential ändernde Polarisationsspannung; aus diesem Grund scheint auch eine optische Wahrnehmung (Hell—Dunkel-Eindrücke) mittels künstlicher, an den Opticus angeschlossener Photozellen durchaus möglich.

Zur Erläuterung der an einer Zellmembran ablaufenden Reaktionen sei auf das von v. MURALT (*206*) ausgearbeitete, stark vereinfachte schematische Modell hingewiesen, das eine ungefähre Vorstellung der komplizierten Vorgänge vermittelt. Je nach positiver oder negativer Polarisation folgt aus diesem Schema die Vergrößerung oder Verkleinerung der an der Membran von Anionen im Innern und Kationen im Außenraum gebildeten Doppelschicht, der eine Erhöhung oder Verringerung des Ruhepotentials entspricht. Die analogen Effekte ergeben sich auch aus der oben eingehend beschriebenen modernen Membrantheorie der Na^+/K^+-Kopplung.

Würde man sich eine als Längsmembran ausgebildete Nervenfaser ins Innere der Stäbchen und Zapfen derart hineinragend denken, daß sie von den photoaktiven Sehfarbstoffen umgeben ist, so müßte eine Photo-EMK des Farbstoffphotoelements wie ein Kat- oder Anelektrotonus die Membran bzw. das Sehelement erregen und damit den Sehvorgang einleiten. Die Wechselbelichtungseffekte (Flimmern), Intensitätsabhängigkeit, Mehrphasigkeit (positive und negative Phasen), Zunahme der Erregung bei retinomotorischer Konzentrierung des Farbstoffs, das ERG und andere Erscheinungen könnten nach diesem Mechanismus einfach erklärt werden.

Zusammenfassend läßt sich feststellen, daß die Identifizierung des primären optischen Reizes mit einem Polarisationseffekt einer Lichtsinneszellenmembran ohne Zweifel eine Reihe von Erscheinungen der optischen Wahrnehmung unter Berücksichtigung der experimentellen ERG-Befunde, der modernen Theorie der Erregung und der Farbstoffphotoelektrizität richtig wiedergibt. Es müßte das Ziel fortsetzender Untersuchungen sein, — beispielsweise Isolierung der Sehstoffe, Konstruktion einer Sehfarbstoffphotozelle, Aufklärung der Stäbchen- und Zapfenstruktur, Feststellung der Ionenabhängigkeit des Belichtungspotentials, eingehendere Prüfung der Polarisationseffekte an verschiedenen Augen u.a. — diese Hypothese weiter zu prüfen.

Fünfzehntes Kapitel

Die Photosynthese

Durch die Photosynthese bzw. Kohlensäureassimilation werden in der pflanzlichen Zelle unter Wirkung des im Chorophyll absorbierten Sonnenlichts aus Kohlendioxyd und Wasser energiereiche Kohlenhydrate aufgebaut. Die Pflanze wandelt somit über diesen wichtigsten photochemischen Prozeß, den die Natur kennt, Lichtenergie in chemische Energie um, die dann beim Kohlenhydratabbau dem Organismus zugeführt wird. Den Gesamtumsatz beschreibt folgende Reaktionsgleichung:

$$6\,CO_2 + 6\,H_2O \underset{\text{Atmung}}{\overset{\text{Assimilation}}{\rightleftharpoons}} C_6H_{12}O_6 + 6\,O_2, \qquad \Delta G = +688\ \text{kcal}.$$

I. Chlorophyll

1. Aufgabe

Die fehlende Absorptionsfähigkeit der Zellbestandteile bzw. des CO_2 und H_2O der Sonnenstrahlung gegenüber gleicht die Natur in der Pflanzenzelle durch Einbau des Chlorophylls aus. Dieser Farbstoff kann dabei als wichtigster photochemischer Katalysator der Natur angesehen werden, da ihm die Funktion der Lichtaufnahme und Einleitung des Assimilationsprozesses zukommt. Letztlich ist somit das in den Chloroplasten eingelagerte Chlorophyll für den Ablauf des Naturgeschehens mitverantwortlich.

Sehr wahrscheinlich darf man den in den Chloroplasten beigemengten Farbstoffen Karotin, Xantophyll und weiteren Pigmenten eine zusätzliche Beteiligung an der Lichtaufnahme nicht absprechen. Doch deuten Untersuchungen darauf hin, daß die nicht selbst von den Chlorophyllmolekülen absorbierte Lichtenergie zum Wirksamwerden auf jeden Fall an das Chlorophyll heranwandern und in dieses übergehen muß, da allein Chlorophyll die Funktion des photosynthetisch aktiven Pigments besitzt.

2. Konstitution

Chlorophyll, dessen Strukturaufklärung H. FISCHER gelang, gehört zur Gruppe der Pyrrolfarbstoffe und enthält als charakteristisches Merkmal einen Dihydroporphyrinring mit eingebautem isozyklischen Ring. Es setzt sich aus zwei Komponenten zusammen, dem blaugrünen Chlorophyll a und dem gelbgrünen Chlorophyll b (Verhältnis 3:1), die beide magnesiumhaltige Diester sind und sich nur durch eine abweichende Substitution in 3-Stellung — bei a Methylgruppe, bei b Formylrest — unterscheiden. Die Absorptionsmaxima liegen bei 6600 und 4250 Å.

Die Synthese dieses wichtigen Naturfarbstoffs gelang STRELL und KALOJANOFF sowie WOODWARD 1960.

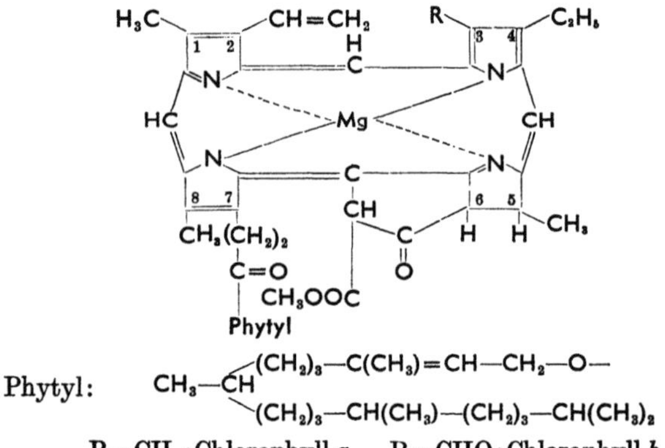

Phytyl: $CH_3-CH {\overset{(CH_2)_3-C(CH_3)=CH-CH_2-O-}{(CH_2)_3-CH(CH_3)-(CH_2)_3-CH(CH_3)_2}}$

$R=CH_3$: Chlorophyll a $R=CHO$: Chlorophyll b

Abgesehen vom konstitutionellen Aufbau dürfte die photosynthetische Aktivität des Chlorophylls auch in starkem Maße von der Art der Moleküllagerung in den pflanzlichen Zelleinheiten (z.B. in den Chromatophoren) abhängen. Die aus Doppelbrechung und (wahrscheinlichem) Dichroismus der Chloroplaste geschlossene regelmäßige (kristalline) Anordnung der Moleküle (324) ist dabei sicher für den Ablauf des Prozesses von besonderer Bedeutung. Einmal begünstigt sie eine starke Wechselwirkung der Moleküle und damit die Ausbreitung der an inaktiven Stellen eingestrahlten oder von anderen Pigmenten übernommenen Energie über größere Bereiche, zum anderen könnten sich definierte Anordnungen der Photokatalysatormoleküle (Aggregate) durch eine bevorzugte Wirksamkeit gegen die umzusetzenden Moleküle auszeichnen.

3. Adaption

Chlorophyll bildet sich an vielen Pflanzen — z.B. an Chlorella — bereits im Dunkeln, doch baut es sich an manchen unter diesen Bedingungen nur bis zu einer Vorstufe, dem Protochlorophyll, auf, das erst im Licht durch photochemische Hydrierung (*325*) in den eigentlichen Photokatalysator übergeht. Bemerkenswerterweise scheinen aber alle Pflanzen die Fähigkeit zu besitzen, die Menge des zur Lichtaufnahme wirksamen Farbstoffs der Belichtungsstärke derart anzupassen, daß bei geringer Lichtintensität in den Chloroplasten mehr Farbstoff vorliegt als bei starkem Lichteinfall. In gewisser Beziehung stellt dies eine der Adaption des Auges an die Lichtverhältnisse analoge Erscheinung dar, die auf einem Gleichgewicht zwischen ausgebleichtem und resynthetisiertem Sehfarbstoff beruht.

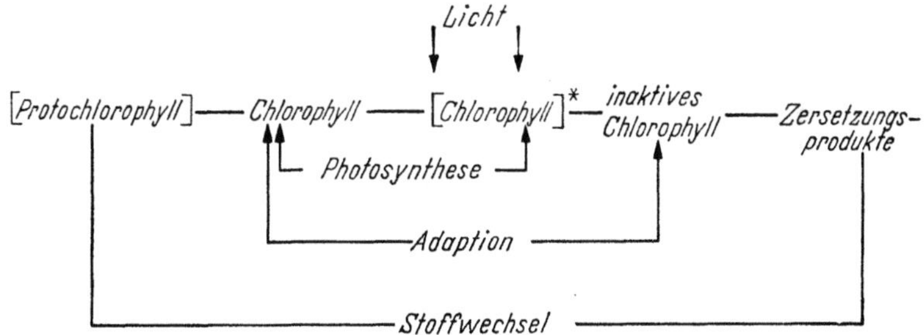

Abb. 159. Allgemeines Schema der Lichtwirkung auf Chlorophyll nach AACH [*326*]

Wenn auch die eigentlichen Prozesse, die Photosynthese bzw. die Lichtperzeption, grundsätzlich anderer Natur sind, so lassen sich doch gewisse Gemeinsamkeiten der Lichtwirkung auf die lichtempfindlichen Organe bei Pflanzen und Tieren feststellen, auf die besonders AACH (*326*) hinwies. Es ist deshalb naheliegend, auch für belichtetes, in den pflanzlichen Zellen eingebautes Chlorophyll einen Zyklus zu formulieren, der dem des Sehpurpurs im Prinzip ähnelt (Abb. 159). Naturgemäß steht dieser Zyklus mit der Photosynthese nur insofern in Verbindung, als er der Regeneration der eventuell im Licht ausgebleichten Moleküle dient und diese erneut dem Primärprozeß der Assimilation zur Verfügung stellt. Der primäre Schritt der Photosynthese beruht ja auf einer Anregung des Farbstoffs, also auf einem Elektronenübergang vom Grund- ins Anregungsniveau, der das Molekül strukturell ungeändert läßt.

4. Zur Evolution des Chlorophylls

Bedenkt man, daß Chlorophyll als der wichtigste Katalysator des Naturhaushalts und als der am weitesten verbreitete Farbstoff anzusehen ist, so drängt sich unwillkürlich die Frage auf, wie die Natur gerade zur Auswahl dieses Farbstoffs kam.

Eine Betrachtung der verschiedenen Möglichkeiten, nach denen sich während des Zeitraums der chemischen Evolution vor $2\frac{1}{2}$ bis 1 Milliarde Jahren auf der Erde organische Verbindungen bilden konnten, gibt die

Antwort auf diese Frage; vgl. (*327* bis *330*). Man erkennt, daß gerade
die Bedingungen zur Entstehung des charakteristischen Pyrrolfarbstoffs
besonders günstig lagen.

Eine Bestrahlung von Kohlendioxyd und Wasser mit sehr energiereichen Strahlen radioaktiven oder kosmischen Ursprungs läßt Ameisen-
säure, Oxalsäure, Bernsteinsäure und andere wichtige organische Verbindungen entstehen, die bei Anwesenheit stickstoffhaltiger Substanzen
(z. B. Ammoniak) unter Wirkung ultravioletten Lichts oder elektrischer
Entladungen durch Aminosäuren, wie Glykokoll, ergänzt werden (*330*).
Bemerkenswerterweise besitzt gerade Glykokoll (I) und Bernsteinsäure (II)

$$\underset{\underset{NH_2}{|}}{\overset{\overset{H \quad\; O}{|\;\;\;\;||}}{H\!-\!C\!-\!C}}\!-\!OH \quad (I) \qquad\qquad \begin{array}{l} CH_2\!-\!COOH \\ | \\ CH_2\!-\!COOH \end{array} \;(II)$$

die Fähigkeit einer Umsetzung in den stabilen Tetrapyrrolring, der dem
Chlorophyll (und auch dem Blutfarbstoff) zugrundeliegt. Der photosynthetische Katalysator setzt sich somit aus Bausteinen zusammen,
die auf der Erde bereits zu Beginn der chemischen Evolution vorhanden
waren. Es ist deshalb verständlich, daß gerade ein Pyrrolfarbstoff die
Aufgabe erhielt, den einleitenden Schritt beim Prozeß der Umwandlung
der Sonnenenergie in chemische Energie zu vollziehen.

II. Die Quantenausbeute

Die Quantenausbeute (photochemische Wirkung) des Assimilations-
prozesses gibt Auskunft über die Anzahl der von einem absorbierten
Lichtquant in Kohlenhydrat umgesetzten Kohlendioxydmoleküle. Zur
Bestimmung wird dabei die dem gebildeten Kohlenhydrat äquivalente
Menge Sauerstoff (*331*) und die absorbierte monochromatische Licht-
energie gemessen:

$$\varphi = \frac{\text{Zahl der gebildeten Moleküle } O_2}{\text{Zahl der absorbierten Quanten}} \cdot$$

Der reziproke Wert dieser Größe stellt den Quantenbedarf $b\ (=1/\varphi)$ dar,
der mit der Anzahl Quanten identisch ist, die für einen Umsatz

$$CO_2 + H_2O = \tfrac{1}{6}(C_6H_{12}O_6) + O_2, \quad \varDelta G = 114\ \text{kcal}$$

absorbiert werden müssen.

Theoretisch erfordert die Reaktion mindestens die Absorption von
etwa drei Lichtquanten im 1. Absorptionsmaximum des Chlorophylls
(660 mμ), da der Energieinhalt dieser Quanten je Mol nur 43 kcal
$\left(\dfrac{N_L \cdot h \cdot c}{6,6 \cdot 10^{-5} \cdot 4,18 \cdot 10^{10}}\right)$ beträgt und somit für b gilt: $b = \dfrac{114}{43} = 2,6$. Ein 100 %
Nutzeffekt müßte deshalb gerade einem Quantenbedarf von etwa 3
entsprechen.

WARBURG (*332* bis *334*) gelang an der Alge Chlorella durch Angleichung der Meßbedingungen an den natürlichen Gang der Lichtwirkung,
Einhaltung des p_H und anderer Forderungen der Nachweis, daß eine gut
assimilierende Pflanze das Sonnenlicht mit einem Nutzeffekt von fast

90% in chemische Energie umwandeln kann. Er beobachtete die weitgehend mit der Theorie übereinstimmende Quantenzahl 3 und entschied damit die stark diskutierte Frage des Quantenbedarfs, für den Werte zwischen 5 und 20 angegeben wurden, zugunsten der bestmöglichen Ausnutzung des von der Pflanze absorbierten Lichts.

Sicher wird der genannte Nutzeffekt nur von wenigen Pflanzen unter besonders günstigen Bedingungen erreicht. Er zeigt aber, daß die pflanzliche Zelle prinzipiell die Fähigkeit besitzt, den für den Assimilationsprozeß erforderlichen Energiebedarf durch Summation mehrerer Quanten zu decken.

Die Annahme einer Summation und gemeinsamen Abgabe der im Chlorophyll absorbierten Quanten an die umzusetzenden Moleküle kann die gemessene Quantenzahl jedoch nicht erklären. Ein derartiger Effekt würde im Gegensatz zu den allgemeinen Regeln der Photochemie stehen, die nur die Aufnahme und Abgabe eines Quants kennt [1-Quantenforderung, WARBURG (334)]. Nach WARBURG findet der Gegensatz zwischen dem Mehrquantenbedarf einerseits und der 1-Quantenforderung andererseits eine Deutung durch die Aufteilung des Assimilationsprozesses in eine Licht- und eine Dunkelreaktion (335). Die Lichtreaktion ist hiernach für die Bildung von Sauerstoff verantwortlich, während die Dunkelreaktion der Erzeugung der für den Kohlenhydrataufbau nötigen restlichen Energie dient; denn — vgl. (336):

1. entsteht bei Belichtung des Chlorophylls 1 Mol Sauerstoff mit einem Quantenbedarf $b = 1$, und

2. reagieren am Belichtungsende zwei Drittel des derart gebildeten Sauerstoffs wieder zurück.

Die Entwicklung eines Mols Sauerstoff, die die Umwandlung eines Mols CO_2 in Kohlenhydrat anzeigt, verlangt somit die Einstrahlung von 3 Molen der roten Lichtquanten.

Da die Lichtreaktion ($3 N_L h\nu \rightarrow 3 O_2$) und die Dunkelreaktion ($3 O_2 \rightarrow O_2 + Q$) während des Assimilationsprozesses zusammen ablaufen, beträgt der Quantenbedarf der Gesamtreaktion $b = 3$; vgl. noch NODDACK u.a. (337, 338).

III. Der Primär- und Sekundärvorgang der Photosynthese

Die Auffassungen über den Primärvorgang und die daran anschließenden Schritte des Assimilationsprozesses sind heute durchaus noch nicht einheitlich. Nach WARBURG findet primär eine Spaltung des am Chlorophyll locker angelagerten CO_2 statt, während die den Hillschen Reaktionen folgenden Theorien eine photolytische Spaltung des H_2O als Primärvorgang postulieren. Aufgrund zahlreicher in jüngster Zeit gewonnenen experimentellen Befunde wird hier der letztgenannten Theorie der Vorzug gegeben.

1. Die CO_2-Spaltung (WARBURG)

Der Primärvorgang der Photosynthese besteht nach dieser Theorie in einer Spaltung eines Kohlensäuremoleküls durch die im Chlorophyll absorbierte Strahlung. Da die Strahlungsenergie eines Mol Quanten von etwa

40 kcal jedoch nicht die zur Zerlegung des CO_2 erforderliche Energie von
110 kcal erreicht, muß der Sauerstoff des CO_2 bereits in einer Dunkelreaktion eine Lockerung erfahren haben.

Nach WARBURG (332) liegt dieses, zur leichten O_2-Abgabe befähigte
CO_2 in der pflanzlichen Zelle als — wahrscheinlich peroxydisches —
Chlorophyllderivat [Chl · $\overset{*}{C}O_2$] vor und bildet sich nach der O_2-Abspal-
tung mittels der bei der Dunkelreaktion freiwerdenden Oxydations-
energie (Atmungsenergie) erneut aus einem am Chlorophyll inaktiv
angelagerten CO_2-Molekül [Chl · CO_2] in einer Umlagerungsreaktion zurück. Die Existenz und Bedeutung dieses sogenannten Photolyten
[Chl · $\overset{*}{C}O_2$] wird einmal durch die Freisetzung eines Mol CO_2 bei Zugabe
von Chinon oder NaF aus einem Mol des in der lebenden Chlorella vor-

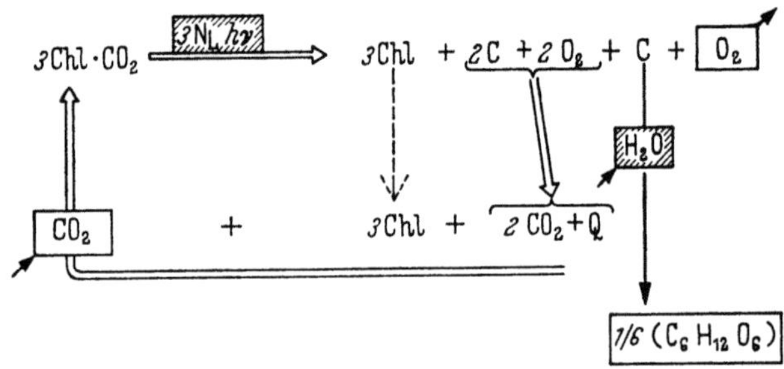

Abb. 160. Schema des nach dem CO_2-Spaltungsmechanismus verlaufenden Assimilationsvorgangs
(nach WARBURG)

handenen Chlorophylls bewiesen (332) und zum anderen durch eine auf
die CO_2-Abgabe folgende Inaktivität der Zellen im Assimilationsprozeß.
Die bei Belichtung dem Chlorophyllgehalt äquivalent gefundene Menge
O_2 (339) steht außerdem mit der Vorstellung des Chlorophyll-CO_2-
Derivats in gutem Einklang, so daß nach dieser Theorie die Lichtreaktion
der Photosynthese als Photodissoziation des Photolyten [Chl · $\overset{*}{C}O_2$]
aufzufassen ist:

$$[Chl \cdot \overset{*}{C}O_2] + h\nu\,\text{rot} \to Chl + C + O_2.$$

Der ungestörte Ablauf der Photosynthese setzt verständlicherweise eine
stete Reaktivierung des im Licht unwirksam werdenden Photolyten
voraus,

$$Chl + CO_2 \to [Chl \cdot CO_2]; \quad [Chl \cdot CO_2] \to [Chl \cdot \overset{*}{C}O_2]; \quad \varDelta G \approx +200\,\text{kcal}$$

wobei die Aktivierungsenergie $\varDelta G$ dieses Vorgangs durch die unter Mitwirkung eines Photosyntheseferments — Karotinoid (340) — erfolgende
Rückoxydation (Atmung) eines Teils der primär bei der Reduktion des
CO_2 entstandenen Kohlenhydratvorstufen aufgebracht wird. Ohne
Atmung kann es deshalb, wie WARBURG — vgl. z.B. (341) — bewies,
keine Photosynthese geben.

In der genannten Theorie findet die zum Kohlenhydrat führende Reduktion des CO_2, die bilanzmäßig von der Gleichung

$$CO_2 + 3\,N_L\,h\nu + H_2O = (CH_2O) + O_2$$

erfaßt wird, am Chlorophyll statt. Am Aufbau der Kohlenhydrate sind dabei eine Reihe komplizierter biochemischer Reaktionen beteiligt; über die Bedeutung der Glutaminsäure vgl. z.B. (342).

Zur Zusammenfassung des nach dem primären CO_2-Spaltungsmechanismus verlaufenden Assimilationsvorgangs sei noch auf das in Abb. 160 angegebene Schema hingewiesen.

2. Die H_2O-Spaltung (Hill-Reaktion)

Im Gegensatz zur letztgenannten, auf dem primären CO_2-Zerfall beruhenden Theorie, wird zur Erklärung der Photosynthese im Sinne der Hillschen Reaktion (343) eine Spaltung des H_2O durch die vom Chlorophyll absorbierte Lichtenergie als Primärprozeß postuliert. Der entscheidende, die Umwandlung der absorbierten Strahlungsenergie in chemische Energie bewirkende Reaktionsschritt erscheint hier als photolytische Wasserzersetzung:

$$H_2O + h\nu\,[Chl] = (2\,H) + (O).$$

Nach dieser Hypothese kann der beim Kohlenhydrataufbau freiwerdende Sauerstoff nicht aus dem CO_2 stammen, sondern muß sich aus H_2O gebildet haben. In guter Übereinstimmung stehen hiermit Versuche, die bei isotopischer Markierung des Sauerstoffs im Wasser ($H_2^{18}O$) während der Assimilationsreaktion mit $C^{16}O_2$ allein die Entwicklung von $^{18}O_2$ registrieren; vgl. jedoch WARBURG (341).

Dem bei der primären photolytischen Spaltung aus H_2O gebildeten Wasserstoff kommt die Aufgabe zu, im Sekundärprozeß das CO_2 zum Kohlenhydrat zu reduzieren, was durch Zusammenwirken einer Reihe komplizierter Vorgänge in der Zelle gelingt. Im folgenden sei noch auf die einzelnen Reaktionsstufen näher eingegangen.

a) Primärprozeß

Zur Prüfung des Primärprozesses können verschiedene Methoden Verwendung finden:

α) Isotopenversuche. Auf die Untersuchungen mit Isotopen, bei denen H_2O eine Markierung mit ^{18}O erfuhr, wurde bereits hingewiesen. Sie zeigen, daß der während der Photosynthese freiwerdende Sauerstoff wahrscheinlich dem H_2O entstammt (344). WARBURG (341) wendet sich gegen diese Folgerung, da sie eine alleinige, nicht beweisbare Reaktion des Kohlensäureanhydrits voraussetzen müßte.

Eine Einführung von Deuterium (D_2O) zur Feststellung des Wasserstoffreduktionswegs läßt sich aufgrund der durch Deuterium bewirkten Hemmung des Assimilationsprozesses (345) nicht mit Erfolg anwenden.

β) Hill-Reaktionen. Die vom belichteten Chlorophyll verursachte photolytische Spaltung des H_2O erfolgt, wie HILL (*343*) erstmals beobachtete, auch außerhalb der pflanzlichen Zelle an isolierten, in Wasser aufgeschlämmten Chromatophoren (Chlorophyllkörnern). Dieser Befund beweist einmal, daß der Primärprozeß direkt an den Chlorophyllkörnern abläuft, und ermöglicht darüberhinaus eine Untersuchung der wichtigen primären Reaktion außerhalb des komplizierten Zellsystems.

Eine bedeutsame Anwendung erfahren die Untersuchungen dabei vor allem durch die Eigenschaft der aus den Chloroplasten erhaltenen Grana, anstelle des CO_2 der Zelle, andere Systeme, sogenannte Hill-Reagenzien, zu reduzieren. Die primäre Zerlegung des H_2O erfolgt hier sicher in völliger Analogie zur Zelle, nur geht der Wasserstoff ohne Zwischenschaltung der Enzymsysteme sofort auf den reduzierbaren Stoff [Ox] (Hill-Reagenz) über. Gleichzeitig entwickelt sich aus dem H_2O eine äquivalente Menge Sauerstoff. Für Chinon gilt beispielsweise:

$$2\,C_6H_4O_2 + 2\,H_2O = 2\,C_6H_4(OH)_2 + O_2.$$

Die genannte Reaktion ist als Redoxreaktion aufzufassen

$$[Ox] + (H) = [Red] + (H)_{Ox},$$

deren Ablauf naturgemäß von der gegenseitigen Lage der Redoxpotentiale abhängen muß. Da der in Wasser von den Chromatophorenbruchstücken gebildete Wasserstoff ein Redoxpotential $E = 0$ V besitzt (*346*), können nur Stoffe mit einem Redoxpotential $E > 0$ V (bei $p_H = 6{,}5$) reduziert werden: z.B. Chinon (*347*), Phenolindophenol, $E = +0{,}26$ V (*348*), Eisensalze, Thionin, $E = +0{,}08$ V, Methylenblau, $E = +0{,}03$ V u.a.; vgl (*349*).

γ) Chlorophyll-Fluoreszenz. Die Fluoreszenzeigenschaften des Chlorophylls lassen sich ebenfalls zur Prüfung der Photosyntheseteilreaktionen verwenden — vgl. hierzu KAUTSKY u.a. (*350* bis *352*), aber auch (*353*) —, denn zwischen den Reaktionen, die bei Belichtung des Chlorophylls ablaufen, und den Fluoreszenzänderungen bestehen ohne Zweifel Zusammenhänge. Die Fluoreszenz, die etwa 10% der absorbierten Lichtenergie ausmacht, nimmt dabei während der Photosynthese ab und der zeitliche Verlauf dieser Fluoreszenzabnahme stimmt weitgehend mit der im gleichen Zeitraum beobachteten Absorptionsänderung überein (*354*).

δ) Messung kurzzeitiger Absorptionsänderungen. Bei Belichtung des Chlorophylls treten eine Reihe von Absorptionsänderungen im blauen und grünen Spektralbereich auf, deren zeitlichen Verlauf WITT mittels einer blitzlichtphotometrischen Meßanordnung (*354*) von 10^{-5} sec an verfolgen konnte. WITT gelang mit der genannten Blitzlichtmethode eine Analyse der wichtigen, rasch ablaufenden Primärvorgänge, die anderen Untersuchungsverfahren verborgen blieben.

Die bei Anregung mit Lichtblitzen von 600 bis 800 mμ in einem Bereich von 400 bis 580 mμ an chlorophyllhaltigen Blättern, Algen und auch außerhalb der Zelle an in H_2O aufgeschlämmten Chromatophorenbruchstücken wahrnehmbaren, rasch abklingenden relativen Absorptionsänderungen sind dabei außerordentlich gering. Sie betragen nur einige zehntel Prozent. Trotzdem stehen sie sicher mit der Photosynthese in Zusammenhang, da diese in derselben Weise von Intensität, Temperatur und anderen Faktoren beeinflußt wird wie die Absorptionsänderungen; vgl. (*354*).

Die genannten Änderungen der Absorption, die auf den Ab- oder Aufbau von Absorptionsbanden mit unterschiedlicher Lebensdauer im Blitzlicht zurückgehen, lassen sich nach WITT (*349, 354* bis *357*) in vier Typen unterteilen und aufgrund ihrer Abhängigkeit von äußeren Einflüssen (p_H, *T*, Gasen u.a.) bestimmten Reaktionen zuordnen.

Der *Typ 0*, der als eine $< 10^{-5}$ sec dauernde Absorptionsänderung — Chlorophyll a: Abnahme bei 430 mμ und Zunahme für die Wellenlängen über 450 mμ — erscheint, wird auf die Bildung von *Triplettzuständen* in den Chlorophyllkomponenten zurückgeführt. Eine charakteristische Anordnung der Chlorophyllmoleküle in den Chromatophoren begünstigt dabei die Entstehung dieser Zustände, deren Existenz auch durch Messungen an pyridin- oder benzolgelöstem Chlorophyll (*358, 359*) oder durch den Nachweis eines Paramagnetismus mittels der Resonanzmethode (*360, 361*) sichergestellt ist. Das Auftreten und die Bedeutung dieser Triplettzustände für die Photosynthese läßt sich darüberhinaus aus der Möglichkeit ableiten, die anschließende Reaktion (Typ 1) durch Zugabe triplettlöschender (*362*) paramagnetischer Gase (z.B. O_2) zu hemmen.

Als *Typ 1* der Absorptionsverschiebungen werden Änderungen definiert, die in $\leq 10^{-4}$ sec nach der Anregung abklingen und im Absorptionsspektrum als Abnahme bei 430 mμ und durch den Aufbau einer Bande mit einem Maximum bei 520 mμ gekennzeichnet sind. Die enge Verbindung der diesen Absorptionen entsprechenden Reaktionen mit dem Triplettzustand des Chlorophylls geht aus der vom Sauerstoffdruck abhängigen Verringerung der negativen und positiven Absorptionsänderungen hervor, denn der löschende Einfluß des O_2 bewirkt den Rückgang des zur Weiterreaktion erforderlichen Triplettzustands in den Grundzustand und läßt somit den Typ 1 nicht mehr entstehen. Die neue Bande bei 520 mμ ist wahrscheinlich einem im Laufe der Primärreaktion photochemisch gebildetem Chlorophyll a-Derivat zuzuschreiben, über dessen Zusammensetzung jedoch bisher keine weiteren Aussagen gemacht werden können.

Der *Typ 2* der Absorptionsänderungen, der aufgrund der relativen Trägheit auch eine statistische Messung bei Anregung mit Dauerlicht erlaubt (*363*), zeigt sich einmal als Absorptionsabnahme bei 420 und 475 mμ und zum anderen in der Bildung einer neuen Bande mit einem Maximum bei 515 mμ, deren Lebensdauer etwa 10^{-2} sec beträgt. Nach WITT (*347*) stehen die Absorptionsänderungen dieses Typs in engem Zusammenhang mit der *Wasserspaltung*, da sie der Sauerstoffentwicklung parallel verlaufen und bei Blockierung der übrigen Teilreaktionen erhalten bleiben. Der Aufbau der Bande mit dem 515 mμ-Maximum geht dabei auf die Entstehung eines Chlorophyllderivats zurück, das wahrscheinlich mit einem Dihydrochlorophyll identisch ist. Das heißt, der Primärprozeß der Photosynthese stellt eine photochemische Reduktion des Chlorophylls dar; vgl. WITT u. a. (*356, 364*) und Abb. 161.

Die Absorptionsänderungen des *Typs 3* werden bei Zugabe von Hill-Reagenzien als Folge einer Überführung der im Sichtbaren absorbierenden, oxydierten in die nur im UV absorbierende, reduzierte Form

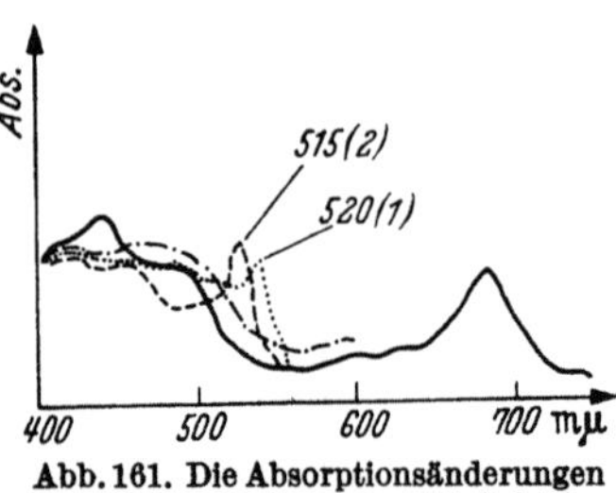

Abb. 161. Die Absorptionsänderungen des Chlorophylls bei Blitzlichteinstrahlung (nach WITT). — · — Typ 0, · · · Typ 1, - - - Typ 2

beobachtet. Die *Hill-Reaktionen*, die zur Nachbildung der CO_2-Reduktion außerhalb der Zelle mittels bestimmter Reagenzien dienen, erlauben somit auch die Messung des zeitlichen Verlaufs des am Ende der Primärreaktionen stehenden Reduktionsprozesses. Zur Vermeidung von Störungen durch die übrigen Absorptionsänderungen oder einer Chlorophyllfluoreszenz erfolgt die Messung der Absorptionsabnahme in einem schmalen Spektralbereich um 575 mµ (*356*). Bemerkenswerterweise beeinflussen die Hill-Reagenzien auch die Absorptionsbanden des Typs 2, die dem Chlorophyllderivat Chl(H) zugeschrieben werden: Sie verkürzen konzentrationsabhängig die Abklingdauer der 515 mµ (λ_{max}) Absorptionsbande um das Zweihundertfache, rufen also einen Effekt hervor, der mit der Reduktion des Hill-Reagenzes (z. B. 2,6-Dichlorphenolindophenol) durch das Chlorophyllderivat Chl(H) erklärbar ist:

$$\text{Chl} \cdot \text{(H)} + \text{Hill-Reag.}_{ox} = \text{Chl} + \text{Hill-Reag.}_{red}; \quad \tau_{\frac{1}{2}} = 10^{-1} - 10^{-4}\,\text{sec}.$$
[515 mµ]   [475 mµ]

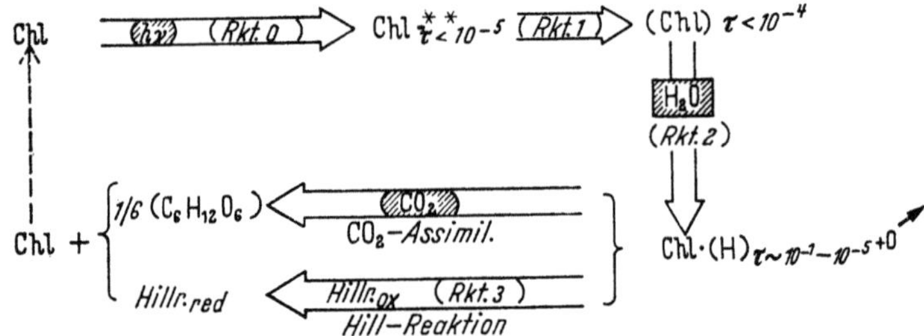

Abb. 162. Schema des H_2O-Spaltungsmechanismus (nach HILL)

Zusammenfassend erkennt man, daß durch die Wittsche Blitzlichtmethode bisher unbekannte Vorgänge, die primär bei der Photosynthese ablaufen, nachgewiesen werden konnten. Das Schema (Abb. 162) stellt noch die einzelnen Stufen des Primärprozesses, denen unter anderem eine Spaltung des H_2O und Bildung eines Chlorophyll-Wasserstoff-Derivats zugrunde liegt, zur Übersicht dar.

b) Sekundärprozeß

Der eigentliche Aufbau der Kohlenhydrate erfolgt im Anschluß an die Lichtabsorption im Sekundärprozeß, der bilanzmäßig eine Reduktion des CO_2 durch den primär gebildeten Wasserstoff Chl · (H) darstellt.

Zur Untersuchung der Einzelreaktionen dieses Prozesses werden vor allem radioaktive Isotope ^{14}C (365 bis 368), ^{32}P (369, 370) und das nichtstrahlende, schwere Sauerstoffisotop ^{18}O (371, 372) benutzt, da sich der Weg und die Verteilung der an der Photosynthese beteiligten Moleküle mit diesen Tracern gut verfolgen lassen. Vor allem das schwach-β-strahlende ^{14}C, das von der Pflanze als ^{14}CO$_2$ aufgenommen wird, ist für diese Prüfungen von besonderer Bedeutung. Kommt ^{14}CO$_2$ definierte Zeiten (1, 2 sec usw.) mit der Pflanze (Algen u.a.) zur Assimilation, so erhält man aus den zweidimensionalen Papierchromatogrammen der Pflanzenextrakte einen Hinweis auf die Aufnahme- und Verteilungsgeschwindigkeit des assimilierenden Kohlenstoffs innerhalb der verschiedenen Verbindungen. Die den Verbindungen zukommenden Zonen der Papierchromatogramme weisen je nach Menge des aufgenommenen ^{14}C eine verschieden starke Radioaktivität auf, die durch Bedecken des Chromatogramms mit einer photographischen Schicht — Radioautochromatographie (373) — oder mit einem Geiger-Müller-Zählrohr meßbar ist. Vgl. CALVIN u.a. (367, 374, 375).

In dem genannten Zusammenhang sei noch darauf hingewiesen, daß die Assimilation mit dem durch kosmische Strahlung (Neutronenanteil) — aus Stickstoff nach: $^{14}_{7}$N $\xrightarrow{(n,\,p)}$ $^{14}_{6}$C — gebildeten ^{14}CO$_2$ die Möglichkeit bietet, das Alter abgestorbener Pflanzen (Assimilationsende) aus der Radioaktivität und bekannter Halbwertszeit des ^{14}C zu bestimmen (376).

Bemerkenswerterweise ist der Ablauf des Sekundärprozesses nicht an die lebende Pflanze gebunden. Auch an isolierten Chloroplasten vollzieht sich, wie ARNON u. Mitarb. bewiesen (377), der photosynthetische Aufbau der Kohlenhydrate aus H$_2$O und CO$_2$ unter Entwicklung von Sauerstoff. Im Gegensatz zur oben beschriebenen einfachen Reduktion der Hill-Reagenzien gelingt aber die Reduktion des CO$_2$ außerhalb der Zelle nur in Anwesenheit bestimmter Enzyme und Coenzyme. Dies geht unter anderem aus der Tatsache hervor, daß nur eine vorsichtige Isolierung der Chloroplaste ohne Einwirkung von Wasser die Assimilationsfähigkeit der Pflanze aufrechterhält.

Wasser löst somit bestimmte für den biochemischen Reaktionsablauf unbedingt erforderliche Verbindungen, d.h. als biologische Katalysatoren wirkende Enzyme und Coenzyme, heraus. Bringt man diese eventuell im Waschwasser befindlichen Substanzen wieder mit den Chloroplasten zusammen, so sind die Bedingungen für die Kohlenhydratsynthese erneut gegeben.

α) Reduktionsenergie. Der Vergleich der zur CO$_2$-Reduktion erforderlichen Energie $\Delta G = 114{,}82$ kcal — vgl. z.B. (378) — mit der zur Verfügung stehenden Lichtenergie $N_L \cdot h\nu = 43$ kcal zeigt, daß die im langwelligen Absorptionsmaximum des Chlorophylls ($\lambda_{\max} = 660$ mμ) eingestrahlte Energie nicht zur Reduktion des Kohlendioxyds ausreicht. Nach WARBURG (332) soll diese Differenz durch die bei der Oxydation eines Teils der gebildeten Kohlenhydrate freiwerdende Energie gedeckt werden.

Die der H_2O-Zerlegung zugrundeliegende Auffassung des Assimilationsvorgangs schließt sich dieser Theorie jedoch *nicht* an. Nach ihr entsteht primär bei der H_2O-Zerlegung eine Chlorophyll-Wasserstoff-Verbindung, die aufgrund des der Lichtenergie äquivalenten Normalpotentials wohl Stoffe mit $E > 0$ V aber nicht das freie CO_2 reduzieren kann. Eine Reduktion des CO_2 durch den ans Chlorophyll gebundenen Wasserstoff wird erst nach Einbau des CO_2 in einen zelleigenen Stoff (Ribulosediphosphat) und Lieferung der fehlenden Reduktionsenergie mittels Adenosintriphosphat (ATP) möglich.

Dem wichtigen Energielieferanten des Organismus, dem *Adenosintriphosphat*, kommt somit bei der Kohlenhydratsynthese die Aufgabe zu, den Energiebedarf der energieverbrauchenden (endergonen) Reduktionsreaktion durch einen energieliefernden (exergonen) Prozeß aufzubringen. Im Grunde genommen gewinnt der Organismus Energie mittels ATP durch hydrolytische Spaltung der energiereichen Pyrophosphatbindung des ATP, wobei dieses eine Umwandlung in Adenosindi- oder Monophosphat (ADP bzw. AMP) unter Freisetzung von Phosphor- oder Pyrophosphorsäure erfährt:

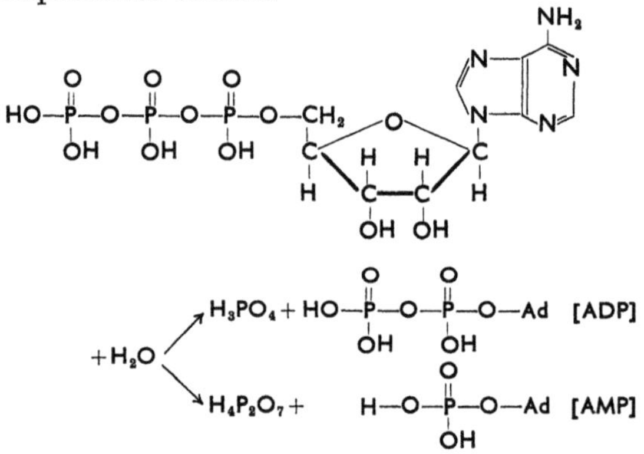

$$+ H_2O \begin{cases} H_3PO_4 + \text{HO}-\overset{\overset{O}{\|}}{\underset{\underset{OH}{|}}{P}}-O-\overset{\overset{O}{\|}}{\underset{\underset{OH}{|}}{P}}-O-\text{Ad} \quad [ADP] \\[2em] H_4P_2O_7 + \quad \text{H}-O-\overset{\overset{O}{\|}}{\underset{\underset{OH}{|}}{P}}-O-\text{Ad} \quad [AMP] \end{cases}$$

Der Vorgang ist im Falle der CO_2-Reduktion dahingehend abzuändern, daß sich die energiereiche Phosphatgruppe des ATP mit der durch Einlagerung des CO_2 in eine zelleigene Substanz entstandenen Karbonsäure RCOOH umsetzt. Dieses unter Mitwirkung des ATP gebildete energiereiche Karbonsäurephosphat $RCOOPO_3H_2$ besitzt dann die Fähigkeit zur Reaktion mit der SH-Gruppe eines Enzyms R_E—SH und verwandelt sich so in eine aktivierte Carboxylverbindung, die die Reduktion zum Carbonyl durch den Wasserstoff des photochemischen Primärprozesses erlaubt; vgl. (*376*).

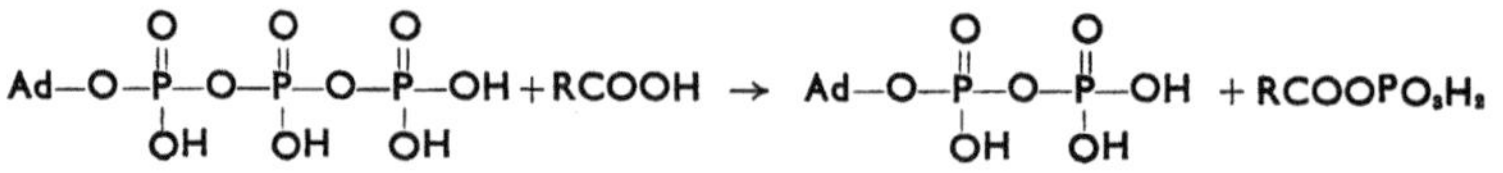

$$\text{Ad}-O-\overset{\overset{O}{\|}}{\underset{\underset{OH}{|}}{P}}-O-\overset{\overset{O}{\|}}{\underset{\underset{OH}{|}}{P}}-O-\overset{\overset{O}{\|}}{\underset{\underset{OH}{|}}{P}}-OH + RCOOH \rightarrow \text{Ad}-O-\overset{\overset{O}{\|}}{\underset{\underset{OH}{|}}{P}}-O-\overset{\overset{O}{\|}}{\underset{\underset{OH}{|}}{P}}-OH + RCOOPO_3H_2$$

$$RCOOPO_3H_2 + HS-R_E \rightleftarrows RCOSR_E + H_3PO_4, \qquad \varDelta G = 0\,\text{kcal.}$$

$$RCOSR_E \quad + Chl(H_2) \rightleftarrows RCHO \quad + HS-R_E + Chl, \quad \varDelta G = 0\,\text{kcal.}$$

Das heißt, die Energie der Pyrophosphatgruppe des ATP aktiviert das im Carboxyl eingelagerte CO_2 derart, daß die vom Chlorophyll aufgenommene Lichtenergie (entsprechend 43 kcal) zur Reduktion ausreicht. Über den Zusammenhang zwischen Photosynthese und Phosphatwechsel vgl. *(379, 380)*.

β) Photosynthetische Phosphorylierung. Es sei daran erinnert, daß der Organismus die bei der Oxydation der Glucose freiwerdende Energie unter anderem für den Aufbau energiereicher ATP-Moleküle — oxydative Phosphorylierung — verwendet und auf diese Weise Energie für verschiedene Reaktionen (Muskelkontraktionen, Strahlungsenergie der Glühwürmchen u. v. a.) speichert.

Naturgemäß ergibt sich nun die Frage, auf welchem Weg die für die Kohlenhydratsynthese erforderlichen energiereichen Phosphatbindungen des ATP entstehen; denn eine oxydative Phosphorylierung, durch die ein Teil der photosynthetisierten Kohlenhydrate infolge eines oxydativen Abbaus ATP-Moleküle bildet, scheidet aufgrund experimenteller Befunde — vgl. *(370)* — aus. Nach ARNON *(370)* ist die Aufrichtung der energiereichen Phosphatbindungen als photochemische Reaktion aufzufassen, die im photosynthetischen Gesamtprozeß mit abläuft. Durch diesen Prozeß — die sogenannte photosynthetische Phosphorylierung — wird dabei ohne O_2- oder CO_2-Einbeziehung Lichtenergie in Phosphatbindungsenergie des ATP umgewandelt. Die photosynthetische Phosphorylierung, die auch an isolierten Chloroplasten abläuft, geht dabei primär auf eine Spaltung des Wassers bei Anwesenheit von Ascorbinsäure, Vitamin K (oder Flavinnucleotid) als katalytisch wirkende Wasserstoffakzeptoren und Mg-Spuren zurück:

$$H_2O + h\nu \xrightarrow{\text{Chlorophyll}} 2\,H^+ + [O] + 2\,\ominus,$$

$$2\,\ominus + 2\,H^+ + [O] + ADP + H_3PO_4 \rightarrow ATP + 2\,H_2O.$$

Es ist naheliegend, dem Chlorophyll bei dieser Reaktion ebenfalls die Funktion der lichtabsorbierenden Substanz, an der sich die H_2O-Spaltung vollzieht, zuzuschreiben. Im Gegensatz zur energieverbrauchenden CO_2-Reduktion reicht die im langwelligen Hauptmaximum absorbierte Energie jedoch zur Lichtphosphorylierung gut aus, so daß der ATP-Aufbau ohne Schwierigkeit als Einquantenprozeß erfolgen kann.

Das *Chlorophyll* hat somit als Lichtabsorbens *zwei Aufgaben* zu erfüllen: *Erstens* die Bildung des zur Reduktion erforderlichen aktiv — wahrscheinlich als Dihydrochlorophyll — gebundenen Wasserstoffs, und *zweitens* die photokatalytische Umwandlung der Lichtenergie in chemische, im ATP gespeicherte Energie, die zusätzlich zur CO_2-Reduktion gebraucht wird. Aus dieser doppelten Aufgabe läßt sich die Mehrquantigkeit des CO_2-Assimilationsprozesses ebenfalls ableiten.

γ) Kohlenhydrataufbau. Über die Teilschritte des vor allem durch Isotopenmarkierung erforschten Sekundärprozesses lassen sich nach CALVIN u. a. *(367, 381)* bereits wohlfundierte Aussagen machen:

Als erster Schritt ist dabei eine Kohlendioxydaufnahme unter Mitwirkung der Carboxydismutase durch ein Zuckerphosphat — das ist das in der Enolform vorliegende Ribulose-1,5-diphosphat — anzusehen, dem ein hydrolytischer Zerfall des Anlagerungsproduktes in zwei Moleküle 3-Phosphorglycerinsäure folgt:

$$
\begin{array}{lllll}
CH_2O\cdot PO_3H_2 & & CH_2O\cdot PO_3H_2 & & CH_2O\cdot PO_3H_2 \\
H-C-OH & & HC-OH & & H\cdot C-OH \\
C=O & \rightleftharpoons & C-OH & +CO_2+H_2O \rightarrow & COOH \\
H-C-OH & & C-OH & & COOH \\
CH_2O\cdot PO_3H_2 & & CH_2O\cdot PO_3H_2 & & HC-OH \\
& & & & CH_2O\cdot PO_3H_2
\end{array}
$$

Ribulose-1,5-diphosphat   3-Phosphorglycerinsäure

Durch eine anschließende Anlagerung energiereicher Phosphate des Adenosintriphosphats (ATP) werden die Carboxylgruppen dieser 3-Phosphorglycerinsäuren derart aktiviert, daß sie durch den im Primärprozeß gebildeten Wasserstoff (des Dihydrochlorophylls) unter Mitwirkung der Triosephosphatdehydrase eine Reduktion zum Phosphorglycerinaldehyd erfahren:

$$
\begin{array}{lll}
CH_2O\cdot PO_3H_2 & & CH_2O\cdot PO_3H_2 \\
CHOH \quad + \quad HS\cdot R_E+ATP & \rightarrow & CHOH+ADP+H_3PO_4 \\
CO & & CO\cdot SR_E
\end{array}
$$

$$
\begin{array}{lll}
CH_2O\cdot PO_3H_2 & & CH_2O\cdot PO_3H_2 \\
CHOH \quad + \quad Chl(H_2) & \rightarrow & CHOH+Chl+R_ESH \\
CO\cdot SR_E & & CHO
\end{array}
$$

Dieses Glycerinaldehyd-3-phosphat besitzt dabei aufgrund seiner Tautomerie mit Dihydroxyacetonphosphat die Fähigkeit einer von Transaldolase enzymatisch katalysierten Kondensation zu Fructose-1,6-diphosphat. Durch diese Kondensation wird dann der Übergang einer Pentose (Ribulose-1.5-diphosphat) in eine um ein C-Atom — das vom CO_2 stammt — reichere Hexose abgeschlossen, und das Fructose-1.6-diphosphat wandelt sich hierauf enzymatisch in 6-Phosphorfructose, Glucose und Stärke um.

$$
\begin{array}{lllll}
H_2C-OPO_3H_2 & & H_2C-OPO_3H_2 & & HC=O \\
C=O & & C=O & & H\,C-OH \\
H_2C-OH & \xrightarrow{\text{Transaldolase}} & HOC-H & \xrightarrow{\text{2 ADP; Enzym}} & HOC-H + 2\,ATP \\
H-C=O & \longleftarrow & H-C-OH & & H-C-OH \\
H-C-OH & & H-C-OH & & H-C-OH \\
H_2C-OPO_3H_2 & & H_2C-OPO_3H_2 & & H_2C-OH
\end{array}
$$

                           Fructose-1,6-diphosphat   Glucose

Für die letztgenannte Kondensation des 3-Phosphorglycerinaldehyds (Triosephosphat) in Fructose-1,6-diphosphat wird nun nicht das gesamte Triosephosphat eingesetzt, sondern ein Teil mit bereits entstandenem Fructose-1,6-diphosphat zum erneuten Aufbau von Ribulose-1,5-diphosphat abgezweigt. Es bildet sich dabei erst Ribulosemonophosphat und Xylulosemonophosphat, die unter ATP-Wirkung enzymatisch in Ribulose-1,5-diphosphat übergehen, das erneut CO_2 aufnehmen kann.

Nach diesem von CALVIN (*367*) aufgestellten Photosynthesezyklus — vgl. auch RACKER (*381*) — werden 6 CO_2 mit dem photolytisch im Pri-

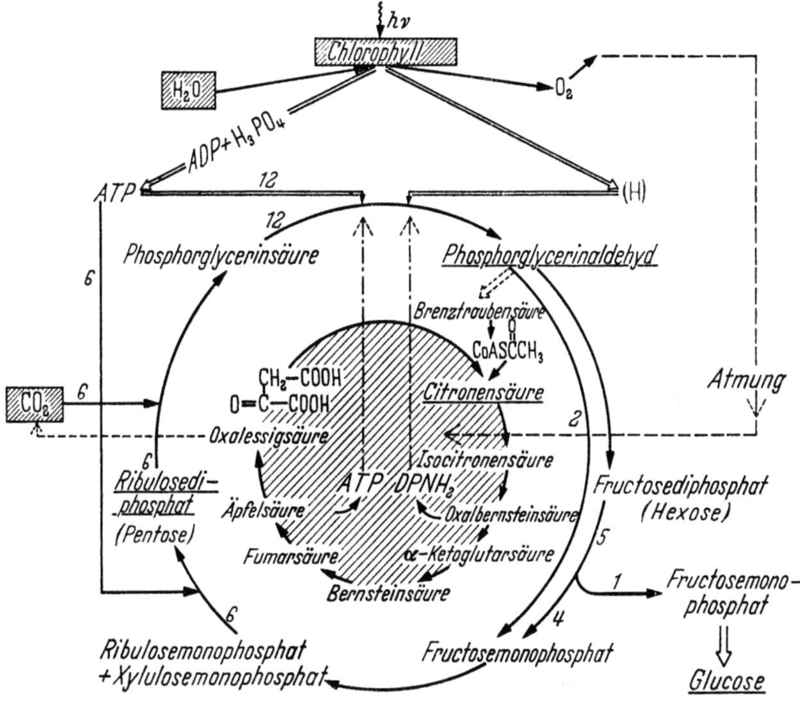

Abb. 163. Schema des Calvinschen Photosynthesezyklus

märprozeß gebildeten Wasserstoff unter Einschaltung verschiedener Zuckerphosphate, ATP und Enzyme zu $C_6H_{12}O_6$ umgesetzt, wobei bilanzmäßig gilt:

$$CO_2 + 4\,(H) = \tfrac{1}{6}\,(C_6H_{12}O_6) + H_2O.$$

Das in Abb. 163 angegebene Schema möge die einzelnen Schritte noch veranschaulichen.

Bemerkenswerterweise erklärt dieser Zyklus den Kohlenhydrataufbau ohne die Notwendigkeit einer Atmung (Rückoxydation), da der Prozeß der Lichtphosphorylierung die fehlende Reduktionsenergie deckt. Der mit der Photosynthese nachweislich verknüpfte Atmungsvorgang zeigt aber an, daß auch eine sauerstoffverbrauchende Abbaureaktion mit abläuft, die vor allem im Dunkeln ausgeprägt ist.

Wahrscheinlich vollzieht sich dieser Abbau der Kohlenhydrate dabei nach dem *Krebs- bzw. Zitronensäurezyklus*, in dem 1 Molekül Brenztraubensäure zu 3 Molekülen CO_2 und 2 H_2O durch $2\tfrac{1}{2}\,O_2$ oxydiert wird. Eine entscheidende Rolle kommt hier dem Coenzym A zu, das den durch oxydative Decarboxylierung aus Brenztraubensäure entstandenen Acetylrest CH_3CO- auf Oxalessigsäure enzymatisch überträgt und so Zitronensäure bildet. Letztere wird dann unter CO_2-Abgabe und Sauerstoffverbrauch über eine Reihe von Zwischenstufen — Isozitronensäure, Oxalbernsteinsäure, α-Ketoglutarsäure usw. vgl. (*382*) — zu Oxalessigsäure abgebaut, die sich dann erneut mit Brenztraubensäure nach deren Decarboxylierung zu Zitronensäure umsetzt. Man beachte, daß die im Abbauzyklus freiwerdende Energie teilweise in ATP-Molekülen fixiert wird, die eventuell zu den im Licht phosphorylierten ATP hinzukommen können. Inwieweit der auf die am Abbauzyklus beteiligten Coenzyme DPN bzw. TPN (Diphosphopyridinnucleotid bzw. Triphosphopyridinnucleotid) übertragene Wasserstoff, der diese Akzeptoren in Dihydroverbindungen $DPNH_2$ bzw. $TPNH_2$ verwandelt, zur Reduktion der 3-Phosphorglycerinsäure mit beiträgt, sei dahingestellt. Im ursprünglichen Pentose-Phosphat-Zyklus (*381*) wurde die Reduktion der Phosphorglycerinsäure gerade dem Diphosphopyridinnucleotid-Hydrid $DPNH_2$ zugeschrieben, das aus der H_2O-Spaltung des Primärprozesses — nach $H_2O + DPN = DPNH_2 + [O]$ — entstanden sein sollte. Die Kurzzeitmessungen des Primärprozesses von WITT legen aber die Bildung eines Dihydrochlorophylls Chl · (H) nahe, das die Reduktion bewirkt; vgl. hierzu noch Abschnitt IV, 3.

Abgesehen von den bereits angegebenen Arbeiten sei noch auf die übersichtlichen Darstellungen des Photosynthesezyklus bei NETTER u.a. (*221, 383*) verwiesen.

IV. Chlorophyll-Photoleitfähigkeit und Photosynthese

Die eingehende Prüfung der organischen Farbstoffe auf ihr photoelektrisches Verhalten legt die Frage nahe, inwieweit sich auch die Chlorophyllkomponenten durch eine lichtelektrische Aktivität auszeichnen, denn der Nachweis eines derartigen Effekts ist für die Klärung bestimmter Vorgänge von besonderem Interesse, die vor allem das Problem der Energieübertragung zwischen den Chlorophyllmolekülen oder die photokatalytische Wirkung des Pflanzenfarbstoffs betreffen.

Erwähnt sei, daß gerade im Zusammenhang mit dem Energiewanderungsproblem die Photoleitfähigkeit des Chlorophylls von WEISS (*384*) vorhergesagt wurde.

1. Experimentelle Befunde

Die Photoleitfähigkeit des Chlorophylls läßt sich mittels verschiedener Methoden nachweisen. Erschwerend wirkt bei den Untersuchungen die durch die geringe Kristallisationsfähigkeit (*385*) bedingte schlechte Schichtbeschaffenheit des Farbstoffs und dessen Bestreben, Feuchtigkeit fest anzulagern. Die Größenordnung der Effekte ist wahrscheinlich auch aus diesen Gründen geringer als die mancher anderer Farbstoffe. Man muß vor allem aber berücksichtigen, daß die Anordnung der Chlorophyllmoleküle in der künstlichen Photozelle von der der Chloroplaste erheblich abweicht. Eine makroskopisch festgestellte Bildung von Ladungsträgern bei Belichtung des Chlorophylls wird deshalb sehr wahrscheinlich nur einen Bruchteil der in der Pflanzenzelle wirklich entstandenen Photoladungen angeben können.

a) Einzeleffekte

α) Becquereleffekt. Die lichtelektrische Empfindlichkeit des Chlorophylls wurde erstmals 1952 von NODDACK u.a. (*11/D, 12/D*) in der Becquerel-Anordnung beobachtet. Der bei Belichtung in der Frequenz der Hauptabsorptionsbande des Chlorophylls wahrnehmbare Photostrom zeichnet sich dabei in Übereinstimmung zu den übrigen Farbstoffen (Cyanin u.a.) durch Intensitätsabhängigkeit und Reversibilität aus, wobei die letztgenannte Eigenschaft mit einem photochemischen Ausbleichmechanismus als Ursache dieses Photoeffekts nicht zu vereinbaren wäre. Die Quantenausbeute ist — wahrscheinlich aus den oben angeführten Gründen — sehr gering und beträgt $\varphi = 0{,}11 \cdot 10^{-3}$.

β) Kristallphotoeffekt. Die Existenz eines Kristallphotoeffekts wurde von TERENIN u.a. (*99*) an festen Schichten des Chlorophylls und der Chlorophyllide mit der Bergmannschen Kondensatormethode nachgewiesen. Wenn dieser Effekt auch nicht die Feststellung einer direkten Übertragung von Photoladungsträgern des Farbstoffs in den Außenkreis erlaubt, so kann er doch aufgrund der zu anderen Photoleitern analogen Merkmale als Beweis für die Bildung beweglicher elektronischer Ladungen im Chlorophyll angesehen werden. Vgl. auch die Untersuchungen von PUTZEIKO (*385*), die auf Defektelektronen als Majoritätsträger hinwiesen.

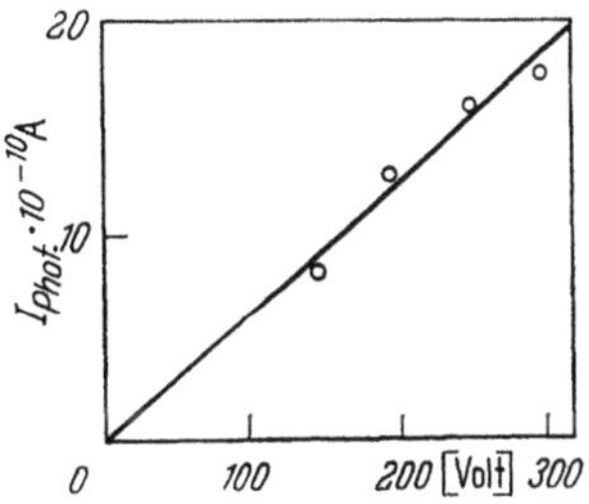

γ) Innere lichtelektrische Leitfähigkeit. Der Nachweis eines beständigen Photostroms gelang an gereinigtem Chlorophyll a und b — vgl. (*64/D, 386*) — unter anderem durch Anwendung der für die Farbstoffleitfähigkeitsmessungen besonders geeigneten Rasterphotozellen. Die ungleichmäßige Schichtbeschaffenheit verlangt dabei einen möglichst geringen Abstand der mäanderförmig angeordneten

Abb. 164. $I_{Phot} = f$ (Spannung); Chlorophyll

Elektroden, damit wenigstens innerhalb einiger zusammenhängender Chlorophyllinseln eine gleichmäßige Bewegung der abgelösten Ladungsträger von der einen zur anderen Elektrode gewährleistet ist. Zur Ausschaltung von Feuchtigkeits- und Gaseinflüssen sind außerdem die Messungen erst nach einer sorgfältigen Evakuierung (Grenze: $5 \cdot 10^{-6}$ Torr) der Photozelle durchzuführen.

Die Photoaktivität des Chlorophylls zeigt sich an den Rasterzellen als eine *rasch* (< 1 sec) im Licht einsetzende Zunahme der Leitfähigkeit, die am Belichtungsende wieder *reversibel* abnimmt. Entsprechend der vergrößerten Zahl ausgelöster Ladungsträger wächst die Photoleitfähigkeit mit der *Lichtintensität* an. Eine Erhöhung der äußeren *Spannung* läßt ebenfalls den Photostrom anwachsen; vgl. Abb. 164.

Die *Quantenausbeute* beträgt nach den bisherigen Messungen etwa $\varphi = 10^{-4}$. Diesem Wert kann keine Endgültigkeit zugeschrieben werden, da nur ein Teil der im Licht ausgelösten Ladungsträger zur Erfassung kam; denn einmal steht die Bestimmung des Sättigungsstroms noch aus und zum anderen läßt die Ungleichmäßigkeit der Chlorophyllschicht eine Wanderung aller im Schichtinneren abgelösten elektronischen Ladungsträger zu den Elektroden nicht zu. Eine Fortführung dieser Versuche mit verbesserten Schichten — zur Herstellung kristallinen Chlorophylls vgl. (*387*) — und Photozellen geringeren Elektrodenabstands (eventuell Längsfeld- bzw. Sandwichanordnung) scheint sehr wünschenswert.

Die Photo- und Dunkelleitfähigkeit des Chlorophylls ist in einer (trockenen) Sauerstoffatmosphäre größer als im Hochvakuum. Das heißt, Chlorophyll gehört zur Gruppe der organischen O_2-*Leiter*; vgl. Abb. 165. Bemerkenswerterweise beobachtet man in Übereinstimmung zu den übrigen Verbindungen dieser Gruppe in O_2 einen im Vergleich zum Vakuum rascheren Stromeinsatz und eine raschere Abnahme. Das *Aktionsspektrum* stimmt mit dem Absorptionsspektrum überein.

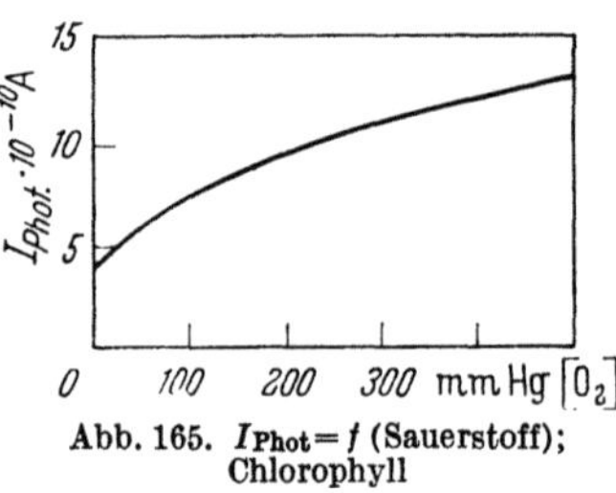

Abb. 165. $I_{\text{Phot}} = f$ (Sauerstoff); Chlorophyll

Neben Chlorophyll sind auch die in den Chloroplasten mit eingelagerten Farbstoffe Xanthophyll (und Karotin) lichtelektrisch aktiv. Die Photoströme dieser Farbstoffe zeichnen sich dabei ebenfalls durch Intensitätsspannungsabhängigkeit und Reversibilität aus. In Übereinstimmung zum Chlorophyll gehören Xanthophyll und Karotin auch zur Gruppe der O_2-Leiter.

δ) Sensibilisierungseffekt. Die spektrale Sensibilisierung photographischer Schichten durch Chlorophyll wurde bereits 1874 von BECQUEREL beobachtet. Es liegt nahe, diesen Effekt ebenfalls im Sinne der elektronischen Sensibilisierungstheorie zu deuten, da ja Chlorophyll analog zu den photographischen Sensibilisatoren (Pinacyanol, Merocyanine u. a.) photoleitend ist.

Die Sensibilisierungsfähigkeit beschränkt sich aber nicht allein auf die photographische Schicht (d. h. AgBr), sondern erfaßt auch die Photoeffekte anorganischer Halbleiter: HgO, SnO und ZnO werden dabei nach TERENIN und PUTZEIKO (*87, 99, 388*) durch Zugabe von Chlorophyll (und anderer Pigmente der Chloroplaste) in einem Spektralbereich lichtelektrisch aktiv, der dem Pflanzenfarbstoff entspricht. Zur Deutung vgl. das zwölfte Kapitel.

b) Leitungsmechanismus

Die verschiedenen Photoeffekte des Chlorophylls können als Hinweis auf die Bildung elektronischer Ladungsträger im belichteten Pflanzenfarbstoff angesehen werden.

Eine photochemische Deutung würde nämlich im Widerspruch zur Reversibilität der Effekte und der Konstanz des bei längerer Belichtung wahrnehmbaren Photostroms stehen, da die bei Ausbleichung des Chlorophylls gebildeten und für die Photoleitung verantwortlichen

Zersetzungsprodukte bleibende Änderungen (Irreversibilität) und eine Proportionalität zwischen Photostrom und Belichtungszeit bedingen müßten. Sicher bleicht Chlorophyll (und auch Xanthophyll und Karotin) im Licht aus, doch darf man diesen Vorgang nicht für die Erzeugung von Photoladungsträgern verantwortlich machen.

Ein Excitonenmechanismus ist ebenfalls unwahrscheinlich, obwohl die geringe Quantenausbeute eigentlich mit diesem Mechanismus in Einklang stünde: Einmal fehlen an den Chloroplasten Hinweise auf Excitonenbanden (*389*) und zum anderen sprechen die photoelektrischen Untersuchungen gegen eine Excitonenbildung in festen Farbstoffen, da die Quantenausbeute an Farbstoffen bis $\varphi = 0{,}5$ betragen kann.

Sehr wahrscheinlich unterscheidet sich der Leitungsmechanismus des Chlorophylls im Prinzip nicht von dem der anderen Farbstoffe, ist also elektronischer Natur und geht auf die geringe Austauschwechselwirkung der π-Elektronenwolken der Moleküle zurück. Der Hauptteil des Photostroms wird dabei von *Defektelektronen* getragen. Dieser p-Leitungstyp folgt aus den Messungen der Sauerstoffabhängigkeit von Dunkel- und Photostrom und aus Kristallphotoeffekt-Beobachtungen TERENINs u. a. (*99, 100, 385*) an Chlorophyll, den Chlorophylliden und Phäophytin. In Übereinstimmung hierzu stehen die Thermokraftmessungen konstitutionell ähnlich gebauter Verbindungen (Phthalocyanine), die ebenfalls p-Majoritätsträger erkennen lassen.

Die Einstufung des Chlorophylls und verwandter Verbindungen als p-Leiter deutet darauf hin, daß — abgesehen von der sofortigen Rekombination — ein Teil der ins 1. Anregungsniveau gehobenen Elektronen auf metastabile Terme, die nichts zur Leitung beitragen, übergeht. Sicher werden diese Terme teilweise von Haftstellen bzw. Störungen der Molekülanordnung, O_2-Spuren u. a. gebildet. Daneben dürften aber auch viele dieser Terme mit den nach der Wittschen Blitzabsorptionsspektroskopie am Chlorophyll nachgewiesenen Triplettzuständen zu identifizieren sein. Möglicherweise besteht zwischen der Beschleunigung der Stromabnahme am Belichtungsende durch O_2 und der Löschung der Triplettzustände durch dieses paramagnetische Gas (*349*) ein Zusammenhang.

Zusammenfassend lehren die photoelektrischen Untersuchungen des Chlorophylls, daß in belichteten Chlorophyllschichten bewegliche Defektelektronen $\oplus$ — wahrscheinlich infolge Fixierung der angeregten Elektronen in (Triplettzuständen und) Haftstellen — entstehen, die einen elektronischen (positiven) Ladungsträgertransport von einer Elektrode zur anderen ermöglichen. Da ein Teil der nicht von „Haftstellen" festgehaltenen Elektronen ebenfalls zur Leitung mit beiträgt, gilt

$$I_{\text{phot}} = n_\oplus \cdot e \cdot \mu_\oplus + n_\ominus \cdot e \cdot \mu_\ominus \quad \text{mit} \quad n_\ominus < n_\oplus. \tag{15.1}$$

c) Weitere Messungen zur Bestätigung des elektronischen Mechanismus

Die Bildung beweglicher elektronischer Ladungsträger im belichteten Chlorophyll und deren eventueller Zusammenhang mit dem Primärprozeß der Photosynthese, läßt sich nicht nur aus photoelektrischen Untersuchungen ableiten, sondern auch mit Hilfe anderer Meßmethoden feststellen.

α) Elektronen-Spin-Resonanz. Der Nachweis ungepaarter Elektronen, die ja auch bei Photoleitungsprozessen entstehen, gelingt in biologischen Systemen unter Umständen durch Messung der Elektronenspinresonanz (ESR).

Dieses erstmals von ZAVOISKY (*390*) praktisch angewandte Verfahren der paramagnetischen Elektronenresonanz beruht dabei auf der Eigenschaft freier ungekoppelter Elektronen, beim Anlegen eines äußeren Magnetfeldes infolge ihres Spins und magnetischen Moments sich in bestimmte Richtungen zum Magnetfeld einzustellen. Da das Elektron durch den Spin $S = \frac{1}{2}$ charakterisiert ist, besteht nur die Möglichkeit einer Einstellung in Richtung des Feldes (Energiezustand E_1) und entgegengesetzt hierzu (Energiezustand E_2), wobei E_1 kleiner E_2. Für den Energieunterschied beider Einstellrichtungen gilt:

$$\Delta E = E_2 - E_1, \tag{15.2}$$

$$\Delta E = \mu_0 \cdot g_0 \cdot H_0. \tag{15.3}$$

Es bedeuten: μ_0 magnetisches Moment des Elektrons ($= 0{,}927 \cdot 10^{-20}$), g_0 gyromagnetischer Faktor, H_0 magnetische Feldstärke (hier etwa 3000 Gß).

Durch Einstrahlung elektromagnetischer Energie läßt sich der Übergang von E_1 nach E_2, d.h. eine Umkehrung der Spins, erzwingen, wenn die Frequenz ν bzw. Wellenlänge λ diesem Übergang entspricht:

$$\Delta E = h \cdot \nu = h \cdot \frac{c}{\lambda}, \tag{15.4}$$

$$\lambda = \frac{h \cdot c}{\mu_0 \cdot g_0 \cdot H_0} \quad \text{(etwa 3 cm, wenn } H_0 = 3000 \text{ Gß)}. \tag{15.5}$$

Da die ungepaarten Elektronen im allgemeinen sowohl parallel als auch antiparallel zum Magnetfeld eingestellt sind und deshalb ein Teil der mit der Frequenz (abhängig von H_0) eingestrahlten Energie zur Umorientierung der Elektronen verbraucht wird, läßt sich die Anwesenheit der ungepaarten Elektronen durch eine Messung der Energieabsorption feststellen. Meist wird hierzu eine elektromagnetische Strahlung bestimmter Wellenlänge (λ etwa 3 cm) durch die zwischen den Polen eines Magneten befindliche Probe geschickt und die für den Absorptionsfall erforderliche Übereinstimmung zwischen ΔE und λ durch Variierung der magnetischen Feldstärke

$$H = \frac{\Delta E}{\mu_0 \cdot g_0}, \tag{15.6}$$

$$H = \frac{h \cdot c}{\mu_0 \cdot g_0 \cdot \lambda} \tag{15.7}$$

angestrebt. In den paramagnetischen Resonanzabsorptionsspektren ist deshalb im allgemeinen die Intensität der elektromagnetischen Strahlung (bzw. die Absorption) gegen die magnetische Feldstärke H aufgezeichnet, und zwar meist in der die Halbwertsbreite $\Delta H_{\frac{1}{2}}$ angebenden Ableitung der Absorptionsbande; vgl. Abb. 166.

Zum Verständnis sei in Abb. 167 noch ein Schema der Meßmethode angeführt; vgl. hierzu CALVIN u. a. (*391, 392*).

Mit der beschriebenen ESR-Methode läßt sich nicht nur die Anwesenheit ungepaarter Elektronen sowie deren Konzentration in Verbindungen und bei biochemischen Reaktionen feststellen, sondern auch

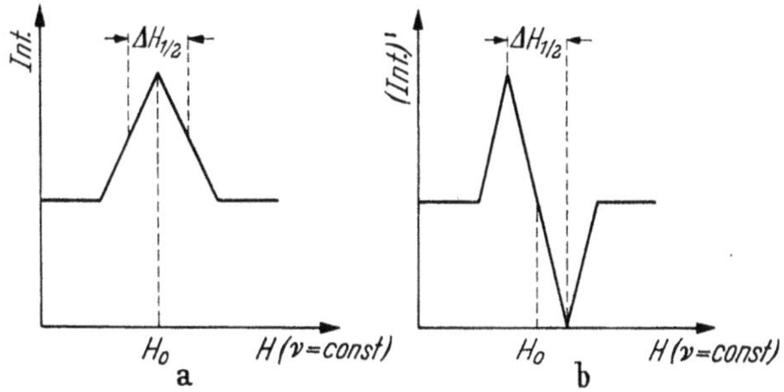

Abb. 166a u. b.   Schema einer paramagnetischen Resonanz-Absorptionsbande.   a Direkt.
b Ableitung

ein Einblick in die auf diese Elektronen wirkenden inneren Felder geben, da sich die magnetischen Felder von bestimmten Atomkernen (N, H usw.) den magnetischen Momenten der Elektronen überlagern können. Man vergleiche die Arbeiten von CALVIN u. a. (*391, 393*) und

in diesem Zusammenhang auch die Anwendung der ESR auf Probleme organischer Halbleiter (*236/D, 237/D, 394*).

CALVIN u. a. (*391, 395* bis *397*) wandten die Elektronenspinresonanz-Methode erstmals für die Aufklärung des Primärprozesses der Photosynthese an und erhielten an Chloroplasten eine Reihe von Ergebnissen, die mit den aus Photoleitungsmessungen gefolgerten gut übereinstim-

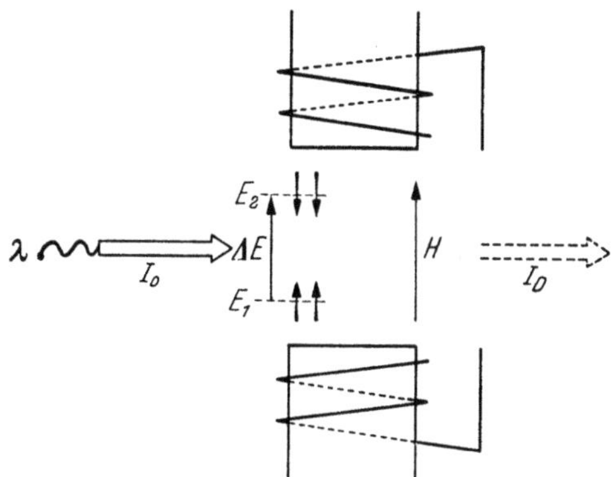

Abb. 167.   Zur Messung der paramagnetischen
Elektronenresonanz-Absorption (s. Text)

men. Einmal zeigt ein Unterschied zwischen den im Dunkeln an einer Chlorellalösung (extrahiert mit Methanol) gemessenen ESR-Absorptionslinien und den bei Belichtung aufgezeichneten einwandfrei die Bildung ungepaarter Elektronen an, die sowohl frei beweglich als auch an Haftstellen angelagert sein können. Außerdem läßt die Belichtung in einer Sauerstoffatmosphäre an Chlorella eine im Vergleich zur N_2-Atmosphäre verstärkte ESR-Absorption erkennen, die auf die Entstehung zusätzlicher ungepaarter, möglicherweise von Traps festgehaltenen Elektronen hinweist. Darüberhinaus erhält man an Chloroplasten sowohl bei 25° C als auch bei −150° C übereinstimmende Resonanzsignale, die man durch eine weitgehend temperatur*unabhängige* Bildung ungepaarter Elektronen erklären kann und die somit beweisen, daß die photoinduzierte Entstehung ungepaarter (freier oder in Traps übergegangener) Elektronen nicht die Folge eines enzymatischen Prozesses ist. Die letztgenannte Möglichkeit wird auch aus Beobachtungen des ESR-Absorptionseinsatzes bei 25° C und $-150°$ C ausgeschieden, da die Zunahme des photoinduzierten Magnetismus in beiden Fällen gleich rasch erfolgt. Allein die Abnahme der ESR-Absorption ist unterschiedlich — sie verläuft bei $-150°$ C sehr langsam —, wie man es aufgrund der in den Haftstellen befindlichen Elektronen zu erwarten hat.

β) Spektraluntersuchungen. Von ARNOLD und CLAYTON (*398*) wird als Beweis für die elektronische Natur des ersten Reaktionsschritts der Photosynthese die *Temperaturunabhängigkeit* einer von einer reversiblen Verschiebung des gesamten Absorptionsspektrums an Chromatophoren angezeigten Reaktion angesehen: Die Änderungen des Absorptionsspektrums, die bei gleichzeitiger Lichteinstrahlung (UR) zur Beobachtung kommen, bleiben von 300° K bis 1° K identisch, wie Messungen an der Bakterienart „Rhodopsendomonas spheroides" ergeben. (Es sei daran erinnert, daß sich bei der bakteriellen Photosynthese kein O_2 entwickelt, da hier gilt: $CO_2 + 2\,XH_2 \xrightarrow{\text{Licht}} (CH_2O) + H_2O + 2\,X$. XH_2 bedeutet H_2S, H_2Se u.a.)

Da einerseits keine gewöhnliche Reaktion bei 1° K ablaufen kann und zum anderen die spektralen Änderungen über einen so großen Temperaturbereich konstant sind, muß die Reaktion ohne Aktivierungsenergie ablaufen. Dies und die Tatsache, daß die dem genannten Spektraleffekt zukommende Reaktion unmittelbar der Oxydation und Reduktion der Cytochrome vorausgeht — vgl. (*399*) —, läßt sich nach ARNOLD und CLAYTON allein durch Annahme eines elektronischen Primärschritts, d.h. Bildung von Elektronen und Defektelektronen, deuten.

Die Entstehung der Elektronen und Defektelektronen kann auch möglicherweise für die bei Zusatzbestrahlung an den Chromatophoren wahrnehmbaren Spektralverschiebungen verantwortlich gemacht werden, denn es ist anzunehmen, daß das die Elektronen und Defektelektronen umgebende elektrische Feld auf die Energieniveaus (z. B. den Grundzustand) des Bakteriochlorophylls wirkt und so zu Änderungen der Übergangsenergien führt. Ein Rückgang der „Differenzspektren" bei photosynthetischer Tätigkeit der Bakterien dürfte deshalb auf eine enzymatische Wechselwirkung der Ladungsträger zurückzuführen sein. Hiermit steht die Tatsache in Einklang, daß jeder die enzymatische Wechselwirkung vergiftende Prozeß den spektralen Verschiebungseffekt fördert.

γ) Photoleitfähigkeit der Chromatophore. Die Untersuchungen der Photoleitfähigkeit des reinen Chlorophylls legen die Frage nahe, inwieweit ein Photoeffekt (Ladungsträgerbildung) auch an den in Chloroplasten eingelagerten Chlorophyllmolekülen eintritt. Abgesehen von den zuletzt genannten Beobachtungen sind zur Klärung dieser Frage

Messungen der Dunkel- und Photoleitfähigkeit der Chloroplaste usw. von großem Interesse.

Beispielsweise beobachteten ARNOLD u. a. (*400, 401*) den Halbleitercharakter getrockneter Chloroplaste und die lichtelektrische Empfindlichkeit getrockneter Chromatophore (*398*). Das Aktionsspektrum der Photoleitfähigkeit stimmt dabei mit dem Absorptionsspektrum des Chlorophylls überein. Außerdem setzt der Photostrom im Belichtungsaugenblick ein und geht am Belichtungsende wieder reversibel zurück. Vgl. hierzu auch die Messungen von PUTZEIKO (*402*).

2. Bedeutung der Chlorophyll-Photoleitfähigkeit

Die lichtelektrische Empfindlichkeit des Chlorophylls sowie die aus verschiedenen Beobachtungen geschlossene Bildung von Ladungsträgern (Defektelektronen und Elektronen) in dieser Substanz darf bei einer Diskussion des Primärprozesses der Photosynthese nicht unberücksichtigt bleiben. Der beständige Photostrom steht dabei mit der aus Energieausbeutemessungen — vgl. NODDACK u. a. (*337, 338*) — abgeleiteten Tatsache in Einklang, nach der ein Chlorophyllmolekül Tausende von Einzelprozessen der Photosynthese sensibilisieren kann. Dies bedeutet, daß die primäre Anregung der aggregierten Chlorophyllmoleküle, die sich in Absorptionsänderungen, Fluoreszenz, ESR und Photoleitung anzeigt und die den Kohlenhydrataufbau einleitet, keine Zerstörung der Farbstoffmoleküle bewirkt.

Welche Folgerungen ergeben sich für den Primärprozeß aus der photoelektrischen Empfindlichkeit des Chlorophylls?

a) Photokatalyse

Die Photoaktivität des Chlorophylls erlaubt die Übertragung bestimmter Halbleitervorstellungen auf die im festen Zustand aneinandergelagerten Chlorophyllmoleküle. Dem Farbstoff werden hiernach die Eigenschaften eines p-Leiters zugeschrieben, an dessen Leitfähigkeit in der Hauptsache Defektelektronen (d.h. positive Lücken im Valenzband) beteiligt sind.

Es liegt nahe, diese Eigenart des Chlorophylls in derselben Weise für die katalytische Fähigkeit der organischen Festsubstanz verantwortlich zu machen, wie es im Fall der heterogenen Katalyse bei anorganischen halbleitenden Katalysatoren geschieht, denn in Übereinstimmung zum anorganischen Katalysator dürfte der Beginn der Katalyse auch am festen organischen Stoff von einem Elektronenaustausch zwischen Substrat und Katalysator abhängen. Je stärker die vom Elektronenaustausch bewirkte Änderung der Elektronenkonfiguration eines adsorbierten Stoffes dabei ist, um so leichter kann unter Umständen die katalytische Reaktion ablaufen.

Beispielsweise erfährt die Kohlenmonoxydoxydation an einem p-Typ-Katalysator (CoO, NiO) eine Beschleunigung durch den Übergang eines Elektrons des CO zum Katalysator, da die chemisorbierte $CO^{+(a)}$-Molekel aufgrund der geänderten und aktivierten Elektronenstruktur leichter mit Sauerstoff zum Umsatz kommt:

$$CO^{(g)} + \oplus^V \rightleftarrows CO^{+(o)},$$

$$CO^{+(o)} + \tfrac{1}{2} O_2^{(g)} \rightarrow CO_2^{(g)} + \oplus^V.$$

Eine Vergrößerung der Defektelektronenkonzentration wirkt auf derartige Donatorreaktionen, die auf einem Elektronenübergang vom Substrat zum Katalysator beruhen, im Sinne einer Verbesserung des Katalysatoreffekts ein; denn eine große Defektelektronenkonzentration begünstigt den elektronenabgebenden Schritt, der die Strukturänderung des adsorbierten, umzusetzenden Stoffs hervorruft und der für die Abnahme der Aktivierungsenergie der Reaktion maßgeblich ist. Über diese Fragen wurde bereits in einem früheren Kapitel im Zusammenhang mit der Gasabhängigkeit der Leitfähigkeit berichtet, die für die Aufklärung der Elektronenaustauscheffekte von Bedeutung ist (Randschichtleitfähigkeit) und sowohl bei anorganischen als auch organischen Halbleitern denselben Gesetzmäßigkeiten folgt. Man vergleiche hierzu die wichtigen Arbeiten von HAUFFE, SCHWAB, SUHRMANN u. a. (*144/D, 150/D, 149/D, 158/D*).

Während eine den Ablauf der genannten Donatorreaktion begünstigende Erhöhung der Defektelektronenkonzentration im halbleitenden Katalysator durch Fremdioneneinbau — z.B. Dotierung des CoO durch niederwertige Kationen wie Li_2O — erreicht wird, dürfte ein entsprechender Effekt im „Farbstoffkatalysator" auf andere Weise zustandekommen. Die Defektelektronen entstehen im Farbstoff hauptsächlich erst im Augenblick der Belichtung, indem sich ein Teil der primär vom Valenz- ins Leitungsband gehobenen Elektronen an Triplettzuständen und sonstigen Haftstellen unter Zurücklassung der positiven Valenzbandlücken — das sind die Defektelektronen — anlagert. Das in bestimmter Struktur vorliegende feste Chlorophyll erhält somit sehr wahrscheinlich durch die Lichtabsorption gerade jene katalytischen Eigenschaften, die in ähnlicher Weise durch eine Dotierung mit geeigneten Fremdstoffen dem anorganischen Halbleiter verliehen werden.

Sicher bilden auch andere organische Farbstoffe (z.B. Fluoresceine) bei der Strahlungsabsorption überwiegend Defektelektronen. Die dem Chlorophyll entsprechende katalytische Eigenschaft erhalten sie jedoch hierdurch nicht, da in Übereinstimmung zum anorganischen Katalysator die katalytische Eignung des organischen Festkörpers in starkem Maße von sterischen Einflüssen abhängig ist. Die für den Ablauf der Photosynthese erforderliche spezielle Struktur des Chlorophylls in den Chloroplasten spricht bereits deutlich für die Wichtigkeit der sterischen Effekte.

Die photokatalytische Wirksamkeit des Chlorophylls beruht nach dem oben besprochenen Mechanismus der Primärreaktion vor allem auf der Aktivierung der H_2O-Spaltung. Es liegt dabei nahe, zwischen den Elektronen des H_2O und den bei Belichtung entstandenen Defektelektronen des Chlorophylls eine Wechselwirkung wie bei anorganischen

Katalysatoren zu diskutieren. H_2O besitzt ja einsame Elektronenpaare am O-Atom, die bei der Chemisorption eine Verschiebung vom Molekül zum Katalysator erfahren und so zu einer Vorstufe des H_2O^+-Ions führen. Auf diesen Elektronenaustausch deutet die an verschiedenen organischen Photoleitern beobachtete Beeinflussung der Leitfähigkeit durch H_2O hin, beispielsweise die Minderung der Leitfähigkeit des p-leitenden Anthracens bei Zugabe von H_2O-Dampf und anderer Elektronendonatoren [CH_3OH, C_2H_5OH u.a.; vgl. (249/D)]. Elektronenakzeptoren (BF_3, O_2, SO_2, NO) wirken erwartungsgemäß entgegengesetzt und erhöhen die Leitfähigkeit organischer Photoleiter des p-Typs durch Schaffung zusätzlicher Defektelektronen. Die Größenordnung der Photoaktivität spielt dabei für die Richtung dieser Austauscheffekte keine Rolle, maßgeblich ist allein die Art der Majoritätsträger. An der Möglichkeit des Elektronenaustausches zwischen Substratmolekülen und organischen festen Stoffen — Farbstoffe, Kohlenwasserstoffe — im Sinne der anorganischen Katalysatoren kann jedenfalls aufgrund der Leitfähigkeitsmessungen nicht gezweifelt werden. Chlorophyll dürfte hierbei keine Ausnahme darstellen.

Diese Zusammenhänge führen zur Annahme einer im Belichtungsaugenblick bevorzugten Chemisorption von H_2O-Molekülen an die Chlorophyllschicht durch eine Verschiebung der Elektronen des H_2O in Richtung auf den Farbstoff. Die O-Atom-Elektronenpaare treten mit den Defektelektronen des Farbstoffs in Wechselwirkung, so daß eine $H_2O^{+(\sigma)}$-Chemisorptionsschicht am Chlorophyll resultiert. Messungen der Photoleitfähigkeit des Chlorophylls müßten dies als eine H_2O-bedingte Photostromabnahme bestätigen. Als Folge dieses Elektronenaustausches kann in der H_2O-Molekel unter Umständen eine derartige Verschiebung und Lockerung der Bindungselektronen entstehen, daß eine Spaltung in Protonen und Sauerstoffatome erfolgt. Untersuchungen mit dem Feldionenmikroskop (403) an Wolfram lassen jedenfalls die Bildung einer H_2O^+-Ionenvorstufe durch Adsorption erkennen, die einem derartigen Zerfall vorausgehen müßte. Es gilt somit:

$$H_2O^{(g)} + \oplus^V \rightleftarrows H_2O^{+(\sigma)} \quad (\text{Licht}),$$

$$H_2O^{+(\sigma)} \rightarrow 2\,H^{+(\sigma)} + 2 \ominus + O^{(g)}.$$

Dieser Mechanismus steht mit den Wittschen Ergebnissen der Blitzlicht-Absorptionsspektroskopie in Übereinstimmung, denn die Bildung der Defektelektronen wird gerade durch Beobachtung des Absorptionstyps 0, der auf Triplettzustände hinweist, nahegelegt. Für das Zustandekommen der Absorptionsänderungen vom Typ 1 spielt möglicherweise die anschließende Chemisorption des $H_2O^{+(\sigma)}$ eine Rolle, die der Wasserspaltung und Bildung des für die Reduktion wichtigen Chlorophyll-Wasserstoff-Derivats vorausgeht. Das letztgenannte Dihydrochlorophyll, das nach WITT der Absorptionsänderung des Typs 2 entspricht, folgt zwangsläufig aus der Chemisorptionstheorie, da nach der O-Abgabe sowohl chemisorbierte Protonen als auch überschüssige Elektronen im Chlorophyll zurückbleiben. Die Elektronen befinden sich dabei in einem

angeregten Zustand — Leitungsband, Triplettniveaus, Haftstellen —,
den sie aufgrund der Besetzung des Grundzustands eine gewisse Zeit
beibehalten.

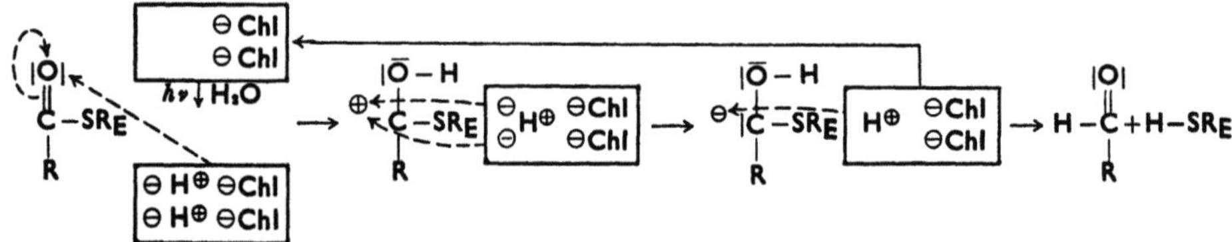

Es liegt gleichsam ein Verhalten wie in einer zur katalytischen Hydrierung befähigten metallischen Phase vor, so daß der Reduktionsvorgang
im Sinne eines ähnlichen Mechanismus verlaufen kann; vgl. z.B. (17/A).
Nach der Reduktion entstehen durch Belichtung dann erneut am Chlorophyll über die H_2O-Spaltung die zur katalytischen Hydrierung —
Reduktion der Säure zum Aldehyd — erforderlichen H^+-Ionen und
freien Elektronen.

Es sei noch bemerkt, daß die vom Licht unter H_2O-Einschaltung
bewirkte reversible Änderung des Chlorophylls von der gewöhnlichen
zur reduzierten Form bei Einbau eines zum Wertigkeitswechsel befähig-
ten Zentralatoms (z.B. $Fe^{++} \rightleftarrows Fe^{+++} + \ominus$) sehr unwahrscheinlich würde.
Die von der Natur getroffene Wahl des stabilen Mg^{++} als Zentralion des
konjugierten π-Elektronen-Großrings kann möglicherweise — über
sterische Ursachen vgl. (404) — hiervon beeinflußt sein. Beim Vorliegen eines als Elektronendonator wirkenden Zentralatoms würde der
Elektronenübergang bei entsprechender Lage der Energieniveaus eher
vom zentralen Metallatom aus erfolgen, wie es die oxydoreduktive Fluoreszenzlöschung an der prosthetischen Gruppe des Blutfarbstoffs Hämoglobin bzw. Methämoglobin — Hämin-Hämochromogensystem: Por-
phyrin-Fe^{++} = Häm; -Fe^{+++} = Hämin — lehrt (405), als von einem
angelagerten Fremdstoff. Die Ausschaltung dieses inneren Elektronenübergangs gibt somit die Möglichkeit zum äußeren Elektronenaustausch
zwischen den H_2O-Molekülen und den aggregierten Chlorophyllmolekülen. Paramagnetische Ionen der Übergangsmetalle (Fe^{++}, Ni^{++}, Co^{++})
würden außerdem den Triplettzustand des Chlorophylls möglicherweise
löschen (406).

b) Energiewanderung

α) Bedeutung. Die im letzten Abschnitt erörterte katalytische Wirkung des Chlorophylls, die sich an das Verhalten der anorganischen
kristallinen Stoffe anschließt — vgl. hierzu noch (407, 408) —, ersetzt das
einzelne Farbstoffmolekül durch eine aus vielen Molekülen gebildete
Einheit, innerhalb der den elektronischen Ladungsträgern (Defektelektronen, Elektronen) eine bestimmte Beweglichkeit zukommt.

Eine derartige „photosynthetische Einheit" wurde schon ab 1930
von EMERSON, GAFFRON u.a. (409 bis 411) bei der Kohlensäureassimilation postuliert. Beobachtungen mit intermittierendem Licht

(Lichtblitze etwa 10^{-5} sec) ergaben eine im Vergleich zur Anzahl vorhandener Chlorophyllmoleküle geringere Zahl reduzierender Zentren, so daß etwa 2500 Chlorophyllmoleküle in einer Assimilationseinheit vereinigt zu sein schienen. Man schloß dabei auf diese Einheit aus der Menge des von einem Lichtblitz entwickelten Sauerstoffs und dem Chlorophyllgehalt, da etwa die genannte Molekülzahl einem freigesetzten Molekül Sauerstoff entsprach.

Zur Erklärung des Unterschieds zwischen Reduktionseffekt und Chlorophyllmolekülzahl wurden auch andere Theorien ausgearbeitet — vgl. FRANK, HERZFELD u. a. (*412, 413*) —, die aber mit verschiedenen Experimenten nicht in Einklang zu bringen waren. Der Beobachtung WARBURGs u. a. (*341*), die bei gleichmäßiger Lichteinwirkung und gehemmter Dunkelreaktion die Entwicklung eines Moleküls Sauerstoff je Chlorophyllmolekül beweist, kommt jedoch eine besondere Bedeutung zu, weil sie als Gegenargument der assimilatorischen Einheit angesehen werden kann.

Trotz dieses Befunds darf man die Beteiligung von aggregierten Chlorophyllmolekülen und einer Energiewanderung bei der Kohlensäureassimilation jedoch auf keinen Fall ausschließen: Denn einmal muß die von den Pigmenten der Chloroplaste aufgenommene Lichtenergie zur photosynthetischen Nutzung erst auf das aktive Pigment Chlorophyll übertreten (*407, 414, 415*), zum anderen würde naturgemäß ein Teil der photosynthetisch aktiven Moleküle von dieser Anregung nicht erfaßt werden, wenn infolge Fehlens einer Wanderungsmöglichkeit innerhalb der Chlorophyllaggregate die Energie nur bis zu den dem Pigment *direkt* benachbarten Chlorophyllmolekülen gelangen könnte. Dies erscheint wenig real, so daß mit der Verbreitung der Anregungsenergie vom Übertrittsort aus über mehrere Chlorophyllmoleküle hinweg zu rechnen ist. Eine analoge Wanderung der Anregungsenergie erfolgt sicher auch bei der Strahlungsabsorption innerhalb der Chlorophyllaggregate selbst und ermöglicht so die Übertragung der Energie bis zu Stellen, die allein die Umwandlung in chemische Energie einleiten können.

β) Mechanismus. Der Mechanismus der mit der Kohlensäureassimilation verbundenen Energiewanderung wurde in verschiedenen Arbeiten untersucht; vgl. z.B. BRODY u. a. (*407, 413*). In der Hauptsache stehen dabei drei Mechanismen zur Diskussion: Energieübertragung durch Resonanz, Excitonenwanderung und Elektronenbewegung.

1. Energieübertragung durch Resonanz. Nach dieser von FÖRSTER (*1/B 50/B, 133/A*) ausgearbeiteten Theorie beruht die Wanderung der Anregungsenergie auf einer direkten elektrodynamischen Wechselwirkung (Resonanz) zwischen den primär angeregten Molekülen (Oszillatoren) und den Nachbarmolekülen. Die Wahrscheinlichkeit dieses nicht an substantielle Träger gebundenen Energietransports nimmt dabei proportional mit der Überlappung des Fluoreszenzspektrums des Energiedonators und des Absorptionsspektrums des Energieakzeptors zu. Die quantenmechanische Berechnung gibt somit unter Verwendung des Fluoreszenz- und Absorptionsspektrums — $\varepsilon(2\tilde{v}_0 - \tilde{v})$ bzw. $\varepsilon(\tilde{v})$ —

sowie der Anregungsdauer τ_0 der Moleküle den Abstand R_0 an, über den die Energiewanderung (,,Energiestrahlung'') möglich ist:

$$R_0 = \sqrt[6]{\frac{3\,\tau_0\,c\,I(\tilde{\nu})}{8\,\pi^4\,n^2\,N'^2\,\tilde{\nu}_0^2}}\,.$$ (15.8)

Anmerkung:

$$I(\tilde{\nu}) = (\ln 10)^2 \cdot \int\limits_{\tilde{\nu}\,=\,0}^{\infty} \varepsilon(\tilde{\nu}) \cdot \varepsilon(2\tilde{\nu}_0 - \tilde{\nu})\,d\tilde{\nu} \quad [\mathrm{cm^3\,(Mol)^{-2}}]$$

wird durch Integration der aus Absorptionsspektrum $\varepsilon(\tilde{\nu})$ und (spiegelbildlichem) Fluoreszenzspektrum $(2\tilde{\nu}_0 - \tilde{\nu})$ erhaltenen Produktkurve $[\varepsilon(\tilde{\nu}) \cdot \varepsilon(2\tilde{\nu}_0 - \tilde{\nu})]$ berechnet. $\tilde{\nu}_0$, die Wellenzahl des elektronischen Übergangs, folgt aus dem arithmetischen Mittel des Absorptions- und Fluoreszenzmaximums ($\tilde{\nu}_{\mathrm{max}}$ bzw. $\tilde{\nu}'_{\mathrm{max}}$).

$\tau_0 = $ Lebensdauer des ersten angeregten Zustands:

$$\frac{1}{\tau_0} = \frac{8\pi\,n^2 \cdot c \cdot \ln 10}{N'}\,\tilde{\nu}_{\mathrm{max}}^2 \int\limits_{0}^{\infty} \varepsilon\,d\tilde{\nu}\,;$$

auch durch direkte Messung bestimmbar.

$N' = 6{,}02 \cdot 10^{20}$ Moleküle/cm^3;
$n = $ Brechungsindex des Lösungsmittels.
$\varepsilon = $ molarer Extinktionskoeffizient.

Für Chlorophyll a errechnet FÖRSTER (*416*) aus dem Absorptions- und Fluoreszenzspektrum und der Lebensdauer des Anregungszustands ($\tau_0 = 3 \cdot 10^{-8}$ sec) eine Energieübertragung bis zu einer Entfernung von 80 Å. Dieser Wert steht dabei größenordnungsmäßig mit den aus Polarisationsmessungen der Fluoreszenz von in zähen Lösungsmitteln aufgelösten Farbstoffen (d.h. Beobachtung der Konzentrationsdepolarisation) erhaltenen Abständen in Einklang.

Bei der Übertragung dieses Werts auf die in den Chloroplasten aneinandergelagerten Chlorophyllmoleküle muß man jedoch beachten, daß konzentrierte Lösungen und kristallähnliche Strukturen eine Änderung der für verdünnte Lösungen gültigen Theorie bedingen. Einmal wirken die Nachbarmoleküle durch Kopplung der Elektronensysteme auf den primären Anregungsvorgang ein und zum anderen besteht die Möglichkeit einer Begrenzung der Energiewanderung durch Konzentrationslöschung. Wenn die letztgenannte, auf die Bildung von Doppelmolekülen zurückgehende Löschung auch infolge einer regelmäßigen Einlagerung der Chlorophyllmoleküle in einen Eiweißträger ausgeschaltet sein kann (*416*), steht es doch dahin, inwieweit der (bis 10^4 Moleküle erfassende) Energietransport in den Chloroplasten *allein* durch Resonanz erfolgt.

Nach BRODY (*407*) hat man in den Chloroplasten mit *verschiedenen Mechanismen* zu rechnen, nach denen Energie vom Absorptionsort zur Reaktionsstelle transportiert wird. Auf diese Möglichkeit deutet unter anderem eine unterschiedliche Anordnung der Chlorophyllmoleküle in den Chloroplasten hin, die sowohl als *Monomere* als auch als *Aggregate* vorliegen (*417, 418*). Zur Struktur der Chloroplaste vgl. (*397, 419*).

Wahrscheinlich wandert die einen Fluoreszenzvorgang sensibilisierende Energie durch Resonanz von Molekül zu Molekül, während sie zur Sensibilisierung des die Photosynthese einleitenden Prozesses mittels anderer Mechanismen zu den photosynthetisch aktiven Stellen des Chlorophyllpigments gelangt; denn *allein* die *aggregierten* Chlorophyllmoleküle, die aufgrund ihrer metastabilen, langlebigen (Triplett-)Zustände keine Fluoreszenzfähigkeit besitzen, sind *photosynthetisch aktiv*, und gerade diese Aggregate legen infolge der starken Überlappung der π-Elektronenwolken einen Energietransport nach einem anderen Mechanismus als zwischen entfernten Molekülen nahe. Die *Monomeren*, die ein kurzlebiger, fluoreszenzfähiger (Singulett-)Anregungszustand kennzeichnet, sind dagegen photosynthetisch *inaktiv* und wahrscheinlich nur dadurch an der Photosynthese beteiligt (*417*), daß sie die absorbierte Energie durch Resonanz an die Chlorophyllaggregate weitergeben.

Die intermolekulare Energieübertragung von photosynthetischen Pigmenten (Phycoerythrin, Phycocyanin) auf Chlorophyll, die man unter anderem durch Messung der Verzögerungszeit ($\sim 0{,}5$ mμsec) zwischen dem im Pigment absorbierten Lichtblitz und der sensibilisierten Chlorophyllfluoreszenz sowie der Fluoreszenzabklingdauer untersucht, erklärt man ebenfalls mit dem Resonanzmechanismus. Bemerkenswerterweise können dabei bis zu 90% der im Pigment eingestrahlten Energie im benachbarten Chlorophyll zur Fluoreszenz bzw. Photosynthese genutzt werden. Auch der intramolekulare Energieübergang vom Protein zum Chromophor der Pigmente, der Ausbeuten bis 90% und eine Verzögerung von mμsec zwischen sensibilisierter Fluoreszenz des Chromophors und der Proteinabsorption aufweist, erfährt eine analoge Deutung; vgl. hierzu noch (*407, 420, 421*).

2. Excitonenwanderung. Der bereits im 10. Kapitel eingehend erörterte Excitonenmechanismus wird von verschiedenen Autoren als Ursache des Energietransports in den Chloroplasten angesehen. Zweifellos spricht für diesen Mechanismus, bei dem die Energie gleichsam als Elektron-Defektelektronen-Paar wandert, die in den Chlorophyllaggregaten vorhandene starke Überlappung der Moleküleigenfunktionen, denn die Wechselwirkung der aggregierten Moleküle bedingt einen Übergang der Anregungsenergie innerhalb von Zeiten, die geringer als die der Kernschwingungsperioden ($\sim 3 \cdot 10^{-14}$ sec) sind. Hieraus folgt dann ein Ungültigwerden der Resonanztheorie. Die Absorption wird nicht mehr durch die Kopplung zwischen Elektronen- und Kernbewegung, sondern durch die Kopplung der Elektronensysteme zwischen Nachbarmolekülen bestimmt, so daß die Anregungsenergie der einzelnen Moleküle in einen den Molekülen gemeinsam zugehörigen Anregungszustand übergeht; vgl. hierzu Förster (*50/B*), Frenkel, Peierls u. a. (*169/A, 321/D, 322/D, 422*).

Diesen Mechanismus der Energieübertragung sieht man vor allem in den Scheibeschen Farbstoffpolymeren als gegeben an (*110/A*).

Da die im Kristall oder Aggregat vereinigten Moleküle nach der Excitonentheorie eine Absorptionseinheit darstellen, läßt sich für ein System aus Messungen des Absorptionsspektrums ein Hinweis auf einen möglichen Energietransport durch Excitonen geben. Aus dem Fehlen derartiger Excitonenbanden in den Chloroplasten — vgl. (423) — muß man deshalb schließen, daß die Energieübertragung zwischen den in Aggregatform vorliegenden Chlorophyllmolekülen wahrscheinlich nicht nach dem Excitonenmechanismus erfolgt.

3. Elektronische Energieübertragung. Die geringe Wahrscheinlichkeit einer Energiefortleitung durch Excitonen führt zur Diskussion eines elektronischen Energieübertragungsmechanismus für die in Aggregaten zusammengeschlossenen Chlorophyllmoleküle der Chloroplaste. Es sei hierzu bemerkt, daß ein derartiger Energietransport durch wandernde Elektronen für biologische Systeme bisher im allgemeinen abgelehnt wurde, da kein Experiment bis vor kurzem an irgendwelchen organischen Verbindungen die Bildung elektronischer Ladungsträger erkennen ließ.

WEISS (384) entwickelte einen elektronischen Energieübertragungsmechanismus für die Chloroplaste aus der Beobachtung einer von Fremdstoffen bedingten Fluoreszenzlöschung der Farbstofflösungen einerseits und aus der in den Chloroplasten aus Doppelbrechung und Dichroismus geschlossenen regulären (kristallinen) Anordnung der Chlorophyllmoleküle andererseits. Aufgrund der engen Lagerung der Moleküle sah er eine derart starke Kopplung der π-Elektronenwolken als gegeben an, daß die Wanderung des durch Strahlungsabsorption im Molekül angeregten Elektrons durchs Gitter und die Auffüllung der im Grundzustand zurückgebliebenen positiven Leerstelle von Nachbarmolekülen her möglich schien. Im Zusammenhang mit dieser Theorie wurde von WEISS die lichtelektrische Empfindlichkeit des Chlorophylls vorhergesagt.

SZENT-GYÖRGYI, RIEHL u. a. (411, 424) wandten zur Erklärung der Energiewanderung bei biologischen Vorgängen die von anorganischen Festkörpern her bekannten quantenmechanischen Vorstellungen auf organische Systeme (Proteine u. a.) an und postulierten für die biologischen Systeme einen elektronischen, über Energiebänder erfolgenden Energietransport.

Gegen diese Übertragung des anorganischen Bändermodells auf organische Stoffe wurden jedoch von TERENIN u. a. (413, 425) Einwände erhoben, die vor allem auf dem Fehlen überzeugender experimenteller Beweise für eine Wanderung elektronischer Ladungsträger basierten. Gerade aus den letztgenannten Gründen setzte sich dann bei der Diskussion der Energiewanderungsvorschläge immer mehr die Ansicht durch, daß ein elektronischer Mechanismus, wie er beispielsweise in den Leuchtphosphoren für den Transport der an einer Stelle eingestrahlten Energie zum Leuchtzentrum hin verantwortlich ist, allein auf anorganische Festkörper beschränkt sei und in biologischen Systemen keine Gültigkeit haben könne.

Die an organischen Farbstoffen erhaltenen Ergebnisse — vgl. achtes bis zehntes Kapitel — legen nun eine Überprüfung dieses Befundes nahe, da sie als Beweis für die Bildung und Wanderung elektronischer Ladungsträger in organischen Systemen anzusehen sind. Unter anderem geht aus der Größenordnung der an einer Reihe von Farbstoffen (Triphenylmethanfarbstoffe, Merocyanine, Cyanine) gemessenen Quantenausbeuten der Photoleitfähigkeit ($\varphi \sim 0{,}5$) die Tatsache hervor, daß in organischen Festkörpern je absorbiertes Lichtquant näherungsweise ein elektronischer Ladungsträger entstehen und über viele Moleküle hinweg zu den Elektroden wandern kann.

Gerade dieses Ergebnis deutet aber darauf hin, daß sich auch in den organischen Systemen schmale Energiebänder ausbilden können, und deshalb scheint eine Übertragung dieser Vorstellung auf die in den Chloroplasten eingelagerten Chlorophyllaggregate durchaus diskutierbar. Ein derartiger Mechanismus der Energiefortleitung innerhalb der Chlorophyllaggregate steht dabei in Einklang mit der durch Becquereleffekt, Kristallphotoeffekt und inneren lichtelektrischen Effekt festgestellten lichtelektrischen Aktivität des Chlorophylls und der mittels Elektronenspinresonanz bewiesenen Entstehung ungepaarter Elektronen bei Belichtung; vgl. hierzu die Arbeiten (*11/D, 12/D, 64/D, 385, 386, 391, 396, 397, 400, 426* bis *431*).

Die Möglichkeit zur Bildung von Energiebändern, die letztlich für die Entstehung und Wanderung elektronischer Ladungsträger (Elektronen und Defektelektronen) Voraussetzung sind, dürfte dabei durch die charakteristische Anordnung der Chlorophyllmoleküle in den Chloroplasten gegeben sein; denn nach CALVIN u. a. (*392, 398*) sind die Chlorophyllmoleküle in den Chloroplasten zwischen zwei Proteinschichten derart eingebaut, daß die Vielzahl der flachen Moleküle mit den Ebenen zueinander — etwa wie die Scheibeschen Polymere — in einem Winkel von 45° zur Proteindoppelschicht liegen. Hieraus resultiert eine den übrigen Farbstoffen entsprechende Überlappung der π-Elektronenwolken, die verständlicherweise den aggregierten Chlorophyllmolekülen der Chloroplaste ein den Farbstoffen analoges photoelektrisches Verhalten aufprägt. Über elektronenmikroskopische Untersuchungen der Chloroplaste vgl. SAGER (*432*).

Es erscheint wünschenswert, durch weitere Untersuchungen exaktere Angaben über die maximale Quantenausbeute der Chlorophyllphotoleitfähigkeit zu erhalten, da eine Übereinstimmung mit den Quantenwerten der organischen Farbstoffphotoleiter die beste Bestätigung der elektronischen Energiewanderungstheorie darstellen würde. Bemerkenswerterweise deuten Elektronenspinresonanz-Messungen von CALVIN u. a. (*396*) bereits auf Quantenausbeuten von $\varphi = 0{,}1$ hin, die in der erwarteten Größenordnung liegen.

3. Elektronischer Mechanismus der Primärreaktion

Zusammenfassend ist festzustellen, daß eine Reihe experimenteller Befunde für den Primärschritt der von den Chloroplasten vollzogenen Umwandlung der Strahlungsenergie in chemische Energie eine Bildung freier elektronischer Ladungsträger in den Chlorophyllmolekülen nahelegen. Während bei der Strahlungsabsorption durch monomere Chlorophyllmoleküle oder Pigmente (Phycoerythrin u.a.) — vgl. (*433, 434*) — dem genannten Effekt eine Energieübertragung durch Resonanz auf das photosynthetisch aktive Chlorophyllaggregat vorausgehen dürfte, können bei direkter Absorption durch das Chlorophyllaggregat die Elektronen und Defektelektronen entweder sofort oder eventuell auch erst aus einem Exciton entstehen. Inwieweit der letztgenannte Vorgang mit abläuft — den endgültigen Gegenbeweis dürften Quantenausbeutemessungen liefern — bleibt hierbei ohne Belang; denn für den photosynthetischen Prozeß ist allein von Bedeutung, daß die Chlorophylleinheit durch Absorption eines Lichtquants die Eigenschaft eines oxydierenden und reduzierenden Systems erhält.

Diese Eigenschaft bekommen die aneinandergelagerten Chlorophyllmoleküle dadurch, daß sich einmal das bei Absorption unter Zurücklassung einer positiven Lücke in den Anregungszustand (Leitungsband) gehobene Elektron von der Anregungsstelle entfernt und zum anderen auch die im Grundzustand (Grundband) zurückgebliebene positive Lücke (das ist das Defektelektron) von dieser Stelle weg in entgegengesetzte Richtung bewegt. Begünstigt wird dabei dieses Verhalten durch die charakteristische Anordnung der Chlorophyllmoleküle, die gleichsam einen eindimensionalen begrenzten Kristall von monomolekularer Dicke darstellen, der sich im elektrischen und optischen Verhalten durchaus wie ein gewöhnlicher Chlorophyllkristall (*435*) verhalten dürfte (*398*).

Durch Bildung von Elektronen und Defektelektronen an verschiedenen Stellen des Chlorophyllsystems sind die Voraussetzungen zum reduktiven und oxydativen Wirksamwerden des Chlorophylls gegeben, da die Elektronen und Defektelektronen das Bestreben haben, in Niveaus geringerer potentieller Energie (d.h. in Traps) überzugehen und diese dabei zu reduzieren bzw. zu oxydieren. Auf diese Weise wird die H_2O-Spaltung verständlich, da die H_2O-Moleküle praktisch als Defektelektronenfallen wirken, die nach Einfang von Defektelektronen unter Freisetzung molekularen Sauerstoffs zerfallen. Ebenfalls findet die Reduktion der in den photosynthetischen Systemen eingebauten (und als Akzeptoren wirkenden) Chinone (Vitamin K, Coenzym *Q*) — vgl. (*436, 437*) —, die schließlich über Pyridinnucleotide usw. zur eigentlichen CO_2-Reduktion Anlaß geben, durch den Elektronenübergang vom Chlorophyll zum Akzeptor eine Erklärung. Über die mögliche Mitwirkung eines Charge-Transfers bei diesen Reaktionen vgl. SZENT-GYÖRGYI u.a. (*438, 439*).

In diesem Zusammenhang beanspruchen Messungen der Photoleitfähigkeit und der Elektronenspinresonanz von Systemen ein besonderes Interesse, die als eine Nachbildung des photosynthetischen Systems aufzufassen sind. Neben Tetracen, Coronen u.a. (*236, 237*) kommt dabei vor allem dem metallfreien Phthalocyanin eine besondere Bedeutung zu, da es strukturell den Porphyrinen, zu denen Chlorophyll gehört, sehr ähnlich ist. In gewisser Beziehung stellt eine aus Phthalocyanin und Dotierungsverbindungen wie o-Chloranil oder Phenanthrenchinon (Elektronenakzeptoren) bestehende Photozelle eine Art Modell der in den

Chloroplasten eingelagerten Chlorophyllaggregate dar; vgl. TOLLIN, KEARNS und CALVIN (*440* bis *443*). Die an derartigen Zellen erhaltenen Ergebnisse können möglicherweise als Hinweis auf den in biologischen Systemen gültigen Mechanismus gewertet werden.

Wie bereits das neunte und zehnte Kapitel ausführte, läßt sich durch Dotierung des organischen Photohalbleiters (z. B. eines Elektronendonators) mit einem Elektronenakzeptor (o-Chloranil u. a.) sowohl die Dunkel- als auch die Photoleitfähigkeit (um den Faktor 10^5 und mehr) vergrößern. Bringt man dabei den Elektronenakzeptor (o-Chloranil) in dünner Schicht auf den Donator (Phthalocyanin), so bildet sich zwischen Phthalocyanin und Chloranil eine Potentialdifferenz aus, wobei sich Phthalocyanin positiv und o-Chloranil negativ auflädt (*249/D, 441*). Thermoelektrische Messungen weisen in diesen Systemen (analog zum Chlorophyll) auf Defektelektronen als Majoritätsträger hin. Die dotierten Phthalocyaninphotohalbleiter lassen im Dunkeln eine Zunahme des ESR-Signals bei Vergrößerung der Dotierungskonzentration erkennen und bei Belichtung eine Abnahme, die wahrscheinlich auf die Bildung zweifach negativ geladener diamagnetischer o-Chloranilmoleküle zurückgehen dürfte.

Die Messungen lehren jedenfalls, daß die Überdeckung (bzw. Dotierung) eines in dünner Schicht vorliegenden organischen Farbstoffphotoleiters mit einer organischen Elektronenakzeptorenschicht (und umgekehrt) sowohl die *Quantenausbeute* als auch die *Lebensdauer* der Ladungsträger erhöht. Während die Quantenausbeuteerhöhung auf die vom Elektronenübergang $DA \rightarrow D^+A^-$ bedingte Vermehrung der Defektelektronen (bzw. Elektronen im Fall eines als Akzeptor wirkenden Photoleiters) rückführbar ist, zeigt sich in der erhöhten Lebensdauer der Einfluß der rekombinationshemmenden Haftstellen.

Ein Vergleich dieser Ergebnisse mit der an getrockneten Chloroplasten, photosynthetischen Bakterien, Algen und anderen Systemen gemessenen Elektronenspinresonanz (*391, 396*), Photoleitfähigkeit (*400, 401*), Lumineszenz (*444, 445*) usw. läßt eine auffallende *Übereinstimmung zwischen Modellsubstanz* (z. B. Phthalocyanin/o-Chloranil) *und photosynthetisch aktivem System* erkennen. Darüberhinaus ergänzen auch, wie bereits oben näher ausgeführt wurde, weitere Messungen diese Analogie. Beispielsweise zeigen vorbelichtete Chloroplaste auch einen Thermolumineszenzeffekt, d. h. eine Strahlungsemission bei Erwärmung, die auf eine Leerung von in den Chloroplasten nach der Belichtung gefüllten Haftstellen hinweist; vgl. (*400, 440*).

Aus den genannten experimentellen Befunden sowie der Morphologie der Chloroplaste folgt für den primären Schritt der Photosynthese eine *Modellvorstellung* — vgl. unter anderen CALVIN und TOLLIN (*397, 440*) und eine kritische Betrachtung in (*446*) —, die im Prinzip die von den Chloroplasten vollzogene Umwandlung der Strahlungsenergie in chemische Energie auf die Bildung von Ladungsträgern und deren Anlagerung an Haftstellen zurückführt. Nach dieser Hypothese bilden sich primär im belichteten Chlorophyllaggregat Elektronen und Defektelektronen — möglicherweise auch teilweise über eine Dissoziation von Excitonen —, die von den als Akzeptoren bzw. Donatoren wirkenden Stoffen weggefangen werden und diese zum Teil in für die Photosynthese wichtige Verbindungen umwandeln. Das Elektron wird hierbei — in Analogie zum o-Chloranil/Phthalocyanin-System — von einem Akzeptor (Coenzym Q u. a.) aufgenommen und greift so in den CO_2-Reduktionsprozeß ein, während sich das Defektelektron an H_2O anlagert, das dann in molekularen Sauerstoff und Wasserstoff zerfällt.

In Abb. 168 ist dieser Vorgang noch schematisch dargestellt.

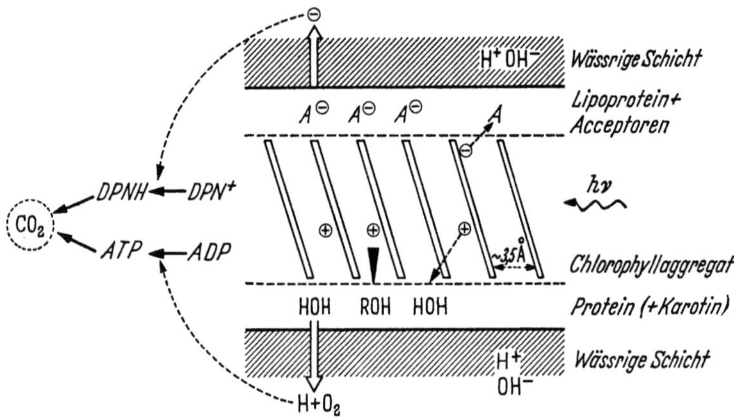

Abb. 168. Schema des elektronischen Mechanismus der Primärreaktion. A Acceptoren (Coenzym Q; Vitamin K), DPN Diphospho-pyridin-nucleotid bzw. Triphospho-pyridin-nucleotid, ADP Adenosin-diphosphat, ATP Adenosin-triphosphat, (CO₂) Symbol für den Kohlenhydrataufbau

Anhang

Zum Problem der Energieübertragung

In dem die Photosynthese behandelnden Kapitel wurde bereits auf die Bedeutung der Energieübertragungsvorgänge bei biologischen Prozessen hingewiesen. Häufig muß die an einer Stelle des biologischen Systems eingestrahlte oder auf andere Weise (z. B. durch eine chemische Reaktion) erzeugte Energie erst über mehrere Atome oder Moleküle wandern, bis sie am eigentlichen Reaktionsort zur Wirkung kommt. Bei Strahlungsprozessen läßt sich nur mittels dieses Effekts die Größe des Trefferbereichs, in dem eine Reaktion eintreten kann, erklären.

Eine allgemeine Erörterung dieses Energiewanderungsproblems biologischer Systeme würde nun verständlicherweise im Rahmen dieser nur die Photochemie der organischen Farbstoffe betreffenden Übersicht zu weit führen. Es sei hierfür unter anderem auf die neueren übersichtlichen Darstellungen von FÖRSTER, STRYER und BRODY (*407, 447, 448*) verwiesen, die zahlreiche Literaturangaben für eine Einarbeitung in dieses Gebiet enthalten.

Da an festen organischen Farbstoffen in jüngster Zeit eine Reihe neuer physikalisch-chemischer Gesetzmäßigkeiten festgestellt wurden, die sich auch auf aromatische Verbindungen, künstliche Hochmolekulare usw. übertragen lassen, soll hier noch kurz die Frage einer eventuellen Übertragbarkeit dieser Gesetzmäßigkeiten auf Probleme der Energiewanderung in biologischen Systemen diskutiert werden. Diese Diskussionsbemerkung scheint vor allem deshalb wünschenswert, weil verschiedene an den Farbstoffen beobachtete experimentelle Befunde sich auch an manchen komplizierten biologischen Systemen (Proteine usw.) andeuten.

Im folgenden seien zuerst einige Beobachtungen des Energieleitungseffekts von Systemen, die eine Farbstoffkomponente enthalten, angeführt. Diese Untersuchungen können dabei sicher als Beweis für die Möglichkeit der Energiewanderung über größere Bereiche einer kondensierten Phase ohne Beteiligung einer Atom- oder Moleküldiffusion oder Strahlung angesehen werden. Im weiteren soll dann noch eine kurze Erörterung einiger Messungen erfolgen, die eine erneute Diskussion des erstmals von Szent-Györgyi (*424*) besprochenen, später (*438*) von ihm aber nicht mehr aufrechterhaltenen elektronischen Energieübertragungsmechanismus nahelegen.

1. Beispiele der Energiefortleitung

a) Photochemische Spaltung von CO-Eiweißverbindungen

CO-Myoglobin. Als entscheidender Beweis für die Energiewanderung in Proteinmolekülen können die Versuche von Bücher und Kaspers (*449* bis *451*) über die photochemische Spaltung des Kohlenoxydmyoglobin-(Muskelhämoglobin-)Komplexes angesehen werden; denn die Abtrennung des am Eisenatom der Hämingruppe angelagerten CO-Moleküls erfolgt *nicht nur* bei einer *Lichtabsorption innerhalb der gefärbten Häminkomponente,* sondern auch bei einer Strahlungsabsorption an *anderen Stellen* des Eiweißmoleküls. Die bei 280, 313, 334, 366 und 546 mμ gemessene Quantenausbeute der photochemischen CO-Abspaltung beträgt dabei in allen Spektralbereichen übereinstimmend $\varphi = 1$, so daß mit einer quantitativen Fortleitung der Energie von jeder Stelle des Hämoglobinmoleküls — z.B. von den zyklischen Anteilen Tyrosin und Tryptophan ($\lambda = 280$ mμ) aus über die Polypeptidkette — zur Fe-Wirkungsgruppe zu rechnen ist.

Terenin u.a. (*413*) wenden sich gegen diese Deutung der Bücherschen Versuche und führen die CO-Abspaltung nicht auf die Wanderung des Energiequants im Eiweißmolekül zurück, sondern auf die bei der plötzlichen tautomeren Umlagerung im gesamten Myoglobinmolekül freiwerdende innermolekulare Schwingungsenergie, von der ein Bruchteil zur Spaltung der Hämin-CO-Bindung (< 15 kcal) reicht. Die von Lautsch u. Mitarb. an Fermentmodellen durchgeführten Untersuchungen und weitere Beobachtungen erlauben jedoch kaum die Aufrechterhaltung der letztgenannten Deutung.

Fermentmodelle. LAUTSCH u. Mitarb. (*452, 453*) prüften das Problem der Energieübertragung an oxydativ wirksamen Fermentmodellen vom Polypeptidtypus (*454*), über deren Konstitution (Aufbau der Peptidkette und Wirkungsgruppe) im Gegensatz zu den natürlichen Eiweißstoffen genaue Kenntnisse vorliegen. In Übereinstimmung zur photochemischen Spaltung des CO-Myoglobinkomplexes lehrten auch die Untersuchungen an den Kohlenoxyd-Hämochromogenen dieser Fermentmodelle — Mesohämin-IX-poly-DL-(phenylalaninglutaminsäure); vgl. Formel —, daß die ins Absorptionsgebiet der Polypeptidkette eingestrahlte Energie an der prosthetischen Gruppe wirksam werden kann. Die photochemische Spaltung der Kohlenoxydverbindung verläuft nicht nur bei Einstrahlung in die Banden der Fe-haltigen Wirkungsgruppen mit der Quantenausbeute $\varphi = 1$, sondern nähert sich auch bei Absorption durch die Bande des Phenylalaninrestes diesem Wert ($\varphi = 0{,}89$). Dies bestätigt die Fähigkeit der Polypeptidketten zur Fortleitung der eingestrahlten Energie bis zur prosthetischen Gruppe.

Formel des Fermentmodells:

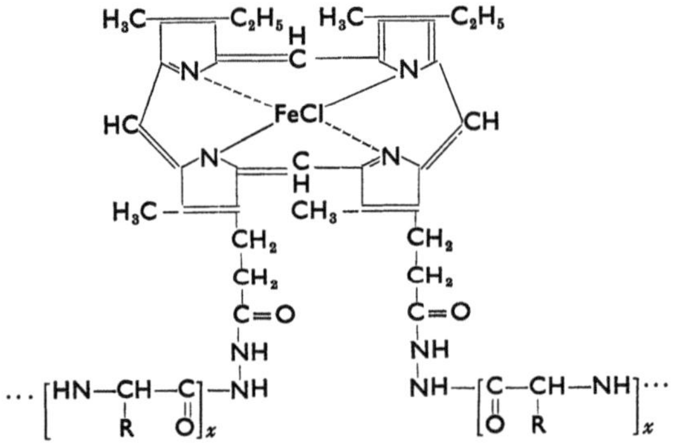

$$R = -CH_2-C_6H_5$$

Molgew.: 17800

Man beachte noch, daß die Möglichkeit einer Energieleitung über die Peptidkette der natürlichen Eiweißkörper bereits durch die Warburgschen Bestrahlungsversuche (*347, 455, 456*) an CO-Komplexen des sauerstoffübertragenden Atmungsferments nahegelegt wurde.

b) Sensibilisierte Fluoreszenz der Chromoproteide

Eine Energiewanderung in den Proteinen wird in eindeutiger Weise auch durch Fluoreszenzversuche an verschiedenen Chromoproteiden bestätigt. Es zeigt sich nämlich, daß die Fluoreszenz des Chromophors sowohl bei Einstrahlung in die Farbstoffabsorptionsbande als auch durch Lichtabsorption des Proteins mit gleicher Wirksamkeit anregbar ist.

BANNISTER (*420*) beobachtete diese sensibilisierte Fluoreszenz zum Beispiel am Phycocyanin; SHORE und PARDEE (*421*) fanden an Komplexen, die aus dem Farbstoff 1-Dimethylaminonaphthalin-5-sulfochlorid und verschiedenen Proteinen bestanden, eine entsprechende sensibilisierte Fluoreszenz des Farbstoffs bei Strahlungsabsorption im Protein; vgl. hierzu auch Messungen von STRYER (*457*).

Die Ausbeute dieses Effekts, die vom Verhältnis Farbstoff/Protein abhängt und bis zu 90% betragen kann, beweist die praktisch verlustlose Fortleitung des Quants der Anregungsenergie durch das Protein. Die Einwände TERENINs u.a. *(413)* gegen die Energiefortleitung in den Eiweißstoffen dürften somit aufgrund dieser Experimente nicht mehr aufrechtzuerhalten sein. Aus Messungen der sensibilisierten Fluoreszenz verschiedener Chromoproteide (Phycoerythrin, Phycocyanin) geht noch hervor — vgl. BRODY *(407)* —, daß zwischen der Lichtabsorption im Protein und der Fluoreszenz des Chromophors eine Verzögerung von etwa $1 \cdot 10^{-9}$ sec liegt.

c) Fluoreszenzlöschung

Die Eigenart, daß die Fluoreszenz der hochpolymeren Form des Pseudoisocyanins — vgl. SCHEIBE, drittes Kapitel — durch geringe Mengen einer beigemischten Fremdsubstanz (z.B. Brenzkatechin) gelöscht wird, deutet auf einen Energietransport innerhalb der parallel zueinander angeordneten Farbstoffmoleküle hin: Die von einem Molekül des Farbstoffpolymerisats aufgenommene Energie muß im Fall einer Löschwirkung des im Verhältnis $1:10^3$ bis 10^6 eingebauten Fremdmoleküls über viele Farbstoffmoleküle wandern ehe sie mit dem löschenden Molekül zusammentrifft und von diesem in Wärmeenergie oder in sonst eine Form umgewandelt wird. Es liegt hier eine zu den anorganischen Kristallphosphoren analoge Erscheinung vor, bei denen auch geringste atomare Beimengungen als Löscher (Killer) der Lumineszenz wirken und die ebenfalls auf einem Energieleitungsprozeß beruht.

Daß der Effekt der Energiefortleitung durchaus eine allgemeine Eigenschaft organischer Systeme darstellt, ersieht man auch aus der Löschung der Fluoreszenz von Anthracen- oder Naphthalinkristallen durch Einlagerung von Fremdmolekülspuren wie Naphthacen oder Tetracen; vgl. z.B. *(458* bis *462)*. Denn diese Löschung findet nur durch Annahme eines Transports der von den Grundsubstanzmolekülen aufgenommenen Energie zu den Fremdmolekülen eine Erklärung. Diese Wanderung läßt sich hier direkt nachweisen, da die primär absorbierte Energie nicht irgendwie verschwindet (Wärme), sondern als eine dem Fremdstoff zugehörige Lumineszenz wieder ausgestrahlt wird. Ein analoger Effekt liegt praktisch den Szintillationsprozessen zugrunde, bei denen die Lumineszenz von in Spuren einer Grundsubstanz beigemengten Fremdatomen bzw. Molekülen durch Bestrahlung der nichtfluoreszierenden Grundsubstanz mit energiereichen Quanten oder Teilchen zur Registrierung gelangt *(463)*.

d) Sonstige Beispiele

Es sei noch bemerkt, daß das Problem der Energieübertragung unter anderem bei den *strahleninduzierten Genmutationen,* die durch Veränderung (Spaltung einer Bindung, Atomumlagerung usw.) eines bestimmten Atoms bzw. Atomgruppe innerhalb eines Chromosoms entstehen, von entscheidender Bedeutung ist: Während die für die Mutation verantwortliche „empfindliche Stelle" einen Bereich atomarer Dimensionen umfaßt, wird die durch eine Strahlung (Röntgen-, γ-Strahlen usw.) induzierte Genmutation in einem Treffbereich ausgelöst, der um *mindestens drei Zehnerpotenzen größer* ist als das empfindliche Volumen. Bei einer Strahlungsdosis z, die durch die Zahl der Ionisationen pro Kubikzentimeter gemessen und so abgestimmt wird, daß eine Genmutation mit der Wahrscheinlichkeit

$$w = \left[1 - e^{-\frac{p \cdot z \cdot a}{A}}\right] = \tfrac{1}{2}$$

eintritt, folgt nämlich aus der Beziehung für den Treffbereich a

$$a = 0,693 \cdot \frac{A}{p \cdot z}$$

bei einer Wirkungswahrscheinlichkeit $p = 1$ gerade ein Gebiet a *von 1000 Atomen.* (Es bedeuten: A Anzahl der Atome pro Kubikzentimeter; a Treffbereich, als Atomzahl angegeben; p Wirkungswahrscheinlichkeit, entsprechend dem Bruchteil der zur Mutation führenden Treffbereichionisationen, $p \leqq 1$.) Man vgl. hierzu RIEHL, TIMOFEÉF-RESSOVSKY u. a. (*464* bis *467*).

Nach diesen Messungen kann sich somit die der Strahlung entstammende Energie, etwa wie in der Peptidkette der Chromoproteide, von der Trefferstelle aus über viele Atome hin ausbreiten, dabei unter Umständen an eine für Mutationen empfindliche Atomgruppierung gelangen und so deren Veränderung verursachen. Der Trefferbereich von 1000 Atomen ist dabei nur als Mindestgröße anzusehen, da im Falle eines geringeren Wertes der zur Mutation führenden Wirkungswahrscheinlichkeit p der Trefferbereich eine größere Atomanzahl erfassen muß.

Abschließend sei noch darauf hingewiesen, daß Versuche über die UV-Inaktivierung von Enzymen — z.B. an Urease (*451, 468*) oder Fumarase (*424*) — sowie die Bestimmung des Mindesttreffbereichs an Viren, Phagen und Bakterien ebenfalls Hinweise auf Energiewanderungsvorgänge geben.

2. Versuche zum elektronischen Energiewanderungsmechanismus

Wie bereits oben ausgeführt wurde, soll dieser Anhang nur ein Diskussionsbeitrag zur Frage des elektronischen Mechanismus der Energieübertragung in biologischen Systemen sein.

Es sei dabei vorausgeschickt, daß eine Reihe experimenteller Befunde in Proteinen für den Försterschen Resonanzübertragungsmechanismus (*447, 448*), der im Gegensatz zur elektronischen Theorie eine Energieübertragung ohne Bildung freier Elektronen oder Radikale annimmt, sprechen. Einmal sind die Bedingungen für den Resonanzmechanismus erfüllt und zum anderen lassen sich beispielsweise Änderungen der Übertragungswirkung bei Verschiebung der Entfernung zwischen Energiedonator und Akzeptor nach dem Resonanzmechanismus berechnen.

Daneben sind aber auch experimentelle Ergebnisse in den letzten Jahren bekannt geworden, die möglicherweise Rückschlüsse auf einen elektronischen Übertragungsmechanismus zulassen.

a) Leitfähigkeitsmessungen

Verständlicherweise ist vor allem das Dunkel- und Photoleitungsverhalten der Proteine von besonderer Bedeutung, da es Hinweise auf die Bildung elektronischer Ladungsträger geben kann. Während der in der Größenordnung von 3 bis 4 eV liegende Abstand zwischen Grund- und Leitungsband — vgl. (*438, 469, 470*) — eine thermische Anregung von Ladungsträgern unwahrscheinlich und damit die Dunkelleitfähigkeit sehr gering werden läßt, könnten bei einer UV-Belichtung Elektronen (unter Zurücklassung eventuell beweglicher Defektelektronen) ins Leitungsband gelangen und den Widerstand des Proteins verringern.

Es zeigt sich nun, daß beide theoretischen Voraussagen an Proteinen vom Experiment bestätigt werden:

Einmal ist die *Dunkelleitfähigkeit* einer Anzahl von Proteinen, die bei 10^{-5} mm Hg und nach langer Trockenzeit gemessen wurde, sehr gering. Nach RIEHL (*471*) liegt sie in der Größenordnung von $8 \cdot 10^{-19}$ $[\Omega^{-1}\,\mathrm{cm}^{-1}]$; vgl. hierzu auch CARDEW, ELEY u.a. (*448, 472*).

Zum anderen stellen die wasserfreien Proteine *Photoleiter* dar, die nach RIEHL (*471*) bei Einstrahlung ultravioletten Lichts der Wellenlängen $\lambda = 366$ mμ bzw. $\lambda = 253$ mμ eine Vergrößerung der Leitfähigkeit um das 20- bis 30fache erfahren. Die Bildung beweglicher Ladungsträger (Elektronen, Defektelektronen) bei einer kurzwelligen Anregung des Proteins dürfte deshalb wahrscheinlich sein.

b) Sensibilisierter Photoeffekt

SZENT-GYÖRGYI (*424, 473*) beobachtete an mit Farbstoffen versehenen Eiweißstoffen die Entstehung einer Photoleitfähigkeit bei Einstrahlung in der Farbstoffabsorptionsbande. Da zahlreiche Untersuchungen sicherstellen, daß durch Zugabe sensibilisierender Farbstoffe auf keinen Fall nichtleitende Verbindungen (z.B. $PbCl_2$) lichtelektrisch aktiv werden, muß an Proteinen die Möglichkeit zur Bildung und Wanderung elektronischer Ladungsträger gegeben sein; denn eine Rückführung des Photoeffekts der Farbstoff/Eiweiß-Kombinationen auf eine alleinige Photoleitung des Farbstoffs erscheint wegen der Kompliziertheit des Systems wenig real.

c) Leitfähigkeit organischer Radikale

Die geringe Dunkelleitfähigkeit der Proteine läßt ohne Zweifel einen Zusammenhang zwischen einem Ladungsträgertransport und den schnell verlaufenden Stoffwechselvorgängen unwahrscheinlich werden (*438*). ELEY und WILLIS (*474*) legten nun jedoch experimentelle Befunde vor, die möglicherweise doch auf eine Verbindung der beiden Effekte hinweisen.

Die Autoren gehen dabei von Messungen an festen organischen Radikalen (α,α'-Diphenyl-β-picryl-hydrazyl u.a.) aus, die bei einer günstigen

Molekülanordnung durch eine große Beweglichkeit der ungepaarten Elektronen charakterisiert sind, wie aus der geringen Aktivierungsenergie der Dunkelleitung ($\Delta E = 0,26$ eV) und den extrem schmalen Elektronenspinresonanzlinien hervorgeht; denn unter der Voraussetzung, daß sich im Verlauf einer Reaktion ein Protein durch Entfernung von H-Atomen in ein Radikal umwandelt, könnten auch die von Haus aus isolierenden Proteine eine *merkbare Leitfähigkeit* erhalten.

Bemerkenswerterweise zeigen verschiedene, auf einer Oberflächenzelle befindliche Gelatineproben nach einer Bombardierung mit H-Atomen (elektrodenlose Entladung) eine Abnahme des Widerstands, die möglicherweise auf eine derartige Radikalbildung zurückgeht und die Diskussion im genannten Sinn nahelegt; vgl. (*474*).

In diesem Zusammenhang sei auch noch auf Überlegungen hingewiesen, die der Bildung von *Charge-Transfer-Komplexen* eine Bedeutung im Energie- und Elektronenübertragungsmechanismus der Proteine zuschreiben; vgl. z. B. SZENT-GYÖRGYI u. a. (*438, 448, 475*). Durch Einbau von Akzeptoren, die ein besonders tief liegender, unbesetzter Anregungsterm kennzeichnet, in eine Donatorsubstanz mit relativ hohem besetzten Grundterm kann nämlich ein Elektron ohne zusätzliche Photonenenergie vom Donator zum Akzeptor übergehen. Da dieser Vorgang praktisch einer Umwandlung der Donatorgrundsubstanz in ein Radikal gleichkommt, würde der isolierende Donator hierdurch möglicherweise ähnliche elektrische Eigenschaften erhalten, wie sie ELEY und WILLIS (*474*) postulierten. Bemerkenswerterweise können tryptophanenthaltende Proteine (Donatoren) mit Riboflavinmolekülen und anderen Akzeptoren durch Übergang eines Elektrons vom Tryptophan zum Riboflavin ohne zusätzliche Strahlungsenergie zu Charge-Transfer-Komplexen zusammentreten (*475, 476*); *Elektronenspinresonanz*-Messungen *beweisen* dabei die *Existenz der ungepaarten Elektronen*; vgl. (*477*).

Durch den Charge-Transfer-Effekt entsteht im tryptophanhaltigen Protein eine positive Lücke (Defektelektron), die möglicherweise dem Protein ohne zusätzliche Aktivierungsenergie eine gewisse Leitfähigkeit aufprägt. Die Begrenzung des CT-Effekts auf zwei definierte Moleküle muß dabei nicht gegen diese Überlegungen sprechen (*448*), da eine Dotierung mit Akzeptoren in künstlichen Hochmolekularen und Farbstoffen (Phthalocyanin u. a.) die Leitfähigkeit aufgrund ähnlicher CT-Effekte um Größenordnungen verändern kann.

d) Elektronen-Spin-Resonanzmessungen

Im vorhergehenden Abschnitt wurde bereits darauf hingewiesen, daß sich durch Elektronenspinresonanz-Messungen die Existenz ungepaarter Elektronen im tryptophanhaltigen Protein nach einer Zugabe von Riboflavin feststellen ließ. Mit Hilfe des gleichen Verfahrens konnten von BLUMENFELD und KALMANSON (*478*) in γ-vorbestrahlten Proteinen ebenfalls ungepaarte freie Elektronen nachgewiesen werden, die mit der Möglichkeit eines elektronischen Ladungstransports in Einklang stehen. Die nach der ESR-Methode gemessene Radikalkonzentration liegt dabei an natürlichen Proteinen, welche durch sehr schmale ESR-Absorptionslinien gekennzeichnet sind, in einer Größenordnung von 10^{16} pro Gramm und nimmt durch eine Wärmebehandlung unter Verbreiterung der Absorptionslinien auf 10^{18} pro Gramm zu. Aminosäuren ergeben im Gegensatz zu den Proteinen eine Radikalkonzentration von 10^{19} pro Gramm und außerdem breite ESR-Absorptionsbanden.

Von besonderer Bedeutung für das hier erörterte Problem der *Elektronenbeweglichkeit* ist vor allem die Tatsache, daß die Proteine im Gegensatz zu den Aminosäuren *keine* Hyperfeinstruktur der ESR-Linien zeigen. Dieses Fehlen der allgemein beobachtbaren *Hyperfeinstruktur* (HFS), die auf eine Wechselwirkung zwischen den ungepaarten Elektronen und den magnetischen Momenten der Radikalkerne zurückgeht, beweist, daß zwischen den ungepaarten Elektronen der einzelnen Radikale ein steter und rascher *Austausch* stattfindet; denn die *Hyperfeinstruktur* der ESR *verschwindet* immer dann, wenn *bei einer nennenswerten Überlappung der Wellenfunktionen* der ungepaarten Elektronen infolge fehlender Lokalisierung die Möglichkeit zur Wechselwirkung zwischen Elektronen und Kernmomenten nicht mehr gegeben ist. Vgl. hierzu HAUSSER (*479*).

Die genannten ESR-Messungen führen BLUMENFELD und KALMANSON (*478*) dazu, die natürlichen Proteine als Halbleiter anzusehen, da sowohl das Fehlen der ESR-Hyperfeinstruktur als auch die geringe Breite der ESR-Linien eine gewisse Beweglichkeit der Elektronen in den Proteinen anzeigen.

e) Photokatalytische Reaktionen

Von DOUZOU u. a. (*480*) wurde aus der Eigenschaft des Serumalbumins, in wäßrigen Lösungen ähnliche chemische Reaktionen wie dispergierte Ionenkristalle zu zeigen, auf einen elektronischen Energiewanderungsmechanismus in Proteinen geschlossen.

Ohne Zweifel lassen die genannten Messungen eine Beweglichkeit elektronischer Ladungsträger in Proteinen erkennen. Inwieweit aber aus diesen Experimenten auf einen elektronischen Energieübertragungsmechanismus in Proteinen geschlossen werden kann, steht jedoch dahin. Möglicherweise muß das Problem unter Zuhilfenahme verschiedener Mechanismen diskutiert werden.

Ein elektronischer Mechanismus verlangt vor allem eine Klärung der Frage, wie elektronische Träger (Elektronen, Defektelektronen) durch Eiweißstoffe wandern können. Während sich in organischen Farbstoffen die Existenz von Energiebändern durch eine Überlappung der zu den Einzelmolekülen gehörenden π-Elektronenwolken ableiten läßt, fügen sich die erstmals von SZENT-GYÖRGYI u. a. (*424, 464*) für Proteine postulierten Energiebänder nur schwer in den strukturellen Aufbau dieser Verbindungen ein. Im Gegensatz zu den Farbstoffen setzt eine entsprechende Energiebandbildung innerhalb eines proteinischen Makromoleküls die Überlappung atomarer Elektronenwolken voraus.

Nach SCHMITT, PURRMANN u. a. (*481, 482*) sollte dies durch Überlagerung der zu den einzelnen Peptidgruppen gehörenden π-Elektronenwolken möglich sein, so daß sich die Leitungsbänder über die benachbarten, durch H-Brücken aneinandergekoppelten Peptidketten (also *quer zur Richtung der Peptidketten*) erstrecken müßten. BLUMENFELD und KALMANSON (*478*) kommen aufgrund der ESR-Messungen zu einem ähnlichen Schluß.

BROSER und LAUTSCH (*453*) bringen im Gegensatz hierzu das Vorliegen von α-Aminosäuren mit α-ständigen H-Atomen in den natürlichen Eiweißstoffen mit einer Leitfähigkeit *längs* der Peptidkette in Zusammenhang, da diese Anordnung einen Hyperkonjugationseffekt für das bindende Elektronenpaar der CH-Bindung und damit eine Wechselwirkung desselben mit der CO-Doppelbindung nahelegt. Hierdurch sollte die Bildung eines Elektronengases aus den CO-Doppelbindungselektronen, den Elektronenpaaren der N-Atome und den Quasi-π-Elektronen der CH-Bindung entlang der α-Peptidkette möglich sein. Daneben wird von BROSER und LAUTSCH (*453*) auch für den Fall der spiralförmigen Peptidstruktur eine durch Annäherung einer Peptidgruppe an die drittfolgende Gruppe der gleichen Peptidkette bedingte Überlappung der π-Elektronenwolken diskutiert. Es wäre nun sicher interessant, ähnliche Überlegungen auch auf Nucleinsäuren auszudehnen. Beispielsweise würde das von WATSON und CRICK (*483*) — vgl. auch (*484*) — ausgearbeitete Modell der aus Zucker, Phosphorsäure und Stickstoffbase zusammengesetzten Desoxyribonucleinsäure (DNS) wegen der zu den Scheibeschen Farbstoffpolymeren analogen Aneinanderlagerung der flachen Heterozyklen eine Überlappung zwischen den Elektronenwolken der (3,4 Å entfernten) Einzelmoleküle nahelegen. Das Fehlen experimenteller Hinweise erlaubt jedoch keine weitere Erörterung dieses Problems.

Zusammenfassend ist somit festzustellen, daß verschiedene Experimente wohl auf die Bildung und Beweglichkeit elektronischer Ladungsträger in Eiweißstoffen hinweisen. Die Frage des Leitungswegs und eventuellen Zusammenhangs mit der Energieübertragung in biologischen Systemen muß aber noch unbeantwortet bleiben; vgl. hierzu noch LAPP u. a. (*448, 485, 486*). Zur weiteren Klärung dieser Probleme sind fortsetzende Versuche (vor allem ESR-, Photoleitungsmessungen u. a.) erforderlich.

Bedenkt man die Vielzahl der Probleme biologischer und biochemischer Natur, bei denen die Energiewanderung eine Rolle spielt, so erkennt man die große Bedeutung derartiger Untersuchungen.

Es sei nur an die Energetik der *Enzyme* (*453*) oder an die *Nervenleitung* (*487*) erinnert. Erwähnt seien die Diskussionen im Zusammenhang mit der *Krebsbildung* — vgl. LAUTSCH, BROSER u. a. (*488* bis *490*) sowie MASON (*491*) —, denenzufolge der Wirkungsmechanismus mancher cancerogener Stoffe auf einer von der Ladungsverteilung bestimmter Molekülbezirke dieser Substanzen bedingten Hemmung der elektronen- bzw. energiefortleitenden Eigenschaften der Eiweißverbindungen, Fermente u. a. bestehen soll. Bemerkenswerterweise wird von LAUTSCH u. Mitarb. an Fermentmodellen eine derartige Verminderung der Leitungsfähigkeit der Polypeptidkette bei Anlagerung von Fremdsubstanzen beobachtet.

Möglicherweise tragen diese Untersuchungen auch dazu bei, die *Schutzwirkung* verschiedener Substanzen *gegenüber* Röntgen- und anderen *Strahlen* dem Verständnis nahezubringen und die Richtung weiterer Versuche vorzugeben. Während nämlich BARRON u. a. (*492* bis *494*) als Ursache der Erscheinung den Schutz von Enzymsystemen oder die Beeinflussung biologisch wichtiger Zyklen (z.B. Zitronensäurezyklus) diskutieren [und in anderen Fällen eine Überführung der strahlenden Elemente in Chelatkomplexe — vgl. (*495*) — mittels Äthylendiamintetraessigsäure von Bedeutung ist], vergleicht KREBS (*463*) die Wirkung des strahlenschützenden Cysteins oder Glutathions etwa mit der von Fremdmolekülen, die in Spuren einheitlichen organischen Systemen (z.B. Brenzkatechin in Pseudoisocyan-Aggregaten) zugefügt werden. Nach dieser Hypothese sollte sich der im organischen Stoff von der Fremdmolekülbeimischung als Fluoreszenz- (und Photoleitungs-)minderung beobachtbare Effekt im biologischen System als Minderung der Strahlenschädigung auswirken, da die von der Grundsubstanz aufgenommene und an Fremdmoleküle transportierte Energie in einem Fall in strahlende Energie (Lumineszenz) der Beimischung und im anderen in eine für das biologische Gesamtsystem unschädliche Form umgewandelt werden kann. Die Ähnlichkeit zwischen dem Verlauf der von der Konzentration des beigemengten Fremdstoffs abhängigen Änderung der Fluoreszenzintensität und der mit der Cysteinkonzentration zunehmenden Toleranzdosis (*496*) legt eine weitere Prüfung dieser Theorie nahe. Eine modellmäßige Nachbildung dieses Prozesses wäre von besonderem Interesse, da diese möglicherweise eine Voraussage der Strahlenschutzwirkung verschiedener Substanzen durch ungefährliche Messungen (ESR, Leitfähigkeit usw.) außerhalb des Körpers erlauben würde.

Literatur

A. Die Lichtabsorption der Farbstoffe

Erstes Kapitel

(*1*) PLOTNIKOW, J.: Allgemeine Photochemie. Berlin-Leipzig: W. de Gruyter 1936.
(*2*) EGGERT, J.: Lehrbuch der physikalischen Chemie, 8. Aufl. Stuttgart: S. Hirzel 1960.
(*3*) PESTEMER, M., u. G. SCHEIBE: Angew. Chem. **66**, 553 (1954).
(*4*) MULLIKEN, R. S., and C. A. RIEKE: Rep. Progr. Phys. **8**, 231 (1941).
(*5*) PLATT, J. R., and H. B. KLEVENS: Rev. mod. Phys. **16**, 182 (1944).
(*6*) KORTÜM, G.: Kolorimetrie, Photometrie und Spektrometrie, 4. Aufl. Berlin-Göttingen-Heidelberg: Springer 1962.

Zweites Kapitel

(*7*) GRAEBE, C., u. H. LIEBERMANN: Chem. Ber. **1**, 106 (1868).
(*8*) WITT, N. O.: Chem. Ber. **9**, 522 (1876); **21**, 321 (1888).
(*9*) WIZINGER, R.: Anorg. Chem. **39**, 564 (1926); **40**, 937 (1927).
(*10*) DILTHEY, W.: Chem. Ber. **53**, 261 (1920); **55**, 1275 (1922).
(*11*) BAEYER, A. v.: Liebigs Ann. Chem. A **354**, 152—204 (1907).

(12) WILLSTÄDTER, R.: Chem. Ber. **41**, 1456 (1908).

(13) FIERZ, H. E., u. H. KOECHLIN: Helv. chim. Acta 1, 210—226 (1918).

(14) KÖNIG, W.: J. prakt. Chem. **112**, 1—36 (1926).

(15) KLAGES, F.: Lehrbuch der organischen Chemie, III. Berlin: W. de Gruyter 1958.

(16) INGOLD, C. K.: Chem. Rev. **15**, 225 (1934); Nature, Lond. **141**, 314 (1938).

(17) KLAGES, F.: Lehrbuch der organischen Chemie, II. Berlin: W. de Gruyter 1954.

(18) STAAB, H. A.: Einführung in die theoretische organische Chemie. Weinheim: Verlag Chemie 1959.

(19) REMICK, A. E.: Electronic interpretations of organic chemistry. New York: J. Wiley 1950.

(20) ARNDT, F., u. B. EISTERT: Angew. Chem. **49**, 33 (1936).

(21) HÜCKEL, E.: Z. Elektrochem. **43**, 752 (1937).

(22) KARAGOUNIS, G.: Einführung in die Elektronentheorie organischer Verbindungen. Berlin-Göttingen-Heidelberg: Springer 1959.

(23) PESTEMER, M., u. D. BRÜCK: HOUBEN-WEYL-MÜLLER, Methoden der organischen Chemie, Bd. III, Teil 2, Physikalische Methoden. Stuttgart: Georg Thieme 1955.

(24) EISTERT, B.: Chemismus und Konstitution, Bd. 1. Stuttgart 1948.

(25) MÜLLER, E.: Neuere Anschauungen der organischen Chemie. Berlin: Springer 1940.

(26) SLATER, J. C.: Phys. Rev. **38**, 1109 (1931).

(27) PAULING, L.: J. chem. Phys. **1**, 280 (1933).

(28) HARTMANN, H.: Theorie der chemischen Bindung. Berlin-Göttingen-Heidelberg: Springer 1954.

(29) PREUSS, H.: Die Methode der Molekülphysik und ihre Anwendungsbereiche. 1. Sonderbd. der Fortschritte der Physik. Berlin: Akademie Verlag 1959.

(30) FÖRSTER, TH.: Z. phys. Chem. B **41**, 287 (1938); **47**, 245 (1940).

(31) SKLAR, A. L.: J. chem. Phys. **5**, 669 (1937); **10**, 521 (1942); — Rev. mod. Phys. **14**, 232 (1942).

(32) SEEL, F.: Naturwissenschaften **34**, 124 (1947); — Z. Naturforsch. **34**, 180 (1948).

(33) HUND, F.: Z. Physik **51**, 759 (1928).

(34) MULLIKEN, R. S.: Phys. Rev. **32**, 186, 761, (1928); **33**, 730 (1929); **41**, 49 (1932); — Proc. roy. Soc. Lond. **169**, 413 (1939).

(35) LENNARD-JONES, J. E.: Proc. roy. Soc. Lond. A **158**, 280 (1937).

(36) HÜCKEL, E.: Z. Physik **70**, 204 (1931).

(37) HERZFELD, K. F., and A. L. SKLAR: Rev. mod. Phys. **14**, 294 (1942).

(38) PAULING, L.: Proc. nat. Acad. Sci. **25**, 577 (1939).

(39) SOMMERFELD, A.: Z. Physik **47**, 1 (1928).

(40) KUHN, H.: J. chem. Phys. **16**, 287 (1948); — Helv. chim. Acta **31**, 1441 bis 1455 (1948); — J. chem. Phys. **17**, 1198 (1949); **34**, 1308 (1951); — Z. Elektrochem. **53**, 165 (1949).

(41) SCHMITT, O.: Ber. dtsch. chem. Ges. **73**, A 97 (1940).

(42) SIMPSON, W. T.: J. chem. Phys. **16**, 1124 (1948).

(43) FINKELNBURG, W.: Einführung in die Atomphysik. Berlin-Göttingen-Heidelberg: Springer 1956.

(44) SEEL, F.: Atombau und chemische Bindung. Stuttgart: Ferdinand Enke 1956.

(45) BROOKER, L. G. S.: Rev. mod. Phys. **14**, 275 (1942).

(46) HEITLER, W.: The quantum theory of radiation. Oxford: Univ. Press 1944.

(47) KUHN, H.: Helv. chim. Acta **34** (II), 1308—1334 (1951).

(48) KUHN, H.: Helv. chim. Acta **34** (II), 2371—2402 (1951).

(49) KUHN, H.: Helv. chim. Acta **32**, 2247 (1949); — Z. Elektrochem. **55**, 220 (1951).

(50) HUBER, WERNHARD, H. KUHN u. WALTER HUBER: Helv. chim. Acta **36**, 1567 (1953).

(51) KUHN, H.: Fortschr. Chem. org. Naturstoffe **16**, 169 (1958).

(52) KUHN, H.: Experientia **9**, 41 (1953).

(53) KUHN, H., u. W. HUBER: Chimia 7, 232 (1953).
(54) KRON, G.: Phys. Rev. 67, 39 (1945).
(55) LABHART, H.: Helv. chim. Acta 36, 1689 (1953).
(56) KUHN, H.: Chimia 9, 237—249 (1955).
(57) KUHN, H.: Angew. Chem. 71, 93—104 (1959).
(58) PLATT, J. R.: J. chem. Phys. 17, 484 (1949).
(59) ZANKER, V.: Z. phys. Chem., N.F. 2, 54 (1954).

Drittes Kapitel

(60) KÖNIGSBERGER, J., u. K. KÜPFERER: Ann. Phys. (4) 37, 601 (1912).
(61) SHEPPARD, S. E., P. T. NEWSOME and H. R. BRIGHAM: J. Amer. chem. Soc. 64, 2923—2937 (1942).
(62) FERGUSON, J.: J. chem. Phys. 24, 1263 (1956).
(63) SCHEIBE, G., D. BRÜCK u. F. DÖRR: Ber. dtsch. chem. Ges. 85, 867—877 (1952).
(64) SCHEIBE, G., u. D. BRÜCK: Z. Elektrochem. 54, 403 (1950).
(65) KUMLER, W. D.: J. Amer. chem. Soc. 68, 1184 (1946).
(66) LEWIS, G. N., and M. CALVIN: Chem. Rev. 25, 273 (1939).
(67) LEWIS, G. N., and J. BIGELEISEN: J. Amer. chem. Soc. 65, 2107 (1943).
(68) LONDON, F.: Z. Physik 63, 245 (1930); — Z. phys. Chem., Abt. B 11, 222 (1930).
(69) SLATER, J. C., and J. G. KIRKWOOD: Phys. Rev. 37, 682 (1931).
(70) LONGUET-HIGGINS, H. C., and J. A. POPLE: J. chem. Phys. 27, 192 (1957).
(71) SHEPPARD, S. E.: J. chem. Soc. 95, 15—19 (1909).
(72) BAYLISS, N. S.: J. chem. Phys. 18, 292 (1950).
(73) SAMBURSKY, S., and G. WOLFSSOHN: Phys. Rev. 62, 357 (1942).
(74) PLATT, J. R.: J. opt. Soc. Amer. 43, 252 (1953).
(75) LIPPERT, E., u. F. MOLL: Z. Elektrochem. 58, 718—724 (1954).
(76) KEESOM, W. H.: Phys. Z. 22, 129 (1921); 23, 225 (1922).
(77) DEBYE, P.: Phys. Z. 21, 178 (1920).
(78) KUNDT, A.: Ann. Phys. Chem. 4, 34—54 (1878).
(79) LE ROSEN, A., and C. REID: J. chem. Phys. 20, 233 (1952).
(80) SCHUURMANN, R., and W. F. MADDAMS: J. chem. Phys. 19, 1430 (1951).
(81) BROOKER, L. G. S.: U.S. Patents 2, 177, 401-2-3.
(82) BROOKER, L. G. S., and W. T. SIMPSON: Ann. Rev. phys. Chem. 2, 121 (1951).
(83) FÖRSTER, TH.: Z. Elektrochem. 45, 548 (1939).
(84) LIPPERT, E.: Z. Elektrochem. 61, 962 (1957).
(85) LEWIS, G. N., and M. CALVIN: Chem. Rev. 25, 305 (1939).
(86) ROBERTS, J. P., R. L. WEBB and E. A. McELHILL: J. Amer. chem. Soc. 72, 408 (1950).
(87) BAYLISS, N. S., and E. G. McRAE: J. Amer. chem. Soc. 74, 5803 (1952).
(88) DIMROTH, K.: Angew. Chem. 60, 70 (1948).
(89) BROOKER, L. G. S.: J. Amer. chem. Soc. 73, 5332, 5350 (1951).
(90) BRÖNSTEDT, J. N.: Z. angew. Chem. 43, 229 (1930).
(91) HOYER, H.: Z. Elektrochem. 49, 97 (1943).
(92) McCOUMELL, H.: J. chem. Phys. 20, 700 (1952).
(93) LENNARD-JONES, J. E., and J. A. POPLE: Proc. roy. Soc. Lond. A 205, 155 (1951).
(94) NAGAKURA, S., and H. BABA: J. Amer. chem. Soc. 74, 5693 (1952).
(95) JOHN, W.: Angew. Chem. A 59, 188 (1947).
(96) SUHRMANN, R., u. H. H. PERKAMPUS: Z. Elektrochem. 56, 743 (1952).
(97) DIMROTH, K.: Marburger Sitzungsber. 76, 3 (1953).
(98) CALVIN, M., and H. W. ALTER: J. chem. Phys. 19, 765 (1951).
(99) HOLLECK, L., u. R. SCHINDLER: Z. Elektrochem. 60, 1142 (1956).
(100) KASHA, M.: Disc. Farad. Soc. 9, 14 (1950).
(101) NAKAMOTO, K., and K. SUZUKI: J. chem. Phys. 20, 1971 (1952).
(102) BREALEY, G. J., and M. KASHA: J. Amer. chem. Soc. 77, 4462 (1955).
(103) SCHEIBE, G.: Z. angew. Chem. 50, 212 (1937); 49, 563 (1936); 52, 631 (1939).

(104) SCHEIBE, G., u. W. FRÖMEL: Hand- und Jahrbuch der chemischen Physik (EUCKEN und WOLF), Bd. 9, IV, S. 174. Leipzig 1936.

(105) JELEY, E. E.: Nature, Lond. **138**, 1009 (1936); **139**, 631 (1937).

(106) FÖRSTER, TH., u. E. KÖNIG: Z. Elektrochem. **61**, 344—348 (1957).

(107) RABINOVITCH, E., and L. EPSTEIN: J. Amer. Chem. Soc. **63**, 69 (1941).

(108) ZANKER, V.: Z. phys. Chem. **199**, 255, **200**, 250 (1952); N.F. **8**, 20 (1956).

(109) BARTELS, P.: Z. phys. Chem. **34**, 255 (1936).

(110) SCHEIBE, G.: Z. Elektrochem. **52**, 283—292 (1948).

(111) SCHEIBE, G.: Kolloid-Z. **82**, 1 (1938).

(112) APPEL, W., u. V. ZANKER: Z. Naturforsch. **13b**, 126—134 (1958).

(113) WINTERSTEIN, A.: Centenaire de l'Institut National Genevois 93 (1954).

(114) SYLVÉN, BENGT: Quart. J. micr. Sci. Lond. **95**, 327 (1954).

(115) APPEL, W., u. G. SCHEIBE: Z. Naturforsch. **13b**, 359—364 (1958).

(116) SCHEIBE, G.: Theoretische organische Chemie (Fiat-Ber.), Bd. 35, Teil II, S. 51. 1953.

(117) SCHEIBE, G., A. MAREIS u. G. ECKER: Naturwissenschaften **25**, 474 (1937).

(118) KREMPL, H.: Diss. TH München 1952.

(119) ECKER, G., H. ZIMMERMANN u. G. SCHEIBE: Z. Elektrochem. **60**, 566—569 (1956).

(120) LEVKOJEFF, I. I., E. B. LIFSCHITZ, S. W. NATANSON, N. N. SWESCHNIKOFF u. P. SITNIK: Ergebn. d. Int. Konf. f. wiss. Photogr., Köln 1956. Darmstadt: O. Helwich 1958. S. 109—116.

(121) SCHEIBE, G., S. HARTWIG u. R. MÜLLER: Z. Elektrochem. **49**, 372, 383 (1943).

(122) HOPPE, W.: Kolloid-Z. **101**, 300 (1942); **109**, 21, 27 (1944).

(123) SCHEIBE, G., R. MÜLLER u. R. SCHIFFMANN: Z. phys. Chem., Abt. B **49**, 324 (1941).

(124) SKERLAK, T.: Kolloid-Z. **95**, 265 (1941).

(125) KATHEDER, F.: Kolloid-Z. **92**, 299 (1940); **93**, 28 (1940).

(126) ECKER, H.: Kolloid-Z. **92**, 35 (1940).

(127) KORTÜM, G.: Z. phys. Chem., Abt. B **33**, 1 (1936); **34**, 255 (1936).

(128) STUART, H. A.: Die Struktur des freien Moleküls, Bd. I, Die Physik der Hochpolymeren. Berlin-Göttingen-Heidelberg: Springer 1952.

(129) ZANKER, V.: Z. phys. Chem. **200**, 250 (1952).

(130) SCHEIBE, G., u. V. ZANKER: Z. Physik **133**, 244 (1952).

(131) ZANKER, V.: Z. phys. Chem., N.F. **8**, 20 (1956).

(132) CONDON, E. U.: Phys. Rev. **32**, 858 (1928).

(133) FÖRSTER, TH.: Naturwissenschaften **33**, 166 (1946).

(134) WOLF, H. C.: Z. Naturforsch. **10a**, 3 (1955).

(135) SIDMANN, J. W.: J. chem. Phys. **25**, 115 (1955).

(136) BREE, A., and L. E. LYONS: J. chem. Soc. **1955**, 2658.

(137) PERKAMPUS, H. H.: Z. phys. Chem., N.F. **13**, 278—297 (1957).

(138) PERKAMPUS, H. H.: Naturwissenschaften **44**, 614 (1957); — Z. Elektrochem. **62**, 1152—1156 (1958).

(139) MATTOON, R. W.: J. chem. Phys. **12**, 268 (1944).

(140) SHEPPARD, S. E.: Rev. mod. Phys. **14**, 303 (1942).

(141) HOLMES, W. G., and A. R. PETERSON: J. phys. Chem. **36**, 1248—1254 (1932).

(142) WEIGL, J. W.: J. chem. Phys. **24**, 364—370 (1956).

(143) BUM, C. W.: Chem. Crystallography, S. 366. London: Oxford Univ. Press 1946.

(144) ARDENNE, M.: Elektronen-Übermikroskopie, S. 319. Berlin: Springer 1940.

(145) WARTANJAN, A. T.: J. phys. Chem. **20**, 1065 (1946).

(146) HEAVENS, O. S.: Optical properties of thin solid films. London: Butterworths 1955.

(147) SCHEIBE, G., u. R. FAUSS: Kolloid-Z. **125**, 139 (1952).

(148) TREIBER, E.: Kolloid-Z. **130**, 39 (1953).

(149) TAYLOR, W. H.: Z. Kristallogr. **91**, 450 (1935).

(150) ANDERSON, J. S.: J. opt. Soc. Amer. **39**, 49 (1949).

(151) WEIGL, J. W.: J. chem. Phys. **24**, 577—579 (1956).

(152) PRIBYTHOWA, N., and L. AGROSSKIN: J. chem. Soc. Japan, pure chem. sect. **78**, 1200—1204 (1957).

(153) HOLMES, W. G.: Industr. Engng. Chem. 16, 35 (1924).
(154) WARTANJAN, A. T.: J. Techn. Phys. USSR 20, 847—853 (1950).
(155) WARTANJAN, A. T.: Nachr. Akad. Wiss. UdSSR, phys. Ser. 20, 448—454 (1954).
(156) SPEAS, W. E.: Phys. Rev. 31, 569 (1928).
(157) SHEPPARD, S. E., and G. E. GEDDES: J. Amer. chem. Soc. 66, 2003 (1944).
(158) SHEPPARD, S. E., and P. T. NEWSOME: J. Amer. chem. Soc. 64, 2937 (1942).
(159) EGERTON, G. S., and A. G. ROACH: Nature, Lond. 180, 1349—1350 (1957).
(160) FEOFILOV, P. P.: Dokl. Akad. Wiss. UdSSR 57, 447 (1947).
(161) FEOFILOV, P. P., i J. G. FAERMANN: Dokl. Akad. Wiss. UdSSR 87, 931 (1952).
(162) CLAR, E.: Aromatische Kohlenwasserstoffe, 2. Aufl. Berlin-Göttingen-Heidelberg: Springer 1952.
(163) JONES, R. N.: J. Amer. chem. Soc. 74, 2681 (1952).
(164) COMMONER, B., and D. LIPKIN: Science 110, 41 (1949).
(165) BETHE, H.: Ann. Phys. 3, 133 (1929).
(166) FREED, S.: Rev. mod. Phys. 14, 105 (1942).
(167) DAVYDOV, A. S.: J. Exp. Theor. Phys. USSR 18, 210 (1948); 21, 673 (1951).
(168) FRENKEL, J.: Bull. Acad. Sci. USSR, phys. Ser. 12, 664 (1948).
(169) PEIERLS, R.: Ann. Phys. 13, 905 (1932).
(170) CRAIG, P. P., and P. C. HOBBINS: J. chem. Soc. 1948, 539.
(171) WINSTON, H.: J. chem. Phys. 19, 156 (1951).
(172) SADLER, P. W.: J. org. Chem. 21, 316 (1956).
(173) WEINSTEIN, J., and G. M. WYMAN: J. Amer. chem. Soc. 78, 2387 (1956).
(174) LEWIS, G. N., and J. BIGELEISEN: J. Amer. chem. Soc. 65, 520 (1943).
(175) LAND, E. H., and C. D. WEST: Alexander's Colloid Chemistry, Bd. 6, S. 160. New York 1946.
(176) RIESTER, O.: Ref. bei Kolloquium „Mechanismus der optischen Sensibilisierung". München 1959.

B. Die Lumineszenz der Farbstoffe

Viertes Kapitel

(1) FÖRSTER, TH.: Fluoreszenz organischer Verbindungen. Göttingen: Vandenhoeck & Ruprecht 1951.
(2) RIEHL, N.: Physik und technische Anwendungen der Lumineszenz. Berlin: Springer 1941.
(3) PRINGSHEIM, P., u. M. VOGEL: Lumineszenz von Flüssigkeiten und festen Körpern. Weinheim: Verlag Chemie 1951.
(4) BANDOW, F.: Lumineszenz, Ergebnisse und Anwendungen. Stuttgart: Wiss. Verlagsges. 1956.
(5) ROSENBERG, J. L.: Physic. Techn. biol. Res. 1, 1—50 (1955).
(6) FÖRSTER, TH.: Naturwissenschaften 36, 240 (1949).
(7) FONDA, G. R.: J. appl. Phys. 10, 408 (1934).
(8) MEIER, H.: Z. wiss. Photogr. 51, 208—244 (1956).
(9) TAYLOR, G. G.: J. Soc. Dyers and Colourists 71, 697—704 (1955).
(10) STARK, J., u. R. MEYER: Phys. Z. 8, 250 (1907).
(11) WEST, W.: Org. chem. Bull. 28, 1—6 (1956).
(12) WIEDEMANN, E., u. G. C. SCHMIDT: Ann. Phys. Chem. 56, 201 (1895).
(13) SCHEIBE, G., u. L. KANDLER: Naturwissenschaften 26, 412 (1938).
(14) SCHEIBE, G., u. F. KATHEDER: Naturwissenschaften 27, 499 (1939).
(15) LIPPERT, E.: Z. phys. Chem., N.F. 2, 328—335 (1954).
(16) HENRI, V.: Experimentelle Grundlagen der Prädissoziation der Moleküle, in: Leipziger Vorträge 1931.
(17) SEYEWETZ, A., et D. MOUNIER: Bull. Soc chim. France 43, 648—654 (1928).
(18) BEHRINGER, J.: Z. Elektrochem. 62, 544—567 (1958).
(19) KORTÜM, G., u. G. DREESEN: Chem. Ber. 84, 182 (1951).
(20) LIPPERT, E., u. F. MOLL: Z. Elektrochem. 58, 718—724 (1954).
(21) MENT, J. DE: Fluorochemistry, S. 100. New York 1945.

(22) LEWIS, G. N., D. LIPKIN and TH. MAGEL: J. Amer. chem. Soc. **63**, 3005 (1941).

(23) HAITINGER, M.: Die Fluoreszenzanalyse in der Mikrochemie. Wien: E. Haim & Co. 1937.

(24) FÖRSTER, TH.: Naturwissenschaften **36**, 186 (1949); — Z. Elektrochem. **54**, 42, 531 (1950).

(25) WELLER, A.: Z. Elektrochem. **56**, 662 (1952); **58**, 849 (1954); — Z. phys. Chem., N.F. **3**, 238 (1955).

(26) MATAGA, N., Y. KAIFU and M. KOIZUMI: Bull. chem. Soc. Japan **29**, 373 (1956).

(27) PERKAMPUS, H. H.: Z. Elektrochem. **60**, 1102 (1956).

(28) BREITSCHWERDT, K., TH. FÖRSTER u. A. WELLER: Naturwissenschaften **43**, 443 (1956).

(29) LOWRY, T. M.: Chem. & Ind. **42**, 43 (1923).

(30) BRÖNSTEDT, J. N.: Rec. Trav. chim. Pays-Bas. **42**, 718 (1923).

(31) WELLER, A.: Z. Elektrochem. **61**, 956—961 (1957).

(32) KOKUBUN, H.: Z. Elektrochem. **62**, 599—607 (1958).

(33) FÖRSTER, TH., u. K. KASPER: Z. phys. Chem., N.F. **1**, 275 (1954); — Z. Elektrochem. **59**, 976—980 (1955).

(34) EPPLE, R., u. TH. FÖRSTER: Z. Elektrochem. **58**, 783—787 (1954).

(35) WEISS, J.: Trans. Faraday Soc. **35**, 48 (1939); — Proc. roy. Soc. Lond. A **174**, 351 (1940).

(36) WAWILOW, S. I.: Acta phys. polon. **5**, 417 (1936).

(37) KORTÜM, G.: Z. Elektrochem. **56**, 200, 293 (1952); — Trans. Faraday Soc. **51**, 1620 (1955).

(38) FRANK, J., u. S. I. WAWILOW: Z. Physik **69**, 100 (1931).

(39) HANLE, W., u. A. SCHARMANN: Z. Naturforsch. **7a**, 635 (1952).

(40) PERRIN, F.: Ann. Phys., Paris **12**, 169 (1929); — Biochem. J. **51**, 145 (1952).

(41) WEBER, G.: Trans. Faraday Soc. **44**, 185 (1948).

(42) EISENBRAND, J.: Verh. Ges. dtsch. Naturforsch. u. Ärzte **13**, 167 (1937); — Z. Elektrochem. **55**, 374 (1951).

(43) BOWEN, E. J., and E. COATES: J. chem. Soc. **1947**, 105.

(44) KORTÜM, G., H. BAUR u. G. FRIEDHEIM: Z. phys. Chem. **200**, 293 (1952).

(45) SCHENCK, G. O.: Angew. Chem. **69**, 579—599 (1957).

(46) SCHEIBE, G., u. D. BRÜCK: Z. Elektrochem. **54**, 403 (1950).

(47) FÖRSTER, TH.: Z. Elektrochem. **53**, 93 (1949).

(48) WOLF, H. C.: Z. Physik **139**, 318 (1954).

(49) BOWEN, E. J.: Nature, Lond. **142**, 108 (1938).

(50) FÖRSTER, TH.: Ann. Phys. (6) **2**, 55 (1948).

(51) PRINGSHEIM, P.: Trans. Faraday Soc. **35**, 28 (1939).

(52) GRANT, J.: Textile Colorist **62**, 9 (1940).

(53) COOK, A. H.: J. Soc. chem. Ind. **55**, 724 (1936).

(54) STOCKINGER, L.: Z. mikr.-anat. Forsch. **59**, 304 (1952); — Z. Naturforsch. **13b**, 407—409 (1958).

(55) ZEIGER, K., u. H. HARDERS: Z. Zellforsch. **36**, 62 (1951—1952).

(56) WEISSMANN, CH.: Z. Zellforsch. **38**, 374 (1953).

Fünftes Kapitel

(57) WIEDEMANN, E.: Ann. Physik **34**, 446 (1888).

(58) KAUTSKY, H., u. H. DE BRUIJN: Naturwissenschaften **19**, 1043 (1931).

(59) KAUTSKY, H., u. A. HIRSCH: Ber. dtsch. chem. Ges. **65**, 403 (1932).

(60) KAUTSKY, H., u. H. MERKEL: Naturwissenschaften **27**, 195 (1939).

(61) CALVIN, M., and G. D. DOROUGH: Science **105**, 433 (1946).

(62) TIEDE, E., u. F. BÜSCHER: Chem. Ber. **53**, 2206 (1920).

(63) TIEDE, E., u. R. TOMASCHEK: Ann. Phys. **67**, 612 (1922).

(64) TIEDE, E., u. P. WULFF: Chem. Ber. **55**, 588 (1922).

(65) CHOMSE, H., W. HOFFMANN u. P. SEIDEL: Naturwissenschaften **43**, 12 (1956).

(66) TRAVNICEK, M.: Ann. Phys. (5) **17**, 654 (1933).

(*67*) FRÖHLICH, P., u. H. MISCHUNG: Kolloid-Z. **108**, 30 (1944).
(*68*) GOMBAY, L.: Acta chem. phys. **2**, 241 (1950); — Acta Univ. Szegediensis, Sect. Sci. nat. 196 (1949).
(*69*) MARTIN, H.: Zit. bei H. KUHN, Chimia **9**, 246 (1955).
(*70*) JABLONSKY, A.: Nature, Lond. **131**, 839 (1933); — Z. Physik **94**, 38 (1935).
(*71*) LEWIS, G. N., and M. KASHA: J. Amer. chem. Soc. **66**, 2100 (1944).
(*72*) LEWIS, G. N., and M. KASHA: J. Amer. chem. Soc. **67**, 994 (1945).
(*73*) LEWIS, G. N., and M. CALVIN: J. Amer. chem. Soc. **67**, 1232 (1945).
(*74*) KORTÜM, G., u. G. LITTMANN: Z. Naturforsch. **12a**, 395 (1957).
(*75*) HUTCHISON, C. A., and B. W. MANGUM: J. chem. Phys. **29**, 952 (1958).
(*76*) HONERJÄGER, R.: Fortschr. chem. Forsch. **3**, 722 (1958).
(*77*) WILK, M.: Z. Elektrochem. **64**, 930—936 (1960).
(*78*) KASHA, M., and S. P. McGLYNN: Ann. Rev. phys. Chem. **7**, 403 (1956).
(*79*) EVANS, D. F.: Nature, Lond. **178**, 534 (1956).
(*80*) KASHA, M.: J. chem. Phys. **20**, 71 (1952).
(*81*) NORRISH, W., and G. PORTER: Nature, Lond. **164**, 658 (1949).
(*82*) NORRISH, W.: Z. Elektrochem. **56**, 705 (1952).
(*83*) PORTER, G., and M. WINDSOR: J. chem. Phys. **21**, 2088 (1953); — Proc. roy. Soc. Lond. A **245**, 238 (1958).
(*84*) LIVINGSTON, R., and D. W. TANNER: Trans. Faraday Soc. **54**, 765 (1958).
(*85*) PORTER, G., and F. J. WRIGHT: Trans. Faraday Soc. **51**, 1205 (1955).
(*86*) MEIER, H.: Z. phys. Chem. **208**, 340—360 (1958).
(*87*) PARISER, R.: J. chem. Phys. **24**, 250 (1956).
(*88*) KUHN, H.: Chimia **9**, 246—249 (1955).

C. Die photochemischen Umsetzungen an organischen Farbstoffen

Sechstes Kapitel

(*1*) LIMMER, F.: Das Ausbleichverfahren. Halle: Knapp 1911.
(*2*) SCHENCK, G. O.: Naturwissenschaften **35**, 28 (1948); **40**, 205 (1953).
(*3*) SCHENCK, G. O.: Z. Elektrochem. **56**, 855 (1952).
(*4*) PORTER, G., and M. WINDSOR: Disc. Faraday Soc. **12**, 178 (1954).
(*5*) SCHENCK, G. O.: Naturwissenschaften **41**, 374 (1954).
(*6*) LIVINGSTON, R., and G. PORTER: Nature, Lond. **173**, 485 (1954).
(*7*) PIETSCH, H.: Z. wiss. Photogr. **54**, 109—117 (1960).
(*8*) KÖGEL, G.: Photogr. Korr. **62**, 119 (1926).
(*9*) PESTEMER, M.: Z. Elektrochem. **58**, 121—129 (1954).
(*10*) POLGAR, A.: Z. wiss. Photogr. **46**, 188—237 (1951).
(*11*) WEBER, K.: Z. phys. Chem., Abt. B **15**, 18 (1932); — Naturwissenschaften **23**, 849 (1935).
(*12*) MUDROVCIC, M.: Z. wiss. Photogr. **26**, 171 (1929).
(*13*) HOLST, G.: Z. phys. Chem., Abt. A **179**, 172 (1937); **182**, 321 (1938).
(*14*) OWADES, J. L.: Experientia **6**, 258 (1950).
(*15*) GRANICK, S., L. MICHAELIS and M. P. SCHUBERT: J. Amer. chem. Soc. **62**, 204, 1802 (1940).
(*16*) BLAISDELL, B. E.: J. Soc. Dyers and Colourists **65**, 618 (1949).
(*17*) HAVEMANN, R., u. H. PIETSCH: Z. phys. Chem. **208**, 98—108 (1957); **209**, 210—219 (1958).
(*18*) HAVEMANN, R., u. H. PIETSCH: Z. phys. Chem. **210**, 232—245 (1959).
(*19*) HAVEMANN, R., u. K. G. REIMER: Z. phys. Chem. **211**, 26—39 (1959).
(*20*) HAVEMANN, R., u. K. G. REIMER: Z. phys. Chem. **211**, 61—73 (1959).
(*21*) RABINOVITSCH, E.: J. chem. Phys. **8**, 551 (1940).
(*22*) HAVEMANN, R., H. PIETSCH u. H. WIELGOSCH: Z. wiss. Photogr. **54**, 91—99, 100—109 (1960).
(*23*) DILUNG, N. N., i B. J. DAIN: J. phys. Chem. UdSSR **33**, 2740 (1959).
(*24*) LASAREFF, P.: Ann. Phys. **24**, 661 (1907); — Trans. Faraday Soc. **21**, 475 (1925).
(*25*) WEIGERT, F.: Z. Physik **5**, 410 (1921); — Naturwissenschaften **9**, 583 (1921).
(*26*) WINTHER, CHR.: Z. wiss. Photogr. **11**, 92 (1911).

(27) Lasareff, P.: Z. phys. Chem. 78, 557 (1912).

(28) Blum, H. F., u. C. R. Spealman: J. phys. Chem. 37, 1123—1133 (1933).

(29) Koismui, M., Z. Kuroda and A. Watanabe: J. Inst. Polyt. Osaka C 2, 1 (1951).

(30) Hillson, P. J., and E. K. Rideal: Proc. roy. Soc. Lond. 216, 458—476 (1953).

(31) Gebhardt, K.: Z. angew. Chem. 27, 4 (1919).

(32) Rein, H.: Z. angew. Chem. 47, 157 (1934).

(33) Schenck, G. O.: Z. Elektrochem. 55, 505 (1951); — Z. Naturforsch. 3b, 59 (1958).

(34) Schenck, G. O., H. Mertens, W. Müller u. G. P. Schiemek: Angew. Chem. 68, 303 (1956).

(35) Schenck, G. O.: Naturwissenschaften 41, 452 (1954).

(36) Schönberg, A.: Liebigs Ann. Chem. 518, 299 (1935).

(37) Schönberg, A.: Präparative organische Photochemie. Berlin-Göttingen-Heidelberg: Springer 1958.

(38) Schenck, G. O., u. K. G. Kinkel: Naturwissenschaften 38, 355 (1951).

(39) Schenck, G. O.: Fiat-Review of german science. Preparative organic Chem., II, 1939—1946 (1948).

(40) Ziegler, K., W. Deparade u. W. Heye: Liebigs Ann. Chem. 567, 141 (1950).

(41) Schenck, G. O., u. K. H. Ritter: Naturwissenschaften 41, 374 (1954).

(42) Bergmann, W., and M. McLean: Chem. Rev. 28, 368 (1941).

(43) Windaus, A., u. J. Brunken: Liebigs Ann. Chem. 460, 225 (1928).

(44) Schenck, G. O., K. G. Kinkel u. E. Koch: Naturwissenschaften 41, 425 (1954).

(45) Dufraisse, Ch., et M. Gérard: C. R. Acad. Sci., Paris 201, 428 (1935); 202, 1859 (1936).

(46) Dufraisse, Ch., J. Le Bras et A. Allais: C. R. Acad. Sci., Paris 216, 383 (1943).

(47) Schenck, G. O.: Z. Elektrochem. 57, 675—680 (1953).

(48) Bäckström, H. L.: Z. phys. Chem. 25, 99 (1934); — Naturwissenschaften 22, 170 (1934).

(49) Schenck, G. O., W. Müller u. H. Pfennig: Naturwissenschaften 41, 374 (1954).

(50) Windaus, A., u. P. Borgeaud: Liebigs Ann. Chem. 460, 235 (1928).

(51) Inhoffen, H.: Naturwissenschaften 25, 125 (1937).

(52) Schenck, G. O.: Dechema-Monogr. 24, 105—145 (1955); — Allgemeine Gesichtspunkte für die präparative Durchführung photochemischer Reaktionen. In Schöneberg, Präparative Photochemie, S. 210—234. Berlin-Göttingen-Heidelberg: Springer 1958.

(53) Schenck, G. O., u. K. G. Kinkel: Z. Elektrochem. 56, 868 (1952).

(54) Schenck, G. O., H. Eggert u. W. Denk: Liebigs Ann. Chem. 584, 117 (1953).

(55) Schenck, G. O., u. K. Ziegler: Naturwissenschaften 32, 157 (1944).

(56) Schenck, G. O., u. K. Ziegler: Naturwissenschaften 38, 356 (1951).

(57) Schenck, G. O., K. G. Kinkel u. H. Mertens: Liebigs Ann. Chem. 584, 125 (1953).

(58) Alder, K., u. M. Schumacher: Fortschr. Chem. org. Naturstoffe 10, 96 (1953).

(59) Schenck, G. O., u. H. Schulze-Buschoff: Dtsch. med. Wschr. 1948, 341.

(60) Skau, E. L., and W. Bergmann: J. org. Chem. 3, 173 (1938).

(61) Laubach, G. D., E. C. Schreier, E. J. Agnello, E. N. Lightfoot and K. J. Brunings: Amer. Soc. 75, 1514 (1953).

(62) Schenck, G. O., u. H. Wirth: Naturwissenschaften 40, 141 (1953).

(63) Fieser, L. F.: The chemistry of natural products related to phenanthrene. New York: Reinhold Publ. 1937.

(64) Voegtlin, C.: Science 88, 41 (1938).

(65) Lewis, T.: Amer. J. Cancer 25, 305 (1935).

(66) Hollaender, A., P. A. Cole and F. S. Brackett: Amer. J. Cancer 37, 265 (1939).

(67) Schenck, G. O.: Naturwissenschaften **43**, 71 (1956).
(68) Maisin, J., et A. De Jonghe: C. R. Soc. Biol., Paris **117**, 111 (1934).
(69) Koch, R.: Naturwissenschaften **44**, 238 (1957).
(70) Schenck, G. O., K. Gollnick u. O. A. Neumüller: Liebigs Ann. Chem. **603**, 46 (1957).
(71) Rideal, E. K.: Science **90**, 217 (1939).
(72) Fieser, L. F., T. W. Greene, F. Bischof, G. Lopez and J. J. Rupp: J. Amer. chem. Soc. **77**, 3928 (1955).
(73) Büngeler, W.: Klin. Wschr. **16**, 1012 (1937); — Z. Krebsforsch. **46**, 130 (1937).

Siebentes Kapitel

(74) Gebhard, K.: Z. phys. Chem. **79**, 639 (1912).
(75) Ackerman, J. W.: J. phys. Chem. **36**, 1 (1932).
(76) Cumming, J. W., C. H. Giles and A. E. McEachran: J. Soc. Dyers and Colourists **72**, 373—381 (1956).
(77) Couper, M.: Text. Res. J. **21**, 720 (1951).
(78) Hammett, L. P.: Chem. Rev. **17**, 125 (1935); — J. Amer. chem. Soc. **59**, 96 (1937); — Trans. Faraday Soc. **34**, 156 (1938).
(79) Joffé, H. H.: Chem. Rev. **53**, 191 (1953).
(80) Gutowsky, H. S., D. W. McCall, B. R. McGarvey and L. H. Meyer: J. Amer. chem. Soc. **74**, 4809 (1952).
(81) Staab, H. A., W. Otting u. A. Ueberle: Z. Elektrochem. **61**, 1000 (1957).
(82) Chipalkatti, H. R., N. F. Desai, C. H. Giles and N. Macauly: J. Soc. Dyers and Colourists **70**, 487 (1954).
(83) Gaffron, H.: Biochem. Z. **179**, 157 (1926).
(84) Dörr, F.: Z. Elektrochem. (R. Mecke Widmungsheft) **64**, 580—582 (1960).
(85) Carter, C. W.: Biochem. J. **22**, 575—582 (1928).
(86) Cunliffe, P. W.: J. Soc. Dyers and Colourists **72**, 330 (1956).
(87) Ingham, I. S.: J. Soc. Dyers and Colourists **70**, 227 (1954).
(88) Graham, D. R., and K. W. Statham: J. Soc. Dyers and Colourists **72**, 474—527 (1956).
(89) Fearon, W. R., and W. A. Boggust: Biochem. J. **46**, 62 (1950).
(90) Kögel, G., u. F. Steigmann: Z. wiss. Photogr. **18**, 171 (1926).
(91) Baxter, G., C. H. Giles, M. N. McKee and N. Macauly: J. Soc. Dyers and Colourists **71**, 218—235 (1955).
(92) Douglas, G. T.: J. Soc. Dyers and Colourists **67**, 133 (1951).
(93) Speiser, C. Th.: Amer. Dyestuff Rep. **41**, 349—350 (1952).
(94) Krasnowsky, K. A. A., i A. W. Umrichina: Ber. Akad. Wiss. UdSSR **104**, 882 (1955).
(95) Überreiter, K., u. G. Sorge: Z. Elektrochem. **57**, 795—800 (1953).
(96) Wilski, H.: Angew. Chem. **71**, 612—618 (1959).

D. Der lichtelektrische Effekt der organischen Farbstoffe

Achtes Kapitel

(1) Gudden, B.: Lichtelektrische Erscheinungen. Berlin: Springer 1928.
(2) Gudden, B., u. R. W. Pohl: Z. Physik **7**, 65—72 (1920).
(3) Simon, H., u. R. Suhrmann: Der lichtelektrische Effekt und seine Anwendungen. Berlin-Göttingen-Heidelberg: Springer 1958.
(4) Mollwo, E.: Photoconductivity conference (Atlantic City, 1954). New York: John Wiley & Sons 1956. S. 509—528
(5) Görlich, P.: Techn. Phys. Monogr., Bd. 4, Die Photozellen. Leipzig: Geest & Portig 1951.
(6) Zcodro, N.: Nachr. Russ. Akad. Wiss. **6**, 727—746 (1919); — J. Chim. phys. **26**, 117, 178 (1929).
(7) Wartanjan, A. T.: J. phys. Chem. UdSSR **22**, 769 (1948); **24**, 1361—1370 (1950); — Acta physicochim. URSS **22**, 201 (1947).

(8) PETRIKALN, A.: Z. phys. Chem. Abt. B **10**, 9—21 (1930).

(9) NELSON, R. C.: J. chem. Phys. **19**, 798 (1951).

(10) LIFTSCHITZ, J., u. J. G. HOOGHOUDT: Z. phys. Chem. **141**, 52 (1929); **146**, 165 (1930).

(11) NODDACK, W., G. ECKERT u. H. MEIER: Z. Elektrochem. **56**, 735—740 (1952).

(12) ECKERT, G.: Z. wiss. Photogr. **49**, 220—249 (1954).

(13) MOSER, J.: Mh. Chem. **8**, 373 (1887).

(14) RIGOLLOT, H.: C. R. Acad. Sci., Paris **116**, 873 (1893).

(15) THOMSON, G. E.: Phys. Rev. **5**, 43 (1915).

(16) STORA, C.: J. Chim. phys. **29**, 168 (1932).

(17) HOANG THI NGA: J. Chim. phys. **32**, 564 (1935).

(18) STORA, C.: C. R. Acad. Sci., Paris **202**, 2152 (1936).

(19) TERENIN, A. N., i V. B. ESTIGNEEV: C. R. Acad. Sci. URSS **81**, 223 (1951).

(20) AUDUBERT, R., et G. LEBRUN: C. R. Acad. Sci., Paris **198**, 729 (1934).

(21) COPELAND, A. W., O. D. BLACK and A. B. GARRETT: Chem. Rev. **31**, 177 (1942).

(22) GRUMBACH, M. A.: C. R. Acad. Sci., Paris **177**, 395 (1923).

(23) MATEJEC, R.: Ref. Int. Koll. wiss. Photogr., Lüttich 1959.

(24) BREITSCHWERDT, K., u. A. WELLER: Z. phys. Chem., N.F. **20**, 353 (1959); — Z. Elektrochem. **64**, 64 (1960).

(25) RÜPPEL, H., u. H. T. WITT: Z. phys. Chem., N.F. **15**, 321 (1958).

(26) RÜPPEL, H., U. KROG u. H. T. WITT: Z. Elektrochem. **64**, 63 (1960)

(27) ECKERT, G.: Diss. Mainz 1953.

(28) GOLDMANN, A., u. J. BRODSKY: Ann. Phys. **44**, 849 (1914).

(29) VOLMER, M., u. W. MOLL: Z. phys. Chem., Abt. A **161**, 401 (1932).

(30) HILLSON, P. J., and P. P. BIRNBAUM: Trans. Faraday Soc. **48**, 353 (1952).

(31) BOSE, C.: USA Patent 755840; (1901).

(32) DEMBER, H.: Phys. Z. **32**, 554 (1931); — Naturwissenschaften **20**, 758 (1932).

(33) BERGMANN, L.: Phys. Z. **33**, 209 (1932); — Naturwissenschaften **20**, 15 (1932).

(34) BERGMANN, L., u. J. HÄUSLER: Z. Physik **100**, 50 (1936).

(35) PUTZEIKO, E., i A. TERENIN: J. phys. Chem. USSR **23**, 676 (1949).

(36) PUTZEIKO, E.: J. phys. Chem. USSR **22**, 1172 (1948).

(37) PUTZEIKO, E.: Dokl. Acad. Sci. USSR **59**, 471—474 (1948); **67**, 1009 (1949).

(38) PUTZEIKO, E.: Nachr. Akad. Wiss. UdSSR, phys. Ser. **13**, 224 (1949); — Abh. sowj. Physik **1**, 63 (1951) (Berlin).

(39) DÖRR, F., u. A. KLEINLE: Z. Naturforsch. **13b**, 257 (1958).

(40) PUTZEIKO, E.: Izv. (Bull.) Acad. Sci. USSR (phys.) **16**, 34 (1952).

(41) JUSE, V. P., i S. M. RIWKIN: Dokl. Acad. Sci. USSR **62**, 55 (1948).

(42) TERENIN, A., E. PUTZEIKO u. I. AKIMOV: Erg. Int. Konf. wiss. Photogr., Köln 1956, S. 117. Darmstadt: Helwich 1958.

(43) MEIER, H.: Z. wiss. Photogr. **53**, 1—18 (1958).

(44) EGGERS, J., E. KLEIN u. R. MATEJEC: Angew. Chem. **69**, 291—301 (1957).

(45) MEIER, H.: Z. Elektrochem. **59**, 1029—1037 (1955).

(46) LANGE, B.: Die Photoelemente und ihre Anwendung, Teil 1. Leipzig: Johann Ambrosius Barth 1940.

(47) NODDACK, W., u. H. MEIER: Z. Elektrochem. **57**, 691—696 (1953).

(48) MEIER, H.: Z. wiss. Photogr. **50**, II, 301—347 (1955).

(49) AMSLER, H.: Z. Elektrochem. **57**, 801—834 (1953).

(50) FREIVERT, S.: Z. techn. Physik **3**, 266 (1936).

(51) KRONHAUS, A. N.: Phys. Z. Sowjet. **9**, 461—465 (1936).

(52) SCHOTTKY, W.: Z. Physik **113**, 367 (1939).

(53) HAUFFE, K., u. H. J. ENGEL: Z. Elektrochem. **56**, 366 (1952).

(54) SPENKE, E.: Elektronische Halbleiter. Berlin-Göttingen-Heidelberg: Springer 1955.

(55) SHOCKLEY, W.: Electrons and holes in semiconductors. New York: Van Nostrand 1956.

(56) JOFFE, A. F.: Physik der Halbleiter. Berlin: Akademie Verlag (1958).

(57) SCHULTZ, W., u. H. U. HARTEN: Z. Elektrochem. 60, 20—28 (1956).

(58) AIGRAIN, P., u. C. DUGAS: Z. Elektrochem. 56, 363 (1952).

(59) WEISZ, P. B.: J. chem. Phys. 21, 1531 (1953).

(60) HARTMANN, W.: Z. techn. Phys. 17, 436—439 (1936); — Phys. Z. 37, 862 bis 865 (1936).

(61) MEIER, H.: Angew. Chem. 68, 525 (1956).

(62) EGGERT, J., u. H. AMSLER: Z. Elektrochem. 56, 733 (1952).

(63) MEIER, H., u. A. HAUS: Angew. Chem. 72, 631 (1960); — Z. Elektrochem. 64, 1105 (1960).

(64) NODDACK, W., H. MEIER u. A. HAUS: Z. wiss. Photogr. 55, 7—25 (1961).

(65) DREHFAHL, G., u. H. J. HENKELS: Naturwissenschaften 42, 624 (1955).

(66) CARSWELL, D. J., and L. E. LYONS: J. chem. Soc. 1955, 1734—1740.

(67) MEIER, H.: Mitt. chem. Ges. 5, 91 (1958); — Z. phys. Chem. 212, 73—86 (1959).

(68) NELSON, R. C.: J. chem. Phys. 22, 890—892 (1954).

(69) CHYNOWETH, A. G., and W. G. SCHNEIDER: J. chem. Phys. 22, 1021—1028 (1954).

(70) MEIER, H.: Z. phys. Chem. 208, 325—339 (1958).

(71) WIESNER, R.: Halbleiterprobleme, III, S. 59—75. Herausgeg. v. W. SCHOTTKY. Braunschweig: Vieweg 1956.

(72) DOSSE, J.: Der Transistor. München: R. Oldenbourg 1959.

(73) GÖRLICH, P., A. KROHS u. W. LANG: Arch. techn. Messen J 394-1, 189—192 (1958).

(74) CUMMEROW, R. L.: Phys. Rev. 95, 16, 561 (1954).

(75) RITTNER, E. S.: Phys. Rev. 96, 1708 (1954).

(76) GREMMELMAIER, R.: Z. Naturforsch. 10a, 501—502 (1955).

(77) MEIER, H.: Z. wiss. Photogr. 53, 117—140 (1959).

(78) GIBSON, A. F.: Proc. Phys. Soc., Lond. B 64, 603 (1951).

(79) SLATER, J. C.: Phys. Rev. 103, 1631 (1956).

(80) THIRRING, H., u. O. P. FUCHS: Photowiderstände. Leipzig: Johann Ambrosius Barth 1939.

(81) SCHULZ-METHKE, H. D.: Photoelemente und Kristallphotozellen. Berlin: Schneider 1955.

(82) GARLICK, G. F. J.: Handbuch der Physik. Herausgeg. v. S. FLÜGGE, Bd. 29, Elektrische Leitungsphänomene I. Berlin-Göttingen-Heidelberg: Springer 1956.

(83) MEIER, H.: Z. Elektrochem. 58, 859—867 (1954).

(84) VEITH, W.: Z. angew. Phys. 7, 1—7 (1955).

(85) NELSON, R. C.: J. opt. Soc. Amer. 45, 774 (1955).

(86) CHRISTIANSEN, C.: Wied. Ann. phys. Chem., N.F. 23, 298—306 (1884); 24, 439—446 (1885).

(87) BERGER, E., u. A. KLEMM: Zeiss-Nachr. 2, 49—55 (1936).

(88) EICHHOFF, H. J.: Biochem. Z. 303, 112—131 (1939).

(89) NODDACK, W., H. MEIER u. A. HAUS: Z. phys. Chem., N.F. 20, 233—245 (1959).

(90) WARTANJAN, A. T.: Ber. Akad. Wiss. UdSSR, N.S. 94, 829—832 (1954).

(91) KLEITMAN, D., and G. J. GOULDSMITH: Phys. Rev. 98, 1544 (1955).

(92) BABA, H., K. CHITOKU and K. NITTA: Nature, Lond. 177, 672 (1956); — Angew. Chem. 68, 446 (1956).

(93) ROSS, A.: Vakuum-Technik 1, 1—11 (1959).

(94) MEIER, H., u. A. HAUS: Mitt. chem. Ges. 6, 69 (1959).

(95) WEIMER, P. K., and A. D. COPE: RCA-Rev. 12, 314—334 (1951).

(96) GOODRICH, R. R., and A. D. COPE: RCA-Rev. 12, 335—349 (1951).

(97) PENSAK, L.: Phys. Rev. 75, 472 (1949).

(98) WEIMER, P. K., S. V. FORGUE and R. R. GOODRICH: RCA-Rev. 12, 306—313 (1951).

(99) DESSAUER, J. H., G. R. MOTT, H. BOGDONOFF (Übers. A. BÜCHLER u. J. EGGERT): Schweiz. Photo-Rundschau 22, 1—16 (1957).

(100) SOKOLOWSKI, M., u. W. SZYMANOWSKI: Bull. Acad. Polon. Sci., Ser. math. phys. 8, 191—194 (1960).

(101) EINSTEIN, A.: Ann. Phys. **17**, 132 (1905).
(102) KNOBLAU, O.: Z. phys. Chem. **29**, 327 (1899).
(103) RHODE, O.: Ann. Phys. **19**, 948 (1906).
(104) STARK, J., u. W. STEUBING: Phys. Z. **9**, 481 (1909).
(105) HLUCKA, F.: Z. Phys. **38**, 589 (1926); **81**, 66, 516, 521 (1933).
(106) AKULOV, N.: Z. Physik **41**, 920 (1927).
(107) PREDWOTIDELE, A., u. N. NETCHAEVA: Z. Physik **29**, 332 (1924).
(108) PAULI, W. E.: Ann. Phys. **40**, 677 (1913).
(109) FLEISCHMANN, R.: Ann. Phys. **5**, 73 (1930).

Neuntes Kapitel

(110) TSWETT, M.: Ber. dtsch. bot. Ges. **24**, 384 (1906).
(111) ZECHMEISTER, L., u. L. v. CHOLNOKY: Die chromatographische Adsorptionsmethode. Wien: Springer 1938.
(112) LEDERER, E.: Chromatography. A review of principles and applications. Princeton, N. Y.: D. van Nostrand 1957.
(113) HESSE, G.: Angew. Chem. **49**, 315 (1936).
(114) RUGGLI, P., u. P. JENSEN: Helv. chim. Acta **18**, 624 (1935).
(115) REICH, G.: Mitt. chem. Ges. **5**, 92 (1958).
(116) NODDACK, W., H. MEIER u. A. HAUS: Z. phys. Chem. **212**, 55—72 (1959).
(117) STÜRMER, W.: Photographie u. Forschung **7**, 233 (1957).
(118) WEIGL, J. W.: J. chem. Phys. **24**, 883 (1956); — J. Mol. Spectroscopy **1**, 216 (1957).
(119) NELSON, R. C.: J. chem. Phys. **22**, 885 (1954).
(120) AKAMATU, H., and H. INOKUCHI: J. chem. Phys. **20**, 1481—1483 (1952).
(121) WEST, W., and B. H. CARROL: J. chem. Phys. **15**, 529—539 (1947).
(122) MATTOON, R. W.: J. chem. Phys. **12**, 268 (1944).
(123) NODDACK, W., u. H. MEIER: Z. Elektrochem. **63**, 971—978 (1959).
(124) KALLMANN, H., and B. ROSENBERG: Phys. Rev. (2) **97**, 1596—1610 (1955).
(125) GOBRECHT, H., D. HAHN u. H. J. KÖSEL: Z. Physik **136**, 285—292 (1953).
(126) COOK, J. R.: Proc. phys. Soc. Lond. **68**, 148—155 (1955).
(127) CONRAD, G., and J. J. DROPKIN: Phys. Rev. **87**, 192 (1952).
(128) BRAUER, E., u. H. JAHNKE: Z. phys. Chem., N.F. **14**, 130—134 (1958).
(129) ROSE, A.: RCA-Rev. **12**, 362—414 (1951); — Photoconductivity Conference (Atlantic City) 1954. New York: J. Wiley & Sons 1956. S. 3—48.
(130) NELSON, R. C.: J. chem. Phys. **22**, 892—895 (1954).
(131) RIEHL, N.: Ann. Phys. (6) **20**, 93—128 (1957).
(132) BLOCHINZEW, D. J.: Grundlagen der Quantenmechanik. Berlin: Deutscher Verlag der Wissenschaften 1953.
(133) NELSON, R. C.: J. opt. Soc. Amer. **46**, 10—13 (1956).
(134) CARSWELL, D. J.: J. chem. Phys. **21**, 1890 (1953).
(135) BAYLISS, N. S.: Rev. Pure Appl. Chem. **1**, 64 (1951).
(136) BREE, A., and L. E. LYONS: J. chem. Phys. **22**, 1630 (1954).
(137) RABINOVITCH, E.: Acta physicochim. UdSSR **3**, 364—381 (1935).
(138) MEIER, H.: Angew. Chem. **69**, 730 (1957).
(139) MOLLWO, E.: Ann. Phys. (6) **3**, 230—239 (1948).
(140) WARTANJAN, A. T., i I. A. KARPOVICH: Ber. Akad. Wiss. UdSSR **1**, 675 bis 677 (1956); — J. phys. Chem. UdSSR **32**, 178—187 (1958).
(141) BORNMANN, J. A.: J. chem. Phys. **27**, 604 (1957).
(142) WAGNER, C., u. K. HAUFFE: Z. Elektrochem. **44**, 172 (1938).
(143) HAUFFE, K., R. GLANG u. H. J. ENGEL: Z. phys. Chem. **201**, 221 (1952).
(144) SCHWAB, G. M., u. J. BLOCK: Z. phys. Chem. **1**, 42 (1954) (N.F.).
(145) SUHRMANN, R.: Angew. Chem. **63**, 244 (1951).
(146) GARNER, W. E., F. S. STONE and P. F. TILEY: Proc. roy. Soc. Lond. A **211**, 472 (1952).
(147) RIENÄCKER, G., u. N. HANSEN: Z. Elektrochem. **60**, 887—891 (1956).
(148) SUHRMANN, R.: Advances in catalysis, Bd. VII. New York 1955; — Z. Elektrochem. **60**, 804—815 (1956).

(*149*) HAUFFE, K.: Angew. Chem. **68**, 776—784 (1956).
(*150*) HAUFFE, K.: Reaktionen in und an festen Stoffen. Berlin-Göttingen-Heidelberg: Springer 1955.
(*151*) NOLLER, H.: Angew. Chem. **68**, 761—776 (1956).
(*152*) MOESTA, H.: Fortschr. chem. Forsch. **3**, 657—721 (1958).
(*153*) SUHRMANN, R.: Z. Elektrochem. **56**, 351 (1952).
(*154*) BROEDER, J. J., L. L. VAN REIJEN, W. M. H. SACHTLER u. G. C. A. SCHUIT: Z. Elektrochem. **60**, 838—847 (1956).
(*155*) MIGNOLET, J. C. P.: Disc. Faraday Soc. 8, 105, 326 (1950); — Bull. Soc. chim. belges **64**, 126 (1955).
(*156*) GOMER, R.: J. chem. Phys. **21**, 1869—1876 (1953).
(*157*) SUHRMANN, R., u. G. WEDLER: Z. Elektrochem. **60**, 892—898 (1956).
(*158*) SUHRMANN, R.: Angew. Chem. **68**, 784—789 (1956).
(*159*) HAUFFE, K., G. MICUS u. E. G. SCHLOSSER: Z. Elektrochem. **61**, 163—173 (1957).
(*160*) ENGEL, H. J.: Halbleiterprobleme, Bd. 1. Herausgeg. v. W. SCHOTTKY, S. 248—279. Braunschweig: Vieweg 1954.
(*161*) BODE, E., and H. LEVINSTEIN: Phys. Rev. **94**, 1430 (1954); (2) **96**, 259—265 (1954).
(*162*) HAUFFE, K., u. H. J. ENGEL: Z. Elektrochem. **57**, 762, 773 (1953).
(*163*) SMOLLET, M., and R. G. PRATT: Proc. phys. Soc. Lond. B **68**, 390—391 (1955).
(*164*) HARADA, R. H., and H. T. MINDEN: Bull. Amer. Phys. Soc. (2) 1, 39 (1956);— Phys. Rev. (2) **102**, 1256, 1261 (1956).
(*165*) GÖRLICH, P.: Z. Naturforsch. 2a, 47—48 (1947).
(*166*) OKMAN, A., i E. SABLOWSKI: Nachr. Akad. Wiss. Lett. SSR **11**, 131—138 (1955).
(*167*) RYWKIN, S. M.: J. techn. Phys. **22**, 1930—1944 (1952).
(*168*) RYWKIN, S. M., i L. N. MALACHOW: Ber. Akad. Wiss. UdSSR, N. S. **85**, 765—768 (1952).
(*169*) CASPARY, R., u. M. MÜSER: Z. Physik **134**, 101—105 (1952).
(*170*) BUBE, R. H.: Phys. Rev. **83**, 393 (1951); — J. chem. Phys. **21**, 1409 (1953).
(*171*) MEDVED, D. B.: Phys. Rev. **98**, 237 (1955).
(*172*) HEILAND, G.: Z. Physik 415—432 (1955).
(*173*) MJASSNIKOW, J. A., i JA. PSCHWEKETSKI: Ber. Akad. Wiss. UdSSR, N. S. **99**, 125—128 (1954).
(*174*) MELNIK, D. A., and L. J. NEURINGER: Phys. Rev. (2) **91**, 229 (1953).
(*175*) MELNIK, D. A.: Phys. Rev. (2) **94**, 1438 (1954).
(*176*) SAKAMOTO, M., S. KOBAJASHI and S. JSHII: Phys. Rev. **98**, 552—553 (1955).
(*177*) LJASCHENKO, W. J.: Ber. Akad. Wiss. UdSSR, N. S. **87**, 33—35 (1952).
(*178*) SCHWARZ, E.: Proc. phys. Soc. Lond. B **63**, 624—625 (1950).
(*179*) HUMPHREY, J. N., and W. W. SCANLOU: Phys. Rev. (2) **105**, 1469—1476 (1957).
(*180*) REUTER, B.: Forsch. u. Fortschr. 3. Sonderheft, **26**, 30 (1950).
(*181*) MORRISON, S. R.: J. phys. Chem. **57**, 860 (1953).
(*182*) RIENÄCKER, G., u. N. HANSEN: Z. anorg. allg. Chem. **284**, 162 (1956).
(*183*) HINTERBERGER, H.: Z. Naturforsch. 1, 13—17 (1946).
(*184*) STÖCKMANN, F.: Z. Physik **127**, 563 (1950).
(*185*) MOLLWO, E.: Z. Physik **138**, 478—488 (1954).
(*186*) HECKELSBERG, L. F., G. C. BAILEY and H. CLARK: J. Amer. Soc. **77**, 1373 bis 1374 (1955).
(*187*) DECRUE, J.: Helv. chim. Acta **39**, 812—827 (1956).
(*188*) SACHTLER, W. M. H.: J. chem. Phys. **25**, 751—752 (1956).
(*189*) SUHRMANN, R., u. K. SCHULZ: Z. Naturforsch. 10a, 517—521 (1955).
(*190*) BRAUER, P.: Phys. Z. **36**, 214 (1935); — Ann. Phys. (5) **25**, 609 (1936).
(*191*) BARDEEN, J., u. S. R. MORRISON: Physica, Haag 20, 873 (1954).
(*192*) LJASCHENKO, W. J., i J. J. STEPKO: Nachr. Akad. Wiss. UdSSR, phys. Ser. **16**, 274 (1952).
(*193*) MORRISON, S. R.: J. phys. Chem. **57**, 860 (1953).
(*194*) LAW, J. T.: J. phys. Chem. **59**, 67, 543 (1955).

(195) HANDLER, P.: Semiconductor surface. Physics **123** Proc. Conf. Philadelphia 1956, Univ. of Pennsylvania Press, 23—51 (1957).

(196) HARTEN, H. U., u. W. SCHULTZ: Halbleiterprobleme III. Herausgeg. v. W. SCHOTTKY, S. 77—112. Braunschweig: Vieweg & Sohn 1956.

(197) STEVENSON, D. T., u. R. J. KEYES: Physica, Haag **20**, 1041 (1954).

(198) LUCKEY, W., and W. WEST: J. chem. Phys. **24**, 879 (1956).

(199) PUTZEIKO, E.: Dokl. Acad. Sci. USSR **78**, 453 (1951).

(200) SCHROEDER, C.: Mschr. Thesis, Ohio State Univ. 1952.

(201) BREE, A., D. J. CARSWELL and L. E. LYONS: J. chem. Soc. **1955**, 1728—1733.

(202) FIELDING, P. E., and F. GUTMAN: J. chem. Phys. **26**, 411—419 (1956).

(203) WARTANJAN, A. T.: Dokl. Akad. Sci. USSR **71**, 641 (1950).

(204) CHYNOWETH, A. G.: J. chem. Phys. **22**, 1029—1032 (1954).

(205) DUFRAISSE, C.: Bull. soc. chim. France **6**, 422 (1939).

(206) DUFRAISSE, C., et J. GILLET: C. R. Acad. Sci., Paris **212**, 906 (1947).

(207) ROBERTS, L. E. J., and J. S. ANDERSON: Rev. Pure Appl. Chem. **2**, 1 (1952).

(208) WARTANJAN, A. T.: J. phys. Chem. **27**, 272—280 (1953); — Izv. Akad. Nauk SSSR, Ser. Fiz. **16**, 169—185 (1952).

(209) TURKEVICH, J., u. J. LAROCHE: Z. phys. Chem., N. F. **15**, 399 (1958).

(210) HARRISON, L. G., and C. A. McDOWELL: Proc. roy. Soc. Lond. A **220**, 77 (1953); **228**, 66 (1955).

(211) ELEY, D. D., u. H. INOKUCHI: Z. Elektrochem. (G. M. SCHWAB-Widmungsheft) **63**, 29—34 (1959).

(212) HEILAND, G., u. E. MOLLWO: Landoldt-Börnstein, Bd. II, 6. Berlin-Göttingen-Heidelberg: Springer 1959.

(213) HECHT, K.: Z. Physik **77**, 235—245 (1932).

(214) FLECHSIG, W.: Phys. Z. **32**, 843 (1931).

(215) GUDDEN, B., u. R. W. POHL: Z. Physik **16**, 170 (1923).

(216) HILSCH, R., u. R. W. POHL: Göttinger Nachr. 1937, 45; — Z. Physik **112**, 552 (1939).

(217) STÖCKMANN, F.: Z. Physik **138**, 404—410 (1954).

(218) LASAREFF, P.: Ann. Phys. **24**, 661 (1907).

(219) MULLIKEN, R. S.: J. chem. Phys. **7**, 339 (1939).

(220) BECKER, F.: Fortschr. chem. Forsch. **3**, 187—252 (1955).

(221) MANY, A., E. HARNIK and D. GERLICK: J. chem. Phys. **23**, 1733—1734 (1955).

(222) KALLMANN, H., and M. FURST: Phys. Rev. **79**, 857 (1950); **81**, 853 (1951).

(223) MOODIE, M., and C. REID: J. chem. Phys. **19**, 986 (1951).

(224) BOWEN, E. J.: J. chem. Phys. **13**, 306 (1945).

(225) NELSON, R. C.: J. chem. Phys. **20**, 1327—1328 (1952).

(226) FARMER, F. T.: Nature, Lond. **150**, 521 (1942).

(227) LYONS, L. E., and G. C. MORRIS: J. chem. Soc. Lond. **1957**, 3648—3660.

(228) BIONDI, M. A., and I. M. CHANIN: Phys. Rev. **94**, 910 (1954).

(229) KEPLER, R. G.: Proc. of the Conf. "Electronic conductivity in organic solids". Duke Univ., Durham, North Carolina, April 1960. New York, N.Y.: Interscience Publ. Co., 1961; — Phys. Rev. **119**, 1226 (1960).

(230) LE BLANC, O. H.: J. chem. Phys. **33**, 626 (1960).

(231) ROSE, A.: Phys. Rev. **97**, 322—333 (1955).

(232) METTE, H., u. H. PICK: Z. Physik **134**, 566—575 (1953).

(233) NORTHROP, D. C., and O. SIMPSON: Proc. phys. Soc. Lond. **68**, 974—977 (1955).

(234) WARTANJAN, A. T., i L. D. ROZENSTEIN: Dokl. Akad. Wiss. UdSSR **124**, 295—297 (1959).

(235) TOLLIN, G., D. R. KEARNS and M. CALVIN: J. chem. Phys. **32**, 1013 (1960).

(236) KEARNS, D. R., G. TOLLIN and M. CALVIN: J. chem. Phys. **32**, 1020 (1960).

(237) KEARNS, D. R., and M. CALVIN: J. chem. Phys. **29**, 950 (1958). — J. Amer. chem. Soc. **83**, 2110 (1961);

(238) EPSTEIN, A., and B. WILDI: Proc. Conf. "Electronic conductivity in organic solids". Duke Univ., Durham, April 1960. New York, N.Y.: Interscience Publ. Co. 1961.

(239) McGLYNN, S. P.: Radiat. Res. Suppl **2**, 300—323 (1960).

(240) LYONS, L. E., and G. C. MORRIS: J. chem. Soc. **1957**, 3661—3668.

(241) BOCK, E., J. FERGUSON and W. G. SCHNEIDER: Canad. J. Chem. **36**, 507 (1958).
(242) PRIKOTJKO, A.: J. Phys. USSR **8**, 257 (1944).
(243) INOKUCHI, H.: Chem. Soc. Japan **27**, 22—27 (1954); **29**, 131 (1956).
(244) POPE, M.: Proc. of the Conf. "Electronic conductivity in organic solids". Duke Univ. April 1960. New York, N.Y.: Interscience Publ. Co. 1961.
(245) GOLDSMITH, G. J., and D. E. HILL: Phys. Rev. **98**, 238 (1955).
(246) GOLDSMITH,G. J.: Ph. D. Thesis Purdue, 1955.
(247) BREE, A., and L. E. LYONS: J. chem. Phys. **25**, 384 (1956); — J. chem. Soc. **1960**, 5179—5186.
(248) LIPSETT, F. R., D. M. J. COMPTON and T. C. WADDINGTON: J. chem. Phys. **26**, 1444—1445 (1957).
(249) SCHNEIDER, W. G., and T. C. WADDINGTON: J. chem. Phys. **25**, 358 (1956).
(250) COMPTON, D. M. J., and T. C. WADDINGTON: J. chem. Phys. **25**, 1075 (1956).
(251) BREE, A., and L. E. LYONS: J. chem. Phys. **25**, 1284 (1956).
(252) KOMMANDER, J., and W. G. SCHNEIDER: J. chem. Phys. **28**, 590 (1958).
(253) BRYANT, F. J., A. BREE, P. E. FIELDING and W. C. SCHNEIDER: Disc. Faraday Soc. **28**, 48 (1959).
(254) BREE, A., and W. G. SCHNEIDER: Proc. Conf. "Electronic conductivity in organic solids". Duke Univ., April 1960. New York, N.Y.: Interscience Publ. Co. 1961.
(255) KOMMANDER, J., and W. G. SCHNEIDER: J. chem. Phys. **28**, 582 (1958).
(256) COMPTON, D. M. J., W. G. SCHNEIDER and T. C. WADDINGTON: J. chem. Phys. **28**, 741 (1958).
(257) KOMMANDER, J., G. J. KORINEK and W. G. SCHNEIDER: Canad. J. Chem. **36**, 513 (1958).
(258) POCHETTINO, A.: Lincei Redoconti **15**, 355 (1906).
(259) BYK, A., u. H. BORCK: Ber. dtsch. phys. Ges. **8**, 621 (1910).
(260) VOLMER, M.: Ann. Phys. **40**, 775 (1913).
(261) BAYLISS, N. S., and J. C. RIVIERE: Nature, Lond. **163**, 765 (1949).
(262) CARSWELL, D. J., J. FERGUSON and L. E. LYONS: Nature, Lond. **173**, 736 (1954).
(263) LYONS, L. E.: J. chem. Phys. **23**, 220 (1955).
(264) ZINSZER, H. J.: Z. Naturforsch. **11a**, 306—311 (1956).
(265) LYONS, L. E., and G. C. MORRIS: Proc. phys. Soc. Lond. **69**, 1162—1164 (1956).
(266) LYONS, L. E.: J. chem. Soc. **1957**, 5001—5007.
(267) ROSENBERG, B.: J. chem. Phys. **29**, 1108 (1958).
(268) COMPTON, D. M. J., W. G. SCHNEIDER and T. C. WADDINGTON: J. chem. Phys. **27**, 160 (1957).
(269) LIPSETT, F. R., D. M. J. COMPTON and T. C. WADDINGTON: J. chem. Phys. **26**, 1444 (1957).
(270) FERGUSON, J., and W. G. SCHNEIDER: Canad. J. Chem. **36**, 1633—1639 (1958).
(271) NORTHROP, D. C., and O. SIMPSON: Proc. roy. Soc. Lond. A **244**, 377—389 (1958).
(272) PIGON, K., and H. CHOJNACKI: J. chem. Phys. **31**, 272—273 (1959).
(273) BOROFFKA, H.: Z. Physik **160**, 93—108 (1960).
(274) MOORE, M., and M. SILVER: J. chem. Phys. **33**, 1671—1676 (1960). Proc. Conf. "Electronic conductivity in organic solids". Duke Univ., April 1960. New York, N.Y.: Interscience Publ. Co. 1961.
(275) KOMMANDER, J., G. J. KORINEK and W. G. SCHNEIDER: Canad. J. Chem. **36**, 607—614 (1958).
(276) WARTANJAN, A. T., i I. A. KARPOVICH: Ber. Akad. Wiss. UdSSR **113**, 1020 bis 1022 (1957,.
(277) LYONS, L. E., and G. C. MORRIS: J. chem. Soc. **1960**, 5200—5206.
(278) PLOTNIKOW, J., i Z. I. MATALYGINA: Fiz. Tverdogo Tela **2**, 2517—2525 (1960).

(279) INOKUCHI, H., and H. AKAMATU: Proc. Conf. "Electronic conductivity in organic solids". Duke Univ., April 1960. New York, Y. Y,: Interscience Publ. Co. 1961.
(280) KALLMANN, H., and M. POPE: J. chem. Phys. 30, 44, 585 (1959).
(281) LYONS, L. E., and G. C. MORRIS: J. chem. Soc. 1960, 5192—5199.
(282) BERGMANN, I.: Trans. Faraday Soc. 50, 829 (1954).
(283) WARNER, A. J.: J. appl. Phys. 25, 131 (1954).
(284) FOWLER, J. F., and F. T. FARMER: Nature, Lond. 171, 1020—1021 (1953).
(285) MEYER, R., and F. L. BOCQUET: Phys. Rev. 98, 1531 (1955).
(286) FOWLER, J. F., and F. T. FARMER: Nature, Lond. 173, 317—318 (1954).
(287) MAYBURG, S., and W. L. LAWRENCE: J. appl. Phys. 23, 1006—1011 (1952).
(288) COLEMAN, H., and D. BOHM: J. appl. Phys. 24, 497—498 (1953).
(289) RAMSEY, N. W.: Nature, Lond. 172, 214 (1953).
(290) LIVERSAGE, W. E.: Brit. J. Radiol. 25, 434 (1952).
(291) FOWLER, J. F., and F. T. FARMER: Nature, Lond. 174, 136—137 (1954).
(292) EHRLICH, P.: J. appl. Phys. 25, 1056 (1954).
(293) FARMER, F. T.: Nature, Lond. 150, 521 (1942).
(294) HERWIG, H. U., u. E. JENKEL: Z. Elektrochem. 63, 360—373 (1959).
(295) KLINGELHÖFFER, H., u. N. JASPER: Kunststoffe 29, 223 (1939).
(296) HOEGL, H., O. SÜS u. W. NEUGEBAUER: DBP 1068115 (8. 9. 1957/12. 2. 1960); Kalle & Co.
(297) HOEGL, H., u. W. NEUGEBAUER: BE 592291 (1960); Kalle & Co.
(298) HOEGL, H., E. LIND u. H. SCHLESINGER: BE 592557 (1960); Franz. Pat. 1262155; Kalle & Co.
(299) HOEGL, H., u. H. SCHLESINGER: BE 591347 (1960); Franz. Pat. 1258127; Kalle & Co.
(300) ROSMAN, M., u. K. G. ZIMMER: Z. Naturforsch. 11b, 55—56 (1956).
(301) MUTH, H.: Strahlentherapie 109, 1—16 (1959).
(302) BOHM, D.: RRC Techn. Rep. 3, 15—31 (1951).
(303) BOVEY, A.: The effects of ionizing radiation on natural and synthetic high polymers. New York: Interscience Publ. Inc. 1958.
(304) HOEGL, H., O. SÜS u. W. NEUGEBAUER: DBP 1111935 (25. 7. 1958/27. 7. 1961); Kalle & Co.
(305) HOEGL, H.: Belg. Pat. 591164 (1960); Kalle & Co.
(306) CASSIERS, P. M.: Belg. Pat. 589994-6; Gevaert.
(307) BAYER, O.: Angew. Chem. 71, 145—152 (1952).
(308) SANSONI, B.: Naturwissenschaften 39, 281 (1952); — Angew. Chem. 72, 569 (1960).
(309) LAUTSCH, W., H. RAUHUT, W. GRIMM u. W. BROSER: Z. Naturforsch. 12b, 307—314 (1957).

Zehntes Kapitel

(310) SCHEIBE, G.: S.-B. bayer. Akad. Wiss., München, math.-nat. Kl. 11. Jan. 1952; — Angew. Chem. 63, 174, 439 (1951).
(311) BRÜNNER, R., A. OBERT u. G. SCHEIBE: Z. wiss. Photogr. 50, I, 283—293 (1955).
(312) BÖTTCHER, C. J. F.: Theory of electrics polarisation. Amsterdam: Elsevier 1952.
(313) MATEJEC, R.: Angew. Chem. 72, 212 (1960).
(314) ELEY, D. D., and G. D. PARFITT: Trans. Faraday Soc. 51, 1529—1539 (1955).
(315) MULLIKEN, R. S.: J. Amer. chem. Soc. 72, 600 (1950); 74, 811 (1952).
(316) BRIEGLEB, G.: Zwischenmolekulare Kräfte. In: Mosbacher Vorträge. Karlsruhe: Braun 1949.
(317) ORGEL, L. E.: Quart. Rev. chem. Soc. Lond. 8, 422 (1954).
(318) CZEKALLA, J., G. BRIEGLEB, W. HERR u. R. GLIER: Z. Elektrochem. 61, 537—546 (1957).
(319) BRIEGLEB, G., u. J. CZEKALLA: Z. Elektrochem. 59, 184 (1955); — Angew. Chem. 72, 401—413 (1960).
(320) LYONS, L. E.: Austral. J. Chem. 10, 365 (1957).

(321) FRENKEL, J.: Phys. Rev. **37**, 17, 1276 (1931).
(322) FRANK, J., and E. TELLER: J. chem. Phys. **6**, 861 (1938).
(323) MOTT, N. F., and R. W. GURNEY: Electronic processes in ionic crystals. Oxford: Clarendon Press 1957.
(324) SEITZ, F.: Rev. mod. Phys. **26**, 7 (1954).
(325) HAKEN, H.: Fortschr. Phys. **6**, 271—334 (1958).
(326) WOLFF, H.: Fortschr. chem. Forsch. **3**, 503—602 (1954/58).
(327) STÖCKMANN, F.: Naturwissenschaften **45**, 504 (1958).
(328) WANNIER, G. H.: Phys. Rev. **52**, 191 (1937).
(329) GROSS, E., i N. A. KARRIJEW: Ber. Akad. Wiss. UdSSR **84**, 261, 871 (1952).
(330) NIKITINE, S.: Helv. phys. Acta **28**, 308 (1955).
(331) HAASE, G.: Ref.: Intern. Koll. über wiss. Photographie, Lüttich 1959.
(332) GROSS, E., i B. P. SACHARTSCHENIJA: Ber. Akad. Wiss. UdSSR **111**, 564 (1956).
(333) BALKANSKI, M., u. I. BROSER: Z. Elektrochem. **61**, 715—723 (1957).
(334) CRAIG, P. P.: J. chem. Soc. **1955**, 2302.
(335) BREE, A., and L. E. LYONS: J. chem. Soc. **1956**, 2662.
(336) SEITZ, F.: Imperfections in nearly perfect crystals. New York 1952.
(337) FANO, V.: Phys. Rev. **58**, 544 (1940).
(338) SHUSE, W. P., i S. M. RYWKIN: J. Exp. Theor. Phys. **20**, 152 (1950); — Abh. aus der Sowjet. Physik, II, 91 (1951), Berlin.
(339) NELSON, R. C.: J. chem. Phys. **23**, 1550 (1955).
(340) MATEJEC, R.: Z. Elektrochem. **61**, 281—285 (1957).
(341) CALVIN, M.: Naturwissenschaften **43**, 387—393 (1956).
(342) WATSON, J. D., and F. H. C. CRICK: Nature, Lond. **171**, 964 (1953).
(343) ROBERTSON, J., and L. A. WOODWARD: J. chem. Soc. **1940**, 36.
(344) ROBERTSON, J., and J. G. WHITE: J. chem. Soc. **1945**, 607.
(345) BROOKER, L. G. S., F. L. WHITE, R. H. SPRAGUE, S. G. DEUT and G. VAN ZANDT: Chem. Rev. **41**, 325 (1947).
(346) WALLACE, P. R.: Phys. Rev. **71**, 622—634 (1947).
(347) MATIENSSEN, W.: Naturwissenschaften **44**, 551—554 (1957).
(348) CARDONA, M.: Phys. Rev. **121**, 752—758 (1961); — J. Phys. Chem. Solids **17**, 336—338 (1961).
(349) ELEY, D. D., G. D. PARFITT, M. J. PERRY and H. D. TAYSUM: Trans. Faraday Soc. **49**, 79—86 (1953).
(350) ELEY, D. D.: Nature, Lond. **162**, 819 (1948).
(351) WARTANJAN, A. T.: Izvest. Akad. Wiss. SSSR, Ser. Fiz. **20**, 1541—1547 (1956).
(352) RIEHL, N.: J. phys. Chem. **29**, 959—974 (1955).
(353) PICK, H., u. W. WISSMANN: Z. Physik **138**, 436—440 (1954).
(354) NORTHROP, D. C., and O. SIMPSON: Proc. phys. Soc. Lond. B **67**, 892—894 (1954).
(355) NORTHROP, D. C., and O. SIMPSON: Proc. roy. Soc. Lond. A **234**, 124—135 (1956).
(356) AKAMATU, H., and H. INOKUCHI: J. chem. Phys. **18**, 810—811 (1950).
(357) INOKUCHI, H.: Bull. chem. Soc. Japan **24**, 222—226 (1951).
(358) PIGON, K.: Amer. Soc. chim. Polonorum **29**, 939 (1955).
(359) McPOLLOCK, J. C., and A. R. UBBELOHDE: Trans. Faraday Soc. **52**, 1112 bis 1117 (1956).
(360) MROZOWSKI, S.: Phys. Rev. **85**, 609 (1952).
(361) INOKUCHI, H.: Bull. chem. Soc. Japan **25**, 28—32 (1952).
(362) AKAMATU, H., H. INOKUCHI and T. HANDA: Nature, Lond. **168**, 520 (1951).
(363) BAXTER, S., and A. B. D. CASSIE: Nature, Lond. **148**, 408—409 (1941).
(364) TAMM, I. E.: Phys. Z. Sowjet. **1**, 733 (1932).
(365) LIFSCHITZ, M., u. S. I. PEKAR: Fortschr. Phys. **4**, 81—114 (1956).
(366) KALLMANN, H., and M. POPE: J. chem. Phys. **32**, 300 (1960).
(367) HEISENBERG, W.: Ann. Phys. **10**, 888 (1931).
(368) LYONS, L. E.: Nature, Lond. **163**, 193 (1950).
(369) HILSCH, R., u. R. W. POHL: Z. Physik **87**, 78 (1933).
(370) RIEHL, N., u. H. ORTMANN: Z. Naturforsch. **10a**, 896—897 (1955).

(371) HALL, G. G.: Proc. roy. Soc. Lond. A **213**, 113 (1952).

(372) McCLURE, D. S.: J. chem. Phys. **17**, 905 (1949).

(373) McGLYNN, S. P., M. R. PADHYE and M. KASHA: J. chem. Phys. **23**, 593 (1955).

(374) BOWEN, J. B., E. MIKIEWICZ and F. W. SMITH: Proc. phys. Soc. Lond. A **62**, 26 (1949).

(375) LIPSETT, F. R., and A. J. DEHLER: Canad. J. Phys. **30**, 165 (1952).

(376) NORTHROP, D. C., and O. SIMPSON: Proc. roy. Soc. Lond. A **234**, 136—149 (1956).

(377) GARRET, C. G. B.: Organic semiconductors. In: Semiconductors (N. B. HANNAY, ed.), Kap. 15, S. 634—675. New York: Reinhold Publ. Corp. 1959; — Radiation Res., Suppl. **2**, 340—348 (1960).

E. Spezielle Reaktionen

Elftes Kapitel

(1) VOGEL, W. H.: Ber. dtsch. chem. Ges. **6**, 1305 (1873).

(2) EGGERT, J., u. M. BILTZ: Veröff. Zentr.-Lab. Agfa photogr. Abt. **6**, 23 (1939); — Trans. Faraday Soc. **34**, 892—901 (1938).

(3) EGGERT, J., M. BILTZ u. F. G. KLEINSCHROD: Z. wiss. Photogr. **39**, 140, 155 (1941).

(4) EGGERT, J., u. F. G. KLEINSCHROD: Z. wiss. Photogr. **39**, 165 (1941).

(5) BERG, W. F.: Phys. Soc. Rep. Progr. Physics **11**, 264 (1946/47).

(6) ABNEY: Zit. nach J. PLOTNIKOW, Allgemeine Photochemie, S. 19. Berlin, Leipzig: W. de Gruyter 1936.

(7) NATANSON, S. W.: Nature, Lond. **140**, 197 (1937).

(8) LEERMAKERS, J. A.: J. chem. Phys. **5**, 889—892 (1937).

(9) SCHEIBE, G.: Diss. Erlangen 1918.

(10) BRÜGEL, W.: Physik und Technik der Ultrarotstrahlung. Hannover: R. Vincentz 1951.

(11) CLARK, W.: Photography by infrared, its principles and applications. New York: Wiley & Sons Inc. 1947.

(12) KÖNIG, W.: Z. wiss. Photogr. **34**, 15 (1935).

(13) DIETERLE, W., u. W. ZEH: Z. wiss. Photogr. **34**, 245 (1935).

(14) BROOKER, L. G. S., F. HAMER and C. E. K. MEES: J. opt. Soc. Amer. **23**, 216 (1933).

(15) KAINRATH, P.: Z. angew. Chem. **60**, 36 (1948).

(16) ZWICKY, H.: Chimia **9**, 37—43 (1955).

(17) BROOKER, L. G. S., and P. W. VITTUM: J. photogr. Sci. **5**, 71—88 (1957).

(18) HORNSBY, K. M.: Brit. J. Photogr. **104**, 270—272 (1957).

(19) BRUNNER, R., A. E. OBERTH, G. PICK u. G. SCHEIBE: Z. Elektrochem. **62**, 132—145, 146—152 (1958).

(20) BLOCH, O., and F. F. RENWICH: Photographic. J. **60**, 145 (1920).

(21) WEST, W., and B. H. CARROLL: J. phys. Chem. **57**, 797 (1953).

(22) MUDROVCIC, M.: Sci. industr. Photogr. (2), **24**, 47 (1953).

(23) BROOKER, L. G. S., F. L. WHITE, D. W. HESELTINE, G. H. KEYES, S. G. DEUT and E. J. VAN LARE: J. photogr. Sci. **1**, 173 (1953).

(24) JEFFREYS, R. A.: Erg. Int. Konf. wiss. Photogr., Köln 1956, S. 123—128. Darmstadt: O. Helwich 1958.

(25) RIESTER, O.: Mitt. Forsch.-Lab. Agfa, Leverkusen, München **1**, 44—45 (1955).

(26) SCHEIBE, G.: Vortrag: Koll. über Mechanismus der optischen Sensibilisierung. München. 5. 3. 1959.

(27) WEST, W., B. H. CARROLL and D. L. WHITCOMB: J. phys. Chem. **56**, 1054 bis 1057 (1952).

(28) SHEPPARD, S. E., R. H. LAMBERT and R. D. WALKER: J. chem. Phys. **7**, 265 (1939).

(29) WEST, W., B. H. CARROLL and D. L. WHITCOMB: Ann. N. Y. Acad. Sci. **58**, 893 (1954).

(*30*) WEST, W., B. H. CARROLL and D. L. WHITCOMB: J. photogr. Sci. 1, 144 (1953).
(*31*) MOLL, F.: Vortrag: Koll. über Mechanismus der optischen Sensibilisierung. München. 6. 3. 1959.
(*32*) MITCHELL, J. W.: Die photographische Empfindlichkeit. Photogr. Korrespondenz, 1. Sonderh. Darmstadt: O. Helwich 1957.
(*33*) MITCHELL, J. W.: J. photogr. Sci. 5, 49—70 (1957); 6, 57—80 (1958).
(*34*) FRIESER, H., u. E. KLEIN: Mitt. Forsch.-Lab. Agfa, Leverkusen, München 1, 2—9 (1955).
(*35*) WOLFF, H.: Fortschr. chem. Forsch. 2, 375—443 (1952).
(*36*) MATEJEC, R.: Phys. Bl. 1, 17—25 (1958).
(*37*) GURNEY, R. W., and N. F. MOTT: Proc. roy. Soc., Lond. A 164, 151 (1938).
(*38*) MOTT, N. F.: Photogr. J. 81, 62 (1941).
(*39*) LEHFELDT, W.: Nachr. Ges. Wiss. Göttingen, math.-phys. Kl. 263 (1933).
(*40*) MATEJEC, R.: Z. Physik 148, 454—495 (1957).
(*41*) HAYNES, J. R., and W. SHOCKLEY: Phys. Rev. 82, 935 (1951).
(*42*) WEBB, J. H.: J. appl. Phys. 26, 1309 (1955).
(*43*) MITCHELL, J. W.: Rep. Progr. Phys., Lond. 20, 433 (1957).
(*44*) EVANS, T., J. M. HEDGES and J. W. MITCHELL: J. photogr. Sci. 3, 73 (1956).
(*45*) TELTOW, J.: Ann. Phys. 6, 563 (1950); 16, 268 (1955).
(*46*) STASIW, O.: Z. Physik 127, 522 (1950).
(*47*) MATEJEC, R.: Photogr. Korresp. 93, 17—41 (1957).
(*48*) EGGERT, J.: Erg. Int. Konf. wiss. Photogr., Köln 1956, S. 357—367. Darmstadt: O. Helwich 1958.
(*49*) JAENICKE, W., u. C. SCHOTT: Z. Elektrochem. 59, 956 (1955).
(*50*) STAUDE, H.: Z. Elektrochem. 60, 563—565 (1956).
(*51*) KLEIN, E.: Z. Elektrochem. 62, 505—519 (1958).
(*52*) ANGERER, E. v., u. G. JOOS: Wissenschaftliche Photographie. Leipzig: Geest & Portig 1953.
(*53*) EGGERT, J., u. W. NODDACK: S.-B. preuß. Akad. Wiss. 29, 631 (1921).
(*54*) EGGERT, J., u. W. NODDACK: Z. Physik 58, 861 (1929).
(*55*) NODDACK, W., H. SCHALLER u. W. HECKER: Erg. Int. Konf. wiss. Photogr., Köln 1956, S. 82. Darmstadt: O. Helwich 1958.
(*56*) SHEPPARD, S. E.: Chem. Rev. 4, 340 (1927).
(*57*) MECKE, R., u. G. SEMERANO: Z. Elektrochem. 40, 511 (1934).
(*58*) LESZYNSKI, W.: Z. wiss. Photogr. 24, 261 (1926).
(*59*) EGGERT, J., u. W. NODDACK: Naturwissenschaften 15, 57 (1927).
(*60*) EGGERT, J., W. MEIDINGER u. H. ARENS: Helv. chim. Acta 31, 1163 (1948).
(*61*) TOLLERT, H.: Z. phys. Chem., Abt. A 140, 355 (1929).
(*62*) BERTHOUD, A.: Z. phys. Chem. 120, 174 (1926).
(*63*) SCHEIBE, G.: Naturwissenschaften 25, 795 (1937).
(*64*) EGGERT, J., u. M. BILTZ: Veröff. Zentr.-Lab. Agfa, photogr. Abt. 6, 23 (1939); Trans. Faraday Soc. 34, 892—901 (1938).
(*65*) SMEKAL, A.: Phys. Z. 33, 204 (1932).
(*66*) FRANK, J., and E. TELLER: J. chem. Phys. 6, 861 (1938).
(*67*) MOTT, N. F.: Photogr. J. B 88, 119 (1948).
(*68*) SCHEIBE, G.: Z. Elektrochem. 56, 723—727 (1952).
(*69*) MEES, C. E. K.: The theory of the photographic process. New York: McMillan Comp. 1954.
(*70*) DICKINSON, H. O.: Photogr. J. B 90, 142 (1950).
(*71*) COULSON, C. A.: In: N. F. MOTT, Photogr. J. B 88, 119—122 (1948).
(*72*) MEIER, H.: Vortrag bei Ges. dtsch. Chem., Erlangen, 10. 7. 1958.
(*73*) NODDACK, W., u. H. MEIER: Scientific Photography. Proc. Intern. Coll. Liège 1959. S. 515—531. Oxford: Pergamon Press 1962.
(*74*) WILCKE, E.: Mschr. Diss., Freiburg i. Br., 1941.
(*75*) HEISENBERG, E.: Veröff. Zentr.-Lab. Agfa 3, 115 (1933).
(*76*) SPENCE, J., and B. H. CARROLL: J. phys. Chem. 52, 1090 (1948).
(*77*) RIEHL, N., R. ROMPE, N. W. TIMOFÉEF-RESSOVSKY u. K. G. ZIMMER: Protoplasma 38, 105—126 (1943).

(78) WEST, W., and B. H. CARROLL: J. chem. Phys. **19**, 417 (1951).

(79) WEST, W.: Mechanisms of photographic sensitivity, edit. J. W. MITCHELL, S. 99. London: Butterworths, 1951.

(80) KAMEYAMA, N., and T. FUKUMOTO: J. Soc. chem. Ind. Japan **42**, 244, 426 (1939).

(81) GOLDMANN, A., and I. AKIMOV: J. phys. Chem. UdSSR **27**, 355 (1953).

(82) SHEPPARD, S. E., W. VANSELOW and G. J. HAPP: J. phys. Chem. **44**, 411 bis 421 (1940); **33**, 331, 1403 (1949).

(83) AKIMOV, I., i E. PUTZEIKO: Ber. Akad. Wiss. UdSSR **102**, 481 (1955).

(84) AKIMOV, I.: J. phys. Chem. UdSSR **30**, 1007—1018 (1956).

(85) NELSON, R. C.: J. opt. Soc. Amer. **46**, 13—16 (1956).

(86) YAGI, H.: Mem. Coll. Sci. Kyoto A **26**, 75 (1950).

(87) PUTZEIKO, E., i A. TERENIN: Ber. Akad. Wiss. UdSSR **70**, 401—404 (1950); **90**, 1005 (1953).

(88) WILK, M.: Z. Elektrochem. **64**, 294—296 (1960).

(89) SOMMERFELD, A.: Atombau und Spektrallinien, Bd. II, S. 693. Zit. nach E. SPENKE, Elektronische Halbleiter, S. 279. Berlin-Göttingen-Heidelberg: Springer 1955.

(90) MÖNCH, G.: Z. Physik **47**, 522 (1928).

(91) NELSON, R. C.: J. opt. Soc. Amer. **46**, 1016—1019 (1956); — J. chem. Phys. **29**, 388 (1958). — J. Mol. Spectroscopy **7**, 439—448 (1961).

(92) WEST, W.: Angew. Chem. **70**, 508 (1958).

(93) EGGERT, J., u. G. HEYMER: Naturwissenschaften **25**, 689 (1937).

(94) STENGER, E., u. H. STAUDE: Fortschritte der Photographie. In: Ergebnisse der angewandten Physik und Chemie, Bd. 5. Leipzig: Akademische Verlagsgesellschaft 1938.

(95) SCHULTZE, W.: Farbenphotographie und Farbenfilm. Berlin-Göttingen-Heidelberg: Springer 1953.

Zwölftes Kapitel

(96) PUTZEIKO, E.: Ber. Akad. Wiss., UdSSR, N. S. **91**, 1071—1074 (1953).

(97) GERRITSEN, H. J., W. RUPPEL u. A. ROSE: Helv. phys. Acta **30**, 504—512 (1957).

(98) HAUFFE, K.: Angew. Chem. **72**, 730—738 (1960).

(99) TERENIN, A. N., E. K. PUTZEIKO et I. A. AKIMOV: J. Chim. phys. **54**, 716 bis 725 (1957).

(100) TERENIN, A., u. E. PUTZEIKO: Angew. Chem. **70**, 508 (1958).

(101) GOODEVE, C. F., and J. A. KITCHENER: Trans. Faraday Soc. **34**, 905 (1938).

(102) EDER, J. M.: Handbuch der Photographie, Bd. III/3, S. 240. 1932.

(103) LANGE, E.: Z. Elektrochem. **55**, 76 (1951).

(104) MÖHRING, K.: Z. Elektrochem. **59**, 102—114 (1955).

(105) CARLSON, CH. F.: US-Patents Nr. 2221776 (Nov. 1941); Nr. 2297691 (Okt. 1942); Nr. 2357809 (Sept. 1944),

(106) REID, W. T.: Batelle Techn. Rev. 2, Nr. 11, 118—122 (1953).

(107) GIBSON, H. L.: J. photogr. Soc. Amer. **11**, 175 (1945).

(108) SCHAFFERT, R. M.: The Penrose Annual, London **44**, 96—99 (1950).

(109) OLIPHANT, W. D.: Discovery **14**, 175—179 (1951).

(110) SCHAUM, G., u. H. HAYDN: DBP Nr. 1090093 (an Agfa).

(111) JONES, J. E., u. P. H. STEWART: Belg. Patent Nr. 589454 (an Eastman Kodak Co.).

(112) BICKMORE, J. T., R. E. HAYFORD and H. CLARK: Photogr. Sci. Engng. **3**, 210 (1959).

(113) HEDVALL, J. A.: Einführung in die Festkörperchemie, S. 204. Braunschweig: F. Vieweg & Sohn 1952.

(114) HEDVALL, J. A., I. AFZELIUS u. TH. LINDSTRAND: Svensk. kem. Tidskr. **47**, 156 (1935) [Deutsch]; — Z. phys. Chem., Abt. B **32**, 383 (1936).

(115) HEDVALL, J. A.: In Handbuch der Katalyse, Bd. 6, Heterogene Katalyse III, S. 626. Wien: Springer 1943.

(116) TAKAISHI, T.: Z. Naturforsch. **11a**, 294 (1956).

(117) MEDVED, D. B.: J. chem. Phys. **28**, 870 (1958).

Dreizehntes Kapitel

(*118*) Raab, O.: Z. Biol. **39**, 524 (1900).

(*119*) Tappeiner, H., u. A. Jodlbauer: Die sensibilisierende Wirkung fluoreszierender Substanzen. Leipzig: Vogel 1907.

(*120*) Tappeiner, H.: Biochem. Z. **12**, 290 (1908); **13**, 1 (1908).

(*121*) Hertel, E.: Z. allg. Physiol. **6**, 44 (1906).

(*122*) Lippay, F.: Pflügers Arch. ges. Physiol. **222**, 616 (1929); **224**, 587 (1930); **226**, 473 (1931).

(*123*) Metzner, P.: Biochem. Z. **148**, 498 (1924).

(*124*) Roffo, A. H.: Bol. inst. med. exp. estud. cancer **9**, 576 (1932).

(*125*) Podkamsky, N. A.: Strahlentherapie **38**, 98 (1930).

(*126*) Kautsky, H.: Ber. dtsch. chem. Ges. **65**, 1762 (1932).

(*127*) Blum, H. F., W. G. Watrous and R. J. West: Amer. J. Physiol. **113**, 350 (1935).

(*128*) Windisch, F., W. Heumann, H. Kriegel u. A. Graffi: Z. Naturforsch. 8b, 673—675 (1953).

(*129*) Kosman, A. J., and R. S. Lillie: J. cell. comp. Physiol. **6**, 505 (1935).

(*130*) Smetana, H.: J. biol. Chem. **124**, 667 (1938).

(*131*) Blum, H. F.: J. cell. comp. Physiol. **9**, 229 (1937).

(*132*) Wohlgemuth, J., u. E. Szörényi: Biochem. Z. **264**, 389 (1933).

(*133*) Harris, D. T.: Biochem. J. **20**, 288 (1926).

(*134*) Jirovec, O., u. Z. Ziegler: Z. ges. exp. Med. **90**, 651 (1933).

(*135*) Szörényi, E.: Biochem. Z. **252**, 113 (1932).

(*136*) Blum, H. F., and H. W. Gilbert: J. cell. comp. Physiol. **15**, 75 (1940).

(*137*) Pincussen, L.: Photobiologie; Grundlagen, Ergebnisse, Ausblicke. Leipzig: Georg Thieme 1930.

(*138*) Blum, H. F.: Photodynamic action and diseases caused by light. New York: Reinhold Publ. Corp. 1941.

(*139*) Giese, A. G.: J. cell. comp. Physiol. **39**, 301 (1952).

(*140*) Politzer, G.: Roux' Arch. Entwickl.-Mech. Org. **146**, 403 (1952).

(*141*) Drebinger, K.: Roux' Arch. Entwickl.-Mech. Org. **145**, 174 (1951).

(*142*) Ruhland, G.: Roux' Arch. Entwickl.-Mech. Org. **147**, 61 (1954).

(*143*) Kambayashi, Y.: Biochem. Z. **203**, 334 (1928).

(*144*) Rosenblum, L. A., B. Hoskwith and S. D. Kramer: Proc. Soc. exp. Biol., N.Y. **37**, 166 (1937).

(*145*) Birkeland, J. M.: Science **80**, 357 (1934).

(*146*) Dempsey, T. F., and V. Mayer: J. comp. Path. **47**, 197 (1934).

(*147*) Lin, F. C.: Proc. Soc. exp. Biol., N.Y. **34**, 656 (1936).

(*148*) Hand, D. B., E. S. Guthrie and P. F. Sharp: Science **87**, 439 (1938).

(*149*) Kon, S. K., and M. B. Watson: Biochem. J. **30**, 2273 (1936).

(*150*) Lillie, R. S.: General cytology, S. 183. Chicago: E. V. Cowdry 1924.

(*151*) Auger, D., et A. Fessard: Ann. Physiol. Physicochim. biol. **9**, 873 (1933).

(*152*) Lillie, R. S., M. A. Hinrichs and A. J. Kosman: J. cell. comp. Physiol. **6**, 487 (1935).

(*153*) Kosman, A. J.: J. cell. comp. Physiol. **11**, 279 (1938).

(*154*) Djourno, A., et C. Piffault: J. Physiol. Path. gén. **34**, 476 (1936).

(*155*) Kosman, A. J.: J. cell. comp. Physiol. **6**, 505 (1935).

(*156*) Blum, H. F., and C. R. Spealman: Amer. J. Physiol. **109**, 605 (1934).

(*157*) Hausmann, W.: Grundzüge der Lichtbiologie und Lichtpathologie. Strahlentherapie, 8. Sonderbd. Berlin 1923; — Biochem. Z. **30**, 276 (1910).

(*158*) Schanz, F.: Med. Klin. **11**, 1403 (1915).

(*159*) Hauptmann: Berl. tierärztl. Wschr. **38**, 313—318 (1922).

(*160*) Fischer, H.: Hoppe-Seylers Z. physiol. Chem. **95**, 34 (1915); **97**, 109 (1916).

(*161*) Jansion, H., et F. Pages: Les maladies de lumiere. Paris: Masson & Cie. 1933.

(*162*) Fischer, H., u. A. Stern: Die Chemie des Pyrrols, Bd. II, Pyrrolfarbstoffe, 2. Hälfte, S. 360—364. Leipzig: Akademische Verlagsgesellschaft 1940.

(*163*) Meyer-Betz, F.: Dtsch. Arch. klin. Med. **112**, 476 (1913).

(*164*) BORST, M., u. H. KOENIGSDOERFER: Untersuchungen über die Porphyrine mit besonderer Berücksichtigung der Porphyria congenita. Leipzig: S. Hirzel 1929.

(*165*) HORSLEY, C. H.: J. Pharmacol. **50**, 310 (1934).

(*166*) HARRIS, P. N.: Cancer Res. **7**, 35 (1947).

(*167*) GROSS, E.: Verh. dtsch. pharmakol. Ges. **21**, 175 (1954).

(*168*) NELSON, A. A., and E. C. HAGAN: Fed. Proc. **12**, 397 (1953).

(*169*) DRUCKREY, H., u. D. SCHMÄHL: Naturwissenschaften 8, 215 (1955).

(*170*) YOSHIDA, T., T. SHIMANCHI and C. KIN: Gann **35**, 272 (1941).

(*171*) DRUCKREY, H., H. A. NIEPER u. H. W. LO: Naturwissenschaften **43**, 543 bis 544 (1956).

(*172*) MILLER, J. A., and E. C. MILLER: J. exp. Med. **87**, 139 (1948); — Adv. Cancer Res. **1**, 356 (1953).

(*173*) NIEPER, H. A., P. DANNEBERG u. H. W. LO: Naturwissenschaften **43**, 500 (1956).

(*174*) SMETANA, H.: J. biol. Chem. **125**, 741 (1938).

(*175*) BLUM, H. F., and H. J. TEMPLETON: Ann. Med. Ass. **108**, 548 (1937).

(*176*) BLUM, H. F.: Amer. J. Physiol. **129**, 312 (1940).

(*177*) EISENBRAND, J., u. A. KLANK: Naturwissenschaften **44**, 262 (1957); — Z. Lebensmitt.-Untersuch. **108**, 225 (1958).

(*178*) KITCHEVATZ, M.: C. R. Soc. Biol., Paris **116**, 675 (1934).

(*179*) MOTTRAM, J. C., and J. DONIACH: Nature, Lond. **140**, 933 (1937); — Lancet **1938**, 1156.

(*180*) WOLMAN, M.: Nature, Lond. **145**, 592 (1940).

(*181*) MATOLSY, A. G., and G. FABIAN: Nature, Lond. **158**, 877 (1946).

(*182*) GRAFFI, A.: Z. Krebsforsch. **50**, 196 (1940).

(*183*) GRAFFI, A., u. H. MAAS: Arb. Inst. exp. Ther. Frankfurt **39**, 21 (1940).

(*184*) GRAFFI, A., H. KRIEGEL, H. SCHREIBER u. F. WINDISCH: Z. Naturforsch. 8b, 142—145 (1953).

(*185*) WINDISCH, F., W. HEUMANN, H. KRIEGEL u. A. GRAFFI: Z. Naturforsch. 8b, 623—675 (1953).

(*186*) BAUER, K. H.: Das Krebsproblem. Berlin-Göttingen-Heidelberg: Springer 1949.

(*187*) BUTENANDT, A.: Chem. Z. **74**, 7 (1950).

(*188*) CLAR, E.: Aromatische Kohlenwasserstoffe. Berlin-Göttingen-Heidelberg: Springer 1952.

(*189*) EISENBRAND, J., u. B. KOETHER: Z. Lebensmitt.-Untersuch. **109**, 218—222 (1959).

(*190*) BAUER, K. H., B. RAREI u. H. GUMML: Langenbecks Arch. klin. Chir. **193**, 499 (1938).

(*191*) WARBURG, O., K. GAWEHN u. A. W. GEISSLER: Z. Naturforsch. 12b, 393 bis 395 (1957).

(*192*) RAJEWSKY, B., u. K. DOSE: Z. Naturforsch. 12b, 384—393 (1957).

(*193*) BURTON, M.: J. chem. Educ. **28**, 404 (1951).

(*194*) WEISS, J.: Nature, Lond. **153**, 748 (1944).

(*195*) NADSON, G., et A. JOLKEVITCH: Ann. Roentg. Radiol. **2**, 11 (1926).

(*196*) WOEBER, K.: Naturwissenschaften **43**, 181—182 (1956).

(*197*) WARBURG, O.: Science **123**, 309 (1956).

(*198*) BURTON, M., u. J. L. MAGEE: Naturwissenschaften **43**, 433—442 (1956).

(*199*) EFIMOFF, A., u. W. W. EFIMOFF: Biochem. Z. **155**, 376 (1925).

(*200*) FRUITMAN, H. L.: Proc. Soc. exp. Biol., N.Y. **32**, 610 (1935).

(*201*) DÖRING, H.: Naturwissenschaften **26**, 819 (1938).

(*202*) KAPLAN, R. W.: Naturwissenschaften **35**, 127 (1948).

(*203*) SELLEI, J.: Arch. Pharm. **273**, 285 (1935).

(*204*) KAUTSKY, H., H. DE BRUIJN, R. NEUWIRTH u. W. BANNEISTER: Ber. dtsch. chem. Ges. **65**, 1762 (1932); **66**, 1588 (1933).

(*205*) GAFFRON, H.: Biochem. Z. **264**, 251 (1933).

(*206*) FRANK, J., u. H. LEVI: Z. phys. Chem. B **27**, 409 (1934).

(*207*) SCHANZ, F.: Pflügers Arch. ges. Physiol. **190**, 311 (1921).

(208) STIEVE, H.: Z. Naturforsch. 13b, 380—398 (1958).
(209) MURALT, A. v.: Die Signalübermittlung im Nerven. Basel: Birkhäuser 1946.
(210) TASAKI, I., u. T. TAKEUCHI: Pflügers Arch. ges. Physiol. 245, 746 (1942).
(211) STIEVE, H.: Z. Naturforsch. 13b, 96—108 (1958).
(212) STÄMPFLI, R.: Ergebn. Physiol. 47, 70 (1952).
(213) SCHNEIDER, D.: Z. Naturforsch. 7b, 38—48 (1952).
(214) LÜTTGAU, H.: Z. Naturforsch. 8b, 263—268 (1953); — Pflügers Arch. ges. Physiol. 260, 141—147 (1954).
(215) SATO, M., u. D. SCHNEIDER: Z. Naturforsch. 9b, 644—654 (1954).
(216) DITTMAR, H. A.: Z. vergl. Physiol. 36, 41—54 (1954).
(217) SCHNEIDER, D.: Z. vergl. Physiol. 32, 507—529 (1950).
(218) HODGKIN, A. L., and B. KATZ: J. Physiol., Lond. 108, 37 (1949).
(219) HODGKIN, A. L., and A. F. HUXLEY: J. Physiol., Lond. 116, 449, 473, 497 (1952).
(220) HODGKIN, A. L., and R. D. KEYNES: J. Physiol., Lond. 128, 61 (1955).
(221) NETTER, H.: Theoretische Biochemie. Berlin-Göttingen-Heidelberg: Springer 1959.
(222) TASAKI, I., and W. H. FREYGANG: J. gen. Physiol. 39, 211 (1955).
(223) WEIDMANN, S.: Helv. physiol. Acta 12, 640 (1954).
(224) LÜTTGAU, A.: Z. Biol. 107, 34 (1954).
(225) LEHMANN, H. J.: Pflügers Arch. ges. Physiol. 260, 368—373 (1955); 259, 294—302 (1954).
(226) KING, G., and R. W. GERARD: J. cellul. comp. Physiol. 34, 413—438 (1949); — Nature, Lond. 165, 113—114 (1950).
(227) BETHE, A.: Naturwissenschaften 37, 177 (1950).
(228) HEINMETZ, F. R., R. VINEGARD and W. W. TAYLOR: J. gen. Physiol. 36, 207 (1952).
(229) KINZEL, H.: Z. Naturforsch. 13b, 271—274 (1958).
(230) ADRIAN, R. H.: J. Physiol., Lond. 133, 631 (1956).
(231) FINEAU, J. B.: Exp. Cell Res. 5, 202 (1953); — Biochim. biophys. Acta 10, 371 (1953).
(232) FERNANDEZ-MORAN, H.: Progr. Biophys. 4, 112 (1954).
(233) SCHWAB, G. M.: Angew. Chem. 67, 433 (1955).
(234) HAUFFE, K.: Angew. Chem. 67, 205 (1955).
(235) NOLLER, H., u. K. OSTERMEIER: Z. Elektrochem. 60, 921—929 (1956).
(236) BLOCK, J., u. H. CHON: Z. Elektrochem. 60, 912—921 (1956).
(237) KLEMM, L., u. H. J. LEHMANN: Z. Zellforsch. 41, 203—206 (1954).

Vierzehntes Kapitel

(238) STUDNITZ, G. v.: Physiologie des Sehens. Leipzig: Akademische Verlagsgesellschaft 1940.
(239) BOLL, F.: S.-B. Akad. Wiss., Berlin 1876, S. 783—787.
(240) KÜHNE, W.: Untersuch. physiol. Inst. Heidelberg 1, 1—15 (1878).
(241) KÖNIG, A.: S.-B. Akad. Wiss., Berlin 1894, S. 577—598.
(242) SAITO, Z.: Tohoku J. exp. Med. 34, 32 (1938).
(243) TRENDELENBURG, W.: Z. Sinnesphysiol. 37, 1—55 (1904).
(244) HECHT, S., and R. E. WILLIAMS: J. gen. Physiol. 5, 1—33 (1922).
(245) CHASE, A., and E. SMITH: J. gen. Physiol. 23, 21 (1939).
(246) COLLINS, F., R. MORTON and J. DARTUALL: Nature, Lond. 167, 673—676 (1951).
(247) WALD, G.: Science 113, 287 (1951).
(248) WALD, G., J. DURELL and ST. GEORGE: Science 111, 179 (1950).
(249) KRAUSE, A. C.: The biochemistry of the eye. Baltimore: John Hopkins Press 1934.
(250) EGLE, K.: Ber. dtsch. bot. Ges. 65, 183 (1953).
(251) WALD, G.: Ann. Rev. Biochem. 22, 497 (1953).
(252) HOLM, E.: Amer. J. Physiol. 73, 79—84 (1925).
(253) EULER, H. v., u. E. ADLER: Ark. Kemi, Min. Geol. 11, 3 (1934).

442 Literatur

(254) Studnitz, G. v.: Pflügers Arch. ges. Physiol. **239**, 515 (1937).
(255) Studnitz, G. v.: Pflügers Arch. ges. Physiol. **230**, 614—638 (1932).
(256) Studnitz, G. v.: Klin. Mbl. Augenheilk. 118, 1—15 (1951).
(257) Müller-Limmroth, H. W.: Naturwissenschaften **43**, 337—346, 364—370 (1956).
(258) Hosoya, J., T. Okita and T. Akune: Tohoku J. exp. Med. **34**, 532—541 (1938).
(259) Noddack, W., u. H. Jarczyk: Farbe 4, 59—78 (1955).
(260) Granit, R.: Proc. phys. Soc., Lond. **57**, 447—463 (1945).
(261) Buddenbrock, W. v.: Grundriß der vergleichenden Physiologie, Bd. 1. Berlin: Borntraeger 1937.
(262) Kühn, A., u. A. Egelhaaf: Z. Naturforsch. 14b, 654—659 (1959).
(263) Hopkins, F. G.: Proc. roy. Soc., Lond. B **130**, 359 (1942).
(264) Hadorn, E.: Arch. Klaus-Stift. **26**, 470 (1951).
(265) Danneel, R., u. B. Eschrich: Z. Naturforsch. 11b, 105—110 (1956).
(266) Dittler, R.: Handbuch der normalen und pathologischen Physiologie, 12, I, S. 266ff. 1931.
(267) Riggs, L. A., R. N. Berry and M. Wagner: J. opt. Soc. Amer. **39**, 427—436 (1949).
(268) Kohlrausch, A.: Handbuch der normalen und pathologischen Physiologie. Receptionsorgane II, Photoreceptoren II, Teil 2, S. 1394—1496. 1931.
(269) Granit, R.: Sensory mechanisms of the retina. London 1947.
(270) Riggs, L. A.: Proc. Soc. exp. Biol., N.Y. 48, 204 (1941).
(271) Burkhardt, D.: Z. vergl. Physiol. **36**, 596 (1954).
(272) Kühne, W., u. J. Steiner: Unters. physiol. Inst. Univ. Heidelberg **3**, 332 (1880).
(273) Fröhlich, F. W.: Z. Sinnesphysiol. 48, 41 (1913).
(274) Piper, H.: Arch. Anat. u. Physiol. 85 (1911).
(275) Granit, R.: J. Physiol., Lond. 76, 1 (1932); 77, 207 (1933).
(276) Granit, R., and H. A. Ridell: J. Physiol., Lond. 81, 1 (1934).
(277) Bernhard, C. G., R. Granit and C. R. Skoglund: J. Neurophysiol. **5**, 55 (1942).
(278) Hartline, H. K.: Amer. J. Physiol. **83**, 466 (1928).
(279) Wulff, V. J., and T. L. Jahn: J. cell. comp. Physiol. **22**, 89 (1943); — J. Neurophysiol. 11, 117 (1948).
(280) Autrum, H. J.: Z. vergl. Physiol. **32**, 176—227 (1950).
(281) Autrum, H. J.: Nachr. Ges. Wiss. Göttingen 8, 13 (1948); — Naturwissenschaften **35**, 361 (1949).
(282) Autrum, H. J., u. M. Stoecker: Z. Naturforsch. 5b, 38 (1950).
(283) Kirschfeld, K.: Z. Naturforsch. 14b, 212—213 (1959).
(284) Autrum, H. J., u. M. Gallwitz: Z. vergl. Physiol. **33**, 407 (1951).
(285) Sachs, E.: Klin. Wschr. 8, 136 (1929).
(286) Cooper, S., R. S. Creed and R. Granit: J. Physiol., Lond. **79**, 185 (1933).
(287) Kohlrausch, A.: Pflügers Arch. ges. Physiol. **209**, 607 (1925).
(288) Lüdtke, H.: Z. vergl. Physiol. **35**, 129—152 (1953); — Z. Naturforsch. 9b, 159—163 (1954).
(289) Adrian, E. D.: Ergebn. Physiol. **26**, 501 (1928).
(290) Kohlrausch, A.: Klin. Mbl. Augenheilk. 85, 570 (1930).
(291) Granit, R., and P. Therman: J. Physiol., Lond. **83**, 359—381 (1935).
(292) Schaeffer, H.: Elektrophysiologie, Bd. 1. Wien 1940.
(293) Diecke, F.: Z. Naturforsch. 9b, 713—729 (1954).
(294) Rössel, W.: Pflügers Arch. ges. Physiol. **246**, 543 (1943).
(295) Hermann, L.: Pflügers Arch. ges. Physiol. **5**, 223 (1872).
(296) Huxley, A. P., u. R. Stämpfli: Helv. physiol. Acta **6**, 22 (1948); — J. Physiol., Lond. 108, 305 (1949).
(297) Tischner, H.: Z. Naturforsch. 9b, 654—659 (1954).
(298) Schneider, D.: Z. vergl. Physiol. **32**, 507—529 (1950).
(299) Kühne, W., u. J. Steiner: Untersuch. Physiol. Inst. Univ. Heidelberg **4**, 162 (1881).

(300) BROSSA, A., u. A. KOHLRAUSCH: Arch. Anat. Physiol. 449—492 (1913).
(301) KOHLRAUSCH, A.: Pflügers Arch. ges. Physiol. 171, 228 (1918).
(302) GRANIT, R., P. O. THERMAN u. C. WREDE: Skand. Arch. Physiol. 80, 142 (1938).
(303) GRANIT, R.: Die Elektrophysiologie der Netzhaut und des Sehnerven. Kopenhagen 1936.
(304) BERNHARD, C. G.: J. Neurophysiol. 5, 32 (1942).
(305) SCHANZ, F.: Z. Physik 12, 28—37 (1923).
(306) AUTRUM, H. J.: Naturwissenschaften 39, 290 (1952).
(307) GIBSON, A. F.: Proc. phys. Soc., Lond. B 64, 605 (1951).
(308) ROSENBERG, B.: J. chem. Phys. 34, 812—819 (1961).
(309) REIN, H.: Einführung in die Physiologie des Menschen. Berlin-Göttingen-Heidelberg: Springer 1948.
(310) OPITZ, E., u. M. SCHNEIDER: Ergebn. Physiol. 46, 126 (1950).
(311) ROSENBERG, B.: J. chem. Phys. 31, 238 (1959).
(312) ROSENBERG, B.: J. opt. Soc. Amer. 48, 581—582 (1958).
(313) ROSENBERG, B.: Proc. Conf. "Electronic conductivity in organic solids". Duke Univ. April 1960. New York, N.Y.: Interscience Publ. Co. 1961; — J. chem. Phys. 34, 63—66 (1961).
(314) ROSENBERG, B.: J. opt. Soc. Amer. 51, 238 (1961).
(315) ROSENBERG, B., R. A. ORLANDO and J. M. ORLANDO: Arch. Biochem. 93, 395—398 (1961).
(316) ESPER, F. J.: Z. Naturforsch. 9b, 13—16 (1954).
(317) LEHOVEC, K.: Z. Naturforsch. 1b, 258 (1946); 2b, 398 (1947).
(318) BAUMGARDT, E.: Naturwissenschaften 39, 388 (1952).
(319) HODKIN, A. L.: Arch. Sci. physiol. 3, 151 (1949).
(320) HUXLEY, A. F., and R. STÄMPFLI: J. Physiol., Lond. 108, 315 (1949); 112, 476, 496 (1951).
(321) HAAS, J.: Physiologie der Zelle. Berlin: Borntraeger 1955.
(322) GRANIT, R.: J. Physiol., Lond. 105, 45 (1946).
(323) BERNHARD, C. G., R. GRANIT and C. R. SKOGLUND: J. Neurophysiol. 5, 32 (1942).

Fünfzehntes Kapitel

(324) WEISS, J.: Nature, Lond. 137, 997 (1936); — J. gen. Physiol. 20, 501 (1937).
(325) FISCHER, H., u. A. ÖSTREICHER: Hoppe-Seylers Z. physiol. Chem. 262, 243 (1940).
(326) AACH, H. G.: Z. Naturforsch. 9b, 481—487 (1954).
(327) OPARIN, A. I.: The origin of life. Übers.: S. MARGULIS. New York: McMillen 1938.
(328) GARRISON, M. M., D. C. MORRISON, J. G. HAMILTON, A. A. BENSON and M. CALVIN: Science 144, 416 (1951).
(329) UREY, H. C.: The Planets, New Haven. Connecticut: Yale Univ. Press 1952.
(330) CALVIN, M.: Naturwissenschaften 43, 387—393 (1956).
(331) WARBURG, O.: Biochem. Z. 142, 317 (1923).
(332) WARBURG, O., W. SCHRÖDER u. H. GATTUNG: Z. Naturforsch. 11b, 654 (1956).
(333) WARBURG, O., W. SCHRÖDER u. H. GATTUNG: Z. Naturforsch. 12b, 716 (1957).
(334) WARBURG, O.: Z. Naturforsch. 15b, 190 (1960).
(335) BURK, D., u. O. WARBURG: Z. Naturforsch. 6b, 12 (1951).
(336) WARBURG, O., G. KRIPPAHL, W. SCHRÖDER u. W. BUCHHOLZ: Z. Naturforsch. 9b, 769 (1954).
(337) NODDACK, W.: Z. phys. Chem., Abt. A 185, 207 (1939).
(338) NODDACK, W., u. H. J. EICHHOFF: Z. phys. Chem., Abt. A 185, 222, 241 (1939).
(339) WARBURG, O., u. G. KRIPPAHL: Scensk. Kem. Tidskr. 69, 143 (1957).
(340) WARBURG, O., G. KRIPPAHL u. W. SCHRÖDER: Z. Naturforsch. 10b, 631, 639 (1955).
(341) WARBURG, O., W. SCHRÖDER, G. KRIPPAHL u. H. KLOTSCH: Angew. Chem. 69, 627—634 (1957).

(342) WARBURG, O., u. G. KRIPPAHL: Z. Naturforsch. 13b, 63—65 (1958).
(343) HILL, A. V.: Proc. roy. Soc., Lond. B 127, 192 (1939).
(344) RUBEN, S., M. RANDALL, M. D. KAMEN and J. L. HYDE: J. Amer. Soc. 63, 877 (1941); 62, 3451 (1940).
(345) HORWITZ, L.: Plant Physiol. 29, 215 (1954).
(346) WESSELS, J. S. C.: Thesis, Leyden 1954.
(347) WARBURG, O.: Schwermetalle als Wirkungsgruppen von Fermenten, S. 170. Berlin: Saenger 1946.
(348) HOLT, A. S., and C. S. FRENCH: Arch. Biochem. 19, 368 (1948).
(349) WITT, H. T., R. MORAW, A. MÜLLER, B. RUMBERG u. G. ZIEGER: Z. Elektrochem. 64, 181—187 (1960).
(350) KAUTSKY, H., A. HIRSCH u. W. FLESCH: Ber. dtsch. chem. Ges. 68, 152 (1935).
(351) KAUTSKY, H., u. U. FRANK: Biochem. Z. 315, 207 (1943).
(352) FRANK, J., and W. WOOD: J. chem. Phys. 4, 551 (1936).
(353) FRANK, J.: Symp. Soc. exp. Biol. 5, 160 (1951).
(354) WITT, H. T.: Z. Elektrochem. 59, 981—986 (1955).
(355) WITT, H. T., R. MORAW u. A. MÜLLER: Z. phys. Chem. 20, 193 (1959).
(356) WITT, H. T., R. MORAW u. A. MÜLLER: Z. Elektrochem. 60, 1148—1153 (1956).
(357) WITT, H. T., u. A. MÜLLER: Z. phys. Chem. 21, 1 (1959).
(358) LIVINGSTON, R., G. PORTER and M. WINDSOR: Nature, Lond. 173, 485 (1954).
(359) LIVINGSTON, R.: J. Amer. chem. Soc. 77, 2179 (1955).
(360) COMMONER, B., J. J. HEISE and J. TOWNSEND: Proc. nat. Acad. Sci., Wash. 42, 70 (1956).
(361) TOLLIN, G., and M. CALVIN: Proc. nat. Acad. Sci., Wash. 43, 895 (1957).
(362) PORTER, G., and M. WINDSOR: Proc. roy. Soc., Lond. A 244, 238 (1958).
(363) DUYSENS, L. N. M.: Science 120, 353 (1954).
(364) RACKOW, B., u. H. KÖNIG: Z. Elektrochem. 62, 482—488 (1958).
(365) CALVIN, M., and A. A. BENSON: Science 109, 140 (1949).
(366) GIBBS, M.: Plant Physiol. 26, 549—555 (1951).
(367) CALVIN, M.: Angew. Chem. 68, 253 (1956).
(368) RACKER, E.: Advanc. Enzymol. 15, 141 (1954).
(369) SIMONIS, W., u. K. H. GRUBE: Z. Naturforsch. 7b, 194—196 (1952).
(370) ARNON, D. I., F. R. WHATLEY and M. B. ALLEN: J. Amer. chem. Soc. 76, 6324 (1954).
(371) DOLE, M., and G. YENKS: Science 100, 409 (1944).
(372) BROWN, A. H.: Amer. J. Bot. 40, 719 (1953).
(373) WEIL, H., u. T. I. WILLIAMS: Angew. Chem. 63, 457 (1951).
(374) BRASSHAM, J. A., A. A. BENSON, L. D. KAY, A. Z. HARRIS, A. T. WILSON and M. CALVIN: J. Amer. chem. Soc. 76, 1760 (1954).
(375) METZNER, H., H. SIMON u. B. METZNER: Z. Naturforsch. 13b, 366—374 (1958).
(376) SUESS, H. E.: Angew. Chem. 68, 540 (1956).
(377) ARNON, D. I., and M. B. ALLEN: J. Amer. chem. Soc. 77, 449 (1955).
(378) RACKOW, B.: Z. Elektrochem. 58, 523—529 (1954).
(379) KANDLER, O.: Z. Naturforsch. 5b, 423—437 (1950).
(380) HOLZER, H.: Z. Naturforsch. 6b, 424 (1951).
(381) RACKER, E.: Nature, Lond. 175, 249 (1955).
(382) FIESER, L. F., u. M. FIESER: Lehrbuch der organischen Chemie. Weinheim: Verlag Chemie 1954.
(383) HOFSTETTER, H. U.: Chimia 10, 132—136 (1956).
(384) WEISS, J.: Nature, Lond. 141, 248—249 (1938).
(385) PUTZEIKO, E. K.: Dokl. Akad. Nauk SSSR 124, 796—799 (1959).
(386) NELSON, R. C.: J. chem. Phys. 27, 864 (1957).
(387) JACOBS, E. E., and A. S. HOLT: J. chem. Phys. 20, 1326 (1952).
(388) HAXO, F., and P. MORRIS: Arch. Biochem. 54, 162 (1955).
(389) PUTZEIKO, E. K.: Radiotekh. i Elektron. 1, 1364—1373 (1956).

(390) Zavoisky, E.: J. Phys. USSR **9**, 211 (1945).
(391) Calvin, M.: Rev. Mod. Phys. **31**, 157—161 (1959).
(392) Hauser, K. H.: Naturwissenschaften **46**, 597 (1959).
(393) Bleaney, D., and K. W. H. Stevens: Rep. Progr. Phys. **16**, 108 (1953).
(394) Matsunago, Y.: J. chem. Phys. **30**, 855—856 (1958).
(395) Calvin, M., and B. P. Sogo: Science **125**, 499 (1958).
(396) Sogo, B. P., N. G. Pon and M. Calvin: Proc. nat. Acad. Sci. USA **43**, 387 (1957).
(397) Calvin, M.: Rev. Mod. Phys. **31**, 147—156 (1959).
(398) Arnold, W., and R. K. Clayton: Proc. nat. Acad. Sci., Wash. **46**, 769—776 (1960).
(399) Duysens, L. N. M.: Nature, Lond. **173**, 692 (1954).
(400) Arnold, W., and H. Sherwood: Proc. nat. Acad. Sci., Wash. **43**, 105—114 (1957).
(401) Arnold, W., and H. K. Maclay: Brookhaven Symp. Biol. Nr. 11, 1 (1958).
(402) Putzeiko, E. K.: Dokl. Akad. Nauk SSSR **138**, 1381—1384 (1961).
(403) Gomer, R., and M. G. Ingham: J. Amer. chem. Soc. **77**, 500 (1955).
(404) Glander, F.: Chemie d. Erde **16**, 135—186 (1953).
(405) Rackow, B., L. Hildisch u. G. Junghähnel: Z. Elektrochem. **61**, 1339 bis 1341 (1957).
(406) Porter, G., u. M. R. Wright: Angew. Chem. **70**, 509 (1958).
(407) Brody, S. S.: Z. Elektrochem. **64**, 187—194 (1960).
(408) Wolkenstein, F. F.: Z. phys. Chem. **22**, 311 (1948).
(409) Emerson, R., and W. Arnold: J. gen. Physiol. **16**, 191 (1930).
(410) Gaffron, H., u. K. Wohl: Naturwissenschaften **24**, 81, 103 (1936).
(411) Riehl, N. W.: Ergebn. phys. Wiss. **35**, 186 (1948).
(412) Frank, J., and K. F. Herzfeld: J. phys. Chem. **45**, 978 (1941).
(413) Terenin, A. N., i A. A. Krasnowsky: Abh. sowj. Phys., I. F., 8. Beih. z. Sowj. Wiss., Berlin, S. 29—38 (bes. 35ff.) 1951.
(414) French, C., and V. Young: J. gen. Physiol. **35**, 873 (1952).
(415) Rabinovitch, E., u. S. S. Brody: Angew. Chem. **70**, 510 (1958).
(416) Förster, Th.: Z. Naturforsch. **2a**, 149 (1947).
(417) Brody, S. S.: Science **128**, 838 (1958).
(418) French, C., and R. Elliot: Carnegie Inst. Wash. Yearbook **57**, 278 (1958).
(419) Wettstein, D. v.: Fine structure of cells. Groningen: Nordhoff Ltd. 1954.
(420) Bannister, T.: Arch. Biochem. **49**, 222 (1954).
(421) Shore, V., and A. Pardee: Arch. Biochem. **62**, 355 (1956).
(422) Kasha, M.: Rev. Mod. Phys. **31**, 162—169 (1959).
(423) Frank, J., and R. Livingston: Rev. Mod. Phys. **21**, 505—509 (1949).
(424) Szent-Györgyi, A.: Science **93**, 609—610 (1941); — Nature, Lond. **9**, 157, 158 (1941).
(425) Terenin, A. N.: Ergebn. phys. Wiss. **37**, 65—73 (1949).
(426) Arnold, W., and H. Sherwood: J. phys. Chem. **63**, 2 (1959).
(427) Arnold, W., and H. Maclay: The photochemical apparatus, BNL 512. C-28 1959, S. 1—9.
(428) Tollin, G., P. Sogo and M. Calvin: Ann. N.Y. Acad. Sci. **74**, 310 (1958).
(429) Commoner, B., J. Heise and J. Townsend: Proc. nat. Acad. Sci., Wash. **42**, 710—718 (1956).
(430) Livingston, R., and E. Fujimori: J. Amer. chem. Soc. **80**, 5610 (1958).
(431) Livingston, R.: Radiat. Res., Suppl. **2**, 196—217 (1960).
(432) Sager, R.: Brookhavem Symp. Biol. **11**, 101—117 (1958).
(433) Emerson, R., and C. M. Lewis: J. gen. Physiol. **25**, 570—595 (1942).
(434) Duysens, L. N. M.: Nature, Lond. **168**, 548—550 (1951).
(435) Jacobs, E. E., A. E. Vatter and A. S. Holt: Arch. Biochem. **53**, 228 (1954).
(436) Wessels, J. S. C.: Rec. Trav. chim. Pays-Bas **73**, 529—536 (1954).
(437) Crane, F. L.: Plant Physiol. **34**, 128—131 (1959).
(438) Szent-Györgyi, A.: Radiat. Res., Suppl. **2**, 4—18 (1960).
(439) McGlynn, S. P.: Radiat. Res., Suppl. **2**, 300—323 (1960).
(440) Tollin, G.: Radiat. Res., Suppl. **2**, 407—431 (1960).

446   Literatur

(*441*) KEARNS, D. R.: Radiat. Res., Suppl. **2**, 407—431 (1960).
(*442*) TOLLIN, G., D. R. KEARNS and M. CALVIN: J. chem. Phys. **32**, 1013—1019 (1960).
(*443*) KEARNS, D. R., G. TOLLIN and M. CALVIN: J. chem. Phys. **32**, 1020—1025 (1960).
(*444*) TOLLIN, G., E. FUJIMORI and M. CALVIN: Nature, Lond. **181**, 1266—1267 (1958); — Proc. nat. Acad. Sci., Wash. **44**, 1035—1047 (1958).
(*445*) TOLLIN, G., and M. CALVIN: Proc. nat. Acad. Sci., Wash. **43**, 895—908 (1957).
(*446*) LUMRY, R., and J. D. SPIKES: Radiat. Res., Suppl. **2**, 539—577 (1960).

Anhang

(*447*) FÖRSTER, TH.: Radiat. Res., Suppl. **2**, 326—339 (1960).
(*448*) STRYER, L.: Radiat. Res., Suppl. **2**, 432—451 (1960).
(*449*) BÜCHER, TH., u. J. KASPERS: Naturwissenschaften **33**, 93 (1946); — Biochim. biophys. Acta **1**, 21 (1947).
(*450*) BÜCHER, TH.: Angew. Chem. **62**, 256—262 (1950).
(*451*) KUBOWITZ, F., u. E. HAAS: Biochem. Z. **257**, 337 (1933).
(*452*) LAUTSCH, W., W. BROSER, E. HÖFLING, H. GNICHTEL, E. SCHRÖDER, R. KRÜGER, J. WOLDT, G. SCHULZ, R. WIECHERT, W. BANDEL, G. PARSIGLIA, R. PASEDAG u. W. HUNGER: Kolloid-Z. **144**, 82—107 (1955).
(*453*) BROSER, W., u. W. LAUTSCH: Naturwissenschaften **42**, 513 (1955); — Z. Naturforsch. 11b, 453—460 (1956).
(*454*) LAUTSCH, W., u. E. SCHRÖDER: Z. Naturforsch. 9b, 277 (1954).
(*455*) WARBURG, O., u. E. NEGELEIN: Biochem. Z. **200**, 414 (1928); **202**, 202 (1929); **204**, 495 (1930).
(*456*) WARBURG, O.: Angew. Chem. **45**, 1 (1932).
(*457*) STRYER, L.: Biochim. biophys. Acta **35**, 242—244 (1955).
(*458*) WEIGERT, F.: Trans. Faraday Soc. **36**, 1033 (1940).
(*459*) WINTERSTEIN, A., u. K. SCHÖN: Naturwissenschaften **22**, 237 (1934).
(*460*) BOWEN, E. J.: J. chem. Phys. **13**, 306 (1945).
(*461*) GAUGULEY, S.: J. chem. Phys. **13**, 128 (1945).
(*462*) MÜLLER, J. A., and C. A. BAUMANN: Cancer Res. **3**, 217 (1943).
(*463*) KREBS, A.: Ergebn. exakt. Naturw. **27**, 361—409 (1953).
(*464*) RIEHL, N., R. ROMPE, N. W. TIMOFÉEFF-RESSOVSKY u. K. G. ZIMMER: Protoplasma **38**, 105—126 (1943).
(*465*) TIMOFÉEFF-RESSOVSKY, N. W., K. G. ZIMMER u. M. DELBRÜCK: Nachr. Ges. Wiss., Göttingen, Fachgr. VI, N.F. Nr. 13 (1935).
(*466*) TIMOFÉEFF-RESSOVSKY, N. W., u. M. DELBRÜCK: Z. Vererbungsl. **71**, 322 (1936).
(*467*) TIMOFÉEFF-RESSOVSKY, N. W., u. K. G. ZIMMER: Das Trefferprinzip in der Biologie. Leipzig: S. Hirzel 1947; — Naturwissenschaften **26**, 362 (1948).
(*468*) JORDAN, P.: Naturwissenschaften **42**, 693 (1938).
(*469*) EVANS, M. G., u. J. GERGELY: Biochim. biophys. Acta **3**, 188—197 (1949).
(*470*) ELEY, D. D., G. D. PARFITT, M. J. PERRY and D. H. TAYSUM: Trans. Faraday Soc. **49**, 79 (1953).
(*471*) RIEHL, N.: Kolloid-Z. **151**, 66—72 (1957).
(*472*) CARDEW, M. H., and D. D. ELEY: Disc. Faraday Soc. **27**, 115—128 (1959).
(*473*) SZENT-GYÖRGYI, A.: Chemistry of muscular contraction. New York 1947.
(*474*) ELEY, D. D., and M. R. WILLIS: Proc. Conf. "Electronic conductivity in organic solids". Duke Univ., Durham, 1960. New York, N.Y.: Interscience Publ. Co. 1961.
(*475*) ISENBURG, I., and A. SZENT-GYÖRGYI: Proc. nat. Acad. Sci., Wash. **44**, 857—862 (1958).
(*476*) HARBURY, H. A., and K. A. FOLEY: Proc. nat. Acad. Sci., Wash. **44**, 662—668 (1958).
(*477*) ISENBURG, I., and A. SZENT-GYÖRGYI: Proc. nat. Acad. Sci., Wash. **45**, 1232—1233 (1959).

(478) BLUMENFELD, L. A., i E. A. KALMANSON: Biofizika 3, 87 (1958).
(479) HAUSER, K. H.: Z. Naturforsch. 14a, 425 (1959); — Radiat. Res., Suppl. 2, 480—496 (1960).
(480) DOUZOU, P., J. FRANCQ, R. GOLDSTEIN and J. THUILLIER: Proc. Conf. "Electronic conductivity in organic solids". Duke Univ., Durham, 1960. New York, N.Y.: Interscience Publ. Co. 1961.
(481) SCHMITT, W., u. R. PURRMANN: Z. Naturforsch. 3b, 411 (1948).
(482) EVANS, M. G., u. J. GERGELY: Biochim. biophys. Acta, Amst. 3, 188 (1949).
(483) WATSON, J. D., and F. H. C. CRICK: Nature, Lond. 171, 737—738 (1953).
(484) WOLFF, S.: Radiat. Res. 2, 122—132 (1960).
(485) LAPP, H.: Z. Naturforsch. 11a, 632—646 (1956).
(486) KLOTZ, I. M.: J. Amer. chem. Soc. 80, 2132—2141 (1958).
(487) SCHMIDT, O.: Phys. Z. 44, 139 (1943).
(488) LAUTSCH, W., W. BROSER u. W. BANDEL: Z. Naturforsch. 11b, 282 (1956).
(489) LAUTSCH, W., W. BROSER u. V. GÖDICKE: Z. Naturforsch. 12b, 303—307 (1957).
(490) BROSER, W., u. CH. BAHR: Z. Naturforsch. 10b, 121 (1955).
(491) MASON, R.: Radiat. Res., Suppl. 2, 452—461 (1960).
(492) BARRON, E. S., S. DICKMAN, J. A. MUNTZ and T. P. SINGER: J. gen. Physiol. 32, 537, 595 (1949).
(493) HOLLAENDER, A.: Oak Ridge Symposium, April 1951.
(494) WEISS, J.: Trans. Faraday Soc. 33, 314 (1947); — Nature, Lond. 169, 460 (1952).
(495) FREY, R.: Chem. Industrie, Nr. 9, Sept. 1959.
(496) SMITH, D. E., A. M. PATT, E. B. TYREE and R. L. STRAUBE: Proc. Soc. exp. Biol., N.Y. 73, 198 (1950).

Sachverzeichnis